Barry Werth

Das Milliarden-Dollar-Molekül

© VCH Verlagsgesellschaft mbH, D-69451 Weinheim (Bundesrepublik Deutschland), 1996

Vertrieb:
VCH, Postfach 10 11 61, D-69451 Weinheim (Bundesrepublik Deutschland)
Schweiz: VCH, Postfach, CH-4020 Basel (Schweiz)
Großbritannien und Irland: VCH (UK) Ltd., 8 Wellington Court,
    Cambridge CB1 1HZ (England)
USA und Canada: VCH, 220 East 23rd Street, New York, NY 10010–4606 (USA)
Japan: VCH, Eikow Building, 10-9 Hongo 1-chome, Bunkyo-ku, Tokyo 113 (Japan)

ISBN 3-527-29373-6

Barry Werth

Das Milliarden-Dollar-Molekül

übersetzt von
Sebastian Vogel

Weinheim · New York · Basel · Cambridge · Tokyo

Barry Werth: The Billion-Dollar Molecule, One Company's Quest for the Perfect Drug
German translation
Original English language edition © Copyright 1994 by Barry Werth
All rights reserved including the right of production in whole or in part in any form.
This edition published by arrangement with the original publisher, Simon & Schuster, New York.

> Das vorliegende Werk wurde sorgfältig erarbeitet. Dennoch übernehmen Autor, Übersetzer und Verlag für die Richtigkeit von Angaben, Hinweisen und Ratschlägen sowie für eventuelle Druckfehler keine Haftung.

Lektorat: Eva Schweikart
Übersetzer: Dr. Sebastian Vogel
Redaktion: Christa Becker
Herstellerische Betreuung: Dipl.-Wirt.-Ing. (FH) Hans-Jochen Schmitt

Die Deutsche Bibliothek – CIP-Einheitsaufnahme
Werth, Barry:
Das Milliarden-Dollar-Molekül / Barry Werth. Übers. von Sebastian Vogel. – Weinheim ; New York ; Basel ; Cambridge ; Tokyo : VCH, 1996
   Einheitssacht.: The billion dollar molecule <dt.>
   ISBN 3-527-29373-6

© VCH Verlagsgesellschaft mbH, D-69451 Weinheim (Bundesrepublik Deutschland), 1996
Gedruckt auf säurefreiem und chlorfrei gebleichtem Papier

Alle Rechte, insbesondere die der Übersetzung in andere Sprachen, vorbehalten. Kein Teil dieses Buches darf ohne schriftliche Genehmigung des Verlages in irgendeiner Form – durch Photokopie, Mikroverfilmung oder irgendein anderes Verfahren – reproduziert oder in eine von Maschinen, insbesondere von Datenverarbeitungsmaschinen, verwendbare Sprache übertragen oder übersetzt werden. Die Wiedergabe von Warenbezeichnungen, Handelsnamen oder sonstigen Kennzeichen in diesem Buch berechtigt nicht zu der Annahme, daß diese von jedermann frei benutzt werden dürfen. Vielmehr kann es sich auch dann um eingetragene Warenzeichen oder sonstige gesetzlich geschützte Kennzeichen handeln, wenn sie nicht eigens als solche markiert sind.
All rights reserved (including those of translation into other languages). No part of this book may be reproduced in any form – by photoprinting, microfilm, or any other means – nor transmitted or translated into a machine language without written permission from the publishers. Registered names, trademarks, etc. used in this book, even when not specifically marked as such, are not to be considered unprotected by law.
Umschlaggestaltung: Grafik-Design Schulz, D-67136 Fußgönheim
Satz: Graphik & Text Studio Dr. Wolfgang Zettlmeier – Hubert Kammerer, D-93164 Laaber-Waldetzenberg
Druck: strauss offsetdruck GmbH, D-69509 Mörlenbach
Bindung: Großbuchbinderei J. Schäffer, D-67269 Grünstadt
Printed in the Federal Republic of Germany

Für Kathy

Vorwort zur deutschen Ausgabe

Am 14. Dezember 1995 verkündete Vertex, eine kleine Biotechnologie- und Pharmazie-Aktiengesellschaft in den USA, man habe mit dem Stadium 2 der klinischen Erprobung eines Medikaments gegen HIV und AIDS begonnen. Der Wirkstoff mit der Bezeichnung VX-478 gehört zu einer neuen Klasse vielversprechender Verbindungen, die das AIDS-Virus bei Infizierten unschädlich machen sollen, indem sie seine Vermehrung verhindern.

Es war eines der ersten Beispiele für ein außergewöhnliches neues Verfahren der Medikamentenentwicklung. Die jungen Wissenschaftler bei Vertex waren nicht über VX-478 gestolpert, indem sie Tausende von chemischen Verbindungen durchmusterten, wie es sonst in der Industrie üblich ist, sondern sie hatten es mit Hilfe leistungsfähiger Computer und in interdisziplinärer wissenschaftlicher Arbeit buchstäblich Atom für Atom gestaltet. Im ersten Stadium der Erprobung an Menschen hatte sich der Wirkstoff bereits als erstaunlich gut verträglich erwiesen. Das zweite Stadium dient dazu, die Wirksamkeit des Medikaments zu beurteilen, und ist deshalb ein wichtiger Schritt auf dem Weg zur Marktzulassung. Hier Erfolg zu haben, ist für die Firma lebenswichtig: Vertex ist zwar schon sieben Jahre alt und hat 100 Millionen Dollar ausgegeben, aber bisher gibt es keine pharmazeutischen Produkte und keine Gewinne. Die Firma hat beunruhigend viel Geld verbraucht. Obwohl die Ankündigung nicht von Ergebnissen, sondern nur von Absichten sprach, reagierte die Wall Street mit uneingeschränkter Zustimmung. Der Kurs der Vertex-Aktie stieg in einer Woche um mehr als ein Drittel und lag zu Neujahr bei 27 Dollar, so hoch wie noch nie.

Der Optimismus der Wall Street war nicht unbegründet. Obwohl Vertex bisher keine Gewinne abwirft, ist die Firma in einer guten Ausgangsposition, um in einer neuen Ära der medizinischen Konkurrenz Erfolg zu haben. Ihr Partner für die Entwicklung von VX-478 ist Glaxo-Wellcome, der weltweit führende Konzern auf dem Gebiet virushemmender Medikamente. Vier weitere Wirkstoffe befinden sich ebenfalls in der klinischen Erprobung, es gibt zahlreiche Forschungsabkommen mit führenden japanischen und europäischen Pharmaherstellern, in Cambridge (Massachusetts) arbeiten über 150 Wissenschaftler in Weltklasselabors, und die finanziellen Reserven belaufen sich auf fast 100 Millionen Dollar. Für kleine, ehrgeizige Pharmafirmen ist Langlebigkeit die Nagelprobe – sie müssen aus eigener Kraft die zehn Jahre oder mehr überleben, bis man ein neues Medikament auf den Markt bringen kann. Nach allen diesen Maßstäben sieht die Zukunft für Vertex rosig aus.

Dennoch könnte der deutsche Leser sich vielleicht fragen: Wie kann eine Firma, die ohne Ende Geld hinauswirft, an der Wall Street als derart großer Erfolg gelten? Und noch stärker drängt sich die zweite Frage auf: Wie gelangte die winzige Firma Vertex in die Spitzengruppe der Unternehmen, die jetzt, nach 15 Jahren der Epidemie, die erste echte Hoffnung der AIDS-Kranken bilden? Immerhin hatte Dr. Joshua Boger, ihr Gründer und wissenschaftlicher Leiter, zu Anfang doch geschworen, dieses Forschungsgebiet werde der Untergang der Firma sein.

Auf beide Fragen gibt es keine einfachen Antworten; in ihnen spiegeln sich nicht nur die tiefgreifenden Veränderungen wider, die biologisch-medizinische Forschung und Wirtschaft in den letzten 20 Jahren erlebt haben, sondern auch eine einzigartige Mischung menschlicher und wissenschaftlicher Entwicklungen. Aber im Kern haben sie etwas Einfaches, nicht weiter Erklärbares. Erfolge in einer höchst spekulativen Branche wie der Pharmaforschung und in einem so von heftiger Konkurrenz und Unsicherheit geprägten unternehmerischen Gebiet wie der Wissenschaft haben einen gemeinsamen Ausgangspunkt. Beide beginnen damit, daß man sich selbst erfindet, daß man eine fesselnde Geschichte schafft und erzählt.

Und in beidem ist Vertex außergewöhnlich gut – das zumindest haben die Wall Street, die internationale Wissenschaftlergemeinde und alle, die mit AIDS zu tun haben, gelernt.

Barry Werth
Northampton, Massachusetts,
im Januar 1996

Danksagung

Zahlreiche Personen haben dazu beigetragen, dieses Buch zu verwirklichen. Ihnen allen gilt mein herzlichster Dank. Besonders verpflichtet bin ich Josh Boger, Tom Starzl, Stu Schreiber und allen Mitarbeitern von Vertex. Ohne ihre Bereitschaft, mich in ihrer Nähe zu haben, hätte es für mich nichts zu schreiben gegeben.

Bei Vertex danke ich Rich Aldrich, David und Sharon Armistead, Mike Badia, Cathy Beechinor, Dave Deininger, John Duffy, Laura Engle, Matt Fitzgibbon, Matt Harding, Jeremy Knowles, Grace Lee, Chris Lepre, Judy Lippke, Dave Livingston, Hal Meyers, Jon Moore, Mark Murcko, Manuel Navia, Patsi Nelson, Steve Park, Dave Pearlman, Debra Peattie, Brian Perry, Govinda Rao, Sergio Rotstein, Vicki Sato, Jeff Saunders, Nancy St. Clair, Nancy Stuart, John Thomson, Roger Tung, Al Vaz und Mason Yamashita. Sie alle widmeten mir eine Menge Zeit. Weiterhin gilt mein Dank dem ursprünglichen Aufsichtsrat mit Frank Bonsal, Bill Helman, Dan Gregory, Kevin Kinsella und Benno Schmidt, die mir den Aufenthalt bei der Firma gestatteten. Besonders verpflichtet bin ich Mason Yamashita, der mir bei meinen Besuchen in Cambridge sein Gästezimmer zur Verfügung stellte.

In Pittsburgh stellten John Fung, Andy Tzakis und Dave Van Thiel mir großzügig Informationen über Patienten zur Verfügung und legten für mich ein gutes Wort bei Transplantatempfängern und ihren Angehörigen ein, so daß ich meist auch in Zeiten großer Belastung kurzfristig mit ihnen sprechen konnte; sie waren immer hilfsbereit und anregend. Zu den Bibliotheken und Archiven, die mir sehr nützliche Informationen zur Verfügung stellten, gehören die Neilson- und Wissenschaftsbibliothek des Smith College, die Frost Library in Amherst, die Bibliotheken von Hampshire College und Mount Holyoke, die Forbes Library in Northampton, die Zentralbibliothek der University of Massachusetts, die Archive der University of Pennsylvania (wo Gail Pietrzyk eine besonders große Hilfe war) sowie das Center for the History of Chemistry, die Carnegie Institution und die Library of Congress.

Eine entscheidende Hilfe war zu Beginn Steve Burakoff, der mich mit Josh Boger bekannt machte. Dick Todd, der frühere Redakteur des *New England Monthly*, unterstützte das Projekt in der Anfangsphase, und

Dan Okrent, sein Nachfolger, hat mich stets ermutigt und mir mit nützlichen Ratschlägen weitergeholfen.

Weiterhin danke ich Bruce Weber, Katherine Bouton und Jim Atlas vom *New York Times Magazine*. Bei Simon & Schuster war mein Lektor Bob Bender ein geduldiger und einfühlsamer Verbündeter. Mein Dank gilt auch seiner Assistentin Johanna Li. Meine Rechercheassistentin Portia Keating tat stets mehr, als ich ihr aufgetragen hatte. Zu besonderem Dank verpflichtet bin ich meiner Agentin Amanda Urban, deren Urteilskraft und Engagement mich während der ganzen Zeit begleiteten.

Und schließlich bin ich mit wunderbaren, großzügigen Angehörigen und Freunden gesegnet. Dankbar bin ich vor allem meinen Eltern Hilda und Herb Werth, meiner Schwester Susan Werth und meinen Schwiegereltern Muriel und Phil Goos. Alan und Anita Sosne sowie Fred Eisenstein lieferten ebenso wie Bill Newman wichtige Anregungen, moralische Unterstützung und Antrieb. Kathy Whittemore und Stella Schwartz nahmen mich bei sich auf. Bill McFeely, Jon Harr und Anthony Giardina boten schriftstellerische Hilfestellung, Ermutigung und immer ein offenes Ohr. Joe Nocera gab sich große Mühe mit den ersten Entwürfen des Manuskripts und lieferte kluge fachliche Ratschläge. Meine neunjährige Tochter Emily und mein sechsjähriger Sohn Alex beglückten mich mit ihrem fröhlichen Wesen, ihrem Vertrauen und ihrem Verständnis, und zwar oft mehr, als ich es ihnen erwidern konnte; ich bin dankbar für ihre Versuche, mich in diesem Punkt zu verstehen. Und wie immer ist es Kathy Goos, meine Frau, die alles und jedes erst möglich macht. Ihre Vorschläge waren von unschätzbarem Wert, und ihre Geduld, die durch meine Reisen und andere, weniger leicht erklärliche Entgleisungen oft auf eine harte Probe gestellt wurde, blieb ungebrochen.

Falls ich andere, die mir geholfen haben, hier nicht genannt habe, tut es mir leid. Für solche Auslassungen und alle anderen Fehler bin ich allein verantwortlich.

Inhalt

Teil 1 – Die Geschichte	1

Teil 2 – Die Jagd	171

Epilog	369

Quellen	390

Register	399

Teil 1

Die Geschichte

Teil I

Die Geschichte.

1

Geduckt liegt es zwischen den Zwillingstürmen des World Trade Center in New York: das Vista International Hotel, ein kleineres Kulturdenkmal der achtziger Jahre. Anderswo sähe es aus wie ein normales Luxushotel – durchgestylte öffentliche Bereiche (Schiffsmodelle in der Tall Ships Bar, Nachbildungen von Segeln auf der Zwischenetage), Dachschwimmbad, Chromlampen –, aber hier, im Schatten der glitzernden Häuserkolosse am südlichen Ende von Manhattan, wirkt es wie ein Bröckchen aus mattem Aluminium, das zwischen den Zinken der größten Stimmgabel der Welt eingeklemmt ist. Von den Hotelgästen bemerkt das offenbar kaum einer. Wer im Vista absteigt, kommt nicht wegen der drei Meilen weiter nördlich gelegenen kulturellen Schokoladenseite der Stadt: Als das Haus 1982 eröffnet wurde, war es seit 155 Jahren das erste neue Hotel in der Nähe der Wall Street. Es ist weniger aufgeputzt als das Taj Mahal in Atlantic City oder das Circus-Circus in Las Vegas, aber es dient dem gleichen Zweck: Auch das Vista wurde gebaut, weil die Gäste hier nur aus dem Bett zu fallen brauchen, um in der Nähe des Geldes zu sein.

Im Herbst 1989 war das Geld in der Wall Street von legendärer Launenhaftigkeit, und die meisten, die zum ersten Mal zu den Finanzmärkten von New York pilgerten, kamen enttäuscht zurück. Das Vista wurde zu einer Art Auffangstation für gebrochene Unternehmerherzen. Die Börse erlebte zwar ein Rekordhoch nach dem anderen, aber sie war zwei Jahre nach dem Crash von 1987 noch verunsichert und zurückhaltend. Eine Rezession zeichnete sich ab, und die Investoren hatten sich in die Sicherheit der Großunternehmen mit soliden Erträgen zurückgezogen. Besorgt um ihre Liquidität, wollten sie „schlanker werden", vor allem bei neuen Firmen. Solche Unternehmen seien zu riskant, hieß es, ein Faß ohne Boden. Es konnte Jahre oder Jahrzehnte dauern, bis sie sich amortisierten, und das lag für die kurzsichtige Wall-Street-Betrachtungsweise jenseits des Horizonts. Und wie so oft bei düsteren Prognosen, erfüllte sich diese auch in der Wall Street von selbst. Als die Investoren sich zurückzogen, sanken die Aktienkurse, so daß die neuen Firmen geschwächt wurden und nun um so dringender Geld brauchten. Das Ganze galt als nationale Tragödie, insbesondere bei denen, die um die zukünftige Wettbewerbsfähigkeit Amerikas fürchteten, weil die Wall Street nicht bereit war, in neue Technologien zu investieren. Das gleiche behaupteten natürlich auch die Gründer der neuen Firmen selbst.

Aber noch gab es sie. An einem warmen Vormittag Mitte Oktober 1989 nahmen die Geschäftsführer von über 40 neuen biomedizinischen Unternehmen im Konferenzraum des Vista Hotel hinter mehreren langen Tischreihen Platz. Sie waren ohne viel Hoffnung zu der Veranstaltung gekommen. Unter allen neuen Branchen, denen die Wall Street die kalte Schulter zeigte, sah es in der Biomedizin am schlimmsten aus. Sie verschlang das meiste Geld, zahlte sich erst nach langer Zeit aus, und selbst Erfolge wie der von Genentech, bei deren spektakulärer Börseneinführung der Aktienkurs in der ersten Stunde von 35 auf 86 Dollar hochgeschnellt war, blieben mittlerweile aus. Das Treffen war der Versuch, das Interesse an diesem Wirtschaftszweig wiederzubeleben. Den ganzen Vormittag über hatte jeder der Manager fünf Minuten Zeit, seine Firma einem Publikum von etwa 150 potentiellen Geldgebern vorzustellen; viele von ihnen hatten allerdings zuvor schon an der Kaffeetheke die Namensschilder gelesen und dabei zu ihrem Bedauern festgestellt, daß kaum wirkliche Investoren anwesend waren. Die Verkäufer hatten gegenüber den Käufern etwa das gleiche zahlenmäßige Übergewicht und die gleichen unerfüllbaren Hoffnungen wie die Mädchen gegenüber den Jungen bei einem nachmittäglichen Folkloretanzkurs.

Bei solchen Marktverhältnissen und derart wenig Redezeit ließen die meisten Vortragenden alle Scham beiseite. Hier konnte man gar nicht ärmlich genug aussehen. Viele hatten bereits Formulare ausgefüllt und darin die geheimsten finanziellen Bedürfnisse ihrer Firmen genannt, und dazu hatten sie bei Zeitungsanzeigen mehr Anleihen gemacht als beim Konversationslexikon. „Günstige Gelegenheit", prangte da auf dem Dia eines Mannes aus Kalifornien, „Thrombosen – wichtigste Todesursache in den Industrieländern".

Joshua Boger saß den ganzen Vormittag über teilnahmslos im Sitzungssaal und ging im Geist seinen Vortrag durch. Als Gründer, Präsident und wissenschaftlicher Leiter der Vertex Pharmaceuticals Incorporated in Cambridge, Massachusetts, hatte er gewichtigere Titel vorzuweisen als die meisten anderen auf der Rednerliste. Aber er war in der gleichen Zwangslage. Vor zehn Monaten hatte er mit einem Partner die Firma Vertex ins Leben gerufen, nachdem die beiden von Küste zu Küste die Risikokapital-Firmen abgeklappert und in drei Monaten mit 100 000 Vielfliegermeilen knapp zehn Millionen Dollar eingesammelt hatten. Vertex hatte keine Produkte und keine Erträge; wenn überhaupt, würde es noch Jahre dauern, bis man wußte, ob man irgendwann einmal etwas zu verkaufen hatte. Dennoch verbrauchten sie jetzt schon jede Woche 75 000 Dollar, obwohl sich die ungeöffneten Kisten in den halbfertigen Labors noch bis unter die Decke stapelten; wie die Entstehungsgeschichte solcher Firmen gezeigt hatte, würde es etwa ein Dutzend Jahre und 250 Millionen Dollar kosten, das erste Medikament zu entwickeln. Nichts davon hatte den achtunddreißigjährigen Boger davon abhalten können, nach New York zu kommen, obwohl zu Hause Hunderte von offenen Entscheidungen nach seiner Aufmerksamkeit schrien. Im Gegenteil: Bei der prekären Finanzlage von Vertex blieb ihm gar nichts anderes übrig.

Boger, ein Mann von über einem Meter neunzig, war in die übliche Uniform des Tages gekleidet – dunkler Nadelstreifenanzug, das Jackett unter dem Brustbein zugeknöpft –, aber er sah gerade so zerknittert aus, daß man merkte: Das hier war weder seine bevorzugte noch seine übliche Kleidung. Er war schlaksig, aber nicht unbeholfen; im Sitzen hatte er die Beine in seiner typischen Art übereinandergeschlagen, und der Rumpf war in der Taille nach vorn gebeugt wie bei einem Tänzer. Nur seine Hände, groß und mit eingerissenen Nagelbetten, waren ständig in Bewegung, schoben einen leeren Notizblock auf dem Tisch hin und her oder spielten mit dem Kugelschreiber. Sein Gesicht war die Ruhe selbst, ein breites Oval unter einer hohen, glänzenden Stirn, und gekrönt von schütteren, glatten Haaren, die Boger seltsamerweise auf der rechten Seite scheitelte. Obwohl er eine dicke, randlose Brille trug und seinen Bart nicht gestutzt hatte, konnte man ihn sich leicht als Zehnjährigen vorstellen, als Karikatur eines jungen Wissenschaftlers mit schiefem Grinsen, schiefer Haltung und schiefer Haarlocke.

Unmittelbar vor Boger war eine temperamentvolle Mittdreißigerin an der Reihe, deren hellrosa Lippenstift mit einer Wolke eisgrauer Haare kontrastierte. Sie hatte vor vier Jahren die Firma American Prescription Inc. gegründet, einen Versandhandel für rezeptpflichtige Medikamente. Der Gewinn betrug im ersten Jahr 185 000 Dollar, im zweiten Jahr waren es 900 000, und jetzt rechnete sie für 1993 mit einem Umsatz von 70 Millionen. „Es ist absolut unglaublich, und mit der Firma geht es weiter aufwärts", schwärmte sie.

Boger, die Lage von Vertex im Kopf, stimmte lachend zu. Er ging ans Rednerpult und sagte: „Es ist schrecklich, wenn man nach jemandem mit Umsatz dran ist."

Von seiner Ausbildung her war Boger Chemiker, und zum Verkaufen war er nur gekommen, weil es notwendig war, um wissenschaftlich zu arbeiten. Aber als er zu reden begann, gab es keinen Zweifel, daß er für beide Aufgaben geboren zu sein schien. Er war in einer aufstrebenden, wohlhabenden Familie in Concord in North Carolina aufgewachsen, zwanzig Meilen nordöstlich von Charlotte, ein Sproß der deutschen und schottisch-irischen Siedler, die diese Gegend seit der Zeit vor den Freiheitskriegen beherrschten; es war ein selbstbewußter Menschenschlag, fleißig, leidenschaftslos, eigensinnig und kaltschnäuzig, aber auch, wie der Historiker William Powell aus North Carolina deutlich gemacht hat, zuverlässig gegenüber Familie und Freunden. Die Sneads, seine englischen Vorfahren mütterlicherseits, die über das hochherrschaftliche Virginia und die Piedmont-Ebene eingewandert waren, ließen sich bis ins elfte Jahrhundert zum englischen Reichsgrundbuch zurückverfolgen.

Sowohl die Bogers als auch die Sneads konnten als untadelige Südstaatler auf eine Vergangenheit mit sorgfältig kultivierter Kleinstadtehrbarkeit zurückblicken; beide Familien waren in ihren Heimatgemeinden seit langem bestens bekannt. Bogers Ururgroßvater väterlicherseits, ein Farmer in Concord, wurde im Bürgerkrieg viermal verwundet, unter anderem in Gettysburg; seine Großmutter war bis zu ihrem Tod 1960 bei den Daughters of Confederacy aktiv. Der Vater seines Vaters hatte zunächst die eigenständige Schulverwaltung von Cabarrus County geleitet und später die primitive Stonewall Jackson Manual Training and Industrial School übernommen, eine Gewerbeschule, die er zu einer Modellerziehungsanstalt machte; das gelang ihm vor allem mit unnachgiebigem Fortschrittsglauben und indem er die Fabrikbesitzer des ganzen Bundesstaates dazu brachte, große Summen für neue Gebäude zu spenden.

Charlie, Bogers Vater, war im Zweiten Weltkrieg Panzerkommandant gewesen und hatte sich später als Garnhändler selbständig gemacht. Da er von seinem Vater ein tiefes Interesse an Menschen geerbt hatte und als praktizierender Rotarier wußte, was andere wollen und wie man es ihnen gibt, wurde er zu einem hervorragenden Verkäufer. Als die Textilfabriken des Piedmont in den Jahren nach dem Zweiten Weltkrieg Hals über Kopf expandierten und neue synthetische Fasern und Farbstoffe sich explosionsartig verbreiteten, gerieten die Fabrikanten in einen Konkurrenzkampf, wie man ihn bis dahin noch nicht gekannt hatte. Boger, der ein Examen in Chemie hatte, nahm abends oft chemische Lehrbücher mit ins Bett, und wenn er dann, manchmal mit einem seiner vier Söhne auf dem Beifahrersitz, zu den Fabriken in Charlotte, Kannapolis und Winston-Salem fuhr, konnte er genau erklären, welche chemischen Verfahren man anwenden mußte, um die neuesten Farben der Modeschöpfer in jedem beliebigen Faden festzuhalten. Das beeindruckte die Kunden, und Boger war beliebt, vor allem bei den Produktionsleitern, die seine Kenntnisse zu schätzen wußten und denen er eine Menge Arbeit abnahm.

Aber Charlie Boger war im Verkaufen besser als im Geldverdienen. Dreißig Jahre später erinnerte Joshua sich, wie er mit Kunden telefonierte und zu seinem Entsetzen feststellen mußte, daß Charlie Pauschal-Jahresverträge abgeschlossen hatte. Je beschäftigter sein Vater war, so bemerkte er, desto größer war der Anteil seiner Arbeit, die er für andere tat. Joshua wurde immer gereizter und geringschätziger gegenüber Menschen, die sich in dieser Weise ausnutzen ließen. Die Familie lebte zwar recht angenehm, aber Mary Snead Boger, Joshuas Mutter, machte sich unaufhörlich Sorgen ums Geld – es war eine ständige Wolke an einem ansonsten ungetrübten Familienhimmel. „Charlie könnte euch alles verkaufen", erzählte sie noch Jahre nach dem Tod ihres Mannes, „aber was das Geschäft anging, hatte er ein Spatzenhirn."

Kurz nach Joshuas Geburt zog die Familie, beflügelt durch Wohlstand und Selbstvertrauen im Nachkriegsboom und durch den vielversprechenden Start von Charlies Unternehmen, aus einem Doppelhaus im Stadtzentrum in eine große, nach ihren Wünschen gebaute Kolonialstilvilla in einer neu erschlossenen Wohngegend am Rand von Concord. Das Haus, dessen Backsteinfassade man zwei Stockwerke hohe hölzerne Säulen vorgesetzt hatte und das schließlich mit einem stattlichen Bestand solider englischer Stilmöbel und 10 000 Büchern vollgestopft war, lag auf einer kleinen Anhöhe gegenüber einem Country Club, in dem die Bogers Mitglied waren. Um das Haus zog sich ein breiter, mit Magnolien übersäter Rasen, und drumherum lagen Felder und Kiefernwälder mit einem Bach, in dem die Jungen angeln konnten – die vollkommene Südstaatenidylle.

Joshua Boger wuchs in dem Haus in einem Wirbel jugendlicher Höchstleistungen auf. Wie seine drei Brüder war er sehr gut in der Schule und im Sport. Alle vier waren groß, schlank, lebhaft und vielseitig interessiert, so daß der Haushalt zu einer Art lärmendem, von hohen Erwartungen geprägtem Internat wurde, und seine Mutter, eine offene, schauspielerisch begabte Frau, war die Schulmeisterin. Später sollte sie eine preisgekrönte Theaterdirektorin werden; einmal stiftete sie andere Frauen dazu an, sich mit ihr gemeinsam vor die Bulldozer zu stellen und so den Abriß des Vorkriegs-Gerichtsgebäudes in Concord zu verhindern. Mit ihrer liberalen Unterstützung spornten die Jungen sich selbst und untereinander unermüdlich an. Sie wurden in der ganzen Stadt berühmt – die „Boger Boys" waren die Concord-Ausgabe der frühreifen „Superkinder" der fünfziger und sechziger Jahre. Als Joshua zehn wurde, hatte er es nach einem Jahr Klavierunterricht schon so weit gebracht, daß sein Lehrer ihn als Wunderkind bezeichnete und die Lokalzeitung benachrichtigte. In einem Artikel, den Associated Press übernahm, erklärte Boger, er übe jeden Morgen um halb sieben vor der Schule und nehme jetzt schon vierzig Cents pro Woche, weil er seinen fünf Jahre älteren Bruder unterrichtete. „Ich halte ihn hinter mir", erklärte er, „dann kann ich den Unterricht weiterführen."

Gewissenhaft in allem, was er anfing – in der vierten Klasse schrieb er einen 400seitigen Aufsatz über Afrika –, interessierte sich Boger schon früh für die Naturwissenschaft. Mit sieben Jahren verbrachte er Stunden und manchmal ganze Tage in einem Labor, das er sich mit Hilfe seines Vaters über der Garage eingerichtet hatte. Es war ein scheunenähnlicher Raum mit niedriger Decke, ungestrichenen Dachsparren und einem Bretterfußboden – „mehr Platz pro Wissenschaftler als bei Vertex", scherzte er später –, und sein Labor spiegelte den Eklektizismus seiner Welt wider, einer Welt, die Boger selbstbewußt für die einzige hielt und die völlig seiner Kontrolle unterlag. In einer Ecke hing an einem Faden über einem Bottich ein Kaliumpermanganatkristall von der Größe eines Fußballs. An einer anderen Stelle stand ein Stapel mikrobiologischer Platten, das Ergebnis eines seiner letzten Experimente: Er hatte bei den Kindern in der Nachbarschaft Rachenabstriche genommen, um die keimtötende

Wirkung verschiedener Mundwässer zu vergleichen. Es gab Pflanzen, Käfige mit Tieren, Gesteinsbrocken, die er abgeschlagen und auf Brettern befestigt hatte, Chemieexperimente aus einer Time-Life-Serie, die sein Vater mit der Post schicken ließ, und ein Mikroskop mit einer unter dem Objektiv aufgespießten Fliege. Die Anordnung richtete sich nach dem gerade verfügbaren Material und nach dem, was Boger seine „dummdreiste Neugier" nannte. Abgesehen von ein paar Regalen, die sich unter den überzähligen Büchern der Familie bogen, hatte er den ganzen Raum für sich allein. Sein Vater stiftete manchmal Chemikalien - einmal kam er mit fünfundzwanzig Pfund Quecksilber nach Hause und drückte sie ihm ohne ein Wort in die Hand -, aber weder Vater noch Mutter besuchten ihn in seinem Labor.

Mit seiner jugendlichen Experimentierfreude ging Boger seinen eigenen Weg. Als er acht Jahre alt war, pendelte er einmal einen ganzen Samstag lang zwischen seinem Labor und einem Feld mit rotem Lehm in der Nähe des Golfplatzes. Er wußte, daß man mit Wasser, Abflußreiniger und der Zinnfolie von Milchflaschenverschlüssen Wasserstoff herstellen konnte, und füllte mehrere Luftballons mit dem flüchtigen Gas. Ohne an das Schicksal der „Hindenburg" zu denken, jagte er eine Maus durch ein selbstgebautes Labyrinth, konstruierte dann eine Gondel und ließ das arme Tier in die Höhe steigen. Als die Maus wieder am Boden war, hetzte er sie erneut durch den Irrgarten, um ihren Orientierungsverlust zu messen. Den nächsten Tag verbrachte der Achtjährige mit Baseballspielen.

Naturwissenschaft war für Boger der natürlichste Weg zum Begreifen einer Welt, die ansonsten schwindelerregend und rätselhaft sein konnte; ihre Genauigkeit und Macht begeisterten ihn. Und es machte Spaß, genau wie das Tauchen in dem dreieinhalb Meter tiefen Schwimmbecken des Country Clubs. Aber die Wissenschaft hatte auch ihre Zwänge. Mit dreizehn Jahren beschrieb er in einem Schulaufsatz seine Wissenschaftlerlaufbahn vom Kindergarten, der ihm „mit Ausnahme des Mittagsschlafes" Spaß gemacht habe, bis zur achten Klasse; am Ende gelangte er zu dem vielsagenden Schluß: „In jüngster Zeit hat mein Interesse an Chemie mich auf das Gebiet der medizinischen Forschung geführt. Es ist das Ziel meines Lebens ..., den Menschen dabei zu helfen, daß sie die Last von Krankheit und Hunger abschütteln und daß sie mit anderen Menschen zurechtkommen."

Diese vorgezeichnete Laufbahn, die in der Pubertät ihren Anfang genommen und sich seither eigentlich immer stärker beschleunigt hatte, hatte Boger jetzt an das Rednerpult im Vista Hotel geführt. Nachdem er an der Highschool den Abschiedsvortrag gehalten hatte, war er an die Wesleyan University in Connecticut gegangen und hatte bei dem legendären Max Tishler studiert, einer der wichtigsten und fruchtbarsten Gestalten in der Geschichte der Arzneimittelforschung, und auch dort machte er sein Examen als Jahrgangsbester. Als einer von nur acht Studenten im ganzen Land erhielt er von der National Science Foundation ein Doktorandenstipendium für volle vier Jahre, und nun ging er an die Harvard University, die damals wie heute die beste

Fakultät für organische Chemie auf der ganzen Welt hat, und machte seinen Doktor. Schließlich arbeitete er bei Merck and Company*, einer der weltweit führenden pharmazeutischen Firmen. Mitte dreißig, also in einem Alter, in dem andere Chemiker noch am Labortisch stehen und Verbindungen herstellen, war er leitender Direktor für chemische Grundlagenforschung. Er hatte siebzehn Patente inne, allerdings keines davon für ein zugelassenes Medikament, und galt bei denen, die sich in der Firma am besten auskannten, als Anwärter für die Leitung der angeblich eine Milliarde schweren Forschungsabteilung von Merck, vielleicht eine der einflußreichsten Stellungen in der Biomedizin auf der ganzen Welt. Und alle waren verblüfft – manche wütend, andere erleichtert, wieder andere übermäßig erfreut –, als Boger die Firma Anfang 1989 ganz plötzlich verließ und Vertex gründete.

Wenn Boger öffentlich auftrat, geriet er nie außer Atem, denn er hatte sich angewöhnt, bei Vorträgen vor Geschäftsleuten gedämpft und ernst zu sprechen. Die Jahre im Nordosten hatten den Südstaatenakzent fast bis auf die letzten Spuren aus seiner Sprache getilgt, die jedoch wohlklingend und fließend geblieben war. Aber was ihn jetzt, als er seine Firma beschrieb, zu etwas Besonderem machte, war seine Herkunft. Seine gesamte Vergangenheit hatte dazu beigetragen, daß er ein Kronprinz jener Industrie war, die er jetzt umkrempeln wollte, und das gab ihm einen energischen Gesichtsausdruck. Es war die Miene des Lieblingssohnes, des schlauesten Kindes in der Klasse, in der Schule, vielleicht in der gesamten Geschichte der Schule.

Selbst für das Vista hatte Joshua Boger eine flammende Rede verfaßt. Vertex, so sagte er, werde nicht nur wirksame neue Medikamente entwickeln, sondern auch eine ganz neue Methode, um Medikamente zu schaffen. Den wissenschaftlichen Hintergrund seiner Behauptung konnte er in fünf Minuten kaum darlegen; er erwähnte flüchtig das „unerreichte wissenschaftliche Personal" von Vertex und die „eindrucksvollste Kombination von ... Techniken auf der Welt". Darüber hinaus schilderte er kurz das erste Projekt der Firma. Es war der Versuch zur Verbesserung einer Verbindung namens FK-506, die das Immunsystem unterdrückte. Die Substanz hatte sich bei manchen Versuchstieren als höchst giftig erwiesen, aber man war nach wie vor überzeugt, daß sie ein vielversprechendes Medikament für Menschen mit Organtransplantaten oder Autoimmunkrankheiten werden konnte.

„Wir werden das Molekül umgestalten", schloß Boger kategorisch, „und seine unerwünschten Eigenschaften beseitigen."

Anschließend verließ er den Saal so schnell, wie es ohne Verletzung der Etikette möglich war. Er hatte von dieser Veranstaltung nicht viel erwartet; die „promiskuitive Phantasie" der Wall Street, wie der Autor Robert Teitleman sie im Zusammenhang

---

* Die amerikanische Pharmafirma Merck and Company (später Merck, Sharp and Dohme) ist nicht zu verwechseln mit dem deutschen Chemieunternehmen E. Merck in Darmstadt. Die beiden Firmen gehen zwar auf dieselbe Gründerfirma zurück, sind aber schon seit dem Ersten Weltkrieg völlig unabhängig voneinander (Anm. d. Übers.).

mit der Biotechnologie genannt hatte, war solchen Geschichten gegenüber schon seit langem ungeduldig, und die geringe Zahl echter Investoren hatte das wieder einmal bewiesen. Aber Boger wußte etwas anderes. Seine Firma versuchte etwas so Kühnes, daß die meisten Fachleute der pharmazeutischen Industrie sich fragten, ob es überhaupt möglich war. Sie wollten Medikamente konstruieren – nicht indem sie einfach Substanzen aus der Natur nahmen und mit ihnen herumspielten, wie es sonst üblich war, sondern indem sie die Moleküle Atom für Atom zusammensetzten, genauso wie man einen Wolkenkratzer oder einen Computer baut.

Wenn Boger recht hatte, das hatte man vielleicht sogar in der Wall Street erkannt, stand die einträglichste legale Branche der USA (abgesehen vielleicht von der Zigarettenindustrie) vor einer Umwälzung ihrer Strategie, wie man neue Produkte entwickelt, und diese Umwälzung würde die Nützlichkeit und Vielfalt der Produkte ebenso steigern wie den Strom des Geldes, den sie einbrachten. In den nächsten dreißig Jahren, so Bogers Überzeugung, würde die Medikamentenentwicklung weitaus raffinierter und rationaler werden. Und diejenigen, die dazu den Weg ebneten, würden zu Helden. Vertex oder eine ähnliche Firma, das wußte er, konnte ohne weiteres die Nachfolge von Merck antreten, eines Konzerns, der nicht nur in der medizinischen Wissenschaft eine Vorreiterrolle spielte, sondern in jüngster Zeit nach praktisch allen Meinungsumfragen auch das angesehenste Unternehmen Amerikas war. Es war ein Ziel von immenser Größe und Bedeutung.

Und dafür, so Bogers Entschluß, war keine Mühe zu groß, selbst wenn er sich einer so wenig vielversprechenden und unflätigen Meute wie hier im Vista aussetzen mußte.

„Ein Fleischmarkt", so beschrieb er es später. „Wir sind anschaffen gegangen. Ich glaube, ordinärer geht es nicht mehr."

2

Nathaniel Eaton, der erste Oberlehrer in Harvard, hatte seine Zöglinge mit einem Knüppel aus Walnußholz verprügelt, der „so groß war, daß man ein Pferd damit umbringen konnte", und seither war die Universität, wie der Historiker Richard Norton Smith es formulierte, das „Epizentrum der amerikanischen Bildung". Seit jener Zeit war Cambridge in Massachusetts ein Ort, wo eine unverhältnismäßig große Zahl der klügsten Menschen auf der Welt beweisen mußte, wie klug sie waren. Im scharfen Gegensatz zu diesem Tummelplatz der Elite stand das andere Cambridge, eine angegraute Nordstaaten-Kleinstadt, wo Generationen von Einwanderern und afrikanischen Amerikanern beengt in schlecht beheizten dreistöckigen Häusern wohnten und sich in Schuh- und Bonbonfabriken, Gießereien und Maschinenhallen abrackerten. Bis zum Zweiten Weltkrieg war die Stadt ungefähr zweigeteilt: Harvard University und MIT im Osten und Westen sowie entlang des Charles River, dazwischen das Cambridge der Arbeiter, und die Industrieanlagen quer dazu von Boston bis Charlestown. Aber dann gab es historische Verwerfungen, und in Cambridge verschoben sich die Gewichte. Die Universitäten, gestützt durch die ehrgeizigen Forschungsvorhaben der Bundesregierung, dehnten sich erbarmungslos aus. Die Industrie starb oder zog weg, und mit ihr gingen die Beschäftigten. Und, was das entscheidendste war: Wissen wurde eine Branche wie jede andere. Oder, wie Sumner Slichter von der Harvard University es formulierte: „Die Erkenntnis, daß man um des Profits willen eine Riesenmenge Forschung betreiben kann, ist sicher eine der umwälzendsten wirtschaftlichen Entdeckungen der letzten hundert Jahre." In dieser Zeit fügten diejenigen, die nach Cambridge kamen, um sich – vor allem in den Naturwissenschaften – selbst zu beweisen, ihren Privilegien ein weiteres hinzu: das Vorrecht, die Industrieflächen der Stadt zu übernehmen.

Besonders auffällig ist der Übergang vom alten zum neuen Cambridge im unteren Teil der Sidney Street, in einem Gebiet mit flachen Fabrikhallen und Lagerhäusern, das an einen schwindsüchtigen Rangierbahnhof grenzt. In demselben Block, nur durch die Straße getrennt, liegen die Boston Pipe and Fittings Company und die

American Foundry Inc., und hundert Meter weiter, in ebenso grauen, zwei- oder dreistöckigen Backsteingebäuden, residieren Firmen mit so futuristischen Namen wie ImmunoGen, Bioprocess Technologies und Holometrix. In dem kasernenähnlichen früheren Betriebshof der St. Johnsbury Trucking Company, bis Anfang der achtziger Jahre ein Ort ratternder Getriebe und zischender Druckluftbremsen, werden heute in glänzend aufpolierter Anonymität Röntgenteleskope hergestellt. Trotz der neuen Verbindungen zur Harvard University und zum Massachusetts Institute of Technology (MIT), trotz der vielen hervorragenden Wissenschaftler, trotz der unaufhörlichen Einwirkung des Profitstrebens und trotz der vielen Saabs und Acuras, die jetzt hier einsickern, ist es nach wie vor eine gesichtslose Gegend, eine vorübergehende Adresse für die neuen Firmen und die letzte Heimat für die alten.

Im April 1989, sechs Monate vor Joshua Bogers Ausflug ins Vista, mietete Vertex zunächst einmal 1 000 Quadratmeter im früheren Lagerhaus einer Baufirma an der Ecke Sidney/Allston Street. Von seinem Ehrgeiz getrieben, suchte Boger sofort nach größeren Flächen. Das Backsteingebäude ist einstöckig, fast quadratisch und gelegentlich das Ziel von Graffittikünstlern. Als es in den zwanziger Jahren gebaut wurde, hatte es Schaufenster mit Mittelpfosten und korinthische Säulenattrappen. Sechzig Jahre später waren die Säulen unter Putz verschwunden, und an die Stelle der Fenster waren Isolierscheiben getreten, was dem Gebäude das Flair von billiger Wiederverwendung gab, wie bei einer Autowerkstatt, die früher eine Waffenschmiede gewesen war. Tatsächlich sind die Fenster genauso überflüssig wie die Säulen. Da alles, was für einen gesetzestreuen Medikamentenhersteller teuer ist, für einen illegalen Produzenten noch wertvoller wäre, zieht es die Firma vor, das Innenleben ihrer Labors nicht zur Schau zu stellen. Die Jalousien sind immer heruntergelassen.

Als Boger sich entschloß, seine noch namenlose Firma in Cambridge anzusiedeln, wohnte er noch in New Jersey, in der Nähe des riesigen zentralen Forschungszentrums von Merck. Er wollte, daß Vertex allen - zwar nicht den Passanten, aber der internationalen Elite von Wirtschaft und Forschung - sofort auffiel, und dazu, so dachte er, war Cambridge ein guter Präsentierteller.

Geschäftlich war es eine einmalig aussichtslose Zeit. In den vorangegangenen zehn Jahren waren fast 200 Biotechnologiefirmen aus dem Boden geschossen, aber nur eine einzige, nämlich Genentech, machte regelmäßig Gewinne, und selbst die waren enttäuschend gering. Die meisten Firmen hatten einfach blindlings Geld aus dem Fenster geworfen, ohne daß ein Ende abzusehen war. Und jetzt gingen sie zu Dutzenden ein oder suchten händeringend nach Käufern.

Betrachtete man nun noch die zunehmende landesweite Rezession und die Schwindsucht der Wirtschaft in Neuengland, dann erschien Bogers Entschluß, bei Merck zu kündigen und im tiefsten, lichtlosen Ostküstenwinter in gemieteten Räumen in Cambridge neu anzufangen, wirklich verhängnisvoll. Aber er war alles andere als das. Im Herbst war Boger von einem unwiderstehlichen Risikokapitalgeber namens Kevin Kinsella angeworben worden, der den Überschwang seiner Gattung in Reinkultur verkörperte und der Urheber des Konzepts von Vertex war; gemeinsam – Kinsella an der Westküste, Boger im Osten – setzten sie alles auf eine Karte. Mit einem neunzigseitigen Firmenkonzept, das Boger in knapp vier Wochen niedergeschrieben hatte, putzten sie unermüdlich Klinken, sprachen mit Investoren, Wissenschaftlern, Verkäufern, Entwicklern, Anwälten, Unternehmern, Behördenvertretern und möglichen Partnern, und dabei gingen sie gewaltige Verbindlichkeiten ein. „Glauben Sie nicht, daß Sie fünf Jahre zu früh dran sind?" wurde Boger oft gefragt, und darauf erwiderte er berstend vor Ungeduld: „Ja. Aber in fünf Jahren wird es fünf Jahre zu spät sein." Es war entschieden eine Cambridge-Antwort, selbstgefällig und mit Arroganz und Risiko gespickt. Aber damals hatten sie als Mitarbeiter schon den einzigen gewonnen, der es in Herkunft, Ehrgeiz, intellektuellem Feuer und Profil mit Boger aufnehmen konnte: Stuart Schreiber, das Harvard-Wunderkind. Wie, so fragten sich Boger und Kinsella, konnten jetzt sie noch scheitern?

Das war für Boger der zweite Grund, sich Cambridge auszusuchen. Eine junge Biotechnologiefirma hat keine eigene Forschung, und deshalb muß sie sich mit großen Namen der Wissenschaft verbinden – mit einem wissenschaftlichen Beirat. Meist sind diese Beiräte nur Ballast für den Briefkopf, aber Boger erklärte, bei ihm solle er mehr sein. Nachdem er für seinen Wunschbeirat fünf Harvard-Professoren ausgesucht und von allen, insbesondere von Schreiber, Zusagen bekommen hatte, wollte er sich ihrer auch bedienen. In Cambridge zu sein bedeutete, daß man sie per Kurier erreichen konnte.

An dem Samstagmorgen, bevor Boger nach New York flog, kamen der wissenschaftliche Beirat und die angestellten Wissenschaftler von Vertex zum ersten Mal in dem provisorischen Frühstücksraum der Firma zusammen. Dieses Treffen, das als ganztägige Strategiesitzung angekündigt war, sollte auch der erste entscheidende Test für Bogers Entschlossenheit werden, den Beirat einzuspannen. Wie zu Beginn vieler wagemutiger Abenteuer herrschte das übliche Flair von Selbstherrlichkeit, das durch Mangel verstärkt wird – eine Atmosphäre von Gewinnsucht und Pöbelhaftigkeit. Manche der Anwesenden lernten sich hier erst kennen.

Wie sie hier versammelt waren, gehörten sie zu dem Typ von Leuten, bei dem Boger sich am wohlsten fühlte: jung, männlich, respektlos – Leute wie er selbst. Unter den zwanzig anwesenden Wissenschaftlern waren nur zwei Frauen, und nur fünf waren über vierzig. Aber obwohl sie alle relativ unerfahren waren, hatte jeder etwas aufgegeben, um hierher zu kommen, und daran wurden sie durch die Umgebung erinnert. Wochenlang hatten Preßlufthämmer das Gebäude erbeben lassen, und auf allen Büchern, Schränken und Kitteln war ein Überzug aus Zementstaub zurückgeblieben. Über ihren Köpfen hatten die Arbeiter ein paar Deckenplatten ausgelassen, und aus den Öffnungen ragten Stränge nicht angeschlossener Leitungen. Die Leinwand, auf der Boger eine längere Fassung der Diavorführung zeigte, die er mit nach New York nehmen wollte, war stahlgrau und recht mitgenommen; sie gehörte ebenso zum kurzfristig gemieteten Inventar wie die Möbel in seinem Büro, dessen Tür in den Frühstücksraum führte und an dessen Wänden sich Bücher und Kataloge in chaotischen Haufen stapelten. Viele der Wissenschaftler waren es gewohnt, daß man sie bei solchen Tagungen verhätschelte: Bei Merck, wo einige von ihnen zuvor gearbeitet hatten, wurden Gastwissenschaftler mit einer Limousine abgeholt und mit dem Hubschrauber über das Werksgelände geflogen. Bei Vertex gab es heute zum Mittagessen Pizza und griechischen Salat auf Papptellern.

Den wissenschaftlichen Beirat so stark mit einzubeziehen, war eigentlich eine sehr unpopuläre Idee von Boger, und er würde in der Firma viel dafür tun müssen, um sie durchzusetzen. Die Wissenschaftler in Industrie und Universitäten neigen dazu, sich gegenseitig brutal zu verachten. Die Forscher an den Universitäten leben vom Veröffentlichen, von Aufmerksamkeit und Ehre – das ist der Stoff, aus dem ihre Karriere geschnitzt ist. Der Erfolg der Wissenschhaftler in der Industrie hängt dagegen meist eher davon ab, daß sie ihre besten Arbeiten geheimhalten können, und deshalb sind sie weniger bekannt; in ihren Augen neigen die meisten Akademiker zu rücksichtsloser, unverzeihlicher Selbstdarstellung. Die Industrie- und Universitätswissenschaftler, die Boger in diesem Raum zusammengeführt hatte, gehörten auf ihren Fachgebieten zu den Besten. Sie zu einer freimütigen Unterhaltung zu veranlassen, war ein schwieriges Unterfangen.

Das Problem war eine Woche vorher zum ersten Mal offenkundig geworden – prickelnd, bedrohlich, nicht überraschend, aber doch früher, als die meisten erwartet hatten. Schreiber, ein schlanker, begeisterter Chemieprofessor von 33 Jahren, hatte auf einem kleineren Treffen vorsichtig angeregt, jeder solle darstellen, welche Experimente er plante. Da dieser Vorschlag von Schreiber kam, war er wohl kaum so arglos, wie es zunächst den Anschein hatte. Mehr als jeder andere bei Vertex war er Boger ebenbürtig, gewissermaßen sein zweites Ich: eine aufstrebende Größe, der jetzt den Rückhalt, die Stellung und die Macht besaß, von denen er lange geträumt hatte, und der jetzt anfing, seine Spuren auf der Bühne der Wissenschaft zu hinterlassen. Es gab noch andere Ähnlichkeiten. Wie Boger, so ist auch Schreiber Chemiker und ein Vertreter jener lange verpönten Harvard-Tradition, derzufolge die Chemie über den Biowissenschaften steht. Er kann schnell und produktiv denken, über die Grenzen seines eigenen Fachgebietes hinausblicken und ein ehrgeiziges, in viele Richtungen gehendes Forschungsprojekt leiten. Schreiber arbeitete sieben Tage in der Woche, hatte eine große Gruppe der ehrgeizigsten Doktoranden und Postdocs, veröffentlichte wie ein Wilder und konnte vielversprechende Ideen geradezu riechen. „Stuart ist unerschrocken", sagte Boger einmal bewundernd. „Er hat einen unglaublichen Instinkt dafür, was das richtige Experiment ist."

Aber er hatte auch ein gewinnendes Wesen. Wie Boger, so strahlte auch Schreiber eine lockere Freundlichkeit aus. Er war in West Virginia in einem halb ländlichen Umfeld von Gewehren und Mähdreschern ein paar hundert Meilen von Concord entfernt aufgewachsen und vergnügte sich in seiner Schulzeit vor allem auf Partys, bis er auf dem College die Chemie entdeckte. Heute trägt er locker sitzende Importkleidung und weiche Mokassinschuhe und pendelt von seinem fünfstöckigen Stadthaus in Back Bay in einem graumetallicfarbenen Porsche 911 mit Autotelefon nach Cambridge. Mit seinem glatten, lebhaften Gesicht, seinem respektvollen Auftreten und den großen, wäßrigen Augen, die hinter den runden, in einem Metallgestell gefaßten Brillengläsern noch größer und wäßriger erscheinen, wirkt er eher wie ein erfolgreicher junger Galerist und nicht wie einer der zwei oder drei vielversprechendsten organischen Chemiker der Welt.

Wie bei Vertex, so beschäftigte man sich auch in Schreibers Arbeitsgruppe an der Harvard University mit Medikamenten, die das Immunsystem unterdrücken. Das Gebiet nahm schnell an Aktualität zu, nicht zuletzt wegen Schneiders Arbeiten. Er war versessen auf das, was Universitätswissenschaftler auf neuen Forschungsgebieten am meisten anstreben – der Erste zu sein und bei einem Thema als führender Kopf anerkannt zu werden –, und deshalb machte er sich Sorgen, die Doppelbelastung könne seinen Bemühungen im Wege stehen.

„Ich halte es für das beste, wenn wir sofort überlegen, was wir tun wollen und welche Ziele Vertex hat", sagte Schreiber.

Lähmendes Schweigen trat ein. Die Wissenschaftler von Vertex sahen einander vorsichtig an oder betrachteten ihre Schuhe. Schließlich wischte Boger die Frage zur Seite: Er sprach darüber, wie viele Leute er einstellen wollte und für welche Gebiete – ein verschlüsselter Hinweis auf die allgemeine Forschungsrichtung von Vertex, der aber keine Einzelheiten enthielt. Schreiber verdiente zwar 25 000 Dollar im Jahr damit, daß er an vielleicht einem Dutzend solcher Zusammenkünfte im Jahr teilnahm, besaß 150 000 Vertex-Anteile und war unter Vertrag genommen worden, weil es nützlich war, Informationen und Material mit seinem Labor auszutauschen, aber es war klar, daß nicht einmal Boger ihm als Kooperationspartner voll und ganz trauen konnte. Als Schreiber merkte, daß er mit seinem Anliegen nicht weiterkam, sagte er: „Na gut, dann soll immer derjenige, dem ein Experiment zuerst einfällt, es auch machen." Nachdem alle zugestimmt hatten, ging die unangenehme Unterhaltung weiter.

Die Labors waren noch nicht in Betrieb, und deshalb konnte die Bedrohung durch Konkurrenz unter den Wissenschaftlern von Vertex noch nicht aufkommen, aber auch hier gab es Ängste. Boger hatte eine Gruppe hervorragender Wissenschaftler eingestellt; neun der zehn erfahrensten Leute hatten zuvor bei Merck, in Harvard, am MIT oder in Yale gearbeitet. Außerdem wollte Vertex die aktuellsten Themen aus zwei Wissenschaftsgebieten einbeziehen: aus der Molekularbiologie, die sich mit

Funktionen beschäftigt, und aus der Chemie, die Strukturen und Mechanik analysiert – und die Vertreter dieser Disziplinen haben wie Freudianer und Behavioristen kaum ein gutes Wort füreinander. Mit pharmazeutischer Chemie, Röntgenstrukturanalyse, Kernresonanzspektrometrie, Moleküldesign, Computerchemie, Proteinchemie und Enzymforschung waren bei Vertex bereits mehr Methoden zur Untersuchung submikroskopischer Strukturen vertreten als an einer kleinen Universität, und man konkurrierte schon heftig um Mitarbeiterstellen und Laborplätze. Der Sieg wird in der Wissenschaft wie im Krieg nach Köpfen, Flächen und Material berechnet, und bei Vertex, so schien es, würde es nicht anders sein. Zusammen mit dem persönlichen Ehrgeiz derer, die in Vertex einen entstehenden wichtigen Medikamentenhersteller sahen und mit der Firma auch selbst an Macht und Einfluß gewinnen wollten, hatte sich bereits eine Atmosphäre der internen Zänkerei eingestellt, die überall hinter der anfänglichen Lockerheit und Kameradschaft hervorlugte.

Jetzt im Frühstücksraum gab Boger sich Mühe, alle Seiten unter einen Hut zu bekommen. Er ließ sich von der allgemeinen Gereiztheit keineswegs stören, sondern nahm sie als Bestätigung, daß seine Vorstellungen von der Geschäftskultur – einer Kultur des aufgeklärten Eigennutzes – sich langsam durchsetzten. Boger wollte Mitarbeiter, die sich von Konkurrenz nicht umwerfen ließen; Leute, die wie er selbst darauf bestanden, die besten zu sein. Er wollte eine Orgie der energischen, militant egoistischen Kreativität, mit der er aufgewachsen war. „Arroganz stört uns nicht und beeindruckt uns nicht", sagte er einmal in einem anderen Zusammenhang. „Wir verstehen die Arroganz." Wie vieles, was Boger zu jener Zeit äußerte, schien auch diese Bemerkung zumindest teilweise berechnet zu sein, wie bei einem kleinen Mann, der herumstolziert, um gewisse Schwächen auszugleichen: Vertex würde trotz aller Begabung gegen Labors antreten müssen, die weitaus reicher waren und mehr Erfahrung hatten; übermäßige, ja selbst unerhörte Prahlerei war gut für die Moral.

Und doch glaubte Boger jedes Wort, das er sagte – oder zumindest schien es so. Selbst zutiefst unreligiös, glaubte er an sich selbst und an die Wissenschaft mit einem himmelhohen Zutrauen, wie es sonst kaum jemand besaß. Seine Überzeugung war gewaltig, und er äußerte sie mit einem solchen Selbstvertrauen, daß es schwer war, ihm nicht recht zu geben.

Boger hatte vor, nicht selbst die Kooperation zu suchen. Statt dessen übergab er die Gesprächsleitung an Rich Aldrich, den Vizepräsidenten für Geschäftsentwicklung bei Vertex. Aldrich, ein großer Lockenkopf von 35 Jahren mit einem Wirtschaftsexamen aus Dartmouth, war der einzige Nichtfachmann in der Runde. Seine Vorfahren waren 1630, zehn Jahre nach der *Mayflower*, in Plymouth an Land gegangen und hatten es sich seither in Justiz und Banken des Landes immer gutgehen lassen. In diesem Umfeld biederen Yankeetums war Aldrich mit dem Entschluß, seine Karriere in der risikoreichen Biotechnologie zu suchen, geradezu ein Familienrebell. Aber das allein verschaffte ihm bei den hier versammelten Wissenschaftlern noch nicht automatisch die Anerkennung. Im Gegenteil: Auch ohne seine Herkunft zu kennen, sahen viele in ihm einen politischen und kulturellen Sündenfall. Aldrich, der an diesem Tag eine Khakihose und ein blaues Baumwollhemd trug, machte sich einen Spaß daraus, die Kluft zwischen Geschäft und Wissenschaft unmittelbar anzusprechen. „Na, heute schon ein paar Medikamente gebaut?" fragte er.

Trotz der Unterschiede hatten alle bei Vertex eines gemeinsam: Aufgrund der Bedingungen, mit denen es armen, unbekannten Firmen gelang, Spitzenwissenschaftler zu gewinnen und dann noch von ihnen zu verlangen, daß sie auch samstags arbeiteten, hatten sie alle eine Riesenmenge Aktien angehäuft – von 10 000 Anteilen für einen Jungwissenschaftler bis zu 780 000 Anteilen für Boger. Zur Zeit waren es wertlose Papiere, aber wenn die Firma erst einmal bekannt war, würden sie alle reich werden, und wenn Boger recht hatte und Vertex eines Tages eine wichtige Pharmafirma war, würden sie sogar ungeheuer reich werden. In Bogers Augen war dieses gemeinsame Schicksal so überzeugend, daß man niemanden daran zu erinnern brauchte; es sollte auch den gierigsten Egoisten bändigen. Und tatsächlich: Als Aldrich jetzt erklärte, wie die Firma die zigmillionen Dollar auftreiben wolle, die sie in den kommenden Jahren brauchen würde, hörten die Wissenschaftler mit der gleichen angestrengten Aufmerksamkeit zu wie eine Gruppe von Buchhaltern.

Aldrich berichtete, man verfolge bei Vertex mehrere Möglichkeiten, am erfolgversprechendsten seien aber die Verhandlungen mit anderen Arzneimittelherstellern. Vertex hatte sich bei acht anderen Firmen erkundigt, ob sie einen Teil der Forschung finanzieren würden, wenn sie dafür später bestimmte „nachgeordnete" Entwicklungsrechte bekämen. Mit anderen Worten: Er und Boger sprachen mit möglichen Konkurrenten nachdrücklich über die wissenschaftliche Arbeit der Firma, bevor sie auch nur die ersten Reagenzgläser ausgepackt hatten. So etwas war zwar allgemein üblich, aber einige Universitätswissenschaftler in der Runde machten sich Sorgen.

„Besteht nicht die Gefahr", mischte sich verwundert Jeremy Knowles ein, ein ausgezeichneter Enzymforscher, der aus Oxford nach Harvard gekommen und Bogers Doktorvater gewesen war, „daß wir alles weggeben, bevor wir etwas haben? Ich meine, ja, es gibt hier ein paar glänzende Ideen, und ein par tolle Leute, und wir werden es schaffen. Aber wer hindert die langweilige alte Glaxo [eine britische Firma, die mit Zantac, einem Mittel gegen Magengeschwüre und dem weltweit meistverkauften Medikament, von Platz 25 auf Platz 2 der umsatzstärksten Pharmafirmen vorgestoßen war] daran, zu sagen: ‚Ja, ja, interessant. Vielleicht können wir das selbst machen, was ihr uns erzählt.'"

„Aber sie können es nicht, Jeremy", warf Boger ein.

„Aber Merck kann es."

„Nein." Boger machte eine bedeutungsschwere Pause. „Merck kann es auch nicht."

Es war bei Vertex – wie bei den meisten neuen Firmen – fast ein Glaubensbekenntnis, daß die Großunternehmen Dinosaurier waren: zu wenig anpassungsfähig und zu langsam, so daß sie an der vordersten Front der Forschung nicht mithalten konnten. Aber Knowles vermutete nicht als einziger, es könne von tödlicher Arroganz sein, wenn man es wagte, diese Firmen herauszufordern, insbesondere wenn man selbst noch keine wissenschaftliche Leistung vorzuweisen hatte.

Wenn es in Bogers Denken einen gefährlichen Punkt gab, dann diesen, das wußte Knowles. Boger war zu schlau und konkurrenzbewußt, als daß er anderen kein Gehör geschenkt hätte. Gleichzeitig war er sich seiner selbst aber so sicher, daß er die anderen oft unterschätzte und ihnen mit überheblicher Geringschätzung gegenübertrat. Vor allem versetzte er den Mächtigen gerne Nadelstiche. So war es gewesen, als er mit Kinsella monatelang nach einem Namen für die neue Firma gesucht und sich schließlich für Veritas entschieden hatte. Wenn ein gerade flügge gewordenes Unternehmen Kontakte zu Harvard-Professoren knüpfte, war das etwas ganz anderes, als wenn es sich das 350 Jahre alte Motto der Universität aneignete. Wie in kaum einer anderen Hochschule scheute man in Harvard davor zurück, öffentlich mit Privatfirmen in Verbindung gebracht zu werden. Knowles bekam beschwörende, warnende Anrufe von der Universitätsverwaltung einschließlich der Rechtsabteilung. Boger genoß zwar die Befürchtungen in Harvard, aber Knowles konnte ihn schnell von der „Empfindlichkeit, Entsetzlichkeit und völligen Unannehmbarkeit" des Namens Veritas überzeugen; sie änderten ihn in Vertex.

Seltsamerweise stand Vertex an der vordersten Front der Wissenschaft, über die jetzt im Frühstücksraum gesprochen wurde, oder doch zumindest fast ganz vorn, und das, obwohl noch kein einziges Experiment stattgefunden hatte. Im Februar, als Boger überlegt hatte, welches Projekt sie als erstes in Angriff nehmen sollten, erschien seine Entscheidung, den experimentellen Wirkstoff FK-506 zu verbessern, sehr weitsichtig. Mittlerweile befand sich Vertex durch eine Reihe neuer Entwicklungen mitten in einem der vielversprechendsten Gebiete der Pharmaforschung.

Medikamente sind Moleküle. Sie zielen auf entscheidende Punkte des Krankheitsverlaufs. Da nicht alle Moleküle medizinisch wirksam sind, besteht die Schwierigkeit für einen Medikamentenhersteller darin, diejenigen herauszufinden, bei denen ein Effekt eintritt. Aber das ist nicht das einzige Problem. Ein Wirkstoffmolekül muß so einzigartig sein, daß man es patentieren kann, und es muß in der Lage sein, an seinen Zielpunkt zu gelangen, als eines unter vielen Molekülen in dem unendlich komplizierten molekularen Universum des Organismus. Wie schwierig das ist, entdeckte Raquel Welch in den sechziger Jahren in dem Film *Reise durch den menschlichen Körper*. Sie ging darin zusammen mit einer Gruppe geschrumpfter Ärzte auf eine entsetzliche Reparaturmission durch den Organismus eines Menschen. In einem winzigen U-Boot schaukelten sie durch das Blutplasma, entgingen um Haaresbreite der tödlichen Umklammerung kettenförmiger Antikörper und durchbrachen schmierige Zellwände, um einen abgelegenen Gehirnbereich in Ordnung zu bringen. Diese Reise, die ungefähr eine Stunde dauerte, ähnelt dem Lebenslauf mindestens eines Medikamententyps, nämlich derjenigen Wirkstoffe, die durch Injektion ins Blut gelangen.

Tabletten haben einen noch gefährlicheren Weg vor sich. Der Darm hat die Aufgabe, chemische Verbindungen Atom für Atom zu zerlegen, damit der Organismus ihre Bestandteile nutzen kann. Wie Maschinen in einer riesigen, automatisierten Fabrik sorgen Enzyme in Verdauungstrakt und Leber mit einer Geschwindigkeit von bis zu zehn Millionen Umsetzungen in der Sekunde für das Auseinandernehmen und Wiederzusammensetzen der ankommenden Atome. Manche Moleküle bleiben erhalten, andere werden neu aufgebaut, wieder andere werden verbrannt oder als Abfall beseitigt. Moleküle sind Gruppen von Atomen, die wie Steckperlen zusammengefügt sind, und die Moleküle eines Medikaments, das durch den Mund in den Körper gelangt, müssen klein, haltbar und äußerst widerstandsfähig gegen das Zerpflücken oder Zerreißen sein. Das U-Boot in *Reise durch den menschlichen Körper* würde nach einer Stunde im Darm aussehen wie ein Auto, das man über Nacht auf der Böschung des Cross-Bronx Expressway stehenläßt.

Bis zum Zweiten Weltkrieg gab es nur eine Handvoll wirksamer Medikamente, und die meisten davon hatte man durch Glück und Ausprobieren entdeckt. Seit jener Zeit hat sich die Suche nach neuen Medikamenten aber immer auf die Bereiche beschränkt, in denen man sie mit der größten Wahrscheinlichkeit findet: auf Boden und Schlamm. Die bei weitem fruchtbarsten Erzeuger jener kleinen, kohlenstoffhaltigen Moleküle, aus denen die besten Medikamente bestehen, sind winzige Mikroorganismen, die sich unter unseren Füßen tummeln. Wenn also die großen Weltfirmen der Pharmaindustrie neue Medikamente entdecken wollen, stehen am Anfang immer weißbekittelte Wissenschaftler im Labor und kochen in Nährlösungen seltsame Schmutzproben, um sie dann auf Aktivität zu untersuchen. Wenn ein Bestandteil dieser fauligen, schwarzen Chemiesuppe im Labor gegen eine Krankheit wirkt, fängt man an, den aktiven Wirkstoff zu suchen.

Neben den atemberaubenden Kosten und der Abhängigkeit vom Glück (unter Umständen hat man die richtige Verbindung, aber das falsche Ziel) liegt das größte Problem dieses Durchmusterns von Naturstoffen in den Molekülen selbst. Sie wirken zwar, und das in vielen Fällen sogar erstaunlich gut, aber ob sie aktiv sind oder nicht, ist oft Glückssache. Es gibt zum Beispiel offenbar keinen logischen Grund, warum ein Molekül, das von einem Pilz produziert wird – und dessen Struktur sich in vier Milliarden Jahren der Evolution so entwickelt hat, daß es eine Funktion erfüllt, die entwicklungsgeschichtlich um Welten von menschlichen Zellen entfernt ist – Cholesterin reduzieren soll, und doch wurden die meisten führenden Medikamente zur Senkung des Cholesterinspiegels einschließlich des Präparats Mevacor von Merck mit einem Umsatz von 1,6 Milliarden Dollar genau auf diese Weise entdeckt. Die beste Erklärung besagt, daß die Moleküle irgendeiner anderen Substanz ähneln. Und da sie demnach nur eine Annäherung und nicht die vollkommene Struktur darstellen, passen sie unter Umständen auch zu anderen Angriffspunkten, oder sie enthalten giftige Molekülteile, die für ihre Funktion nicht notwendig sind und weitere, unerwünschte Reaktionen auslösen – Nebenwirkungen.

Genau diesen Zwang zum Durchmustern wollte Boger mit Vertex abschaffen. Die Quantensprünge in den Kenntnissen über die molekularen Vorgänge bei Krankheiten und in der Computertechnik eröffneten in letzter Zeit einen neuen Weg zum Auffinden von Wirkstoffen. Nach dieser sogenannten *rationalen* oder *strukturorientierten* Methode setzt man die Moleküle aufgrund genauer Kenntnisse über ihre Wirkungsweise Atom für Atom zusammen. Medikamente wirken, weil sie gezielt an ganz bestimmten Molekül*rezeptoren* hängenbleiben, Zielstrukturen, die sich meist in den Zellen befinden. Wirkstoff und Rezeptor verbinden sich wie die Teile eines Puzzlespiels, weil ihre Strukturen genau zusammenpassen und einander ergänzen. Daraus ergibt sich die Grundlage für das rationale Medikamentendesign: Man will die Form der Wirkstoffmoleküle optimieren. „Die Punkte verbinden", nannte Aldrich es gern in drastischer Vereinfachung, die manche Wissenschaftler am Tisch zurückzucken ließ. Eigentlich verfolgt man dabei genau das umgekehrte Ziel wie beim Durchmustern: Man sucht nicht in der Natur nach Annäherungen, sondern baut die Moleküle zusammen, die man haben will.

Solche Medikamente hätten wahrscheinlich gewaltige Vorzüge. Da sie gezielter wirken würden, wären sie ungefährlicher; es gäbe weniger Nebenwirkungen. Und da sie ungefährlicher wären, könnte man sie viel umfassender und in höherer Dosis einsetzen; das bedeutete unermeßliche neue Anwendungsgebiete (und nicht zuletzt Märkte und Profite). Wie Boger und andere deutlich gemacht haben, sind strukturorientierte Wirkstoffe der heilige Gral der Industrie; „aber wie bei so vielen heiligen Gegenständen", so Boger, „hat man öfter über sie geredet, als daß man sie ernstgenommen hätte."

Als erstes Projekt, mit dem man das strukturorientierte Moleküldesign bei Vertex demonstrieren wollte, paßte die Überarbeitung von FK-506 genau zu Bogers Vermessenheit. Der Wirkstoff gehörte einem anderen Unternehmen, nämlich der japanischen Fujisawa Pharmaceuticals Company, und dort hatte man gerade begonnen, es an Menschen zu erproben; als wirksames Immunsuppressivum sorgte es offenbar besser als alle anderen Medikamente dafür, daß die Empfänger von Transplantaten das fremde Organ nicht mehr abstießen. Immunsupppressiva wirken, weil sie die Immunabwehr des Organismus zwar nicht vollständig, aber doch zum Teil lahmlegen. Eine solche Therapie ist vor allem bei Transplantationspatienten lebenswichtig, denn bei ihnen besteht die Gefahr, daß das Transplantat von überaktiven Immunzellen (dem „immunologischen Bewußtsein", wie Sir Peter Medawar es nannte) zerstört wird. Aber das war vielleicht unter allen Wirkungen von FK-506 noch die nebensächlichste. Auch Cyclosporin, das ähnlich wirkt wie FK-506 und als einziges selektives Immunsuppressivum zugelassen ist, hilft auffallend gut gegen Krankheiten, bei denen das Immunsystem fälschlicherweise körpereigene Zellen umbringt; aber es ist so giftig, daß man es nicht allgemein verwenden kann. Multiple Sklerose (MS), jugendlicher Diabetes, rheumatoide Arthritis, Crohn-Krankheit, Schuppenflechte, Lupus erythematodes: Diese und vielleicht ein paar Dutzend weitere Autoimmunkrankheiten könnte man möglicherweise mit einem ähnlichen, aber gezielter wirkenden und deshalb ungefährlicheren Wirkstoff heilen – einem Wirkstoff, dessen Moleküle sie nach Bogers Überzeugung jetzt bei Vertex entwerfen würden. Dabei war ihm durchaus nicht entgangen, daß der potentielle Markt für ein Medikament von derart überwältigender Wirksamkeit ein Volumen von etwa fünf Milliarden Dollar im Jahr hatte.

FK-506 und Cyclosporin sind konventionelle Wirkstoffe: Beide wurden in Schmutzproben entdeckt (Cyclosporin in Norwegen in der Nähe des Polarkreises, FK-506 an einem Berghang in Japan), und daß sie gegen Krankheiten helfen, hatte man durch Zufall bemerkt. Außerdem sind sie giftig. Viele Patienten, die Cyclosporin einnehmen, erleiden so schwere Nierenschäden, daß eine weitere Transplantation notwendig wird. FK-506 sah zwar bei Menschen vielversprechend aus, hatte sich aber bei Hunden als tödlich erwiesen – diesen Unterschied wollte die Food and Drug Administration (FDA) geklärt wissen, bevor sie den Wirkstoff allgemein freigab. Damit waren zwei höchst wirksame Substanzen nur von begrenztem Nutzen.

Hier lag der Ansatzpunkt für Vertex. Das strukturorientierte Medikamentendesign wird oft mit der Arbeit der Schlossers verglichen, der einen passenden Schlüssel für ein Schloß herstellt. Mit einem Modell des Zylinders als Vorlage gestaltet man ein Gerät, das nur die Zuhaltungsbolzen berührt. Entscheidend ist dabei – und das verschafft einer Firma den Vorteil –, daß man die Form des Zylinders kennt und weiß, wie er funktioniert.

An den gegenüberliegenden Seiten des Frühstücksraumes saßen Schreiber und ein bärtiger, mondgesichtiger, sanfter junger Immunologe namens Matt Harding. Schreiber war mit 26 Jahren der jüngste ordentliche Professor für Chemie an der Yale University gewesen, bevor Derek Bok, der damalige Präsident von Harvard, ihn nach Cambridge geholt hatte; Harding, den Boger gerade erst von der medizinischen Fakultät in Yale abgeworben hatte, war Schreibers wichtigster Partner in Sachen Immunsuppression. Die Schlösser für die Medikamentenmoleküle sind fast immer Proteine, die funktionstragenden Moleküle der Zellen, und über die Rezeptorproteine für Cyclosporin und FK-506 wußten Schreiber und Harding zusammen vielleicht mehr als alle anderen Wissenschaftler auf der Welt. Harding war bei der Entdeckung beider Zielproteine beteiligt gewesen, die man wegen ihrer Affinität zu den immununterdrückenden Wirkstoffen auch als *Immunophiline* bezeichnete; zusammen mit Schreiber hatte er kürzlich erstmals faßbare Mengen des Rezeptors für FK-506 hergestellt, des FK-506-Bindeproteins oder FKBP. Diesen Rezeptor in der Hand zu haben, praktisch ein genaues Abbild des Proteins, über das FK-506 vermutlich im

Organismus wirkt, war keine Kleinigkeit, denn schon ein paar tausendstel Gramm von einem Reagenz können einer Firma für ihre Experimente einen beträchtlichen Vorteil verschaffen. Zusammen mit Merck, wo man FKBP unabhängig von ihm entdeckt hatte und ebenfalls eine winzige Menge davon besaß, kontrollierte Schreiber weltweit die Versorgung mit diesem Protein.

Wenn man das Ziel eines Wirkstoffs identifiziert hat, besteht die nächste Aufgabe in der Aufklärung seiner Struktur – man muß das Innenleben des Schlosses kennenlernen und die Zuhaltungsbolzen freilegen. Obwohl solche Arbeiten auf fünfzigjährige Spitzenforschung zurückgreifen können, bleiben sie so etwas wie schwarze Magie. Um die Stellung jedes einzelnen Atoms in einem Proteinmolekül auf einen zehnmilliardstel Millimeter genau zu berechnen (die meisten Proteine sind biegsam und bestehen aus Tausenden von Atomen), braucht man Instrumente für mindestens eine Million Dollar und in der Regel einen hochspezialisierten und traditionell launischen Wissenschaftler, den Röntgenstrukturanalytiker. Diese Spezialisten sind die angesehensten Proteinchemiker. Die Zusammenarbeit mit einem der wenigen, die tatsächlich die Struktur eines Proteins geklärt haben, kann einer Firma einen guten Namen verschaffen. Und einen davon einzustellen bedeutet ein großes Privileg. Neben Schreiber und Harding saß Don Wiley von der Harvard University. Er hatte kürzlich die Struktur eines entscheidenden Proteins im Immunsystem entschlüsselt, und diese Entdeckung galt als so entscheidend für das Verständnis der Autoimmunkrankheiten, daß man sich zum ersten Mal Hoffnungen machte, solche Leiden mit Medikamenten heilen zu können. Wiley würde nicht selbst versuchen, die Struktur von FKBP im Auftrag von Vertex aufzuklären, aber das war nicht schlimm. In wenigen Wochen würde Boger bekanntgeben, daß er Manuel Navia eingestellt hatte, den vielleicht berühmtesten Röntgenstrukturanalytiker der Pharmabranche. Ein von Navia geleitetes Forscherteam hatte 1988 in der Rekordzeit von drei Monaten die Struktur eines wichtigen Proteins ermittelt, das die Vermehrung des AIDS-Virus in Gang setzt; seine Leistung war von derart gewaltigem allgemeinem Interesse und für seinen Arbeitgeber ein so großer Imagegewinn, daß die Firma unweigerlich in den Fernsehnachrichten auftauchen mußte. Navia, so freute Boger sich hämisch, kam von Merck.

Boger hatte allein entschieden, welches Projekt sie als erstes in Angriff nehmen wollten, und dann hatte er die Wissenschaftler entsprechend zusammengestellt. Aber die wichtigste Entwicklung, durch die das Gebiet der Immunophiline für Vertex reif wurde, hatte sich an anderer Stelle und außerhalb von Bogers Einfluß abgespielt. Daß Immunsuppressiva wie Cyclosporin und FK-506 wichtige Medikamente waren, wußte man schon lange, aber wie sie wirken, blieb lange Zeit ein Rätsel. Vor kurzem hatten zwei Artikel in der Fachzeitschrift *Nature* eine reizvolle Antwort nahegelegt. Wie darin gezeigt wurde, ist das Cyclophilin, das offenbar das Ziel des Cyclosporins darstellt, ein Enzym, das heißt, es gehört zu den kompliziertesten und aktivsten Molekülen überhaupt. Nach Ansicht der Autoren beschleunigt Cyclophilin die Faltung anderer Proteine zu ihrer aktiven Form, weil es bei diesem Vorgang eine entscheidende Reaktion katalysiert.

Es war eine höchst vielversprechender Beobachtung. Ohne Faltung ist ein Protein nichts, nur eine Kette aus Atomen. Wenn es sich aber in einer genetisch genau vorgegebenen Form zusammenwickelt und aufrollt, erwacht es zum Leben. Ihren Höhepunkt erreicht die schnelle Proteinfaltung bei der Entstehung neuer Zellen, wenn verschiedene Enzyme atomare Untereinheiten festhalten, zerlegen und zusammensetzen, denn Proteine machen die Hälfte aller lebenden Materie aus. Deshalb lautete die Folgerung aus den *Nature*-Artikeln: Cyclosporin wirkt wie ein Schraubenschlüssel, den man gezielt an die richtige Stelle eines Getriebes wirft, so daß er das Ganze zum Stehen bringt. Keine Proteinfaltung mehr, das bedeutete auch: keine neuen Angreiferzellen mehr, und damit auch weder Transplantatabstoßung noch Autoimmunität. Wie viele andere war Boger verblüfft darüber, wie einfach es war.

Die *Nature*-Artikel waren im Februar erschienen, während Boger sich gerade wegen des Startkapitals abrackerte. Die Wahl des ersten Projekts war zweifellos die wichtigste Entscheidung, die ihm bevorstand, denn die Firma mußte sich selbst tragen – im Gegensatz zu den Konkurrenten hatte sie keine anderen Forschungsprogramme, mit denen sie die Flaute überbrücken konnte. Wirtschaftlich war die Medikamentenentwicklung ohnehin eine Lotterie – nur aus jedem zehnten Projekt geht ein Medikament hervor –, so daß man Sicherheiten haben mußte, und Boger hatte das Glück schon gefährlich stark strapaziert. Ohne zu zögern, setzte er alle Mittel des jungen Unternehmens für die Immunophiline ein.

Dahinter stand eine überzeugende Überlegung. Die Hypothese von der Proteinfaltung legte sofort das nächste Ziel nahe: Man mußte einen besseren Schraubenschlüssel bauen. Wenn das strukturorientierte Moleküldesign funktionieren sollte, mußte man nach Bogers Ansicht mit einfachen, gut bekannten biochemischen Vorgängen anfangen, und das schien jetzt bei den Immunophilinen möglich zu sein. Außerdem ergab sich aus der Theorie auch etwas, das bisher bei der Suche nach neuen Immunsuppressiva gefehlt hatte: ein Test, ein einfaches Laborexperiment, mit dem man neue Verbindungen überprüfen konnte. Als man bei Vertex die ersten eigenen Moleküle herstellte, konnte man von vornherein untersuchen, ob sie an FKBP – das von Harding entdeckte Enzym, das Schreiber kontrollierte – binden und seine Wirkung, die Proteinfaltung zu fördern, blockieren konnten. Wahrscheinlich würde die Firma kein zweites Mal auf einem so großen neuen Gebiet eine so starke Stellung haben.

„FK-506 ist zur Zeit das einzige aufregende Molekül in der pharmazeutischen Industrie", erklärte Boger den Wissenschaftlern. „Wir können auf diesem Gebiet innerhalb eines Jahres eine Führungsrolle übernehmen."

Ob Boger nun Wirbel machte oder ob es stimmte – die Vorstellung, eine bisher im wesentlichen auf dem Papier existierende Firma könne an vorderster Front auf einem Gebiet mithalten, das zu einem der gewinnträchtigsten und wissenschaftlich lohnendsten Bereiche der Pharmaforschung werden konnte, wirkte auf die Wissenschaftler betäubend. Es brachte sie genau in die Lage, die sie anstrebten.

Dennoch war es keineswegs ein ideales Projekt. Zunächst einmal waren da die wissenschaftlichen Schwierigkeiten. Konnte man die Giftwirkung von Cyclosporin und FK-506 von der medizinischen Wirkung trennen, oder waren beide Eigenschaften zwangsläufig aneinander gekoppelt? Und, was noch entscheidender war: Handelte es sich bei FKBP um das richtige Ziel, oder war die Wirkung auf eine andere, noch nicht entdeckte molekulare Wechselwirkung zurückzuführen? Eine falsche Antwort auf eine dieser beiden Fragen konnte das Projekt – und damit aus verständlichen Gründen auch die Firma – von einem Tag auf den anderen platzen lassen.

Außerdem gab es Konkurrenz. FK-506 war noch so neu, daß keine Firma, die Vertex besiegen wollte, einen uneinholbaren Vorsprung hatte. Aber viele Unternehmen, allen voran Merck, hatten bereits die gleichen Möglichkeiten erkannt wie Boger und strengten sich kräftig an. Boger hatte das Programm bei Merck sogar ins Leben gerufen, was ihm jetzt juristische Probleme einbrachte. Das Vorhaben schien sich zwar für eine begrenzte, sehr konzentrierte Anstrengung wie die von Vertex gut zu eignen, aber wie Knowles schon betont hatte, wäre es töricht gewesen, Merck und die anderen Großfirmen herauszufordern.

Boger brachte diese Themen nur zur Sprache, um sie beiseite zu wischen. Er war vor allem ein Vernunftmensch und glaubte unerschütterlich daran, daß keine seiner Entscheidungen jemals falsch sein könnte. Eine Entscheidung, die sich auf unvollständige Informationen gründete, war in seinem Sprachgebrauch vielleicht „suboptimal", aber falsch konnte sie logischerweise nicht sein. Entscheidend war, daß man über die bestmöglichen Informationen verfügte. Angesichts der vorliegenden Befunde über den Einfluß des Cyclophilins auf die Proteinfaltung, über die Ähnlichkeiten zwischen Cyclosporin und FK-506, über den Stand der Technik beim Medikamentendesign und über die Leute, die er zu diesem Zweck zusammengesucht hatte und die sonst noch auf dem Gebiet arbeiteten, war Boger überzeugt, daß Vertex ebenso wie alle anderen einschließlich Merck die Chance hatte, das nächste große Immunsuppressivum zu konstruieren, ein Medikament, das nicht nur den heutigen, 800 Millionen Dollar schweren Markt des Cyclosporins beherrschen würde, sondern auch den Bereich der Autoimmunkrankheiten eröffnete. Nachdem er nun alle Vorbereitungen getroffen hatte, um, wie er es im Vista Hotel ausdrücken würde, „das Molekül [FK-506] umzugestalten und seine unerwünschten Eigenschaften zu beseitigen", hatte er keine andere Wahl als an das Gelingen zu glauben. Im Laufe des Nachmittags glaubten auch die im Frühstücksraum Versammelten immer stärker, daß es ihnen gelingen würde, und genau das hatte Boger beabsichtigt.

Einer der letzten Redner an diesem Tag war der einunddreißigjährige australische Proteinchemiker John Thomson. Er war vor allem dafür verantwortlich, Vertex mit dem für die anderen Experimente und für die Strukturaufklärung benötigten FKBP zu versorgen; Thomson war gewissermaßen der erste Staffelläufer der Firma – eine entscheidende, höchst exponierte Position, die er anderswo nicht bekommen hätte.

Thomsons Arbeit war so unspektakulär wie unentbehrlich. Als einer der wenigen Fachleute seiner Generation zog er es vor, Proteine nicht mit den modernen gentechnischen Methoden herzustellen, sondern sie aus dem Gewebe von Tieren zu gewinnen, und das verlieh ihm eine erdverbundene Ausstrahlung. Als Doktorand und Postdoc hatte er am MIT mehrere Jahre lang Proteine aus den Augenlinsen ungeborener Kälber isoliert. Hier im Frühstücksraum legte er die Preisliste einer Lieferfirma für menschliche Organe vor – Boger gab ihr den Decknamen „Igor".

In der höchsten Konzentration kam FKBP in der Milz von Erwachsenen vor, und deshalb, so erklärte Thomson, würde er diese Organe als erste kaufen. Der Grundpreis für die Milz eines hirntoten Menschen lag bei 360 Dollar. Milzen, die bei der Transplantation anderer Organe anfielen, wurden zum Discountpreis von 200 Dollar angeboten, aber Thomson wies darauf hin, daß unter Umständen Zuschläge gefordert würden: 25 Dollar für keimfreie oder nicht erkrankte Exemplare und 25 Dollar für schockgefrorene Stücke.

„Wenn wir sie am gleichen Tag geliefert haben wollen", sagte Thomson in seinem breiten Melbourne-Akzent, „kostet das ungefähr 85 Dollar."

Viele Wissenschaftler stöhnten, überrascht von der Wirksamkeit der Marktwirtschaft. Aber Boger griff das Thema auf. Wenn Vertex die Struktur von FKBP aufklären und ein Medikament entwickeln wollte, gab es wissenschaftlich nichts Wichtigeres, als eine reichliche Versorgung mit dem Protein aufzubauen. Selbst Schreiber wäre kaum von Nutzen, wenn man sich wegen seines gentechnisch hergestellten FKBP nicht bald auf eine Zusammenarbeit mit Harvard einigen konnte. Thomson, so erklärte Boger, würde zunächst versuchen, Protein aus den Thymusdrüsen ungeborener Kälber zu isolieren und so ein Modellsystem für die schwerer zu beschaffende und teurere menschliche Milz aufzubauen. Boger sprach nicht gern Machtworte, aber diesmal tat er es.

„Wenn das bedeutet, daß wir einen Viehtransporter am Hintereingang halten lassen und Kälber ausladen, dann werden wir es tun", sagte Boger, „wir machen das."

Die Sitzung dauerte bis fünf Uhr nachmittags, und obwohl es ein strahlender Samstag auf dem Höhepunkt der neuenglischen Herbststimmung war, machte sich keiner vorzeitig davon. Die fünfzehn angestellten Wissenschaftler, neun davon promovierte Naturwissenschaftler, hatten monatelang hier herumgesessen und sich gegenseitig erklärt, sie würden hier die beste wissenschaftliche Arbeit ihres Lebens leisten. Als sie jetzt ihre Kollegen und den wissenschaftlichen Beirat hörten, und vor allem als sie Bogers Mitteilsamkeit in der großen Runde der Wissenschaftler erlebten, die seine Begeisterung hätten dämpfen können, es aber nicht taten, fühlten sie sich in ihrem eigenen Optimismus bestätigt. Bogers Versprechen, Vertex werde etwas schaffen, was noch keiner geschafft hatte, erschien ihnen plötzlich realistischer. Damit hatte Boger sein Ziel erreicht: Sie gingen mit einem neuen Maß an Zutrauen nach Hause, aber das war nichts im Vergleich zu dem Gefühl der höchsten Bereitschaft, des Triumphes vor dem Sieg, das Boger jetzt zu verzehren schien und ihn noch Tage später in die Versteigerungshalle in New York begleitete.

3

Vielleicht seit 40 Jahren, als das Cortison entdeckt wurde, hatte kein Molekül mehr so vielversprechend ausgesehen. Chemiker und Transplantationschirurgen, Pathologen und Gentechniker; Spezialisten für Leber, Nieren, Haut, Gelenke, Augen, Darm, Pankreas, Nerven- und Immunsystem; Pharmafirmen, Versicherungen und Ethiker; Xenotransplanteure (das sind Spezialisten für den Versuch, menschliche Organe durch Organe von Tieren zu ersetzen), Krebsforscher, Mikrobiologen und Hefegenetiker; Menschen, die an Dutzenden chronischer, unheilbarer Krankheiten litten oder an der Schwelle des Todes standen; und schließlich die biologischen Grundlagenforscher, die am weitesten vom Leiden entfernt waren und das molekulare Innerste des Lebendigen untersuchten – sie alle waren von FK-506 angetan. Alle wollten es haben – um es zu untersuchen, auseinanderzunehmen und wieder zusammenzusetzen, um damit zu experimentieren, um es zur Behandlung einzusetzen oder um sich damit behandeln zu lassen; und das alles, obwohl es noch weitgehend unerprobt war und obwohl der erste Fachartikel, der seine Wirkung auf Menschen beschrieb, noch der Veröffentlichung harrte. In der Welt der modernen medizinischen Forschung, in der die Zwänge und Eifersüchteleien der Spezialisierung wie wasserdichte Schotten wirken, das Wissen unterteilen und diejenigen, die Kenntnisse schaffen, von denen trennen, denen die Kenntnisse nützen, und in der es außerdem immense Möglichkeiten der Übertreibung gibt, herrschte ein breites, brennendes, unermeßliches Interesse an dem Wirkstoff, und im Vorfrühling 1989 konzentrierte es sich mit ganzer Macht auf einen Mann: auf Dr. Thomas Earl Starzl.

Starzl war vor allem als Pionier der Transplantationschirurgie bekannt und leitete das größte, geschäftigste, umschwärmteste und mit einem Jahresumsatz von 100 Millionen Dollar erfolgreichste Transplantationszentrum der Welt; es gehörte zur University of Pittsburgh und bot den Patienten als einzige Klinik FK-506 an. Mit kompromißlosem Elan hatte Starzl für die Wiederentdeckung und Weiterentwicklung von FK-506 gesorgt, nachdem man es anfangs als für Menschen zu toxisch eingestuft hatte. Und das war noch nicht alles. Wie ein Boxmanager oder Impresario hatte er den Wirkstoff lanciert, und er hatte entschieden, wie er erprobt wurde, an welchen

Patienten und unter welchen Bedingungen. Er hatte bestimmt, was die Welt darüber erfuhr und wann sie es erfuhr. Die vielen Wissenschaftler und Patienten, die jetzt nach FK-506 schrien, waren auf etwas aus, das nur Starzl und die Schar der Ärzte und Wissenschaftler in seinem Umkreis aus der Nähe kannten und anpriesen. „Ein Wundermittel", nannte Starzl es immer wieder. „Ein Zaubermedikament, wie es einem nur einmal im Leben begegnet."

Im September wurde Boger zu einer Tagung in Barcelona eingeladen, wo über die Ergebnisse der ersten klinischen Erprobung von FK-506 - Starzls Ergebnisse - berichtet werden sollte. Man hatte die Veranstaltung offenbar in aller Eile an eine normale Tagung der Europäischen Gesellschaft für Transplantationsmedizin angehängt, denn die Einladung war nicht förmlich gedruckt, sondern kam per Fax.

Eigentlich war es nicht gut, daß Boger gerade jetzt wegfuhr. Die Arbeit in den Labors ging nur zäh voran. Immer noch waren einige wichtige Stellen nicht besetzt. Viele seiner Tätigkeiten hätten zwar auch andere übernehmen können, aber Boger bestand darauf, auch die kleinsten Entscheidungen selbst zu treffen. „Jetzt ist es am einfachsten, alles richtig einzurichten", sagte er. „In einem Jahr ist es doppelt so schwierig oder sogar unmöglich, etwas in Ordnung zu bringen." Also tat er alles: Er plante das Computernetz der Firma, suchte die Schrifttypen für neue Dias aus, führte alle Einstellungsgespräche und überprüfte jede Bestellung. Abends arbeitete er meist bis zehn Uhr, und dann las er wie sein Vater noch bis Mitternacht Fachzeitschriften. Jeden Samstag arbeitete er zu Hause in einem Anbau hinter der Küche. Und als er jetzt das Haus verließ, um wie so oft zum Logan Airport zu fahren, weigerte sich sein zweijähriger Sohn, ihm einen Abschiedskuß zu geben.

Da alle kleinen Biotechnologiefirmen noch um Jahre von irgendwelchen Einkünften entfernt sind, trifft die Gleichsetzung von Zeit und Geld für sie vollkommen zu. Die Lebenschancen einer Firma lassen sich aus ihrer „Draufgehrate" errechnen. Sechs Monate, nachdem Vertex die ersten Schecks ausgestellt hatte, gingen pro Tag 15 000 Dollar drauf. In einem Jahr würde es doppelt soviel sein. Boger vergaß nie, wie hoch die Draufgehrate bei Vertex war und was sie von ihm verlangte. An dem Tag, als er mit seiner Familie von New Jersey nach Concord zog, in eine reinliche Vorstadt, die immerhin so weit von Cambridge entfernt war, daß sie eine andere Telefonvorwahl hatte, fiel er eine Treppe hinunter. Die nächsten zwei Wochen schleppte er sich auf Krücken herum. Amy, seine Frau, sah ihn kaum noch. Die beiden hatten sich kennengelernt, als sie im Radcliffe College war, während er für Kost und Logis in Harvard Privatunterricht gab. Sie war Kinderärztin, hatte sich aber wegen ihrer beiden Söhne beurlauben lassen und war jetzt wieder schwanger. Die schicksalsergebene und hilfsbereite Frau hatte es mit den Jungen mittlerweile immer schwerer. Eines Abends, kurz nach der Sitzung mit dem wissenschaftlichen Beirat, klingelte gegen acht Uhr das Telefon, als Boger gerade in Frühstücksraum von Vertex saß. Es war Zachary, sein Fünfjähriger. „Ja, gut, ich gehe", sagte er. „Ich komme sofort nach Hause." Nachdem er aufgelegt hatte, schüttelte Boger bewundernd den Kopf. „Er kennt schon die Vorwahl." Eine halbe Stunde später eilte er aus dem Gebäude, gebeugt von einem 30 Zentimeter hohen Stapel von Fachzeitschriften unter dem Arm. Am nächsten Tag flog er nach Barcelona.

Das Ziel der meisten Naturwissenschaftler sind nicht Vorträge, sondern Fachartikel, und deshalb sind wissenschaftliche Tagungen in der Regel ein langatmiges Aufwärmen alter Arbeiten, unterbrochen durch aufreizende Ankündigungen bevorstehender Veröffentlichungen. Diejenigen, die nichts Neues zu sagen haben, reden zu viel; und die mit wirklich neuen Erkenntnissen sagen zu wenig. Aber Starzl hatte über FK-506 nur sparsam publiziert. Als sich der höhlenartige Hörsaal an der Universität von Barcelona am frühen Nachmittag mit etwa 500 Wissenschaftlern aus der ganzen Welt füllte, herrschte deshalb eine selten erwartungsvolle Atmosphäre. Starzl selbst, ein gutaussehender, graumelierter Mann von 63 Jahren, 1,80 m groß und schlank an der Grenze zur Magerkeit, hielt sich im Hintergrund und kaute mit seinen großen Zähnen ständig an einem Nikotinersatzkaugummi. Dennoch gab es keinen Zweifel an seiner Wichtigkeit. Von den 31 Vorträgen auf der Tagesordnung kamen 26 aus seiner Arbeitsgruppe. Nur einer davon war bereits in gedruckter Form erschienen: Die Zusammenfassung über die ersten sechzig Fälle, in denen FK-506 verwendet worden war, hatte eine Woche zuvor in der britischen Medizin-Fachzeitschrift *The Lancet* gestanden.

Starzls Befunde waren aufsehenerregend, denn sie straften alle bisherigen Meinungen Lügen. Als erstes hatte man FK-506 bei Patienten nach einer Lebertransplantation angewandt, die das neue Organ trotz Cyclosporin abstießen oder die gefährlichen Nebenwirkungen dieses Medikaments nicht vertrugen. Den meisten von ihnen ging es mit FK-506 nicht nur besser, sondern die Abstoßungsanfälle hörten in vielen Fällen einfach auf, so daß keine zweite Transplantation notwendig war. Es gab einige Anzeichen (Starzl sprach von „einer unbedeutenden Gruppe") für toxische Wirkungen in den Nieren, aber nichts von dem starken Haarwuchs, den Zahnfleischschwellungen und dem Zittern, derentwegen manche Transplantationspatienten im Teenageralter kein Cyclosporin mehr nahmen, obwohl man ihnen gesagt hatte, daß sie dann sterben konnten. Die Patienten fühlten sich mit FK-506 in ihrer überwältigenden Mehrheit besser, genasen früher, konnten schneller aus dem Krankenhaus entlassen werden und brauchten weniger andere Medikamente. Die Krankenhausrechnungen schrumpften fast um die Hälfte – von 244 863 Dollar mit Cyclosporin auf 134 169 Dollar mit FK-506.

Nacheinander führten die Wissenschaftler aus Pittsburgh stichhaltige klinische Argumente für FK-506 an. Der aufsehenerregendste Vortrag stammte nach Bogers Eindruck von Dr. Nukio Murase, einer jungen japanischen Chirurgin, die nie mit menschlichen Patienten zu tun hatte. In stockendem Englisch berichtete sie über neue Tierversuche, in denen sie bei Ratten die gesamten unteren Bauchorgane – Leber,

Nieren, Magen, Zwölffingerdarm, Bauchspeicheldrüse, Dick- und Dünndarm, eigentlich alles außer der Milz – mit Hilfe von FK-506 erfolgreich transplantiert hatte. Ähnliches hatte man zuvor schon mit Cyclosporin versucht, aber dabei hatte keine Ratte länger als 13 Tage überlebt. Murases Tiere dagegen blieben bis zu 72 Tage am Leben (einige lebten schließlich sogar noch über sieben Monate), und dabei zeigten sich selbst nach dem Absetzen des Medikaments keine Anzeichen für eine Abstoßung. Unglaublich, aber wahr: Die Ratten nahmen sogar an Körpergewicht zu.

Boger fragte sich verwundert, was das bedeutete. Wenn FK-506 so stark wirkte, daß es das Immunsystem an der Abstoßung einer derart gewaltigen Gewebemenge hinderte, konnte man es vermutlich in so geringer Dosierung anwenden, daß die Nebenwirkungen beträchtlich zurückgingen; deshalb würde es nicht nur den Markt der Transplantationsmedizin erobern, sondern auch den der Autoimmunkrankheiten. Aber gleichzeitig konnte man sich auch nicht gut vorstellen, daß Starzl die Experimente mit den Ratten nur angeordnet hatte, um die Wirkung der Verbindung zu demonstrieren. Wenn seine Leute bei Tieren mehrere Organe verpflanzten, war das sicher nur ein Vorspiel zu dem Versuch, den gleichen Eingriff auch an Menschen vorzunehmen.

Die Sitzung, die um ein Uhr Mittags begonnen hatte und gegen sieben Uhr abends enden sollte, setzte sich mit einer einzigen fünfzehnminütigen Pause bis 22 Uhr 15 fort. Kein einziger ging vorzeitig. Es war eine bahnbrechende Tagung, wie die meisten der Anwesenden sie kaum jemals wieder erlebten. Aber für Starzl bedeutete sie noch mehr. Sie war die Krönung einer Laufbahn, die praktisch alle Bereiche der modernen Transplantationsmedizin und der klinischen Immunologie umfaßte, einer Karriere mit spektakulären Höhen und einschneidenden Tiefen, die sich um einige der dramatischsten Ereignisse in der experimentellen Medizin der letzten 40 Jahre drehte. Mit seiner heldenhaften Ehrenrettung für FK-506 hatte Starzl sich in der Welt der medizinischen Wissenschaft eine zentrale Stellung verschafft, und das hatte ihn befreit. Und dennoch mußte er hier in Barcelona, wenn auch unabsichtlich, das große Paradox seines Triumphes eingestehen: Wenn FK-506 wirklich das war, was Starzl von ihm behauptete, dann kam es einem Verbrechen gleich, das Medikament nicht allen zu geben, denen es nützen konnte. Andererseits wird kein Medikament – und erst recht nicht ein so wirksames wie FK-506 – ohne sorgfältigen Vergleich mit den bereits vorhandenen Präparaten zugelassen. Einigen Leuten im Saal, vor allem solchen wie Boger, die aus der Pharmaindustrie kamen, entging es nicht, daß FK-506 vielleicht ein zu gutes Molekül war, das man nicht einem so kühnen, unnachgiebigen und sendungsbewußten Menschen wie Tom Starzl überlassen konnte.

„Nachdem wir die Patienten auf FK-506 umgestellt hatten, konnten wir die Leute nicht mehr dazu bewegen, etwas anderes einzunehmen", erklärte Starzl den Zuhörern. „Wir standen bei der Fortsetzung der kontrollierten Arbeit mit diesem Wirkstoff vor einem praktischen und ethischen Dilemma. Als sich der Erfolg von FK-506 im Sommer in der Klinik herumsprach, erlebten wir eine Patientenrevolte."

Starzl war immer ein Mann von geradezu übermenschlicher Ausdauer gewesen, der sich die schwierigsten Probleme aussuchte und sie mit mörderischer Willenskraft in Angriff nahm. Geboren und aufgewachsen war er in LeMars in Iowa, einer stockkatholischen Kreisstadt in der Schweine- und Maisgegend nahe der Grenze zu South Dakota; seine Mutter war Krankenschwester, und seinem Vater gehörte eine Zeitung. Rome Starzl, ein Deutschamerikaner der zweiten Generation mit stahlgrauen Augen, hatte den Verlag von seinem Vater geerbt, den man während des Ersten Weltkriegs, weil er sich in einem Leitartikel gegen die unmenschliche Behandlung der Soldaten auf dem Weg nach Frankreich wandte, wegen Volksverhetzung angeklagt und freigesprochen hatte. Den Makel dieser Episode – in Wirklichkeit war Rome Starzl, der damals eine Offiziersschule in Texas besuchte, der Autor des Artikels – wurde die Familie nie mehr los, und er verkörperte für den jungen Tom Starzl die erstickende Enge des Kleinstadtlebens.

Starzls Erinnerungen an seinen Vater waren wie bei Boger von Enttäuschung geprägt – es waren Erinnerungen an einen Mann, der sich trotz harter Arbeit und anständigen Wesens frustriert durchs Leben schlagen mußte und nach seinen eigenen Maßstäben alles andere als erfolgreich war. Rome Starzl leitete die familieneigene Zeitung aus Pflichtgefühl. Seine wahre Liebe war die Wissenschaft. Er war Erfinder mit genialen Einfällen, die aber wirtschaftlich nicht einschlugen, und Ende der zwanziger und Anfang der dreißiger Jahre versuchte er sich mit gewissem, aber dennoch begrenztem Erfolg als Science-Fiction-Autor. Seine erste Geschichte, die gedruckt wurde, trug den Titel „Außerhalb des Subuniversums" und war ein bemerkenswerter Vorgriff auf die „Reise durch den menschlichen Körper". Sie handelte von Menschen, die sich schrumpfen ließen, um einen mikroskopischen Kosmos zu erforschen; Starzl der Ältere leistete in diesem Genre weiterhin Pionierarbeit, bis er mitten in der Weltwirtschaftskrise gezwungen war, die Romane zugunsten der mittelfristig sichereren Leitung der *Globe Post* aufzugeben; sein Sohn sah darin letztlich ein Abbild des Lebens, das er sich ausgesucht hatte und das der junge Tom mehr fürchtete als alles andere.

„Mein Vater blieb in einem winzigen Universum im Universum, aber er konnte sich nie mit seinen Grenzen abfinden", schrieb Tom Starzl in seinen Memoiren. „Als meine Zeit gekommen war, wollte ich fliehen. Die Angst zu versagen und geschlagen in lebenslanger Reue zurückkehren zu müssen, machte alle anderen Ängste nebensächlich, sogar die Angst vor dem Tod. Dieses Gefühl blieb bestehen wie ein grausamer Wachhund, bis der lange Weg hinter mir lag."

Der Zweite Weltkrieg katapultierte Starzl aus LeMars weg. Er ging zur Marine, machte am Westminster College in Fulton/Missouri, wohin man ihn zur Offiziersausbildung geschickt hatte, sein Examen, und als Lateinschüler mit dem Ehrgeiz, Priester zu werden, war er Winston Churchills Mädchen für alles bei der berühmten Rede über den Eisernen Vorhang im Jahr 1948. Vom Westminster College ging er an die Northwestern University Medical School in Chicago. Dort machte er innerhalb von fünf Jahren seinen Doktor in Neurophysiologie bei dem berühmten, herrischen Gehirnchirurgen Dr. Loyal Davies, dem Stiefvater von Nancy Reagan, und nebenher arbeitete er fast jede Nacht in einer chirurgischen Klinik mit 24-Stunden-Dienst in einem der schlimmsten Slums von Chicago. Anschließend trat er eine Stelle als Assistenzarzt an der Johns Hopkins University an. Hopkins galt zwar allgemein als die beste Chirurgie des Landes, aber selbst Starzl fand die Ausbildung „unbarmherzig". Die Assistenzärzte waren jeden Tag 24 Stunden im Dienst, und das jeden Tag des Jahres mit Ausnahme einer einzigen Urlaubswoche. Es war ein „Pyramidensystem": Bei jedem Stellenwechsel wurden Studenten ausgelesen, so daß nur jeder neunte die gesamte Ausbildung schaffte. Vier Jahre, nachdem Starzl in einem Jahrgang von 18 Leuten angefangen hatten, waren nur noch er und ein anderer Student übrig. Er war jetzt dreißig Jahre alt.

Das Ungestüm, mit dem Starzl aus LeMars weggegangen war, ließ in Hopkins nicht nach, sondern es nahm zu. Er aß und schlief unregelmäßig, rauchte drei Packungen Zigaretten am Tag und trieb sich selbst bis an seine körperlichen und emotionalen Grenzen an. Trotz der endlosen Stunden im Krankenhaus hatte er kein Geld, denn die Assistenzärzte wurden in Hopkins nicht bezahlt. Seinen eigenen Berichten zufolge war er aufgewühlt und verwirrt. Im Jahr 1955 verließ er Baltimore mit seiner Frau und seinem Sohn, der noch ein Säugling war. Sie zogen nach Miami, und dort arbeitete er im Jackson Memorial Hospital, einem der aktivsten und bekanntesten Krankenhäuser der Welt. „Nirgendwo habe ich eine solche Parade des Leidens gesehen", erinnerte er sich später. „...ertränkte Kinder, vergewaltigte und ermordete Frauen, blonde, sonnengebräunte Bodybuilder mit sauberen kleinen Einschüssen im Kopf."

Zwei Jahre lang operierte Starzl im Akkord; er nahm etwa 2 000 Eingriffe vor – drei am Tag. Wenn er nicht operierte, arbeitete er in einem primitiven Tierlabor, das er gegenüber der Notaufnahme in einer leerstehenden Garage eingerichtet hatte; die Hunde, mit denen er dort experimentierte, hatte er aus dem Tierasyl. Unter anderem wegen der Verletzungen, die er in Miami zu sehen bekam – Einschüsse in den Darm, heftige innere Blutungen durch Leberzirrhose –, konzentrierte sich Starzl immer stärker auf die Leber. In seiner typischen Art erlebte er gewaltige Enttäuschungen. Er war unzufrieden mit den Grenzen der Bauchchirurgie, die damals in akademischen Debatten über die beste Methode der Arterienwiederherstellung festgefahren war, und auch mit der Physiologie, die kaum neue Methoden zur Lebensrettung bot. Und das war noch nicht alles: Unzufrieden war er auch mit sich selbst, weil seine Familie arm war und weil er sich jetzt, mit 32 Jahren, noch nicht für eine Lebensaufgabe entschieden hatte. Derart bedrückt, bekam er ein Magengeschwür. "Ich fühlte mich wie ein Geschoß auf der Suche nach einer Flugbahn", schrieb er später.

Im darauffolgenden Herbst kehrte Starzl an die Northwestern University zurück. Er hatte sich jetzt entschlossen, in der experimentellen Medizin zu bleiben. Krebs und Operationen am offenen Herzen waren vielversprechende Betätigungsfelder, und Starzl hatte vor, die Methoden für Herz- und Lungenoperationen zu vervollkommnen. Aber selbst das war ihm noch nicht genug. Die Thoraxchirurgie wirkte auf ihn ganz ähnlich wie LeMars auf seinen Vater: ungefährlich, konventionell und letztlich stumpfsinnig. „Die Verlockungen der Herzchirurgie waren für mich verblaßt", schrieb er. „Krebsforschung war eine gute Möglichkeit, aber die optimistische Literatur jener Zeit legte die Vermutung nahe, die Heilung von Krebs sei nicht mehr weit. Ich glaubte, es sei zu spät."

Was Tom Starzl andererseits am meisten reizte, war das aufkeimende Gebiet der Transplantationen, das noch in den Anfängen steckte und bei den meisten Fachleuten als hoffnungslos galt. „Die Literatur über die Transplantation von Nieren und anderen Organen war kompromißlos pessimistisch, und deshalb war sie paradoxerweise auch attraktiv", schrieb Starzl, der, wie bereis erwähnt, das Versagen mehr fürchtete als den Tod. „Es schien das Vakuum zu sein, das ich suchte." Als ob er sicherstellen wollte, daß nichts auf seinem selbstgewählten Weg auch nur im entferntesten einfach war, entschloß er sich auch hier wieder, sich auf die Leber zu konzentrieren, das größte und komplizierteste Drüsenorgan des menschlichen Körpers. Das war 1958. Die einzige andere Arbeitsgruppe, die sich ernsthaft mit dem Thema befaßte, saß in Harvard, wo vier Jahre zuvor bei eineiigen Zwillingen die erste Nierentransplantation gelungen war. Härtere Konkurrenten hätte Starzl sich nicht wünschen können. Die Gruppe in Harvard wurde von Dr. Francis Moore geleitet, dem Chefchirurgen des Peter Bent Brigham Hospital, das auch das klinische Hauptlabor der dortigen medizinischen Fakultät war. Moore war mit seinen 45 Jahren bereits eine Kapazität der medizinischen Wissenschaft, und das Brigham war eine der zwei oder drei besten Forschungseinrichtungen der Welt. Wie in Miami, so fand Starzl, der seine erste Anstellung an einer Universität noch vor sich hatte, auch in der Nähe der Northwestern University einen Ort, wo er operieren konnte, und nun fing er an, Hunden die Leber herauszuschneiden.

Es war ein Sakrileg, das seine Wurzeln in der entfernten Vergangenheit hatte. Die ältesten Beschreibungen von Mensch-Tier-Mischwesen waren die griechischen Mythen von der feuerspeienden Chimäre – mit Löwenkopf, Ziegenkörper und Schlangenschwanz. Das Wunder der Beinverpflanzung durch die heiligen Cosmas und Damian war ein Lieblingsthema der Renaissancemaler. Aus späterer Zeit gibt es nur wenige Berichte, aber erste vereinzelte Versuche zur Verpflanzung ganzer Organe unternahm man in Europa schon Ende des 19. Jahrhunderts, und sie setzten sich bis etwa 1920 fort. Mit primitiven Methoden verpflanzten die Chirurgen Nieren von Schafen, Schweinen, Ziegen und niederen Primaten in Menschen. Die Ergebnisse waren katastrophal. Kein Organ funktionierte länger als ein paar Stunden, und die Patienten starben ohne Ausnahme innerhalb weniger Tage. Die Natur, so schien es, schreckte vor dem Einsetzen tierischer Organe ebenso zurück wie die alten Griechen.

Obwohl keiner der Organempfänger so lange lebte, daß eine Abstoßungsreaktion einsetzen konnte, konzentrierte sich die Suche nach der biologischen Schranke für Transplantationen auf das Immunsystem. Seit den siebziger Jahren des 19. Jahrhunderts, als Louis Pasteur zum ersten Mal zeigte, daß eingedrungene Krankheitserreger im Organismus gezielte chemische Abwehrreaktionen auslösen, war die Bedeutung der wissenschaftlichen Immunologie stetig gewachsen. Kurz vor der Jahrhundertwende trieb Paul Ehrlich, ein weiterer zum Biologen gewandelter Chemiker, Pasteurs Arbeiten in spektakulärer Weise weiter voran. Er untersuchte, wie Farbstoffe an Wolle binden, und brachte damit die Biologie von der Ebene, auf die Pasteur sie geführt hatte – der Ebene der Zelle – zu ihrer letzten Bestimmung: den Molekülen. Ehrlich zeigte, daß Immunreaktionen von bestimmten Molekülen auf der Zelloberfläche ausgelöst werden, die andere Moleküle „erkennen". Anders als bei Pasteurs Arbeiten konnte er diese Vorgänge nicht unter dem Mikroskop beobachten. Aber seine Theorie, wonach Moleküle aufgrund bestimmter Affinitäten binden und mit ihren Wechselwirkungen das Lebendige ausmachen, wurde sofort zum Grundstein für alle weitere biologisch-medizinische Forschung.

Für die Transplantationschirurgen stellte sich die Frage: Welche Moleküle veranlassen den Organismus, fremdes Gewebe zurückzuweisen, und wie kann man diese Moleküle unschädlich machen? Fünfzig Jahre lang hielt dieses Problem die Immunologen in Atem. Die meisten Chirurgen hatten mittlerweile längst aufgegeben. Aber der Zweite Weltkrieg mit seinen „verbesserten Methoden, Verletzungen und Verbrennungen zuzufügen" – so die Formulierung des Historikers Arthur Silverstein – belebte auch das Interesse an mindestens einer Art von Transplantationen neu: an Hautverpflanzungen. Man wandte sich dem alten Problem wieder zu, und jetzt fanden die Wissenschaftler recht schnell die lange gesuchte Transplantationsschranke. Moleküle auf der Oberfläche der T-Zellen, einer bestimmten Gruppe der Abwehrzellen, können zwischen Selbst und Nichtselbst – körpereigenen und körperfremden Substanzen – unterscheiden und setzen die Produktion neuer Zellen in Gang, die körperfremdes Material verfolgen und vernichten. Interessanterweise sind diese Moleküle offenbar aus genetischen Gründen zwar manchen Angehörigen einer Familie gemeinsam, aber nicht allen.

Solche Beobachtungen bildeten die Grundlage für die erste erfolgreiche Nierentransplantation, die 1954 am Brigham Hospital zwischen eineiigen Zwillingen vorgenommen wurde – das chirurgische Verfahren hatten Pariser Ärzte bereits für Organe von Opfern der Guillotine entwickelt, aber die Operationen hatten immer zu

Abstoßungsreaktionen geführt. Die Niere ist allerdings ein ungewöhnliches Organ: Man besitzt in der Regel zwei davon. Bei fast allen anderen Transplantationen würde man Organe von verstorbenen Spendern verwenden müssen, die mit ziemlicher Sicherheit nicht mit dem Empfänger verwandt waren. Wenn man keinen Weg fand, um das Immunsystem zu dämpfen und so die immunologische Schranke niedriger zu machen, würden die Aussichten für Herz-, Lungen- und Lebertransplantationen gering bleiben. „Aufs ganze gesehen", schrieb einer der Väter der Immunologie 1961, als Starzl bereits seit drei Jahren mit Lebertransplantationen bei Hunden experimentierte, „sind die Erfolgsaussichten derzeit sehr ungünstig."

Das war Starzls „Vakuum", seine „Flugbahn". Allein schon das Herausschneiden der Leber, die ungefähr die Größe und Form eines Boxhandschuhs hat und sich unhandlich an das Zwerchfell anschmiegt, ist eine beängstigende Aufgabe. Durch die Leber strömt ständig die Hälfte der gesamten Blutmenge im Organismus; alle ihre wichtigen Gefäße und Drüsengänge, die sie sowohl mit der größten Vene des Körpers als auch mit anderen Organen verbinden, sind den Blicken entzogen; und sie stirbt nach dem Herausnehmen fast augenblicklich ab. Wenn man einem gerade verstorbenen Menschen die Leber entnimmt und sie einem anderen einpflanzen will, der ohne sie sterben würde, stellen sich alptraumhafte, abschreckende logistische Probleme. Aber die viel größere Schwierigkeit, das hatten die Molekularbiologen jetzt gezeigt, kam erst später: Man mußte das Immunsystem des Empfängers davon abhalten, das transplantierte Organ zu zerstören.

Starzl wußte als Chirurg nichts über die Steuerung des Immunsystems, aber das ging damals fast allen so. Kaum eine Therapiemethode wurde so ins Blaue hinein entwickelt wie die Immunsuppression in den Jahren nach dem Zweiten Weltkrieg. Die ersten Transplantationspatienten erhielten eine Ganzkörperbestrahlung, weil man die T-Zellen einfach ausschalten wollte. Es war, als wollte man eine Armbanduhr mit dem Hammer reparieren; die Methode, vergleichbar der Strahlungseinwirkung nach einer Atombombenexplosion, zerstörte die Immunität völlig. Den Patienten erging es wie dem „Kind in der Blase", das zwölf Jahre in einem Krankenhaus in Houston lebte und wenige Wochen nach der Entlassung an einer schweren Infektion starb. Man versuchte es auch mit Azathioprin, einem sehr wirksamen Krebsmedikament, das Zellen abtötet, aber es erwies sich auf lange Sicht als viel zu toxisch. (Da die Abstoßungsgefahr immer gleich bleibt, müssen Transplantationspatienten ihr ganzes Leben lang Immunsuppressiva nehmen; das vermindert ihre Toleranz für Nebenwirkungen wie Nierenschäden, denn die Wirkung addiert sich.) Ein weiteres Verfahren wurde später von Starzl entwickelt: Er brachte auf der Rückseite des Halses ein kleines Röhrchen an, das Milliarden weißer Blutzellen aus dem Immunsystem abfließen ließ. Anschließend pumpte der den Patienten mit Antibiotika und pilztötenden Mitteln voll – die natürliche Abwehr wurde durch künstliche ersetzt. Aber auch diese Methode mußte man aufgeben.

Am 1. März 1963 versuchte Starzl bei einem dreijährigen Jungen namens Bennie Solis die erste Lebertransplantation. Zuvor hatte er schon über 200 Transplantationen an Hunden vorgenommen, zuerst in Chicago und dann an der University of Colorado in Denver – dorthin war er gezogen, um seine Arbeiten fortzusetzen. Nach der Theorie, man solle die Dosis vermindern und so die Verträglichkeit verbessern, bevorzugte er jetzt die „Cocktail-Methode" der Immunsuppression mit Strahlung, Azathioprin und Cortison, und eine solche Therapie hatte er auch für Bennie geplant. Die Frage blieb offen. Der Junge verblutete auf dem Operationstisch.

Zwei Monate später verpflanzte Starzl wiederum eine Leber; der Empfänger war diesmal ein zweiundvierzigjähriger Pförtner, der mit einer Lebererkrankung im Sterben lag. Der Mann überlebte 42 Tage – länger als zwei der drei nächsten Patienten. Die Operation war zwar gelungen, und der Mann hatte das Transplantat nicht abgestoßen, aber Starzl wurde dennoch verspottet und getadelt. Ein Leitartikel der *Annals of Internal Medicine* verdammte seine Arbeiten als „Kannibalismus". Eine andere Fachzeitschrift beschuldigte ihn der „Grabräuberei".

Unbeeindruckt kehrte Starzl ins Labor zurück. In einem Jahr verbrauchte er zehn Prozent aller Hunde, die landesweit als Versuchstiere dienten. In den nächsten beiden Jahrzehnten vervollkommnete er viele chirurgische Techniken, so daß das Handwerk der Organtransplantation stärker zur Routine wurde. Er verbesserte ein Umleitungssystem, mit dem man das Blut während der Operation in die untere Körperhälfte lenken konnte: Jetzt verbluteten seine Patienten nicht mehr. Er entwickelte Konservierungslösungen, in denen die Leber außerhalb des Körpers vier bis zehn Stunden lang am Leben blieb, so daß man die Organe per Flugzeug von einer Stadt zur anderen transportieren konnte. Aber die eigentliche Herausforderung lag wie immer in der Immunologie. Die unzureichenden Eigenschaften der vorhandenen Medikamente zwangen zu einer therapeutischen Gratwanderung: „Wenn man zuviel nimmt, überlebt der Patient nicht", sagte ein Chirurg zu jener Zeit, „und wenn man zu wenig nimmt, überlebt das Transplantat nicht." Als Starzls Röhrchenmethode sich Ende der siebziger Jahre als Fehlschlag erwies, schien das Forschungsgebiet in einer Sackgasse zu stecken. Herztransplantationen, die ein Jahrzehnt zuvor die Aufmerksamkeit der Weltöffentlichkeit erregt hatten, gab es fast nicht mehr. Im Jahr 1980, als Starzl nach Pittsburgh zog, gingen die Überlebensraten der Transplantationspatienten stark zurück, und selbst Starzl mußte einräumen, daß die Methode ohne gezieltere medikamentöse Therapie an ihrer eigenen grausamen Ineffektivität sterben würde.

Die Hardangervidda ist eine riesige, unwegsame Hochebene in Südnorwegen, fast so groß wie Connecticut, aber so unbarmherzig öde, daß Berghütten und Sommerquartiere von Schäfern die einzigen Bauwerke sind. Ständige Bewohner gibt es nicht. Ein Teil des Gebietes wurde zwar zum Nationalpark erklärt, aber bei den meisten Norwegern gilt die Vidda (Öde) als entsetzlich unwirtliche Gegend; sie ist die urtümliche Domäne von Flechten, Moosen und baumlosen Wiesen, unterbrochen von den Überresten der Gletscher, riesigen Felsen und eisigen Seen, die nur von den Forellenfischern des Nordens geschätzt werden. Nachdem norwegische Saboteure 1943 in der nahegelegenen Stadt Rjukan eine geheime deutsche Schwerwasserfabrik zerstört hatten, flüchtete der Leiter der Gruppe in eine einsame Hütte in der Vidda, wo ihn die Nazis nach zwei Jahren aufspürten und umbrachten. Fünfunddreißig Jahre später, im Sommer 1978, machte ein Mikrobiologe, der bei der Schweizer Pharmafirma Sandoz arbeitete, in der Vidda Wanderurlaub. Dabei sammelte er routinemäßig einen Teelöffel von dem alkalischen, calciumreichen Boden ein und brachte ihn in einer luftdicht verschlossenen Petrischale in das Naturstofflabor seiner Firma.

In den Schmutz unter einem Fingernagel gibt es etwa 50 bis 100 Millionen Lebewesen, die zu 3 000 bis 4 000 verschiedenen Arten gehören und sich in einem ständigen chemischen Krieg befinden. Um ihr eigenes Überleben zu sichern, entwickeln diese Mikroorganismen Moleküle, die für andere tödlich sind. So war es auch in der Bodenprobe aus der Hardangervidda. Bei Sandoz entdeckten die Wissenschaftler darin eine neue Verbindung, die sie Cyclosporin nannten und die für ein breites Spektrum von Pilzen tödlich war. Bei Sandoz suchte man nach pilztötenden Medikamenten, und die neue Verbindung sah vielversprechend aus. Wie sich aber herausstellte, half sie nicht gegen Parasiten, die den Menschen befallen. Zwei Jahre lang lag der Wirkstoff in der Schublade; dann gab man ihn einem Immunologen namens Jean Borel, und dieser entdeckte, daß er auch ein hochwirksames Immunsuppressivum ist. Die Geschichte von Borel – Immunsuppressiva galten damals als kleiner, unwichtiger Markt, und bei Sandoz wollte man das Projekt mehrmals einstellen, so daß Borel die Substanz schließlich ganz allein testen mußte – wurde in unterschiedlichen Versionen in der Pharmaindustrie schnell berühmt. Nach Ansicht der Naturstoffexperten ist sie das Hohelied auf das systematische Durchmustern von Verbindungen. Den Gegnern dieser Methode, zu denen auch Boger gehörte, dient sie als Beispiel für das hauchdünne Glück, auf dem das Durchmustern letztlich beruht, und für die Trotteligkeit der meisten großen Pharmafirmen. Borel selbst ist zuversichtlicher. „Ich fürchte mich vor der Definition", so sagte er, „wonach ein Wissenschaftler ein Mensch ist, der Frustrationen endlos ertragen kann."

Das Cyclosporin erweckte das Fachgebiet der Organtransplantationen wieder zum Leben. Nach einem Jahrzehnt der Fehlschläge gab es nun einen Wirkstoff, der einerseits die T-Zellen ausschaltete, ohne aber andererseits das übrige Immunsystem außer Gefecht zu setzen. Wie es wirkte, an welche Moleküle es band – das waren zweitrangige Fragen, die man später in den biologischen Labors beantworten konnte. Jetzt, Ende der siebziger Jahre, stellte sich für die Transplantationsmedizin vordringlich die Frage nach der Toxizität. War das Mittel verträglich? Erste Erprobungen an Menschen förderten ein entsetzliches Durcheinander von Komplikationen zutage: Diabetes, Gicht, Nervenschäden, Tumore, Stimmungsschwankungen. Am schlimmsten waren aus klinischer Sicht die Nierenschäden. Bis zu 80 Prozent der Patienten, die mit Cyclosporin behandelt wurden, bekamen früher oder später eine so schwere Nierenerkrankung, daß in vielen Fällen eine weitere Transplantation erforderlich war.

Die ersten klinischen Versuche mit Cyclosporin bei Menschen leitete Sir Roy Calne von der Universität Cambridge; die Ergebnisse waren so bestürzend, daß die Hoffnungen der meisten Transplantationsmediziner zerstoben. Starzl dagegen war immer überzeugt gewesen, daß man die Toxizität durch Verringerung der Dosis in den Griff bekommen konnte. Er verschaffte sich den Wirkstoff und setzte ihn sofort in Kombination mit Steroiden ein. Die Folge war eine ausreichende Immununterdrückung um einen therapeutischen Preis – ein breiteres Spektrum geringerer Nebenwirkungen –, den die meisten Ärzte und Patienten erträglich fanden. Plötzlich ging die Überlebensrate der Transplantationspatienten wieder nach oben. Transplantationskliniken vermehrten sich. Nachrichten über Menschen, die man mit den Organen anderer vom Tod gerettet hatte, wurden zum Thema von Fernsehsendungen. Und Starzl verkündete: „Es ist vom Unerreichbaren zur Routine geworden."

Starzl hatte das Cyclosporin nicht entwickelt; nach den Rechten und Regeln der Medizin gebührte das Verdienst Borel und Calne. Starzl wurde durch das Cyclosporin zum berühmtesten und einflußreichsten Transplantationsarzt der Welt. In der Medizin der Organverpflanzungen, zuvor ein makabres, entsetzliches Gebiet, keimte jetzt Optimismus auf, und kein anderer eignete sich so gut als Aushängeschild für das furchtlose neue Image. Starzls kompromißlose Entschlossenheit, seine Hartnäckigkeit, seine Kühnheit und seine Besessenheit – aber auch seine langjährige Freundschaft mit den Reagans, die dafür sorgten, daß Lebertransplantationen bei den Versicherungen rückerstattungsfähig wurden – brachten das Gebiet in den achtziger Jahren weit voran.

Für das, was Starzl jetzt tun konnte – oder tun wollte –, schien es keine Grenzen mehr zu geben. Im Jahr 1984 verpflanzte er bei einem sechsjährigen Mädchen in einer zermürbenden, sechzehnstündigen Operation das Herz und die Leber. Nach zwei Wochen hüpfte die kleine Stormie Jones bereits im Krankenhaus herum. Mehr als einmal nahm er mehrere Lebertransplantationen nacheinander vor und arbeitete dabei 72 Stunden ununterbrochen, ohne zu schlafen. Wenn er schlief, dann meist in einem flanellgefütterten Schlafsack auf dem Gang einer Chartermaschine auf dem Weg zu Spenderorganen oder in blutbespritzter Operationskleidung auf dem Fußboden seines Büros, unter einem runden Holztisch, auf dem sich unerledigter Papierkram stapelte. Jeden Tag traf jetzt bis zu einem halben Dutzend Anrufe aus aller Welt in seinem Arbeitszimmer ein, das er als „Hort der letzten Zuflucht" bezeichnete. Mit Cyclosporin konnten Starzl und sein Team das Leben von Menschen, die sonst gestorben wären, unbegrenzt verlängern – wenn er nur Organe für sie finden und nach Pittsburgh schaffen konnte. Das größte Hindernis für die Transplantationen war jetzt nicht mehr die Organabstoßung, sondern der Mangel an Spenderorganen und Intensivpflegebetten, und gegen diese Beschränkungen lief Starzl am häufigsten Sturm. Was das Cyclosporin anging, so sorgte nur die penetrante Toxizität des Wirkstoffs – und die Tatsache, daß Starzl ihn nicht entwickelt hatte – für seine ständige Unzufriedenheit.

Im August 1986 flog Starzl zu einer Tagung der Internationalen Gesellschaft für Transplantationsmedizin nach Helsinki. Das Cyclosporin beherrschte das Programm, zu dem auch ein von Sandoz gesponserter Ausflug in die Hardangervidda gehörte. Starzl blickte wie immer nicht zurück, sondern nach vorn, und interessierte sich mehr für die Tagung. Wie viele andere hatte er gehört, der japanische Chirurg Takio Ochiai habe Befunde über ein neues Immunsuppressivum, das hundertmal wirksamer sein sollte als Cyclosporin. Gerüchte über neue Medikamente waren bei solchen Tagungen nichts Ungewöhnliches, und Ochiai, ein Professor mittleren Ranges an der Universität von Chiba, sollte seinen Vortrag in einem kleinen Saal halten. Er füllte sich schnell bis zum Bersten. Borel war da. Und Calne war auch da. Von dem Gedränge angezogen, standen viele Leute in Dreier- oder Viererreihen in der Tür und reckten die Hälse, um etwas zu hören.

Ochiais Befunde waren aufsehenerregend. Er hatte vor allem mit Beagles experimentiert, die aus den USA importiert wurden, und auf diese Weise gezeigt, daß FK-506, die neue Verbindung, im wesentlichen genauso wirkt wie Cyclosporin: Es verlangsamt die Vermehrung der T-Zellen. Die Moleküle hatte man wie das Cyclosporin beim Durchmustern von Bodenproben gefunden. Sie steckten in einer Probe vom unteren Abhang des Mount Tsukuba, der eine Zugstunde von Tokio entfernt ist; nur wenige Kilometer weiter liegt das zentrale Naturstofflabor der Firma Fujisawa, des drittgrößten Arzneimittelherstellers Japans, und dort hatte man die Substanz entdeckt. (FK-506 war die Abkürzung für FK-506009, die Laborbezeichnung für das Molekül.) Wie Cyclosporin, so schien auch FK-506 toxisch zu sein. Ochiai berichtete, die Hunde hätten schon bei geringer, noch nicht immununterdrückender Dosierung ausnahmslos Vaskulitis bekommen, eine Schwächung der Blutgefäße am Herzen.

Nachdem Ochiai geendet hatte, stand Borel auf und erklärte, sowohl der Vortrag als auch das Medikament seien wichtige neue Entwicklungen. Calne fügte hinzu, er verfüge ebenfalls über die Substanz – er habe aber noch nicht mit der Erprobung begonnen – und halte sie wie Borel für vielversprechend. Auch hier waren die ersten Berichte über die Nebenwirkungen ernüchternd, aber alles, was besser war als Cyclosporin, weckte die Hoffnungen der Transplantationsmediziner, denn das Sandoz-Produkt hielten sie trotz seiner Wirksamkeit für unberechenbar und schwer zu kontrollieren.

Starzl, der nie halbe Sachen machte, stürzte sich darauf. Zwei Wochen nach seiner Rückkehr aus Helsinki flog er nach Japan und fragte bei Fujisawa nach den Exklusivrechten für die Erprobung von FK-506. Nie zuvor hatte er ein Projekt der Grundlagenforschung geleitet, wie es notwendig war, um einen Wirkstoff vom Labor in die

Klinik zu bringen. Und seine typische Überheblichkeit paßte auch nicht zu der Unparteilichkeit, die eine solche Aufgabe erforderte. Selbst wenn man bei Fujisawa nach einem derartigen Partner gesucht hätte, wäre die Lage kompliziert gewesen, denn die Firma hatte eine Gegenseitigkeitsvereinbarung mit Fisons, einem anderen Pharmaunternehmen. Über Fisons hatte Calne sein FK-506 erhalten. Zu Starzls Glück fand Calne, als er mit der Erprobung begann, bei den Hunden ebenfalls Vaskulitis, und einige Paviane waren nach Calnes Ansicht sogar daran gestorben. Starzl blieb zwei Wochen in Japan, während man bei Fujisawa überlegte; schließlich kehrte er mit noch nicht einmal einem Gramm FK-506 nach Hause zurück – es reichte, um mit Tests an Zellkulturen und ein paar Experimenten an Ratten zu beginnen; außerdem hatte er eine vorläufige Zusage von Fujisawa, daß man den Wirkstoff keinem anderen Transplantationsmediziner geben würde.

Bis zum Jahresende war Calne zu der Schlußfolgerung gelangt, der Wirkstoff sei für Menschen zu giftig, und hatte das Projekt aufgegeben. Jetzt endlich hatte Starzl das, was er sich seit langem gewünscht hatte: Er kontrollierte ganz allein die Erprobung und Entwicklung einer vielversprechenden neuen Substanz. Daß sie ein Gift zu sein schien, erschütterte sein Gefühl des Zwangsläufigen kaum. Wie bei sich selbst, so war er auch bei der neuen Substanz entschlossen, Erfolg zu haben.

„Wir waren eine menschliche Maschine zum Durchsetzen des Medikaments", erinnerte sich später Dr. Mike Malnick, ein Pathologe, den Starzl zum Messen von Wirkstoffdosen eingespannt hatte. „Man wollte dafür sorgen, daß es nicht platzt, sonst hätte man sich ins eigene Fleisch geschnitten."

Starzl hatte schon vorher an der Klinik der University of Pittsburgh großen Einfluß gehabt. Er war ihr Star, die erste international bekannte Größe seit Jonas Salk, und Pittsburgh wurde durch ihn immer bekannter. Jetzt vermehrten sich seine Ansprüche und die Reaktionen derer, die weniger begnadet waren, um ein Vielfaches. Er beharrte auf seiner Unabhängigkeit und lehnte jede finanzielle Förderung durch Fujisawa ab – eine Entscheidung, die seine Universität am Ende acht Millionen Dollar im Jahr kostete. Schon vor der Tagung in Helsinki hatte Starzl sich mit einer kleinen Wissenschaftlergruppe jeden Montagabend zusammengesetzt, um neue immunsuppressive Therapien zu erörtern. Jetzt wuchs dieser Kreis auf fast hundert Personen an – Chirurgen, Krebsforscher, Organspezialisten, Tiertoxikologen, Pharmakologen, technisches Personal. Wo Starzl in seiner Nähe keinen Experten finden konnte, holte er sich einen, entweder – wie bei Nalesnick – indem er jemanden aus einem anderen Fachgebiet rekrutierte, oder, wie bei dem italienischen Pankreasspezialisten Dr. Camillo Ricordi, indem er dem hilflosen Mann einfach befahl, Mailand zu verlassen und nach Pittsburgh zu kommen. Er hatte das Kommando über Labors, Operationssäle und die knappen Intensivbetten. In seiner typischen Art machte er vor nichts halt.

In den folgenden neunundzwanzig Monaten machte Starzls Team Hunderte von Studien an Mäusen, Ratten, Schweinen, Pavianen und Hunden; sie konnten schließlich zeigen, daß Calnes Befunde an den Hunden zumindest nicht eindeutig waren und die Weiterentwicklung des Präparats nicht aufhalten sollten. („Hunde sterben an Medikamenten", sagt Boger über die altbekannte Neigung dieser Tiere zu Nebenwirkungen, die man bei anderen Arten nicht beobachtet, „und Medikamente sterben an Hunden.") In enger Zusammenarbeit mit der FDA, die alle derartigen Erprobungen in den USA genehmigen muß, erarbeitete Starzls Gruppe so überzeugende Befunde, daß man das Medikament an Menschen erproben konnte. Calne und andere behaupteten immer noch, FK-506 sei für Menschen zu toxisch. Es gab beträchtliche Kritik an Starzls hemdsärmeligen Forschungsmethoden und seiner Armee medizinischer Fronsklaven. Aber Starzl war jetzt völlig davon überzeugt, daß FK-506 das beste jemals entwickelte Immunsuppressivum war.

„In jedem Tiermodell, bei jedem Organ hat FK-506 gewonnen", sagte er. „Es war nicht tollkühn, die Substanz Menschen zu verabreichen. Es war das Verantwortungsvollste, was wir tun konnten."

Als erste Kandidatin zur Erprobung eines neuen Medikaments, dessen Nutzen und Risiken man nicht kannte, war Robin Ford bestens geeignet. Die Achtundzwanzigjährige lag im Sterben. Die dritte Leber, die man ihr innerhalb von drei Jahren eingepflanzt hatte, versagte, sie hatte eine Niere verloren, und die andere war vom Cyclosporin so angeschlagen, daß sie ebenfalls ihre Tätigkeit einstellte. Am 28. Februar 1989, knapp einen Monat nachdem Boger die Immunophiline als Jungfernprojekt von Vertex ausgewählt hatte, bereiteten die Ärzte Robin Ford auf eine Kombinationsbehandlung mit Cyclosporin und FK-506 vor; es war der letzte verzweifelte Versuch, ihr Leben zu retten.

Von Starzl abgesehen, hatte man wegen des neuen Wirkstoffs noch so große Bedenken, daß man die Patientin eine Einverständniserklärung unterschreiben ließ, in der die bei Tieren auffälligsten Nebenwirkungen aufgeführt waren – Erbrechen, Gewichtsverlust, erhöhter Blutzucker; weiter hieß es in dem Papier: „Andere Nebenwirkungen, den Tod eingeschlossen, sind beim Menschen möglich und lassen sich nicht vorhersagen." Wie bei allen klinischen Prüfungen neuer Medikamente bestand das Ziel in dieser ersten Phase in dem Nachweis, daß FK-506 nicht unerträglich toxisch war. Zumindest offiziell rechnete man nicht damit, daß Ford durch das Medikament gesund werden würde; es sollte sich nur zeigen, ob sie es vertrug. Man schaffte eine vollständige Notfallausrüstung einschließlich einer Wiederbelebungsapparatur in ihr Krankenzimmer.

Am ersten Tag wurde die Patientin die meiste Zeit genauestens beobachtet. Starzl flog nach Paris, um auf einer eilig einberufenen Tagung über Möglichkeiten des Organaustausches über den Atlantik zu sprechen. Seine Mitarbeiter, die Fords Behandlung überwachen sollten - die drei Chirurgen John Fung, Ashok Jain und Saturo Todo sowie der Pharmakologe Raman Venkataramanan -, waren „sehr ängstlich", erinnert sich Jain. „Wir kannten die optimale Dosierung nicht. Wir wußten nicht, wie wir sie behandeln sollten."

Nachdem Ford drei Tage lang beide Medikamente genommen hatte, fing sie an zu erbrechen. Sie klagte über starke Kopfschmerzen und Übelkeit. „Ich sagte: ‚Mein Gott, vielleicht ist das Zeug nicht gut'", berichtet Jain. Bestürzt setzten er und andere sich dafür ein, den Wirkstoff abzusetzen, aber Ford selbst wollte ihn weiterhin nehmen. Nach Starzls Erzählung waren seine Mitarbeiter „um Haaresbreite" soweit, das FK-506 abzusetzen - diese Entscheidung hätte nicht nur dazu geführt, daß ihre neue Leber abgestoßen worden wäre, sondern mit ziemlicher Sicherheit wäre die Entwicklung des Medikaments am Ende gewesen; aber dann kam Starzl aus Paris zurück und untersuchte sie. Er war überzeugt, daß sie auf die beiden starken Immunsuppressiva ansprach. Da sie Cyclosporin nicht vertrug, so seine Überlegung, hatte sie nichts zu verlieren, wenn er diesen Wirkstoff absetzte. Nach Rücksprache mit der FDA entschloß er sich, ihr kein Cyclosporin mehr zu geben und zu beobachten, ob sie allein mit FK-506 überleben konnte.

Achtundvierzig Stunden später ließ die Übelkeit nach. Ford konnte Nahrung bei sich behalten. Nach zwei Wochen zeigte sich in der Biopsie, daß ihr Immunsystem die Leber nicht mehr abstieß. Noch verblüffender war, daß die Leberfunktion sich verbesserte: In diesem speziellen Fall schien FK-506 sogar sterbendes Gewebe wiederzubeleben. „Es war wie ein Wunder, wie ein Traum", sagt Jain. Da schwere Nierenschäden im Gegensatz zu Leberstörungen irreparabel sind, brauchte Ford eine weitere Nierentransplantation, aber mit FK-506 überstand sie auch das gut. Nach etwa einem Monat konnte sie nach Hause gehen; später arbeitete sie wieder und führte ein normales Leben.

Wie Boger in Barcelona bemerkte, hing Starzl nicht nur deshalb an FK-506, weil er damit die Methode der Lebertransplantation voranbrachte, eine Methode, die er selbst mit dem Cyclosporin mehr oder weniger erst in das entscheidende Stadium gebracht hatte. Starzl war schonungsloser, und seine Beweggründe waren ehrgeiziger, persönlicher. Die Erprobung von FK-506 wurde notgedrungen geheimgehalten - niemand, der Medikamente entwickelt, will voreilig eine Beurteilung der FDA oder einen öffentlichen Aufschrei provozieren -, aber Tom Starzl war kein Mensch, der sich abschottete.

Wie so viele Male in seinem Leben war Starzl in der ersten Hälfte des Jahres 1989 an mehreren Fronten öffentlich aktiv. Sechs Wochen bevor sie Robin Ford das FK-506 gaben - auch hier hatte Boger das richtige Gespür gehabt -, war Starzl gezwungen, eine neue Serie von Mehrfach-Organtransplantationen einzustellen. Im vorangegangenen Jahr waren zwei dreijährige Mädchen gestorben, die jeweils fünf Organe erhalten hatten – Magen, Leber, Bauchspeicheldrüse, Dick- und Dünndarm. Starzl hatte es auf das Cyclosporin geschoben, aber die Todesfälle führten dazu, daß seine Methoden wieder einmal öffentlich in Frage gestellt wurden. Francis Moore von der Harvard University, Starzls wichtigster Konkurrent in der Frühzeit der Lebertransplantationen, schrieb in einer führenden medizinischen Fachzeitschrift: „Ich glaube, man sollte dieses Verfahren nicht mehr anwenden, bevor gezeigt ist, ... daß es greifbare Erfolgsaussichten gibt."

Mittlerweile redete Starzl in der Klinik und in einigen Fällen auch in der Öffentlichkeit ganz offen über FK-506. Als man dem nächsten Notfallpatienten – einem achtunddreißigjährigen Unternehmer namens Lester Wilson aus New Orleans, der zuvor fünf neue Lebern erhalten hatte – das Medikament gab, war Starzl von seiner Überlegenheit so überzeugt, daß er es ethisch nicht mehr für vertretbar hielt, Cyclosporin zu verschreiben. Diese Einstellung rief das Überwachungsgremium der Universitätsklinik auf den Plan, das die Patienten – und auch die Krankenhäuser selbst – vor übermäßiger Experimentierfreude und überzogenen Behauptungen schützen soll. „Starzl sagt: ‚Vertraut mir, ich bin der Fachmann'", beschwerte sich Dr. Richard Cohen, der Leiter des dreißigköpfigen Gremiums. „Wir mußten ihn vor sich selbst schützen."

Daß jemand denken konnte, Starzl brauche derartigen Schutz, trieb ihn nur noch mehr ins streitsüchtige Extrem. Er reagierte mit den übelsten, starrsinnigsten Äußerungen auf diejenigen, die darauf bestanden, er solle die beiden Medikamente in Doppelblindversuchen vergleichen, obwohl er genau wußte, daß auch die FDA letztlich solche Versuche verlangen würde. „Es gibt in dieser grausamen Welt zu viele Beispiele dafür, wie Leute gewissenlose Experimente an Menschen gemacht haben, weil ihre Vorgesetzten es ihnen angeblich befohlen hatten", sagte Starzl bei einem Vortrag in der medizinischen Fakultät. „Die schlimmsten unter ihnen sind auf der Rampe in Nürnberg geendet. In eine solche Lage möchte ich nicht geraten."

Eine Atempause bei seiner Plackerei erhielt Starzl im April, als das US-Justizministerium sich nach jahrelangen Untersuchungen entschloß, ihn nicht wegen Verstoßes gegen das Organtransplantationsgesetz zu verfolgen – ein Gesetz, bei dessen Ausarbeitung er mitgewirkt hatte. In einer Serie, die mit dem Pulitzer-Preis ausgezeichnet wurde, hatte die *Pittsburgh Press* Mitte der achtziger Jahre nachgewiesen, daß unter den Transplantatempfängern an Starzls Klinik ein unverhältnismäßig großer Anteil ausländischer Staatsangehöriger war, die höhere Honorare zahlten und oft nicht so krank waren oder nicht so lange gewartet hatten wie andere Patienten. Noch tiefer hatte Starzl, der sonst geschickt mit den Medien umging, sich hineingeritten, als er einem Journalisten sagte, die Organe für die Ausländer seien „Krümel" und „Bodensatz". Nachdem solche Bemerkungen an die Öffentlichkeit gedrungen waren, konnte man sie nicht mehr vertuschen; in dieser Hinsicht waren Pittsburgh und die ganze Welt nicht großzügiger oder nachsichtiger als LeMars.

Die Presse griff ihn an, mit der Aufsichtskommission der Klinik lag er im Clinch, das Fehlen eines wirksameren Immunsuppressivums verhinderte die Entwicklung neuer Transplantationsoperationen, und Kollegen übten beißende Kritik – Starzl war geladen bis zum Platzen. Als berüchtigter Zuchtmeister trieb er seine Mitarbeiter im Vorfeld der Tagung von Barcelona noch stärker an; dort sollte die Welt ihre Arbeit sehen, und dort, so seine Erwartung, würde man ihn rehabilitieren.

Im September flog Starzl nach Minneapolis, um einen Vortrag über „Sammeltransplantationen" zu halten. Dabei wurden Leber, Magen, Milz, Zwölffingerdarm, Bauchspeicheldrüse, Dick- und Dünndarm entfernt, und an ihrer Stelle wurde nur eine Leber gesetzt, in die Pankreas-Inselzellen eingeschleust waren. Dieses Verfahren, ein weiteres Experiment von Starzl, ermöglichte Transplantationspatienten nach der Entfernung der Bauchspeicheldrüse ein Leben ohne tägliche Insulininjektion. In Tierversuchen hatte sich die Methode mit FK-506 als erstaunlich erfolgreich erwiesen, und nun schlug Starzl es für Patienten vor, deren Bauchhöhle durch Krebsmetastasen verwüstet war. Der Vortrag war Marke Starzl – leise und würdevoll und erschreckend ketzerisch. Transplantationen waren für Starzl immer ein einfacher therapeutischer Kuhhandel gewesen: Man entfernt die kranken Teile eines ansonsten gesunden Menschen und ersetzt sie durch andere, um das Ganze zu retten. Je wirksamer die Immununterdrückung war, desto mehr Teile konnte man herausnehmen. Nach der Tagung kam Lawrence Altman, ein Reporter der *New York Times*, zu Starzl und sagte, er wolle nach Pittsburgh kommen und über die Sammeltransplantation schreiben.

Aus Gründen der Glaubwürdigkeit, aber auch weil er wissenschaftlich auf der sicheren Seite sein wollte, legte Starzl keinen Wert darauf, daß seine klinischen Versuche an die Öffentlichkeit drangen, bevor die Berichte in *The Lancet* erschienen waren. Aber von dem Augenblick an, als Altman in Pittsburgh ankam, war klar, daß hier nicht nur Tierversuche abliefen. Ob das nun die „Patientenrevolte" war, von der Starzl in Barcelona berichtete, oder nicht: Altman, der selbst Arzt war, konnte nicht anders als nachzubohren. Und er war nicht allein. Henry Pierce, ein Journalist der *Pittsburgh Post-Gazette*, hatte ebenfalls von Starzls neuem Wundermedikament gehört und bereitete einen Artikel darüber vor.

Starzl versuchte, die Veröffentlichung in den Zeitungen bis zu der Tagung in Barcelona hinauszuzögern, aber ohne eine Garantie auf Exklusivrechte war keines der beiden Blätter bereit zu warten. Dann, Mitte Oktober, erfuhr Starzl von Pierce, die Redaktion der *Post-Gazette* fürchte, daß andere ihr die Sensation wegschnappten, und wolle den Bericht drucken. Sofort rief er Altman an, und damit bestimmte er das Erscheinungsdatum – den 18. Oktober 1989 – selbst. Es war der Tag des Erdbebens von San Francisco, aber die Berichte waren rechtzeitig für die Frühausgabe fertig und standen nebeneinander auf der Titelseite. Im Falle der *Times* war damit weite Verbreitung über die Nachrichtenagenturen, die Fernsehstationen und den Nachrichtensender CNN sicher. Gegen Abend rollte auf Pittsburgh eine Lawine von Anrufen aus der ganzen Welt zu – Journalisten, Ärzte, Patienten, Chemiker der Pharmaindustrie wollten sofort mehr über Tom Starzls neues Wundermittel wissen.

Bei Vertex fielen auf diese Nachricht hin mehrere Herzen in die Hosen. Wenn es um wissenschaftliche Information geht, verlassen sich Wissenschaftler nicht auf die *Times* oder irgendeine andere Tageszeitung. Aber zu sehen, daß die *Times* dem Thema einen Platz oben auf der Titelseite einräumte – die Schlagzeile lautete „Großer Erfolg mit neuem Medikament bei Organtransplantationen", und der Artikel war sechzig Spaltenzoll lang, mehr als die Zeitung den Wahlen der meisten europäischen Regierungschefs widmete –, war nervtötend, insbesondere weil die Ungefährlichkeit des Medikaments hervorgehoben wurde. „Es gibt kaum Hinweise auf eine toxische Wirkung von FK-506 beim Menschen", hatte Altman geschrieben. Nicht lange zuvor hatte der Chemiker David Armistead in formloser Vertretung für mehrere andere auf einer kleinen Sitzung der wissenschaftlichen Mitarbeiter von Vertex laut und deutlich gefragt: „Was ist, wenn es das Wundermedikament des Jahrhunderts ist? Warum sollen wir ihm hinterherlaufen?"

Boger, der sich im allgemeinen durch die Symbiose von Medizinerwelt und Presse und insbesondere durch die „Durchbrüche", die der Öffentlichkeit verkündet werden, bevor andere Wissenschaftler sie überprüft haben, eher abgestoßen fühlt, lief nicht ernsthaft Gefahr, wegen des plötzlichen öffentlichen Interesses an FK-506 in die Irre zu gehen. Das Medikament hatte noch einen langen Weg vor sich, und alle waren übereinstimmend der Meinung, daß die Begründung, warum Vertex sich darum kümmern sollte, nach wie vor stichhaltig war. Aber einige Mitglieder des Aufsichtsrates hatten bereits am Morgen besorgt angerufen, und Bogers Antworten waren die erste ernsthafte Prüfung für seine Führungsqualitäten. Noch war es nicht zu spät, ein anderes Projekt in Angriff zu nehmen. Wie bei jeder Medikamentenentwicklung war es gut, die Verluste frühzeitig zu begrenzen. Boger blieb in seiner typischen Art standhaft und eindeutig.

"Das sind gute Nachrichten für uns", sagte er den Mitarbeitern. „Es steigert das Interesse. Es zeigt, daß Cyclosporin zu schlagen ist, und heizt das ganze Gebiet auf. Die Idee mit den Autoimmunkrankheiten sieht durch die geringere Toxizität [von FK-506] insgesamt vernünftiger aus." Sein erster Kommentar, nachdem er die *Times* gelesen hatte, lautete sogar: „Ich wäre froh, wenn FK zu dem Zeitpunkt, wo wir eine Substanz in die klinische Erprobung geben, schon einen Umsatz von drei Milliarden Dollar macht. Ich möchte, daß Fujisawa Erfolg hat."

Wie so oft bei Boger, sah seine Unverfrorenheit am Anfang tollkühn aus. Aber als die anderen hörten, wie er die Lage analysierte, erkannten sie sehr schnell, daß er recht hatte. FK-506 würde wahrscheinlich zu einem Verkaufsschlager werden: Es würde Cyclosporin vom Transplantationsmarkt verdrängen und wäre wahrscheinlich so ungefährlich, daß es auch den Markt der Autoimmunkrankheiten erschließen konnte. Aber trotz des *Times*-Artikels war es vermutlich nicht so harmlos, daß es diesen Markt vollständig erobern würde; der größte Erfolg blieb also der nächsten Wirkstoffgeneration vorbehalten. Bessere Voraussetzungen hätte man sich bei Vertex nicht wünschen können.

Natürlich würden alle großen Pharmafirmen der Welt schon bald zu der gleichen Erkenntnis gelangen und sich mit neuen Forschungsprogrammen zur Immunsuppression auf diesem Gebiet drängeln. Aber dieser Ausbruch von Interesse würde vermutlich nicht das sein, was er zu sein schien. Die meisten von ihnen hatten bereits mehr als ein halbes Jahrzehnt damit zugebracht, neue Moleküle als Ersatz für Cyclosporin zu suchen, und dabei hatte man nur einen einzigen ernsthaften Kandidaten gefunden: FK-506. Hunderte von Chemikern hatten bei Sandoz und anderswo jahrelang versucht, das Cyclosporin umzugestalten und ungefährlicher zu machen, ohne daß diese Bemühungen auch nur zu einem einzigen klinischen Versuch geführt hätten. Da sie selbst keinen Vorsprung hatten, würden viele Großfirmen früher oder später einen kleinen Partner unter Vertrag nehmen, und das paßte genau zur Strategie von Vertex. So oder so – es schien, als könne Vertex nur gewinnen.

Es gab nur zwei Probleme. Das erste war Merck, wo man auf diesem Gebiet bereits ein beträchtliches Forschungsprogramm hatte. Merck hatte mit Vasotec, einem milliardenschweren Mittel gegen Bluthochdruck, den Maßstab dafür gesetzt, wie man sich in der Industrie mit einem Wirkstoff der zweiten Generation einen wachsenden Markt sichert. Mitte der achtziger Jahre mußten sie sich mit Capoten auseinandersetzen, einer Neuentwicklung von Squibb; das Medikament basierte auf einem Molekül, das man ursprünglich im Gift der Grubenotter gefunden hatte. Merck hatte Heerscharen von Chemikern darauf angesetzt, den Wirkstoff zu verbessern, und dann folgte ein vernichtender Werbefeldzug, der Squibb von der Position des Marktführers verdrängte, obwohl Capoten zuerst herauskam und im wesentlichen das gleiche Medikament war. Wenn die Leute bei Merck es wirklich ernst meinten, konnten sie gewaltige Reserven mobilisieren.

Damit sind wir bei der zweiten Sorge: Die Labors von Vertex waren nicht fertig. Boger, Mercks bekanntester Abtrünniger der letzten Jahre, kannte die Grenzen der wissenschaftlichhen Arbeit bei dem Großunternehmen besser als jeder andere. Wie er Knowles bei der Sitzung des wissenschaftlichen Beirates sagte, war er überzeugt, daß sie Merck in einem Kopf-an-Kopf-Rennen schlagen konnten. Aber das setzte gleiche Startbedingungen voraus. Merck hatte die größte Forschungskapazität aller Pharmaunternehmen der Welt, und man arbeitete dort im Rahmen eines Programms, das Boger im wesentlichen selbst ins Leben gerufen hatte, seit über einem Jahr an der Verbesserung von FK-506. Vertex hatte mittlerweile fünfzehn Wissenschaftler, die Däumchen drehten. An dem Tag, als der *Times*-Artikel erschien, platzten sie morgens geradezu vor Tatendrang, aber da sie keinen Platz hatten, um ihrer Energie freien Lauf zu lassen, saßen sie schon bald wieder an den gemieteten Edelstahltischen, prüften noch einmal ihre Ausrüstungsbestellungen und fragten sich, wann es wohl losgehen würde. Für alle außer Boger war es ein weiterer zähflüssiger Tag.

4

„Das soll eine Delikatesse sein."

Matt Harding griff eine Thymusdrüse, die Hände wie ein Chirurg in blutverschmierte Latexhandschuhe gehüllt. „Kalbsbries. Ich habe es nie probiert, aber ich habe es zu oft in der Hand gehabt, als daß ich ihm noch etwas abgewinnen könnte." Er schnitt die Drüse mit einer chirurgischen Schere in Streifen.

Neben ihm stand John Thomson am Labortisch und schnippelte weißliche Schlagadern aus dem blassen Fleisch. Dann ließ er die Thymusstücke in einen doppelwandigen Stahlzylinder fallen, in dem flüssiger Stickstoff brodelte. Die gesprenkelten Brocken wurden darin herumgewirbelt.

„Sieht aus wie Krabbenfleisch, findest du nicht?", sagte er. „Wir werden dir noch ein bißchen Zitrone besorgen."

Zwar kam kein Viehtransporter zu Vertex, aber ein junger Mann in Turnschuhen ging jeden Donnerstag eilig mit zwei Plastiktüten voll bläßlichem Fleisch durch den Frühstücksraum in das biochemische Labor. Es war ein Unternehmer aus einem Schlachthof am Stadtrand, dem die Belieferung von Forschungsstätten einen ständigen Nebenverdienst sicherte. Die Tagung von Barcelona und die Einweihung der Labors lagen jetzt zwei Monate zurück, und Thomson, Harding sowie ein schlaksiger, spindeldürrer Assistent namens Matt Fitzgibbon verbrachten den übrigen Donnerstag und den halben Freitag mit dem Schneiden von Fleisch, dem ersten Stadium der Proteinpräparation. Umgebung, Arbeit und Gefühle erinnerten an eine Kantinenküche.

„Wenn du da die Hand reinsteckst", sagte Thomson mit einer Kopfbewegung in Richtung des flüssigen Stickstoffs, dessen gasförmiger Teil an den Seiten des Zylinders herunterströmte, „wird sie hart wie Glas. Dann kannst du sie in Stücke schlagen." Er ließ die Hand auf die harte Kunststofffläche des Tisches fallen und zog sie dann zurück. „Der ‚Gefrierfrosch-Effekt'", bemerkte er dämonisch und in Anlehnung an einen Erstsemesterstreich.

Thomson, der Australier, sollte versuchen, aus den Thymusstreifen das nur in geringsten Mengen vorhandene, kaum greifbare Protein zu isolieren; die Moleküle von FKBP stellten vermutlich die Angriffspunkte für die Wirkstoffe dar, die man bei

Vertex konstruieren wollte. Aber Harding, der Mitentdecker des Proteins und des Cyclophilins, beteiligte sich am Kleinschneiden. Es war für beide ein vertrautes Ritual, das in Hardings Fall zu einer höchst aussichtsreichen Karriere in der Immunologie geführt hatte, während bei Thomson daraus nicht nur eine vielgerühmte Meisterschaft in der Kunst der Gewebefärbung entstanden war, sondern auch ein sarkastischer Groll gegenüber der Meinung, die andere Wissenschaftler über ihn hegten.

Als Harding vor fast zehn Jahren als Postdoc für Pharmakologie nach Yale gekommen war, hatte er schon am ersten Tag gesehen, wie andere Postdocs Thymusdrüsen zerkleinerten. Nachdem Starzl sich für das Cyclosporin eingesetzt hatte, war das Interesse an dieser Verbindung wieder erwacht, und Yale war einer der Orte, wo man nach seinem Zielprotein im Organismus suchte – der nächste Schritt bei der Aufklärung des Wirkmechanismus. Diese Bemühungen waren teilweise von Erfolg gekrönt: Studenten im Labor eines Pharmakologen namens Robert Handshumacher hatten mehrere mutmaßliche Kandidaten gefunden. Sie hatten das Cyclosporin an eine Art molekulare Angelschnur gebunden und konnten damit einzelne Proteine aus einer Thymus-"Suppe" herausfischen. Nun bestand die nächste Schwierigkeit darin, unter diesen Proteinen den biologisch bedeutsamen Rezeptor zu finden und seinen chemischen Aufbau zu ermitteln.

Es war eine zermürbende Arbeit. Wie jeder Koch weiß, sind Proteine unberechenbar und instabil. Damit sie aktiv bleiben, muß ihre Molekülkette exakt gewunden sein, aber zusammengehalten wird diese Struktur nur durch das molekulare Äquivalent von Spucke – von der gesammelten Kraft ihrer schwächsten Bestandteile, der Wasserstoffatome. Eiweiß braucht man nur zu erhitzen, und schon zerreißen die Wasserstoffbrücken im Ovalbumin, seinem wichtigsten Proteinbestandteil, wie die Nieten in einem zu tief getauchten U-Boot; die einzelnen Proteinmoleküle verlieren ihren inneren Zusammenhalt, falten sich auseinander und ballen sich zu einer geleeartigen Masse zusammen. Schlägt man das gleiche rohe Eiklar mit einem Schneebesen, zerfallen die Oberflächen der Proteinmoleküle, und es entsteht ein schaumiger Brei. Um ein Protein zu isolieren, ohne es zu zerstören, braucht man die Präzision und das Einfühlungsvermögen eines Geburtshelfers in Verbindung mit eiserner Geduld und einer unendlichen Fähigkeit, Niederlagen wegzustecken.

Harding, der damals Marathon lief, gewöhnte sich an einen stetigen Tagesablauf. Er kam frühmorgens ins Labor, lief am Spätnachmittag zehn bis zwölf Kilometer zur Küste von New Haven und wieder zurück, und arbeitete dann bis weit nach dem Abendessen. Er war von unauffälligem Ehrgeiz, anpassungsfähig bis zur Selbstaufgabe, und nahm innerhalb eines halben Jahres kaum einen einzigen Tag frei. Handshumachers Mitarbeiter hatten das Protein mehreren Reinigungsschritten unterzogen, aber es war ihnen nicht gelungen, eine Reihe von Verunreinigungen zu beseitigen. Harding experimentierte systematisch mit verschiedenen Lösungsmitteln und

Versuchsbedingungen, bis er schließlich winzige Spuren des gereinigten Rezeptors erstellen konnte.

In weiteren Experimenten konnten er und seine Laborkollegen das Molekulargewicht berechnen und schließlich die Aminosäuresequenz analysieren, die Reihenfolge der Bausteine in jeder Proteinkette. Proteine unterscheiden sich im wesentlichen durch ihre Größe, ihre Aminosäuresequenz und andere Eigenschaften wie zum Beispiel ihr Verhalten in Wasser. Das von ihnen entdeckte Protein, das sie wegen seiner Affinität zu Cyclosporin auf den Namen Cyclophilin getauft hatten, war seltsamerweise sehr gut löslich: Es befand sich in dem Teil der Zelle, der zwischen der Membranhaut und dem Zellkern liegt. Dies sollte später noch Folgen haben, denn es bedeutete, daß das Protein nicht zu jenen gut untersuchten Zelloberflächenmolekülen gehörte, denen die Immunologen die zentrale Rolle bei der Organabstoßung zuschreiben; es war vielmehr etwas Neues und gehörte zum inneren Apparat der Zellen.

Hardings Veröffentlichung, seine erste als Postdoc, erschien in *Science*, einer Zeitschrift, die zusammen mit *Nature* zu den beiden meistgelesenen Fachjournalen der Welt gehört. Beide Blätter dienen der Ankündigung wichtiger neuer Errungenschaften in der Biologie. Obwohl die Bedeutung seines Artikels umstritten war – „wir hatten eine Struktur ohne Funktion", erklärt er; „viele Leute sagten: ‚Na und?'" –, brachte die Veröffentlichung ihn beruflich weiter: Sie verschaffte ihm eine Stelle an der medizinischen Fakultät und die für junge Wissenschaftler immer schwerer zu bekommende Gelegenheit, auf einem Gebiet mit starker Konkurrenz selbständige Forschung betreiben zu können. Aber um das Geld aufzutreiben, das ihm ernsthafte Arbeit im Labor ermöglichte, und so akademisch weiterzukommen, brauchte Harding auch unabhängig von Handshumacher Erfolge. Er brauchte sein eigenes Molekül.

Stuart Schreiber, obwohl beruflich besser abgesichert, interessierte sich aus ganz ähnlichen Gründen für neue Moleküle. Seit fünfzig Jahren bestanden die großen Errungenschaften der organischen Chemie in der Synthese biologischer Moleküle, und Schreiber, der noch keine dreißig und dennoch schon Ordinarius in Yale war, galt in dieser Kunst allgemein als einer der zukünftigen Meister. Wie Boger, der gerade bei Merck seinen ersten großen Erfolg gehabt hatte, fühlte sich auch Schreiber nicht von dem angezogen, was das Cyclosporin leistete, sondern von der Art, wie es diese Leistungen vollbrachte – von seiner Struktur. Aber auch er steckte fest. Wichtige Arbeiten zur Synthese von Cyclosporin hatte man bereits im Labor seines Fakultätsleiters Sam Danishevsky geleistet. Danishevsky war Schreibers wichtigster Gönner, und Schreiber achtete bei allem Ehrgeiz sorgfältig darauf, daß man ihn nicht für unkollegial hielt.

Yale hatte in der Erforschung des Cyclosporins und jetzt auch des Cyclophilins eine Führungsrolle, und deshalb machte man dort Druck. Alle Universitäten versuchen, sich solche Führungspositionen zu verschaffen, denn sie bringen Geld und

Ehre, und Yale, in den Naturwissenschaften lange an zweiter Stelle hinter Harvard, legte auf Projekte, in denen man der Konkurrenz voraus war, besonderen Wert. Die Universität begann, mit Merck zusammenzuarbeiten: Sie bekam Geld im Austausch für Reagenzien und Daten, und es war kein Zufall, daß Boger dort Harding und einige andere seiner späteren Angestellten kennenlernte. Außerdem bemühte sich die Universität um staatlich geförderte Großprojekte, die einer Universität sofort die Spitzenstellung auf dem jeweiligen Gebiet verschaffen. Harding und Schreiber, die beiden jüngeren Mitglieder des Teams, saßen bei den Arbeitssitzungen der Gruppe oft nebeneinander in der letzten Reihe, unterhielten sich über Wissenschaft und freundeten sich an.

„Im Oktober 1988 hatten wir eine Ortsbesichtung durch das NIH [National Institutes of Health]", erinnert sich Harding. „Meine feste Stelle hatte ich schon – ich war halb Assistenzprofessor und halb Postdoc, was im Interesse aller war, außer in meinem – und der Artikel von Warty war erschienen." (Ein Starzl-Mitarbeiter namens Warty spekulierte als erster öffentlich darüber, daß FK-506 vielleicht wie Cyclosporin seine Wirkung im Organismus durch eine gezielte chemische Bindung entfaltete.)

„Jetzt interessierte sich auch Stuart für FK-506, was nur natürlich war, und wir waren auf der Tagung, wo Bob [Handshumacher] über das Cyclosporinderivat sprach, mit dem wir das Cyclophilin entdeckt hatten. Ich weiß nicht, ob Stuart sich darüber im klaren war, wie leicht man aus einem Rohextrakt ein Protein gewinnen kann, aber als er unser kleines Reagenz sah, fing er an zu zeichnen, und seine Augen leuchteten auf. Er sagte immer wieder: ‚Fujisawa, Fujisawa. Fujisawa hat diese Verbindung.' Dann erklärte er: ‚Wir werden das machen, und ich bin mir ziemlich sicher, daß wir ein Reagenz herstellen und an diese Säule koppeln können.'

Er wußte, daß er etwas Neues sagen mußte, und deshalb fragte er: ‚Wenn wir etwas machen können, habt ihr Lust dazu?'

Ich sagte: ‚Ja. In einem Experiment könnten wir Fujiphilin finden.'"

Schreiber war damals nach Harvard „berufen" worden. Gleichzeitig waren Hardings erste Experimente ein „entsetzlicher Fehlschlag". Er selbst meinte dazu: „Das war gut. Ich mag immer die Experimente, die beim ersten Mal nicht funktionieren, denn wenn es am Anfang klappt, dann klappt es später nie wieder." Im Februar 1989 erhoben die *Nature*-Artikel über die Bedeutung des Cyclophilins für die Proteinfaltung und die darauffolgende Welle der Aufmerksamkeit Harding plötzlich in den Rang des Mitentdeckers – sein Molekül trug jetzt den Stempel einer wichtigen biologischen Funktion. Im März ließ er dann einen Thymusextrakt durch eine zweieinhalb Zentimeter lange Säule laufen, und nach zwei Tagen hatte er, wonach er gesucht hatte: eine helle Bande auf einem Gel, die auf ein Protein mit einer starken molekularen Affinität für FK-506 hinwies. Er schickte das Gel an das proteinchemische Labor in Yale, wo man schnell die einschlägigen Datenbanken durchsuchte. Hardings Protein war noch völlig unbekannt.

Für jemanden in Hardings Lage war die Entdeckung eine Goldader, vorausgesetzt, er und Schreiber veröffentlichten die Ergebnisse als erste. Alles, was dann wahrscheinlich folgen würde – wichtige Publikationen, Forschungsmittel, Patenterlöse, größere Labors und mehr Studenten, internationale Anerkennung, Reichtum, Reisen, Einfluß und letztlich vielleicht eine feste Stelle – hing entscheidend davon ab, daß sie zuerst im Druck waren. Aber sobald Harding seine Experimente abgeschlossen hatte, hörte er erste Gerüchte, man habe bei Merck ebenfalls ein Protein gefunden, das mit hoher Affinität an FK-506 band. In der Wissenschaft, das wußte er, zählt nur das Gewinnen; Silbermedaillen gibt es nicht. Man hat nur einen Trost: Da alle nur mit Wasser kochen, endet das Ganze sehr oft unentschieden.

„Das Rennen war eröffnet", berichtet Harding. „Ich versuchte, etwas von dem Zeug zu gewinnen und zu reinigen; ich wollte beweisen, daß es tatsächlich spezifisch bindet. Und natürlich lag die Frage nahe, ob es [wie das Cyclophilin] die Proteinfaltung katalysiert. Wer diese Frage nicht stellte, hätte sich nicht Wissenschaftler schimpfen dürfen."

Während Schreiber jeden Tag aus Cambridge anrief, beendete Harding in aller Eile seine Experimente. Dann fuhr er mit einem Entwurf der Veröffentlichung nach Harvard. In Rahway arbeitete mittlerweile Bogers früherer Mitarbeiter in Sachen FK-506, der in Kanada geborene Arzt und Naturwissenschaftler Nolan Sigal, genauso eilig auf das Ende hin. Sigals Gruppe reichte ihren Artikel am 16. Juni bei *Nature* ein, drei Wochen früher als die Gruppe in Yale und Harvard. Zwar erschienen schließlich beide Artikel zur gleichen Zeit, nämlich im Oktober, kurz bevor Boger nach Barcelona abreiste, aber der Aufsatz von Merck stand an erster Stelle, womit seine Vorrangstellung offiziell angezeigt wurde. Den Unterschied nahmen aber nur die Fachleute genau zur Kenntnis. Für die restliche Welt war gemeinsame Veröffentlichung ein Hinweis auf eine Verbindung, und Harding, der als erster Autor genannt war, würde als Entdecker von FKBP bekannt werden. Da Universitäten seit jeher die Eigentümer aller in ihren Labors gemachten Entdeckungen sind, beantragten Harvard und Yale gemeinsam das Patent.

Harding war in Hochstimmung. Er hatte seinen Weg gefunden. Aber so gut seine Karriere lief, so schlecht ging es ihm mit seiner Stelle. Er arbeitete an der medizinischen Fakultät unter Chirurgen, auf die er wegen der Testergebnisse von den Transplantationspatienten angewiesen war. Für sie wie auch für Starzl hing der Wert eines jungen Angehörigen der immunologischen Abteilung in erster Linie von seiner technischen Fertigkeit und erst danach von seinen Gedanken ab. Harding, der alles andere als streitsüchtig war, mußte immer wieder Tests für die Ärzte durchführen, statt sich mit seinen eigenen Experimenten zu beschäftigen. Frustriert und von Schreiber im Hinblick auf die zukünftige Arbeit ermutigt, schrieb er an Boger und bewarb sich bei Vertex.

Das Bücherregal über John Thomsons Schreibplatz am Ende seines Labortisches bietet ein malerisches Bild: ein Glas mit Kraft Vegamite, jener bitter-salzigen Sojapaste, die Australier der Erdnußbutter vorziehen, und drei Flaschen einer Chemikalienhandlung, auf deren Etiketten in einfachen schwarzen Buchstaben Koffein, Nikotin und Ethylalkohol steht. Das ist zwar ironisch gemeint, aber die Flaschen stehen stellvertretend für Thomsoms Vorlieben: Er schlürft Kaffee, in dem der Löffel stehenbleibt und den sonst niemand bei Vertex anrührt, raucht Camel ohne Filter und trinkt viel. Im Winter trägt Thomson im Labor eine Sonnenbrille, abgetretene Joggingschuhe, enge Bluejeans und noch engere T-Shirts; auf einem, das er besonders liebt, sieht man Calvin, den Jungen aus der Comicserie *Calvin and Hobbes*, der sagt: „Ich hasse euch alle. Wenn es nach mir ginge, könnten alle auf der Erde tot umfallen." In der Einleitung zu seiner Doktorarbeit steht der Prolog aus Goethes *Faust*, in dem Mephisto die gute Seele verspottet.

Wie Faust, der sich loskaufen wollte, indem er die Wissenschaft zu einem höheren guten Zweck benutzte, ist auch Thomson ein Labormensch. Das Labor ist sein Heiligtum, seine Schmiede, seine Höhle. Aber diese Anhänglichkeit isoliert ihn von den Kollegen. Nachdem die Konventionen des Geschäftslebens in der Wissenschaft immer stärker Einzug halten, hängt der Erfolg eines Einzelnen immer stärker davon ab, wieviel Zeit er am Telefon, in Flugzeugen oder auf Tagungen zubringt. Harding hatte es in Yale gelernt: Wenn man Experimente macht, wird man zum „Handlanger" anderer, deren Arbeit schneller vorangeht als die eigene.

Boger, der fast ausschließlich Leute eingestellt hatte, die kurz vor einem scharfen, nach oben gerichteten Karriereknick standen, war entschlossen, diesen Trend umzukehren. Er wollte das Letzte aus seinen Wissenschaftlern herausholen und dafür sorgen, daß sie miteinander redeten und daß sich keine Hierarchie bildete, denn Hierarchie war in seinen Augen eine törichte Vergeudung von Talent, die guter Wissenschaft zuwiderlief; deshalb bestand er darauf, daß auch die erfahrensten Wissenschaftler sich verpflichteten, selbst praktisch im Labor zu arbeiten. Boger selbst plante die Labors ohne persönliche Büros: Selbst diejenigen, die 80 000 Dollar im Jahr verdienten, mußten ihre Aktenkoffer von einem allgemeinen Schreibtisch zum anderen tragen, wenn sie einen Brief schreiben oder telefonieren wollten. Bogers „soziales Experiment", wie die Wissenschaftler es nannten, war neben der Einbeziehung des wissenschaftlichen Beirats die zweite unpopuläre Idee, die von den meisten nur widerwillig akzeptiert wurde. Sie nahmen an, das Experiment werde fehlschlagen, und hofften, daß das eher früher als später geschah – Thomson ausdrücklich ausgenommen. „Ich bin stolz darauf, daß man mich als Wissenschaftler im Blaumann bezeichnet", sagte er.

Zu Thomsons Glück hatten Harding und Merck offenbar das gleiche FKBP entdeckt, was ihm die Abgründe einer völlig blinden Suche ersparte. Die beiden Proteine stimmten in einer Reihe entscheidender Eigenschaften überein, so in der Stärke der

Bindung zu FK-506, in der chemischen Sequenz und in der Tatsache, daß sie die Proteinfaltung beschleunigten, und Vertex konnte diese Eigenschaften zu analytischen Hilfsmitteln umsetzen. Mit diesen Hilfsmitteln würde Thomson letztlich feststellen, ob er gefunden hatte, was er suchte. Aber bisher gab es die Hilfsmittel noch nicht, und auch zwischen Harding und Merck bestanden durchaus Unterschiede. Hardings Protein hatte ein Molekulargewicht von 14 000 – das heißt, es hatte die 14 000fache Masse eines Wasserstoffatoms –, bei dem Protein von Merck dagegen betrug es 10 000. Im ersten Stadium von Thomsons Suche waren die bekannten Eigenschaften von FKBP die einzige Richtschnur. Daß manche davon widersprüchlich und andere nicht zu erfahren waren, munterte ihn nicht gerade auf.

Thomson stürzte sich auf das, was er wußte: die ungefähre Größe des Proteinmoleküls. Wie Harding hatte er sich die Thymusdrüse ausgesucht, denn in diesem Organ würde ein Rezeptor, dessen Wirkung vor allem die Immunsuppression war, wahrscheinlich in der höchsten Konzentration auftreten. Bei Erwachsenen ist die Thymusdrüse zurückgebildet und nur noch in Überresten vorhanden, aber bei Säuglingen liegt sie in auffälliger Größe über dem Herzen; sie ist ein wichtiges Zentrum des Immunsystems: Hier entstehen die T-Zellen, die den Abwehrkampf des Körpers koordinieren (das T steht für Thymus). Von den zigtausend verschiedenen Proteinen in den T-Zellen lag wahrscheinlich nur eine Handvoll im Größenbereich zwischen 11 000 und 14 000. Thomson stellte eine durchsichtige Proteinbrühe her und ließ sie durch eine Reihe submikroskopischer Filter laufen, denn anfangs hatte er die Hoffnung, er könne FKBP allein aufgrund seiner Größe dingfest machen. Mit anderen Worten: Er wollte es aussieben.

In einem Dutzend Jahren der Laborexperimente, die bis an die Universität von Melbourne zurückreichten, hatte Thomson das grobe, verfilzte Gewebe von Tieren ebenso kennengelernt wie die empfindlichen, schwer faßbaren Proteine, und auf der ganzen Welt konnte wohl kaum jemand beides so gut trennen, ohne die Proteine zu beschädigen. Es war eine ekelhafte, unspektakuläre Arbeit. Oder, wie ein altes Sprichwort sagt: Tierchemie ist Schmierchemie. Als Thomson einmal in Schreibers Labor an der Harvard University kam, wo man kurz zuvor noch eine kleine Proteinpräparation durchgeführt hatte, bemerkte er durchaus die Spritzer aus nassem Gewebe an den Wänden.

Hier bei Vertex schüttete er die schockgefrorenen Stücke der Thymusdrüsen in einen starken Mixer, der sie ohne Spritzen pulverisierte. Dann fügte er Wasser hinzu, so daß eine lachsfarbene Suppe entstand, und schüttete das Ganze in Kunststoffgefäße; die Flaschen setzte er im Nachbarraum in eine Zentrifuge, mit der er Fette und einige größere, schwerere Proteine zum größten Teil abtrennen konnte. Jeder derartige Reinigungsschritt erforderte sorgfältiges Abwägen: Einerseits mußte Thomson bestimmten Bestandteilen des Gemisches so heftig zusetzen, daß sie aus der Brühe verschwanden, und andererseits mußte die Behandlung so schonend erfolgen, daß das FKBP unversehrt und funktionsfähig blieb. Deshalb setzte er so wenige Lösungsmittel wie möglich ein und hielt das Gemisch, das sich schon bei Raumtemperatur verändern konnte, mit Ausnahme kurzer Phasen gekühlt. Dazu mußte er stundenlang in einem Kühlraum bei etwa fünf Grad arbeiten; er erledigte das im T-Shirt und schlurfte nur gelegentlich hinaus, um eine Tasse Kaffee zu trinken und eine Zigarette zu rauchen.

Wenn Thomson einmal mit einer Sache begonnen hatte, gab es für ihn kein Halten mehr. Als nach dem ersten Reinigungsschritt der zweite, schwierigere Vorgang folgte und er den Extrakt klären mußte, nahm er sofort eine neue, anspruchsvollere Versuchsreihe in Angriff. Proteine sind im allgemeinen farblos. Wenn Thomson ein Gemisch haben wollte, aus dem er einzelne Proteine abtrennen konnte, mußte er alles andere beseitigen, insbesondere die Fette und Wachse, die seine Mikrofilter verstopfen würden und der Suppe die rosarote Färbung verliehen. In der Regel kann man solche Substanzen mit organischen Lösungsmitteln wie Ether und Chloroform abtrennen, aber dabei entfernt man auch manche Proteine. Thomson arbeitete mehrere Tage lang fast ausschließlich im Kühlraum, bis der Extrakt nach mehrfachem Waschen nahezu völlig durchsichtig war.

Um die immer umfangreichere Tätigkeit zu bewältigen, und auch weil es zu ihm paßte, blieb Thomson jetzt zwei oder drei Tage ununterbrochen in der Firma, dann drei oder vier, und dann vier oder fünf. Mit der Zahl der Experimente wuchs auch seine Besessenheit. Tagsüber lief er zwischen seinem Labortisch und dem Kühlraum hin und her, ließ mehrere Präparationen parallel laufen und bildete zusammen mit seinem Assistenten Fitzgibbon eine Zwei-Mann-Fabrik. Nachts blieb er auf, um die Glasgeräte zu spülen; dieses Reinigungsritual dauerte oft mehrere Stunden und war vielfach noch im Gang, wenn die anderen morgens allmählich zur Arbeit kamen. Seine Hände waren von den Spül- und Lösungsmitteln wund und geschwollen. Die Füße schwollen an, weil er vierundzwanzig Stunden und länger auf den Beinen war, unterbrochen nur von jenen Gelegenheiten, wo er auf der Couch im Frühstücksraum zusammenbrach und, immer noch mit der Sonnenbrille, im Sitzen ein paar Minuten schlief. Sein Gesicht nahm in dem künstlichen Licht eine seltsame Blässe an.

Thomsons Triebkraft war eine komplizierte Mischung aus Wollen und Müssen. Mehr als alle anderen bei Vertex, Boger vielleicht sogar eingeschlossen, glaubte er an das strukturorientierte Moleküldesign – Vertex war für ihn fast eine Utopie. Leidenschaftlich bewunderte er Boger und die Vorstellungen – „alle für einen, alles dreht sich um das Labor und alle sind gleich" –, die dieser in der Firma verbreitete; das einzige Hindernis für den Erfolg von Vertex war in seinen Augen der Mangel an reinem Protein höchster Qualität, und dieses Protein würde er jetzt liefern. Zur gleichen Zeit führten Boger und Aldrich erste Verhandlungen über eine Zusammenarbeit mit Glaxo, Inc., einem riesigen britischen Pharmaunternehmen, das Mitte Februar eine Delegation schicken wollte. Boger sprach von einem "Schnupperbesuch", bei dem Glaxo die Qualitäten von Vertex unter die Lupe nehmen wollte, und deshalb drängte er darauf, daß „wir soviel wie möglich vorzuweisen haben". Thomson hatte feierlich versprochen, er werde den Glaxo-Leuten reines FKBP zeigen. Er hatte noch fünf Wochen. „Da hatte ich mich ganz schön aus dem Fenster gehängt", sagt er heute.

Wie bei fast allen Tätigkeiten Thomsons zu jener Zeit, so steckte auch hinter diesem Vorsatz ein faustischer Beweggrund. Anders als Harding war er nicht auf einer Welle des Erfolgs zu Vertex gekommen. Die beiden vorangegangenen Jahre in Amerika waren eine Abwärtsspirale gewesen, unterbrochen von impulsiven Aktionen, die er später bereute. Er hatte hervorragende Arbeit geleistet, die sich in mehreren wichtigen Veröffentlichungen niedergeschlagen hatte, aber seine Postdoc-Zeit am MIT hatte in einem schlimmen Zerwürfnis mit seinem Vorgesetzten geendet. Thomson, der verheiratet war und zwei kleine Kinder hatte, fing ein Verhältnis mit einer anderen Frau an. Seine Ehe ging in die Brüche, und die Familie kehrte nach Australien zurück. Boger gab ihm eine Stelle bei Merck, aber den Juristen der Firma gelang es nicht, eine Arbeitserlaubnis für ihn zu bekommen, und schließlich nahm er für ein Jahr eine Stelle an einer Universität in Wyoming an. Kurz danach ließ ihn seine Freundin fallen.

Thomsom kam „in einer recht ärgerlichen Lage" zu Vertex und war „entschlossen, einen neuen Anfang zu machen". Doch nach einem reibungslosen Start stellten sich seine Probleme wieder ein. Er lernte eine Frau kennen, aber sie verließ ihn wegen Jeff Saunders, eines Chemikers bei Vertex, der zu Thomsons engstem Freund geworden war, und über ihre Kehrtwendung waren offenbar viele andere bei Vertex früher im Bilde als Thomson. Da er sich die Schuld für das Scheitern seiner Ehe und seine vermasselte Karriere gab und sich nun auch noch verhöhnt und hintergangen fühlte, fing er an, viel zu trinken. Eines Abends Anfang November setzte er sich betrunken auf sein Motorrad und donnerte von einer Bar im Osten von Cambridge in Richtung Vertex. Einen knappen Block weit fuhr er auf dem Hinterrad, dann rutschte er in einer Pfütze aus, schleuderte und stürzte.

Das Motorrad war ein Totalschaden, und Thomsom hatte sich die Hände gebrochen, aber seine Wut verminderte das nicht. Drei Wochen später ging er mit John Duffy, einem anderen Chemiker, wieder in eine Bar. Diesmal saß Thomson in seinem Auto. „Ich war blau", berichtet er, „richtig sternhagelbesoffen. Ich weiß nicht mehr, wie ich rausgegangen bin. An den Unfall kann ich mich überhaupt nicht erinnern. Ich bin einfach geradeaus in einen anderen Wagen geknallt. Ich flog durch die Windschutzscheibe, krachte aufs Gesicht, und der Wagen war Schrott. Außerdem konnte ich durch mein Augenlid sehen."

Man brachte Thomson in das Massachusetts General Hospital und dann in das benachbarte Massachusetts Eye and Ear Infirmary, wo die Ärzte sein Auge nähten und Dutzende von Glassplittern aus seinem Gesicht entfernten. „Ich weiß noch, wie ich aufwachte", berichtet er. „Als erstes sagte ich: ‚Ich muß in der Firma anrufen und

Bescheid sagen, daß ich heute nicht komme.'" Zwei Tage später stand er wieder im Labor; er nahm erneut seine Jagd nach FKBP auf und suchte wie Faust Erlösung bei dem einzigen, das er nicht zerstört hatte: bei seiner Arbeit. Das rechte Auge war geschwollen und hinter der Sonnenbrille bandagiert, und sein Blick war getrübt. Noch Monate danach, während seiner immer längeren Nachtlager im Labor, zog er immer wieder Glasstücke aus den Narben in seinem Gesicht. Von Oberflächlichkeiten abgesehen, vermied er den Kontakt mit den meisten anderen in der Firma und zog sich in sich selbst zurück.

„Ich war damals wirklich nicht ganz richtig im Kopf", sagt er. „Und außerdem hatte ich kein Auto mehr. Ich konnte mir keines leisten und wollte auch nicht fahren: Ich hatte Angst, jemanden zu verletzen. Ich wollte nur, daß alles klappt, und ich wußte auch, was dafür notwendig war. Ich hatte keinen fahrbaren Untersatz. Ich hatte kaum Freunde, auf die ich mich verlassen konnte. Und ich hatte eine Menge Arbeit. Also blieb ich hier und arbeitete."

Der bevorstehende Besuch der Glaxo-Leute bedeutete für Boger zweierlei: Geld und Anerkennung, und das eine war ebenso lebenswichtig wie das andere. Vertex brauchte einen Firmenpartner, um das Immunophilinprojekt voranzutreiben und die Draufgehrate durchzuhalten. Außerdem mußten sie der Pharmaindustrie und den Investoren zeigen, daß irgend jemand die Firma ernst nahm und Geld hineinsteckte. (Wer das war, spielte keine große Rolle: Auch bei Nissin, dem größten japanischen Nudelhersteller, hatten sie anfangs Aussichten.) Daß sich nun ausgerechnet Glaxo um Vertex bemühte, die Firma, die in den letzten zehn Jahren in Europa die aufsehenerregendsten Erfolge gehabt hatte und die Vormachtstellung von Merck in der Pharmaforschung am heftigsten in Frage stellte, versüßte Bogers Überlegungen ganz erheblich.

Angetrieben von den Riesengewinnen der achtziger Jahre, hatte die Pharmaindustrie in letzter Zeit das Prinzip der „strategischen Allianzen" entdeckt. Sie waren ganz groß in Mode und sollten angeblich ein verbreitetes Problem lösen: In einem aufgeteilten Markt mit zahllosen Krankheiten, einer explosionsartigen Vermehrung der Kenntnisse und Tausenden von Labors war keine große Firma groß genug und keine kleine Firma schlau genug, um es allein zu schaffen. Kissingereske Vernunftehen waren das Gebot der Stunde. Wenn Mercks Hauptrivale, eine Firma, der das weltweit meistverkaufte Medikament jährlich zwei Milliarden Dollar einbrachte, bei Boger Annäherungsversuche machte, verbesserte sich seine Lage ganz automatisch. Glaxo hatte nie zuvor ein großes Forschungsabkommen geschlossen – man war, wie ein früherer Manager es formulierte, noch „Jungfrau" –, aber das beunruhigte Boger nicht. Er war sicher, daß es klappen würde.

Bei Glaxo dagegen hatte man auch ungute Gefühle. Bogers zweischneidige Beziehung zu Merck beunruhigte manche Führungskräfte: Sie fürchteten „Reaktionen" des Konkurrenten. Hatte Boger sich wirklich ganz und gar gelöst? Einer von ihnen formulierte es so: „Kann Merck irgendwann durch die Hintertür wiederkommen?" Die Bedenken waren verständlich. Boger hatte sich sehr darum bemüht, sich gedanklich von allem zu trennen, was er über die Forschung bei Merck wußte, und verweigerte jedes Gespräch über Dinge, die nicht veröffentlicht waren. Aber daß der Gegenstand seines Erstlingsprojekts ein Molekül war, mit dem er sich schon in Rahway beschäftigt hatte, warf zwangsläufig Fragen auf. Man wußte, daß die Firmenleitung von Merck über seine Entscheidung wütend gewesen war. („Hat Vertex auch nur ein einziges Projekt, das nicht zuerst hier bei Merck formuliert wurde?" schäumte Ed Scolnick, der Forschungsleiter von Merck, noch drei Jahre später, aber er weigerte sich, seine Äußerung zu begründen.) Deshalb blieb Boger zumindest bis auf weiteres ein Abtrünniger, der zwar hochgelobt, aber auch von allen Seiten verdächtigt wurde. Glaxo und andere große Pharmafirmen hätten zwar liebend gern gewußt, was man bei Merck mit den Immunophilinen machte, aber sie zogen es vor, solche Informationen nicht von einem zukünftigen Partner zu beziehen, dessen Rechnungen sie bezahlen sollten und dessen Schicksal sie an ihr eigenes binden wollten.

In Wirklichkeit wußte Boger wenig. Er kannte Mercks Vorgehensweise in solchen Situationen: Man synthetisierte eine Verbindung wie FK-506, und dann ließ man die Chemiker ähnliche Moleküle herstellen, deren Aktivität man testen konnte. Aber dazu brauchte man ein Testverfahren, und das hatte auf der ganzen Welt niemand, bis das FKBP entdeckt wurde – was erst mehrere Monate nach Bogers Kündigung geschah. Seine eigenen Ideen, wie man das Molekül verbessern konnte, galten als zu radikal und wurden nicht erprobt, solange er in Rahway war. Und er vertraute darauf, daß man sie dort auch jetzt nicht weiterverfolgte.

Im Dezember, auf einer einwöchigen Europarundreise, fuhren Boger und Aldrich auch zu Glaxo; Boger war von dem Besuch so beeindruckt, daß er in der Firma einen möglichen Konkurrenten sah – ein weiterer Grund, sich um Zusammenarbeit zu bemühen. Aber er wußte auch, daß man sich bei Glaxo wahrscheinlich nicht für seine Theorien des Medikamentendesigns interessieren würde, denn dort war man noch stärker als bei Merck dazu entschlossen, neue Wirkstoffe durch das Durchmustern von Verbindungen zu entdecken. Was Glaxo an Vertex offenbar besonders interessierte, war neben Boger selbst die Tatsache, daß man bei Vertex über die biologische Aktivität von FK-506 Bescheid wußte, und insbesondere interessierte man sich für die Beziehung zwischen Vertex und Schreiber – eine Beziehung, die sich allmählich löste, ohne daß die Leute bei Glaxo oder irgendwo sonst außerhalb der eigenen Firma etwas davon wußten.

Nach der ersten Sitzung des wissenschaftlichen Beirates im Oktober hatte Aldrich Boger auf Schreibers zweideutige Beziehung zur Firma angesprochen. Vor der Sitzung hatte Schreiber steif und fest behauptet, er habe kein Interesse daran, in Harvard Medikamentenmoleküle zu produzieren. Nachdem er jetzt aber untersuchte, wie FK-

506 das FKBP blockiert, stellte er mit seiner Arbeitsgruppe Verbindungen her, die einzelne Teile des Wirkstoffmoleküls nachahmten. Als kaufmännischer Leiter erkannte Aldrich keinen Unterschied zwischen Schreibers Molekülen, die nach dessen Behauptungen ausschließlich zu Experimenten dienten, und absichtlich konstruierten Medikamenten. Für ihn verkörperte Schreiber nur mehrere große Schwierigkeiten. Wenn einer von Schreibers Doktoranden ein Molekül entwarf, das einem bei Vertex erzeugten ähnelte, konnten sie in einen ruinösen Patentstreit mit der Harvard University geraten. Und wenn ein Chemiker bei Vertex ein Molekül nach einer Idee baute, die Schreiber angeblich auf der Fahrt zur Arbeit gekommen war und die er nur beiläufig bei einer Sitzung des wissenschaftlichen Beirates erwähnt hatte, konnte die Universität von Vertex hohe Lizenzgebühren verlangen. So oder so, sagte Aldrich zu Boger, habe Harvard jetzt ein Pfandrecht auf die Firma.

Eine unmittelbare Bedrohung war Schreiber mit seiner starken Ausstrahlung und seinem Ehrgeiz. Er sprudelte geradezu über. Wie Boger, der zwar vorsichtiger, aber ebenso redselig war, wenn es ihm nützte, sprach Schreiber gern von sich und seinen Gedanken, und jetzt hörte die Welt ihm zu. „Ich habe keine Sorge, daß Stuart eine Verbindung findet, die unserer Konkurrenz macht", sagte Boger, „aber ich bin äußerst besorgt, daß er allen auf der Welt erzählt, was wir machen. Bei zwei Firmen, die wir in Europa besucht haben, sagte man uns, Schreiber habe in den letzten Wochen angerufen. Er muß riesige Telefonrechnungen haben."

Boger fürchtete, Schreiber sei, was die Notwendigkeit der Geheimhaltung anging, „hartnäckig naiv"; Aldrich hielt ihn für berechnend und opportunistisch. Monatelang flammte zwischen ihnen immer wieder eine Polemik nach dem Motto „guter Stu/böser Stu" auf, und gleichzeitig versuchten sie, mit der Harvard University eine Vereinbarung auszuhandeln, die Vertex Exklusivrechte auf alle mit Immunophilinen zusammenhängenden Entdeckungen aus Schreibers Labor sicherte. Schreiber selbst befürwortete eine solche Abmachung, denn sie beinhaltete auch die Zusammenarbeit, die er anstrebte. Das große Ziel bei jedem neuen Protein war die Aufklärung seiner Struktur. Aber Schreiber hatte kein eigenes Labor für die Röntgenstrukturanalyse und konnte auch nicht ohne weiteres auf eine solche Einrichtung zugreifen. Für die Gelegenheit, mit Manuel Navia und der biophysikalischen Arbeitsgruppe bei Vertex zu kooperieren, hätte er der Firma mit Vergnügen die alleinigen Rechte an allen seinen Produkten zugesichert.

Das Hindernis war die Harvard University. Die Kommerzialisierung der akademischen Wissenschaft hatte der Universität, die Standards für die Ausbildung in den USA setzte, gewaltiges moralisches Kopfzerbrechen bereitet. Keine Verflechtungen schluckte sie so schwer wie Bündnisse der Art, die Vertex und Schreiber jetzt im Sinn hatten: Exklusivverträge über Lizenzen zwischen einem Professor und einer Firma, deren Aktien dieser Professor besaß. Solche Abmachungen widersprachen allen Vorstellungen von freiheitlicher Ausbildung mit freimütiger, unparteiischer Untersuchung, Forschung um ihrer selbst willen und der Unverletzlichkeit des Wissens; an ihre Stelle trat ein verfilztes System, bei dem ein Angehöriger des Lehrkörpers unmittelbaren Gewinn aus der Arbeit der Studenten zog. Harvard hatte zwar in den vorangegangenen zehn Jahre zwei oder drei solche Abmachungen ausgehandelt, aber die Universität vollzog jedesmal ihr Widerstandsritual, wenn jemand einen solchen Vorschlag machte, und jetzt widersetzte sie sich auch dem Ansinnen von Vertex.

Im Dezember trafen sich Boger, Aldrich und Bogers Bruder Ken, der Anwalt von Vertex, mit Beamten der Patentabteilung von Harvard, um einen Kompromiß zu finden. Im Vorfeld der Sitzung hatte Schreiber ihnen die Bedingungen für einen Forschungsvertrag über zehn Millionen Dollar geschickt, den er und zwei Professoren der medizinischen Fakultät kurz zuvor mit dem großen Schweizer Pharmaunternehmen Hoffmann-LaRoche abgeschlossen hatten. Im Begleitbrief erklärte Schreiber, er sehe keinen Interessenkonflikt zwischen seiner Zusammenarbeit mit Roche und der Vereinbarung mit Vertex. Jetzt aber überprüfte Joyce Brinton, die Leiterin der Lizenzabteilung in Harvard, einen Antrag, den Schreiber schon früher gestellt hatte; darin hatte er unter Forschungsrichtungen, die Roche vielleicht unterstützen würde, auch die chemischen und immunologischen Arbeiten seiner Gruppe aufgeführt. Mit anderen Worten: FK-506.

Boger war verblüfft. Schreiber, der in die Firma Vertex eine Menge Geld gesteckt hatte und in ihre Forschungsarbeit eingeweiht war, hatte die Lizenz für seine Arbeiten über Immunophiline an einen unmittelbaren Konkurrenten verkauft; da hätten sie bei Vertex, so meinte Boger, die Leute von Roche gleich zu ihren Laborbesprechungen einladen können. Und was noch schlimmer war: Schreiber hatte es ihm nicht gesagt; er sah in der Interessenüberschneidung eine Folge von „Fehlkommunikation" und unternahm auch schnell etwas dagegen: Schreiber beschränkte die Übereinkunft mit Roche auf ein anderes Gebiet, nämlich die AIDS-Forschung, für die er sich plötzlich ebenfalls interessierte. Dennoch verbreiteten sich bei Vertex Ärger und Verwirrung, als sich die Sache herumsprach. Boger geriet immer stärker unter Druck, etwas zu tun.

Aber Boger steckte in einem selbstfabrizierten Dilemma. Er wollte Schreiber in die Firma einbeziehen, und diese Entscheidung hatte sich auch ausgezahlt: Er hatte Harding und andere eingestellt und war jetzt eindeutig für Glaxo von Interesse. Schreibers Wert als Schirmherr, der Vertex trotz des Handels mit Roche allein gehörte, war für Joint Ventures, wie Vertex sie zum Überleben brauchte, unabdingbar. Bisher hatte Vertex außer den Ideen zur Gestaltung eines neuen Immunsuppressivums nichts vorzuweisen, und Schreiber, der die meisten dieser Ideen kannte, benahm sich wie ein freier Handelsagent. Es hatte seine Vorteile, wenn man Schreiber dämonisierte. Die Verbindung mit einem berühmten Universitätsforscher, der scheinbar nur an sich selbst dachte, verstärkte bei Vertex die Kultur des Industriechauvinismus und schloß die Reihen hinter Boger, der sich trotz seiner Erfolge beim Einstellen von

Mitarbeitern intern immer noch rechtfertigen mußte, indem er bewies, daß er bei der Hetzjagd der großen Wissenschaft mithalten konnte. Aber Boger wandelte auf einem schmalen Grat: Gute Feinde waren eine feine Sache, wenn sie in einiger Entfernung lauerten. Mitten unter ihnen zu sein, war etwas ganz anderes.

Kein anderes Problem hatte Boger in letzter Zeit so zugesetzt; seit er als Kind zusehen mußte, wie sein Vater die Geschäfte vermasselte, hatte er den hitzigen Widerwillen eines Konservativen gegen die Ausbeutung geistigen Eigentums entwickelt. Daß Schreiber wissenschaftlich Bedeutendes zu Vertex beitragen würde, glaubte Boger nicht, aber Schreiber handelte so schnell, daß er nicht zu zügeln war. Daß die Harvard University, die zur Gründung von Vertex nichts beigetragen hatte, jetzt ebenfalls über die Zukunft der Firma mitreden konnte, ärgerte Boger ebenso wie eine neue, besonders abscheuliche Form der Straßenkriminalität.

Gegen den Willen Aldrichs und der Wissenschaftler entschied Boger, daß Schreiber dabeibleiben sollte, allerdings nur mit seinem Namen. Man würde ihn von jetzt an bei Goodwill-Aktionen wie dem Besuch der Glaxo-Leute vorzeigen, aber ansonsten wollte man ihn behandeln wie jeden anderen Konkurrenten. Boger ordnete an, alle Laboraufzeichnungen täglich auf den neuesten Stand zu bringen und zu unterschreiben, um die Entwicklung von Ideen zu dokumentieren – eine Schutzmaßnahme für den Fall, daß es später Prozesse gab. Was den unmittelbaren Umgang mit Schreiber anging, riet Boger zu dem üblichen Verhalten bei Verhandlungen mit Wettbewerbern: „Sag ihnen nur, was sie hören müssen, damit sie dir sagen, was du noch dringender hören mußt!"

„Ich glaube", erklärte Boger den Wissenschaftlern, „wir sollten alle sehr freundlich zu Stuart sein und zuhören, was er uns zu sagen hat."

Boger setzte Schreiber nicht über die Veränderung in Kenntnis. Er befürchtete, dieser könne sich davonmachen und auf eigene Faust mit Glaxo verhandeln. Außerdem hatte er noch andere Gründe, den Harvard-Professor im unklaren zu lassen. Nachdem Schreiber und Vertex jetzt die ersten Wirkstoffe herstellten, war der Einsatz für beide erheblich gewachsen. Obwohl er es leugnete, beunruhigte kaum etwas anderes Boger so stark wie die Möglichkeit, daß Schreibers Gruppe früher als Vertex eine vielversprechende Substanz entwickelte – eine Aussicht, die nach Schreibers eigener Einschätzung vielleicht bereits Wirklichkeit geworden war.

Im Dezember hatte Schreibers Gruppe ein neues Molekül synthetisiert, das sie FK-506-Bindungsdomäne oder 506BD nannten. Diese Substanz stand im Mittelpunkt von Bogers Bedenken. FK-506 gehört zu einer Verbindungsklasse, die man in der Chemie *Makrozyklen* nennt – wie der Name schon sagt, handelt es sich um große Ringmoleküle. Das FK-506-Molekül besteht aus 126 Atomen und hat einen ausgeprägten hornähnlichen Vorsprung. In der herkömmlichen Darstellung (Schreiber zeichnet es, einer anderen Ästhetik folgend, auf dem Kopf stehend) sieht es so aus:

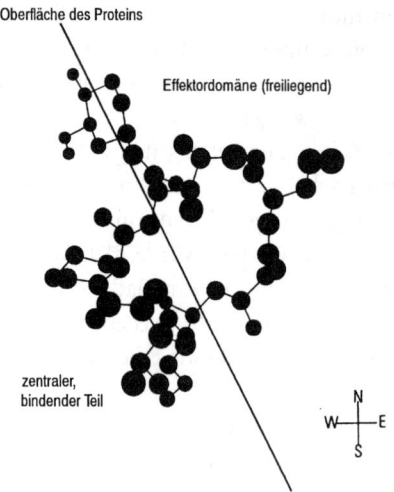

Wie man in der Abbildung links erkennt, hat das Molekül von FK-506 zwei Bereiche. Links liegt der innere Teil, der das Molekül mit seinem Zielpunkt verbindet. Die Effektordomäne auf der rechten Seite bleibt frei und ragt aus der Oberfläche des Proteinmoleküls (in der Abbildung die Achse von links oben nach rechts unten) heraus, so daß sie mit anderen Molekülen in Wechselwirkung treten kann. Die schwarzen Kreise stellen die Atome dar.

Als Chemiker kümmerte Schreiber sich kaum darum, daß FK-506 ein wirksames Medikament war. Was ihn faszinierte und sogar in eine Art selbstversunkene Verzückung trieb, war etwas anderes: die außergewöhnliche Ähnlichkeit mit Rapamycin, einem anderen Produkt von Mikroorganismen, das nicht nur immunsuppressiv wirkt, sondern die Zellen auch an der Vermehrung hindert.

Das Rapamycin, das man 1975 aus einer Bodenprobe von der Osterinsel isoliert hatte, galt als mögliches Krebsmedikament, aber auch das interessierte Schreiber nicht. Er war gefesselt von dem fast märchenhaften Zufall: zwei Verbindungen mit sehr ähnlicher Struktur, aber offenbar mit ganz unterschiedlicher Wirkungsweise. Wie bei allen Molekülen war es das große wissenschaftliche Ziel, die Funktion aufzuklären – und zwar natürlich als erster. Hier bestand vielleicht die Möglichkeit, drei Fliegen mit einer Klappe zu schlagen. Schreiber konnte sich des Gefühls der Begeisterung nicht erwehren.

Also 506BD. Es enthielt nur die Strukturbestandteile, die FK-506 und Rapamycin gemeinsam hatten; nach den Überlegungen Schreibers und seiner Kollegen war 506BD bei beiden Wirkstoffen der Molekülteil, der die Bindung mit ihrem Angriffspunkt eingeht. Als sie es aber näher untersuchten, stellten sie fest, daß es zwar wie FK-506 die Proteinfaltung blockierte, aber es war „tot" – biologisch inaktiv. Mit anderen Worten: zum Medikament wurde FK-506 durch etwas anderes.

Schreiber war aus dem Häuschen. Er stellte neue Theorien auf: Danach war die Ursache für die Aktivität von FK-506 nicht seine Fähigkeit, die proteinfaltende Wirkung von FKBP zu hemmen (wie die Leute bei Vertex und alle anderen annahmen), sondern eine weitere Funktion. Diese Funktion schrieb er nun der *Effektorregion* zu, dem Teil des Moleküls, der nichts mit der Bindung zu tun hatte. Ausgehend von

506BD fügte er zusammen mit seinen Studenten weitere Atome an das Molekül an, um den fehlenden Teil nachzubauen.

Boger behauptete, er selbst und nicht Schreiber habe im September auf einer Sitzung bei Vertex zum ersten Mal vorgeschlagen, 506BD herzustellen; allerdings ging es ihm weitaus weniger um das Verdienst der Entdeckung als um die Frage, was jetzt geschehen würde, nachdem Schreiber der Welt 506BD angekündigt hatte. Boger maß dem Molekül zwar als Ausgangspunkt für das Medikamentendesign eine geringere Bedeutung bei und tat Schreibers Schlußfolgerungen als unbegründet ab, aber er war überzeugt, daß die Theorie andere Pharmafirmen anziehen würde. Und das, so fürchtete Boger, konnte für Vertex das Aus bedeuten.

Für die – wie er es nannte – Methode der „Affen mit Schreibmaschinen", nach der fast alle Pharmafirmen die chemisch-medizinische Forschung betrieben, hatte Boger nur Verachtung übrig. Heerscharen von Chemikern, die systematisch jedes Atom und jede Atomgruppe an einem Molekül veränderten – das war nicht seine Vorstellung von intelligenter Wissenschaft. Wie das Durchmustern von Naturstoffen war es im wesentlichen ein statistisches Verfahren – entscheidend war, wie viele Chemiker in welcher Zeit wie viele Derivate herstellten –, und Boger mochte keine Glücksspiele, bei denen die Chancen gegen ihn standen.

Aber Boger wußte auch, daß man mit der herkömmlichen Chemie große Erfolge erzielen konnte, und begünstigt waren dabei die Firmen mit den meisten und besten Chemikern. Merck hatte die Konkurrenz regelmäßig ausstechen können, einfach indem man mehr Chemiker auf ein Projekt ansetzte.

Und das machte Boger jetzt Sorgen. Ohne ein eigenes Chemikerheer – Vertex hatte nur sieben Leute, die Verbindungen herstellten; bei Merck dagegen, wo man diese Zahl wie ein Staatsgeheimnis hütete, waren es über 400 – und ohne genaue Kenntnisse über die Molekülstrukturen war Vertex ausschließlich auf seine Risikostrategie angewiesen, die Boger entwickelt hatte. Sie bestand darin, an dem Molekül nicht eine winzige Veränderung nach der anderen vorzunehmen, sondern es völlig neu zu gestalten und dabei diejenigen kleinen Abschnitte zu entdecken, die für seine Aktivität verantwortlich waren. Solche „niedermolekularen" Derivate – Versuche, die Molekülgröße und das Molekulargewicht eines Wirkstoffs soweit wie möglich zu verringern und gleichzeitig seine Wirksamkeit zu erhalten – waren bei den Fachleuten umstritten, aber Boger glaubte felsenfest daran und rechnete damit, daß andere das nicht taten. Die kleinen Moleküle waren seine Religion, die geistige Grundlage seines Vertrauens in das strukturorientierte Medikamentendesign, die entscheidende Verwerfung bei seinem Bruch mit Merck und der Industrie. Wenn Vertex eine „Geheimformel" hatte, dann war es tatsächlich das halbe Dutzend Baupläne kleiner Moleküle, die er und die Chemiker entworfen hatten – manche davon in Gesprächen mit Schreiber.

Boger war überzeugt, durch 506BD werde die ganze Welt auf die Strategie von Vertex aufmerksam, obwohl die Verbindung inaktiv war. Es würde auf alle anderen kleinen Moleküle hinweisen, die man bei Vertex hergestellt hatte; diese Moleküle waren zwar vermutlich neu, aber man konnte sie leicht nachmachen und weiterentwickeln – und das, so glaubte Boger, würde keine Firma versuchen, ohne daß Schreiber mit seinem Einfluß auf diesem Gebiet den Anstoß dazu gab. Boger konnte sich nicht vorstellen, daß Schreiber das nicht erkannte. Aber Vertex konnte sich nicht leisten, ihn zu verlieren. Andere Pharmafirmen würden ihm die Tür einrennen, und Schreiber in seiner überschwenglichen Art würde sie mit Vergnügen hereinlassen.

Am zweiten Freitag im Januar 1990 kam Schreiber zum ersten Mal seit Wochen zu Vertex. Für den nächsten Tag war eine Sitzung des vollständigen wissenschaftlichen Beirats angesetzt, und Schreiber war mit einem seiner Postdocs gekommen, um über einige neue Arbeiten zu berichten – „er versucht, ein paar Kekse in die Schachtel zurückzulegen", meinte Harding, der von wechselnden Loyalitätsgefühlen zerrissen wurde und zunehmend darunter litt.

Schreiber schien sich nicht weniger unbehaglich zu fühlen, allerdings aus anderen Gründen. Er hatte zwar dabei geholfen, daß Boger die Stelle als Firmenleiter bekam, aber jetzt beeindruckten ihn die wissenschaftlichen Ergebnisse von Vertex immer weniger; insbesondere galt das für Bogers Entscheidung, Wirkstoffe herzustellen, die FKBP hemmten. „Rohrkrepierer" nannte er diese Bemühungen. (Welche Verbindungen Vertex sonst hätte herstellen sollen, solange der Wirkmechanismus nicht bekannt war, blieb unklar.) Nach seiner Überzeugung beschäftigten sich die Wissenschaftler bei Vertex mit dem falschen Teil des Moleküls, und er sah keinen Gewinn darin, sich näher mit ihren Problemen zu befassen. Es lag nicht daran, daß er ihnen mißtraute, wie eine wachsende Zahl von ihnen ihm mißtraute. Er beachtete sie einfach nicht – nach Schreibers Maßstäben eine viel härtere Verurteilung.

Schreibers und Bogers Gedanken färbten auf ihre Umwelt ab, und ihr gegenseitiger Unwille führte jetzt zu einer unüberbrückbaren Kluft. Was für den einen schwarz war, war für den anderen weiß. Schreiber würde sagen, er habe nicht nur die Firmengeheimnisse nicht ausgeplaudert, wie Boger glaubte und fürchtete, sondern es wäre ihm auch peinlich, das zu tun. „Die Untersuchungen der anderen waren für mich bedeutungslos", sagt er. „Die Vorstellung, ich würde über Vertex reden, war völlig absurd, denn sie hatten nichts, worüber man hätte reden können." (In Wirklichkeit hatte man Schreiber, ohne daß er es merkte, aus den Kommunikationskanälen bei Vertex ausgeschlossen, so daß er nicht wußte, was sich in der Firma tat. Sein Mißfallen bezog sich auf genau das, was Boger und die Wissenschaftler ihm erzählten.)

Als Schreiber jetzt mit Harding und David Livingston, dem Leiter der Enzymforschung bei Vertex, in dem engen Sitzungsraum zusammensaß, wirkte er zögerlich und unbeholfen. Mehrmals griff er in seinen geöffneten Aktenkoffer, und jedes Mal zog er die Hand zurück, als sei ihm eingefallen, daß er irgend etwas nicht anfassen konnte. Offenbar wurde die Versuchung immer stärker, und einmal murmelte er „verdammt", als er die Hand ruckartig an sich zog. Nach einer Dreiviertelstunde zog er schließlich zwei Schriftstücke heraus: das Vorabexemplar eines Artikels, den er über das Cyclophilin geschrieben hatte, und ein weiteres von einem Konkurrenten, das sich im wesentlichen mit den gleichen Themen beschäftigte. Nach ein paar Augenblicken legte er den eigenen Artikel in die Mappe zurück; offenbar fühlte er sich berechtigt, die Arbeit seines Konkurrenten, die bereits im Druck war, zu verbreiten, nicht aber seine eigene.

Nachdem Schreiber gegangen war, entlud sich die Spannung der letzten Wochen plötzlich in einer ganzen Reihe von Meckereien, mit denen Boger überall konfrontiert wurde. Die Vereinbarung mit Roche, 506BD, die harte Gangart von Harvard, die Sitzung des wissenschaftlichen Beirats am nächsten Tag, die Entscheidung, an Schreiber festzuhalten - für all das verlangte man von Boger nachdrücklich eine Rechtfertigung.

„Den Hof des Nachbarn umzugraben, weil man einen größeren Garten haben will, ist das eine", nörgelte Harding, der mit drei oder vier anderen verärgerten Gestalten zusammenstand, „aber Stuart pflügt das ganze Dorf um."

„Das Problem ist, daß er den Leuten sagt, was er denkt", meinte der Chemiker Jeff Saunders.

„Das Problem ist, daß er Verbindungen herstellt", erwiderte Boger. „Solange Stuart hier ist, können wir seinen Lebenswandel kontrollieren, aber er hat noch ein anderes Leben, über das wir keine Macht haben." Boger hielt inne. „Das Problem ... das Problem ist, daß es genau das gleiche Leben ist."

„Wir sollten Stuart auf jede Tagung begleiten, die er besucht", sagte Saunders.

Hal Meyers, ein Chemiker und einer der ersten Doktoranden Schreibers an der Yale University, nickte zustimmend. „Es könnte funktionieren. Stuart hält nichts schriftlich fest."

„Na gut", schnaubte Boger. „Wir dokumentieren, er nicht. Zumindest wollen wir nicht, daß Stuart in dieser Hinsicht seine Arbeitsweise ändert."

„Könnte er nicht darüber Bescheid wissen, daß es Ruhm gibt und daß es Glück gibt?" fragte Saunders.

Die Antwort war ein allgemeines Grinsen. „Er glaubt, er könne beides haben", sagte Dave Armistead, ein anderer Chemiker.

„Wenn wir zu irgendeiner großen Pharmafirma gehen und einen halbstündigen Vortrag über unsere eigenen Ergebnisse halten können", sagte Boger, „wird uns der Name Stuart nichts mehr bedeuten. Aber bis dahin ist er ein wertvolles Kapital, das wir nicht vergeuden dürfen. „Die Kurven von Stuarts Wert und seiner Verpflichtung uns gegenüber nähern sich an. Leider ist der Verpflichtungsfaktor zur Zeit noch nicht so groß wie der Wert. Aber die Kurven laufen nicht parallel. Sie werden sich kreuzen."

Monatelang gab Boger auf Fragen nach der Konkurrenz durch Schreiber immer die gleiche Antwort: man werde ihn bald überflügeln. Schreiber, so meinte er, werde in dem Augenblick nicht mehr wichtig sein, wo Vertex als erste die Struktur von FKBP aufgeklärt hatte – wenn man also einen entscheidenden Befund hatte, den kein anderer besaß, auch Schreiber nicht. Boger zweifelte nicht daran, daß das stimmte, aber jetzt, in der Dämmerung des Spätnachmittags an einem Freitag im Januar, nach Wochen der aufgestauten Frustration, drehte er sich ungeduldig auf dem Absatz um und ging zurück in sein Büro.

„Es gibt genug Konkurrenz auf der Welt", sagte er, „man muß nicht auch noch mit sich selbst konkurrieren."

Zwei Stunden später, bei der üblichen Freitagnachmittags-Bierrunde, sprach John Thomson, schwankend und mit glasigem Blick, Boger an.

„Wir haben das reine Protein", sagte er.

5

Es war *nicht* das reine Protein. Thomson hatte eine Substanz isoliert, die das gleiche Molekulargewicht hatte und in der gleichen Menge vorkam wie Hardings FKBP. Aber als er sie analysierte, entdeckte er einen zweiten Bestandteil – vermutlich ein anderes Protein –, der in der Größe mit dem ersten fast identisch war. Thomson war bestürzt. Er glaubte, er sei dabei, die Firma zu ruinieren, und die anderen würden ihm die Schuld daran geben. Boger tröstete ihn in seiner typischen Art mit dem Hinweis, jede auch noch so entmutigende Information sei „Geld auf der Bank", aber Thomson weigerte sich, es etwas langsamer angehen zu lassen. Er würde jetzt weitermachen und herausfinden, was dieses Gemisch enthielt – ein weiteres düsteres, riskantes Vorhaben, denn Vertex hatte keine gezielten Untersuchungsmethoden, die ihm dafür hätten als Richtschnur dienen können.

Wissenschaft bewegt sich, wie der Nobelpreisträger David Baltimore es einmal formulierte, „nicht von Wahrheit zu Wahrheit, sondern von Ahnung zu Ahnung", und Thomson wurde instinktiv von der Ahnung getrieben, daß die Größe nicht das einzige verbindende Element dieser beiden Moleküle war. Den chemischen Reaktionsweg, zu dem FKBP gehörte, kannte man noch nicht, und ebensowenig war geklärt, was das Protein – abgesehen davon, daß es anderen Proteinen beim Zusammenfalten half, – sonst noch tat. Wenn Thomsons zweiter Bestandteil chemisch an FKBP band und außerdem noch nicht bekannt war, hatte er wahrscheinlich eine Substanz in der Hand, die ebenso wichtig und vielversprechend war wie FKBP. Diese Idee und eine Angst vor dem Versagen, die der von Starzl gleichkam, hielten Thomson davon ab, sein Tempo zu verlangsamen.

Thomson zog jetzt ganz ins Labor. Er warf den hüfthohen Stapel von Mitnahmepizza-Kartons ebenso aus seinem Appartement wie einen Kühlschrank, der nichts enthielt außer den Weltvorrat an fetalem Augenlinsenprotein und etwas Bier, und begann mit den Experimenten, mit denen er die beiden Moleküle vorsichtig aus ihrer Umklammerung lösen wollte. Dazu brauchte er etwas, das an FKBP band, aber nicht an den anderen Bestandteil – gewissermaßen einen molekularen Fleischerhaken, und genau den lieferte ihm Boger. Wie Fliegenfischer und Safeknacker, so basteln sich auch Molekularbiologen gern ihre eigenen Werkzeuge. Boger hatte in der allerersten Anfangszeit des Forschungsprogramms mehrere Antikörper gegen FKBP hergestellt, Substanzen mit einer bekannten Affinität zu bestimmten Teilen des Moleküls. Mit ihnen arbeitete Thomson jetzt Tag und Nacht, um herauszufinden, was sich in seinem Gemisch befand.

„Wenn ich ein wenig von dem zweiten Isolat in ausreichend reiner Form gehabt hätte, um die Sequenz oder die Molekülform zu bestimmen, hätte ich gewußt, was es war", berichtet er.

Thomson blieb fünf Tage in Labor und immer „auf dem Sprung", wie er es nannte: Er bewegte sich ununterbrochen. Seine Füße schwollen an, so daß er humpelte. Frustriert und erschöpft, gleichzeitig aber auch entschlossen, sein Versprechen einzulösen, wurde er zu seinem eigenen Dämon, so daß niemand, nicht einmal er selbst, sich mehr vorstellen konnte, wie er es schaffte. Jeder Wissenschaftler hatte in der Doktorandenzeit Kollegen gekannt, die das Labor nie verließen, und irgendwann hatte fast jeder von ihnen eine Zeitlang sehr lange am Labortisch gestanden. Aber keiner hatte jemals etwas erlebt, das an Thomsons Ausdauer und Entschlossenheit heranreichte. Boger, der den Wert seiner Wissenschaftler unter Konkurrenzgesichtspunkten betrachtete und immer noch am Vertex-Mythos strickte, sagte einmal: „Jemanden wie John gibt es nicht einmal bei Merck. Wäre das der Fall, hätte ich ihn nicht einstellen müssen, als ich noch dort war." Und Aldrich fügte hinzu: „Im kommenden Jahr ist es eines unserer Hauptziele, John am Leben zu halten."

Schließlich isolierte Thomson die Verunreinigung. Er hatte recht gehabt: Sein Gemisch enthielt ein anderes Protein. Aber es war nicht neu und stand mit FKBP in keinem erkennbaren biologischen Zusammenhang. Thomsons Phantom war vielmehr offenbar eines der am weitesten verbreiteten – und bestuntersuchten – Proteine überhaupt. Soweit Thomson bisher wußte, hatte er das Ubiquitin gefunden, das man, wie der Name schon sagt, in praktisch allen lebenden Zellen findet, von Amöben über Möhren bis zum Menschen. Proteine werden nicht nur ständig neu gebildet, sondern auch ständig abgebaut, und diese Zerstörung steuert das Ubiquitin. Es ist überall. Und jetzt überschwemmte es das FKBP in Thomsons Reagenzgläsern.

Thomson ließ sich durch die Tatsache, daß er keine wichtige neue Erkenntnis gewonnen hatte, nicht beirren: Sackgassen sind in der Wissenschaft die Regel, und er hatte sich wie die meisten Wissenschaftler darin geübt, auch dann noch nichts zu erwarten, wenn die Hoffnung stieg. Aber ihm schauderte bei dem Gedanken daran, was seine Ergebnisse über FKBP aussagten. Hardings Protein, so seine Befürchtung, war in viel geringerer Menge vorhanden, als Harding selbst oder die Gruppe bei Merck anfangs berichtet hatten – die Konzentration war so gering, daß Boger das Projekt vielleicht von vornherein aufgegeben hätte, wenn man die Mengenverhältnisse damals schon gekannt hätte. Plötzlich wurde Thomsons Ziel viel beängstigender. Selbst wenn es ihm gelang, FKBP zu isolieren, war sogar im Thymus so wenig davon vorhanden, daß er die Substanz nicht in ausreichender Menge für die Kristallisation herstellen konnte, und das war für die Strukturaufklärung fast unverzichtbar. Zumindest waren jetzt größere Präparationsansätze und höhere Ausbeuten von entscheidender Bedeutung.

Er war wieder am Nullpunkt. Bis zum Besuch der Glaxo-Leute war es kein ganzer Monat mehr, und auch wenn es niemand aussprach, bedeutete der Mangel an Protein, daß die anderen Wissenschaftler, die sich ebensogern beweisen wollten wie Thomson und jetzt hinter die Konkurrenz zurückfielen, untätig herumsitzen mußten. Es bedeutete auch, daß Schreiber, der angeblich fast ein halbes Gramm gentechnisch hergestelltes FKBP besaß, zu einer doppelten Bedrohung wurde. Ohne eigene Proteinversorgung war Vertex mehr denn je darauf angewiesen, Schreiber zu halten und eine Übereinkunft mit Harvard zu erzielen. Aber Schreiber wurde immer ungeduldiger. Eines seiner wichtigsten Ziele bestand darin, einen Röntgenstrukturanalytiker zu finden, der an seinem Protein als erster die Struktur von FKBP aufklären sollte. Aktien hin, Aktien her - Schreiber hörte die gleichen Gerüchte wie Thomson, wonach man das Protein bei Merck in ausreichender Menge hergestellt hatte und jetzt versuchte, es zu kristallisieren. Selbst wenn er dazu geneigt gewesen wäre, konnte man kaum von ihm erwarten, daß er sein Erstlingsrecht zugunsten der Firma aufgab.

Thomson ging nach Hause, schlief 24 Stunden, duschte, rasierte sich und zog sich frische Kleidung an. Dann ging er wieder ins Labor und begann von neuem. Diesmal war er entschlossen, nicht nur das reine Protein zu gewinnen, sondern auch ein Extraktionsverfahren zu entwickeln, mit dem man hundertmal mehr FKBP isolieren konnte als Harding oder Merck. Dieser Entschluß bedeutete nicht nur, daß er seine Dauerbestellung für Thymusdrüsen von fünf auf zehn Kilogramm in der Woche erhöhte, sondern er experimentierte auch in jedem Stadium bis zurück zum Zerschneiden des Gewebes mit neuen Methoden. Jeder Handgriff mußte optimiert werden. „Eigentlich habe ich damals beide Artikel auf den Müll geworfen", sagt Thomson. Die Suche nach neuen Verfahren würde seine Arbeit zweifellos stark verlangsamen, aber er hielt es für entscheidend, daß er die Proteinmengen produzieren konnte, die Vertex letztlich brauchen würde. Trotz wachsender Bedenken bei einigen anderen Wissenschaftlern gewährte Boger ihm unausgesprochen Unterstützung, denn er schirmte Thomson vor der Kritik ab und sorgte dafür, daß dieser ausschließlich mit seinem eigenen Unwillen fertig werden mußte.

Die meiste Kritik wehrte Thomson auch ohne Bogers Fürsprache durch seine verbissene Schufterei ab, aber er wurde jetzt sich selbst gegenüber so unbarmherzig, daß andere sich allmählich Sorgen machten. Am 22. Januar 1990 zum Beispiel, eine knappe Woche nachdem sie die Verunreinigung als Ubiquitin identifiziert hatten, kam Thomson ins Labor und ging acht Tage lang nicht mehr nach Hause, außer bei zwei kurzen Gelegenheiten, als er duschte und sich umzog. Am Ende dieser Zeit hatte er eine Charge von etwas isoliert, das reines FKBP zu sein schien, aber es war tot - inaktiv. Thomson gelangte zu dem Schluß, der tödliche Einfluß sei das Chloroform gewesen, mit dem er in einem frühen Stadium der Reinigung die Fette abgetrennt hatte, oder vielleicht auch das Schockgefrieren, das er jetzt völlig aufgeben wollte. „Ein Unglück kommt selten allein", sagte er. „Der Thymustag kann hier noch ein bißchen schmutziger werden." Wer ihn kannte, deutete seine nüchterne Art als kein gutes Zeichen. Die anderen lachten nervös, wenn Thomson erklärte, sobald er das Protein habe, wolle er sich zur Belohnung ein neues Motorrad kaufen.

Der Besuch der Glaxo-Leute war jetzt für den 20. Februar angesetzt; Vertex hatte zwar auch andere reizvolle Entwicklungen vorzuweisen, aber ein Verfahren zur Isolierung des Proteins würde die Gewähr bieten, daß man die Firma bei Glaxo ernst nehmen mußte, und zwar nicht nur als Partner, sondern auch als Bedrohung – eine begehrte Position in Verhandlungen jeder Art. Thomson und Fitzgibbon setzten jetzt alles daran, nicht nur diesen Termin einzuhalten, sondern sogar noch früher fertig zu werden. Boger hatte die Labors von Vertex mit so vielen hochwertigen Geräten vollgestopft, daß die Firma kurz zuvor ihre Stromleitung überlastet hatte. Am 16. Februar sollten die Labors außer Betrieb gesetzt werden, und man würde das Gebäude den größten Teil des Tages schließen, damit ein Montageteam einen neuen 50 000-Watt-Transformator installieren konnte. Al Vaz, der Laborverwalter von Vertex, hatte Thomson bereits gesagt, sie würden die Kühlräume luftdicht verschließen, und Thomson rechnete damit, daß er nicht arbeiten konnte. Vier Tage später sollten die Glaxo-Leute kommen, und es würde ihm schwerfallen, alles wieder zum Laufen zu bringen oder gar Experimente zu retten, die verlorengingen, wenn der Strom abgestellt wurde. Was er schaffen wollte, mußte er bis zum Sechzehnten schaffen. Er hatte noch zwei Wochen.

Wie Boger hätte vorhersehen können, wurde die Harvard University von Tag zu Tag direkter. Die Lizenzabteilung befürwortete zwar ein Abkommen, aber Joyce Brinton sagte jetzt zu Aldrich, Schreibers Beziehung zu Vertex lasse an anderen Stellen rote Lichter angehen. Es war ein offenes Geheimnis, daß Harvard nur denen eine Professorenstelle anbot, denen man Aussichten auf einen Nobelpreis einräumte. Das verschaffte Schreiber eine Stellung, die weder seinem Alter noch seiner knappen Dienstzeit angemessen war, denn die Universität legte auf solche Auszeichnungen großen Wert und hatte in ihrem Lehrkörper mehr Preisträger als jede andere Institution auf der Welt. Vielleicht, so Brintons Vorschlag, konnte Schreiber seinen Einfluß geltend machen, um die Sache voranzutreiben.

Brinton gab den Rat, Schreiber solle sich mit dem Wirtschaftsprofessor Jerry Green treffen, dem Vorsitzenden des Komitees für berufliches Verhalten, und dabei das erklären, was Aldrich „Parteilinie" nannte: die Zusammenarbeit mit Vertex, der anerkannt führenden Firma im Bereich der Immunophilinforschung, sei für seine Arbeit und seine Studenten unverzichtbar. Wenn die Vereinbarung nicht zustande käme, das solle er durchblicken lassen, würden er, seine Studenten und letztlich Harvard der Konkurrenzfähigkeit an der vordersten Front eines wichtigen Forschungsgebietes beraubt. Außerdem schlug Brinton vor, Schreiber solle den Universitätspräsidenten Derek Bok aufsuchen. Bok hatte Schreiber in harten Einstellungsverhandlungen gegen die Konkurrenz von Yale nach Cambridge gelockt und mußte nun wegen Schreibers Aktienbeteiligung und der sich überschneidenden wissenschaftlichen Ziele selbst entscheiden, ob Schreibers Verbindung mit Vertex durch die strengen Richtlinien der Universität für Interessenkonflikte gedeckt war – Richtlinien, die Bok, der frühere Dekan der juristischen Fakultät, in einem der heftigsten und schwerwiegendsten Kämpfe der Universitätsgeschichte durchgesetzt hatte. Aldrich erinnerte sich nur allzu gut daran, daß Bok wegen Bogers Entschluß, die Firma Veritas zu nennen, zutiefst beleidigt gewesen war und auf eine Änderung gedrängt hatte.

„So kommt alles wieder", sagte Boger, als Aldrich ihm von Boks persönlichem Interesse an dem Fall berichtete.

„Der Kreis schließt sich", erwiderte Aldrich.

Boger hatte gehofft, er könne den Glaxo-Leuten am 20. Februar einen unterschriebenen Vertrag zeigen, der ihnen Schreibers Mitarbeit ein für allemal sicherte. Nachdem er nun diesen Vertrag nicht hatte, brauchte er um so dringender den Anschein von Harmonie. Schreiber wußte immer noch nicht, wie tief der Widerwille gegen ihn bei Vertex saß, und Boger, der Schreiber nach wie vor für naiv hielt, war fest entschlossen, die noch verbliebene Loyalität so gut wie möglich auszunutzen.

„Stuart wird alles tun, was wir von ihm wollen", sagte Boger in seinem Büro zu Aldrich. „Wir müssen ihm nur das richtige Drehbuch geben."

Aldrich war skeptisch. „Die Frage ist, ob du ihm das Zuckerbrot oder die Peitsche geben willst", meinte er. Wie bei allem, was Schreiber betraf, war Aldrich für Unnachgiebigkeit; er wollte, daß Schreiber gemaßregelt wurde und daß man ihn an die Gefahr erinnerte, alle Aktien der Firma zu verlieren.

„Zur Zeit bin ich für das Zuckerbrot", erwiderte Boger.

„Ich schätze, das hängt davon ab, wo wir es benutzen", sagte Aldrich.

Aldrichs Mißtrauen gegenüber Schreiber, das sich auf seine Erlebnisse bei Vertex gründete, war gewaltig gewachsen und hatte einen persönlichen Anstrich. Dagegen war sein Zynismus in Sachen Harvard eher historisch bedingt. Wie für viele Sprößlinge alter Bostoner Familien, so war die Universität auch für Aldrich ein wesentlicher Teil seiner Herkunft, der ihm fast im Blut lag. Sein Vater, seine Mutter und beide Geschwister seines Vaters hatten dort studiert, und sein Vater sowie sein Onkel hatten an der juristischen Fakultät das Examen gemacht. Sie waren dort ungefähr zur Zeit des Zweiten Weltkriegs gewesen, als die Harvard University gerade in den letzten Zügen der Umwandlung von einem Refugium der Intellektuellen zu einer akademischen Supermacht lag und als ihre hehren Ansprüche noch nicht durch Profitgier oder Selbstzweifel getrübt wurden. Diese Zeit, die eigentlich bis in die siebziger Jahre dauerte, als Aldrich der Jüngere die Highschool besuchte, war gekennzeichnet von einem steilen Anstieg der staatlichen Forschungsmittel und den damit einhergehenden tugendhaften Einstellungen zu den Zielen und Auswirkungen der Forschung. Was Patente anging, hatte Harvard jahrelang eine sehr einfache Strategie: „Es dürfen keine Patente angemeldet werden, die vorwiegend mit Therapie oder Volksgesundheit zu tun haben, ... außer wenn sie der Öffentlichkeit zugänglich gemacht werden." Und es gab auch kaum Gründe, etwas anderes vorzuschlagen.

Teilweise wegen seiner eigenen Person („Schule war für mich nie ein ausreichender Anreiz", sagt er) und teilweise wegen Harvard (als das Ansehen der Universität wuchs, wurden junge Intellektuelle, deren Leistungen hinter ihren Fähigkeiten zurückblieben, nicht mehr ohne weiteres mitgezogen) landete Aldrich schließlich am Boston College. Von dort trat er eine Stelle bei der Boston Consulting Group an, einer der ungestümsten großen Unternehmensberatungsfirmen der siebziger Jahre; sie war ein Ableger der Harvard Business School und hatte Modeworte wie „Lernkurve" und „Bargeldangst" eingeführt; außerdem hatte sie den Weg zur Neugestaltung der amerikanischen Wirtschaft als erbarmungslosen Verdrängungswettbewerb um Marktanteile geebnet. Aldrich, jung und frech, bezeichnete sich selbst als „Punker in Nadelstreifen"; er suchte nach neuen Wegen, wie die Firmen neue Gewinne machen konnten, und verkörperte einen alten Witz über Unternehmensberater: Sie kennen hundert Methoden der körperlichen Liebe, aber keine einzige Frau. Nachdem er in Dartmouth sein Examen gemacht und sich in dieser Zeit als Bierverkäufer bei Footballspielen über Wasser gehalten hatte, nahm er eine Stelle bei Biogen an, einer der beiden ersten führenden Firmen auf dem neuen Gebiet der Biotechnologie; dort mußte er die Geschäftsverträge ausarbeiten.

Bei Biogen wurde Aldrich mit der neuen, gewandelten, kommerziell orientierten Harvard University konfrontiert, einer Universität, in der Bok sich große Mühe gab, damit sie nicht vom rechten Weg abkam oder – was vielleicht noch schlimmer gewesen wäre – ihre Konkurrenzfähigkeit verlor. Der Gründer von Biogen war Walter Gilbert, vielleicht der Inbegriff einer Cambridge-Größe der Nachkriegszeit. Der graumelierte Gilbert, ein hervorragender Biochemiker und Nobelpreisträger, verließ die Universität, um Biogen zu leiten, beschaffte Kredite von 125 Millionen Dollar, verdiente selbst 285 000 Dollar im Jahr und besaß Aktien im Wert von 580 000 Dollar; dann verlor er fast alles, überließ die Firma erfahrenen Managern und kehrte wieder an die Universität zurück. Später versuchte er, Kapital zu sammeln und privat mit den staatlichen Projekten zur Kartierung des menschlichen Genoms zu konkurrieren, ein Plan, der, wäre er gelungen, Gilbert und seinen Mitarbeitern das Patent auf den Bauplan des Menschen gesichert hätte. Aldrich sah in Gilbert den Prototyp des neuen akademischen Wissenschaftlers mit großem Namen: hervorragend in seinen Leistungen, aber „gnadenlos egoistisch" (um eine Formulierung von Jeremy Knowles zu benutzen) und getrieben von einer Profitgier, die ihm in der Wall Street alle Ehre machen würde. Aldrich bewunderte zutiefst die Fähigkeit solcher Leute – und insbesondere die von Gilbert –, Werte zu schaffen, aber er hielt sie in der Regel für „halsabschneiderische Banditen", wenn es um die Aufteilung der Gewinne ging. „Ich habe keinerlei Skrupel, jeden von diesen Burschen über Bord zu werfen", sagte er. Was Harvard anging, ärgerte er sich sehr, daß die moralische Sicherheit der Zeit seines Vaters – als die Universität wußte, was sie war und was sie verkörperte – der Zweideutigkeit und dem Machthunger gewichen war. In dieser Hinsicht war Aldrich mit seiner politisch und finanziell konservativen Art, obwohl erst Mitte dreißig, viel älter.

Dennoch hatte die Idee, man könne Schreiber benutzen, um Harvard zu motivieren, für Aldrich etwas Grausig-Faszinierendes. Er glaubte, daß sie einander verdient hatten. Aber die Aussicht, in einer so wichtigen Angelegenheit auf Schreiber angewiesen zu sein, beruhigte ihn nicht gerade, und er versuchte auszurechnen, wie groß der Anreiz für Harvard war, auch ohne Schreibers Vorstoß ein Abkommen mit Vertex zu schließen.

„Wenn Harvard entscheidet, daß für Harvard dabei ein Gewinn herausspringt", sagte er zu Boger, „wird es ihnen sehr schwer fallen, die Abmachung nicht zu treffen."

„Ja", sagte Boger, „aber Joyce Brinton weiß, daß sie sich nächsten Mai an den Tisch setzen und auf fünf Prozent Lizenzgebühren bestehen können, und zwar für alles, was wir machen, und dann sagen sie ‚nehmt an oder laßt es bleiben'. Wir sitzen fest. Wir können nicht warten. Ich habe Stuart schon soweit. Ich werde ihm sagen, daß wir über die Expansion der Firma entscheiden, wenn wird das Problem bis zum Zwanzigsten ganz oder teilweise gelöst haben."

„Expansion", ergänzte Aldrich, wobei er den Gedanken präzisierte, „mit oder ohne Stuart."

Der Morgen des 16. Februar brach über Boston mit winterlicher, arktischer Klarheit an; die Wellen des weißen Rauches aus den Schornsteinen schienen zu gefrieren und hoben sich blaß gegen den eisigblauen Himmel ab. Schneidender Wind fegte vom Hafen herein und ließ die Pendler zittern. Die nicht geräumten Eisinseln auf der Allston Street waren so hart und grau wie Edelstahl.

Das kalte Wetter sorgte in dem Chemielabor von Vertex, das in der Mitte des Gebäudes lag, aber auch in der übrigen Firma für eine Katastrophe. Chemiker führen ihre Tätigkeiten meist in gläsernen Abzügen aus, die Gase schnell aus der Umgebung absaugen. Aber die Abzüge saugen auch die Umgebung ab. Die Luft im Labor wird von mehreren Hochleistungs-Heizelementen auf dem Dach ständig aufgeheizt und wieder ausgeblasen. Sie wälzen die Luft alle drei Minuten um, was in den ersten Tagen der Firma, als man noch mit Kinderkrankheiten kämpfte, an kalten Tagen ständig zu Temperaturstürzen von 20 Grad und mehr führte. Mason Yamashita, ein junger Röntgenstrukturanalytiker, der jetzt fast ebensoviel arbeitete wie Thomson, schlief häufig auf dem Fußboden in der Nähe des Röntgengenerators, denn er hatte herausgefunden, daß dies die wärmste Stelle in dem Gebäude war. Die gläserne Eingangstür, die mehrere Korridore entfernt war, knallte in der Zugluft jedesmal zu, wenn jemand hindurchgegangen war. Für die allermeisten Angestellten bedeutete der hohe technische Bedarf von Vertex einen erfreulichen Donnerstagmorgen im Bett, während das Stromversorgungsunternehmen die Energieversorgung der Firma verdreifachte.

John Thomson war allein im Labor. Er leerte eine Tasse Kaffee und eilte dann wieder in den Protein-Sequenzierraum, eine kleine Kammer neben seinem Kühlraum, wo ein kleiner Abzug und ein zwei Meter langer Labortisch standen. Den Tisch nahm ein einziges computergesteuertes Gerät ein. Ungefähr alle achtzehn Minuten spuckte die Maschine eine dreibuchstabige Codebezeichnung aus: Gly...Val...Gln...Val...Glu... Thr... Jede dieser Abkürzungen bezeichnete eine der zwanzig Aminosäuren, aus denen alle Proteine zusammengesetzt sind – Gly steht für Glycin, Val für Valin, Glu für Glutaminsäure – und die selbst wieder aus mehreren Atomen bestehen: ein Kohlenstoffatom in der Mitte einer kleinen, gedrängten Anordnung aus Sauerstoff-, Stickstoff-, Kohlenstoff- und Wasserstoffatomen. Wie Fingerabdrücke, so sind auch die Sequenzen verschiedener Proteine niemals gleich. Thomson suchte nach der Sequenz, die sowohl Harding als auch Merck als Bestandteil von FKBP identifiziert hatten.

Thomson war jetzt seit sechs Tagen im Labor. Er hatte Erschöpfung und Ausruhen hinter sich, fühlte sich gleichzeitig wach und schläfrig, tot und lebendig, verkrüppelt und unsterblich. Er starrte die Maschine an, unrasiert, die Hände und Füße wund und rot und nervös zuckend. Die Abkürzungen kamen; sie waren ihm gleichgültig. Aber mit jeder Silbe wußte er, daß das, was der Computer hier analysierte, reines, isoliertes, biologisch aktives FKBP war. Es waren nur Spuren, die Menge reichte bei weitem nicht für eine Röntgenstrukturanalyse. Aber es war da, wie er es sich vorgenommen hatte, und das vier Tage vor dem Treffen mit den Glaxo-Leuten.

Thomson stand vor dem Gerät, schrieb die Sequenz auf, und blieb auch dann noch teilnahmslos stehen, als der Strom abgeschaltet wurde, so daß er nichts mehr tun konnte. Da niemand in der Nähe war, mit dem er seinen Triumph hätte teilen können, feierte er ihn allein, indem er in den Frühstücksraum ging, sich hinsetzte und die Augen schloß.

Das Büro von Benno Schmidt in der dreiundzwanzigsten Etage des Rockefeller Center hat den unmittelbaren Ausblick auf die neugotischen Zwillingstürme der St. Patrick's Cathedral, die sich düster über der Fifth Avenue erhebt. Boger nennt es „Gottesblick" – nicht so sehr weil Schmidt der Aufsichtsratsvorsitzende von Vertex und einer der größten Aktionäre ist, sondern vielmehr weil der Einundachtzigjährige als Mitbegründer von J.H. Whitney and Company, der weltweit führenden Risikokapitalfirma, und als ehemaliger Vorsitzender der Anti-Krebs-Initiative der amerikanischen Regierung eine der wichtigsten Schlüsselstellungen für biologisch-medizinische Innovation in den USA besetzt. In seinem Büro versteckt, seit er 1959 Whitneys

Managementpartner wurde, hatte der Rechtsanwalt Schmidt den Verlauf der medizinischen Forschung in den letzten zwanzig Jahren stärker beeinflußt als jeder andere Nichtwissenschaftler. Er sah aus, wie Gott ausgesehen hätte, wenn er in den muskelstrotzenden Jahren nach dem Zweiten Weltkrieg als unverbesserlicher Texaner nach New York gekommen wäre, und da er mit einem der größten Privatvermögen seiner Zeit arbeiten konnte, wurde er unglaublich reich und mächtig, denn er verband die Beredsamkeit eines großen Jungen und einen Instinkt für Geschäfte mit Charme, Ausstrahlung, einem Gespür für die richtige Tagesordnung und einem außerordentlich gut bestückten System von Freunden und Verbündeten. An den Wänden, zwischen verblichenen, geblümten Vorhängen und um den gewaltigen Schreibtisch herum hingen Bilder von Schmidt – seine hoch aufragende Gestalt, seine kräftigen Wangenknochen, seine glatten, graumelierten Haare und seine auffälligen weißen Augenbrauen – zusammen mit allen Präsidenten der USA seit Richard Nixon.

Schmidt war in diese Kreise nicht hineingeboren. Aufgewachsen war er in Abilene, im Hügelland des texanischen Westens. Seine Mutter wurde Witwe, als er zwölf war, und arbeitete als Sekretärin bei der Kreiswohlfahrtsbehörde. Schmidt besuchte staatliche Schulen, machte das Examen als bester seines Jahrganges an der Texas Law School und ging dann als Dozent nach Harvard. Zwei Tage nach Pearl Harbour meldete er sich freiwillig zum Militär, wo er es bis zum Oberst brachte, und nach dem Krieg ging er ins Außenministerium. Im Jahr 1946 sprach John Hay Whitney ihn an, der Erbe des seinerzeit größten Einzelvermögens, das es in den Vereinigten Staaten jemals gegeben hatte, und schlug ihm die Gründung einer Firma vor, die in neue Technologien investieren sollte. Schmidt kannte Whitney nicht persönlich, aber wer er war, wußte wohl fast jeder. „Jock" Whitney gehörte zu den Leuten mit gewaltigen Geldmitteln und großem Namen, die in der Zeit vor und nach dem Krieg die Einstellungen der ganzen Nation prägten; Geld diente ihm, wie ein Freund es einmal formulierte, zu drei Zwecken: „Es muß klug investiert werden, Gutes bewirken und genug abwerfen." Whitney, forsch und konkurrenzbewußt, war für alle drei Grundsätze bekannt: Er finanzierte den Film *Vom Winde verweht* und war Botschafter in Großbritannien; er gab 40 Millionen Dollar aus, um die *New York Herald Tribune* zu retten, und spendete Millionen an die Opfer von Diskriminierung; er spielte Polo, züchtete Rennpferde und trug eine der größten privaten Kunstsammlungen der Welt zusammen, unter anderem mehrere Bilder von Matisse, die ihn begleiteten, wenn er zwischen seinen acht Wohnungen hin- und herzog. Zu seinen Residenzen gehörten ein Stadthaus auf der Ostseite der 63. Straße, ein Zwei-Quadratkilometer-Anwesen auf Long Island und ein Zufluchtsort von fast 100 Quadratkilometern in Georgia. Als Amerika daranging, seine Kriegserfolge zu verwerten, und Leute wie Whitney ihre führenden Stellungen wieder einnahmen, forderte Whitney den jungen Schmidt auf, an seine Seite zu treten.

Schmidt übernahm sehr schnell Whitneys Hang, gut zu verdienen und Gutes zu tun. Er prägte den Begriff *venture capital* („Risikokapital") und bürgte zusammen mit seinen Partnern für kleine Firmen, die in der Wall Street und bei anderen Kreditgebern als zu riskant galten. Sie waren Spieler, die auf neue Talente und neue Ideen spekulierten und so die wachsenden Erwartungen, aber auch die Romantik jener Zeit widerspiegelten. „Wir leben weniger von unserem Grundlinienspiel als vielmehr von den Netzangriffen", sagte Schmidt einmal, „und dabei zehren wir von unseren Assen." Innerhalb eines Jahres hatte die Gesellschaft in zwei kleine Firmen investiert – in Minute Maid, die den gefrorenen Orangensaft erfand, und in die Spencer Chemical Company, einen Düngemittelkonzern im mittleren Westen –, und beide brachten so aufsehenerregende Gewinne, daß auch Schmidt nun sein Vermögen hatte. Wie sein Wohltäter Whitney führte er jetzt ein Leben vor den Augen der Öffentlichkeit: als Vorsitzender der Bedford-Stuyvesant Development and Services Corporation, der Stiftung für die City of New York, des Welfare Island Planning and Development Committee und vor allem als Präsident des Memorial Sloan-Kettering Cancer Center, einer der weltweit führenden Krebsforschungseinrichtungen.

Laurence Rockefeller, der zusammen mit Schmidt im Beirat des Sloan-Kettering Center saß und ein alter Freund Whitneys war, schlug Schmidt 1971 für eine Kommission vor, die sich mit der Rolle der Washingtoner Regierung im Kampf gegen Krebs beschäftigen sollte. Seit dem Zweiten Weltkrieg hatte man auf die Forschung nicht mehr so viel Druck im Sinne eines bestimmten medizinischen Ziels ausgeübt, und Schmidt, der dafür bekannt war, daß er die Dinge in Ordnung brachte, wurde zum Verantwortlichen gemacht. Er blieb während der Nixon-, Ford- und Carter-Regierung Vorsitzender der staatlichen Krebsinitiative; und obwohl man keine Heilungsmöglichkeit für die Krankheit fand, erwuchs aus der Welle der gezielten Forschung und der üppiger fließenden staatlichen Gelder eine ganz neue, unternehmerische Ära der biologisch-medizinischen Wissenschaft – und in dieser Ära war Schmidt als Geschäftsmann und Investor mit unvergleichlichen Verbindungen zu den führenden Wissenschaftlern und nach Washington geradezu dazu prädestiniert, ein wichtiger Vermittler zu werden. Damit schloß sich der Kreis: J.H. Whitney and Company investierte unter Schmidts Leitung in jene neuen Firmen, die Kapital aus den Errungenschaften der Grundlagenforschung schlagen wollten, und die Forschung war aus der Krebsinitiative hervorgegangen. „Ein Spiel machen", nannte er es.

Eines von Schmidts erfolgreichsten Spielen war eine Firma namens Genetics Institute (GI). Sie wurde 1981 von zwei Molekularbiologen der Harvard University gegründet, und die Universität hatte längere Zeit vor, die Mehrheit daran zu erwerben, bis Wally Gilbert und andere schließlich so lautstark protestierten, daß man den Plan fallenließ. Der Rückzug von Harvard fiel gerade in die Zeit, als das erste Fieber um die Biotechnologie seinen Höhepunkt erreichte, und kam Schmidt sehr entgegen.

Zusammen mit William Paley, dem Vorsitzenden von CBS und Jock Whitneys Schwager, bot er den Wissenschaftlern eine verführerische Alternative an: Sie sollten ihre Labors selbst übernehmen. Warum sollten sie für Harvard arbeiten, wenn sie in die eigene Tasche wirtschaften konnten? In der Folgezeit wurde GI zu einer Vorzeigefirma des neuen Biotechnologiezeitalters, und Schmidt, der Vorstandsvorsitzender wurde, sammelte für sich selbst und Whitney ein Paket von über 250 000 Anteilen.

GI hatte sich für Schmidt bereits sehr nett ausgezahlt, aber der größte Gewinn stand ihm im Winter 1990 noch bevor. Es handelte sich um eine Substanz namens Erythropoietin oder kurz EPO, ein Protein, das die Produktion von roten Blutzellen anregt. GI und Amgen, eine Firma aus Kalifornien, konkurrierten um das Recht, EPO als erste auf dem amerikanischen Markt zu verkaufen. Hier wurde das Alles-oder-Nichts-Prinzip der neuen Biotechnologie besonders deutlich: Ursprünglich hatte man EPO für nierenkranke Dialysepatienten entwickelt, die unter starker Anämie litten und wegen ihres Zustandes keine Transfusionen erhalten konnten, aber mittlerweile galt es schon lange als Verkaufsschlager, und es war vielleicht das erste Milliarden-Dollar-Präparat des Biotechnologiezeitalters. EPO gehörte zu den zwei oder drei Verbindungen, die eine Firma garantiert von einem Millionengrab zu einem höchst profitablen Unternehmen machen würden; den ersten Investoren würde es eine mehr als hundertfache Vermehrung ihres anfänglichen Einsatzes verschaffen, und sowohl GI als auch Amgen besaßen den Schlüssel zu seiner Herstellung.

Und genau hier lag das Problem. Die Patentgesetzgebung garantiert einem Medikamentenhersteller 17 Jahre lang das alleinige Vertriebsrecht für neue Produkte, und Amgen und GI versuchten gegenseitig, ihre Patentansprüche juristisch zu blockieren. Die Prozesse, die gleichzeitig an der Ost- und Westküste liefen, zogen sich nun schon über vier Jahre hin, obwohl Amgen von der FDA bereits die Zulassung für den Verkauf des Medikaments hatte, und waren auch im November noch nicht entschieden, als ein Bundesgericht in Boston urteilte, die Patentansprüche beider Firmen seien gültig. Da die Parteien bereits jedes Jahr mehrere Millionen Dollar für Prozeßkosten investiert hatten und fast jedes Mal, wenn sie einen juristischen Antrag stellten, eine Pressemitteilung herausgaben, legten beide Seiten gegen das Urteil Berufung ein.

Trotz der Unsicherheiten in den USA, die der weltweit größte Pharmamarkt sind, war die Nachricht für Schmidt gar nicht so schlecht. Wie fast alle kleinen, forschungsorientierten Firmen konnte GI es sich nicht leisten, EPO selbst zur Marktreife zu entwickeln; deshalb hatte man die Lizenz 1985 an einen Partner verkauft, die japanische Chugai Drug Company, einen der aufstrebenden japanischen Pharmahersteller mit weltweiten Ambitionen. Chugai hatte das Recht erworben, EPO in Asien und als Joint Venture in den USA zu vermarkten, und obwohl die Aussichten für Amerika jetzt noch in der Schwebe waren, hatte die Firma im Januar 1990 die behördliche Zulassung für Japan erhalten, das bei Medikamenten einen höheren Pro-Kopf-Verbrauch hat als jedes andere Land der Erde. Der japanische Markt für EPO, auf dem

Chugai keine Konkurrenz hatte, wurde auf 200 bis 400 Millionen Dollar geschätzt. GI würde davon fünf Prozent Lizenzgebühren erhalten – kein aufsehenerregender Gewinn, aber immerhin ein paar zigmillionen Dollar. Inzwischen sah sich Chugai in dem Gefühl, gut bei Kasse zu sein, in den Vereinigten Staaten nach einem neuen Spiel um, und dazu suchte man Schmidts Rat.

Schmidt hatte sich bisher in die geschäftliche Entwicklung von Vertex nicht eingemischt; er war sehr beschäftigt und wollte Boger seinen eigenen Kram machen lassen. Aber Anfang Februar rief er an und lud Boger ein, irgendwo in New York seine „alten Freunde von Chugai" kennenzulernen, und Boger, der den Tag nicht frierend und tatenlos in Cambridge totschlagen wollte, schlug vor, zusammen mit Aldrich am Morgen des 16. mit dem Pendelflugzeug herunterzukommen. Daß die Glaxo-Leute am darauffolgenden Montag erwartet wurde, paßte sehr gut in Bogers Rechnung. Erste Geschäftsverhandlungen mit Japanern waren im wesentlichen von Ritualen geprägt; die Verhandlungen mit ihnen gingen oft im Schneckentempo voran und waren manchmal erst nach Jahren abgeschlossen. Aber selbst wenn sich nichts abspielte, konnte Boger den Glaxo-Leuten in aller Ehrlichkeit sagen, Vertex sondiere jetzt auch andere Möglichkeiten, und damit suggerieren, Glaxo müsse sich bald entscheiden, wenn sie sich die Gelegenheit nicht entgehen lassen wollten. Boger hatte einen ausgeprägten Widerwillen gegen Verhandlungen, in denen die Machtverteilung eine Seite eindeutig begünstigte, und er wollte nicht warten müssen, während Glaxo die Preise verglich. Um sechs Uhr morgens, als Thomson über dem Protein-Sequenzierapparat zusammensackte, stiegen Boger, Aldrich und Manuel Navia in den Flieger nach La Guardia.

Schmidt gab den Ton der Sitzung an: Er schritt im Raum auf und ab, schüttelte Hände wie der Gastgeber einer Grillparty und durchbohrte mit dem Blick seiner blauen Augen, der unter der dichten Wolke seiner Augenbrauen hervorblitzte, jedes liebenswürdige Lächeln. Der Leiter der Chugai-Delegation, ein erstaunlich junger Mann in dem üblichen dunklen Anzug und einer Fliegerbrille, hieß Osamu Nagayama; er war der stellvertretende Vizepräsident der Firma und Schwiegersohn des alternden Vorstandsvorsitzenden. Die meisten japanischen Geschäftsleute, die aufgrund ihrer Stellung das Geld ihrer Firma ausgeben können, wurden während des Zweiten Weltkriegs erwachsen und tragen vor allem Amerikanern gegenüber eine unnahbare Entschlossenheit zur Schau. Aber der dreiundvierzigjährige Nagayama sprach so gut englisch, daß er sich über Witze freuen konnte, und schien Schmidts Ungezwungenheit zu genießen. Boger, Aldrich und Navia überreichten in dem Bewußtsein, daß Japaner großen Wert auf Zeichen des Respekts und der gesellschaftlichen Stellung legen, pflichtschuldigst ihre englisch-japanischen Visitenkarten und sprachen Nagayama und die anderen mit der Höflichkeitssilbe an: Nagayamasan, Ohtasan. Schmidt nannte Nagayama „Sam" und sagte, er habe sich 1946 einmal Visitenkarten drucken lassen, aber seit einiger Zeit habe er sie nicht mehr gesehen.

Nach dem Vorstellen gingen sie in das Eßzimmer der Partner, Schmidts Allerheiligstes. Es hatte eine ansehnliche Täfelung aus Walnußholz, das aus dem Haus von Jock Whitneys Eltern an der Fifth Avenue stammte, und war mit einigen alten patriotischen Überresten aus Whitneys Besitz und einem Miró geschmückt, der in Bogers Augen einem Molekül ähnelte. Boger ließ seine übliche Diaschau ablaufen, die mit Allgemeinplätzen großzügig und mit Einzelheiten sparsam war. Auch wenn ihm Thomsons Erfolg vom gleichen Morgen schon bekannt gewesen wäre, hätte er ihn kaum enthüllt, denn solche Informationen behält man am besten für sich, bis echte Aussichten auf Geld auf dem Tisch liegen. Schreiber erwähnte er kaum. Anschließend gab Nagayama einen kurzen Überblick über die strategischen Ziele von Chugai. Nachdem die Entwicklung von EPO jetzt abgeschlossen sei, so sagte er, beginne für die Firma die zweite Phase eines auf 15 Jahre angelegten Wachstumsplanes, mit dem sie ihren Umsatz auf drei Milliarden Dollar verdreifachen, 30 Prozent der Einnahmen im Ausland erzielen und einer der dreißig größten Pharmahersteller der Welt werden wollten. Und er fügte hinzu, die Firma habe noch einen weiteren, längerfristigen Plan, der bis zum Jahr 2100 reichte.

Für Aldrich, der seit seiner Zeit bei Biogen immer wieder mit japanischen Firmen verhandelt hatte, war es ein ungewöhnlich vielversprechender Meinungsaustausch – nicht wegen der Dinge, die gesagt wurden, sondern wegen der Person, die sie sagte. Verhandlungen mit Japanern beginnen meist auf einer niedrigen Ebene mit Leuten aus der Lizenzabteilung, die selbst nicht befugt sind, die Angelegenheit in dem ritualisierten Meinungsbildungsprozeß voranzubringen, nach dem in fast allen japanischen Firmen nach Übereinstimmung gesucht wird. Aber Nagayama stand eine Stufe unter dem Vorstand. Er hatte das Vertrauen des Vorstandschefs Kimio Uyeno, des Sohnes des Firmengründers, der aus der bestverkauften japanischen Arznei gegen Alkoholkater ein kleines weltweites Imperium gemacht hatte. Mit dieser einen Sitzung, davon war Aldrich überzeugt, hatten waren sie der Aussicht, daß Chugai das Immunophilin-Programm bei Vertex finanzierte, um ein Jahr oder sogar um achtzehn Monate nähergekommen.

Noch mehr als Boger hatte Aldrich etwas dagegen, den „Wert" von Vertex mit denen zu teilen, die in seinen Augen nichts dazu beitrugen. Deshalb bevorzugte er Forschungsabkommen gegenüber anderen Formen der Finanzierung. Wenn er und Boger nicht bald einen Entwicklungspartner fanden, würden sie sich wieder bei Risikoinvestoren wie Schmidt weiteres Geld besorgen müssen, das wußte er genau. Für Schmidt und die anderen Mitglieder des Aufsichtsrates war das zwar vielleicht ein Segen, aber für die Firma war es der teuerste denkbare Weg, und deshalb sprach Aldrich häufig von den „Risikokapital-Blutsaugern". Weil solche Investoren ein hohes Risiko eingehen, erwarten sie auch die höchsten Renditen, und als Mitglieder des Aufsichtsrates bestimmen sie den Preis von Aktien, die sie dann an sich selbst verkaufen. Aldrich wollte diese Vertragsbedingungen unbedingt durch ein Abkommen nach seinem und Bogers Gusto ersetzen und war entzückt von dem Gedanken, daß sich plötzlich der Weg zu diesem Ziel eröffnete. Daß Chugai sich um Schreiber nicht zu kümmern schien, war eine so glückliche Fügung, daß er bis zu diesem Augenblick nicht gewagt hatte, darauf zu hoffen.

Auch Schmidt, der den Meinungsaustausch väterlich beobachtete, witterte ein Geschäft. Er richtete sich bei seinen Geschäften nach zwei Kriterien: Möchtest du dich in dieser Branche engagieren, und möchtest du mit diesen Leuten zu tun haben? Als er die Lage von beiden Seiten betrachtete, hielt er die Anzeichen für günstig. Beiläufig schlug er eine ungefähr gleichmäßige Aufteilung vor. Wenn Vertex ein neues Immunsuppressivum fand, würden die beiden Firmen es als Joint Venture in Nordamerika und Europa vermarkten; Chugai sollte den Fernen Osten bekommen und Vertex dafür eine beträchtliche Lizenzgebühr zahlen. Den Rest der Welt kann man aus der Sicht des Medikamentenmarketings abschreiben; Schmidt erwähnte ihn nicht einmal.

„Ich skizzierte meine Vorstellungen von dem Abkommen und fragte Sam, ob es für ihn vernünftig klang; er sagte ja", berichtete Schmidt später. „Also schrieb ich einen Preis auf ein kleines Stück Papier und gab es ihm."

Schmidts Zahl – der Preis für ein Projekt, das von der Herstellung eines Medikaments noch fast ebensoweit entfernt war wie vor drei Monaten, als Vertex noch keine Labors hatte, und dessen wichtigstes Verkaufsargument, nämlich Schreiber, jetzt eine Persona non grata und vielleicht der Doppelagent eines Konkurrenten war – lautete 40 Millionen Dollar. Nagayama faltete den Papierfetzen zusammen, versprach nichts außer einer Antwort, und flog zur Firmenzentrale nach Tokio zurück.

6

In den Wochen vor dem Besuch der Glaxo-Leute, als nicht nur Thomson, sondern auch alle anderen Wissenschaftler bei Vertex fieberhaft arbeiteten, saß Boger oftmals lange bewegungslos an seinem Schreibtisch, die Augen wie ein Adler auf den Computerbildschirm gerichtet, auf dem Gesicht einen Ausdruck übernatürlicher Gelassenheit. Ab und zu streckte er ein paar Finger aus, um etwas einzutippen, oder er griff ohne hinzusehen in einen dreißig Zentimeter hohen Stapel aus Kunststoff-Diahüllen, der sich wackelig zu seiner Linken auftürmte. Er nahm ein Dia heraus, hielt es gegen das Licht und steckte es dann mit unbewegtem Gesicht entweder in eine kleine Schachtel oder wieder zurück in den Schlitz. Bei solchen Gelegenheiten aß er nichts, was Roger Tung, einen der Chemiker, zu der Vermutung veranlaßte, er sei ein autotrophes Lebewesen mit einem raffinierten Stoffwechsel, das seine Nährstoffe selbst herstellen und buchstäblich von Luft leben kann. Verglichen mit den ängstlichen Anstrengungen der Wissenschaftler und den vielen Unbekannten, die noch vor ihnen lagen, erschien Boger mit seiner Ruhe und seiner beharrlichen Konzentration auf die Dias vielen von ihnen - und manche meinten, es sei gefährlich - wie ein Wesen aus einer anderen Welt.

Sie von etwas anderem zu überzeugen, war nach Bogers Ansicht „verlorene Liebesmüh"', und deshalb versuchte er es gar nicht erst. Er war in „Verkaufsstimmung", das heißt, er dachte über Geld nach, und in seinen Gedanken gab es keinerlei Schwierigkeiten bei dem, was Vertex zu tun hatte, was er zu tun hatte und was die Wissenschaftler zu tun hatten. Sie sollten über ihn denken, was sie wollten, solange es dazu diente, ein besseres Medikament als FK-506 zu machen.

Boger tat jetzt, was notwendig war: Lange bevor Vertex das erste Medikament planen und verkaufen konnte, mußte die Firma sich selbst planen und verkaufen. Kleine Firmen, die noch Jahre von den ersten Gewinnen entfernt sind, werden in der Wall Street *story stocks* („Geschichtenaktien"), genannt, weil ihr Wert nicht auf Produkten oder Umsätzen beruht, sondern auf Geschichten - Informationen über die Firma, die meist auch von der Firma geliefert werden. Gewöhnlich bezeichnet der Begriff eine himmelschreiende Unzuverlässigkeit: Der Wert der Firma A steigt sprunghaft an, weil sie die Zulassung der FDA für ein Medikament erhalten hat, und geht dann wieder in den Keller, weil die Firma B Einspruch gegen das Patent eingelegt hat. Aber das Ganze umfaßt auch ein Element der Illusion und Verführung, ja der Hysterie. Die Geschichten erzeugen bei den Investoren eine Menge Spannung und, wenn man Glück hat, auch Gier. Die Möglichkeit dieser Aufregung, die keineswegs zufällig entsteht, ist Wasser auf die Mühlen neuer Medikamentenhersteller, denn sie können damit Hunderte von Millionen Dollar locker machen, und das trotz scheinbar leichtfertiger, vermeidbarer und umfangreicher Verluste. Deshalb schenkte Boger seinen Dias soviel Aufmerksamkeit. Sie zeigten eine Konstruktion des Drehbuches, das er für Vertex schrieb, eine Handlung, die mit oder ohne echte Fortschritte in den Labors etwas darstellen mußte, und zwar unbegrenzt und gegen die Konkurrenz ebenso überzeugender Geschichten.

Boger wußte, daß die Geschichten begreiflich sein mußten, und was die Investoren am meisten wünschen, ist Bestätigung. Deshalb gestaltete er die Vertex-Diashow nicht als Vortrag über Wissenschaft oder Geschäftsstrategie, sondern er stellte die Suche in den Mittelpunkt. Das Ziel der Suche, der heilige Gral, war das strukturorientierte Moleküldesign mit dem Nutzen, der sich daraus ergab: ungefährlichere, raffiniertere, gewinnträchtigere Medikamente. Die Triebkraft war, wie immer bei solchen Geschichten, eine Mischung aus Rechtschaffenheit und Profitgier; Vertex hatte zur Entdeckung neuer Wirkstoffe eine bessere Methode als das Durchmustern von Naturstoffen oder die Biotechnologie (die beide, so würde Boger sagen, an ihren Grenzen angelangt waren) und war gewillt, die Früchte dieses Vorsprungs in vollem Umfang zu ernten. Die Voraussetzung für die Suche war einerseits die einzigartige Mischung von Fachgebieten und Methoden in der Firma, die er als Muster an Zweckmäßigkeit darstellte, und andererseits der Stab ihrer Wissenschaftler, die, wie er betonte, alle von den renommiertesten Forschungsstätten der Welt kamen. Harvard war hier natürlich genau wie Merck eine Hauptstütze, und auf der finanziellen Seite war es Benno Schmidt. FK-506 und Immunsuppression waren das Bühnenbild, das dazu diente, der Geschichte Glaubwürdigkeit zu verleihen.

Das war der Text. Es gab auch Fußnoten, die Boger nicht erwähnte – die interessanteste handelte von ihm selbst. Boger sagte in seinen Diavorträgen nie etwas über seine Beziehung zu Merck, aber wenn er irgendwo vorgestellt wurde, kam sie fast immer zur Sprache. Für Zuhörer, die sich in der Pharmaindustrie auskannten, war sein Ausscheiden bei der Großfirma der verblüffendste Teil der Vertex-Geschichte, denn er vermittelte immer wieder den Geruch nach Vatermord oder Rache. Boger, ein Sproß der meistbewunderten Firma Amerikas, des produktivsten Pharmaherstellers der Welt und einer Goldgrube für die Wall Street, lehnte alles ab, was dieses Unternehmen ihm zu bieten hatte, weil er glaubte, er könne es allein besser. Man brauchte dazu nicht noch einmal das erste Buch Mose lesen: Bogers Geschichte des trotzigen Abgangs war so alt wie Adam.

Da Boger in der Geschichte eine so zentrale Stellung einnahm, glaubte er, daß er und kein anderer sie auch erzählen müsse; Aldrich formulierte es so: „Die Leute wollen ihm auf den Zahn fühlen. Sie wollen den Gründervater sehen." Die Entscheidung machte seine Stellung in der Firma schwieriger. Als wissenschaftlicher Leiter und Vorstandsvorsitzender von Vertex war er für Forschung und Geschäfte der Firma gleichermaßen verantwortlich. Aber seit einem Jahr war er ununterbrochen auf Reisen, und der Verkaufsstreß hatte ihn immer stärker von den Labors ferngehalten. Dennoch kannte er die Einzelheiten in der Arbeit der einzelnen Labors und ihrer Wechselbeziehungen besser als jeder andere; der Chemiker Jeff Saunders, der über Bogers häufige Abwesenheit alles andere als entsetzt war, staunte über seine „Allwissenheit". Aber manche Wissenschaftler zweifelten allmählich daran, daß er beide Funktionen noch lange fachkundig erfüllen konnte. Einige Leute vermißten seine beruhigende Anwesenheit und wurden unsicher.

Boger sah keinerlei Anzeichen, daß er oder die Firma ernsthaft ins Trudeln geriet, und deshalb wischte er solche Bedenken beiseite. Er war überzeugt, er könne sowohl die Wissenschaft als auch die Geschäfte leiten, solange er Lust dazu hatte, vorausgesetzt, alle anderen taten, was er erwartete. Wenn jemand Sorgen über etwas äußerte, das bisher nicht eingetreten war, lehnte er es in der Regel strikt ab, etwas zu unternehmen. Wenn es soweit war, daß er nicht mehr alles schaffte, dann, so erklärte er ihnen, werde etwas geschehen. Jetzt war das Verkaufen seine Aufgabe, und das hieß in Bogers Augen, daß er einen genau berechneten Versuch machen mußte, die widersprüchliche Kunst des An-den-Mann-Bringens zu beherrschen und zu verbessern.

„Jedes Mal, wenn man mit Menschen redet – insbesondere mit einer Menschengruppe – projiziert man definitionsgemäß eine Illusion", sagte er ein paar Monate später. „Man projiziert die Illusion, daß man mit jedem von ihnen einzeln spricht. Man muß also im Kopf ein Bild davon haben, wie die Unterhaltung aussähe, wenn man nur mit einer Person spräche. Man muß jedem einzelnen das Gefühl vermitteln, er bekäme eine Privatvorstellung und sitze in einem bequemen Stuhl, um einem Vortrag zu lauschen, der nur für ihn gemacht wurde."

Um diese vorgetäuschte Intimität zu erzeugen, benutzte Boger eine ganze Reihe schauspielerischer Kunstgriffe – er senkte die Stimme, wenn er etwas Wichtiges sagte, und sprach die hintere Reihe an, was den Zuhörern auf den vorderen Plätzen das Gefühl vermittelte, er spreche zu ihnen. Sein wichtigstes Hilfsmittel aber war seine sorgfältig eingeübte Spontaneität. Wenn Boger sprach, lauschte er aufmerksam seinen eigenen Worten nach, nahm dann schnell die Fragen der Zuhörer vorweg und versuchte, sie in den nächsten ein oder zwei Sätzen nüchtern zu beantworten. Nach seiner Überzeugung verhielt sich unbewußt jeder so, der etwas von anderen wollte, und deshalb war er natürlich überrascht, daß andere es nicht systematisch einsetzten. Er war darin aber so geübt, daß er den gleichen Vortrag immer wieder halten konnte, ohne daß er sich genauso anhörte und ohne daß auch nur die geringste Spur von Langeweile aufkam.

„Man kann Erregung nicht vorspielen und man kann Ehrlichkeit nicht vorspielen", sagte er. „Es gelingt nicht ... und um es richtig zu machen, muß man üben."

Boger übte. Er glaubte genau zu wissen, worauf es ankam, wenn er den Glaxo-Leuten die Geschichte von Vertex verkaufen wollte. Er wußte auch, daß Vertex nichts vorzuweisen hatte; keine Firma hatte etwas. Als er sich selbst ins Gebet nahm, hörte er die Fragen, die man bei dem großen Pharmakonzern mit Sicherheit zur vollen Zufriedenheit beantwortet haben wollte und für die es keine gesicherten Antworten gab. Welche Funktion hatten Cyclophilin und FKBP bei der Unterdrückung des Immunsystems? Wir wirkten sie? Warum sollte Glaxo auch nur einen Pfennig in die Konstruktion von Molekülen für einen Angriffspunkt stecken, der zwar chemisch an FK-506 band, aber mit der Wirkung des Medikaments in keinerlei nachweisbarem Zusammenhang stand?

Boger behandelte die Frage nach der biologischen Bedeutung von FKBP mit einstudiertem Pragmatismus; sie sei von Bedeutung, so würde er argumentieren, aber bei weitem nicht so sehr, wie man allgemein annahm. Da FKBP so eng an FK-506 bindet, ein Medikament mit einer seltenen, nachgewiesenen Wirkung, mußte es entweder der richtige Zielpunkt sein, oder es war diesem Ziel in seiner Molekülstruktur so ähnlich, daß es als provisorische Vorlage für das Medikamentendesign dienen konnte. Sicher, das war die Sichtweise des Chemikers, und insbesondere die Biologen bei Vertex waren beunruhigt, daß Boger mit der Frage so kurzen Prozeß machte. Sie unterstellten ihm, er pfeife im dunklen Keller, um sich Mut zu machen. Boger erkannte jedoch keine unmittelbare Kehrseite und blieb deshalb standhaft.

Den Glaxo-Leuten nicht aus wissenschaftlichen, sondern aus strategischen Gründen gefallen zu wollen kam Boger nicht in den Sinn. Glaxo, eine durch und durch entsetzlich britische Firma, hatte mit einer Kombination aus Naturstoffsuche und pharmazeutischer Chemie das meistverkaufte Medikament der Welt entwickelt, einen Wirkstoff gegen Magengeschwüre namens Zantic. Für unerprobte Methoden wie das strukturorientierte Medikamentendesign hegte man dort eine wohlverdiente, vornehme Geringschätzung. Dennoch kam die Firma nach Bogers Einschätzung nicht umhin, sich zutiefst für Vertex zu interessieren. Medikamentenbestseller behalten ihre Spitzenstellung meist nur ein paar Jahre, entweder weil die Patente auslaufen oder weil neue Verkaufsschlager sie aus dem Markt drängen. Die Behandlung von Autoimmunkrankheiten mit Immunsuppressiva dagegen stellte einen jungfräulichen Markt von etwa vier Millarden Dollar im Jahr dar. Die Vertex-Geschichte besagte unausgesprochen auch, daß das von Harding entdeckte und von Schreiber kontrollierte FKBP das beste bisher bekannte Ziel für die Immunsuppression war, und bei Vertex wußte man darüber mehr als an jeder anderen Stelle einschließlich Merck.

Glaxo brauchte Munition für den Produktkrieg mit Merck und konnte deshalb gar nicht anders, als äußerst aufmerksam zu sein.

Natürlich gab es zu jener Zeit auch Berichte über andere kleine Firmen, die sich ebenfalls mit Immunsuppression beschäftigten; Boger hielt zwar von den meisten nicht viel, aber er mußte sie in seine Betrachtungen einbeziehen. Eine kalifornische Firma namens Cytel hatte zum Beispiel kurz zuvor mit Sandoz ein Abkommen über 30 Millionen Dollar geschlossen und sollte Medikamente gegen rheumatoide Arthritis, jugendlichen Diabetes und Multiple Sklerose entwickeln – auf die gleichen Autoimmunkrankheiten zielten auch Vertex und praktisch alle anderen neuen Firmen, die auf diesem Gebiet arbeiteten. Die Moleküle, die Cytel entwerfen wollte, sollten Rezeptoren auf der Oberfläche von T-Zellen blockieren, die körpereigenes Gewebe fälschlicherweise als fremd erkennen. Die am häufigste erzählte Story der Biotechnologie in diesem Jahr aber betraf die Firma Icos in Seattle: Schon als sie nur auf dem Papier existierte, hatte sie 33 Millionen Dollar aufgetrieben, einzig und allein mit der Ankündigung, man werde die „Zelladhäsionsmoleküle" blockieren, die wie winzige Klettverschlüsse wirken. Diesen Molekülen wollte die Firma so in die Quere kommen, daß sie die weißen Blutkörperchen nicht mehr festhalten und in Entzündungsgebiete umlenken konnten.

Boger ließ das kalt. Vielleicht waren diese Moleküle geeignete Ziele, aber ob man sie überhaupt mit Medikamenten blockieren konnte, war nicht geklärt. FKBP dagegen verband sich mit einem Molekül, dessen therapeutischer Wert erwiesen war. In Bogers Augen war das ein gewaltiger Unterschied. Cyclosporin und FK-506 waren dem Ansatz von Vertex bereits zugänglich. Zelladhäsionsblocker? In zehn Jahren vielleicht, glaubte Boger, würde man genauer wissen, ob es bei solchen Molekülen Erfolgsaussichten gab.

Aber Boger konnte nicht leugnen, daß Firmen wie Cytel und Icos großes Aufsehen erregten. Als er jetzt seinen Diavortrag vorbereitete, bezog er sie deshalb mit ein. Er würde sich zwar nicht zu ihren extremen Spekulationen hinreißen lassen, aber wenn die Glaxo-Leute Biologie wollten, würde er ihnen Biologie geben. Wenn sie den Beweis wollten, daß FKBP der bestmögliche Angriffspunkt für die Immunsuppression war, würde er stichhaltige Argumente anführen. Wenn die Firma sich im Gegensatz zu Chugai nicht für das strukturorientierte Medikamentendesign interessierte, das die einzige Existenzgrundlage von Vertex war, würde er dennoch einen Weg finden, um das Abkommen als beste Lösung für beide Seiten darzustellen. Geschichten, das wußte Boger, konnte man so umformulieren, daß sie sich für die unterschiedlichsten Zuhörer eigneten. Das war der Schlüssel zum Verkaufserfolg.

Anders als das Treffen mit den Chugai-Vertretern, das Schmidt formlos eingefädelt und vorangebracht hatte, war der Besuch der Glaxo-Leute vom Protokoll und anstrengenden Nuancen geprägt. Die Laborkittel wurden gereinigt und gebügelt, und viele Angestellte zogen sie zum ersten Mal an. Jeder Pfennig der vier Millionen Dollar, die Boger für Ausstattung ausgegeben hatte, wurde umständlich zur Schau gestellt, jedes Gerät und jeder Computer auf den höchstmöglichen Ausstellungswert getrimmt. Der Leiter der sechsköpfigen Glaxo-Delegation war Rick Hammill, der Lizenzdirektor für Nordamerika, der den Besuch vorbereitet hatte und am meisten davon profitieren würde, wenn er das Vorspiel zu einem Abkommen werden sollte. Aber Boger wußte, daß sie vor allem Leslie Hudson beeindrucken mußten, einen gesetzten Briten. Hudson war der Leiter der immunologischen Forschung bei Glaxo, und das bedeutete automatisch, daß er bei einem Vertrag mit Vertex an Bedeutung verlieren würde. Es würde nicht nur unausgesprochen auf ein Versagen seiner Abteilung hindeuten, sondern er würde es auch aus seinem eigenen Etat bezahlen müssen. Boger sah in Hudsons Gesichtsausdruck nichts Freundliches, aber das hatte er auch nicht erwartet.

Eine wichtige Warnung hatte Jeremy Knowles schon im Oktober auf der Sitzung des wissenschaftlichen Beirates ausgesprochen: Oft kann man einen potentiellen Forschungspartner nur dann ausreichend beeindrucken, wenn man so viel preisgibt, daß man entbehrlich wird. Vertex war also von Anfang an im Nachteil. Hudson, der als erster sprach, sagte erwartungsgemäß kaum etwas, was über das Offensichtliche hinausging: Glaxo wolle mit einem neuen Forschungsprogramm über Immunsuppression beginnen, und jetzt sei man an neuen Zielen in den Zellen interessiert, für die man Wirkstoffe suchen konnte. Aber ein derart allgemeines Vorgehen konnte Vertex sich nicht leisten. Boger hatte die Wissenschaftler vorgewarnt: Sie mußten das Risiko eingehen und den Glaxo-Leuten alles sagen, was sie über FKBP wußten, um sich eine starke Verhandlungsposition zu sichern. Als sie jetzt nach und nach die Arbeiten der letzten Monate in allen Einzelheiten darlegten, hatten einige von ihnen trotz der Etikette das Gefühl, ungebührlich ausgefragt zu werden.

David Livingston berichtete später, zwei oder drei Mitglieder der Glaxo-Delegation hätten etwa zehn Minuten nach Beginn seines Diavortrages plötzlich so heftig in ihre Notizbücher gekritzelt, daß der Tisch wackelte. Die gleiche atemlose Aufmerksamkeit bemerkten andere bei den Ausführungen von Debra Peattie. Peattie, eine große, schlanke Biologin, die Boger von der Harvard Medical School weg engagiert hatte, schlug auf der Grundlage unveröffentlichter Befunde eine Möglichkeit vor, wie man Verbindungen mit Hilfe von FKBP besser durchmustern konnte. Da sie den Eifer der Glaxo-Leute und Aldrichs Entsetzen bemerkte – „Rich wurde ganz weiß", sagt sie –, ging sie anschließend schnell in ihr Labor, um die Idee in ihrem Versuchstagebuch festzuhalten, und ließ ihre Assistentin Judy Lippke ebenfalls die Eintragung unterschreiben.

Hudson zeigte höfliche Begeisterung für Thomsons Probe des reinen Rinder-FKBP und für Manual Navias Eröffnung, er habe daraus die wahrscheinlich ersten bekannten Kristalle des Proteins gewonnen. Im privaten Kreis bezeichnete Navia die schlanken, nadelförmigen Kristalle als „Micky Maus", aber die Tatsache, daß er sie drei Monate nach Eröffnung der Vertex-Labors züchten konnte, untermauerte seine und Bogers Prahlerei, Vertex werde Erkenntnisse über Molekülstrukturen schneller gewinnen und nutzen als alle anderen. Navia sträubte sich dagegen, das Verdienst für diese frühzeitige Leistung zu beanspruchen, und dankte Thomson, der ihm das Protein in ausgezeichneter Reinheit zur Verfügung gestellt habe – eine Schmeichelei, die Thomson rechtfertigte, indem er wieder einmal die Nacht durcharbeitete.

Mehrere Male fragte Hudson nach weiteren Befunden, aber ansonsten wirkte er ungeduldig: Er war über den Ozean geflogen, um Schreiber zu sehen und zu hören. Boger hatte Glaxo über die Verzögerungen mit Harvard nicht irregeführt und Schreiber auch nichts über sein inneres Exil gesagt. Er heuchelte nicht. Aber er hatte vor, Schreiber von allen Gesprächen über Chemie und Biophysik auszuschließen und ihm dann den Hauptteil der Sitzung zu überlassen, in dem es um Biologie ging.

Schreiber lieferte eine fehlerfreie Vorstellung. Überzeugend vertrat er seine Theorie, wonach das Molekül von FK-506 aus zwei abgegrenzten Teilen bestand, einem Bindungs- und einem Effektorbereich; die Tatsache, daß beide für die Immunsuppression notwendig waren, legte nach seiner Überzeugung die Vermutung nahe, daß das Molekül sich an einer bestimmten Stelle einlagerte und sich dann über einen Molekülvorsprung mit etwas anderem verband, wahrscheinlich mit einem anderen Protein. Schreiber behauptete zwar nicht, er wüßte, was das für ein Bindungspartner war, und seine Hypothese besagte, daß dieser Partner und nicht FKBP das eigentliche Ziel des Wirkstoffes darstellte; aber die Pluspunkte in dem von ihm gezeichneten Bild wogen weit schwerer als die Schwächen und stützten die Ansicht der Vertex-Leute, daß FKBP von entscheidender Bedeutung war. Boger freute sich. Die Fundamente von Vertex waren gut gesichert. Selbst wenn es einen solchen molekularen Partner von FKBP gab, ergab sich eindeutig die Folgerung, daß die Wissenschaftler bei Vertex und Schreibers Gruppe in Harvard bereits zusammen daran arbeiteten, ihn zu finden.

Für Vertex von eindeutig größerem Interesse als für Glaxo war Schreibers Aussage, sein Labor habe jetzt gentechnisch 400 Milligramm reines FKBP hergestellt. Boger, der ihm gegenübersaß, notierte sich die Mengenangabe. Es gab nur einen vernünftigen Grund, einem vielversprechenden Doktoranden oder Postdoc den Karriereknick zuzumuten, den die Produktion einer so großen Menge darstellte: Man wollte seine Struktur aufklären. Schreiber würde nicht lange auf einem solchen Schatz sitzen wollen, wenn er sich nicht bald mit Navia über die Zusammenarbeit einigen konnte. Boger bemerkte auch, welchen Spaß Schreiber an dem Gespräch mit den Glaxo-Leuten hatte. „Wenn er noch mehr gebauchpinselt wird, strahlt er so, daß es uns blendet", sagte er nach der Sitzung im privaten Kreis.

Hudson hörte unbewegt zu. Boger war von einer für ihn ganz untypischen Ruhe und zog es vor, die Geschichte für sich selbst sprechen zu lassen. Keiner von beiden war undiplomatisch, aber im Laufe des Vormittags wurden sie eindeutig immer gereizter. Hudson hörte nicht den gewünschten Beweis, daß FKBP das Ziel war, das Glaxo verfolgen sollte, und Boger spürte immer stärker, daß die Geringschätzung der Glaxo-Leute für das rationale Medikamentendesign nicht nur akademische Gründe hatte. Es ging um Geld. „Ich konnte sehen, wie sie herauszufinden versuchten, ob man nicht alles außer der Biologie unter Allgemeinkosten abbuchen konnte", sagt er. „Wir würden sie teuer zu stehen kommen, und ich wollte meine Forschungsarbeit nicht von jemandem kontrollieren lassen, der meine grundlegenden Ansichten nicht teilte. Ich war zuerst da."

Schließlich durchbrach Hudson den Stillstand und fragte Boger nach seiner eigenen Ansicht darüber, wie die Immunsuppression funktioniert. Im Raum wurde es still, das Scharren der Stühle erstarb in seinem eigenen Echo. So überspitzt gestellt – „streitlustig", wie Livingston berichtet – gab es auf die Frage nur zwei Antworten, und beide waren gleichermaßen unannehmbar. Entweder mußte Boger gestehen, daß er es nicht wußte, womit die aufgeblasenen Behauptungen der Vertex-Leute über FKBP in sich zusammengefallen wären, oder er gab eine Erklärung, ohne sie aber durch ausreichende Daten belegen zu können. So oder so schien es wenig Spielraum zu geben, um eine peinliche Situation zu vermeiden, von der Rettung des Abkommens ganz zu schweigen.

Boger beugte sich nach vorn. Unbekümmert erklärte er Hudson, es sei noch zu früh für fertige Meinungen, und sie seien zur Zeit auch nicht wichtig. Er werde eine haben, wenn die Erkenntnisse sie belegten.

Hudson starrte ihn an. Er sagte nichts. Erst später, als die Wissenschaftler der beiden Gruppen im Gespräch zusammenstanden, bemerkte er beiläufig, er sei der gleichen Ansicht.

Ob Boger die Frage vorhergesehen und sich die Antwort zurechtgelegt hatte, oder ob er nur wieder einmal seine Meinung vertrat, wonach Entscheidungen nur dann falsch sind, wenn sie voreilig oder ohne Kenntnis der neuesten Befunde gefällt werden – jedenfalls nahm der Ton der Glaxo-Leute plötzlich wieder die alte Freundlichkeit an. Hudson, der sich im kleinen Kreis mit Boger und Aldrich in Aldrichs Büro zusammensetzte, ließ plötzlich durchblicken, Glaxo könne vielleicht zumindest einen Teil der Strukturuntersuchungen von Vertex zum Gegenstand eines Abkommens machen. In den nächsten Tagen bestätigte eine Reihe weiterer Anrufe von Rick Hammill das Interesse bei Glaxo. In der nachfolgenden Manöverkritik bei Vertex gelangte man jetzt einhellig zu der Meinung, die Firma, die erst seit knapp drei Monaten Experimente machte, habe im direkten Beschuß standgehalten. Nach den monatelangen Befürchtungen wegen Schreiber und Harvard kehrte das Flair von Triumph, Unbesiegbarkeit und bevorstehenden großen Ereignissen in den Frühstücksraum zurück. Aldrich, der in Verhandlungen eigentlich immer pessimistisch war, schätzte die Chancen für ein Abkommen mit Glaxo jetzt auf 50 zu 50. Boger wirkte wieder einmal entzückt.

Nur Livingston, früher leitender Wissenschaftler einer einstmals vielversprechenden Biotechnologiefirma, die pleite gemacht hatte und mit Entlassungen und anderen mißlichen Begleitumständen verkauft worden war, schüttete Wermutstropfen in die Begeisterung. „Ich glaube, das ganze Getue, ob Vertex das Abkommen bekommt, ist fauler Zauber", schnauzte er. „Die Glaxo-Leute haben genau das getan, was sie hätten tun sollen. Sie haben uns alles zurückgegeben, was sie von uns bekommen haben, und jetzt lassen sie uns zappeln, während sie die Sache beurteilen und überlegen, ob es in ihre Pläne paßt."

Jetzt überstürzten sich die Ereignisse. Zwei Tage nach dem Glaxo-Besuch, am Nachmittag bevor Boger und Aldrich zu einer seit langem geplanten elftägigen Klinkenputzreise nach Japan aufbrachen, trafen der Forschungsdirektor von Chugai und mehrere andere Spitzenmanager der Firma bei Vertex ein, weil sie den Erstkontakt von New York fortsetzen wollten. Aldrich sah darin ein Zeichen außergewöhnlicher Dringlichkeit: Die Firma ließ sich nicht hinhalten, bis er und Boger aus Japan zurück waren. Dieser Eindruck verstärkte sich noch, als die ermüdete Delegation nach ihrer Ankunft aus Europa mit dem Taxi unmittelbar zu Vertex fuhr und sich sechs Stunden lang in wissenschaftliche Diskussionen stürzte, bevor sie sich ins Hotel begab. Nachdem der übliche Zeitrahmen für Verhandlungen auf diese Weise bei weitem überschritten war, ging Aldrich um sieben Uhr abends zum Schwimmen in den Universitätssportclub, und anschließend fuhr er wieder zu Vertex, um bis Mitternacht einen offiziellen Geschäftsplan für Chugai zu schreiben. Noch eine Woche zuvor hatten die beiden Firmen einander kaum gekannt.

Um sieben Uhr morgens stieg er mit Boger in die Maschine nach San Francisco, wo sie den Anschlußflug nach Tokio nehmen würden. Aldrich nannte solche Reisen „Todestrips", obwohl auf ihnen sein Ansehen wuchs. Bei Vertex schlossen die Wissenschaftler ihn oft aus, aber hier, in der Luft und neben Boger, war er die Vorhut, die Elite der Firma. Aldrich rief vom Flugzeug aus bei Vertex an und erfuhr, daß Glaxo, wo man offenbar ebenfalls Hintergedanken hatte, jetzt hartnäckig auf ein zweites Treffen drängte. Am Morgen war aus dem Konzern ein Anruf gekommen, und man hatte Boger eingeladen, sofort zu einem Gespräch mit dem Vorstandschef nach London zu fliegen. Jetzt standen Aldrich und Boger vor dem WC der ersten Klasse zusammen und ließen ihre Möglichkeiten Revue passieren. „Es würde keine leichte Übung werden", erinnert sich Aldrich.

Glaxo und Chugai wußten nichts voneinander, und von ganz allgemeinen Dingen abgesehen, konnten sie auch nichts wissen. Andererseits war es zwar ein reizvoller Gedanke, zwei so glühende Verehrer gegeneinander auszuspielen, aber ihn in die Tat umzusetzen, kam ganz offensichtlich nicht in Frage. Boger und Aldrich entschlossen sich, Glaxo auch auf die Gefahr hin, daß man dort das Interesse verlor, zumindest bis zu ihrer Rückkehr nach Cambridge hinzuhalten.

Die plötzliche Welle der Aufmerksamkeit war höchst befriedigend und, wie Boger sagen würde, voll und ganz vorauszusehen. Sie wies aber auch deutlich auf die Stärken und Schwächen seiner Position hin. Er hatte alle Elemente eine glänzenden Geschichte zusammengesetzt – sie war so glänzend, daß sie zwei Firmen angelockt hatte, aber die Aussichten, die diese Firmen darin sahen, hätten unterschiedlicher nicht sein können und bedeuteten sowohl für Boger als auch für Vertex ganz unterschiedliche Wege für die Zukunft. Glaxo war der angesehenere Entwicklungspartner: reicher, aggressiver, eher in der Lage, ein neues Medikament auf den Markt zu bringen. Aber wie bei Merck, so sah man auch bei Glaxo im strukturorientierten Wirkstoffdesign einen Seitenweg neben der Haupttätigkeit, Naturstoffe nach milliardenschweren Medikamenten zu durchforsten. Sie würden einen größeren Anteil von allem fordern und bekommen, was Vertex hervorbrachte, und würden die Firma im Gegenzug als biologisches Dienstleistungsunternehmen behandeln, das später vielleicht sogar aufgegeben wurde, wenn Vertex die gewünschten Erkenntnisse geliefert hatte. Der Schatten von Glaxo würde bei jeder Zusammenarbeit auf Vertex liegen. Am Ende verwendeten sie die Arbeiten von Vertex über das Moleküldesign vielleicht in ihren Jahresberichten, aber nicht in ihren Medikamenten.

Für Chugai dagegen war das strukturorientierte Design der Schlüssel zur Zukunft der Pharmaindustrie, und sie wollten sich bei Vertex einkaufen, solange sie es sich noch leisten konnten. Sie würden nicht nur Wirkstoffe haben wollen, sondern auch Technologie, nicht nur Daten, sondern auch Belege für das ganze Konzept. Als typisch japanische Firma hatte Chugai vor, dem Beispiel von Vertex voll und ganz zu folgen. Deshalb wollten sie Boger alles tun lassen, was er beabsichtigte, einschließlich des Aufstiegs zu der führenden Stellung in der Wissenschaft, für die er offenbar bestimmt war. Es war für Chugai der beste Weg, den eigenen Erfolg zu sichern.

Bogers Selbstbewußtsein war nicht immun gegenüber denen, die ihn so verherrlichten, aber als er überlegte, von welcher Firma er das Geld nehmen sollte, wurde ihm klar, daß er Glaxos Stärke vielleicht noch aus einem anderen Grund brauchen würde: als Gegengewicht zu Merck. Seit er Rahway verlassen hatte, war etwas mehr als ein Jahr vergangen, aber Boger war nicht jemand, der einfach ging. Merck prägte als Konkurrent wie auch als Quelle seines Ehrgeizes nach wie vor sein Denken. Die Firma bestimmte ihn mehr, als ihm lieb war. Wenn er Erfolg haben würde, dann trotz des einzigartigen Erfolges von Merck, an dem auch er sich messen würde. Er nannte den Konzern manchmal scherzhaft „Mutter Merck", wobei er sich der Folgerungen durchaus bewußt war. Aber in seiner jetzigen Sichtweise und nach der breiten Spur der Geschichte zu urteilen, die jetzt sein Streben nach Unabhängigkeit und seine zwiespältige Haltung gegenüber Merck prägte, war die Firma für ihn eher so etwas wie ein Vater. Vor diesem Hintergrund erschien ihm Glaxo als Idealpartner, obwohl der Führungsanspruch des Konzerns Bogers Einfluß auf die Wissenschaft ebenso stark gefährdete wie Merck und obwohl man dort, soweit er es verstanden hatte, alles geringschätzte, was ihm wichtig war.

Auch Manuel Navia war ein abtrünniger Sproß von Merck, und da er mit dreiundvierzig Jahren bereits drei wichtige Proteinstrukturen aufgeklärt hatte, war er für Vertex von einzigartiger Bedeutung: Er war schon berühmt, als er dort anfing. Seine Einstellung war ein großer Coup Bogers gewesen, und Aldrich hielt sie für so wichtig, daß er eine Pressemitteilung verfaßte, die in der *New York Times* abgedruckt wurde. Aber seine Stellung als inoffizieller Primus inter pares ärgerte diejenigen, nach deren Auffassung Bogers soziales Experiment solche Sonderstellungen verbot. Navia war ein extrovertierter, eigensinniger Sohn kubanischer Eltern und kam als einziger von allen Wissenschaftlern bei Vertex, Boger eingeschlossen, jeden Tag mit Krawatte zur Arbeit. Anfangs bewältigte er die Kluft durch Herunterspielen. Er machte mit der Krawatte komische Gesten, als ob er sich selbst geißelte, und murmelte „altes ... Aas, altes ... Aas", während er sich abwechselnd auf die Schultern schlug, als trage er das gleiche härene Hemd wie alle anderen. Aber alle anderen flogen nicht zum Treffen mit Chugai nach New York, alle anderen ließen ihre Experimente nicht im Space Shuttle machen, und alle anderen waren nicht die Firmensprecher, während Boger sich in Japan aufhielt. Ganz offensichtlich sollte Navia, der beredt und angesehen war, eine besondere Rolle spielen, aber worin sie bestehen sollte, hatte Boger in seiner typischen Art absichtlich nicht genauer festgelegt.

Navia unterschied sich auch in anderer Hinsicht von den übrigen Wissenschaftlern bei Vertex. Er trank selten Alkohol, während die Gelage nach Feierabend bei den anderen eine Art Mannschaftssport waren. Mit seiner Frisur im Stil der frühen sechziger Jahre und seinem gepflegten Äußeren sah er aus wie ein Theologiestudent auf einer Party der Studentenverbindung seines kleinen Bruders, der keinem Laster frönt außer vielleicht dem Ehrgeiz. Er war aber auch irdisch und freundlich und hatte einen Vorliebe für das Absurde, beispielsweise wenn er von seinem Wehrdienst erzählte: Er hatte während des Vietnamkrieges ein Jahr lang mit Laserstrahlen auf Schweine geschossen und so dazu beigetragen, daß die Armee sich gegen juristische Vorwürfe von Panzerfahrern verteidigen konnte, die den Fehler gemacht hatten, in ihre Nachtsichtgeräte zu starren.

Navia, ein Einzelkind, war 1953 mit seinen Eltern per Nachtflug aus Havanna nach New York gekommen und sofort zum Dolmetscher seiner Eltern sowie zum einzigen, pflichtbewußten Gegenstand ihrer hochgesteckten Erwartungen geworden. In den sechziger Jahre besuchte er die Xavier High School, eine Jesuiten-Militärschule für Jungen in Manhattan, und dann ging er an die New York University, weil sie in der Nähe seines Elternhauses lag. Später promovierte er an der University of Chicago, und dann bekam er ein Stipendium des NIH, wo der zum ersten Mal die Struktur eines menschlichen Antikörpers aufklärte. Navia, der in der Öffentlichkeit ebenso höflich und wohlerzogen wie im privaten Kreis zynisch ist, nennt als einzigen Beweggrund für seine Arbeit den Wunsch, Medikamente zu konstruieren. Trotz seines Ruhms behauptet er, wissenschaftliche Konkurrenz und ihr Belohnungssystem interessiere ihn nicht, und er besteht darauf, er sei „kein Akademiker". Das stimmt zum Teil, aber eine so offenkundige und angesehene Wissenschaftlerlaufbahn wie die von Navia ereignet sich nicht zufällig. Er erkannte seine Chancen und griff dann mit lebhaftem Temperament zu. Als ihn einmal auf der Allston Street ein kleiner Hund erschreckte, der hinter einem Maschendrahtzaun plötzlich zu bellen anfing, beschimpfte er zornig das arglose Tier. Es war nicht das erste Mal, daß die anderen Vertex-Mitarbeiter bei ihm einen Wutausbruch erlebten.

Da Boger und Aldrich in Japan waren und weder von Thomson noch von Schreiber ausreichende Proteinmengen kamen, mit denen Navia größere Untersuchungen an FKBP hätte beginnen können, nutzte er die Zeit nach dem Besuch der Glaxo-Leute, um Experimente zu planen und sich in der wissenschaftlichen Literatur auf dem laufenden zu halten. Wie Boger und Livingston neigte er mehr als andere bei Vertex dazu, Veröffentlichungen außerhalb seines eigenen Fachgebietes zu lesen und auch nicht nur über Immunophiline, sondern auch über weiter gefaßte Projekte nachzudenken. Besonders ein Artikel fesselte seine Aufmerksamkeit. Er stand in *Nature* und handelte von einem potentiellen neuen Medikament gegen AIDS. Paul Janssen, ein bekannter belgischer Chemiker, hatte eine neue Gruppe von Hemmstoffen synthetisiert, die im Reagenzglas stärker gegen das menschliche Immunschwächevirus HIV (den AIDS-Erreger) wirkten als alle anderen bekannten Substanzen einschließlich des Azidothymidins (AZT), das damals als einziges Medikament zur Behandlung der Krankheit zugelassen war.

Bei Janssens Molekülen handelte es sich um Benzodiazepine, die sich von der gleichen chemischen Grundstruktur ableiteten wie die umsatzstarken Tranquilizer Valium und Librium. Nach seiner Vermutung blockierten sie die Reverse Transkriptase, ein Enzym, mit dessen Hilfe HIV gesunde menschliche Zellen unter seine Kontrolle bringt und zu Fabriken für neue Virusnachkommen umfunktioniert. Diese Fähigkeit, die Schutztruppen des Organismus in Mörder zu verwandeln, macht HIV zu einem so heimtückischen Killer, aber die Reverse Transkriptase kann leicht mutieren und ist deshalb ein schlechtes Ziel für Medikamente. Da AZT aber sehr toxisch ist, stellten Janssens Verbindungen vermutlich einen wichtigen Fortschritt dar.

Schon Jahre zuvor hatte Navia die Benzodiazepine genau untersucht, und die keilförmige Struktur ihrer aus drei Ringen bestehenden Moleküle war ihm noch lebhaft in Erinnerung. Bei Merck hatte er die Struktur der Protease von HIV aufgeklärt, eines weiteren Enzyms, das für die Vermehrung des Virus unentbehrlich ist. Als er jetzt Janssens Artikel las, war er wie vom Donner gerührt. „Die beiden Abteilungen meines Geistes fanden auf einmal zusammen", berichtete er, wobei der die Hände zusammenklappen ließ wie das Maul eines Krokodils. „Ich nahm die Struktur der HIV-

Protease, baute ein Modell von Janssens Verbindungen, optimierte sie und setzte sie zusammen. Das war's. Es war eine unglaubliche Übereinstimmung."

Die Annahme, daß Janssens Verbindungen nicht die Reverse Transkriptase, sondern die Protease von HIV hemmten, stürzte Navia in ein quälendes persönliches und berufliches Dilemma, das sich nach seiner Überzeugung nicht nur auf ihn und Vertex, sondern auf die ganze Welt auswirken würde. AIDS war in seinen Augen eine Krankheit von „globaler Bedeutung". Wenn man das Virus nicht unter Kontrolle brachte, so seine Überzeugung, würde es die Menschheit eines Tages ausrotten. Das waren keineswegs übertriebene Behauptungen, aber sie waren so weit entfernt von dem Rahmen, in dem man AIDS in der Pharmaindustrie im allgemeinen erörterte, denn dort hielt man die Krankheit für unbedeutend und bizarr. Die Firmen betrachteten und behandelten Krankheiten ganz allgemein nicht in erster Linie als Krankheiten, sondern als Märkte. Und im Winter 1990 herrschte in der Industrie übereinstimmend die Ansicht, AIDS werde unter dem Strich, von wenigen Ausnahmen abgesehen, für alle Firmen ein Verlustgeschäft werden. Verstärkt wurde diese kaltschnäuzige Berechnung auch von Boger, der sich prinzipiell geschworen hatte, daß Vertex sich nie mit AIDS beschäftigen würde. Er war nicht gefühllos, aber angesichts der Aussichten – auf dem Gebiet arbeiteten schon viele andere Firmen, die Laborarbeiten bei Vertex steckten in den Anfängen, die finanzielle Situation war beschwerlich, und die wissenschaftlichen Kenntnisse über das Virus versprachen keine großen Erfolgsaussichten – schien es so, als könne seine Firma durch die HIV-Forschung kaum etwas gewinnen, aber alles verlieren.

Navia war bisher der gleichen Ansicht gewesen, aber das hatte sich jetzt geändert. Er konnte seine Hypothese nicht beweisen – nicht ohne Protease und Janssens Verbindungen, und nicht ohne daß er sie gemeinsam kristallisierte, um zu zeigen, daß sie sich tatsächlich seiner Vorstellung entsprechend verbanden. Aber in einer Versuchsreihe mit einem leistungsstarken Computer und Software zur räumlichen Bilddarstellung konnte er immerhin sichtbare Modelle konstruieren, die seiner „Halluzination" eine verblüffende Glaubwürdigkeit und Struktur verliehen.

HIV besteht wie alle Viren aus einem Schnipsel genetischer Information in einer Proteinverpackung – es steht auf der Stufenleiter des Lebens so tief, daß es sich außerhalb einer Wirtszelle nicht vermehren kann, und ist so klein, daß seine Größe sich zu der einer menschlichen Zelle nach einem Vergleich des Schriftstellers Fred Hapgood ebenso verhält wie die eines Basketballs zum World Trade Center. Die HIV-Protease gehört zu einer Klasse gut bekannter Enzyme, die man auf allen Stufen entwicklungsgeschichtlicher Komplexität findet und die andere Proteine in kleinere Molekülbruchstücke spalten. Bei HIV wirkt die Protease am Zusammenbau der Viruspartikel mit. Langsam und schmerzlos zieht das Enzymmolekül ein Proteinbruchstück in seinen Rachen, wo zwei scherenförmige Atomgruppen es so zurechtschneiden, daß es sich in Länge und chemischem Aufbau zum Zusammensetzen neuer Viren eignet. Theoretisch konnte man die trichterförmige Öffnung, in der sich die „Schneiden" befinden, mit einem entsprechend geformten Hemmstoffmolekül ausfüllen, genau wie man einen Köder in die Scheren eines Hummers treibt. Ohne Virusbausteine würde sich die Vermehrung des Erregers verlangsamen. Es würden keine neuen Viren mehr entstehen, und die Ausbreitung der Infektion käme zum Stillstand. An Menschen hatte man solche Hemmstoffe noch nicht erprobt, aber viele Fachleute sahen in der Protease mittlerweile den aussichtsreichsten Ansatzpunkt für eine AIDS-Therapie.

In vollem Bewußtsein von Bogers Warnungen, aber gleichzeitig aufgewühlt von der Aussicht auf einen wichtigen Fortschritt, ging Navia nun daran, auf der Grundlage von Janssens Verbindungen neue Hemmstoffe für die HIV-Protease zu konstruieren. Mehrere Tage lang saß er in einem verdunkelten Raum neben dem Röntgenlabor an einer Hochleistungs-Graphikworkstation, die zuvor in erster Linie einigen Chemikern zur Simulation von Luftkämpfen gedient hatte, und ließ Benzodiazepinderivate auf dem Bildschirm in das aktive Zentrum der HIV-Protease gleiten. Ein Molekül nach dem anderen ordnete er innerhalb des Enzym immer wieder neu an. Es kam, wie er erwartet hatte, und jetzt konnte er seine Aufregung kaum noch zügeln: Es gelang im, die Umrisse des aktiven Zentrums auszufüllen, den Schneidemechanismus zu besetzen und eine erstaunliche Zahl der bekannten chemischen Voraussetzungen für die Proteasehemmung zu erfüllen. Nach Bogers Einschätzung reichte die primitive Einrichtung für das Medikamentendesign bei Vertex nicht aus, um AIDS zu bekämpfen. Aber Navias Modelle waren so überzeugend, daß er selbst schon bald daran glaubte. Diese Computerkonstruktionen waren natürlich Spekulationen, aber sie waren das Kernstück des strukturorientierten Medikamentendesigns. Navia platze beinahe vor Ungeduld, den nächsten Schritt zu vollziehen: Er wollte sehen, wie die Moleküle hergestellt und getestet wurden.

„Ich glaubte nicht, daß wir uns irgendwann mit AIDS beschäftigen würden, und deshalb war es eine moralische Frage", sagte er. „Ich dachte: Jetzt gibt es nur zwei Möglichkeiten; entweder lassen wir jemand anderen daran arbeiten, oder wir veröffentlichen es – wir setzen es in die Welt und warten ab, wer es aufgreift."

Da er befürchtete, daß niemand seine Beobachtungen weiterverfolgte, wenn er sie einfach nur veröffentliche, entschloß sich Navia, sie lieber einer anderen Firma gratis anzubieten – eine einfache Sache, so schien es, in einem Bereich, wo das Überleben der Menschheit auf dem Spiel stand. Aber forschungsorientierte Firmen sind voller eigener Wissenschaftler, die voller eigener Ideen stecken. Sie sind so orientiert, daß sie auf allen Ebenen, von den technischen Assistenten bis zum Vizepräsidenten, in oft brutaler Form um Mittel konkurrieren müssen, damit ihre aussichtsreichsten Ideen in die Tat umgesetzt werden. Keine Pharmafirma, die etwas auf sich hält, nimmt gerne über den Zaun hinweg Vorschläge an, vor allem nicht von jemandem, der sein eigenes Unternehmen nicht dazu überreden kann, Zeit, Geld, Mühe und Vertrauen in sie zu investieren. Navia brauchte eine Firma, die sowohl die Kenntnisse als auch die Fähigkeiten besaß, um Nutzen aus seiner Idee zu ziehen, und die ihn gleichzeitig so hoch einschätzte, daß sie seine Anregung ernst nahm. Da fiel ihm nur eine einzige ein.

„Das Dilemma war", so sagte er später, „daß ich nicht wußte, ob Merck mitspielen würde. Ich genoß dort immer noch ein gewisses Ansehen und hatte das Gefühl, daß ich dort zumindest wußte, wo die Schaltstellen waren. Ich dachte, ich könnte es so deichseln, daß sie sich die Sache zumindest anhörten."

In der ersten Märzwoche – Boger war noch in Japan – schrieb Navia einen vierseitigen Brief an Edward Scolnick, den Forschungsdirektor von Merck, und legte darin seine Arbeiten über HIV dar. Scolnick zu wählen lag nahe: Als zweiter Mann des Unternehmens hatte er genügend Befugnisse, um von sich aus zu handeln, aber wenn er das nicht tat, stand Navia immer noch der Weg zum Vorstandsvorsitzenden Roy Vagelos offen. Beide hatten Navia persönlich dringend gebeten, bei Merck zu bleiben, als er sich zur Kündigung entschlossen hatte.

Daß er sich Scolnick aussuchte, hatte etwas unbeabsichtigt Paradoxes. Navia hatte 1980 die Stelle bei Merck bekommen, weil er der Firma helfen sollte, neue Wirkstoffmoleküle zu konstruieren, aber seine Unterstützung war denen, die an seiner Arbeit zweifelten, oft alles andere als willkommen. Ein solcher Vorfall war auch der Auslöser für seine Kündigung. Navia hatte angenommen, die von ihm aufgeklärte Struktur der HIV-Protease – die Entdeckung war auf der ganzen Welt freudig begrüßt worden und hatte ihm eine Schlagzeile im *Wall Street Journal* sowie höchstes Lob aus dem Vorstand des Unternehmens eingebracht – werde zu einem Kernstück der weiteren Medikamentenentwicklung von Merck werden. Als er aber nach ganz normalem Informationen über firmeneigene Verbindungen fragte, weil er tun wollte, was er jetzt bei Vertex tat – versuchen, ihre biologische Aktivität festzustellen –, wies der leitende Chemiker des Projekts ihn ab. Scolnick war darüber zwar erzürnt und hob die Entscheidung auf, aber Navia ärgerte sich, daß sie überhaupt erst gefallen war, und zog sich aus Protest aus dem Projekt zurück. Und jetzt, als Konkurrent, forderte er Scolnick auf, Merck das tun zu lassen, was er nicht getan hatte, als er noch dort arbeitete.

Nachdem der Brief fertig war, brauchte Navia nur noch Bogers Zustimmung, bevor er ihn abschickte. Er faxte das Schreiben an die Chugai-Zentrale in Japan und rechnete mit der sofortigen Erlaubnis. Boger erhielt das Fax gerade als er und Aldrich sich mit dem Vorstand der Firma treffen wollten; man hatte die ungewöhnliche Entscheidung getroffen, eine eigene Sitzung abzusagen, um sie zu empfangen. Boger und Aldrich sprachen den ganzen Abend über die Angelegenheit und dann auch noch am nächsten Morgen, während sie die Tokioter Börse besichtigten. Am folgenden Abend gab Boger in einem vertraulichen Fax die Anweisung an Navia, den Brief nicht an Scolnick zu schicken.

Wenn an Navias Hypothese etwas dran war – und das war in Bogers Augen durchaus möglich –, dann wollte er die Angelegenheit nicht weggeben. Entgegen seinen eigenen eingeschworenen Ansichten und obwohl er kaum genügend Mittel und Wissenschaftler hatte, um die Arbeiten an den Immunophilinen zu sichern, ermächtigte er Navia, mit einem zweiten „Protoprojekt" zu beginnen: einem Pilotprogramm über AIDS.

Scolnick erfuhr nie etwas von dem Brief oder seinem Inhalt. Aber zwei Tage später, am 5. März, beantwortete er, ohne es zu wissen, bei einem Vortrag an der Harvard Medical School Navias Frage. Als Schreiber, der jetzt an solchen Themen interessiert war, sich erkundigte, ob die Aufklärung der Kristallstruktur der HIV-Protease Merck dabei geholfen habe, neue Hemmstoffe zu entwickeln, erwiderte Scolnick: „Es vermittelt ein paar Ideen, die man sonst nicht hätte." Und auf Nachfragen setzte er hinzu: „Es hat uns ein wenig geholfen, aber nicht besonders viel." Aber da hatte man sich bei Vertex schon entschlossen, ihn Lügen zu strafen.

Boger war Feuer und Flamme für die Entscheidung. Seit seiner Schulzeit befand er sich ständig auf einem Zickzackkurs zwischen dem Anspruch, es besser zu machen als alle anderen, und gewagten Angriffen gegen diejenigen, deren Autorität ihn in seinen Augen am Bessermachen hinderte. In der zehnten Klasse äußerte er beißende Kritik an seinem Chemielehrer, der angeblich Fehler machte, und anschließend unterrichtete er die Klasse von Oktober bis Juni selbst. An der Wesleyan University gründete er Anfang der siebziger Jahre das CRAW (Komitee für die Reform der akademischen Ausbildung an der Wesleyan), das dafür kämpfte, daß die Universität an ihrem Prinzip des „Lernens um den Lernens willen" keine Abstriche machte. Im großen und ganzen gelang das auch: Ihr Ruf nach der von Boger so genannten „wilden Begeisterung" wurde unter anderem deshalb hingenommen, weil er seine Argumente mit intellektueller Schärfe und in peinlich genauer Formulierung vorbrachte und weil er der beste Student seines Jahrganges war. Das gleiche wiederholte sich bei Merck: Hier wurden seine unbarmherzigen Angriffe auf das Durchmustern von Verbindungen und auf die Konzernbürokratie durch hervorragende wissenschaftliche Leistungen ebenso aufgewogen wie durch seine Fähigkeit, Aufgaben gewissenhaft zu erledigen. „Besser, als Josh es bei Merck gemacht hat, kann man es eigentlich nicht machen", sagte Ralph Hirschmann einmal, der frühere stellvertretende Leiter der Grundlagenforschung, der Boger von der Universität weg eingestellt hatte. Wenn Boger aufbegehrte, achtete er immer darauf, die Rebellion aus der ersten Reihe heraus zu führen, nachdem er seine Hausaufgaben gemacht und in allen Prüfungen die besten Noten erhalten hatte.

Aber jetzt hatte die Herausforderung eine andere Größenordnung. Nicht nur mit seiner Entscheidung, bei Merck zu kündigen und es allein zu versuchen, sondern in noch stärkerem Maße auch mit seinem Versuch, Medikamente gegen AIDS zu konstruieren, und zwar auf der Grundlage von Erkenntnissen, die Scolnick nur am Rande nützlich gefunden hatte, begab Boger sich unwiderruflich auf Konfrontationskurs. Er lehnte das Urteil der besten Pharmafirma der Welt und seiner eigenen Lehrer ab. Wie bei den Immunophilinen versuchte er auch hier, über das Durchmustern und die pharmazeutische Chemie hinaus einen vernünftigeren Weg zur Konstruktion von Medikamenten zu finden, und zwar auf einem Gebiet, von dem er sich geschworen hatte, daß er es nie betreten würde; außerdem trat er damit gegen eine der kompliziertesten und heimtückischsten Krankheiten der Menschheitsgeschichte und gegen alle führenden Pharmafirmen der Welt an. Er befand sich jetzt außerhalb des Klassenzimmers, ja sogar außerhalb der Schule, und richtete auf dem Spielplatz seine eigene Alternativklasse ein.

Er war jetzt, wie er selbst es formulierte, ein Verstoßener. „Joshua hat eine neue Religion gefunden", meinte Hirschmann. „Ich hoffe nur, er vergißt nicht, daß der alte Glaube auf seine Art unglaublich erfolgreich war."

7

Wie bei jedem guten Studenten, so umfaßte der Religionswechsel auch bei Boger radikale Wandlungen in einem vorwiegend persönlichen Kampf. Es ging ihm weniger darum, die alte Ordnung zu vervollkommen als sie zu ersetzen.

Wie immer rechtfertigte sein Ehrgeiz seine Altklugheit. Das zwanzigste Jahrhundert wird in die Geschichte der Medizin wahrscheinlich als die Zeit zweier großer Pandemien eingehen, die mehr als sechzig Jahre auseinanderliegen und die produktivste Phase der Wissenschaftsgeschichte umschließen. Die erste Seuche war die echte Grippe. Von den Schrecken des Ersten Weltkrieges überlagert, fegte sie im Herbst 1918 mit unheilvoller Geschwindigkeit nach Westen: Sie umrundete die Erde in noch nicht einmal zwei Monaten und kostete 22 Millionen Menschen das Leben, mehr als doppelt so viele wie der Krieg selbst. Das allgemeine Prinzip der Infektionskrankheiten kannte man damals zwar schon seit über vierzig Jahren, aber die Fähigkeiten der Wissenschaft, den Erreger zu identifizieren oder mit Medikamenten zu bekämpfen, waren kaum weiter entwickelt als in den vierziger Jahren des 14. Jahrhunderts, als der Schwarze Tod ein Drittel der europäischen Bevölkerung auslöschte, so daß selbst die klügsten Denker diese Heimsuchung auf eine seltsame Planetenkonstellation zurückführten und sie mit Hirschhornpulver oder Goldtränken behandelten. Die zweite große Seuche des zwanzigsten Jahrhunderts setzte 1980 allmählich ein und hat sich seither sehr viel langsamer ausgebreitet, so daß eine Wissenschaftlergemeinde, die weitaus mehr Kenntnisse hatte und stärker von Prioritäten getrieben wurde, die seltene Chance erhielt, die Krankheit einzuholen. Schon nach vier Jahren, als in den USA noch keine 3300 Menschen daran gestorben waren und jährlich über knapp 4500 neue Fälle berichtet wurde, kannte man den Erreger. Bis 1988 hatte man mehrere vielversprechende molekulare Angriffsziele identifiziert. Diese zweite Seuche – AIDS – war das Musterbeispiel einer Herausforderung an die neue Religion der molekularen Pharmakologie, der Boger sich Mitte der achtziger Jahre als einer ihrer führenden Apostel verschrieben hatte. Aus der Grippeepidemie von 1918 dagegen, einer der drei verheerendsten Seuchen der Menschheitsgeschichte, war die alte Religion hervorgegangen, das Durchmustern von Bodenproben und die pharmazeutische Chemie.

Diese Pandemie erreichte Amerika als letzten Kontinent: Sie landete in den ersten Septembertagen, drei Monate vor Kriegsende, in Boston. Vier Tage später berichtete man über die ersten Fälle in einer überbelegten Kaserne im nahegelegenen Fort Devens, und nach drei Wochen wurden dort täglich die blau verfärbten Leichen von bis zu neunzig Männern „wie Brennholz aufgeschichtet" und eingeäschert. Tödlich war nicht die Grippe selbst. Da es weder Antibiotika noch andere Behandlungsmethoden gab, füllten sich die Lungen der Betroffenen mit Bakterien, die Lungenentzündung hervorriefen. Viele von ihnen erstickten innerhalb von 48 Stunden nach dem ersten Husten an ihrer eigenen Lungenflüssigkeit. In einer Zeit, als man in Amerika mit Wohlstand und Technik scheinbar alle Probleme lösen konnte, war für viele das Entsetzlichste an der Seuche die Tatsache, daß die Schulmedizin außer unterstützender Pflege nichts zu bieten hatte. „Der Wissenschaft", so hieß es damals in einem Leitartikel der *New York Times*, „ist es nicht gelungen, uns zu schützen."

In Boston lief der elfjährige Max Tishler zwischen den von der Krankheit heimgesuchten Backsteinmietshäusern hin und her, um den Familien der Toten und Sterbenden Aspirin zu liefern. Tishler, das fünfte und zweitjüngste Kind armer jüdischer Einwanderer, hatte einen Job bei einem Apotheker gefunden: Er wusch Flaschen und füllte sie mit Pulvern. Obwohl es auf anderen Gebieten erste Fortschritte gegeben hatte, bestand die Medikamentenauswahl gegen Infektionskrankheiten immer noch vorwiegend aus Metallen und Pflanzenextrakten. Das Aspirin mit seiner wundersamen Eigenschaft, Schmerzen zu stillen und Fieber zu senken, gehörte zu den wenigen Wirkstoffen, die ihre Existenz der Wissenschaft verdankten. Es leitete sich chemisch vom Kohlenteer ab, einem giftigen Gemisch, das hundert Jahre zuvor zum ersten schädlichen Nebenprodukt des Industriezeitalters geworden war. Aspirin heilte die Menschen nicht, aber es war wenigstens ein Trost, und die Sorgfalt des jungen Tishler erscheint nur aus heutiger Sicht unnütz.

Den Kranken behilflich zu sein, gab Tishler „das Gefühl, mehr gegen die Krankheit tun zu wollen", aber seine traurigen Lebensumstände sprachen dagegen. Sein in Rumänien geborener Vater verließ die Familie, als Max vier Jahre alt war, und blieb über dreißig Jahre lang weg. Seine Mutter und die Geschwister waren ohne Ausnahme berufstätig, und in der ganzen Familie beendeten nur er und eine jüngere Schwester die Highschool. Tishler war unerschrocken. Schlank und zart gebaut, mit einer Kappe aus kräftigen, rostfarbenen Haaren, mit aufmerksamen Ohren und einem durchdringenden Lachen glänzte er durch hervorragende Intelligenz und energische Entschlossenheit. Er arbeitete ununterbrochen: Vor der Schule verkaufte er Zeitungen an Bushaltestellen, danach hütete er Kinder und nahm Anrufe an, und das alles zusätzlich zu Gelegenheitsarbeiten in verschiedenen Apotheken. Nachdem er an der Boston English High School seinen Abschluß gemacht hatte, bekam er ein Stipendium an der Tufts University, wo er im Hauptfache Chemie studierte und das Examen mit Auszeichnung bestand. Im gleichen Jahr erhielt er die Zulassung als Apotheker.

Da Tishler das Medizinstudium scheute, entschied er sich für eine Laufbahn in der Chemie. Ein Professor sagte ihm: „Juden haben es schwer, eine Stelle zu finden, und du wirst nirgendwo unterkommen." Aber Tishler, jähzornig und entschlossen, ignorierte den Ratschlag. Im Herbst 1929 schrieb er sich in Harvard ein, unmittelbar im Anschluß an die offenste antisemitische Phase in der Geschichte der Universität.

Als Doktorand war Tishler von der organischen Synthese fasziniert; er wollte biologisch aktive Moleküle herstellen, obwohl es sehr zweifelhaft war, ob solche Moleküle als Medikamente nützlich sein konnten. Wie viele angehende synthetische Chemiker hatte Tishler sich begeistert von Paul Ehrlichs Prophezeiung einer „magischen Kugel" verführen lassen, einer Substanz, die sich gegen die Krankheitsursache richtet, aber nicht gegen den Kranken. Für seine Professoren dagegen war das, was ein Molekül macht, weniger wichtig als die Frage, wie es selbst gemacht war, also die Frage nach seinem Aufbau. Unermüdlich beschäftigte Tishler sich mit den neuentdeckten Reaktionen, durch die man Verbindungen abbauen und neu zusammensetzen kann. Er war ein furchtloser Laborchemiker. Als er einmal mit nassen Händen in einem winzigen Raum arbeitete, ließ er eine Flasche des höchst feuergefährlichen Benzols fallen, das auch sofort in Flammen aufging. Da die Rauchschwaden ihm den Ausgang versperrten, kletterte er im dritten Stock auf das Fenstersims und blieb dort, bis ein paar Studenten ihn retteten.

„Ich glaube, Sorgen machte mir nur, daß ich einen Brand verursacht hatte", erzählte er später, „und daß wir alle Kohlendioxid-Feuerlöscher aufgebraucht hatten."

Tishler leistete in Harvard Hervorragendes und bekam eine Dozentenstelle – damals wie heute eine Auszeichnung, denn eine feste Anstellung erhielt an der Universität nur, wer seine Fähigkeiten schon anderweitig bewiesen hatte. Auf dem Höhepunkt der Weltwirtschaftskrise 1936 – er war mittlerweile verheiratet, und seine Frau Betty erwartete ein Kind – suchte Tishler nach einer dauerhaften Stelle. Er hoffte auf einen Posten an einer Universität und bewarb sich an vielen Stellen, aber ohne Erfolg. Inzwischen war eine seiner Schwestern in jungen Jahren an Tuberkulose gestorben, und Tishler, der auch in seiner Doktorandenzeit weiter als Apotheker gearbeitet hatte, war nun noch entschlossener, in der Medizin tätig zu werden. Allmählich machte er sich immer mehr Gedanken über etwas, was noch ein paar Jahre zuvor für einen vielversprechenden jungen Chemiker, und erst recht für einen Harvard-Professor, unvorstellbar gewesen wäre: über die Arbeit bei einer Pharmafirma. Und schließlich bewarb er sich.

Die Pharmaindustrie der USA war Mitte der dreißiger Jahre noch ein schmutziges Geschäft, eine Branche, die eher Unsinn wie William Radams Mikrobenkiller oder Wendells Ehrgeizpillen hervorbrachte als echte Medikamente. Das Versagen der Wissenschaft während der Grippeepidemie achtzehn Jahre zuvor war trotz einzelner Erfolge in der Folgezeit noch unvergessen, auch wenn einige Firmen mittlerweile versuchten, eigene Forschungslabors aufzubauen. Die Unternehmen waren klein, und es gelang ihnen gut, alte Produkte zu verkaufen, aber sie hatten kaum eine Ahnung, wie man etwas Neues finden kann. In seinem 1925 erschienenen Roman *Dr. med. Arrowsmith* bezeichnet Sinclair Lewis einen Wissenschaftler, der für eine Pharmafirma arbeitet, als „fehlgeleitet" und „tot"; ein Universitätsforscher, der in die Industrie ging, setzte nicht nur seine Glaubwürdigkeit, sondern auch seine Freundschaften aufs Spiel.

Tishler hatte nichts dagegen, in der Wirtschaft zu arbeiten, aber er hatte auch keine andere Wahl. In Harvard war ihm eine bedeutende Zukunft verschlossen, und einen anderen Universitätsposten fand er nicht; also machte er sich daran, sich bei den größeren Medikamentenherstellern anzubieten. Nachdem er es mehrere Monate lang versucht hatte und zumindest von einer Firma - DuPont - offensichtlich abgelehnt worden war, weil er Jude war, erhielt er schließlich ein Angebot. Es kam von einer kleinen Firma in New Jersey, die in dem Ruf stand, qualifizierte, interessante wissenschaftliche Arbeit zu leisten, die aber ihr erstes Medikament erst noch entwickeln mußte.

Die Firma hieß Merck.

Seit George Wilhelm Merck 1925 im Alter von 32 Jahren die Feinchemikalienfirma seines Vaters übernommen hatte, verfolgte er mit gleichem Nachdruck drei Ziele: das Geschäft auszubauen, ein Gönner der Wissenschaft in der vornehmen Art seiner Vorfahren zu werden und sich und seine Firma an immer höhere Ebenen der amerikanischen Gesellschaft heranzuführen. Merck and Company, sein Unternehmen, das auf 60 Hektar neben der Hauptstrecke der Pennsylvania Railroad in einer halb ländlichen Gegend bei Rahway in New Jersey lag, war noch keine große Firma, aber das war damals kaum ein amerikanischer Pharmahersteller. Es gab Medikamente und die Firmen, die sie produzierten, aber die Vorstellung, man könne durch Forschung neue Wirkstoffe entdecken, die heute für alle Medikamentenfirmen unentbehrlich ist, war damals noch neu. Die Methode war auch von berüchtigter Erfolglosigkeit, und wegen ihrer unverblümten Profitorientiertheit wandten sich sowohl Ärzte als auch Patienten mit Nachdruck dagegen. Aber Merck, fast zwei Meter groß und über zwei Zentner schwer, sprudelte vor Nachkriegsoptimismus über und ließ sich nicht abschrecken. Er wußte, was entscheidend war, wenn man neue Medikamente entdecken wollte: Man brauchte die fortschrittlichsten Labors und für die Wissenschaftler das ungewöhnliche Versprechen, daß sie ihre Arbeiten veröffentlichen durften; Anfang der dreißiger Jahre begann Merck, beides zu entwickeln.

Tishler war froh, eine Stelle gefunden zu haben, und stürzte sich in sein erstes Projekt: das Vitamin B2. Da Merck keine eigenen Mustermedikamente besaß, hatte man sich entschieden, Vitamine herzustellen; das Gebiet war wirtschaftlich noch kaum erschlossen, und die Gründe, daß es kaum Präparate gab, waren denen während der Grippeepidemie genau entgegengesetzt. Hier kannte man die Heilmittel sehr genau; der Mangel bestand darin, daß noch niemand einen Anreiz gesehen hatte, sie herzustellen. Die Wissenschaftler wußten schon seit zwanzig Jahren, daß ein Mensch, dem täglich ein oder zwei Tausendstelgramm Vitamin B_2 fehlen, eine ganze Reihe von Krankheiten bekommt: Die Mundwinkel reißen ein, die Zunge schwillt an, die Augen schmerzen und die Haut entzündet sich. Am stärksten war dieses Leiden bei den kleinen Farmpächtern in den Südstaaten ausgeprägt, die sich nur von Stärke ernährten und weder genügend Vitamin B_2 noch ausreichend Niacin, ein verwandtes Vitamin, zu sich nahmen: Bei ihnen entstanden Hautschäden, Darmkrankheiten, Depressionen, Teilnahmslosigkeit und die drei D (Dermatitis, Durchfall und Demenz) der Pellagra. Deutsche und Schweizer Chemiker hatten zwei Jahre zuvor ein Verfahren zur Herstellung von Vitamin B_2 patentieren lassen, aber da sie keine Marktchancen sahen, hatten sie in die Vereinigten Staaten keine Lizenz verkauft.

Tishler war ein Energiebündel. Schnell entwickelte er ein neues Syntheseverfahren, das frei von allen europäischen Patenten war, und dann, als die Firma eine Produktionsanlage für fünf Millionen Dollar errichtete, leitete er den Einstieg in die Großproduktion. Er war Kettenraucher, schlief kaum, kam vor der Morgendämmerung ins Labor, ging abends als letzter nach Hause und kam dann nach wenigen Stunden wieder, um die Ingenieure der Firma anzutreiben und zu umschmeicheln, damit sie seine fein abgestimmten organischen Reaktionen im industriellen Maßstab nachvollzogen. Eine Substanz, das wußte er, war wertlos, eine reine Laborkuriosität, wenn man sie nicht so billig herstellen konnte, daß ein Gewinn dabei heraussprang. Als er noch nicht einmal ein Jahr bei Merck war, zeigte der jetzt Einunddreißigjährige der Firma, daß man eine kompliziert gebaute organische Verbindung produzieren und mit den hochnäsigen Deutschen in Wettbewerb treten konnte.

Im Jahr 1935, als Tishler noch an der Harvard University war, verblüffte der deutsche Farbstoffchemiker Gerhard Domagk die Welt mit der Mitteilung, er habe Mäusen, die an Infektionskrankheiten litten, ein aus Kohlenteer hergestelltes weißes Pulver gefüttert und sie auf diese Weise ausnahmslos geheilt. Der Wirkstoff, Sulfanilamid genannt, war die erste „magische Kugel", seit Ehrlich dreißig Jahre zuvor ein Heilmittel für Syphilis entdeckt hatte, das sich erstmals gezielt gegen Bakterien richtete. Wie die meisten Kohlenteerderivate war das Sulfanilamid ursprünglich als Farbstoff gedacht: Es bindet sehr eng an die Proteine in der Wolle, und deshalb hatte man damit gerechnet, daß es dem Waschen gut widersteht.

Für eine Welt, deren Vorstellungen von Bakterieninfektionen im Jahr 1918 geprägt worden waren, bedeuteten die Sulfonamide geradezu ein Wunder. Plötzlich wurden die Menschen von verheerenden und oftmals tödlichen Krankheiten wie Hirnhautentzündung und Kindbettfieber geheilt, die zuvor keiner Behandlung zugänglich waren. Die Gonorrhöe, die weiter verbreitet war als die Syphilis, konnte man jetzt innerhalb weniger Tage mit einer oder zwei Spritzen unschädlich machen. Zwanzig Jahre nach der schlimmsten Lungenentzündungsepidemie aller Zeiten rechneten die

Ärzte in naher Zukunft mit dem Tag, an dem „die Menschen nie mehr an Lungenentzündung sterben".

Nirgendwo wirkten die neuen Entwicklungen so elektrisierend wie in der Pharmaindustrie. Dort sah man in Domagks Entdeckung die großartige Bestätigung von Ehrlichs Prophezeiung. Jetzt folgte ein Erdrutsch: Heerscharen von Chemikern synthetisierten neue Sulfonamidderivate und beantragten Patente dafür; die Zeitschrift *Fortune* schrieb: „Sie schicken jeden Tag neue Substanzen an andere Wissenschaftler, die sie infizierten Mäusen und Ratten und Affen ins Maul stopfen – und dann warten sie ab." Manchmal wurden die Tierversuche in dem Wettlauf zur Ausbeutung der allgemeinen Gier nach Wundern schlicht übersehen: So verkaufte die Firma S.E. Massingill aus Bristol in Tennessee das Elixir Sulfanilamid, ein Teufelsgebräu, an dem in den Südstaaten 108 Menschen starben – 107 Patienten und der Chemiker, der Selbstmord beging. Die Regierung erkannte die Notwendigkeit, in dem aufgeheizten Klima gesetzgeberisch einzugreifen, und erließ unter dem Eindruck des Massingill-Falles den Food and Drug Act, ein Gesetz, das genaue Vorschriften für Erprobung, Entwicklung und Verkauf neuer Medikamente enthielt.

Merck, immer noch vorwiegend ein Chemikalienlieferant, stellte das Sulfanilamid unter anderen Patenten der Firma schnell in großen Mengen her. Man versuchte auch, eigene Sulfonamide zu entwickeln, und diese Aufgabe übertrug man Tishler. Seine Arbeiten, die zunächst erfolgreich zu sein schienen, wurden zu einer bitteren Enttäuschung. Tishlers Arbeitsgruppe stellte eine Substanz her, von der man sich eine Wirkung gegen Malaria erhoffte, aber dann stellte sich heraus, daß sie für Menschen zu toxisch war. Immerhin verhinderte sie aber die Kokzidose, eine Geflügelkrankheit, und nun revolutionierte Merck die Geflügelindustrie: Man führte die Antibiotika ein, die den Weg zur Massentierhaltung ebneten.

Dann aber ging der Synthesekrieg zwischen den Vereinigten Staaten und Deutschland in der größeren Auseinandersetzung des Zweiten Weltkrieges auf, in dem die anwendungsorientierte Forschung nicht nur Zuschauer, sondern der entscheidende Faktor des Konfliktes war.

Die Carnegie Institution, zehn Häuserblocks nördlich des Weißen Hauses angesiedelt, wurde 1902 von dem Stahlmagnaten Andrew Carnegie gegründet, der damit „für die Vereinigten Staaten die Führungsrolle im Bereich der Entdeckungen sichern" wollte; sie verfolgte in ihren ersten Jahren hochgesteckte Projekte von der Sternbeobachtung bis zur Kreuzung von Maissorten. Ihr Sitz, ein kolonnadengesäumter Klotz mit klassizistischen Büros und Konferenzräumen, die eine ehrwürdige Rotunde einrahmen, wurde im tropischen Sommer 1941, als das Land in den Krieg taumelte, zur Zitadelle, zum Feldherrnhügel der Wissenschaft. Die Idee, Wissenschaft in Richtung vorgegebener Ziele zu lenken, war neu, und die ansonsten eher gesellige Atmosphäre bei Carnegie erstickte unter dem offiziellen Gehabe und der Geheimnistuerei der Kriegszeit. Die Fenster im Erdgeschoß waren mit Eisengittern versehen, und bewaffnete Geheimdienstleute bewachten das Gebäude rund um die Uhr.

Die Carnegie Institution diente als provisorische Zentrale des Office of Scientific Research and Development (OSRD), der kurz zuvor gegründeten staatlichen Behörde für angewandte Forschung, die das geistige Kind des Carnegie-Präsidenten Vannevar Bush war. Als wichtigster wissenschaftlicher Berater des Präsidenten Franklin D. Roosevelt hatte Bush sich besonderen Einfluß in der kriegswichtigen Forschung des Landes verschafft, insbesondere beim Manhattan-Projekt, aus dem die erste Atombombe hervorging. Der scharfsichtige und unermüdliche Mann hatte Roosevelt dazu veranlaßt, der Behörde auch die kriegsbedingten medizinischen Aktivitäten zu übertragen, und im Mai hatte er dafür gesorgt, daß Alfred Newton Richards, ein sechsundsechzigjähriger Pharmakologe der University of Pennsylvania, zum Vorsitzenden des gerade gegründeten staatlichen Committee for Medical Research (CMR) ernannt wurde. Richards, ein strammer Republikaner und wie Bush der Sohn eines Geistlichen, war vor allem als Nierenspezialist und salomonischer Mann der Wissenschaft bekannt, der hohes Ansehen genoß und sehr klug war. Bush traute ihm zu, daß er das gnadenlose Selbstbewußtsein der Mediziner im Land ebenso im Zaume hielt wie er selbst die Physiker und Ingenieure beim Atombombenprojekt.

Richards hatte noch eine andere Verbindung. Als George Merck 1930 anfing, seine Firma in Richtung der Pharmaforschung zu lenken, hatte er sich an Richards gewandt, der daraufhin zum wichtigsten Berater den Unternehmens wurde und ihre wissenschaftliche Tätigkeit aufbaute. In jener Zeit, als die Medikamentenindustrie noch allgemein verdächtig erschien, hatte er Merck and Company eine ungewöhnliche Glaubwürdigkeit verschafft und dafür sogar seine formelle Mitgliedschaft in der Bruderschaft der Pharmakologen aufgegeben. Er half bei der Einrichtung der Labors, suchte die leitenden Personen aus und ließ sich von der Firma bei seinen eigenen Arbeiten unterstützen; den Kollegen, die darüber die Nase rümpften, erklärte er: „Ich habe bei denen weder Hörner noch Schwanz bemerkt." Und als Richards jetzt für das Wohlergehen der Nation zuständig war, zog er George Merck mit sich; dieser bot freiwillig die Dienste seiner Firma an und wurde schon bald der Leiter des staatlichen Programms zur biologischen Kriegführung.

Am 7. August 1941 hielt das CMR in der kostbar vertäfelten Bibliothek der Carnegie Institution erst seine zweite Sitzung ab. Es war vier Monate vor Pearl Harbor, und man hatte das Ziel, die in den Labors des Landes laufende Forschung zu beurteilen und herauszufinden, wie man sie beim Kriegseintritt der Vereinigten Staaten am besten anwenden konnte. Es wurden mehrere wichtige Bereiche angesprochen, so zum Beispiel Tropen- und Infektionskrankheiten, Ernährung und Blutspendewesen, aber das Komitee konzentrierte sich schon bald auf ein Gebiet: die Flugmedizin. Der Zweite Weltkrieg wurde immer mehr zum ersten Konflikt, in dem die Luftwaffe den Ausschlag gab. Zwischen Juli 1940 und Mai 1941 hatte die deutsche Wehrmacht

54 420 Tonnen Bomben über London abgeworfen. So blutig der Bodenkrieg auch war, die Vorherrschaft Deutschlands am europäischen Himmel war das bedrückendste Vorzeichen des drohenden Tausendjährigen Reiches.

In Deutschland hatte man die überragende Bedeutung der Luftüberlegenheit vorhergesehen, und deshalb suchte man dort schon seit 1934 nach Wegen, um die Strapazen des Luftkampfes für die Piloten erträglicher zu machen; Großbritannien, Kanada und die USA folgten in großem Abstand, und zwar in der genannten Reihenfolge. Jetzt hatte des Komitee Gerüchte gehört, man habe in Deutschland das Cortison isoliert, den aktiven Wirkstoff aus dem Nebennierenmark, und gebe es den Piloten, die damit bis zu 12 000 Meter hoch fliegen könnten. Den Berichten zufolge hatten die Deutschen in Argentinien sämtliche Vorräte an Kälbernebennieren beschlagnahmt und transportierten sie in U-Booten nach Europa.

Richards glaubte die Gerüchte ohne weiteres. Mit der Entwicklung leistungssteigernder Medikamente – also mit pharmakologischer Kriegsführung – hatte er sich schon seit dem Ersten Weltkrieg beschäftigt. Aber er wußte auch, daß sich in den Vereinigten Staaten bis dahin alle Versuche, Nebennierenhormone zu isolieren, als Fehlschläge erwiesen hatten. Philip Hench, ein Biochemiker an der Mayo Clinic, hatte sechs solche Substanzen isoliert, aber er konnte sie nicht so weit reinigen, daß er ihren chemischen Aufbau hätte ermitteln können, von einer Erprobung als Medikamente ganz zu schweigen. In seiner Verzweiflung hatte er sich an Merck gewandt, wo sich seit acht Jahren ebenfalls die Fehlschläge auf diesem Gebiet häuften. Wenn die Deutschen wirklich den aktiven Wirkstoff identifiziert hatten und ihn auch reinigen konnten, war der Krieg unter Umständen vorüber, bevor die alliierten Piloten mit den medikamentengestärkten deutschen Fliegern mithalten konnten.

Als Richards seine eigenen Ansichten über die wissenschaftlichen Ziele des Landes formulierte, bekam das Schnellprogramm in Sachen Cortison oberste Priorität. Aber das war für ihn noch bei weitem nicht alles. Als er später wieder im Zug nach Philadelphia saß, unterhielt er sich mit Howard Florey, einem britischen Wissenschaftler, der früher einmal für kurze Zeit in seinem Labor gearbeitet hatte. Florey und sein Kollege Ernst Chain reisten im Land umher, um sich Mittel zur Untersuchung eines neuen bakterientötenden Wirkstoffs zu verschaffen, der nach ihrer Überzeugung besser war als die Sulfonamide.

Floreys außergewöhnliche Geschichte ist heute Allgemeingut. Ein schottischer Forscher namens Alexander Fleming hatte 1928 versucht, die Mikroorganismen zu identifizieren, die für die Grippeepidemie von 1918 verantwortlich waren; während er in Urlaub war, wehte durch das offene Fenster seines Labors in einem Londoner Krankenhaus eine grüne Schimmelpilzspore herein, landete auf einer offenen Petrischale und zerstörte eine seiner Kulturen. Als Fleming den Pilz in größeren Mengen heranzüchtete, bemerkte er, daß dieser eine ganze Reihe von Mikroorganismen abtötete. Wie Hench, so fand auch Fleming keinen Chemiker, der die reine Substanz

– er hatte sie Penicillin genannt – in ausreichender Menge herstellen und an Tieren erproben konnte. Florey und Chain jedoch, denen die Eigenschaften des Penicillins keine Ruhe ließen, hatten in sorgfältiger Arbeit so viel von dem Wirkstoff gereinigt, daß sie ihn Mäusen mit Infektionskrankheiten füttern konnten. Im Februar hatten sie so viel davon, daß sie es einem todkranken Londoner Polizisten verabreichten. Innerhalb von vierundzwanzig Stunden nach der ersten Dosis ging es dem Mann deutlich besser, aber die Vorräte der Verbindung gingen schnell zu Ende. In ihrer Verzweiflung sammelten die Ärzte seinen Urin und injizierten ihn in kleinen Mengen erneut – vergeblich. Dennoch war jetzt klar, welche außergewöhnlich starke keimtötende Wirkung das Penicillin hatte. Da die Forschungsinfrastruktur in Großbritannien zerschlagen war, hatten Florey und Chain sich in die Vereinigten Staaten – und letztlich zu Richards – begeben, weil sie ein amerikanisches Labor dazu veranlassen wollten, das Medikament weiterzuentwickeln.

Richards war begeistert, aber auch hier gab es Hindernisse. In Amerika hatte man wenig Erfahrung mit der Zucht von Mikroorganismen und mit der Gewinnung ihrer Produkte, und das Penicillin war in dieser Hinsicht berüchtigt. „Der Pilz ist so launisch wie eine Operndiva", erklärte ein frustrierter Pharmahersteller später. „Die Ausbeute ist gering, die Isolierung ist schwierig, die Extraktion ist Mord, die Reinigung steckt voller Katastrophen, und die Aktivitätsprüfung ist unbefriedigend." Außerdem gab es ein Gestrüpp von Zuständigkeiten. Der Beginn der Pharmaforschung in den dreißiger Jahren hatte zu einem neuen heftigen Konkurrenzdenken geführt, weil jede Firma ihre Investitionen schützen wollte. Hatte man Patente früher verschmäht, so jagte man ihnen jetzt erbarmungslos nach. Die Firma Squibb, die 1920 ein einziges Patent hatte, besaß 1940 schon über 200. Merck hatte allein im Jahr 1937 insgesamt 36 in- und ausländische Patente angemeldet. Keine Firma, die sich des Penicillins annahm, hätte auf das alleinige Recht verzichtet, es herzustellen und zu verkaufen, und selbst wenn sie dazu bereit gewesen wäre, hätten die Kartellgesetze die Zusammenarbeit mit den Konkurrenten verboten.

Am 11. August 1941, vier Tage nach der Sitzung des CMR und seinem Gespräch mit Florey, schrieb Richards einen dringenden Brief an Hans Molitor, an dessen Einstellung als Leiter des neuen Therapieforschungsinstituts bei Merck er maßgeblich beteiligt gewesen war: „Ich würde sehr gerne mit Ihnen die Frage erörtern ... auf welche Weise ein Labor wie das Ihre im Sinne der nationalen Verteidigung zur medizinischen Forschung beitragen kann." Ähnliches schrieb er auch an George Merck. Dieser antwortete am 10. September: „Wir sind begierig darauf, Ihnen zu helfen, wo wir nur können."

Tishler, den man bei Merck umgehend zum Leiter des Penicillinprojekts befördert hatte, trieb seine Wissenschaftler unbarmherzig an, am heftigsten aber legte er sich selbst ins Zeug. Er schien vom Schicksal dazu bestimmt zu sein. Seit seiner Jugendzeit war er entschlossen, verheerende Infektionskrankheiten zu bekämpfen, und jetzt hatte er auch noch die Absicht, die Vorherrschaft der deutschen Chemieindustrie und Hitler zu beseitigen, die führende Stellung Mercks in der Universitäts- und Industrieforschung zu beweisen, seine Spuren in der Wissenschaft zu hinterlassen und den Fehlschlag mit den Sulfonamiden auszubügeln: Er war willens, sich bei der Entwicklung des neuen Medikaments durch nichts aufhalten zu lassen. „Der medizinische Dienst der Firma erließ die Anordnung, wir müßten Urlaub nehmen", erinnerte sich Robert Denklewalter, der seit 1943 bei Tishler arbeitete. „Sie waren der Meinung, wir riskierten unsere Gesundheit, wenn wir immer nur arbeiteten. Max wollte aber unbedingt weitermachen, solange es nicht bedeutete, daß die Entwicklung gestört wurde."

Anfang Oktober trafen sich Vertreter von vier Firmen – Merck, Pfizer, E.R. Squibb and Sons und Lederle Labs – in Bushs Büro in der Carnegie Institution zu einer Geheimsitzung; mit staatlichen Fachleuten für Mikrobenzucht diskutierten sie die Möglichkeit, den Pilz in großen Mengen wachsen zu lassen und seinen aktiven Bestandteil zu isolieren. Merck zeigte sich dabei am entschlossensten und wurde auch von Richards offen favorisiert. Die Firma räumte der Penicillinherstellung oberste Priorität ein und war bereit, ihre Methoden und Befunde weiterzugeben, soweit es die Kartellgesetze zuließen. Die anderen waren nach Richards' Beobachtung „unverbindlich" und „weniger positiv", eine Haltung, die er bedauerte und die ihn in einem Fall sogar in beträchtliche Wut versetzte. „Die Unvollständigkeit der Unterlagen von Squibb hat mir viel Sorgen, um nicht zu sagen Ärger bereitet", schrieb er im Frühjahr 1942 erzürnt, nachdem eine Charge des Präparats dieser Firma bei sämtlichen damit behandelten Patienten eines Lazaretts in Utah eine Venenentzündung hervorgerufen hatte. „Es ist geradezu kriminell, daß sie das Verfahren abgekürzt haben, ohne festzustellen, wie die Abkürzung sich auswirkt." Der pedantische Tishler schlug keine Abkürzungen ein. Er nahm die Medikamentenherstellung zutiefst ernst und betrachtete sie fast ehrfurchtsvoll; seinen Chemikern sagte er: „Wenn ihr mit diesen fünfzig oder hundert Milligramm" – etwa einem Zehntel des Gewichts eines kräftigen Atemzuges – „hantiert, dann hantiert ihr mit dem Leben der Menschen."

Am 14. März 1942, knapp fünf Monate nach der Sitzung im Oktober, gelangte man beim CMR zu der Auffassung, Merck habe genügend Penicillin hergestellt, so daß man mit der Erprobung an Menschen beginnen könne. Ann Miller, die Frau des kräftig gebauten Rektors der Yale University, lag seit vier Wochen mit Kindbettfieber, einer akuten Streptokokkeninfektion, in einem Krankenhaus in New Haven. Trotz hochdosierter Sulfonamide befand sie sich im Delirium, und das Fieber erreichte Spitzenwerte von 41 Grad. Als sie am Samstagnachmittag um 15 Uhr 30 die erste Injektion des Merck-Penicillins erhielt, lag das Fieber bei 40,5, und sie hatte „weit über" fünfzig Bakterien in jedem Kubikzentimeter Blut. Am nächsten Morgen um vier Uhr hatte sich die Temperatur normalisiert, und am Montag enthielt das Blut keine Erreger mehr. Sie war 1990 noch am Leben und wohnte in Connecticut.

Die Welt erfuhr von Mrs. Millers wundersamer Heilung nichts: Sie war ein Staatsgeheimnis. Aber als die Firmen und das staatliche Labor in Peoria in Connecticut in Illinois genügend Penicillin für eine umfangreiche klinische Erprobung produzierten, kursierten plötzlich Geschichten von einem neuen, namenlosen Wundermittel, das den Sulfonamiden überlegen sein sollte und unglaublicherweise von Schimmelpilzen stammte. Das CMR hielt die Vorräte streng unter Kontrolle und gab sie nur sparsam an eine Handvoll führender Experten für Infektionskrankheiten, die sie ihren Patienten in vielen Fällen verabreichten, ohne ihnen zu sagen, worum es sich handelte.

Am 28. November 1942 drängten sich die Fans nach dem Footballmatch Boston College gegen Holy Cross durch die Bostoner Innenstadt; im ältesten Nachtclub der Stadt, dem „Coconut Grove", zündete ein sechzehnjähriger Kellnerlehrling neben einer künstlichen Palme ein Streichholz an. Es entstand ein Brand, der 487 Menschen das Leben kostete. Plötzlich steckte eine amerikanische Großstadt in einem medizinischen Notstand, der an die Gräßlichkeiten der Schlachtfelder in Europa erinnerte. Es war fast eine grausige Neuauflage der Grippeepidemie, die der Erste Weltkrieg mit sich gebracht hatte: Wieder wurde Boston zum Experimentierfeld der Nation.

Das CMR schaffte sofort alle Penicillinvorräte nach Boston und wies Merck an, die Produktion hochzufahren. Drei Tage lang beschäftigten sich mehrere Arbeitsgruppen, darunter die von Tishler, mit dem Einengen und Reinigen des gesamten Rohpenicillins in den Fermentern der Firma. Tishler verzichtete auf Schlaf und trieb seine Mitarbeiter rund um die Uhr zur Schichtarbeit an, bis sie eine ausreichende Menge des Medikaments hatten. In der Nacht zum 1. Dezember wurde schließlich ein 32-Liter-Stahlbehälter mit Penicillin-Injektionslösung in einem Auto verstaut. Eskortiert von der Polizei aus vier Bundesstaaten, fuhr es im Dauerregen langsam an der Küste entlang, bis der „Erlösungswagen" schließlich am nächsten Morgen beim Massachusetts General Hospital eintraf.

Jetzt gab Tishler den Sterbenden kein Aspirin mehr, sondern ein hochwirksames Medikament, das sich nicht gegen die Symptome der Krankheit, sondern gegen ihre Ursache richtete – ein Medikament, das half. Acht Monate zuvor hatte es in den ganzen USA gerade das Penicillin für eine einzige Patientin gegeben; innerhalb von 15 Monaten, bis zum April 1944, wurde der gesamte Bedarf der Armee gedeckt, und es wurde zum Medikament der Wahl für ein ganzes Spektrum von Infektionskrankheiten. Die Regierung und die heranwachsende Pharmaindustrie hatten in gemeinsamer Arbeit einen verblüffenden Erfolg erzielt und einen wissenschaftlichen Meilenstein gesetzt. Aber Tishlers Siegeszug stand noch ganz am Anfang. Wenn die Wissenschaft diese Substanz identifizieren und erstellen konnte, was konnte sie dann sonst noch? „Das Motiv des Überlebens in einem modernen Krieg", schrieb er später,

„hatte die Wissenschaft vom Rand der Gesellschaft in den Strudel in ihrer Mitte gezogen." Und dort gingen Tishler und die amerikanische medizinische Forschung, die jahrzehntelang in sich gekehrt gewesen war, nun daran, sich nach außen zu wenden.

Das Penicillin war aber nicht nur selbst von unschätzbarem Nutzen, sondern es war auch der Beweis, daß man in den allereinfachsten Lebewesen außerordentlich wirksame und zielgenaue Heilmittel finden kann. Schon seit Pasteurs Zeiten wußten die Biologen, daß jede Handvoll Erde ein mikroskopisches Brooklyn ist, in dem in kleinstem Maßstab eine mörderische Konkurrenz herrscht. Wenn ein Organismus an einer Infektionskrankheit stirbt, auch das wußte man, überleben die Erreger, die ihn getötet haben, nicht; man nahm an, daß sie von anderen Mikroorganismen, die sich verteidigten, abgetötet werden. Aber einen Stoff, den man ohne Gefahr schlucken konnte und der im Körper die gleiche Wirkung hat, kannte man noch nicht – bis jetzt. Das Penicillin verhieß das Gelobte Mikrobenland, und für die Mikrobiologie hatte es die gleiche Bedeutung wie die Sulfonamide für die Chemie: Es adelte das Fachgebiet.

Die Idee, „gute Keime" zu sammeln und mit ihnen die „bösen Keime" abzutöten, entstand sogar ungefähr zur gleichen Zeit, als Fleming zufällig das Penicillin entdeckte – und zwar nicht durch Zufall. René Dubos, ein wagemutiger französischer Mikrobiologe, suchte schon 1927 auf seiner ersten Stelle an der Rockefeller University in New York in Bodenproben nach krankheitsbekämpfenden Wirkstoffen. Wie Fleming hielt er Ausschau nach einer Substanz zur Vernichtung der tödlichen Pneumokokken, die aus der Grippeepidemie von 1918 eine Katastrophe gemacht hatten. Im Jahr 1930 fand Dubos, der sich später weniger als Wissenschaftler denn als Umweltschützer und Pulitzer-Preisträger hervortat, in einer Bodenprobe von einem Preiselbeerfeld in New Jersey solche Mikroorganismen; sie wirkten zwar nicht so stark, daß man sie als Medikament verwenden konnte, aber immerhin konnten sie Mäuse von Lungenentzündung heilen. Sofort weitete er seine Experimente aus und schickte mindestens einen seiner ersten Mitarbeiter auf das Dach des Krankenhauses, wo er ein „unangenehmes braunes Zeug" einsammeln sollte, das „sich zu einer klebrigen, dem Ohrenschmalz ähnlichen Masse zusammenballte".

Von Dubos' Erfolgen angespornt, arbeiteten bald auch andere Mikrobiologen auf diesem Gebiet. Selman Waksman, ein bescheidener, gebildeter Jude aus der Ukraine, dem man in Rußland das Medizinstudium verwehrt hatte, war in die USA gekommen und hatte nach etlichen Umwegen schließlich an der Rutgers University in New Jersey begonnen, im Boden neue Bakterienstämme zu identifizieren und zu klassifizieren. Als Dubos 1939 bekanntgab, er habe einen bakterientötenden Wirkstoff isoliert, der nicht das Produkt chemischer Synthese, sondern eines anderen Mikroorganismus war, entschloß sich Waksman zu dem ersten großangelegten Versuch, weitere derartige Wirkstoffe zu finden.

Die Idee, nach Verbindungen Ausschau zu halten, denen Waksman schon bald den Namen „Antibiotika" gab, stieß bei seiner Universität nicht auf Gegenliebe; später versuchte man, ihm zu kündigen, und auch das CMR lehnte seine Finanzierungsanträge ab. Eine andere Stelle interessierte sich aber sehr dafür: Merck. Waksman, der verzweifelt nach Geldern suchte, aber auch nach der Zusage, daß man eventuelle neu gefundene Substanzen erproben würde, räumte der Firma schließlich die Exklusivrechte für seine Entdeckungen ein.

Waksman litt von Anfang an unter einer beängstigenden Reihe von Widrigkeiten. Es gab nicht nur eine unendliche Vielfalt von Mikroorganismenarten und -unterarten, sondern auch die geringste Veränderung der Nährstoffe, der Temperatur, ja sogar der Form der Kulturflaschen konnte zu chemischen Abweichungen führen. Im ersten Jahr fand Waksmans Arbeitsgruppe das Actinomycin, ein vielversprechendes Mikrobengift, aber es war so toxisch, daß ein einziges Milligramm ein zweieinhalb Kilo schweres Huhn tötete. Als nächstes entdeckten sie das Streptothricin, einen weiteren wirksamen Bakterienhemmer, der anfangs ungefährlich und für die Erprobung an Menschen geeignet erschien. Als man den Wirkstoff aber bei Merck im Tierversuch testete, stellte sich heraus, daß er die Nierenzellen stark schädigt, so daß man die weitere Entwicklung aufgeben mußte. Anfang 1943 konzentrierte sich Waksman auf die Suche nach einem Antibiotikum, mit dem man die Tuberkulose bekämpfen konnte, die Schwindsucht, an der jedes Jahr Millionen von Menschen starben. In Waksmans Petrischalen befanden sich mit Sicherheit Verbindungen, die Tuberkelbazillen abtöten konnten, aber ob sie ungefährlich waren, so daß man sie einnehmen konnte, und ob es ihm überhaupt gelingen würde, sie aufzuspüren, wurde immer zweifelhafter.

Waksman blieb hartnäckig. Im September schließlich, nachdem er Tausende von Bakterienstämmen untersucht hatte, fand er, wonach er gesucht hatte. Die Mikroorganismenart, *Streptomyces* genannt, stammte aus dem Muskelmagen eines Huhns, das an Tuberkulose gestorben war, und schädigte die Nieren offenbar nicht. Tishler und seine Mitarbeiter isolierten daraus die aktive Substanz, das Streptomycin. In der Rekordzeit von vier Monaten - beim Penicillin war von der Entdeckung bis zur klinischen Anwendung mehr als ein Dutzend Jahre vergangen - stellten sie den Wirkstoff in so großer Menge her, daß sie mit Tierversuchen beginnen konnten. Im Oktober 1944 gab es die ersten Versuche an Menschen; sie fanden an der Mayo Clinic statt, wo eine junge Frau seit einem Jahr mit Tuberkulose lag. Innerhalb von sechs Monaten verschwanden die Lungenschäden. Achtzehn Monate später waren die Erreger im Sputum nicht mehr nachzuweisen. Die Patientin wurde 1947, nach vier Jahren, aus dem Krankenhaus entlassen, heiratete später und hatte drei Kinder.

Aus der Entdeckung des Streptomycins ergaben sich gewaltige Folgerungen: Als erstes Medikament hatte man es entdeckt, indem man systematisch Naturprodukte durchgemustert und danach gesucht hatte; man hatte es in den Vereinigten Staaten nach einem technischen Prinzip entwickelt, das allen Errungenschaften des deutschen Chemiekartells überlegen war, jener Firmengruppe, die während des Krieges nicht nur Medikamente, sondern auch die Gifte für die Gaskammern des Dritten Reiches produziert hatte; Merck besaß jetzt dank des Vertrages mit Waksman die ausschließlichen Rechte an einem Wirkstoff, der Millionen von Menschenleben retten konnte.

Wenn überhaupt, dann war dieser letzte Aspekt besorgniserregend: Er ließ das Gespenst von einer Firma auftauchen, die ein Monopol in einem Bereich schlimmster Leiden besaß, während es keine anderen Behandlungsmöglichkeiten gab. Das Penicillin hatte man gemeinsam entwickelt, und die Patente waren aufgeteilt, so daß dieses erste „Wundermedikament" zumindest zu Beginn als eine Art Allgemeineigentum vertrieben wurde. Insbesondere Waksman machte sich Gedanken darüber, ob es richtig war, das Streptomycin einer einzigen Firma, und sei sie noch so gutgesinnt, zur „Ausbeutung" anzuvertrauen. Er appellierte an George Merck persönlich und bat um Freistellung von dem Vertrag. Merck stimmte bereitwillig zu. Tishler, der seine eigene Schwester an Tuberkulose hatte sterben sehen, war vonso viel Großherzikeit verblüfft: „Er hatte immer gesagt, wenn wir ein Heilmittel für Krebs entdeckten, würden wir es nicht patentieren lassen", berichtete Tishler. „Wie kann man es den Menschen vorenthalten? Wie kann man viel Geld dafür verlangen? Wie läßt sich das rechtfertigen? Das geht einfach nicht."

Zwei Jahre nach dem Zweiten Weltkrieg entfiel auf Penicillin und Streptomycin zusammen die Hälfte des Gesamtumsatzes aller synthetisch hergestellten Medikamente, aber Merck, wo man bei beiden Wirkstoffen Pionierarbeit geleistet hatte, war nicht der führende Antibiotikahersteller der USA (das war Pfizer). Dafür hatte man bei Merck jedoch einen neuen Weg zum Auffinden von Medikamenten eröffnet: das Durchmustern von Mikroorganismen. „Aus der Erde soll deine Rettung kommen", sagte Waksman, der autodidaktisch gebildete Talmudgelehrte, in Anlehnung an den Prediger Salomo, als man ihm 1952 den Nobelpreis überreichte. Als Journalisten ihn später genauer nach dem Zitat fragten, fand er mit Hilfe mehrerer Rabbiner eine exaktere Übersetzung: „Der Herr schuf die Arzneien der Erde, und der Weise soll sie nicht verschmähen."

Merck und die anderen amerikanischen Pharmafirmen konnten die gewinnversprechenden Aspekte dieser Umwälzung in der Tat kaum verabscheuen. Medikamente aus dem Erdboden verschafften ihnen plötzlich mehr Reichtum und Ansehen, als sie sich jemals hätten träumen lassen, und im Wettrennen um die Entdeckung des nächsten großen Antibiotikums benahmen sie sich wie die Glücksritter in der Nähe einer erfolgreichen Ölbohrung. Praktisch alle Firmen fingen jetzt an, Schmutzproben zu durchmustern, und dabei gingen sie buchstäblich bis ans Ende der Welt, um neue, patentierbare Moleküle zu finden, die ihre Konkurrenten vielleicht übersehen hatten. Bei Sqibb verteilte man Gefäße an die Angestellten und bezahlte ihnen die Hälfte des Flugpreises, wenn sie aus dem Urlaub Bodenproben mitbrachten. Ein italienischer Bakteriologe entdeckte in den Abwässern der Stadt Cagliari auf Sardinien das Cephalosporin, ein Breitbandantibiotikum. Kompost, Humus, Abwässer, Schlamm (aus Sümpfen, Baustellen, Kellern und Kläranlagen) - überall, wo Mikroorganismen umherschwammen, wurden sie jetzt von Wissenschaftlern verfolgt. Die Gewinne der Pharmaindustrie schossen in die Höhe.

Bei Merck wurde Tishler zum Leiter der Medikamentenentwicklung ernannt. Bei der Synthese komplizierter Moleküle, bei seiner Kenntnis aller Einzelheiten eines Problems und bei der Fähigkeit, neue Präparate in den Markt zu drücken, konnte ihm niemand das Wasser reichen; deshalb war er zu einer führenden Gestalt geworden und galt als einer der beiden Anwärter für die Verwaltung der schnell expandierenden Labors von Merck. Sein Aufstieg strafte die Regeln der wissenschaftlichen Welt Lügen, denn eigentlich wurde die Entdeckung neuer Wirkstoffe viel höher eingeschätzt als ihre Weiterentwicklung zu Medikamenten, aber Tishler war einfach überragend. „Er wußte alles", erinnert sich Denklewalter. „Wenn Max etwas sagte, war es fast wie ein göttliches Gebot."

Der als allwissend apostrophierte Tishler war auch allgegenwärtig: Er arbeitete auf allen Ebenen und an allen Projekten. Wann er morgens kam oder abends nach Hause ging, wußte niemand: Sein Wagen stand stets vor und noch nach allen anderen Autos auf dem Parkplatz. Im August fuhr er immer mit seiner Familie in die Catskill Mountains und mietete dort ein Ferienhaus ohne Telefon, aber ansonsten hörte er nie auf, sich selbst anzutreiben.

Trotz der Erfolge mit den Antibiotika stand Merck 1949 mit einer weit komplexeren und attraktiveren Substanz kurz vor einem Fehlschlag. Praktisch als einzige Firma hatte sie sich weiter mit dem Cortison beschäftigt, obwohl die anfänglichen Geheimdienstberichte über die „aufgeputschten" deutschen Piloten sich als falsch erwiesen hatten und obwohl die nationale Sicherheit kein Antrieb mehr war. Mercks Hartnäckigkeit zahlte sich 1944 aus, als Lew Sarrett, ein siebenundzwanzigjähriger Chemiker, zum ersten Mal winzige Mengen das Hormons aus Ochsengalle gewann. Aber Sarretts Synthese - zweiundvierzig Schritte mit einer Endausbeute von einem hundertstel Prozent - unterstrich nur die Hoffnungslosigkeit des Merck-Unterfangens. Schätzungen zufolge würde man bei seiner Herstellungsmethode 14 600 Kühe schlachten müssen, um mit dem Cortison einen einzigen Patienten ein Jahr lang zu behandeln. Mit etwa 170 Dollar pro Gramm war das Cortison hundertmal so teuer wie Gold. Obwohl Merck immer mehr Geld in das Projekt pumpte, hatte man 1948 insgesamt erst knapp zehn Gramm der Substanz hergestellt.

Was das Cortison im einzelnen bewirken würde, wußte man nicht, aber es war eine aufsehenerregende Auslösersubstanz, eine der wichtigsten Verbindungen, mit denen der Organismus seine Immunzellen anregt und in Alarmbereitschaft versetzt. Besonders interessant war es für die Rheumatologen, denn sie besaßen keine Medikamente zur Bekämpfung der Entzündungen und waren darauf angewiesen, ohne vernünftigen Hintergrund mit dem neuen Wirkstoff herumzuexperimentieren. Im September 1949 schickte Merck sechs der zehn Gramm Cortison an die Mayo Clinic, wo eine neunundzwanzigjährige Frau so stark unter rheumatoider Arthritis litt, daß sie sich im Bett nicht mehr umdrehen konnte. Sie hatte bereits Penicillin, Streptomycin, Goldsalze und Seren bekommen, ohne daß sich ihr Zustand gebessert hätte. Drei Tage nach der ersten Spritze konnte sie die Hände bis über den Kopf heben. Vier Tage später ging sie einkaufen und erklärte: „Ich habe mich noch nie in meinem Leben so wohlgefühlt."

Wenn Penicillin und Streptomycin Wunderarzneien waren, dann war Cortison der Stein der Weisen. Noch nie hatte ein Wirkstoff so viele Aussichten bei einer ganze Palette chronischer, unheilbarer und unbehandelbarer Krankheiten eröffnet. Und seine Wunderwirkung wurde sogar im Film festgehalten. Im Vorgriff auf *Zeit des Erwachens*, den späteren Kinoerfolg von Oliver Sacks, drehten die Ärzte der Mayo Clinic einen Film über die ersten vierzehn Fälle, unter anderem um ungläubige Kritiker zufriedenzustellen. Unter anderem zeigte er Aufnahmen von einer Frau, die zuvor kaum gehen konnte und jetzt munter die Treppen auf und ab lief, und einen Mann, der früher wegen seiner Schmerzen keine Berührung ertragen konnte und jetzt begeistert tanzte. Im April 1949 wollten die Mayo-Ärzte der Welt triumphierend ihren Film vorführen, aber zuvor fuhren sie damit zu Merck, und da sie sich den Wind nicht aus den Segeln nehmen lassen wollten, bestanden sie auf einer Privatvorführung nur für die Leiter der Forschungsabteilung. Tishler explodierte. Er weigerte sich, den Film zeigen zu lassen, bis man auch diejenigen einließ, die am Labortisch geschuftet hatten, um die Substanz herzustellen – insgesamt etwa 35 bis 40 Leute. Widerstrebend gab die Gruppe von der Mayo Clinic nach. „Es war einer der dramatischsten Vorgänge, die ich jemals gesehen habe", erinnerte sich ein Mitarbeiter Tishlers noch 40 Jahre später.

Jetzt legte Tishler sich selbst ins Zeug, um Sarretts Syntheseverfahren praktikabel zu machen. „Ich sagte meinen Teams: ,Ihr kümmert euch um die ersten fünf Schritte, ihr kümmert euch um die zweiten fünf Schritte', den ganzen Ablauf." Kettenrauchend und kannenweise Kaffee trinkend, war er scheinbar überall zugleich, in den Labors ebenso wie in der Pilotfabrik. Er war in einem Zustand heller Aufregung. Einmal ließ ein Chemiker ein kostbares dunkelrotes Zwischenprodukt auf den Fußboden fallen. „Das wäre besser dein Blut gewesen", donnerte Tishler; dann ordnete er an, man solle die Flüssigkeit aufsammeln und den Inhaltsstoff nochmals isolieren. Schließlich gelang es ihm, die Synthese auf handhabbare – und möglicherweise gewinnbringende – 26 Schritte zu reduzieren; damit war sie immer noch der komplizierteste industrielle Prozeß aller Zeiten, aber sie eignete sich jetzt immerhin für die Großproduktion.

Wissenschaftler sprechen nüchtern vom *geschwindigkeitslimitierenden* Schritt ihrer Experimente, der die Endausbeute bestimmt. Beim Cortison hatte Tishler mit einem Schlag den wichtigsten geschwindigkeitslimitierenden Schritt der gesamten Pharmaforschung geknackt, den Übergang von komplexen organischen Molekülen zu synthetischen Medikamenten. „Es ist vermutlich keine übertriebene Behauptung", schrieb Robert Burns Woodward von der Harvard University, der häufig als der größte Chemiker unseres Jahrhunderts bezeichnet wird und Tishler für die National Academy of Sciences vorschlug, „daß Tishlers Arbeiten auf diesem Gebiet die eindrucksvollste Errungenschaft in der Praxis der organischen Synthese seit Bestehen dieser Kunst darstellen." Plötzlich konnten die Chemiker sich vorstellen, ganz neue Molekülklassen zu schaffen, die als Heilmittel weitaus vielfältiger und raffinierter waren als alles, wovon man bis dahin zu träumen gewagt hatte. „Wenn man die Moleküle, die wir heute synthetisieren, einem Chemiker der dreißiger Jahre vorführen könnte, hätte das die gleiche Wirkung, als wenn man ihnen unseren Taschenfernseher zeigen würde", sagte Boger vierzig Jahre später. „Das war Max."

Das Cortison verhalf Tishler zu Ansehen und Merck zu Ruhm. Die Zeitungen waren schon bald voll mit Meldungen über Wunder: Lahme konnten gehen; ein "statistisch totes" achtjähriges Mädchen war noch am Leben, obwohl zwei Drittel ihrer Körperoberfläche verbrannt waren; Kleinkinder mit Ausschlägen wurden gesund, nachdem sie sich zuvor fast zu Tode gekratzt hatten; einem früher grauhaarigen siebenundvierzigjährigen Mann, der durch eine Krankheit „kahl wie eine Billardkugel" geworden war, wuchs völlig neues dunkles Kopfhaar. „Die Zahl der Krankheiten, bei denen es den Berichten zufolge zumindest schmerzlindernd wirken soll, nimmt allmählich astronomische Werte an", stand bald darauf im *New Yorker*, und dann waren 28 Krankheiten aufgeführt, vom Asthma bis zur Colitis ulcerosa und vom Gifteuausschlag bis zur Gicht, aber auch „Schock, Verbrennungen und Knochenbrüche". Bis 1951 war das Interesse an dem Medikament so gewachsen, daß Merck, wo Tishler jetzt die gesamte Forschung und Entwicklung leitete und seine Produktionsmannschaften wiederum rund um die Uhr antrieb, in ganzseitigen Zeitungsanzeigen die gewaltig gewachsene Nachfrage für die Knappheit verantwortlich machen mußte. Selbst als die außerordentlich heftigen und umfangreichen Nebenwirkungen des Cortisons – Gelenkschäden, starkes Übergewicht, Mondgesicht, Bluthochdruck, Diabetes, Knochenerweichung, Übelkeit, Kopfschmerzen, Hautausschläge und gelegentlich geistige Verwirrung – immer stärker zutage traten, wurde die Firma wegen ihrer wissenschaftlichen Führungsrolle und ihrer Fortschrittlichkeit bejubelt. Im August 1952 war George Merck auf der Titelseite des Magazins *Time* zu sehen, und die Schlagzeile lautete: „Medizin ist für die Menschen, nicht für den Profit."

Aber während Merck einerseits öffentlich wegen seines Altruismus gefeiert wurde, zwang man ihn in aller Stille, dafür zu bezahlen. Trotz der weltweit führenden Stellung in der Cortisonproduktion ging der Umsatz von Merck and Company von 1951 bis 1952 sogar zurück; das führte im folgenden Jahr zur Fusion mit Sharp and Dohme, einem Pharmahersteller in Philadelphia, der vor allem für ein aggressives Vertriebssystem und für Sucrets, ein rezeptfreies Rachenmittel, bekannt war. Tishler widersetzte sich der Vereinigung und fürchtete sich vor ihren Folgen. Denklewalter berichtet: „Max hatte einen fast militärischen Respekt vor Autorität, aber wir hatten diesen neuen Vorstandsvorsitzenden [Henry Gadsen], der aus der Marketingabteilung von Sharp and Dohme kam. Auf einer Sitzung der Forschungsgruppe sagte er uns: ‚Es gibt mehr gesunde Menschen als kranke Menschen. Wir sollten Produkte für die gesunden herstellen.' Dann nannte er drei Beispiele. Braun zu sein, war zu jener Zeit in, und er wollte, daß wir eine Schnellbräunungscreme entwickelten. Außerdem meinte er, wir müßten eine Pille danach haben, und auch ein Mittel, das krauses Haar glättet und das man den Farbigen verkaufen könne, sei nicht schlecht. Ich weiß noch, daß mir fast übel wurde, während er redete, aber Max war ruhig. Er sagte nie ein Wort. Andererseits haben wir auch nie von einem dieser Projekte wieder etwas gehört."

Nachdem Tishler in Rahway nun fest im Sattel saß, machte er so weiter wie immer: Er strengte sich an, damit neue Medikamente gefunden wurden. Nachdem die Infektionskrankheiten besiegt zu sein schienen, konzentrierte sich die Firma ebenso wie ihre Konkurrenten auf die drei nächsten großen Mörder: Krebs, Herzinfarkt und Schlaganfall. In einer Fabrik, die Merck in Spanien gebaut hatte, wurden mittlerweile jedes Jahr 50 000 neue Mikroorganismen durchgemustert. Tishler war überzeugt, daß man unter den fast unendlich vielfältigen organischen Verbindungen im Boden nicht nur Antibiotika, sondern auch andere Arzneistoffe finden würde. Entscheidend war, daß man sie an den richtigen Objekten erprobte. Nachdem man die Chemie im Griff hatte, wurde jetzt die Biologie zum geschwindigkeitslimitierenden Schritt bei der Entwicklung neuer Medikamente, und dagegen ging Tishler mit der geballten wissenschaftlichen Macht von Merck an.

Merck wuchs weiter, aber nur zögernd. Mitte 1957 wurde Tishler zum Präsidenten der Labors von Merck, Sharp and Dohme ernannt; damit war er der Vorgesetzte von 1 600 Wissenschaftlern in Rahway und am früheren Firmensitz von Sharp and Dohme in Westpoint in Pennsylvania. Im November starb George Merck zu Hause an einer Gehirnblutung. Neuer Firmenleiter wurde Vannevar Bush, den Alfred Newton Richards in das Unternehmen geholt hatte. Bush war zwar beunruhigt, weil Tishler weiterhin darauf bestand, alles selbst zu machen – „er hält alle Fäden selbst in der Hand", beklagte sich Bush einmal bei Richards – aber die beiden arbeiteten eng zusammen. Bush mißtraute ebenfalls dem „Opportunismus der Marketingabteilung" und betrachtete Tishlers berühmtes Labor als wichtigstes Gegengewicht.

Tishler verließ Merck 1970, als ihm die Zwangspensionierung bevorstand. Sein Name stand auf 109 Patenten, darunter die für zehn der meistverkauften Medikamente aller Zeiten. Das wissenschaftliche Vermächtnis, das er hinterließ, sollte sich schon bald in Form einer Reihe milliardenschwerer Medikamente auszahlen und machte George Mercks Firma in der Wall Street ironischerweise nicht nur zur Lieblings-Pharmaaktie, sondern zur Lieblingsaktie – Punkt. Es war die Firma mit der vierthöchsten Kapitalausstattung der gesamten Vereinigten Staaten. Der Abschied fiel Tishler nicht schwer. Er setzte sich nicht zur Ruhe, sondern lenkte seine Energie nur in eine andere Richtung: Er nahm die Laufbahn wieder auf, die er 1937 als kleiner Chemiedozent abgebrochen hatte.

Tishler und Boger fingen im gleichen Jahr an der Wesleyan University an, einem Jahr, in dem der Kambodscha-Krieg und die Studentenunruhen an der Kent State University alle Berührungen zwischen den Generationen mit einer fast vergiftenden Schärfe und großem Mißtrauen durchtränkten; dennoch fanden sich die beiden außerordentlich schnell.

Als sie sich kennenlernten, war Boger neunzehn, ganz offensichtlich hochintelligent und stärker auf der Suche nach einem Lehrer, als er selbst zugegeben hätte. Seine Eltern hatten während seiner Highschoolzeit begonnen, sich heftig zu bekriegen, und sowohl ihn als auch seinen jüngeren Bruder gezwungen, sich zwischen ihnen zu entscheiden (beide Jungen wollten lieber bei der Mutter bleiben). Außerdem war sein Erstsemester-Chemielehrer Peter Leermakers, den er bewundert hatte, im Sommer ums Leben gekommen, nachdem er sich auf seiner Ranch in Kalifornien mit dem Jeep überschlagen hatte. Boger hatte zwar im ersten Semester in Physik die besten Noten bekommen, aber er legte sich in jugendlichem Übermut mit seinem Professor an. „Ich hatte gemerkt, daß er gläubiger Katholik war, also schrieb ich als Seminararbeit ein Computerprogramm, das eine Rakete von Middletown starten und den Vatikan bombardieren konnte", berichtet er. „Josh konnte Dummköpfe nicht ertragen", erzählt ein Freund aus seiner Studentenzeit, „und ebensowenig ertrug er dumme Wissenschaft."

Tishler, vierundsechzig Jahre alt und endlich von den Zwängen der Industrieforschung befreit, hatte sich immer sehr für junge Wissenschaftler interessiert, aber er war so sehr mit seiner Arbeit beschäftigt, daß er ihnen gegenüber oft mit temperamentvoller Ungeduld reagierte. Als er jetzt Boger unterrichtete, erkannte er sofort den Forschergeist, den Scharfsinn, die Fähigkeit zu harter Arbeit und die grobe Hartnäckigkeit im Erlangen von Wissen und im Rechthaben, die in seinen Augen allen großen Wissenschaftlern gemeinsam waren. Für Boger hingegen war der gebeugte, weißhaarige Tishler ein Archetypus, für den Wissenschaft keine trockene Geistesübung war, sondern ein machtvolles Mittel zur Veränderung der Welt.

Tishler bildete Boger zum Chemiker aus. „Ich sehe es noch genau vor mir, wie ich eine Bürette festhalte, und Max' Hand ist über der meinen, weil er mir zeigen will, wie man sie mit der einen Hand festhält und mit der anderen den Glashahn öffnet", sagt Boger. Um ihm seine geistige Herkunft deutlich zu machen, schickte Tishler den jungen Boger zu einem Gespräch mit Selman Waksman in ein Pflegeheim in New Haven, wo dieser wenige Wochen später starb. Außerdem impfte er Boger das Ethos ein, das er bei Merck entwickelt hatte. In einem Abschlußexamen in Pharmazie stellte Tishler eine Zusatzfrage: Er bot 50 000 Dollar, falls ein Student zur Herstellung von Vitamin C ein Verfahren beschrieb, das billiger war als die Produktion mit Mikroorganismen. Wie alle anderen, so fand auch Boger keines – die Pharmaindustrie spielte schon seit vierzig Jahren erfolglos mit dieser Frage herum –, aber schon das Problem als solches verkörperte für Boger alles, was Wissenschaft sein sollte und was er damit anfangen wollte.

In Harvard ging Boger weiter seine eigenen Wege. Er absolvierte eine Postdoc-Stelle bei dem späteren Nobelpreisträger Jean-Marie Lehn, der als Gastwissenschaftler aus Straßburg in den USA war, beendete gleichzeitig in einem Semester alle geforderten Lehrveranstaltungen und leistete unter Jeremy Knowles hervorragende Arbeit in der Enzymforschung. Seine Haare, die schon an der Wesleyan University stark gewachsen waren, wurden noch länger. Er besaß einen 40 Kilo schweren schwarzen Labrador Retriever namens Isaac, der ihn auf dem Universitätsgelände überallhin begleitete. Knowles, der gerade erst aus Oxford gekommen war, sagte Boger, Tiere seien im Labor nicht erlaubt, woraufhin dieser zurückfragte, ob Knowles schon einmal einen Hund im Labor gehabt habe. Als Knowles dies notgedrungen verneinte, erwiderte Boger: „Naja, Jeremy, meinst du nicht, du solltest das Experiment machen?" Knowles sagte ja, und der Hund blieb. An den wenigen Wochenenden, an denen Boger es schaffte, von Cambridge wegzukommen, fuhr er nach North Carolina – mit einem Zwischenstop in Middletown, wo er Tishler besuchte –, wobei Isaac aufrecht auf dem Beifahrersitz seines VW saß.

Tishler sah in Boger jetzt die Anlagen zu einem großen Medikamentenentdecker und wissenschaftlichen Führer, und er half ihm weiter. In dem Jahr, als Boger in Harvard sein Studium abschloß, hatte Merck einen Einstellungsstop, aber Tishler rief Ralph Hirshmann an und sagte ihm, er solle Boger eine Stelle verschaffen. Boger war bei Merck von Anfang an etwas Besonderes. Die meisten Chemiker der Firma waren von Tishler oder seinen Günstlingen in präparativer organischer Chemie ausgebildet worden: Sie waren Fachleute für die Herstellung von Molekülen. Boger dagegen interessierte sich dafür, wie Proteine und vor allem Enzyme sich als Angriffspunkte für Medikamente verhalten. Er dachte umgekehrt wie die anderen: Ihm ging es mehr darum, was Medikamente tun mußten – welche Leerräume sie ausfüllen sollten, welche Bindungen sie eingingen – als um ihre tatsächliche Molekülform. Das Schloß war ihm wichtiger als der Schlüssel.

Mit seiner rebellischen Art – Knowles nannte sie „kantig" – machte sich Boger kaum Freunde. Auch über Schadenfreude war er nicht erhaben. Nachdem er das erste Projekt, das man ihm vorschlug, als „vertrödelte Zeit" abgetan hatte, begann er Moleküle zu entwerfen, die nach seiner Überzeugung den Blutdruck senken würden. Sein Ansatzpunkt, ein Blutprotein namens Renin, war kaum erforscht; es gehörte zu jenen Proteinen, die wie die HIV-Protease andere Proteine mit ihrer Atomschere auseinanderschneiden. Mit einem einzigen Assistenten und mit der Röntgenstruktur eines ähnlichen Enzyms als grober Vorlage gestaltete er innerhalb von achtzehn Monaten ein Molekül, das tausendmal wirksamer war als die besten früheren Hemmstoffe der Firma. Jetzt stieg Bogers Stern schnell. Seine Befunde wurden in *Nature* veröffentlicht, erregten international Aufsehen und, was ebensowichtig war, die Aufmerksamkeit der Firmenleitung von Merck, die sehr auf Veröffentlichungen achtete. Merck besaß Vasotec, ein anderes Medikament gegen Bluthochdruck, das schließlich einen Umsatz von über einer Milliarde Dollar einbrachte, und das war der Grund, daß Bogers Errungenschaft schließlich in der Versenkung verschwand. Aber zu jener Zeit geriet er schnell ins Rampenlicht. Im Jahr 1987 leitete er bei Merck nicht nur den Bereich für gezieltes Medikamentendesign, sondern auch ein weiteres Team von hundert Wissenschaftlern, das an einem immunologischen Projekt arbeitete. Zwei Jahre zuvor hatte er erst zwei Assistenten gehabt.

Tishler sah Bogers Aufstieg voller Stolz, konnte ihn aber immer weniger beeinflussen. Im Jahr 1984, mit 78 Jahren, bekam er eine Lungenentzündung. Die Krankheit, obwohl mittlerweile heilbar, machte ihn unbeweglicher, so daß er kürzer treten mußte. An der Wesleyan University hatte er nach wie vor die Gewohnheit, um sieben Uhr morgens zur Arbeit zu kommen, aber jetzt konnte er kaum noch ein Dutzend Stufen hochschlurfen, ohne sich auf einen der kleinen hölzernen Schemel zu setzen, die er überall in den Korridoren und Labors aufgestellt hatte. Als lebenslanger Raucher hatte er auch Emphyseme und mußte sich zweimal am Tag in sein Büro zurückziehen, um an einem Sauerstoffgerät zu atmen. Immer noch landeten die Hubschrauber von Merck auf dem Universitätsgelände, wenn seine Nachfolger sich bei im Rat holen wollten, und er versäumte nie eine Fakultätssitzung, aber jetzt ärgerte er sich immer mehr über seinen Zustand. Sich zur Ruhe zu setzen kam ihm offenbar nicht in den Sinn.

Boger blieb in enger Verbindung mit ihm und schrieb zu Tishlers achtzigstem Geburtstag in einem warmherzigen Brief, sein Lehrer habe im beigebracht, daß es wichtig sei, „sich mit allen Facetten eines Problems vertraut zu machen", und daß „nur wichtige Fragen interessant sind". Aber je mehr er das Wissenschaftssystem beherrschte, das Tishler hinterlassen hatte, desto mehr empfand er es als unangemessen für seine Ziele. „Was man in dieser Branche braucht", sagte er, „ist ein Informationsvorsprung. Nicht mehr Schläue. Nicht mehr Eingebungen. Nur mehr Information. Langsam wurde mir klar, daß Merck sich nicht dazu eignete, die Art von Information zu erzeugen und zu nutzen, die ich brauchte."

Mitte 1988 erhielt Boger einen Anruf von Kevin Kinsella, einem Risikokapitalgeber aus San Diego. Man hatte Boger schon einmal nahegelegt, eine eigene Firma zu gründen, und er war so weit gegangen, einen Geschäftsentwicklungsplan zu schreiben, bevor er sich dann doch entschloß, bei Merck zu bleiben. Aber Kinsella ist eine Naturgewalt. Seine Eltern waren ein Broadwayschauspieler und ein Mannequin, und sein Lebenslauf läßt auf halsbrecherischen Ehrgeiz und unbezähmbare Energie schließen: preisgekrönter Pfadfinder; B.A. als Elektroingenieur am MIT; M.A. in Wirtschaftswissenschaft an der Johns Hopkins University; mit 44 Jahren Gründer von siebzehn Firmen, darunter die in San Diego ansässige Riskokapitalfirma Avalon – den Namen hatte er gewählt, weil A in alphabetischen Listen obenan steht. Mit fast 1,90 m Größe und dem Körperbau eines Skirennläufers sieht Kinsella in Gesprächen auf die meisten Menschen ebenso herab wie Lyndon Johnson: Er hüllt sie ein, versperrt ihnen den Himmel und ist dabei als Unternehmer ebenso unwiderstehlich, perfekt und erfolgreich, wie Johnson es als Politiker war. Mit Geld und Macht als unverhohlenen Beweggründen ließ er sich auf dem Umschlag eines Wirtschaftsmagazins einmal mit den Händen auf einem Stapel von Hundertdollarnoten abbilden; wäre er nicht Risikokapitalgeber, so sagte er einmal, dann wäre er gern Präsident.

„Kevin kann hinter sich eine Spur von Leuten zurücklassen, die sich fragen, was sie getroffen hat", sagt der Präsident einer seiner Firmen. „Es ist, als würde man mit dem Staubsauger behandelt: Er zieht einem jeden Fetzen Information heraus." Jetzt wollte Kinsella eine strukturorientierte Pharmafirma gründen, und nachdem er eine Liste von hundert Namen zusammengestellt hatte, war er zu dem Schluß gelangt, Boger müsse sie leiten. Boger war immerhin so interessiert, daß er zuhörte. In den folgenden Monaten trafen sie sich mehrmals, und Kinsella rief nachts an, um das Feuer zu schüren. Aber Boger verlangte mehr Befugnisse, als Kinsella ihm zugestehen wollte, und tat den von Kinsella angebotenen wissenschaftlichen Beirat von der Westküste ab: er sei „suboptimal ... nicht genügend Gehirnschmalz". Gleichzeitig wurden Kinsellas Finanzierungspläne deutlich. „Ich hing auf dem Flughafen von Reno am Telefon", erinnert sich Kinsella, der für ein Wochenende zum Skilaufen an den Lake Tahoe gefahren war und glaubte, alles sei unter Dach und Fach, „und dieses ganze verdammte Geschäft löste sich in Nichts auf."

Kinsella flog sofort nach Boston, fuhr unangemeldet zur Harvard University und reiste erst wieder ab, nachdem er den ganzen wissenschaftlichen Beirat Bogers Wünschen entsprechend unter Vertrag genommen hatte. Sechs Wochen später flog er mit einem neuen Vorschlag nach New Jersey, führte Boger und seine Frau Amy zum Essen aus und entfaltete seine ganze Energie. Einmal hatte Kinsella eine ganze Abteilung des National Cancer Institute – vierzehn Wissenschaftler – von Bethesda in

Maryland nach Seattle verpflanzt, um eine weitere Firma zu gründen. Er rechnete nicht mehr damit, daß Boger ablehnen würde.

„Ich möchte Sie etwas fragen", sagte Kinsella, nachdem er Bedingungen dargelegt hatte, die Boger praktisch die alleinige Kontrolle über die neue Firma verschafften. „Erinnern Sie sich noch, wie die Person bei Apple hieß, die den Personalcomputer entwickelt hat?"

„Steve Jobs", erwiderte Boger.

„Und wer ist heute der größte PC-Hersteller der Welt?"

Wieder antwortete Boger wie aus der Pistole geschossen: „IBM."

„Richtig. Wollen Sie nun lieber der Mann bei IBM oder der bei Apple sein? Wollen Sie am Ende mit vollen Taschen dastehen? Was für einen Lohn wollen Sie für Ihre Arbeit?"

Bogers Abschied von Merck ging schnell und entschlossen vonstatten; zehn Tage nachdem er die Kündigung eingereicht hatte – und in diesen zehn Tagen wurde gerade Navias Artikel über die Struktur der HIV-Protease, der den ersten konkreten Ansatzpunkt für strukturorientiertes Medikamentendesign bei AIDS bot, von *Nature* gnädig angenommen –, war er weg. Es war die letzte Woche des Jahres 1988, und Tishler ging es ernstlich schlecht. „Warum hat Merck es nicht geschafft, Josh zu halten?" fragte er Knowles schwach. „Was stimmt da nicht?" Merck schickte Ralph Hirschmann, der jetzt bei der Firma in Rente gegangen war und als Professor an der University of Pennsylvania lehrte, mit dem Hubschrauber zu Tishler ins Krankenhaus, und Scolnick legte ihm in einem Brief dar, wie die Firma sich bemüht hatte, Bogers Weggang zu verhindern. Keine Erklärung befriedigte ihn. Tishler starb Mitte März, während Boger gerade im Land herumflog, um das Startkapital aufzutreiben; bei ihm war Kinsella, der eine Kamera mitgenommen hatte, so daß er sich in jedem Geldtempel, den sie besuchten, ablichten lassen konnte. Bei Tishlers Begräbnis lehnte Betty, seine Witwe, es ab, Boger auch nur zu erwähnen.

„Joshua", sagte sie eisig, „ist für uns eine große Enttäuschung."

8

Boger kam voller Überschwang aus Japan zurück. Auf seiner Reise durch die palastartigen Firmenzentralen der japanischen Pharmahersteller und mit dem Superzug zu ihren sehenswerten, aber seltsam wenig genutzten Labors hatte er ermessen können, welche Kluft zwischen ihren Erwartungen und ihrer Praxis lag, und das hatte ihn freudig erregt. In Japan sah die Pharmaindustrie 1990 ähnlich aus wie in den USA während der vierziger Jahre: zweite Garnitur, aber mit ein paar Firmen, die sich an die Spitze schieben wollten. Genau wie Tishler und Merck, die in den dreißiger Jahren Vitamine synthetisiert hatten, gingen die Firmen daran, Technologie zu importieren und das vorhandene Umfeld geschickt zu nutzen: FK-506, ein Triumph der Methode des Durchmusterns, war der erste potentielle Pharma-Verkaufsschlager, den eine japanische Firma ganz allein entwickelt hatte. Unterstützt wurde die Industrie von einer rührigen Regierung, die 1980 die Entwicklung exportfähiger Medikamente zu einem nationalen Anliegen erklärt hatte. Nachdem die japanische Wissenschaft in noch nicht einmal 45 Jahren die gesamte Evolution der Industrieforschung von den Kohlenteerfarbstoffen bis zu den Mikroprozessoren nach dem Vorbild der USA im Zeitraffertempo nachvollzogen hatte, war sie nun auch hinter den kompliziertesten, wirksamsten und profitträchtigsten Molekülen der Welt her. Sie brauchte nur noch eine Stoßrichtung. Boger, der zuvor eher nüchtern gewesen war, konnte in ihrem Werben nichts anderes sehen als eine nicht ganz unverdiente Ehrenbezeugung.

Im Gegensatz zu den großen amerikanischen Pharmaherstellern, die Boger – mit Ausnahme von Merck – alle aufgesucht hatte und die ihm gesagt hatten, er solle wiederkommen, wenn er einen vielversprechenden Fund habe, nahmen die japanischen Firmen – auch die größten – ihn und Aldrich begierig auf. Sie arrangierten für die beiden raffinierte Festessen und nötigten sie zu Haifischflossensuppe und Kugelfisch, den die Amerikaner fürchteten. Am reizvollsten waren aber die pharmazeutischen Möchtegerne, jene riesigen Nudel-, Tabak- und Stahlkonzerne, die jetzt in die Pharmaforschung drängten. Als Boger und Aldrich sich dem glitzernden Forschungszentrum von Nissin näherten, der größten japanischen Nudelfirma, wurden sie von drei Wissenschaftlern mit gelben Hosen, weißen Hemden und weißen Schuhen fast über den Haufen gerannt. Die Eingangshalle war eine Orgie in schwarzem Marmor. „Ich glaube, gleich kommt Dr. No", murmelte Aldrich, als die Wissenschaftler sie in ein makellos sauberes Chemielabor führten, in dem eine einsame Assistentin Versuche mit gelben und rosafarbenen Flüssigkeiten ansetzte. Von allen Geldquellen, die Boger sich vorstellen konnte, waren diese Firmen mit ihren Dollarmilliarden, denen es keineswegs an wissenschaftlicher Qualifikation fehlte, offenbar am leichtesten anzuzapfen. „Sie würden sich nicht einmischen, Hindernisse würden aus dem Weg geräumt, und es gäbe kein Nebeneinanderherarbeiten", sagte er. Er kam auf den Gedanken, nicht nur Chugai die Immunophiline zu verkaufen, sondern einem anderen japanischen Käufer auch ein weiteres, bisher nicht genauer benanntes Projekt anzubieten – eine Aussicht, die ihn drei Tage nach seiner Rückkehr zu Vertex veranlaßte, sich mit einem Berater und seinem Bruder Ken, dem Anwalt der Firma, zusammenzusetzen.

„Wir erwarten drei bis vier Millionen Dollar Überschuß", berichtete er stolz, „so daß wir im zweiten Jahr schon Steuern zahlen müßten. Wenn wir auch noch das Geld von Nissin nehmen" – das von Chugai setzte er immer als gegeben voraus – „müssen wir sehen, wie wir es vermeiden, Gewinn zu machen."

Aldrich dagegen war nach der Reise erschöpft. An seinem Computerbildschirm hing eine lange Reihe gelber Notizzettelchen, und sein Schreibtisch, der normalerweise so wohlgeordnet war wie bei einem Buchhalter, erstickte unter einem Berg von Aktendeckeln. Nach seiner Rückkehr spielte er mit Glaxo mehrere Tage lang „Telefonverstecken": Mit Hilfe des Zeitunterschiedes zu London entging er Leslie Hudson sogar dann noch, als dieser ihn zu erreichen versuchte. Als eingefleischter Planer konnte er nicht planen, bevor er etwas von Chugai hörte, und das ging ihm auf die Nerven. Er kam morgens um acht, ging nicht vor 19 Uhr 30 und begab sich dann noch in ein Fitneßstudio, um ein wenig zu trainieren, „damit ich mich nicht ganz wie eine lahme Ente fühle". Schließlich schüttete er jeden Abend noch einen Wodka hinunter, bevor er todmüde ins Bett fiel. In seinen Tagträumen ging es um ein freies Wochenende, an dem er seine Steuererklärung machen konnte. „Was ist das nur für ein Leben?" fragte er bestürzt, obwohl er es nur allzu gut wußte.

Aldrich hatte mit Japanern mehr Erfahrung als Boger und war, was die Aussichten auf ein schnelles Geschäft anging, vorsichtiger. Den größten Teil der letzten zehn Jahre hatte er vergeblich damit zugebracht, ein Abkommen von der Größenordnung zustande zu bringen, wie er und Boger es jetzt zusammenzuzimmern versuchten. Jedesmal war es ein langwieriger, heimtückischer, herzzerreißender Fehlschlag geworden. Bei Biogen hatte er die Entwicklungsarbeiten für ein vielversprechendes Krebsmedikament koordiniert: Nachdem die Firma 80 Millionen Dollar ausgegeben hatte, stand sie kurz vor der Zulassung des Präparats, aber dann kamen die ersten Ergebnisse der klinischen Erprobung; von 350 Patienten zeigte kein einziger eine Verbesserung des Krankheitszustands. Bei Integrated Genetics (IG), seiner nächsten Firma, gingen zwei Verträge in letzter Minute den Bach hinunter: Im einen Fall zog sich eine japanische Firma zurück, nachdem eine andere Firma für das gleiche Medikament ein amerikanisches Patent erhalten hatte, und im anderen ging es um Merck, wo man unbedingt die Zulassung für einen gentechnisch hergestellten Wirkstoff zur Auflösung von Blutgerinnseln haben wollte, bis sich herausstellte, daß herkömmliche Medikamente bei einem Dreißigstel der Kosten ebenso wirksam waren; zu allem Überfluß hatten die neuen Präparate in einigen öffentlichkeitswirksamen Fällen auch noch Gehirnblutungen verursacht. „Wir steckten in großen Verhandlungen – Geld und Planungspapiere wechselten den Besitzer, ein Geschäft in der Größenordnung von 50 Millionen Dollar. Als dann die Dinge ihren Lauf nahmen, konnten wir die Leute nicht einmal mehr bewegen, das Telefon abzunehmen." Unter praktischen Gesichtspunkten schätzte Aldrich Bogers Haltung des unvermeidlichen Triumphes, denn sie war nützlich für die Verhandlungen und für die Moral. Aber er wußte, daß alles gegen einen schnellen Abschluß sprach, und im privaten Kreis äußerte er seinen Ärger über Bogers Wirkung auf die Japaner. „Sie haben das Sprichwort ‚Der Nagel, der den Kopf rausstreckt, wird runtergehämmert'", sagte er. „Ich glaube, viele von ihnen halten Josh für eingebildet. Sie glauben, daß man ihn in die Schranken weisen muß."

Da Boger sowohl der Erzähler als auch der Gegenstand seiner Geschichten war, fiel ihm in allen Verhandlungen die Aufgabe zu, gleichzeitig liebenswürdig und unverschämt, eindrucksvoll und überlebensgroß zu sein, und er erfüllte sie unter anderem dadurch, daß er das Bild der anderen von ihm als Musterknaben ausnutzte. Für Aldrich blieb die Rolle des Bremsers, Taktikers und Aufpassers, der finster dreinblickte, wenn Boger sich zu sehr verstieg. („Josh ist das Gaspedal", sagte er oft, „und ich bin die Bremse.") Bisher hatten beide passabel zusammengearbeitet, aber als verwickelte juristische Fragen auftauchten, verließ Boger sich immer stärker auf seinen Bruder Ken. Der fünf Jahre ältere Ken Boger war so groß wie sein Bruder, aber breiter gebaut, eine männlichere Erscheinung mit einem freundlicheren, weniger kantigen Gesicht. Er war Partner in der einträglichen Bostoner Anwaltskanzlei Warner and Stackpole; sein Wesen war stärker nach innen gerichtet als bei Boger, und mit seiner ruhigen Art und seinem gesetzten Benehmen erinnerte er an Robert Duvalls *consigliere* Tom Harken in *Der Pate*.

Am 12. März 1990 – von Chugai hatten sie noch nicht das geringste gehört – trafen die Brüder Boger und Aldrich mit Vertretern der Patentabteilung von Harvard zusammen, um über die Situation mit Schreiber zu beraten. Bei dem derzeitigen Stand der Dinge in der internen Diskussion der Universität über geschäftliche Interessen sah es nicht gut aus. Am Morgen des gleichen Tages hatte das *Wall Street Journal* berichtet, alle wichtigen Universitäten würden jetzt ihren biologisch-medizinischen Wissenschaftlern engere Fesseln anlegen, und Harvard habe die strengsten Kontrollen vorgeschlagen. Der Plan, über den noch im gleichen Monat abgestimmt werden sollte, untersagte Fakultätsangehörigen den Besitz der Aktien von Firmen, die ihre Forschung finanziell unterstützten – auf Schreiber und Vertex traf dieses Verbot unmittelbar zu. Die Patentabteilung war immer noch an einem Abkommen interessiert, aber ansonsten war Harvard zerrissen und abweisend.

Boger schaffte es, eine vorläufige Übereinkunft zustande zu bringen, unter anderem einfach dadurch, daß er sich großzügig gab; er bot an, Ken solle den Entwurf ausarbeiten. Harvard bestand immer noch darauf, alle Entdeckungen Schreibers zu besitzen, aber immerhin erhielt Vertex jetzt ausreichende Garantien, daß andere Firmen keine Lizenzen dafür erwerben konnten; wenn Vertex Schreiber schon nicht kontrollieren konnte, dann konnte es auch kein anderer. Boger, in dessen Augen Vertex mindestens das gleiche Anrecht auf Schreibers Arbeiten hatte wie Harvard, hielt das für alles andere als gerecht, aber anders ging es nicht.

So gewappnet, bereitete sich Boger auf die Auseinandersetzung mit Glaxo vor. Vertreter der Firma riefen jeden Tag zweimal an und drängten für Ende März auf eine Sitzung in London. „Sie reden in dem Ton ‚Du liebe Güte, was wir geglaubt hätten, natürlich seien unsere Strategien vereinbar, und unsere vereinbar-unvereinbaren Strategien seien die beste Vorgehensweise'", sagte Boger. „Elf Tage in Japan, ich glaube, das haben sie verstanden."

Es gab in den wechselnden Verhandlungen keine klare Linie. Aber zwei Anrufe am Morgen des 16. März bestätigten Bogers Jubel, obwohl sie Aldrich noch mehr Anlaß zu Ärger gaben. Nachdem Leslie Hudsons Sekretärin endlich telefonisch zu Aldrich vorgedrungen war, lud sie ihn und Boger für den 27. und 28. März zu einem Treffen mit den leitenden Wissenschaftlern von Glaxo nach London ein. Kurz danach rief Benno Schmidt an und berichtete, Chugai wolle offenbar die Bedingungen von Vertex akzeptieren, aber der Vorstand müsse bei seiner nächsten regelmäßigen Sitzung Anfang April noch zustimmen. Boger und Aldrich beschlossen, an beiden dranzubleiben, ohne eine der beiden Firmen irrezuführen. Seit dem ersten Treffen mit Nagayama in Schmidts Büro waren gerade einundzwanzig Werktage vergangen, und der Fleischmarkt im Vista lag noch keine fünf Monate zurück. Selbst Aldrich in seinem ausgepumpten Zustand wurde allmählich wieder lebendig. Und Boger strahlte wie ein Honigkuchenpferd.

Die Zusicherungen von Chugai waren nicht so sicher, daß sie Boger und Aldrich von der Reise nach London abgehalten hätten, aber sie verstärkten sich, während die beiden in Europa waren. Mit hämischer Vorfreude fuhren sie vom Flughafen sofort zu Glaxo. Boger forderte die Finanzierung von 25 bis 30 Wissenschaftlern für fünf Jahre. Bei 200 000 Dollar pro Wissenschaftler und Jahr – diese Summe entsprach einer Faustregel und umfaßte Gehalt, Ausrüstung und Verbrauchsmaterial – waren das 25 bis 30 Millionen, beträchtlich weniger als die 40 Millionen, die Schmidt den Chugai-Leuten vorgeschlagen hatte. Wenn sie ein Medikament herausbrachten, sollten sie nach Bogers Vorschlag die Gewinne hälftig aufteilen. Vor der Gruppe mit

Hudson, Hammill und mehreren anderen hochrangigen Wissenschaftlern und Managern setzte Aldrich sein „finsteres Geschäftsplanungsgesicht" auf, und dann trug er die Forderungen von Vertex vor.

Wie nicht anders zu erwarten, hatte man bei Glaxo eigene Vorstellungen. Die Firma hatte nie ganz daran geglaubt, daß Vertex ein Medikament entwickeln würde; man dachte vielmehr, die Vertex-Leute würden Glaxo helfen, es selbst zu finden. Dennoch machte Glaxo freiwillig ein Angebot: 25 Millionen für die weltweiten Rechte an allen neuen Immunsuppressiva, die Vertex herstellte. Was nach Bogers Absicht zu einem Fehlschlag werden sollte, wurde plötzlich zu einer aufreibenden Verhandlung, in der die Glaxo-Leute Leistungsnachweise und das Schema der Gewinnverteilung festlegten. Boger war erbost und bestürzt. Als er mit Aldrich ins Hotel fuhr, war er entschlossen, am nächsten Tag nicht mehr hinzugehen. Aldrich dagegen sah in dem Manöver eher einen Bluff von Glaxo. Er lehnte das Angebot mit der Bemerkung ab, es entspreche eher der Denkweise bei Glaxo, Vertex einfach 25 Millionen für die biologischen Arbeiten zu geben, denn die Chemie und Biophysik schätzte man offenbar nicht hoch ein, und die Glaxo-Leute glaubten auch nicht, daß Vertex ein Medikament finden werde. „Wir entschlossen uns", so berichtete Boger später, „sie beim nächsten Mal zu provozieren."

Am folgenden Vormittag hörte dieselbe Gruppe sich ungeduldig Aldrichs neu formulierte Vorschläge an. Anschließend schickte man ihn und Boger für eine Dreiviertelstunde aus dem Zimmer. Eigentlich sollten sie noch zum Mittagessen bleiben, „aber als wir wieder hereinkamen", erinnert sich Boger, „sagten sie nur: ‚Wir haben Ihren Wagen bestellt.'"

„Es war großartig. Es war eine Verhandlung, wie wir sie uns gewünscht hatten. Es zeigte, daß wir ein Abkommen besser strukturieren und durchdenken konnten als sie. Allmählich dachte ich, wir sollten doch etwas zusammen unternehmen. Wir haben ein ähnliches Arroganzniveau. Arroganz stört oder beeindruckt uns nicht. Wir verstehen die Arroganz."

Auch wenn Glaxos unspektakuläre Zurückweisung vielleicht ein Anlaß zur Sorge war, zeigte sich weder Boger noch Aldrich besonders beunruhigt. „Glaxo kann es sich nicht leisten, sich in diesem Bereich übertreffen zu lassen", sagte Boger Anfang April. „Dazu ist er zu publikumswirksam. Die kommen wieder." Mit den Harvard-Leuten dagegen war es etwas anderes. Deren wirkliche oder angebliche Arroganz war weltberühmt, und sie waren die Prügelknaben der US-Präsidenten. Die Universität brauchte Vertex nicht so, wie Glaxo die Firma in Bogers Augen brauchte, und Vertex hatte keinen Rückhalt wie Chugai. Von der noch ausstehenden Abstimmung der Fakultät über die neuen Richtlinien für Interessenkonflikte abgesehen, blieb Schreibers Stellung so zweischneidig wie bisher. Von Chugai verlockt, mit Glaxo in ein äußerst risikoreiches Spiel verstrickt und wissenschaftlich in Verwirrung, weil seine Angestellten ihn in Sachen Schreiber zunehmend zum Handeln drängten, entschloß sich Boger jetzt, die Angelegenheit in Ordnung zu bringen.

Am vierten April saßen Boger, Ken und Aldrich im Sitzungsraum von Vertex sechs Stunden lang – "in einem sechsstündigen Austausch von Beleidigungen", wie Boger später erzählte – mit den Vertretern der Harvard-Lizenzabteilung zusammen. Sie wußten, daß sie Schreiber nicht von der Arbeit mit FK-506 abhalten konnten, aber sie verließen sich darauf, daß die Harvard University im Hinblick auf einen ihrer angesehensten Professoren alles vermeiden wollte, was zu einer von Ken Boger so genannten „sehr verworrenen Situation" geführt hätte.

Joyce Brinton, die Leiterin der Lizenzabteilung, war offenbar ebenfalls darauf aus, die Probleme auszuräumen, die sich aus der Überschneidung mit Schreibers Forschungsabkommen mit Roche ergaben. In ihrer Begleitung war jetzt aber ein Vertreter der Drittmittelverwaltung von Harvard, den man mit ihr zusammen eingeladen hatte; er sollte sich mit der Frage befassen, wann und wie Ergebnisse der Zusammenarbeit von Vertex und Schreiber veröffentlicht werden sollten, und stellte mit einer gewissen Befriedigung fest, daß Harvard nun wahrscheinlich die ganze Angelegenheit untersuchen wollte.

Ken Boger, der nur selten einen streitlustigen Ton anschlägt, beugte sich in der Art des höflichen, aber genau berechnenden Südstaatenanwalts nach vorn. „Wir wären sicher sehr daran interessiert zu erfahren, welche vernünftige Grundlage für eine solche Untersuchung man bei Harvard sieht", sagte er. Joshua blieb gleichmütig und sagte nichts, obwohl er eine solche Untersuchung fürchtete – nicht wegen der Ergebnisse, sondern wegen der Wirkung nach außen. „Es könnte ihre wichtigste Kongreßuntersuchung werden", sagte er später, „über die im *Crimson* berichtet wird, der einzigen studentischen Zeitung in Amerika, die in den Vorstandsetagen aller großen Pharmafirmen gelesen wird. Das können wir uns nicht leisten. Wir können es uns nicht leisten, zum Sündenbock gemacht zu werden."

Boger war durch die immer schärferen ironischen Bemerkungen über Zugeständnisse an Harvard gereizt, die er als unwichtig betrachtete, und er wollte seine Beziehung zu Schreiber retten, obwohl er ihm mißtraute und obwohl er mit den Befunden, zu denen ihm diese Beziehung Zugang verschaffte, kaum etwas anfangen konnte, außer daß er damit Firmen beeindruckte, deren eigene Forschung er geringschätzte. Deshalb wurde er jetzt zunehmend unverschämt. „Ich wette, Ihre Collegeausbildung bezahlt noch keiner", giftete er den Drittmittelverwalter an. „Mit meinen Forschungsstipendien habe ich nicht nur meine Ausbildung finanziert, sondern auch die Fakultät für englische Sprache unterstützt. Sie sollten mir dankbar sein." Als der Mann sagte: „Harvard ist mit Vertraulichkeit nicht einverstanden. Harvard ist dazu da, Informationen weiterzugeben", gab Boger gehässig zurück: „Nehmen Sie deshalb 30 000 Dollar für ein Körnchen FKBP?

Boger war mordlustig. Innerhalb von vier Wochen, während außerhalb der Mauern von Vertex zögernd der Frühling einzog, war er von der Eroberung Japans zur Beschimpfung akademischer Funktionäre übergegangen.

Und ein Abkommen hatte er immer noch nicht.

Während die Verhandlungen mit Glaxo und Harvard eher dem Kampf der Hirsche in der Brunftzeit glichen, in denen Wochen des Imponiergehabes mit dem gelegentlichen Aufeinanderprallen der Köpfe abwechselten, war der Kontakt zu Chugai verwickelter, wie das Liebkosen mit einer geheimnisvollen Gestalt, die aus dem Nebel auftauchte und wieder verschwand. Nachdem der Vorstand Anfang April getagt hatte, faxte die Firma einen Brief an Boger, in dem sie in drei Absätzen ihren Willen bekundete, „das Projekt weiterzuverfolgen". Für Boger, einen Autodidakten in Sachen japanischer Kultur, war dieser Brief eine sorgfältig formulierte prinzipielle Feststellung – eine Bindung –, die zu brechen zutiefst unehrenhaft wäre. Aldrich, der schon früher irritiert war, hielt ihn für entsetzlich vage und fühlte sich hinters Licht geführt.

„Amerikaner denken immer, was die Leute öffentlich sagen, sei nicht die Wahrheit; die Wahrheit ist das, was man sich im privaten Kreis mitteilt", bemerkte David Livingston, der zu jener Zeit nichts über die verschiedenen Kontakte wußte – von dem Wissenschaftlern wußte keiner etwas –, der aber zusammen mit Aldrich für Integrated Genetics mit japanischen Firmen verhandelt hatte. „Bei Verhandlungen mit Japanern ist es genau umgekehrt. Was Geschäftsleute privat untereinander reden, hat relativ wenig Bedeutung. Sie sagen alles Mögliche. Wichtig und von Dauer sind die offiziellen Mitteilungen, beispielsweise Briefe."

Eigentlich war Boger der gleichen Meinung. Die Chancen, daß es zu einem Abkommen zwischen Vertex und Chugai kam, schätzte er inzwischen auf 95 Prozent. Wieder bat er Aldrich, Glaxo hinzuhalten, denn dort hatte sich, wie Boger vorausgesagt hatte, der Zorn gelegt, und die Firma drängte nun auf detailliertere Vorschläge.

Neben der dringenden Notwendigkeit, Geld und gute Worte für Vertex zu beschaffen, kam auch Bogers und Aldrichs eigener Ehrgeiz ins Spiel. Die Firma, kaum ein Jahr alt, mit nur fünfundzwanzig Angestellten und immer noch mit kaum nennenswerten wissenschaftlichen Errungenschaften, war eigentlich mehr ein Experiment als ein richtiges Unternehmen. Wie groß sie werden würde und wer sie durch die Wirren der offenbar bevorstehenden Expansion steuern sollte, hing im wesentlichen davon ab, wer genügend Geld beschaffen konnte, um sowohl die Labors zu betreiben als auch die Investoren zufriedenzustellen. Der Aufsichtsrat – Kinsella, Schmidt und mehrere andere Risikokapitalgeber – war bisher von Bogers Leistung begeistert. Aber in jeder aufstrebenden Firma lauert das Gespenst des gestürzten Gründers, der sich übernommen hat. Steven Jobs, den Kinsella als Beispiel angeführt hatte, um Boger bei Merck loszueisen, hatte schließlich die Kontrolle über Apple Computers verloren, weil der Aufsichtsrat einen erfahreneren Manager suchte, der die expandierenden Aktivitäten der Firma im Griff hatte. Je früher Boger und Aldrich ein wichtiges Abkommen unter Dach und Fach brachten, desto schneller würde die Diskussion darüber verstummen, ob die Firma die von Aldrich so genannten „weißen Haare" brauchte, richtige Manager, die bei Vertex die Führung übernahmen und die Firma zu einem Pharmahersteller machten. Wenn sie aber andererseits mit Chugai und/oder Glaxo scheiterten, nachdem sie schon so weit gekommen waren, wäre der Aufsichtsrat sicher entsetzt und würde sie bald ablösen.

Die Verhandlungen mit Chugai waren in dieser Hinsicht besonders heikel. Bei Glaxo hatten Boger und Aldrich selbst alle Vorbereitungen getroffen, aber es war ihnen im Herbst zweimal nicht gelungen, selbständig auch nur ein einführendes Gespräch mit der Lizenzabteilung von Chugai zu arrangieren. Dort hätte man wohl kaum ungeduldig Faxe hin- und hergeschickt und noch viel weniger über die Verschiebung von zigmillionen Dollar nachgedacht, wenn Schmidt nicht „Sam" Nagayama gehätschelt hätte, den jungen Vizepräsidenten der Firma. Boger und Aldrich waren zwar sehr auf eine Verbindung zwischen Chugai und Vertex aus, aber sie würde zur Legende Schmidt mehr beitragen als zu Bogers Ansehen, und das bedeutete, daß sie ihre Fähigkeiten auch in anderen Verhandlungen unter Beweis stellen mußten.

Am 26. April 1990, vier Tage bevor Boger und Aldrich sich in Schmidts Büro mit Nagayama treffen sollten – der Termin, den Glaxo für einen überarbeiteten Vorschlag gesetzt hatte, war seit eineinhalb Wochen verstrichen –, teilte Chugai in einem Schreiben mit, man sei an einem Abkommen, wie die beiden Firmen es erörtert hätten, nicht mehr interessiert. Die Ursache des Rückzuges lag offenbar in Chugais Expansionsstrategie: Man wollte sich an Firmen in den USA, von denen man Lizenzen kaufte, in großem Umfang beteiligen. Als zweitrangige Firma mit weltweiten Ambitionen war Chugai entschlossen, sich nicht nur den Weg auf den amerikanischen Markt zu erkaufen, sondern sich auch Zugang zu neuester Technologie zu verschaffen. Im Herbst zuvor hatten sie 100 Millionen Dollar für Gen-Probe bezahlt, einen kalifornischen Hersteller von Diagnostika, und damit einen Aufschrei des protektionistischen Schreckens bei denen provoziert, die eine Überrumpelung der amerikanischen „Schlüsselindustrie" der Biotechnologie fürchteten – in ähnlicher Weise hatte Japan schon andere Industriezweige unterwandert. Während sich mit der amerikanischen Vorherrschaft in der biologisch-medizinischen Forschung, einer der letzten unangefochtenen Bastionen amerikanischer Technologie, fünfzig Jahre nach dem Triumph über die Deutschen der Kreis schloß, gab Chugai sich viel Mühe, zur führenden Kraft unter den aufstrebenden japanischen Konkurrenten zu werden. Die Chugai-Leute wußten genau, was sie von Vertex wollten – unter anderem so viele Aktien, daß sie einen Sitz im Aufsichtsrat beanspruchen konnten. Bogers Weigerung, ihnen in einem Abkommen mehr als eine scheinbare Gleichberechtigung einzuräumen, mißfiel ihnen sehr.

Wie nicht anders zu erwarten, interpretierten Boger und Aldrich Chugais plötzlichen Sinneswandel unterschiedlich. „Sie haben uns hervorragend auf den Arm genommen", fauchte Aldrich. „Sie haben uns gekidnappt. Wir konnten sechs bis acht Wochen lang mit keinem anderen reden. Das hat uns vielleicht Kopf und Kragen gekostet." Boger dagegen sah die Sache locker. „Paradoxerweise sind sie auf 45 Prozent Anteil zurückgefallen, weil sie sich jetzt mehr für uns interessieren", sagte er. „Wollen sie wirklich aussteigen, weil wir uns über den Eintrittspreis nicht einigen können? Wenn sie 30 Prozent der Firma für 100 Millionen kaufen wollen, werde ich darüber nachdenken. Ich sage nicht, daß ich es tun würde, aber ich werde darüber nachdenken."

Trotz ihrer Meinungsverschiedenheiten über die Bedeutung von Chugais Zögern und trotz ihrer unterschiedlichen persönlichen Interessenlage plädierten Boger, Aldrich und Schmidt jetzt übereinstimmend für eine energische Antwort. Sie waren sich einig, daß Chugai das Abkommen unbedingt wollte und jetzt die japanische Sitte praktizierte, „am Ende noch einmal den Preis hochzutreiben". Während Aldrich sich bemühte, die Gespräche mit Glaxo wiederzubeleben, wollten sie Chugai zu einer Entscheidung zwingen – diese Aufgabe würde Schmidt bei dem Treffen am 30. April zufallen.

„Wir hatten in Zusammenhang mit diesem Projekt eine Menge Anfragen", sagte Schmidt zu Nagayama und vier anderen führenden Managern der Firma, die in seinem Büro saßen. „Joshua" – er drehte sich um – „es ist an der Zeit, ein paar von diesen Anrufen zu beantworten." Dann setzte er den Chugai-Leuten eine Frist von zwei Wochen für eine Antwort. „Das dürfte für Chugai kein Problem sein, denn ich glaube nicht, daß wir bis dahin ein anderes Abkommen schließen können", sagte Schmidt, wiederum mit einem Seitenblick auf Boger. Sofort nach der Sitzung flogen Nagayama und Schmidt in Schmidts Privatjet nach Washington, um sich bei den Beamten der FDA für EPO einzusetzen, das vielversprechende Mittel gegen Anämie, dessen Lizenz Chugai von GI gekauft hatte und das immer noch von Patentstreitigkeiten blockiert wurde. Was Nagayama von Vertex auch denken mochte – es blieb bei ihm sicher nicht ohne Wirkung, daß Schmidt ihn durch Washington begleitete, wo er immer noch gute Verbindungen hatte.

Boger sagte: „Diese Reise entschied darüber, ob Chugai eine Ein-Milliarden-Dollar-Firma oder eine Zwei-Milliarden-Dollar-Firma wird. Entscheidend ist, wieviel Spielraum der Vorstand Nagayama gelassen hat."

„Das ist Poker mit Bluff und hohem Einsatz" sagte Boger. „Es ist objektiv gesehen ein schwieriger Verkauf. Ich meine, wir haben 21 Millionen Dollar abgelehnt. Einfach abgelehnt. Wir müssen sie alle umerziehen. So etwas tut man nicht. Wir könnten vielleicht ein Abkommen in den Zwanzigern statt in den Dreißigern schließen, aber dann machen wir uns ganz schön lächerlich."

Chugais Fax vom 11. Mai war so eindeutig, wie die vorherigen nebelhaft gewesen waren. Der Vertrag über 40 Millionen, den Schmidt und Boger vorgeschlagen hatten, war ihnen zu umfangreich. Chugai konterte mit einen halb so hohen Angebot. Wie nicht anders zu erwarten, war Boger immer noch überzeugt, daß man das Abkommen zuwege bringen konnte. In seinen Augen war die Weigerung von Chugai ein Manöver. Aldrich war mürrisch und deprimiert. Da Nagayama das Abkommen bei seiner Abreise aus New York befürwortet hatte, war Aldrich der Ansicht, nur ein heftiger Streit im Vorstand könne es zu Fall gebracht haben. Wenn das stimmte, herrschte jetzt in Japan eine Atmosphäre des Mißtrauens, die Chugai auch von einem Abkommen zu einem geringeren Preis abhalten würde. „Ich vermute, wir haben zu hoch gepokert", sagte er verdrossen. „Sie hatten die finanzielle Seite nicht im Griff."

Schmidts ursprünglicher Vorschlag verlangte die Abtrennung des amerikanischen Marktes; die übrige Welt sollte an Chugai gehen, denn die Firma hatte die Verkaufsorganisation in Europa und Asien bereits vor Ort. Über das Wochenende entwarf Aldrich einen Gegenvorschlag, um die Preisforderung an Vertex vermindern zu können. Er stand vor dem großen Dilemma aller kleinen Biotechnologiefirmen: Wie verhindert man, daß man als Preis für die Entwicklung eines Medikaments alles bis auf einen Bruchteil seines Wertes aufgibt? Aldrich schlug vor, Europa wieder zu übernehmen. Dann konnte Vertex entscheiden, ob sie das Medikament dort selbst verkaufen oder die Lizenz an einen anderen Partner vergeben wollten, was ihnen in ein paar Jahren vielleicht weitere 50 Millionen gebracht hätte. Letztlich konnte sich Vertex jetzt für einen Preis, der irgendwo unter 30 Millionen lag, den halben Weltmarkt für einen Wirkstoff sichern, dessen Konstruktion noch keineswegs vor der Tür stand. Diese Idee war zwar nicht so atemberaubend wie Schmidts ursprünglicher Vorschlag, aber sie war immer noch kühn, und Aldrich gab ihr keine großen Chancen. Er griff seinen Gegenvorschlag an Glaxo wieder auf und wollte ihn gerade abschicken, als von Chugai die Ablehnung kam.

Schmidt rief Nagayama wegen des neuen Vorschlags an. Es waren immer noch seine Verhandlungen, auch wenn seine Zuversicht jetzt ein wenig ins Wanken geriet – was Boger und Aldrich entgegenkam: Kurz darauf behaupteten sie, Schmidt habe das letzte Fax von Chugai als unwiderrufliche Ablehnung interpretiert und die Hoffnung auf ein Abkommen aufgegeben. Schmidt war anderer Meinung. „Vielleicht waren sie von dem Brief stärker entmutigt als ich, denn ich habe nie geglaubt, daß der Vertrag gestorben war", sagte er mehrere Monate später. „Ich denke allerdings, daß es ein Glücksfall war. Ich konnte jetzt nach Dingen fragen, die ich vorher, vor dem Hintergrund der Wünsche von Chugai, nicht ansprechen durfte. Wenn Chugai daraus ein großes Medikament machen konnte, war das, was wir verlangten, ein Klacks. Für uns bedeutete es das Überleben, aber für sie waren es Peanuts."

Und Boger, der sich viel weniger als Aldrich darum scherte, mit wem er ein Abkommen schloß, solange es nur zustande kam, sagte voraus: „Ich glaube, wir werden schon sehr bald Sushi essen."

Bogers ausgeglichenes Wesen, sein Humor, seine Arroganz und seine Zuversicht bei Verhandlungen haben ihre Wurzeln in seinem Vertrauen in die eigenen Fähigkeiten. Die Überzeugung, daß er recht hat und daß alle anderen, einschließlich der Natur selbst, das letztlich einsehen werden, verleiht ihm eine gleichmütig-gelassene Ausstrahlung. Kaum einmal zeigt er Anspannung oder gar Ärger, ohne gleichzeitig Witze darüber zu machen. Als er beispielsweise einmal leichthin eine langwierige und kostspielige Unternehmung beschrieb, mit der er einen wichtigen Wissenschaftler von Merck abwerben wollte, halbierte er dabei in aller Ruhe eine Getränkedose, aber sonst läßt er sich durch Probleme kaum einmal zu etwas anderem als einem dumpfen Glucksen oder einem kurzen verbalen Ausfall verleiten.

Allerdings gab es eine große Ausnahme: Schreiber. Zwei Tage nachdem Schmidt das letzte Angebot von Vertex an Chugai übermittelt hatte, als Boger sehnlichst, aber leidenschaftslos auf eine Antwort wartete, schickte Schreiber ihm den Vorabdruck eines Artikels über die Bindungsfähigkeit von FKBP, den er zur Veröffentlichung eingereicht hatte. Boger wurde bleich: „Das ist etwas für das Dingell-Komitee!" platzte er ganz unironisch heraus. Damit meinte er den Kongreßabgeordneten John Dingell aus Michigan, dessen Mitarbeiter kurz zuvor mehrere sehr publikumswirksame Fälle von wissenschaftlichem Betrug untersucht hatten. Der Artikel selbst enthielt nichts entscheidend Neues. Er sollte offenbar wie viele untergeordnete Arbeiten von Schreiber dazu dienen, „die Fahne hochzuhalten": Man sollte seinen Namen mit dem Protein in Verbindung bringen, seine Studenten sollten Publikationen vorzuweisen haben, und er wollte neue Forschungsgebiete abstecken, so daß er später, wenn sie wichtiger wurden, darauf hinweisen konnte, daß er als erster in gedruckter Form darauf aufmerksam gemacht hatte. In dem Aufsatz führte er ohne ausreichende Quellenangabe Daten an, die, wie Boger wußte, zuerst bei Vertex und Merck erhoben worden waren. Boger nannte den Artikel „einen gewaltigen Verstoß gegen die wissenschaftliche Ethik" und erkannte nun klarer als je zuvor, daß es Schreiber mehr um seinen Ruf als um ehrliche Wissenschaft ging und daß man ihm nicht trauen konnte; diese Ansicht, so würde er sagen, wurde noch dadurch bestätigt, daß Schreiber zur gleichen Zeit in Stanford verkündete, „Manuel Navia bei Vertex" habe Kristalle von FKBP.

„Jetzt bin ich bereit, zu Glaxo zu gehen und jedes einzelne Stück dreckige Wäsche auf den Tisch zu legen", schäumte Boger. „Ich werden ihnen sagen: ‚Den Kerl werdet ihr doch nicht haben wollen.' Ich werde mir ausbedingen, daß wir es als unerträgliches Sicherheitsrisiko ansehen, wenn Stuart auch nur in die Nähe dieses Projektes kommt."

„Er ist ein Schlitzohr", stimmte Aldrich zu, aber dann umriß er die zweite Möglichkeit, die Boger in seiner Wut überstürzt aufgegeben hatte. „Wenn er in unserem Boot sitzt, können wir ihn festnageln. Sitzt er auf einem anderen Boot und zeigt mit dem Finger auf uns, haben wir keine Möglichkeit, ihn davon abzuhalten."

„Und wenn er einen Schuß nach hinten losgehen läßt, in welchem Boot hättest du ihn dann gerne?" fragte Boger.

Boger war zwar bereit, mit Schreiber zu brechen, aber seine Frage warf die Möglichkeit einer noch größeren Katastrophe auf: daß Schreiber „den übrigen wissenschaftlichen Beirat mitnimmt", wie er kürzlich gegenüber Matt Harding gedroht hatte.

„Wenn der wissenschaftliche Beirat gerade jetzt platzt, wäre das unglaublich peinlich", sagte Aldrich. „Es wäre der Weltuntergang."

Zum erstenmal in diesem Gespräch grinste Boger. „Es gibt manchmal Vorteile im Leben, die wünscht man nur seinen Feinden."

John Thomson humpelte in den Frühstücksraum, brühte sich eine Tasse Kaffee auf und verkündete, er werde das Haus nicht mehr verlassen, bis er das FKBP so weit gereinigt habe, daß man Kristalle von ausreichender Größe für die Strukturaufklärung züchten konnte. Am Abend zuvor war er mit Mason Yamashita, dem jungen zweiten Röntgenstrukturanalytiker der Firma, in eine Bar gegangen, um sein einjähriges Jubiläum bei Vertex zu feiern. Die beiden waren seit kurzem eng befreundet. Sie hatten die gleichen Arbeitszeiten, waren von ähnlichen Motiven getrieben und taten die Arbeit – Thomson lieferte das Protein, und Yamashita versuchte, seine Struktur zu erahnen –, auf die Boger am meisten angewiesen war, wenn er Vertex auf dem Gebiet des Medikamentendesigns voranbringen wollte. Thomson war erschöpft – „jede Kleinigkeit haut mich mittlerweile um", sagte er –, und Yamashita, der unter Navias Anleitung arbeitete, sollte als nächstes das Protein und die damit verbundenen Belastungen erben. Thomson hatte vor, ihm beides zu vermachen.

„Sobald ich Flecken auf dem Bildschirm sehe", hatte Thomson gesagt, womit er den radarähnlichen Monitor meinte, der über Yamashitas Röntgenapparatur stand und anzeigte, ob ein Kristall so geordnet war, daß man seine Struktur ablesen konnte, „sitze ich auf dem Motorrad und bin hier weg."

„Wohin?"

„Nach Westen."

„Wie weit nach Westen?"

„Nach Westen."

Seit Thomson Mitte Februar das FKBP zum ersten Mal isoliert hatte, war eine Enttäuschung zur anderen gekommen. Um Proteinkristalle zu züchten, jene idealen, unnatürlichen Gebilde, in denen eine Riesenzahl biegsamer, instabiler Moleküle sich von selbst zu einer Gitterstruktur anordnet, so daß sich der gleiche Vorgang dann in allen Richtungen milliardenfach wiederholen kann, muß man zunächst ein winzigkleines Nirwana schaffen. Die einzelnen Moleküle müssen zur Ruhe kommen, sonst fressen sie sich selbst oder andere Moleküle auf, oder sie schwirren in einer Lösung durcheinander anstatt sich der Unbeweglichkeit zu unterwerfen, die sie verabscheuen. Mit anderen Worten: Man muß sie betäuben. Damit Proteine, die man aus ihrer natürlichen Umgebung herausgerissen hat, glücklich und gelassen bleiben, bringen die Biochemiker sie in eine Pufferlösung, die eine ähnliche Wirkung hat wie Fruchtwasser, das mit Heroin versetzt wurde. Dabei stellt sich aber das Problem, daß jedes Protein chemisch anders gebaut ist, und die richtige Stammlösung zu finden ist ein Lotteriespiel. Noch schlimmer ist, daß man zu diesem Zweck einen Teil des kostbaren Proteins opfern muß, und dennoch kann sich hinterher herausstellen, daß es keinen vollkommenen Puffer gibt. Nur ein winziger Bruchteil der zigtausend bekannten Proteine wurde bisher kristallisiert, vor allem weil es so schwierig ist, die richtigen Bedingungen für das Wachstum der Kristalle zu finden.

Aus dem Thymusextrakt herausgeholt und in eine eigene Lösung gebracht, erwies sich FKBP als sprunghaft und reizbar – ein widerspenstiger Gefangener. Im Februar und März hatten Thomson und Matt Fitzgibbon für mehrere Chargen alle Schritte bis zur endgültigen Reinigung durchgepeitscht, und das alles nur, damit es hinterher „zusammenbrach", das heißt, es fiel aus der Lösung aus. Schließlich lieferten sie Navia und Yamashita insgesamt fünf Milligramm – 500mal soviel wie Harding und die Leute bei Merck, die das Protein entdeckt hatten –, aber es war instabil. Noch schlimmer war für Thomson etwas anderes: Die Ziele und Prioritäten der Röntgenstrukturanalytiker waren den seinen entgegengesetzt. Er hatte sich unglaublich angestrengt, um das Protein in der Lösung zu halten, und die beiden versuchten nun mit erheblich weniger Vorsicht, es herauszuholen. Navia kannte sich zwar mit dem Züchten von Kristallen gut aus, aber er war viel auf Reisen und schien durch andere Projekte abgelenkt zu sein. Im Gegensatz zu Thomson hatte er keinen großen Hang zur Laborarbeit; er überließ sie zum größten Teil Yamashita, der noch nie zuvor an einem derart knappen und wichtigen Protein gearbeitet hatte. Es war alles, wofür Thomson gearbeitet hatte, und obwohl er Yamashita mochte, fand er es beunruhigend, das Protein anderen Wissenschaftlern anzuvertrauen, auf deren Fähigkeit, damit umzugehen, er sich einfach nicht ganz verlassen konnte.

Navia zerstreute Thomsons Bedenken schnell: Er züchtete wunderschöne Kristalle, die er für reines Protein hielt, aber sie waren zu klein für eine Analyse; er brauchte mehr Ausgangsmaterial. Für Thomson, der immer noch an der Optimierung seiner Methode arbeitete, war die geringe Größe auch ein Anlaß, die Konzentration des Proteins hochzutreiben; wenn das klappte, konnte es dazu beitragen, daß die Moleküle enger zusammengepackt wurden, aber andererseits bestand auch die Gefahr, daß es ausfiel, bevor die Röntgenstrukturanalytiker etwas sehen konnten. „Wir werden schon bald Ohrringe aus FKBP tragen", prahlte er am 5. April gegenüber Navia und Yamashita.

Das war vor sechs Wochen gewesen. Jetzt begann Thomson mit einem neuen Ansatz, der ihn mit wenigen Unterbrechungen bis Ende Mai beschäftigen sollte. Anders als bei seinen früheren Versuchen zur Isolierung des Proteins fürchtete er sich diesmal nicht vor dem Unbekannten, sondern vor dem, was er wußte.

Für den letzten Anreicherungsschritt benutzte Thomson ein von einer Pumpe angetriebenes Mikrofiltrationssystem, in dem das Protein durch eine 20 Zentimeter lange Säule gedrückt wurde; die Säule war mit ultrafeinem Silicagel gefüllt, einer sandähnlichen Masse. Er sättigte sie zunächst mit einer konzentrierten Salzlösung und ließ dann das Protein mit einem dünnen Strom destillierten Wassers hindurchlaufen. In der Säule wollten sich die Proteinmoleküle vor dem ätzenden Salz retten: Sie wanderten an die Außenseite und wurden dann vom Wasser tropfenweise in Reagenzgläser gespült, die in einer Reihe in einem Gestell standen. Nur an der Computeranzeige konnte Thomson feststellen, ob dieses molekulare Wellenreiten von Erfolg gekrönt war oder ob das Protein wie bei der vorherigen Charge am Silicagel klebte und „ein für allemal weg" war.

Am Spätnachmittag des 28. März belud Thomson die Säule mit einer Lösung, die nach seinen Berechnungen mindestens 200 Milligramm FKBP enthalten mußte und das Ergebnis einer über einen Monat langen Präparation darstellte. Es war ein beträchtlicher Anteil der weltweit vorhandenen Menge, halb soviel wie Schreibers Gruppe mit gentechnischen Methoden in sechs Monaten hergestellt hatte. Thomson war seit fünf Tagen im Labor, das Kinn von Stoppeln bedeckt, die Augen gerötet und geschwollen. Ununterbrochen mit dem Fuß wippend und ohne zu blinzeln starrte er seine Apparatur an.

„Verdammt", sagte er plötzlich, „es geht den Bach runter. Es ist zu konzentriert." Winzige weiße Teilchen blubberten an die Oberfläche seiner Probe. Das Protein war metastabil, genau an der Grenze zur Stabilität wie eine Flüssigkeit, die jeden Augenblick explodieren kann, und Thomson setzte schnell noch Puffer zu, um das Ausfallen aufzuhalten. „Ich fürchte, mit der Vorbereitung für die Säule haben wir ihm zuviel zugemutet. Scheiße."

„Du hast gerade des beste verpaßt", sagte er zu Fitzgibbon, seinem Assistenten, der mit mehreren anderen herübergeschlendert war. „Wahrscheinlich haben wir diesen Ansatz verloren."

„Ich hasse dieses Protein", sagte Navia. Er legte Thomson die Hand auf die Schulter: „Nimm's leicht, alter Junge!"

„Der alte Junge bekommt noch einen Herzinfarkt", meinte Saunders.

Auf einmal sog Thomson lautstark die Luft ein, atmete tief aus und heftete den Blick auf die Computeranzeige. „Aufstehen!" sagte er. „Aufstehen!" Ein paar Minuten später waren die Reagenzgläser mit der FKBP-Lösung gefüllt, und er konnte sie aus dem Ständer nehmen. Er hielt sie gegen das Licht und klopfte gegen jedes ein paarmal mit dem Daumen. Die Flüssigkeit war durchsichtig. Keine andere Dichte als in seinen früheren Proben. Thomson stieß einen langen Seufzer aus.

Am nächsten Morgen drückte er Navia im Frühstücksraum zwei kleine, kegelförmige, mit einem dicht schließenden Deckel versehene Kunststoffgefäße in die Hand, die noch nicht einmal so groß waren wie ein Fingerhut. Der Inhalt waren 130 Milligramm hochreines FKBP. Er wollte die Übergabe unter vier Augen vollziehen, aber Saunders, dem Thomson den Verlust seiner Freundin noch nicht verziehen hatte, bekam mit, was da vor sich ging, und holte ein paar Zeugen aus der Bibliothek. Applaus wurde laut. In bester wissenschaftlicher Tradition schlug Mark Murcko, ein Experte für Computerdesign, der kürzlich von Merck gekommen war, eine neue Wortprägung vor: die Thomson-Einheit, hundert Milligramm ultrareines Enzym.

Mit 1,3 Thomson-Einheiten FKBP gingen Navia und Yamashita sofort an die Planung einer neuen Versuchsreihe, mit der sie größere Kristalle gewinnen wollten. Immer noch war nicht geklärt, ob dieses Protein der Angriffspunkt war, nach dem Vertex suchte, und bei den früheren Kristallen wußte man noch nicht einmal, ob es sich überhaupt um FKBP handelte, aber wissenschaftlicher Fortschritt erwächst meist nicht aus dem Verstehen, sondern aus einem Überfluß an Rohmaterial. Mit einer für Experimente ausreichenden Menge des Proteins hatte Vertex eine der beiden Voraussetzungen, die sie am dringendsten brauchten – die andere war Geld. „Entweder sind wir schon geschlagen", sagte Navia, „oder wir werden gewinnen."

Zwei Tage später kehrten Thomsons Lebensgeister langsam zurück. Er ging zum Arzt, um sich einer dreistündigen Untersuchung zu unterziehen, die vor der Arbeit mit menschlichem Gewebe erforderlich war. Wie er schon bei der ersten Sitzung des wissenschaftlichen Beirates angekündigt hatte, wollte er jetzt Milzen kleinschneiden.

„Ich leide an einer seltenen Krankheit namens Thymophilie", sagte er zu Laura Eagle, einer von Bogers Assistentinnen. „Die einzige bekannte Heilungsmethode sind sechs Wochen auf den Bahamas, gefolgt von einer Flüssigernährung, die in Südspanien verabreicht wird. Vier oder fünf Monate, haben sie gesagt, dann würde ich mich wie neugeboren fühlen."

„Was ist los?"
Es war am frühen Nachmittag des folgenden Donnerstags. Navia war gerade von einer NIH-Begutachtung zurückgekommen und sah zu, wie Yamashita im Röntgenlabor eilig, aber planlos etwas eintippte. Eine Glasscheibe zwischen Labor und Korridor verhinderte jede Vertraulichkeit.
„Nicht viel."
„Tut sich etwas?"
„Nein."

Yamashitas Gesicht war eine düstere, starre Maske. Er sah wie ein junger Kickboxer oder wie ein Medizinstudent aus, mit eckigen Schultern, breitem Gesicht und glänzenden schwarzen Haaren, die zwanglos in der Mitte gescheitelt waren. Er hatte ein übergroßes T-Shirt, eine Kunstfaserhose und Joggingschuhe an, und um seinen Hals hing ein leichter Kopfhörer, der an seinem allgegenwärtigen tragbaren CD-Player eingestöpselt war. Er war siebenundzwanzig, hatte ein Jahr zuvor an der University of California in Los Angeles promoviert und war dann, als er die Stelle bei Vertex erhalten hatte, an die Ostküste gezogen. In der Nähe der Firma hatte er eine Maisonettewohnung gekauft, die er aber nur selten sah. Boger hatte ihn zwar als vollwertigen Wissenschaftler eingestellt, aber das fehlende Privatleben, die endlosen Tage im Labor und seine gesamte sklavenhafte Arbeitsmoral ließen eher auf einen Postdoc schließen.

Yamashita hatte gelogen: Es tat sich eine Menge, und es war schlecht. Sofort nachdem Navia und er das Protein von Thomson bekommen hatten, versuchten sie unter verschiedenen Bedingungen, FKBP-Kristalle zu züchten. Zwei Abende zuvor, als Navia abgereist war, hatte jeder von ihnen Ansätze von Kristallen gehabt, und Yamashita war ganz aus dem Häuschen gewesen. Die Kristallzucht ist die schwierigste und gleichzeitig entscheidende Aufgabe bei der Strukturaufklärung von Proteinen, und sie war der Teil, in dem Yamashita am wenigsten Übung hatte. Außerdem wurde FKBP mittlerweile zu einem der begehrtesten Objekte der Biophysik. Auf einer Tagung der American Cristallographic Association hatte man es kurz zuvor als eines der wichtigsten Proteine eingestuft, deren Struktur aufgeklärt werden mußte, und das hatte den Wettbewerb noch mehr angeheizt. Beflügelt von der Möglichkeit, in einer karriereträchtigen Fragestellung voranzukommen und Navia vielleicht bei seiner Rückkehr zu beeindrucken, hatte Yamashita am Abend zuvor ausprobiert, ob die Kristalle ein Beugungsmuster erzeugten.

Röntgenstrahlen werden wie Licht von manchen Gegenständen abgelenkt, während sie durch andere ungehindert hindurchwandern. Da ihre Wellenlänge aber etwa tausendmal geringer ist als die des sichtbaren Spektrums, sind organische Moleküle für sie kein Hindernis – deshalb durchdringen sie Muskeln und anderes Gewebe wie der Wind einen Gitterzaun, und nur die dichten, mineralisierten Knochen halten sie auf. Trifft ein Röntgenstrahl aber auf einen großen, wohlgeordneten Kristall, so wird er von den Elektronen abgelenkt. Auf diesem Grundprinzip beruht die Röntgenstrukturanalyse. Es ist, als ob man einen Laserstrahl auf einen Kristallüster fallen läßt und dann aus den Millionen Lichtpunkten auf Decke, Wänden und Fußboden auf die genaue Lage jedes einzelnen Glasstückchens schließen will.

Wenn die Röntgenstrukturanalytiker erst einmal ausreichend große Kristalle eines Proteins besitzen, können sie seine Struktur fast immer aufklären. Aber sie müssen wissen, ob wirklich das Protein kristallisiert ist und nicht irgendein anderer Bestandteil der Lösung. Genau das hatte Yamashita am Abend zuvor versucht: Er hatte den

Kristall in ein Kapillarröhrchen gebracht, das er dann luftdicht verschloß und wie einen dünnen Bohrer in eine drehbare Halterung über dem Röntgengerät einspannte. Diese Apparatur, die etwa ein Drittel des Raumes einnahm, war ungefähr so groß wie eine gewerbliche Tiefkühltruhe und von Computern umgeben. Sie summte ständig. Auf einem Bürostuhl sitzend und über den Teil der Anlage gebeugt, der den Röntgenstrahl durch den Kristall schickt und die gestreute Strahlung wieder auffängt, richtete Yamashita den Kristall sorgfältig aus. Dann tippte er auf einer Tastatur ein paar Befehle ein und wartete, daß sich auf einem Bildschirm ein Muster zeigte. Aus seinem Kopfhörer kam „Nothing Compares 2 U" von Sinaed O'Connor.

Beim Anblick des ersten Flecks sprang Yamashita auf. Nach einigen Minuten tauchten noch ein paar weitere auf. Proteine mit ihren Hunderten oder Tausenden von Atomen erzeugen ganze Galaxien von Flecken, aber das hier war etwas anderes. Zwei oder höchstens drei Atome. Vielleicht Salzmoleküle. Yamashita war am Boden zerstört. „Es war zum Davonlaufen", berichtet Thomson. Und genau das taten sie auch: Deprimiert gingen sie in eine Bar.

Wie Thomson, so hat auch Yamashita Angst vor dem Versagen. Auch er wollte unbedingt beweisen, daß Vertex Medikamente konstruieren konnte, und seine eigene Arbeit war in seinen Augen für die Firma unentbehrlich. Dennoch hatte er auf seiner ersten richtigen Stelle auch gemischte Gefühle.

Anders als Boger war er nicht nach einer längeren, geradlinigen Berufslaufbahn zu Vertex gekommen, sondern auf Umwegen und allein. Er war in Armeestützpunkten aufgewachsen und hatte in seiner Jugend zwischen religiösem Eifer und fanatischem Existentialismus geschwankt. Seither war er immer mehr in die Isolation geraten, weil er nach einer moralischen Lebensart suchte. Er hatte kaum Freunde und scheute davor zurück, eine einseitige Liebesbeziehung zu beenden. Die wichtigste Konstante in seinem Leben war die Wissenschaft und insbesondere die theoretische Chemie, denn mit ihr konnte man nach seiner Überzeugung die Wahrheit über grundlegende Vorgänge der Welt herausfinden.

Daß die Röntgenstrukturanalyse, in die er „äußerstes Vertrauen" setzte, ihn jetzt mit einem unerwünschten Ergebnis konfrontierte, schmerzte Yamashita zutiefst. Normalerweise war er fast zu höflich, aber an diesem Vormittag schimpfte er. Was er eigentlich kristallisiert hatte, wußte er immer noch nicht. Mittlerweile hatte auch Navia seine eigenen Experimente überprüft. Auch er war entsetzt. Als er das Gefäß mit einem besonders vielversprechenden Kristall öffnete, schlug im sofort ein schwacher, fauliger Geruch entgegen. „Bakterienscheiße", fluchte er. Mikroorganismen hatten seine Probe verdorben.

Als Navia von Yamashitas Fehlschlag am Abend zuvor hörte, schlug er vor, die verdächtigen Kristalle mit einer Pinzette anzustoßen. Proteinkristalle sind empfindlich und bröckeln wie türkischer Honig: Ihre Moleküle werden im Verhältnis zur Masse nur von wenigen Atomen zusammengehalten und lassen sich leicht trennen.

Salzkristalle dagegen sind widerstandsfähig und knacken. Yamashita war entsetzt von dem Gedanken, absichtlich einen Kristall zu zerstören, aber schließlich gab er nach. Als Navia wenige Augenblicke später einen seiner Kristalle wie ein Scheibchen Glimmer zerdrückte, stürmte Yamashita aus dem Raum.

„Ich kann das nicht mit ansehen", zischte er, aber natürlich wollte er auch nicht in der Nähe von Navia sein, mit dem er sich verglich. Es war ein unpassender Vergleich: Navia war siebzehn Jahre älter, sehr erfolgreich, ein angesehener Wissenschaftler. Er wußte, daß es manchmal Jahre dauern konnte, bis man anständige Kristalle gezüchtet hatte, und wenn sie einmal gewachsen waren, wuchsen sie unter Umständen nie wieder. Navia war seiner eigenen Enttäuschung gegenüber gelassener, aber er verstand Yamashitas Gefühle: „Meine Karriere ist gesichert. Ich kann ein paar Schläge einstecken, aber er nicht. Er muß alles beim ersten Mal richtig machen."

Yamashita fand Thomson an seinem Labortisch und bot ihm an, ihn in die Vorstadt Stoughton mitzunehmen, wo Thomson sein neues Motorrad abholen wollte. Es war eine gebrauchte Honda V 1000 R, ein über 200 Kilogramm schweres Geschoß, das mehr PS hatte als ein Accord. Die Höllenmaschine war zwar nicht so schnell wie das Motorrad, mit dem Thomson im Herbst den Totalschaden gebaut hatte, aber es gehörte immer noch zu den Fahrzeugen, die bei Transplantationschirurgen „Spendermaschine" heißen. Thomson hatte vorgehabt, eine Woche lang damit wegzufahren, aber nachdem er von dem Mißerfolg in der Röntgenstrukturanalyse gehört hatte, entschloß er sich zu bleiben. Einerseits hatte er Mitgefühl, aber andererseits ärgerte er sich auch: „Was glaubst du wohl, wie ich mich fühle, wenn ihr in dem meistgesuchten Protein der Welt Bakterien züchtet und Salze ausfällt?"

In dieser Nacht lümmelte sich Yamashita in dem dunklen Sitzungssaal hin; die Füße auf einem Stuhl, lauschte er mürrisch der Frauenband „The Bangles" auf seinem CD-Spieler. Navia saß eifrig in der Bibliothek, die Krawatte immer noch fest gebunden; bis nach 21 Uhr las er und machte sich Notizen. Außer den beiden war niemand mehr im Gebäude, aber sie suchten einander nicht. Als „Bruderschaft des Kummers" hatte Mark Mucko die Wissenschaft einmal bezeichnet. Und es war eine Bruderschaft, die Fehlschlägen gegenüber besonders unnachsichtig war.

„Ich muß mit ihm reden", sagte Navia, obwohl er absolut keine Lust dazu hatte.

9

Im Mai und Juni wuchs die Vertex-Belegschaft durch eine Welle von Neueinstellungen auf über vierzig Personen an. In den Labors mußte man sich die Tische teilen, Abzüge gemeinsam benutzen und Empfindlichkeiten zurückstellen, denn jede Woche kamen neue Mitarbeiter hinzu, die meisten von ihnen promovierte Naturwissenschaftler. Da manche Arbeitsgruppen schneller wuchsen als andere, flammten Konkurrenzkämpfe auf. Immer noch gab es für die Wissenschaftler keine persönlichen Schreibtische, aber manche, beispielsweise Navia, machten Revieransprüche geltend, denen andere sich entweder fügten oder widersetzten. Die empfindliche Wirtschaft von Massachusetts verurteilte mehrere Vorstöße, mehr Platz zu schaffen, zum Scheitern, bis Boger schließlich gezwungen war, einen Block weiter an der Putnam Avenue eine frühere Fabrik für Flugzeugteile zu mieten. Sie war etwa doppelt so groß wie das erste Gebäude, würde aber erst Mitte August fertig werden. Dann wollte man die Wissenschaftler auf die beiden Häuser aufteilen, was neue Eifersüchteleien entstehen ließ. Boger wußte, daß er den Deckel auf einem Dampfkochtopf zuhielt. Es verstärkte die Unruhe, und das fand er gut.

Die neuen Wissenschaftler wirkten in Bogers sozialem Experiment wie Katalysatoren und sorgten für einige entscheidende Reaktionen. Die Synergie, die gemeinsame Wirkung verschiedener Kräfte, die eine Lieblingsvorstellung beim Medikamentendesign und auch für Boger war, verstärkte sich beträchtlich. Genauso war es mit der Entropie, der allgemeinen Neigung aller Dinge, sich aufzulösen und auseinanderzufallen. Hatte es anfangs vielleicht den einheitlichen, nach Bogers Vorbild gestalteten Vertex-Charakter gegeben – männlich, aggressiv, mit Unternehmergeist und ausgesprochen unverschämt –, so war dieser Typus jetzt nicht mehr so einfach und beständig. Unter den Neuzugängen waren etliche Frauen, und viele von ihnen kamen unmittelbar nach der Promotion oder nach einer Postdoc-Stelle. Sie hatten unterschiedliche Empfindlichkeiten und unterschiedliche Leidenschaften. Die Wirren des Geschäftslebens reizten sie weniger als Bogers wörtlich genommenes Versprechen, daß sie Wissenschaft auf akademischem Niveau und in aufmerksamkeitsheischenden Fachgebieten betreiben könnten. Den harten Kern vor Vertex bildeten weiterhin die ehemaligen Merck-Mitarbeiter, aber nachdem Boger nun fast einen Einstellungsstop für weitere Wissenschaftler aus dem Konzern ausgesprochen hatte, geriet ihre Vorherrschaft ins Wanken. Es gab jetzt immer mehr Leute, die nie den Namen Max Tishler gehört hatten und sich erst recht nicht als seine Erben betrachteten. Viele von ihnen hatten sich bei den Einstellungsgesprächen von Boger beeindrucken lassen, aber danach hatten sie nicht mehr viel mit ihm zu tun. Wie die Expansion eines chemischen Verfahrens, so führte auch das Wachstum von Vertex zu Unsicherheiten, mangelnder Vertrautheit, fehlender Reproduzierbarkeit und verminderter Ausbeute.

Bogers Bürotür stand nach wie vor offen, und die Wissenschaftler kamen hereinspaziert, um sich zu unterhalten, während er sich durch Fluten von elektronischem Papierkrieg kämpfte. Er hörte bei solchen Gesprächen nie auf zu arbeiten, fügte sie aber gutmütig in den Fluß seiner Tätigkeit ein wie ein Strom, der einen Nebenfluß aufnimmt. Seine Augen blieben auf den großen Monitor auf seinem Schreibtisch geheftet, und die Finger bewegten sich in Abständen immer wieder über die Tastatur, so daß die Unterhaltung etwas Einseitiges, Bekenntnishaftes bekam. Es lag nicht daran, daß er nicht aufmerksam gewesen wäre – sein Geist war immer noch scharf wie ein Laserstrahl, wenn er etwas zu sagen hatte, und er wirkte locker und gut gelaunt. Aber wenn die Wissenschaftler sich in einen der beiden bereitstehenden Stühle fallen ließen, die so nahe an seinem Schreibtisch standen, daß ihre Knie sich berührten, hatten sie oft den Eindruck, er widme ihnen nur denjenigen Anteil seiner Aufmerksamkeit, den sein Hypothalamus, das unbewußte Steuerungszentrum des Gehirns, ihnen zugestand.

Als es noch wenig zu besprechen gab und die Zahl der Wissenschaftler klein war, hatte Boger bei solchen Gelegenheiten freimütig über Geschäftliches geredet. Jetzt war er wachsamer. „Verträge können platzen, weil etwas über ihre Vorbereitung durchsickert", erklärte er den Wissenschaftlern per e-Mail. Wenn jemand frage, so sein Rat, sollten sie „nur lächeln". Er selbst lächelte natürlich ununterbrochen.

Ein Jahr zuvor hatte das gesamte wissenschaftliche Personal von Vertex in Bogers Auto gepaßt; jetzt reichte der Frühstücksraum nicht mehr aus. Innerhalb des Hauses machte Boger seine Mitteilungen meist über e-Mail, was er großen Mitarbeiterbesprechungen vorzog. Für den Mittag des 7. Juli berief er aber eine Sitzung aller Angestellten ein. Anders als es sonst seine Art war, nannte er keinen Grund, was Gerüchte und bei den neuen Mitarbeitern Neugier aufkommen ließ. Einige von ihnen hatten Boger noch nie vor der ganzen Belegschaft gesehen.

Boger, ganz Sohn seiner Mutter, hat Spaß am Dramatischen. Sein Verhalten berechnet er stets so, daß es die größtmögliche Wirkung hat. Jetzt schaltete er wortlos einen Overheadprojektor ein, so daß im Halbdunkel ein Schriftstück sichtbar wurde; es war abgedeckt bis auf zwei Unterschriften am unteren Ende: seine und die von Nagayama. Er lächelte über das ganze Gesicht. Die Wissenschaftler wußten nicht, was sie da vor sich hatten. Dann ließ er den Rest der Seite sehen – es war eine Absichtserklärung von Vertex und Chugai. Immer noch verstanden viele Wissenschaftler nicht, was er ihnen eigentlich zeigen wollte.

Schnell legte Boger eine zweite Transparentfolie auf. Sie enthielt unter der Überschrift „Der Standard" die Beschreibung eines Forschungsabkommens zwischen Cytel und Sandoz, dem Schweizer Pharmariesen, der das Cyclosporin entwickelt hatte. Das Abkommen, das im vorangegangenen Jahr bekanntgegeben worden war, brachte Cytel 30 Millionen, garantierte aber dafür Sandoz alle Rechte an einem Medikament und 30 Prozent der Cytel-Aktien – nach allgemeiner Ansicht ein Rekordergebnis für kleine Firmen an der Schnittstelle von Immunologie und Chemie.

„Bedauerlich", murmelte Boger.

Unter den Wissenschaftlern brach Getuschel aus, aber es legte sich wieder, als Boger eine dritte Folie auflegte: „Der neue Standard". Es zeigte eine vorläufige Übereinkunft, die Boger und Nagayama am Abend zuvor per Fax unterschrieben hatten. Danach sollte Vertex 30,25 Millionen Dollar – „die Zahl ist kein Zufall", sagte Boger – und außerdem 50 Prozent des Weltmarktes erhalten. Es würde die Firma nur fünf Prozent ihrer Aktien kosten, einen symbolischen Betrag.

„Wir bekommen mehr Geld als Cytel und geben dafür weniger als die Hälfte", sagte Boger. „Es ist um den Faktor zwei das weltbeste Abkommen."

Die Zuhörer tobten. Die Ankündigung versprach nicht nur das dringend benötigte Geld, sondern sie klang auch nach eingelöster Zusage. Boger hatte jedem Mitarbeiter bei der Einstellung versprochen, Vertex werde mehr leisten als andere Firmen: Sie waren die ersten, die ihm seine Geschichte abgenommen hatten. Aber der ständige dringende Geldbedarf hatte viele von ihnen entmutigt. Insgeheim zweifelten sie daran, ob sie die richtige Wahl getroffen hatten und ob man Boger trauen konnte. Jetzt dämmerte ihnen – und zwar manchen zum ersten Mal –, daß Bogers Optimismus, seine Ausstrahlung des glänzenden Erfolges, gerechtfertigt war. Plötzlich waren sie dem Ziel, eine richtige Pharmafirma zu werden und viel Geld zu verdienen, weitaus näher, als sie aufgrund ihrer eigenen Arbeit annehmen konnten. Die Firma hatte zwar noch nicht wissenschaftlich, aber immerhin geschäftlich ihre Daseinsberechtigung viel früher bewiesen, als selbst Boger erwartet hatte.

Überschwenglich lobte Boger vor allem Aldrich als Architekten und Retter des Abkommens. „Benno hat uns enorm geholfen", sagte er, „aber letztlich hatte er die Sache verlorengegeben. Im Aufsichtsrat hat keiner geglaubt, daß es dazu kommen würde." Aldrich war bescheidener. Er beanspruchte das Verdienst nicht für sich, sondern schob es an Boger zurück. Manche Wissenschaftler mißtrauten Aldrich immer noch und äußerten trotz aller Euphorie hinter vorgehaltener Hand ihre Mißbilligung.

Tatsächlich hatte Aldrich in dem Monat, seit Chugai zum ersten Mal positiv auf Schmidts Ultimatum reagiert hatte, ständig verhandelt und die Gespräche mindestens einmal vor dem völligen Scheitern bewahrt. „Ich muß mich zurückhalten", hatte Boger gesagt, als er im Juni die ursprüngliche Antwort von Chugai erhielt, „aber das hier enthält keinerlei Aussage." Vielleicht noch schlimmer als die fehlende Aussage waren die sprachlichen Feinheiten, Nuancen, Bedeutungen und raffinierten Formulierungen – Boger nannte sie „versteckte Sprengsätze" –, mit denen Aldrich sich jetzt in einem täglichen Hin und Her mehrseitiger Notizen zwischen Japan und Amerika auseinandersetzte. Vom frühen Morgen, wenn er in die Firma kam, bis zum Feierabend lange nach Anbruch der Dunkelheit arbeitete er an der genauen Formulierung der Forderungen von Vertex, und dann steckte er sie in das Faxgerät, bevor er ins Fitneßstudio ging. Wenn sie unmittelbar danach in Tokio aus einer ähnlichen Maschine herauskamen, stürzten sich die Juristen und Lizenzexperten von Chugai darauf, während Aldrich trainierte und sich zu Hause ausschlief; ihr eigenes Feierabendfax schickten sie ab, wenn sie abends nach Hause gingen, während Aldrich am nächsten Morgen zur Arbeit kam. So liefen die Nachrichten über dreizehn Zeitzonen hinweg ohne Pause hinüber und herüber, Verhandlungen wie aus dem Lehrbuch, aber doppelt so schnell wie mit einer Firma nebenan. Man war vorangekommen, aber vor zwei Tagen war eine Störung eingetreten.

Ein mittlerer Angestellter in der Lizenzabteilung von Chugai hatte plötzlich Regelungen des Abkommens in Frage gestellt, über die man sich bereits geeinigt hatte. Verärgert schrieb Aldrich zurück, wenn Chugai seine Haltung ändere, sei das Abkommen gestorben. Dann hielt er den Atem an. Er wußte, welchen Preis er möglicherweise für seine Unnachgiebigkeit zahlen mußte. Es war durchaus denkbar, daß der Vertrag den Bach hinunterging und daß man ihm die Schuld geben würde. „Rich wurde ein wenig grauer", erinnert sich Boger. Fünfzehn Stunden später kam das Fax mit der Antwort von Chugai. „Ich bitte um Entschuldigung, daß ich Fragen recht nachlässig aufgeworfen und behandelt habe", schrieb der Verfasser des vorherigen Fax-Briefes und bezichtigte sich damit selbst, wie es kein amerikanischer Manager getan hätte. Mehrere Stunden später, als die Unklarheiten endgültig ausgeräumt waren und das Abkommen sich wieder auf der richtigen Schiene befand, unterzeichneten Boger und Nagayama die Absichtserklärung, die der Auslöser für die Szene im Frühstücksraum war. Aldrich, der noch an seine Erfahrungen bei Biogen und IG denken mußte, warnte die Wissenschaftler: Sie sollten den Vertrag nicht als abgeschlossen betrachten, solange die endgültigen Papiere noch nicht unterschrieben waren und der Scheck von Chugai nicht bei der Bank of Boston lag. Immer noch konnte vieles schiefgehen.

Für Boger dagegen war bereits klar, was die Einigung bedeutete: Es war sein Abkommen; das Verdienst gebührte ihm allein, Schmidt hin, Schmidt her. Chugai hatte Bogers Zukunftsvisionen, seinen Wissenschaftlern und seiner Art, Wissenschaft zu betreiben, einen so hohen Wert beigemessen, daß sie sich auf diese scheinbar ungünstigen Konditionen eingelassen hatten. Und er war es auch, der davon profitieren würde. Er hatte jetzt einen mächtigen Verbündeten, der die Moleküle von Vertex auf den Markt bringen konnte und dennoch dafür bezahlen würde. Chugai hatte so viel Geld, daß Vertex es sich leisten konnte, seine ehrgeizigsten Ziele zu verfolgen. Und er war endgültig anerkannt.

Vor allem letzteres. Vierzehn Monate zuvor, bei der ersten Aufsichtsratssitzung, hatte er gesagt, er wäre froh, wenn er in den ersten beiden Jahren ein Abkommen über 500 000 Dollar abschließen könnte. Jetzt hatte er eines, das sechzigmal so groß war – oder 120mal, wenn man Bogers Analyse und den Vergleich mit Cytel akzeptierte. Wenn es jemals Zweifel an Bogers Versprechungen oder an seiner Fähigkeit zur Leitung einer Firma gegeben hatte, waren sie jetzt ausgeräumt. Schmidt, der Bogers geschäftlichen Scharfsinn immer bewundert hatte, lobte ihn nun gegenüber den anderen Aufsichtsratsmitgliedern in den höchsten Tönen. „Joshua ist der beste Typ, der mir auf diesem Gebiet begegnet ist", schwärmte er, „und er könnte auch ebensogut in jeder anderen Branche eine Firma aufmachen. Wir haben in den Verhandlungen harmoniert wie zwei Musiker, die ihr ganzes Leben lang das gleiche Duo gespielt haben." Manchmal ging er sogar noch weiter und bezeichnete Boger als Jock, in Anlehnung an seinen alten Freund und Lehrer Jock Whitney; auf diese Weise erstickte er alle weiteren Vorschläge, ein erfahrenes Management zu berufen.

Boger hatte jetzt die Sicherheit, daß er die geschäftlichen und wissenschaftlichen Angelegenheiten bei Vertex so lange leiten konnte, wie er Lust dazu hatte. Er hatte die gesamte, unangefochtene Macht – geradezu gottgleich.

„Ich werde der Versuchung widerstehen müssen, mir für die Beiratssitzung am nächsten Dienstag eine Sänfte zu mieten", sagte er.

Tom Starzl eilte durch die geschäftige Lebertransplantationsstation in der fünften Etage der Falk Clinic. Es war eine kleine, nicht gerade hochmoderne Abteilung: vier Untersuchungszimmer, ein sparsam möbliertes Büro, das gleichzeitig als Sitzungsraum diente, ein enges Wartezimmer, in dem ein Fernseher von der Höhe eines Resopalschrankes herab Süßliches von John Rivers verströmte. Im Wartezimmer drängten sich Patienten mit tiefliegenden Augen, manche mit Gehhilfen, wie die Flüchtlinge auf einem Schiff. An den Wänden der Korridore standen Angehörige, Freunde, Transplantationskandidaten und Sozialarbeiter der Spenderkliniken. Drinnen liefen Chirurgen – viele nach nächtelangen Operationen noch in der blutbespritzten Operationskleidung und mit Turnschuhen – zwischen den Zimmern hin und her, gefolgt von Krankenschwestern, Pflegern, Assistenzärzten und Dolmetschern, und fragten nach neuen Befunden, Prognosen, Indikationen, Diagrammen und Berichten. Mit bis zu fünfzehn Transplantationen in der Woche – bis vor kurzem mehr als im ganzen übrigen Land zusammen – vereinigte die Klinik in sich die hochgesteckten Sehnsüchte von Lourdes mit der Hektik und Betriebsamkeit einer innerstädtischen Notaufnahme.

Starzl war hier der König; FK-506 war der König. Die Tagung von Barcelona lag acht Monate zurück, und man bestürmte ihn mit Anfragen wegen des Medikaments. Er versuchte, sich nicht unterkriegen zu lassen, aber die Anforderungen nahmen schon bald mörderische Ausmaße an. Es gab einfach zuviel zu tun. Er leitete den Transplantationsdienst, drängte auf weitere Verpflanzungen mehrerer Organe, begann neue Experimente mit Autoimmunkrankheiten sowie mit Zell- und Darmtransplantationen und betrieb mehrere anspruchsvolle klinische Studien, in denen FK-506 bei Patienten mit neuer Leber, neuer Niere und bald auch neuem Herzen mit Cyclosporin verglichen wurde. Die Besprechungen am Montagabend über FK-506 weiteten sich immer mehr aus: Um 19 Uhr kam Starzl forsch herein, bekleidet wie immer mit Windjacke und einer Freizeithose und mit dem Ausdruck unverwüstlicher Ausdauer im Gesicht, und dann dauerte die Sitzung in der Regel bis nach Mitternacht.

Hatte Starzl früher darauf bestanden, alle Gesichtspunkte bei der Erprobung des Wirkstoffes selbst zu überwachen, so hatte er jetzt keine andere Wahl. In Zusammenarbeit mit der FDA und europäischen Zulassungsbehörden hatte man festgelegt, daß Fujisawa den Wirkstoff vom April an auch sechzehn anderen Stellen zur Erprobung anbieten sollte, aber die Firma hatte dafür noch keine Verfahrensvorschriften entwickelt. Jetzt war Juli, die Patientenrevolte in Pittsburgh lag fast ein Jahr zurück, und immer noch hatte kein anderer das Medikament. Aufgebrachte Transplantationschirurgen verlangten überall auf der Welt nach FK-506, das sie nicht bekamen, und forderten Starzl auf, seine Behauptungen mit weiteren Daten zu belegen; seine Arbeit mit dem Wirkstoff war jetzt umstrittener als je zuvor. Wieder einmal stand seine Glaubwürdigkeit auf dem Spiel. „Starzl ist ein ganz Großer; es würde mich nicht wundern, wenn er den Nobelpreis bekäme", meinte Dr. Ronald Busuttil, der Chefarzt der Lebertransplantationsabteilung an der University of California in Los Angeles. „Aber inzwischen ist schon ein Witz im Umlauf: FK-506? Das ist ein einmaliges Medikament. Es wirkt nur in Pittsburgh."

Starzl reagierte in seiner typischen Art, indem er sich noch mehr in die Arbeit stürzte. Er strengte sich an, wie er es immer getan hatte, aber mittlerweile war er vierundsechzig, und die Belastung forderte ihren Tribut. Er sah angespannt und mager aus, und sein müdes Gesicht war von Leberflecken gesprenkelt. Schon immer war er ein berüchtigt unverantwortlicher Esser gewesen: Er hetzte in blutverschmierter Operationskleidung und Einmalschuhen aus dem OP, um in einer Imbißbude, die ein Treffpunkt der Studenten war und einen Block von der Klinik entfernt lag, ein paar Donuts oder einen Berg Pommes frites mit Schmelzkäse hinunterzuschlingen. Das hatte sich nicht geändert, aber er aß jetzt auch häufig Pizza; seine Praxis lag drei Treppen hoch über einer Filiale von Pizza Hut. Früher hatte er drei Päckchen Zigaretten am Tag geraucht; das hatte er vor zehn Jahren aufgegeben, nachdem Schmerzen im Brustkorb aufgetreten waren, aber die nervöse Energie und die Impulsivität des bekehrten Süchtigen waren ihm geblieben. Ein Konkurrent meinte einmal, Starzls

Energiequotient sei „so weit außerhalb des Bereiches der meisten Menschen, daß man es fast nicht glauben kann", aber jetzt bekam sein Getriebensein auch etwas Verzweifeltes, denn er lief nicht nur mit sich selbst und der Welt, sondern auch mit der Zeit um die Wette. Obwohl er wie ein Wilder arbeitete, erstickte er zusehends unter Telefonanrufen, Tagungen und Papierkrieg. In die Leberklinik kam er nicht, um bei seinen eigenen Patienten Visite zu machen – zum Operieren kam er jetzt kaum noch –, sondern als General, für den Frontbesuche zu den wenigen Unterbrechungen der Führungsarbeit gehören. Hier und nur hier waren die Möglichkeiten von FK-506 in vollem Umfang auszuloten.

„Sie sehen hervorragend aus", sagte er überschwenglich zu einer energischen Frau Mitte Vierzig. Sie lag auf einem Untersuchungstisch inmitten eines geschäftigen Umfeldes, das sich bis zu dem vollgestellten Korridor und darüber hinaus erstreckte. Ihr nackter Bauch trug die Narbe einer Lebertransplantation: ein auf dem Kopf stehendes T vom Brustbein bis unter den Nabel und von einer Hüfte zur anderen. Zwei Monate nach dem Eingriff war die Narbe dunkler geworden: Sie war jetzt nicht mehr rosa, sondern zeigte ein dunkles Rostrot, und an der Naht hatten sich Abszesse gebildet. Sie klagte über ein wundes Gefühl, meinte aber, die Drainage der Abszesse sei heute nachmittag nicht möglich, weil sie ihre Tochter zum Arzt bringen müsse. Die Haare der Frau waren ein wenig dünner geworden, und in den Händen spürte sie ein leichtes Prickeln. Ansonsten aber, so sagte sie, gehe es ihr gut, eine Einschätzung, die durch ihr Äußeres bestätigt wurde. Sie sah nicht mitgenommener aus als andere Eltern mittleren Alters mit heranwachsenden Kindern. Starzl hatte ihr Acyclovir verordnet, einen wirksamen Virenhemmer, und zusätzlich das Antibiotikum Bactrim. Das Prednison hatte er schon abgesetzt. Wegen der systemischen Wirkungen der Immunsuppressiva und der toxischen Wirkung des Cyclosporins nehmen die meisten Transplantatempfänger ihr ganzes Leben lang noch bis zu einem Dutzend weiterer Medikamente, viele davon selbst ebenfalls toxisch. Da es keine Anzeichen für eine Abstoßungsreaktion gab, sollte diese Frau nur FK-506 nehmen. Starzl war in Hochstimmung. „Das ist unser Ziel", sagte er zu ihr. „Wir wollen Sie von uns befreien."

Durch das Gedränge stürzte Starzl als nächstes zu einem stämmigen Mann mit dichtem schwarzem Bart und einer Mütze der freiwilligen Feuerwehr, der gerade von einem anderen Chirurgen untersucht wurde. Der Organismus dieses Mannes hatte vor dreieinhalb Monaten eine neue Leber abgestoßen. Er litt an Gelbsucht, die Nieren hatten versagt, und er hatte unkontrolliert gezittert, nach Starzls Ansicht wegen der neurotoxischen Wirkung des Cyclosporins, das bekanntermaßen das Gehirn angreift. Außerdem hatte er hochdosiertes Prednison genommen. Sie hatten jetzt beide Medikamente abgesetzt; daraufhin hatten Leber und Nieren sich erholt, und das Zittern war fast verschwunden. Starzl wollte es völlig beseitigen.

Wir werden die FK-Dosis auf zweimal täglich drei Milligramm senken", sagte er. „Das geben wir sonst den Kindern."

Auf dem Korridor wurde Starzl von einer jungen Krebsforscherin aufgehalten, die besuchsweise hier war. Sie fragte, ob er FK-506 für einen Patienten empfehlen würde, der mit Leukämie im Sterben lag. „Klingt interessant", sagte er. „Vielleicht können wir eine Sondergenehmigung bekommen." Da FK-506 ausschließlich für die Behandlung bestimmter Transplantationspatienten zugelassen war, mußte jede andere Verwendung im Einzelfall von der FDA genehmigt werden, und ob das geschah, hing stark von Starzls Meinung ab. In manchen Fällen stimmte er automatisch zu: Die Verbindung hatte sich beispielsweise bei schwerer Schuppenflechte als wirksam erwiesen; bei dieser Krankheit beseitigte sie innerhalb weniger Wochen große offene Hautstellen, die auf keine andere Behandlung ansprachen. Starzl wollte FK-506 gegen alle Krankheiten erproben, bei denen es dafür eine eindeutige wissenschaftliche Grundlage gab, so zum Beispiel beim jugendlichen Diabetes, der, wie man bereits wußte, auf Cyclosporin ansprach. Früh genug verabreicht, konnte Cyclosporin nachgewiesenermaßen die Entstehung des Diabetes Typ Ia bei Kindern verhindern. Dabei stellte sich aber das Problem, daß man das Medikament wegen seiner stark toxischen Wirkung nicht über längere Zeit geben konnte. Es führte also leider nur zu einer vorübergehenden Linderung. Das weniger toxische FK-506 dagegen konnte nach Starzls Überzeugung die Krankheit auf Dauer heilen, und deshalb drängte er darauf, in Pittsburgh mit einer klinischen Versuchsreihe zu beginnen. Er war aber nicht unkritisch: Der Krebsärztin erzählte er von einem Arzt in Michigan, der FK-506 zur Behandlung eines seltenen Tumors haben wollte. Starzl hatte abgelehnt. „Klingt nach Betrug", sagte er.

Je mehr Patienten Starzl behandelte, desto stärker war er von den einzigartigen Möglichkeiten des neuen Wirkstoffs überzeugt, obwohl er ähnliche Nebenwirkungen hatte wie Cyclosporin. Im nächsten Zimmer lag eine verwirrte farbige Frau in den Dreißigern, die ein rotes Kleid anhatte; sie erklärte, das Medikament habe bei ihr Halluzinationen hervorgerufen. Wie das Cyclosporin, so wirkte offenbar auch FK-506 auf einen nicht näher bekannten Rezeptor im Gehirn. Entsetzt hatte die Frau um eine Verminderung ihrer Dosis gebeten, aber Starzl erkannte in der letzten Biopsie die Ansammlung weißer Blutzellen, die auf eine beginnende Abstoßungsreaktion hindeutet.

„Da sind ein paar Knabberzellen", sagte er resolut, aber nicht gefühllos. „Wenn wir nichts dagegen tun, steuern wir auf eine Katastrophe zu. Mit diesem Medikament können wir in ein paar Wochen alles andere absetzen, und ich glaube, das wird Ihnen helfen. Aber bisher bekommen Sie zu wenig." Widerstrebend stimmte die Frau einer höheren Dosis zu.

Starzl betrachtete Klagen über Nebenwirkungen unter dem extremen Gesichtspunkt von Leben und Tod, und da er mit neuen Transplantationsverfahren experimentierte und es deshalb meist mit todkranken Patienten zu tun hatte, sah er in der toxischen Wirkung ein geringeres Problem als viele derer, die er behandelte. Er war sicher bereit, viele Nebenwirkungen leichter zu übersehen als die meisten anderen Ärzte - ein Unterschied, aus dem sich jetzt für FK-506 und Vertex entscheidende Folgerungen ergaben. Halluzinationen und Nierenschäden waren, wenn jemand im Sterben lag, etwas ganz anderes als bei einer juckenden Kopfhaut oder bei einem achtjährigen diabetischen Kind. Mit anderen Worten: Wie Starzl immer wieder feststellte - und das hatte Boger schon Monate zuvor prophezeit -, war FK-506 ein bemerkenswert harmloser Wirkstoff im Vergleich zu den vielfältigen Schäden, die durch Transplantationsoperationen und Cyclosporin eintraten, aber für die meisten Autoimmunkrankheiten war es möglicherweise dennoch zu toxisch. Mit Sicherheit würde man eine zweite Molekülgeneration brauchen.

Die Ähnlichkeit der toxischen Wirkungen war auch noch aus einem anderen Grund wichtig. Die Nebenwirkungen, die Starzl nach Einsatz von FK-506 beobachtete, waren zwar in ihrem Umfang geringer als bei Cyclosporin, aber ihr Spektrum war fast das gleiche. Diese Übereinstimmung war fast noch verblüffender als die Tatsache, daß beide Medikamente die gleiche Wirkung hatten. Was auch ihr Zielpunkt war und wie sie sich auf molekularer Ebene auch verhalten mochten, in jedem Fall waren die beiden Verbindungen so ähnlich, daß sie wahrscheinlich in den gleichen biochemischen Reaktionsweg eingriffen. Das war bemerkenswert. Mit der Aufklärung ihrer Wirkungsweise würde man vielleicht eines der grundlegenden Rätsel der körpereigenen Abwehr entschlüsseln. Möglicherweise konnte man damit sogar erklären, wie Zellen - und zwar alle Zellen - in ihrem Inneren Nachrichten weiterleiten, und so eine der wichtigsten biologisch-medizinischen Fragen beantworten.

Starzl spürte, daß er sich über eine Kluft streckte, die noch nie jemand überbrückt hatte: Als Chirurg zog er die ganze Spannweite der Medizin heran, um eine der tiefschürfendsten Fragen der molekularen Immunologie, ja des Lebens überhaupt zu beantworten. Während seiner ganzen Laufbahn war er im Dunkeln getappt, hatte sich an den Wänden eines Tunnels entlanggetastet und war dabei weiter gekommen als alle anderen, aber jetzt näherte er sich einem durchdringenden Licht, das seine Quelle zu erkennen gab. FK-506 war nicht nur ein Medikament, sondern ein Leuchtfeuer, ein Zeichen, und Starzl war entschlossen, ihm zu folgen, wohin es ihn auch führen mochte. „Transplantationen", meinte er vielsagend, „sind in der ganzen Geschichte vielleicht nur eine Fußnote."

Schon vorher war Starzl unersättlich gewesen, aber diese neue, größere Aufgabe versetzte ihn in die Wallungen eines geradezu religiösen Eifers. Er war von FK-506 elektrisiert, entzückt, vollständig eingenommen. Nach zwei Stunden - die Visite näherte sich dem Ende, und er war immer noch in Hochform - stürmte er am Empfang vorbei und nickte den wenigen Patienten zu, die noch im Wartezimmer saßen - wie ein Missionar, der die ganze Nacht eine Erweckungsveranstaltung geleitet hat und einfach nicht aufhören kann, für die verlorenen Seelen zu beten. „Kommen Sie nur", signalisierte er, „ich werde uns schon einen Raum besorgen."

Andererseits war er aber so erschöpft, daß er sich eine ungewohnte Nachlässigkeit gestattete. Um überhaupt durchhalten zu können, mußte er sich immer stärker zusammennehmen. Im Juni nahm er nach zehn Jahren zum ersten Mal Urlaub und flog mit Joy, seiner Frau, nach Hawaii. Anschließend hielt er in Japan mehrere Vorträge über FK-506, das paradoxerweise dort kaum angewandt wurde, weil der Buddhismus die Verletzung von Leichen verbietet und weil es keine gesetzlichen Regelungen zum Hirntod gibt. Transplantationen von Nieren lebender Spender sind erlaubt, aber Patienten wie die, denen Starzl mit Hilfe von Japans erstem großen Medikament in vielen Fällen wieder ein normales Leben ermöglicht hatte, ließ man dort – nach seiner Überzeugung grausam und unnütz – auf Wunsch der Justizorgane sterben.

Nachdem Starzl von seinen überfüllten Vorträgen in Osaka und Tokio zurückgekehrt war, fuhr er am Samstag, dem 11. Juli, vier Tage nachdem Boger das Abkommen mit Chugai bekanntgegeben hatte, morgens in sein Büro, um den Papierberg durchzuackern, der sich während seiner Abwesenheit angesammelt hatte. Auf halbem Weg in die zweite Etage über der Pizza-Hut-Filiale brach er zusammen. „Schon die geringste Bewegung", berichtete er später, „ließ hinter dem Brustbein einen Feuerball entstehen, der wie ein Vulkan bis in den Hals hinein ausbrach." Zentimeter für Zentimeter schleppte er sich auf den Treppenabsatz des zweiten Stockwerks, wo er schwitzend und keuchend eine Stunde lang liegenblieb. Dann gelangte er auf die gleiche Weise bis in die dritte Etage. Schließlich gelang es ihm, sich an seinem Schreibtisch hochzuziehen. Die nächsten zwölf Stunden beantwortete er, atemlos in zwei Diktiergeräte sprechend, die Post der letzten drei Wochen. Anschließend stolperte er die Treppe hinunter, setzte sich in sein Auto und fuhr nach Hause.

Am nächsten Tag diagnostizierten die Ärzte eine 99prozentige Verengung der großen rechten Koronararterie und sagten ihm, er könne jederzeit einen Herzinfarkt bekommen, wenn nicht sofort eine Bypass-Operation vorgenommen würde. Er lehnte ab. Zusammen mit seiner Arbeitsgruppe mußte er jetzt in aller Eile über vierzig Vorträge für die internationale Tagung der Gesellschaft für Transplantationsmedizin fertigstellen, die Mitte August in San Francisco stattfinden sollte; es war die gleiche Organisation, die auch die Tagung in Barcelona finanziert hatte. Es sollte der intensivste aktuelle Meinungsaustausch über FK-506 werden, aber noch dringender – und für Starzl entscheidender – war die Tagung, weil Fujisawa die klinische Erprobung nicht ausgeweitet hatte. Eine Operation komme nicht in Frage, meinte Starzl. Er erklärte sich mit einer Angioplastie einverstanden, bei der man die Arterie mit einem kleinen, an einem Katheter befestigten Ballon erweitert, aber auch das tat er so widerwillig, daß er sich die Schulter ausrenkte, weil er sich nicht mit Riemen am Operationstisch festbinden lassen wollte. „Ich mußte unbedingt nach San Francisco", erklärte er.

Zwei Wochen später arbeitete Starzl wieder, aber sein Durchhaltevermögen hatte nachgelassen. Den ganzen Sommer über verschlechterte sich sein Zustand. Als er in San Francisco ankam, hatte er ständig Schmerzen, aber er stand die Tagung durch und gewann mit seinem vorbehaltlosen Lob für das Medikament neue Anhänger. Sofort danach flog er nach Hause, und am nächsten Tag wurde er operiert.

„Die Zeit zwischen der Angioplastie und der Tagung in San Francisco war riskant", räumte er ein, als er eine Woche später wieder zur Arbeit ging. „Aber ich denke, das Lotteriespiel hat sich gelohnt."

Was die Auswirkungen auf Vertex anging, konnte man Starzls Zusammenbruch eigentlich nur positiv auslegen: Die Firma hatte FK-506 aufs Korn genommen, und deshalb konnte sie von jeder Verzögerung in der klinischen Erprobung dieses Wirkstoffs, so klein oder traurig sie auch sein mochte, nur profitieren. Auch ohne die Struktur von FKBP zu kennen, hatten die Chemiker bei Vertex kleine Moleküle konstruiert, die sich fast ebenso eng mit dem Protein verbanden wie FK-506. Die Festigkeit dieser Bindung ist ein erster, vorläufiger Hinweis auf die Wirksamkeit des fraglichen Moleküls, aber sie sagt noch nichts darüber aus, ob es sich als Medikament eignet. In der Entwicklung ungefährlicher, wirksamer Arzneistoffe stehen gut bindende Moleküle zu guten Medikamenten in der gleichen Beziehung wie ein Höhlenmensch zu einem Gehirnchirurgen. Aber Boger wußte, daß Wissenschaft aus allmählichem Fortschritt besteht, der zentimeterweise erzielt wird und auch wieder verlorengehen kann, und daß es sich lohnt, jeden Einzelschritt zu optimieren. „Die Verbindungen dieser Gruppe wären sehr einfach zu synthetisieren", sagte er über die am besten bindenden Moleküle von Vertex. „Ich wäre froh, wenn wir achtzehn Monate nach Fujisawa etwas Ähnliches wie FK-506 hätten. Deren Substanz kostet tausend Dollar pro Gramm; von unserer bekommt man für tausend Dollar einen Tanklastzug voll. Selbst wenn unser Medikament genau die gleichen therapeutischen Eigenschaften hat, können wir sie aus dem Markt drängen."

Diese Prophezeiung schloß die Anwendung des strukturorientierten Moleküldesigns natürlich aus. Da sie immer noch keine Proteinkristalle besaßen, war Vertex selbst von den genauen Kenntnissen über FKBP, die man für die Molekülkonstruktion brauchte, noch Monate entfernt; und noch mehr - vielleicht viel mehr - Zeit würden sie brauchen, wenn sich herausstellte, daß FKBP nicht der entscheidende Angriffspunkt war und daß sie mit einem anderen Protein wieder von vorn anfangen mußten. Bei Starzls Widerwillen gegen Vergleichsuntersuchungen mit FK-506 und Cyclosporin und angesichts der fehlerhaften Handhabung des Zulassungsverfahrens durch Fujisawa war es zwar durchaus denkbar, daß Vertex weniger als zwei Jahre nach FK-506 ein Medikament auf den Markt bringen konnte, aber die Moleküle dieses Wirkstoffes würden höchstwahrscheinlich nicht so entstehen, daß Boger dadurch eine Bestätigung seiner Theorien erhielt oder seinen wissenschaftlichen Zielen näherkam.

Als Vorzeigeprojekt für das Medikamentendesign schien sich FK-506 mit seinem teuflischen Rezeptor und seinen ungeklärten biologischen Mechanismen mittlerweile sogar schlechter zu eignen als HIV, das zweite mögliche Arbeitsgebiet der Firma. Das strukturorientierte Moleküldesign erfordert, wie der Name schon sagt, ein beträchtliches Maß an sicheren Kenntnissen darüber, wie die Moleküle geformt sind und wie sie zusammenpassen. Man muß wissen, welches Protein das Ziel des Wirkstoffs ist, wie seine Molekülkonfiguration aussieht und wie seine Kommunikation mit anderen Molekülen sich auf die biologische Aktivität auswirkt, die man beeinflussen möchte. Über FKBP hatte die Wissenschaft im Sommer 1990 keine dieser Kenntnisse; über die HIV-Protease dagegen lagen sie vor. Es gab keinerlei Beweise, daß ein Wirkstoff, der die proteinfaltende Aktivität von FKBP behinderte, die gleichen Wirkungen haben würde wie FK-506. Bei der HIV-Protease dagegen war man sich so gut wie sicher: Wenn man ein gut gestaltetes Molekül in das aktive Zentrum dieses Enzyms brachte, konnte man die Vermehrung des Virus unterbinden und so das Fortschreiten von AIDS aufhalten. Das Virus wurde dabei zwar nicht zerstört, aber immerhin schwer verwundet.

Bei den Protease-Hemmstoffen bestand das Problem nicht darin, sie herzustellen, sondern die Frage war, wie man Medikamente daraus machte. Praktisch die gesamte derzeitige Forschung, „Tausende von Mannjahren", wie Boger es formulierte, zeigte übereinstimmend, wie man Enzyme am besten abschaltet: mit Peptiden, kleinen Molekülketten aus Aminosäuren. Peptide kann man so gestalten, daß sie sich bemerkenswert genau mit einer Aspartylprotease wie der von HIV verbinden und sie unschädlich machen. Aber als Medikamente sind Peptide nicht zu gebrauchen: Sie sind empfindlich und werden im Darm schnell abgebaut. Daß sie im Reagenzglas hervorragend wirken, hatten fast alle großen Pharmafirmen nachgewiesen, aber selbst wenn man sie ständig grammweise äße, würde fast nichts davon in die Zellen gelangen. Damit stand die Wissenschaft vor einer großen Herausforderung: Wie stellt man Moleküle her, die wie Peptide aussehen und wirken, obwohl sie chemisch anders aufgebaut sind? Solche sogenannten Peptidmimetika waren das Ziel, auf das sich der Teil der AIDS-Forschung, der sich mit der HIV-Protease beschäftigte, vorrangig richtete.

Was die rein wissenschaftliche Seite anging, sahen viele Vertex-Mitarbeiter in der HIV-Protease das maßgeschneiderte Versuchsobjekt für die neue Firma, eine Gelegenheit zum Erfolg, wo Durchmustern und pharmazeutische Chemie zum Scheitern verurteilt waren. Das Enzym bot alle Voraussetzungen: Seine biologische Aktivität war bekannt, seine Struktur war aufgeklärt, über die chemischen Zusammenhänge wußte man ebenfalls Bescheid, und es gab ausgereifte Modellsysteme mit ähnlichen Enzymen. Außerdem besaß Vertex offenbar die besten Voraussetzungen, um diese Vorteile auszunutzen. Navia hatte bei Merck die Struktur ermittelt; Boger hatte wichtige Arbeiten über die Hemmung von Aspartylproteasen geleistet; in der Firma gab es hochentwickelte Technik, Theorien über kleine Moleküle und fachübergreifende Labors – all das war zumindest ein großer Vorteil, vielleicht sogar geradezu einzigartig.

Und doch war Boger alles andere als überzeugt. Aus geschäftlicher Sicht war die AIDS-Forschung, in der Industriegiganten mit Heerscharen von Wissenschaftlern und mehrjährigem Vorsprung in heftiger Konkurrenz die Muskeln spielen ließen, nach seiner Auffassung nicht das richtige Gebiet für eine kleine, aufstrebende Firma. Außerdem war keineswegs geklärt, ob kleine Moleküle, die keine Peptide sind und die Protease hemmen, sich als Medikamente eignen – keine Firma hatte bisher eine solche Substanz hergestellt – und ob nicht die alten Pharmariesen und insbesondere Merck viel eher als Vertex die Voraussetzungen zur Herstellung des ersten derartigen Moleküls mitbrachten. Boger ging vorsichtig vor. Er ermächtigte den Chemiker Roger Tung, der früher bei Merck gearbeitet hatte und jetzt unbedingt mit einem eigenen Projekt beginnen wollte, zur Herstellung von Janssens Verbindungen, die im März bei Navia die „Halluzinationen" ausgelöst hatten. Er bat David Livingston, einen Enzymassay zu entwickeln, so daß man die Substanzen testen konnte. Aber bevor er den Auftrag gab, das Protein in ausreichenden Mengen für die Röntgenstrukturanalyse herzustellen, hielt er inne. Die Reinigung der Protease ist von berüchtigter Schwierigkeit, unter anderem weil sie sich definitionsgemäß bei der Isolierung sofort selbst spaltet und weil man sie im Gegensatz zu FKBP nicht aus Gewebe gewinnen kann. Die HIV-Protease läßt sich nur erzeugen, wenn man in großem Maßstab Zellkulturen züchtet oder wenn man sie in Sisyphusarbeit chemisch synthetisiert. Für beides hatte Vertex nach Bogers Einschätzung weder die personellen Reserven noch die erforderliche Ausstattung.

Navia war verständlicherweise bestürzt und drängte bei Boger heftig auf größere Mengen des Enzyms, aber er befand sich wegen der Anforderungen seiner Karriere und seiner vielfältigen Interessen in chronischer Anspannung und galt nicht mehr als die Führungsgestalt des Projekts.

Das war jetzt Mark Murcko. Der Einunddreißigjährige, 1,70 m groß, dunkelblond, untersetzt und mit einem dichten Schnauzbart, war der letzte Wissenschaftler gewesen, den Boger von Merck zu Vertex geholt hatte, und auch derjenige, dessen Abwerbung die meisten Schwierigkeiten bereitet hatte. Gleichzeitig hatte er eine entscheidende Stellung inne. Als Fachmann für Moleküldesign und Computerchemie stand er zwischen der Röntgenstrukturanalyse, die mit neuester Technik und Computern riesige Datenmengen lieferte, und der Chemie, deren Geräte zur Herstellung der Moleküle kaum komplizierter waren als eine Espressomaschine. Wenn Vertex, wie Boger es gewünscht hatte, dazu gegründet worden war, damit man über Medikamentendesign mehr Erkenntnisse gewinnen und umsetzen konnte als alle anderen, dann stand Murcko breitbeinig an beiden Ufern dieses Datenstroms, und zwar an seiner breitesten und wildesten Stelle. Das Kolossale paßte zu ihm. Beredt, schlagfertig, strotzend vor Intelligenz und Begeisterung, hatte er gleichzeitig auch alle Eigenschaften eines guten Baseballfängers wie Erdverbundenheit, vertrauenerweckende Ausstrahlung, handfestes Erscheinungsbild, beißenden Spott und eine Vorliebe für lockere Unterhaltungen.

Wenn Vertex Medikamentendesign betreiben wollte, waren Murcko und Leute wie er die Designer. Im Mai, an seinem ersten Tag in der Firma, hatte er sich an eine der Graphikworkstations gesetzt, die Boger in Erwartung seines Arbeitsbeginns bestellt hatte, und bis drei Uhr morgens die Tastatur bearbeitet; damit stand er sofort in einer Reihe mit Thomson und Yamashita, und mit den beiden freundete er sich auch schon sehr bald an. Seitdem hatte er ein ähnliches Arbeitstempo beibehalten: Er programmierte, simulierte Molekülaktivitäten, plante Berechnungen, die das Computernetz von Vertex schließlich mehrere Tage lang auslasteten, und hätte diese Auslastung ohne weiteres unbegrenzt weiterführen können, wenn nicht auch andere Wissenschaftler darauf bestanden hätten, den Rechner zu benutzen. Murcko bezeichnete seine Arbeit als „spekulative Wissenschaft". Natürlich läßt sich unmöglich vorhersagen, wie Moleküle, die in jeder Sekunde viele Milliarden Male schwingen, sich tatsächlich verbinden werden, aber mit einem schnellen Rechner und dreidimensionaler Computergraphik kann man zumindest begründete Vermutungen wagen.

So weiß man beispielsweise, daß Moleküle aufgrund der Naturgesetze immer bevorzugt diejenige Konformation einnehmen, die am wenigsten Energie erfordert. Deshalb gibt es „gute", weil energieerhaltende Wechselwirkungen und „schlechte", die Energie verbrauchen. Ganz ähnlich verhält es sich mit den einzelnen Atomen: Murcko stellt sie sich vor „wie Gummibälle, die ein wenig nachgeben"; sie stoßen sich ab oder ziehen sich an, und das alles durch eine Mischung unglaublich geringer, aber meßbarer Kräfte: durch Wärme, die bei der Bildung und Auflösung der Bindungen zwischen den Atomen entsteht, durch die Schwerkraft der Atombausteine und durch elektrische Ladungen. Anhand der bildlichen Darstellung der Bindungen zwischen den Molekülen konnte Murcko - zumindest solange er die Kristallstruktur nicht kannte - nicht vorhersagen, wie ein Medikamentenmolekül und ein Protein möglicherweise zusammenpassen, aber er konnte begründete Spekulationen darüber anstellen, ob sie zu einer Bindung neigen.

Murcko ist Fachmann für die Berechnung der Aktivität von Atomen. Im Gegensatz zu fast allen anderen bei Vertex hatte ihn nicht das Interesse an Lebewesen zur Biochemie geführt, sondern seine Leidenschaft für Computer und sein Interesse an den physikalischen Gesichtspunkten chemischer Reaktionen - an den „Ursachen, den Mechanismen, den Eigenschaften der Dinge, den grundlegenden Kräften". An erster Stelle standen die Computer. Er war in Fairfield in Connecticut aufgewachsen, einem Vorort von Bridgeport, und hatte Anfang der siebziger Jahre als Zwölfjähriger einen Ausflug zu einem Wissenschaftszentrum gemacht; wenn man dieses Erlebnis danach beurteilt, wie liebevoll er es heute noch in allen Einzelheiten schildert, muß es für ihn eine Art Offenbarung gewesen sein. Als er in der neunten Klasse war, schrieb er zwanzig Stunden in der Woche und oft bis tief in die Nacht hinein im Computerlabor der Fairfield University Programme; in Fairfield ging er auch zum College und beendete es mit Chemie im Hauptfach. Anschließend studierte er an der Yale University. Während er dort auf dem halben Weg zur Doktorarbeit war, erwachte sein Interesse am Moleküldesign für Medikamente.

„Wenn man glaubt, man hätte etwas Grundlegendes über die Wechselwirkungen der Moleküle verstanden, und wenn man dann wissen will, ob man es tatsächlich verstanden hat, sollte man sich ein kompliziertes System ausdenken, in dem man diese Vorstellung überprüfen kann", erklärt er. Und mangels anderer Möglichkeiten wurden die Proteine, die kompliziertesten Moleküle überhaupt, zu diesem System. Im Herbst 1985 bewarb sich Murcko, der damals von Proteinstruktur und Medikamentendesign keine Ahnung hatte, bei Pharmafirmen; den Leuten dort war sein Interesse erwartungsgemäß ein Rätsel.

„Ich führte Vorstellungsgespräche mit Vertretern von Pfizer oder Glaxo oder Lilly; sie sahen sich meinen Lebenslauf an und sagten: ‚Na gut, Sie haben offenbar interessante Arbeit geleistet, aber Sie haben nicht die Vorkenntnisse, die jemanden in die pharmazeutische Industrie führen.' Und dann kam der Vertreter von Merck, das war Joshua. Er erzählte mir über das Moleküldesign, mit dem er selbst sich beschäftigte ... Ich fand es unglaublich. Er schien als einziger zu begreifen, daß man kein pharmazeutischer Chemiker sein muß, um auf diesem Gebiet mitzuarbeiten."

Die Firma Merck, die im Moleküldesign eine Vorreiterrolle spielte, stellte Murcko mit Vergnügen ein, und Boger hatte ihn eigentlich auch schon überzeugt, daß es keinen anderen Platz für ihn gab. Er kam im Frühjahr 1987 in die Firma, als Boger gerade die ersten Arbeiten zum strukturorientierten Medikamentendesign organisierte, und wurde den Labors in West Point zugeteilt. Da Boger jetzt in Rahway war, arbeiteten die beiden nie unmittelbar zusammen, aber Boger förderte Murckos Karriere auch weiterhin, und kurz nachdem er ausgeschieden war, um Vertex zu gründen, zog er Murcko nach. Bis dahin hatte Boger es nur ein einziges Mal nicht geschafft, einen Wissenschaftler zu gewinnen, auf den er ein Auge geworfen hatte, aber Murcko ließ sich nicht ohne weiteres bekehren. Boger hatte ihn überredet, zu Merck zu gehen, und jetzt versuchte er, ihn dort wieder abzuwerben, was bei Murcko zu einer hartnäckigen Abwehrhaltung führte. Drei Monate und ein großes Paket Vorzugsaktien waren nötig, um ihn loszueisen, und in diesen drei Monaten wurden die leitenden Wissenschaftler von Vertex regelmäßig angehalten, Murcko jeden zweiten Tag anzurufen. Für Boger war es ein Kraftakt, ein wichtiger Sieg über die besten Köpfe von Merck und ein persönlicher Triumph, aber gleichzeitig blieb bei ihm auch die Sorge zurück, er könne Mutter Merck vielleicht einmal zuviel die Laune verdorben haben. Da er den Kampf um Murcko unter Machiavellischen Gesichtspunkten betrachtete, war er beunruhigt über den Preis seines Sieges.

Murcko sagte: „Joshua ist in der unangenehmen Lage, einen Psychiater und zwei Anwälte als Brüder zu haben, und das führt in Verbindung mit seinem eigenen mißtrauischen, verwickelten Denken dazu, daß er Verschwörungen und Gesetzmäßigkeiten sieht, wo vermutlich keine sind. Ich kann nicht beschwören, daß an seinen Überlegungen nichts dran ist, aber sie kommen mir ein wenig paranoid vor." Andererseits wurde Merck aber durch Murckos Ausscheiden erheblich aus dem Tritt gebracht. Anders als bei früheren Abtrünnigen, denen man bis zu einem Monat Zeit gegeben hatte, um den Konzern zu verlassen – und sich die Sache vielleicht noch einmal zu überlegen –, hatte man Murcko sofort gesagt, er habe innerhalb von vier Tagen zu gehen. Nach seinem letzten Arbeitstag bei Merck wollte er nicht mehrere Stunden mit Autofahren vergeuden, sondern er flog nach Boston; seine Frau Kathy, die Lehrerin war, blieb bis zum Ende des Schuljahres in New Jersey.

Murcko hatte damit gerechnet, daß er an den Immunophilinen arbeiten sollte. „Mir hat nie jemand eindeutig gesagt: ‚Ja, wir haben Kristalle und sind höchstens noch ein paar Zentimeter von der Aufklärung einer komplizierten Struktur entfernt'", sagt er, „aber ich hatte den deutlichen Eindruck, daß Vertex auf diesem Weg schon sehr weit vorangekommen war, und diese Annahme erwies sich als falsch."

Aber die Alternative schreckte ihn noch viel mehr ab. In den letzten sechs Monaten hatte er bei Merck achtzig bis hundert Stunden in der Woche daran gearbeitet, Hemmstoffe für die HIV-Protease zu konstruieren. Die HIV-Forschung, die bei Merck oberste Priorität genoß, wurde in regelmäßigen Sitzungen am Montagmorgen in allen Einzelheiten diskutiert, und an diesen Sitzungen hatte Murcko teilgenommen. Er war in alle Absichten, Neuentwicklungen, Befunde und Gesprächsthemen von Merck eingeweiht – und hatte sich juristisch verbindlich verpflichtet, sie nicht auszuplaudern. Da er wie Boger annahm, Vertex würde sich nie mit AIDS-Forschung beschäftigen, hatte er sich mit dem Gedanken getröstet, daß es für ihn in der neuen Firma keine Konflikte geben würde. Als er sich aber jetzt bei Navia erkundigte, welche anderen Forschungsgebiete neben FKBP man bei Vertex anpeilte, erfuhr er zu seiner Verblüffung, daß es auch ein Pilotprojekt in der HIV-Forschung gab.

„Ich dachte, ich bekomme einen Herzanfall", sagt er. „Ich weiß nicht, wie sich ein Herzanfall anfühlt, aber das war einer. Ich kam gerade von Merck, wo ich nicht gerade unter den günstigsten Bedingungen weggegangen war, und da ballte sich in meinem Magen dieser eisige, stählerne Klumpen zusammen, und ich zucke und sabbere, als sich herausstellt, daß ich Moleküldesign mit HIV betreiben soll. Ich konnte es nicht. Ich hatte den Eindruck, als könne jeder meiner Handgriffe zu einem großen juristischen Problem werden.

Mir war ausgesprochen unwohl. Aber dann sprach ich hier mit Joshua und anderen, und schließlich gelangten wir zu dem Entschluß, daß ich nach bestem Wissen und Gewissen jeden Einzelfall entscheiden mußte. Es war unfair, mir zu sagen: ‚Weil du einmal für jemanden mit HIV gearbeitet hast, darfst du dich dein ganzes Leben lang nicht mehr damit beschäftigen.'"

Da es außerdem immer noch keine Struktur von FKBP gab, mit der man hätte arbeiten können, belegte Murcko die Computer von Vertex mit Beschlag und vertiefte sich in die Konstruktion von Hemmstoffen für die HIV-Protease, die eindeutig anders waren als alles, was er bei Merck entworfen oder gesehen hatte. Er steigerte sich in eine Verneinungshaltung hinein, „lobotomierte" sich sozusagen, um zu vergessen, was er wußte – ein quälender Eingriff in das eigene Ich. „Irgendwann zeigte mir einer der Chemiker die Idee für eine Verbindung, und bevor er ausgeredet hatte, wußte ich, wie man sie synthetisiert und was sie in verschiedenen Tests leistet. Ich hielt mir die Ohren zu und ging hinaus. Es tat weh. Es tat richtig weh." (Später gelangte Tung zu der Ansicht, Murckos wiederholte Rückzuge hätten die Firma bis zu sechs Monaten gekostet.) Mitte Juli vertiefte er sich außerdem in eine Reihe von Designexperimenten mit den Janssen-Verbindungen und Haldol, einem Psychopharmakon, das als hochwirksamer Hemmstoff des Enzyms angepriesen wurde.

Die Arbeiten gingen von Anfang an langsam voran. Nachdem Murcko sich festgelegt hatte, hielt er nun Boger gegenüber – „Joshua der Unbeugsame", nannte er ihn – Vorträge über den Bedarf an Protein. Unaufhörlich erinnerte er seinen Chef daran, daß sie ohne echte Erkenntnisse über die Struktur in beiden Projekten nicht mit dem eigentlichen Moleküldesign anfangen konnten und daß Vertex den Rückstand, den sie bei HIV hatten, nur durch das Ausnutzen solcher Erkenntnisse aufholen konnte. In der Zwischenzeit ließ er endlose Simulationen laufen, die eine Riesenmenge Rechenzeit fraßen. Wenn er in dieser Phase gefragt wurde, wie groß die Rechenkapazität seines Computers im Idealfall sein solle, antwortete er: „Unendlich".

Sein wichtigster Verbündeter war Yamashita; zu ihm hatte Murcko die gleiche zwiespältige Beziehung, die früher auch Yamashita und Thomson verbunden hatte, als dieser noch versuchte, FKBP zu isolieren. Mit dem gemeinsamen Glauben an das strukturorientierte Moleküldesign, einander nähergekommen durch nächtelange theoretische Diskussionen, die sich oft bis zum Morgen erstreckten, und gleichermaßen abhängig von Boger, wurden sie in Murckos „Brüderschaft der Trauer" zu engen Vertrauten. Aber die Verzögerungen der Röntgenstrukturanalyse behinderten Murckos Arbeiten. Er wollte Yamashita nicht drängen – Mason setzte sich selbst genügend unter Druck –, aber wie der Schlußläufer einer Staffel mußte er jedesmal erbittert zusehen, wenn die Röntgenstrukturanalyse fehlschlug und wieder von vorn begann.

An einem Donnerstagabend Ende Juli erwähnte Yamashita gegenüber Murcko, er habe zusammen mit Navia ein paar neue Kristalle aus Thomsons Proteinlösung gezüchtet, und sie wollten früh am nächsten Morgen, bevor sich das Labor mit Zuschauern füllte, einen Versuch zur Röntgenbeugung unternehmen. Später am Abend ging Yamashita nach Hause, und gegen ein Uhr nachts loggte er sich in den Vertex-Computer ein, um ein paar Berechnungen zu überprüfen. In seiner Mailbox lag eine Notiz von Murcko. Sie schloß mit einem Dialogfetzen aus dem Film *Krieg der Sterne*, den Murcko ein Dutzendmal gesehen hatte und über lange Strecken auswendig kannte:

OBIWAN: Vader was seduced by the dark side of the Force.
LUKE: The Force?
OBIWAN: An energy field produced by all living things. It surrounds us, penetrates us, it binds the galaxy together.
(much later)
HAN SOLO: I Been all around the galaxy, kid, and I seen all kinds of strange things, but I've never seen anything to make me believe in some all-powerful "force" that controls everything.

Thomson konnte den ganzen Vormittag im T-Shirt bei zwei Grad im Kühlraum arbeiten, aber Yamashita, der die letzten fünfzehn Jahre in Hawaii und Los Angeles gewohnt hatte, mochte die Kälte nicht. Er wickelte sich in einen warmen Mantel. Auch ohne daß Murcko ihn unabsichtlich daran erinnerte, hatte er beim Anblick der stählernen Tür, hinter der er und Navia die meisten Kristalle züchteten, immer an Darth Vader denken müssen. Am Tag des Sommeranfangs stand Yamashita zwischen Stahlregalen, Styroporbehältern und Kisten mit Material von der Spectrum Corporation – „Laborbedarf für das dritte Jahrtausend" – und blies sich in die Hände. Zum dritten Mal ging er daran, mutmaßliche FKBP-Kristalle für die Analyse zu montieren.

Es war eine heikle Arbeit, und Yamashita vermied aus gutem Grund jede plötzliche Erschütterung. Die Kristalle, obwohl schon erheblich größer als bei Navias ersten Versuchen im April, waren immer noch winzig und schwammen glitzernd in Tröpfchen der Pufferlösung. Unter dem Mikroskop sahen sie aus wie sargförmige Diamanten in Wasser. Auf der Oberfläche jedes Tropfens mußte man eine Proteinhaut zurückschlagen, ohne die Kristalle zu verletzen. Eine einzige unvorsichtige Bewegung konnte ihn um Wochen zurückwerfen, eine Möglichkeit, über die er lieber nicht lange nachdachte.

Während die undurchschaubare, aber hypnotische Lyrik der Cocteau Twins aus Irland aus seinem Kopfhörer drang, beugte sich Yamashita mit der Ruhe eines Edelsteinschleifers über das Binokular seines Mikroskops. In der rechten Hand hatte er einen kleinen Griff, der am Ende mit einer 0,5 Millimeter dicken Glaskapillare verbunden war. Er zog mit dem Ende des Röhrchens die Molekülhaut zurück und tauchte es dann in die freigelegte Flüssigkeitsoberfläche. Nachdem er eine geeignete Stelle in der Nähe eines wohlgeformten, einzelnen Kristalls gefunden hatte, zog er langsam mit Daumen und Zeigefinger den Kolben zurück, bis der Kristall sich hob und in die Mitte der Kapillare wanderte. Dann verschloß er das eine Ende des Röhrchens mit heißem Wachs, und in das andere führte er ein haarfeines Filament ein, das er in die Pufferlösung tauchte, bevor er dieses Ende ebenfalls verschloß. Das ganze wiederholte er noch mit zwei weiteren Kristallen, die unter anderen Bedingungen gewachsen waren und eher die Form von Rauten hatten. Schließlich sahen die drei zahnstochergroßen Röhrchen aus wie gläserne Hanteln mit winzigen orangefarbenen Gummikugeln an den Enden, in deren Mitte jeweils ein kaum erkennbares Silberklümpchen schwamm.

„Damit", meinte er mit Blick auf die Kristalle, „müßten sie eigentlich zufrieden sein."

Angesichts des Schmerzes und der Verwirrung nach seinem letzten Analyseversuch hatte Yamashita sich in den vorangegangenen Wochen viel Mühe gegeben, seine Gefühle zu mäßigen, die guten ebenso wie die schlechten. Er machte sich einen abgeklärten und angesichts seines Erfolgsdruckes anormalen Gleichmut zu eigen, einen emotionalen Zustand nach dem Prinzip „ich bin ok, du bist ok", der an ihm wirkte wie ein zu groß geschnittener Anzug. Dennoch begab er sich, nachdem ihm das Montieren der Kristalle so gut gelungen war, in gehobener Stimmung ins Röntgenlabor. Murcko war schon frühmorgens gekommen, um mitzuarbeiten, und Navia war wieder einmal auf Reisen: Wenn die Kristalle keine Strahlenbeugung hervorriefen, würde sich zumindest das Psycho-Drama vom Juni nicht wiederholen.

„Sehr gut", sagte Yamashita, als auf dem Monitor mehrere helle Flecken auftauchten. „Ich bin beeindruckt. Manuel züchtet sehr gute Kristalle." Es war genau das Signal, auf das er gewartet hatte und das sich zuvor zweimal nicht gezeigt hatte: der unwiderlegbare Beweis, daß es sich bei dem Kristall um Protein handelte. Aber es gab auch eine negative Erkenntnis: Wenn aus der Zahl der Flecken hervorging, daß sie durch Röntgenbeugung am Molekülgitter eines Proteins entstanden waren, dann zeigte ihr Abstand von einem bekannten Bezugspunkt auf der linken Seite des Bildschirms auch, daß das Gitter von schlechter Qualität war. Zwar würde es Yamashita vielleicht gelingen, an einem solchen Kristall die Proteinstruktur zu ermitteln, aber seine Befunde wären dann nicht sonderlich zuverlässig. Wäre es die tatsächliche Struktur? Er würde es nicht wissen. Konnte Vertex sich darauf als Grundlage für das Moleküldesign verlassen? Vermutlich nicht. „Eigentlich ist es das schlimmste Ergebnis, das wir bekommen konnten", gestand er im Gespräch mit Murcko. „Es bedeutet, daß wir weiterarbeiten müssen, aber es wird eine sehr harte Arbeit werden."

War Yamashita nach den glatten Fehlschlägen seiner früheren Analysenversuche entsetzt gewesen, so war dieses zweideutige Ergebnis schon wesentlich erfreulicher. Es war ein Anfang, das wußte er. Und obwohl es ein enttäuschender Start war, bedeutete es, daß man die Struktur knacken konnte, auch das war ihm klar. Gerüchteweise hatte er gehört, daß man auch bei Merck zwar Kristalle, aber keine Struktur hatte; demnach lagen Navia und er zwar vielleicht zurück, aber sie waren noch im Rennen. Trotz seiner Bedenken wegen der Qualität bargen die Kristalle, die er heute morgen in den Röntgenstrahl gebracht hatte, wichtige Erkenntnisse, die, wie er nun wußte, das Aufzeichnen lohnten, und deshalb fing er sofort an, Daten zu sammeln. Er war ruhig, selbstsicher und verhältnismäßig gelassen, obwohl er sich innerlich Sorgen über das machte, was ihm noch bevorstand.

Boger kam um 8 Uhr 30 und ging sofort ins Röntgenlabor. Er war vergleichsweise überschwenglich. „Großartig", sagte er, als er von den Ergebnissen erfuhr, und dann setzte er in Anlehnung an Archimedes hinzu: „Gebt mir einen festen Punkt, und ich hebe die Welt aus den Angeln."

Nachdem die Gewinnung der Information, die Boger für die Konstruktion eines besseren Medikaments als FK-506 für entscheidend hielt - des „festen Punktes" für Vertex -, jetzt nur noch eine Frage der Zeit war, hatte Boger tatsächlich das Gefühl, er könne die Welt aus den Angeln heben. Anders als Yamashita interessierte er sich nicht vorrangig dafür, wer die Erkenntnisse als erster hatte und das Verdienst für sich beanspruchen konnte, obwohl das natürlich auch für ihn von Bedeutung war. Entscheidend war aber, daß man sie überhaupt hatte. Nachdem man bei Merck die HIV-Protease kristallisiert hatte, war es Navia in noch nicht einmal drei Monaten gelungen, ihre Struktur aufzuklären, und er hatte versprochen, es zusammen mit Yamashita bei FKBP noch schneller zu schaffen. Bis Ende Oktober, so glaubte er, würden sie die Struktur des aktiven Enzyms kennen, und dann würde Murcko eine ganze Reihe von Strukturen liefern: zunächst die von FK-506 und seiner Bindung an das aktive Zentrum, dann die der von Vertex selbst entwickelten Verbindungen; diese Strukturen sollten zeigen, wie Veränderungen an Murckos „grundlegenden Kräften" die biologische Aktivität der Moleküle beeinflußten.

Jetzt war der weitere Weg vorgezeichnet. Thomsons verzweifelter Kampf mit dem Protein, die Schwierigkeiten bei der Kristallzucht, Murckos Ungeduld - Boger sah vor sich, wie sich das alles in den kommenden Wochen auflösen würde, denn jetzt lag ein zwar nicht immer geordneter, aber doch weitaus besser vorhersagbarer Ablauf vor ihnen. Die Herstellung ausreichend reiner Kristalle war in der Röntgenstrukturanalyse der wichtigste geschwindigkeitslimitierende Schritt. Nachdem Vertex jetzt die Kristalle hatte, würden die Wissenschaftler mit Sicherheit die Struktur herausfinden. Und sie würden bessere Moleküle herstellen. Sie waren sogar schon dabei. Mitte August, während Boger und Aldrich in Japan die letzten Einzelheiten des Abkommens mit Chugai aushandelten, erfuhren die Chemiker von Harding, eines ihrer Moleküle schalte T-Zellen mit hundertmal geringerer Effizienz aus als Cyclosporin. Wie die Bindungs- und Enzymtests, mit denen man für die Verbindungen von Vertex ein ähnliches Verhalten wie bei FK-506 nachweisen konnte, so war auch die Steuerung der Zellaktivität im Reagenzglas nur ein grober Maßstab. Und die Vertex-Verbindung war schwach – zu schwach, als daß daraus ein Medikament werden konnte. Aber schon die Herstellung eines Moleküls, das überhaupt Aktivität zeigte, war ein wichtiger Schritt nach vorn. Vertex besaß jetzt Verbindungen, die man offenbar patentieren konnte und die den gewünschten biologischen Effekt hatten – Medikamente der Form nach, wenn auch nicht im Inhalt. Und man sammelte bei Vertex neue Kenntnisse über das mutmaßliche Ziel der Medikamente, Informationen, die zu ihrer Verbesserung beitragen würden.

Als Boger von einer weiteren Reise nach Tokio zurückkam, war er so zuversichtlich, wie die Wissenschaftler ihn nur selten erlebt hatten. „Wenn wir die Substanz in den nächsten sechs bis neun Monaten in den Zellkulturen um den Faktor dreißig verbessern können, haben wir ein halbes Jahr später einen Kandidaten für die präklinische Phase. Das wären drei Jahre vom Start bis zum Ziel, mindestens zwei weniger, als ich es mir in meinen optimistischsten Träumen vorgestellt hatte."

Boger war immer nach der unausgesprochenen Erkenntnis vorgegangen, daß Zeit in der Pharmaindustrie Geld ist, und das strukturorientierte Moleküldesign, das wußte er genau, würde neben allen anderen Vorteilen erheblich schneller (und damit kostengünstiger) zur Entdeckung und Markteinführung neuer Medikamente führen. Murcko erklärt: „Das Moleküldesign ist eigentlich ein Spiel, in dem man Fehler möglichst schneller machen will als der Konkurrent" – man untersucht Ideen schnell und effizient mit der Tastatur und nicht durch das mühselige Zerlegen von Schmutzproben, die man in faulig riechender Brühe mit großem Arbeitsaufwand fraktioniert. Befriedigt, daß alle Abteilungen ein Rekordtempo vorlegten, fuhr Boger am 15. August in seinen ersten Urlaub, seit er und Kinsella mit der Planung der Firma begonnen hatten. Unter dem einen Arm trug er bei seiner Abreise einen dicken Stapel Fachartikel, mit dem anderen griff er sich einen Laptop. Zusammen mit Amy und den drei Jungen fuhr er nach North Myrtle Beach; sie ließen sich für den Weg zweieinhalb Tage Zeit und verbrachten zum ersten Mal seit über zwanzig Monaten ein wenig Freizeit zusammen.

Jetzt konnte ihn nichts mehr aufhalten. In noch nicht einmal einem Jahr hatte Boger alles erreicht, was er sich vorgenommen hatte, und noch einiges darüber hinaus. Bevor Vertex ein Medikament herstellen konnte, mußten sie ein Abkommen haben, das hatte er von Anfang an gewußt; und jetzt hatte er zusammen mit Schmidt und Aldrich das Abkommen des Jahrhunderts geschlossen, oder zumindest konnte er es so nennen. Die Firma hatte mehr als eine Thomson-Einheit an Protein, die Kristalle beugten die Röntgenstrahlen, und Patente für neue, eng bindende Moleküle mit eindeutiger biologischer Aktivität waren angemeldet. Außerdem hatten sie die Keimzelle für ein zweites Projekt, und auch dafür interessierten sich andere Firmen. Vielleicht am wichtigsten war, daß sie einen starken Verbündeten hatten: Chugai gab ihnen Geld, Erfahrung und Glaubwürdigkeit, was Vertex, um Bogers Ausdruck zu verwenden, „absegnete". „Zusammen haben wir jetzt weltweit das größte Forschungsprogramm auf diesem Gebiet", erklärte er den Wissenschaftlern. „Bisher hatten wir das beste, aber nicht das größte. Jetzt sind wir größer als Merck, größer als alle anderen." Von den ständigen Labors abgesehen, hatte Boger alle wichtigen Versprechungen eingelöst, so prahlerisch und unwahrscheinlich sie auch am Anfang gewirkt hatten.

Jetzt war es an der Zeit, daß er die Privilegien seiner neuen Stellung geltend machte – Aldrich nannte es „die Nacht der langen Messer". Am 26. September 1990, wenige Stunden nachdem Boger die letzten unterschriebenen Vertragsdokumente von Chugai in der Hand hatte, schickte Aldrich per Kurier zwei versiegelte Einschreibebriefe an die Harvard University. Der erste war an Martin Karplus gerichtet, ein Gründungsmitglied des wissenschaftlichen Beirates, der versuchte, die Struktur von FKBP an dem Protein aus Schreibers Labor aufzuklären. Der zweite war an Schreiber adressiert. Es waren Kündigungsschreiben. Kategorisch und ohne Begründung erklärte Boger darin, Vertex betrachte die Beziehung mit beiden als unhaltbar, und sie seien mit Wirkung vom 31. Dezember 1990 nicht mehr mit der Firma verbunden. Vertex, so schrieb er, werde ihre Aktienbezugsrechte zurückkaufen, aber was sie bereits besaßen – jeweils 75 000 Anteile – könnten sie behalten. Was nicht ausdrücklich in dem Brief stand: die Aktien waren der Preis für die Freiheit von Vertex, denn sie waren fast eine Garantie, daß Schreiber und Karplus sich nicht allzulaut beschweren und nicht mit gerichtlichen Schritten zurückschlagen würden.

Damit waren für Boger die beiden unangenehmsten Aspekte eines ansonsten höchst angenehmen Jahres vorüber: sein schwelendes Mißtrauen gegenüber Schreiber und die Notwendigkeit, sich von Harvard zu lösen, zwei Dinge, die sich als einzige stets seiner Kontrolle entzogen und seinen Ärger provoziert hatten. Die Verhandlungen mit der Patentabteilung von Harvard wurden eingestellt, denn was Schreiber mit seinen Verbindungen und seinem Protein machte, war nicht mehr die Angelegenheit von Vertex. Wenn Schreiber ein falscher Fuffziger war, dann saß er jetzt wenigstens nicht mehr im Vertex-Boot. Was er anrichtete, spielte für Boger wie alles, was er nicht beeinflussen konnte, keine Rolle mehr, oder zumindest erweckte er diesen Anschein.

10

Die formelle Unterzeichnung einer geschäftlichen Abmachung ist ein paradoxes Ereignis. Es kennzeichnet wie eine Hochzeit das Ende des atemlosen Werbens, aus dem es hervorgegangen ist, und gleichzeitig ist es der Beginn der freimütigen, zielgerichteten Beziehung, die sich nun anschließen soll. Im Judentum heiratet man traditionell unter der baumähnlichen *chupah*, einem gedachten Haus, das die Brautleute vor diesem und anderen Widersprüchen beschützt. Am 3. Oktober 1990, einem Tag, an dem der Nordwind plötzlich wie ein Trompetenstoß über Massachusetts hereinbrach, wurde Vertex zu einem solchen Haus oder besser gesagt zur Kulisse dafür.

Boger hatte damit gerechnet, daß der Tag zu einem Zirkus werden würde; am Ende beurteilte er ihn als „felliniesk".

Fotos des Fudschijama zu allen vier Jahreszeiten, ein Hochzeitsgeschenk von Chugai, zierten die Wände des Sitzungsraumes, und in der Eingangshalle hing der eindrucksvolle Entwurf eines Architekten für eine vierstöckige, postmoderne Firmenzentrale – der dritte und bisher letzte Vorschlag für neue Labors, der durchgefallen war. Im Frühstücksraum hatte man mehrere bekritzelte Karikaturen aus dem *New Yorker* und zwei veraltete Merck-Firmenfotos von Boger und Navia, die mit Klebeband am Kühlschrank befestigt waren, durch NASA-Klebebilder von dem Space-Shuttle-Flug ersetzt, auf dem Navias Experimente – bisher ausnahmslos ohne Erfolg – in den Weltraum mitgeflogen waren.

Am Tag zuvor hatte Boger fast die ganze Personalversammlung dazu benutzt, letzte Anweisungen zu erteilen. Über die Requisiten sagte er: „Es sollten absolut alle Geräte eingeschaltet sein. Wenn sie ein Display haben, sorgt dafür, daß sich darauf etwas tut, am besten in Farbe"; über den Auftritt: „Ich möchte, daß die Putnam-Leute [die in dem Labor in der Putnam Avenue arbeiteten] den Vormittag über hier sind. Dann sieht alles noch aufregender aus"; über die Kostüme: „Seid in vernünftigem Maße gepflegt; ihr braucht euch keinen neuen Anzug zu kaufen, aber wenn ihr morgen früh aufsteht, und ihr habt die Wahl zwischen den ausgebeulten Hosen, mit denen ihr normalerweise zur Arbeit kommt, und den hübschen, die ihr nur manchmal anzieht, dann nehmt doch die, die ihr nur manchmal tragt."

Als Boger selbst an diesem Morgen in die Firma kam, sah er aus wie aus dem Ei gepellt, in maßgeschneiderter Korrektheit mit dunkelblauem „Macht-und-Geld-Anzug", Hemd mit Monogramm und Paisleykrawatte, Haare und Bart sauber geschnitten und gekämmt. Als er die Chugai-Delegation, die er ausnahmslos um fast einen Kopf überragte, in ihren einheitlich schwarzen Anzügen durch die Labors führte, sah er aus wie eine Giraffe unter Pandabären. Von dem Anblick aufgemuntert, strahlte er klug.

Chugai finanzierte bei Vertex die Wissenschaftler und die Arbeit, aber die Labors waren ein Zeichen für die Gesundheit und Fruchtbarkeit der Firma – ein zweitrangiges Merkmal wie eine Aussteuer –, und Boger wollte sie im besten Licht zeigen. Er steuerte die Chugai-Leute forsch durch die Labors, an den Röntgen- und Proteinanalysegeräten vorbei und zuletzt zwangsläufig in den abgedunkelten Computerraum. Dort standen sie um eine Graphikworkstation herum, und Navia führte vor, wie Moleküle aneinander binden. Der Bildschirm zeigte Stäbchenmodelle aus Hunderten untereinander verbundener Atome in leuchtendem Rot, Violett und Blau, die sich langsam drehten wie hauchdünne Spielzeuge in einem bodenlosen schwarzen Meer. Navia verteilte 3-D-Brillen; alle außer Boger setzten sie auf und ließen sich mit einem Tastendruck mitten in den molekularen Kosmos befördern.

„Ich fürchte, ich brauche eine Übersetzung", sagte Sam Nagayama, der junge stellvertretende Präsident von Chugai, während er seine Brille zurechtrückte. Navia rieb die Fäuste aneinander, um zu demonstrieren, wie die Atome bei ihren Wechselwirkungen ineinandergreifen.

„Diese Simulation zeigen gleiche Sache wie in Körper?" fragte Nagayama, worauf Navia sanft abwehrend erwiderte, es handele sich nicht um Simulationen, sondern um „Experimente".

„Das sind für mich alles böhmische Dörfer", sagte Nagayama lächelnd, und dann fügte er heiter hinzu: „Bei Ihnen fühle ich mich wie ein Dummkopf."

Als Gastgeber hatten Boger und Aldrich äußerste Umsicht walten lassen, um die Bedürfnisse ihrer Gäste zu befriedigen; sie sollten trotz der Prahlerei von Vertex das Gefühl haben, daß es sich um eine gleichberechtigte Abmachung handelte und daß Chugai ebensoviel bekam, wie sie gaben. Hätte Nagayamas Bemerkung weniger bewundernd oder nach mehr als einer allzu wörtlichen Übersetzung geklungen, hätten sie sich vielleicht Sorgen machen müssen, aber er wollte damit offenbar kein Mißfallen ausdrücken. Am Abend zuvor hatte Vertex in Erwiderung der rituellen Feierlichkeiten, die Boger und die anderen in Tokio über sich ergehen lassen mußten, einen Empfang in dem höchst vornehmen Four Seasons Hotel gegeben, das gegenüber des berühmten Stadtparks von Boston lag. Es hatte ausschließlich neuenglische Küche gegeben: gebratene Wachteln, Hummer in der Schale, Medaillons von Süßkartoffeln und Kürbissuppe in ganzen Kürbissen –, und obwohl es nicht so aufwendig war wie die Menüs, die Chugai in Tokio spendiert hatte und die tausend Dollar pro Kopf gekostet hatten (eine ganze Melone „mit Stiel und Blättern" lag dort, wie Boger beobachtet hatte, bei 140 Dollar) war die Chugai-Delegation beeindruckt. Als sie sich jetzt zur formellen Vertragsunterzeichnung in den Sitzungsraum begaben, sah Nagayama aus, als sei er voll und ganz überzeugt, den richtigen Kauf getätigt zu haben, auch wenn er nicht ganz verstand, was er da eigentlich erworben hatte.

Die Unterzeichnung war eine Idee von Chugai. „Die Japaner lieben Zeremonien", erklärte Boger den Mitarbeitern, „also werden wir eine Zeremonie veranstalten." Boger hatte sie als beschiedenes Ereignis im kleinen Kreis geplant: Unterschriften, eine Rede mit Champagner, nur mit den Firmenleitern und den Photographen der jeweiligen Werbeagenturen. Aber gerade als es losgehen sollte, platzte Kinsella herein und stellte sich neben Boger; er war nicht nach Boston, sondern nach New York geflogen, so daß er sich eine Einladung bei Schmidt verschaffen und den Rest der Reise in dessen Privatjet zurücklegen konnte. In seinem Inneren war er wegen des Ausscheidens von Schreiber verärgert über Boger: Er hielt den Professor für einen höchst bankwirksamen Aktivposten, dessen Namen er sehr ungern von den Fahnen seiner vielversprechendsten Firma verschwinden sah, und Boger hätte sich vielleicht gefragt, ob die Unterbrechung nicht ein unfreundlicher Akt war, hätte er nicht gewußt, daß solche Augenblicke für Kinsella etwas Unwiderstehliches hatten. Sofort nachdem die Fotos im Kasten waren, ging Kinsella hinaus. Er marschierte in den Frühstücksraum, griff sich einen Reporter, beugte sich zu ihm wie die Galionsfigur eines alten Segelschiffes, und machte sofort Reklame für seine neueste Geschäftsidee: die erste private Fabrik für Kartoffelchips im nachkommunistischen Polen. Wie immer war er schon bei der nächsten Sache.

In dieser Hinsicht hatten Kinsella und Boger einander immer geglichen. Kinsella erwarb sich Geld und Ruf mit der Geburtshilfe für neue Firmen, um die er sich aber nur so lange kümmerte, bis sie bekannt wurden, so daß er seine Stammaktien mit Gewinn verkaufen konnte. Er setzte am liebsten die Einzelteile zusammen und ging dann weg. Boger dagegen hatte keine anderen Ziele oder Leidenschaften. Für ihn war das Abkommen mit Chugai das Mittel zu einem und nur einem Zweck: die Zukunft von Vertex zu sichern. In einer gewinnorientierten Welt war der Maßstab für das Abkommen letztlich nicht das Geld, sondern die größeren Einkünfte, die es in Gang setzen konnte. Dreißig Millionen Dollar waren knapp ein Siebtel dessen, was Vertex bis zum fertigen Medikament brauchte. Aber die höhere finanzielle Sicherheit hatte den Wert der Firma wahrscheinlich über Nacht verdoppelt. In Erwartung des wahrscheinlich noch Jahre entfernten Tages, an dem Vertex seine Aktien auch über den begrenzten Kreis der jetzigen Investoren hinaus verkaufen würde, hatte Boger immer versucht, den Wert der Firma aufzublasen und mögliche Käufer zu umgarnen. Wie immer bestand nun die nächste Aufgabe darin, mehr Geld heranzuschaffen, viel mehr Geld, genug, um „die Bestie zu füttern", wie Aldrich es formulierte. Das Abkommen verschaffte Boger vor allem zum ersten Mal die Gelegenheit, einem größeren Publikum die Geschichte von Vertex bekannt zu machen, und diese Gelegenheit wollte er bei dem nächsten großen Ereignis dieses Tages nutzen: auf einer Pressekonferenz.

Was Boger zuvor anderen Pharmafirmen und kleineren Gruppen gleichgültiger Investoren wie denen im Vista erzählt hatte, konnte er jetzt den Lesern von *Wall Street Journal, Harvard Business Review, Boston Globe, Scrip* und vier oder fünf anderen Zeitungen mitteilen, die den Schmeicheleien der PR-Firma von Vertex entgangen waren und eigene Reporter geschickt hatten. Wie alle Journalisten, hatten sie schon so viele inszenierte Ereignisse und Pressekonferenzen erlebt, daß sie jetzt eine unüberwindliche Langeweile zeigten und versuchten, sich mit Kaffee und Hintergrundinformationen zu motivieren. Boger war überzeugt, daß er sie mit seiner Geschichte ebenso für sich gewinnen konnte, wie er schon andere gewonnen hatte. Aber zunächst mußte er Nagayama das Wort überlassen, der seine eigene Geschichte zu erzählen hatte und dem als zahlendem Gast das erste Rederecht zustand.

„Chugai", sagte Nagayama, der an einem vom benachbarten Hyatt Regency Hotel ausgeliehenen Rednerpult stand, „hat vor kurzem die Entscheidung getroffen, in eine sehr interessante Firma namens Vertex zu investieren. Wir waren sehr beeindruckt von sehr vernünftigem Verfahren zum Design von Medikamenten." Er sagte nur allgemein Bekanntes, und die Reporter fanden in seinen Ausführungen verständlicherweise kaum etwas, das sie festhalten wollten, ganz zu schweigen von einem Thema für einen Bericht. Aber Nagayamas Vortrag war wie der von Boger voller Untertöne, die nicht nur viel über Ziele und Beweggründe der Firma aussagten, sondern auch über Ziele und Beweggründe Japans.

Wie in den meisten Branchen, die später zu Japans Exportboom beitrugen, so gab es auch bei den führenden Pharmakonzernen – Chugai eingeschlossen – eine Stagnation, und zwar immer aus demselben Grund: Sie waren zu Hause zu erfolgreich gewesen. Sie waren in einem überhitzten Binnenmarkt groß geworden, der nach amerikanischen Maßstäben fast unvorstellbar bequem war. Anders als in den Vereinigten Staaten dürfen Ärzte in Japan beispielsweise Apotheken betreiben. Über 60 Prozent des gesamten Medikamentenumsatzes stammen aus Präparaten, die der Arzt seinem Patienten verschreibt und dann zu einem staatlich festgesetzten Preis verkauft. Dieses System, das zu atemberaubenden Mißbrauchsmöglichkeiten führt, hat zwei auffällige Folgen: Die Japaner nehmen mehr verschreibungspflichtige Medikamente und leben länger als alle anderen Menschen auf der Erde. Aber jetzt, nachdem dieses System schon lange bestand, war das Land auch mit Pharmafirmen und Pharmaprodukten übersättigt, und die Regierung versuchte unter dem Druck steigender Gesundheitskosten, die Preise zu senken.

Diese Schrumpfung des japanischen Marktes war der wichtigste Grund für die weltweite Expansion von Chugai und für das Interesse an Vertex. In Japan war es zu einer neuen, harten Konkurrenz zwischen den Medikamentenherstellern gekommen, die sie gezwungen hatte, zu einer alten, von den Chinesen übernommenen Strategie zurückzukehren: Sie schlossen Bündnisse mit weit entfernten Partnern, um sich gegen die Nachbarn zu wehren. In der Vorstellung der Amerikaner sind japanische Firmen paradoxerweise fremdenfeindlich und gleichzeitig ausnahmslos auf weltweite Vorherrschaft ausgerichtet. Die Wirklichkeit ist oft einfacher: Sie haben Mühe, zu Hause ihre mageren Marktanteile zu halten. Um das zu sagen, war Nagayama um die halbe Welt geflogen. Die Journalisten zeigten sich ausgesprochen desinteressiert. Sie reagierten kaum, selbst als er ein Bekenntnis zum internationalen Denken einflocht. „Wir sehen in Geschäft und Wissenschaft keine Grenzen mehr", sagte er. „Unser Hauptanliegen ist es, den Patienten überall auf der Welt zu helfen."

Die Reporter ließ es relativ kalt, daß ein japanischer Geschäftsmann ihnen sagte, er bediene sich der fortgeschrittensten Technologie Amerikas, um andere japanische Firmen zu überflügeln, die sehr bald das gleiche tun würden oder es schon getan hatten, und er halte nichts von den protektionistischen Ängsten, die damals in Amerika umgingen, aber Aldrich war niedergeschlagen. Das einzige, wovor er und Boger sich bei dem Abkommen mit Chugai immer gefürchtet hatten, waren antijapanische Reaktionen. Wie Nagayama hielten sie den Transfer biologisch-medizinischer Innovationen zwischen den Vereinigten Staaten und Japan für unausweichlich und auch für wünschenswert, denn die Folge war wahrscheinlich eine Ausweitung der Pharmaproduktion. Dennoch waren sie bei der Ausarbeitung jener Teile des Abkommens, in denen es um Chugais Zugang zur Technologie von Vertex ging, äußerst vorsichtig gewesen. Chugai wollte zum Beispiel drei seiner besten jungen Wissenschaftler ein Jahr lang zu Vertex zur Fortbildung schicken; das hatte Boger abgelehnt. Der Vertrag gestattete zwar häufige Besuche, aber keine richtiggehenden Arbeitsplätze für die Weiterbildung. Die ersten Gastwissenschaftler würden erst in etwa einem Monat eintreffen, aber Boger hatte bereits die ersten Sicherheitsmaßnahmen eingeleitet, um ihre Anwesenheit einzuschränken. Als Aldrich die verständnislosen Gesichter der Reporter sah, stieß er einen Seufzer der Erleichterung aus.

Von der Notwendigkeit zur Schadensbegrenzung befreit, trat Boger ans Rednerpult. Unabhängig von dem Abkommen mit Chugai, so sagte er, habe er immer das Ziel gehabt, Vertex zu einem Vorreiter der bevorstehenden Umwälzungen in der Pharmaforschung zu machen. Bei einem Laienpublikum bedeutete das in der Regel, daß er zunächst das Durchmustern von Mikroorganismen schilderte und dann die logische, unausweichliche Weiterentwicklung beschrieb.

„Das Durchmustern ist nicht falsch, wenn es funktioniert", sagte er den Reportern. „Aber es funktioniert nur selten. Es ist ein Herumprobieren. Und wenn es versagt, ist das höchst frustrierend, *denn dann kann man nichts daran ändern*. Statistische Erfolgswahrscheinlichkeiten mögen wir nicht. Wir wollen *Probleme* lösen. Wir wollen nicht zehn Durchmusterungsprojekte beginnen in der Hoffnung, daß bei einem davon etwas herauskommt."

Er fuhr fort: „Am liebsten sind uns Projekte, bei denen wir uns in der Biochemie sicher sind. Bei FK-506 ist das nach unserer Überzeugung der Fall. Aber FK-506 läßt sich chemisch nur schwer verändern. Optimal ist ein Medikament, dessen Moleküle fast ohne Zwischenraum in den Rezeptor passen, aber man kann die unerwünschten Teile des Moleküls nicht allein dadurch verschwinden lassen, daß man die Molekülstruktur des Medikaments kennt. Man braucht beide Teile des Bildes. Wir müssen jedes einzelne Atom sehen."

Sein letztes Dia hatte Boger speziell für diese Gelegenheit angefertigt. Es zeigte mehrere Zeitabläufe der Medikamentenentwicklung im Vergleich. Ganz oben symbolisierte ein farbiger Balken das herkömmliche Verfahren, das sich über vier bis sechs Jahre erstreckt; so lange dauert es in der Regel, bis man mit der Erprobung eines vielversprechenden Wirkstoffes an Menschen beginnen kann. Etwa die Hälfte des Balkens trug die Aufschrift „Entdeckung". Unten war die Methode von Vertex dargestellt: Der Abschnitt „Entdeckung" war um ein Drittel kürzer, so daß auch die Länge des ganzen Balkens geringer wurde.

„Die Frage ist", so Boger weiter, „was haben wir davon? Denn wenn unter dem Strich kein Gewinn herauskommt, gibt es keinen Grund, so vorzugehen. Aber es nützt uns tatsächlich, denn wir haben dabei den ganzen Vorgang unter Kontrolle. Die Methode beruht auf Information und nicht auf Zufall. Das bedeutet, daß wir Medikamente schneller auf den Markt bringen können, und es werden bessere Medikamente sein."

Die Journalisten, die so etwas noch nie gehört hatten, spitzten die Ohren.

„Werden Sie das Medikament herstellen oder wird Chugai das tun?" fragte einer.

„Das haben wir noch nicht entschieden. Das Abkommen schreibt eine strenge Halbierung von Aufgaben und Einkünften vor."

„Wie werden Sie das Projekt aufteilen?"

„Wir arbeiten zusammen."

„Können Sie das genauer erklären?"

„Die Entdeckung wird hier stattfinden. Aber das heißt nicht, daß Chugai dabei keine Rolle spielt. Es funktioniert nicht so, daß man auf einen Knopf drückt, und dann kommt ein Medikament heraus. Es ist ein Prozeß auf Gegenseitigkeit."

Ein reizvoller – und vereinfachender – Gesichtspunkt bei der öffentlichen Darstellung einer forschungsorientierten Firma ist die Annahme, es müsse etwas geheimgehalten werden. Boger erwähnte weder die quälenden Fragen nach der biologischen Bedeutung von FKBP noch die Schwierigkeiten bei der Aufklärung seiner Struktur, und er war auch nicht dazu verpflichtet. Er erklärte nicht, daß eine kleine Firma das Durchmustern niemals so effizient betreiben konnte wie eine große, so daß Vertex das neue Verfahren nicht ganz freiwillig, sondern auch aus Gründen des Überlebens gewählt hatte. Im Gespräch mit der Presse konnte er die Geschichte von Vertex ebenso ursprünglich und einfach darstellen wie fast ein Jahr zuvor im Vista, als die Firma noch keine wissenschaftlichen Argumente hatte. In dieser Hinsicht gab er eine unschlagbare Vorstellung. Die Reporter waren zufrieden. Anders als bei vielen Veranstaltungen dieser Art hatte er ihnen etwas gegeben, worüber sie schreiben konnten.

Nachdem das Geschäftliche erledigt war, führte Boger die Versammelten zu einem Mittagessen mit Empfang in das nahegelegene Hyatt Hotel. Für die meisten von ihnen bedeutete das eine mühsame Wanderung über das unkrautüberwucherte Eisenbahngelände und dann eine Straße entlang, die zwischen zwei Lagerhäusern mit Labors hindurch verlief und dann einen Block vom Charles River entfernt in eine weitere Straße des Industriegebietes mündete. Den Japanern und dem Aufsichtsrat hatte Boger diesen Weg erspart, indem er sie in Autos vorausschickte. Das Hyatt liegt an einer Stelle, wo der Charles sich zu einem künstlichen Becken verbreitert, das groß genug zum Segeln ist; an der Spitze der fünfzehnstöckigen Hohlpyramide aus Stein und Glas befindet sich ein Drehrestaurant mit einem wunderschönen Blick auf die Flußbiegungen und die Innenstadt von Boston, das nicht nur für Vertex, sondern auch für viele andere Firmen und sogar für die Universitäten eine obligatorische Zwischenstation bei Geschäftsbesuchen darstellt. Was früher die Rotlichtviertel für Teilnehmer von Kirchenversammlungen waren, ist heute das Hyatt für Wissenschaftler, die den neuen Teil von Cambridge besuchen: ein Ort vielfältiger Versuchungen. Boger hatte dort oft seine Ränke geschmiedet.

In einem abgeschlossenen Innenhof bog sich ein großer Tisch unter feinsten Leckerbissen: Rindsmedaillons, in Räucherlachs gewickelte Muscheln, Tortellini Alfredo, gebackener Brie, Antilopengulasch. Kellner mit Silbertabletts voller Champagnergläser glitten durch den Hof. An einer Stelle mit guter Aussicht hatte man eine Bar aufgebaut, aber die Wissenschaftler, die nicht wußten, ob sie sich betrinken oder am Nachmittag noch arbeiten sollten, blieben dem Alkohol zunächst fern. Es war kalt. Die Leute wärmten sich in kleinen Gruppen in sonnigen Ecken des Hofes oder drängten sich im Mantel an den Cocktailtischen zusammen, bunt gemischt wie Tänzer in einer Tanzpause.

Unterzeichnung und Pressekonferenz hatten im kleinen Kreis stattgefunden, aber jetzt waren sie alle da: Boger und Nagayama, die Gratulationen und vertrauliche Mitteilungen entgegennahmen; Aldrich, der endlich einmal nichts zu tun hatte, und Dr. Hiroyuki Ohta, bei Chugai für Amerika zuständig, beide in der zweiten Reihe und jetzt gewissermaßen Schwäger; Schmidt, der reiche, plump-vertrauliche Onkel, und sein Chauffeur, der darauf wartete, ihn frühzeitig hinauszugeleiten und in die geldträchtigen Schluchten New Yorks zurückzubringen; Kinsella, der ewige große Junge, der von seiner neuesten Errungenschaft schwärmte (der Verwendung von Bienenpollen, um Medikamente in die Lunge zu bringen); der wissenschaftliche Beirat (allerdings ohne Schreiber und Karplus, die man ausdrücklich ausgeladen hatte); die anderen Aufsichtsräte; die hohen Tiere der Forschung bei Chugai; die Presse; und die Wissenschaftler. Insgesamt etwa siebzig bis achtzig Personen. Nur Thomson war in faustischem Protest gegen etwas, das er als Verletzung der reinen Wissenschaft betrachtete, ferngeblieben. „Ich habe angerufen und ihm gesagt, es würde ihn ohnehin niemand vermissen, aber er kam trotzdem nicht", sagte Laura Eagle, mit der Thomson sich jetzt in aller Stille öfter traf, nachdem er seine selbstgewählte Isolation aufgegeben hatte.

In einer Atmosphäre, die von Selbstlob tief durchtränkt war, gestalteten die Gespräche sich ohne Ausnahme heiter und vertrauensvoll. Niemand drückte Befürchtungen aus, obwohl es, wie Thomsons Fehlen vermuten ließ, durchaus Anlaß dazu gegeben hätte. Die Hochzeit von Biomedizin und Geld ließ, wie sich an den Versammelten zeigte, seltsame Bettgenossen entstehen. Man konnte sich ohne weiteres vorstellen, wie unwohl George Merck – und erst recht Max Tishler – sich hier gefühlt hätte. Und dann gab es Haie, die von der Aussicht auf Reichtum und Ruhm angelockt wurden und jetzt in benachbarten Gewässern ihre Runden drehten. Die Mischung beinhaltete Kompromisse – sogar große Kompromisse –, die durch die Einbeziehung der Japaner noch seltsamer und auffälliger wurden.

„Ich hab' diesen Jungs gesagt, sie sollen nach Japan rüberfliegen und die Kohle nach Hause bringen", sagte Frank Bonsal, ein Risikokapitalgeber und Mitglied des Aufsichtsrates aus Maryland, der sich auf diese Weise mit Gewalt in eine Unterhaltung zwischen Nagayama und Bogers Bruder Ken einmischte.

„Kohle?" fragte Nagayama.

„Geld."

Boger hatte vorhergesagt, daß es über Vertex etwas zu reden geben mußte, bevor sie richtige Wissenschaft betreiben konnten, und genauso hatte er auch gewußt, daß die Firma ein Abkommen schließen mußte, um ein Medikament zu entwickeln. Jetzt hatte er das Abkommen und blickte darüber hinaus auf das nächste Stadium. Ein Teil davon – und zwar der leichteste – bestand darin, das Publikum zu vergrößern, und dabei half ihm das *Wall Street Journal* des folgenden Tages erheblich. „Das Abkommen wird Vertex, eine im vergangenen Jahr gegründete Firma mit bisher schmaler Kapitalbasis, in eine Führungsrolle unter den Firmen katapultieren, die sich mit Medikamentenherstellung durch ‚rationales Moleküldesign' beschäftigen", schrieb das Blatt. Wenn die führende Wirtschaftszeitung der Welt ihn als Führungsgestalt der Innovation bezeichnete, war das der Führungsrolle tatsächlich höchst dienlich, das wußte Boger genau, und das, obwohl es keine Möglichkeit gab, eine solche Behauptung quantitativ zu bemessen oder zu untermauern. Im Geschäftsleben ist die Wahrnehmung der Realität voraus, und Vertex wurde jetzt allmählich als beste Firma ihrer Kategorie wahrgenommen – zumindest insoweit, als daß man sie überhaupt kannte; Boger hatte das natürlich immer gesagt und geglaubt. Es war für eine so junge Firma ein großer Coup.

Aber es wies auch auf größere Belastungen hin, die sogar Boger, um seinen eigenen Ausdruck zu gebrauchen, nicht wegloben konnte und die mit dem Gegensatz von

Geschäft und Wissenschaft zu tun hatten. Thomson wollte mit seinem Protest darauf aufmerksam machen: Es waren zwei entgegengesetzte Systeme, die sich auf grundlegend widersprüchliche Überzeugungen stützten, und wenn man zuließ, daß die Kluft zu tief wurde, drohten große Gefahren. Während im Geschäftsleben die Wahrnehmung der Wirklichkeit voraus war - und selbst Aldrich bezeichnete die geschäftliche Entwicklung von Vertex jetzt halb im Scherz als „blauen Rauch und Spiegelfechterei" -, war es in der Wissenschaft genau umgekehrt. Wissenschaftliche Aussagen ohne Beweis waren nichts, leere Worthülsen. Die Wissenschaft brauchte Tatsachen, Daten, Belege, Strenge. Das Geschäft von Vertex war die Wissenschaft, aber mit allem Profil der Welt allein ließ sich kein Medikament entwickeln.

Boger verdankte seine ungewöhnlich erfolgreiche Stellung fast ausschließlich seinem geschäftlichen Scharfsinn, seiner Geschichte. Aber für das Medikamentendesign brauchte er Informationen, Antworten auf grundlegende Fragen, und die hatte er noch nicht. Er hatte sich nie ganz von der Wissenschaft abgewandt, aber der eigentliche Prüfstein für seine Weitsicht, seine Intelligenz, die Glaubwürdigkeit seiner Ziele und die Kraft seines Ehrgeizes lag in den Labors. Und dort war er im Vergleich zu den undefinierbaren Kräften, die Vertex in die Schlagzeilen des *Journal* gebracht hatten, einer viel härteren und möglicherweise zerstörerischen Konkurrenz ausgesetzt. Immer noch und allen seinen Behauptungen von Überlegenheit zum Trotz lag der Schatten von Merck auf ihm. Und, was noch wichtiger war: Er mußte sich jetzt mit dem gerade zum Gegner gewordenen und ebenso ehrgeizigen Schreiber auseinandersetzen, dessen eigene Widersprüche in Sachen Geschäft Boger stark vereinfacht hatte. An diesen Maßstäben mußte Boger sich beweisen, und darauf strebte er jetzt ungestüm zu: Er machte erneut seine Führungsrolle in der wissenschaftlichen Arbeit von Vertex geltend und stürzte sich auf die Fragen, die er hatte hintanstellen müssen, während er mit dem Abkommen beschäftigt war. Nur so, das wußte er genau, und nicht mit dem Schließen von Abkommen konnten sie bessere Moleküle bauen.

So weit zu kommen und dann zu zögern, war nicht Bogers Art.

Teil 2

Die Jagd

11

„Ich führe ein aufregendes Leben", sagt Stuart Schreiber mit gedämpfter Stimme.

Die Umgebung ist unakademisch: Ein großes Büro mit unregelmäßigem Grundriß, aufgeräumt, ruhig und gepflegt wie bei einem Rechtsanwalt in Miami mit 300 Dollar die Stunde. Gewaltige expressionistische Gemälde, die in indirektes Licht getaucht sind, und der warme Schein einer schwarzen Stehlampe zeigen einen Hang zur Kunst und zu teurem Design. An der Stelle der Raumes, wo Chemiker einer früheren Generation einen von Zigaretten versengten und mit Kaffeeflecken übersäten Konferenztisch aufgestellt hätten, glitzert ein makellos sauberer, niedriger Couchtisch aus Glas und Stahl, der von einer Gruppe vollkommen gleichmäßig angeordneter Polsterstühle umgeben ist. Den Blickfang bildet ein importiertes, olivgrünes Sofa mit samtweichem Lederbezug.

Schreiber selbst ist groß und kräftig, nicht dick, aber auch nicht mehr schlank. Obwohl er Mitte dreißig ist, strahlt er immer noch eine Art jungenhafter, verwunderter Begeisterung aus, als sei er verblüfft über seine eigene Schlauheit. Er hat eine geschliffene, präzise Redeweise, aber manchmal, wenn er meint, er sei zu weit gegangen oder habe zuviel preisgegeben, verfällt er in eine Art seltsamer Selbstzensur. Mit einem zweigeteilten Kinn, das fast ständig von einem Dreitagebart bedeckt ist („so daß kleine Kinder und ältere Damen im Flugzeug nicht mit einem sprechen"), dunklen Wangen, starrem Blick und einem zurückweichenden Schopf aus modisch gestutzten, vorzeitig ergrauten Haaren lümmelt er sich selbstsicher und gelassen wie ein Vogel Strauß in seinen Sessel, ganz ähnlich wie Boger, der an seinem Schreibtisch einem Kranich ähnelt.

Sein Sinn für Ästhetik und Perfektion erstreckt sich nicht nur auf ihn selbst und sein Büro, sondern auch auf die Labors. Universitätslabors sind meist häßlich und ausschließlich nützlich, schmuddelig und metallisch wie das Wartezimmer eines Sozialamtes. Bei Schreiber ist alles auf Hochglanz poliert. Die Abzüge sind in leuchtendem Tomatenrot gehalten, und die Schränke sind beige. Im Kühlraum sorgt ein deckenhohes Fenster dafür, daß die Studenten nicht an einem unangenehmen Gefühl der Abgeschiedenheit leiden, während sie ihre Experimente machen. Als Schreiber

1988 von der Yale University kam, wies Harvard ihm zwei Trakte in benachbarten Gebäuden zu, die nur durch einen Korridor verbunden waren. Auf sein Drängen hin errichtete man zwischen ihnen eine Eingangshalle, eine Maßnahme, für die auch die darunter- und darüberliegenden Stockwerke aufgefüllt werden mußten. „Ich bin sicher, daß dies die teuerste Eingangshalle war, die Harvard jemals gebaut hat", sagt Schreiber, „aber es hat sich gelohnt."

Daß es sich „lohnte", Schreibers „persönliches Gleichgewicht" zu pflegen, stellte in der Verwaltung von Harvard kaum jemand in Frage. Wie alle Forschungseinrichtungen ist die Universität ein Geschäftsbetrieb. Ihre Produkte sind Ideen und Akademiker, und die fest angestellten Professoren, insbesondere in den Naturwissenschaften, bilden gewissermaßen eine Zentralbank. So betrachtet, konnte Schreiber mit seiner Verschmelzung von präparativer Chemie, seinem Studienfach, und Zellbiologie, in der er keine Ausbildung hatte, zu einer Goldgrube werden, und deshalb unterstützte Harvard ihn eifrig. Nachdem die Universität sich in der ersten Runde der Auseinandersetzung mit den von ihren Professoren gegründeten Biotechnologiefirmen treu geblieben war – und dabei ein Vermögen verloren hatte –, war sie nun sehr darauf bedacht, den „wichtigen Industriezweig" nicht zu übersehen, der sich mit kleinen Molekülen beschäftigte und den Schreiber, wie er selbst glaubte, in seinen Labors ins Leben rief.

„Als ich wußte, daß ich aus Yale weggehen würde", berichtet er, „stellte ich noch am selben Tag eine Liste zusammen. Ich hielt sie für recht solide, aber ich fürchtete, sie würden sich deswegen aufregen. Die Verwaltung von Yale hätte dabei ganz schön schlucken müssen, das wußte ich. Es genügt wohl, wenn ich sage, daß ich keine Zahlen nach unten korrigierte; sie reagierten sofort mit einem Gegenvorschlag, der höher lag als meine Vorstellungen.

Da wurde mir klar, daß ich es nicht mit Pfennigfuchsern zu tun hatte. Diese Leute meinten es mit der Wissenschaft wirklich ernst."

Bei soviel Begeisterung und Glück hätte man annehmen können, daß das Selbstbewußtsein eines so jungen Wissenschaftlers ins Unendliche wuchs, und tatsächlich ist Schreiber, was seine Stellung in der Plutokratie von Harvard angeht, alles andere als bescheiden. „Ich mußte dorthin", sinniert er. „Ich wußte, daß ich irgendwann in Harvard landen würde. Ich wußte es! Ich würde es erreichen, koste es, was es wolle. Ich würde nicht aufhören zu schuften, bis es erreicht war. Und wenn ich alles andere aufgeben mußte, ich wollte es schaffen." Andererseits stammt sein Selbstbewußtsein offenbar vorwiegend aus der einzigartigen Geschichte der Harvard University und wird auch an ihr gemessen. „Es ist das Mekka der organischen Chemie. Das war es immer. Eines erkannte ich sehr schnell: Ja, ich war auf manchen Gebieten der präparativen Chemie ganz gut. Ich hatte Artikel veröffentlicht, über die andere sinngemäß sagten: ‚Aha, das ist ein schlauer Bursche.' Aber wenn man hier ist, merkt man, daß das nicht gut genug ist. Man muß etwas Neues schaffen."

Mit diesem Anspruch an sich selbst ging Schreiber Ende 1988 und Anfang 1989 daran, seine Labors einzurichten: Er wollte in der Chemie etwas Neues leisten, etwas Kreatives, das über die schlichte Schlauheit hinausging. Daß er mit zweiunddreißig Jahren einen Ruf nach Harvard erhielt, betrachtete er als einen auf dreißig bis fünfunddreißig Jahre befristeten Auftrag, die vorderste Front der organischen Chemie voranzutreiben, und nun wollte er das Gebiet erweitern und in eine neue Richtung lenken. Wie die präparativen Chemiker früherer Generationen konzentrierte er sich auf die Herstellung biologisch aktiver Moleküle. Aber das war nicht alles. Er wollte diese Moleküle als Sonden benutzen und mit ihnen eine größere Welt entdecken. Indem er herausfand, wie kleine Moleküle die Vorgänge in den Zellen beeinflussen, wollte er die Chemie mitten in die biologische Revolution führen.

Es hatte das Zeug zu einer historischen Wende. Jahrzehntelang hatten sich in der Zellbiologie immer mehr Kenntnisse über molekulare Vorgänge angesammelt. Ihre wichtigsten Hilfsmittel und Methoden, insbesondere die Neukombination des genetischen Materials, stammten aber aus der Biologie, und diese Biotechnologie hatte ihre Grenzen. So hatte man beispielsweise mit gentechnisch hergestellten Sonden ein breites Spektrum von Proteinrezeptoren auf der Zelloberfläche identifiziert, und das war der Ausgangspunkt für eine neue Ära von Medikamenten und Pharmaforschung. Aber solche Moleküle waren so groß, daß sie die Zellmembran nicht durchdringen konnten.

Das war Schreibers Ansatzpunkt, seine große Chance: kleine Moleküle. Er beschloß, die Barriere der Zellmembran mit kleineren, synthetischen Verbindungen zu überwinden. Er wollte Moleküle herstellen, mit denen man Proteine im Cytoplasma identifizieren, isolieren und reinigen konnte, um dann ihre Struktur aufzuklären und ihre Reaktionspartner zu finden. Er, der Chemiker, wollte grundlegende biologische Vorgänge untersuchen und erklären – das chemische Ineinandergreifen der Moleküle in den Zellen. Und er hatte sogar ein Modell: FK-506. Schreiber beabsichtigte, mit dieser Verbindung und ihren Varianten wie 506BD die fast hermetisch abgeriegelten Geheimnisse der Zellen zu lüften: Wie treten Proteine, die aus leblosen Atomen bestehen, untereinander in Wechselwirkung, und wie bewegen sie sich im Zusammenhang der Zelle gezielt fort? Er wollte Fragen beantworten, die normalerweise von Biologen gestellt werden, und zwar besser, schneller und intelligenter; dazu sollten ihm die neuen Moleküle dienen, die nur er – und jeder, dem Harvard die Lizenz gab – besaß.

„Biochemiker", so ein altes Sprichwort, „sind Leute, die zu Biologen über Chemie, zu Chemikern über Biologie und unter sich über Frauen sprechen." Mehr als eine Generation lang waren die führenden Biochemiker meist Molekularbiologen gewesen, die das Leben durch die DNA-Brille betrachteten. Um Biologie auf einer grundlegenden Ebene zu verstehen, so sagten sie, muß man bei den Genen anfangen – beim Schöpfungsakt. Schreiber nahm einen pragmatischeren Standpunkt ein. Er ging von dem Auslöser aller biochemischen Abläufe aus: von der Verbindung zweier Moleküle. Indem er die Art solcher Bindungen änderte, wollte er die Molekülstrukturen untersuchen, ihre Aktivität beeinflussen und ihre physischen Beziehungen aufzeigen. Mit chemischen Kenntnissen wollte er die biologischen Vorgänge erklären und dabei vielleicht auch abwandeln.

Das war Schreibers Mission, seine Stoßrichtung.

Natürlich war er nicht der einzige. Daß Boger, ebenfalls ein in Harvard ausgebildeter Nichtbiologe, der Schreiber damals nur flüchtig bekannt war und ihn tatsächlich für einen „schlauen Burschen" hielt, sich gerade jetzt mit der gleichen Verbindung auf denselben Weg begab, war sicher der verblüffendste und spektakulärste Zufall im Leben beider Männer.

Als Schreiber in Harvard war, ging er sofort daran, sich seine Privilegien zu sichern. Er neigt zu plötzlichen Eingebungen, auf die er sich dann rückhaltlos verläßt. Sich selbst stellt er, wie Mark Murcko es formulierte, „über den Lärm". Durch die Zusammenarbeit mit Harding und die Entdeckung von FKBP hatte sich Schreiber in eine führende Stellung auf dem Gebiet der Immunophilinforschung katapultiert, und diese Position hatte er ausgebaut, als seine Arbeitsgruppe das Gen isolierte, das den Bauplan für das Protein enthält. Mit den Methoden der Gentechnik klonierte er dann das Gen, so daß er das Protein in Thomson-Einheiten herstellen konnte. Dabei hatte er in allen Stadien gewaltiges Glück gehabt. Er hatte nie zuvor ein Protein entdeckt, nie ein Gen kloniert und nie ein Enzym durch Überexpression gewonnen, und dennoch hatte er mit seinen Studenten und Mitarbeitern ohne weiteres die besten Labors der Welt eingeholt oder überflügelt. Er bezeichnete FKBP als „segensreiches Molekül", und für ihn und seine Studenten war es das sicher auch; mit seiner Hilfe versuchte Schreiber nun, seine Spuren in der gesamten Naturwissenschaft zu hinterlassen.

Daß Schreiber das alles an der Harvard University leistete, war zweifellos ebenso überraschend wie die Entdeckungen selbst. Mit Sicherheit hatte er sich seine Zukunft so nicht vorgestellt, als er, der zutiefst gleichgültige Highschoolschüler, sich für ein Schülerarbeitsprogramm meldete, um den Unterricht möglichst zu meiden, und die wenigen Stunden, die verlangt wurden, dann auch noch schwänzte. „Ich war überhaupt nicht akademisch ausgerichtet", erzählt er. „Ich hatte nie daran gedacht, aufs College zu gehen, sondern ich überlegte, ob ich lieber Dächer oder Fußböden bauen wollte. Das war die Ebene, auf der für mich die Entscheidungen anstanden. Ich glaubte wirklich nicht, daß ich das College brauchte; ich fand diese Leute völlig uninteressant."

Statt dessen interessierte sich Schreiber, der in den sechziger und frühen siebziger Jahren in einer Kleinstadt in Virginia aufgewachsen war, für Mountainbikefahren, Sport, Trinken und Mädchen. Sein Vater, ein pensionierter Armeeoberst und Berater für Ballistik, legte Wert auf strenge Disziplin, und seine Mutter, eine in ihren Sohn vernarrte Hausfrau, betrachtete ihn völlig unkritisch. Dennoch waren beide Eltern bereit, die Kinder eigene Wege gehen zu lassen. Schreiber arbeitete in einer Pizzabude und wurde in der Schule zum seltenen Besucher. „Ich besaß in der Highschool kein einziges Buch", berichtet er. „Zum Schuljahresbeginn gaben sie mir Bücher – das fand ich gar nicht seltsam – sowie einen Spind und die Zahlenkombination für das Schloß. Ich nahm die Bücher, legte sie in den Spind, und als sie die Bücher am Ende des Schuljahres zurückhaben wollten, mußte ich wiederkommen und nach der Kombination fragen. In der Zwischenzeit war ich kein einziges Mal an dem Spind." Schreiber war ein Werkstatthengst. Er belegte Werken 1, 2 und 3, Elektronik, Automechanik und ein Fach, an das er sich als „Kleiderplanung für die Abschlußfeier" erinnert – die für Jungen vorgesehene Entsprechung zur Hauswirtschaft. Der Lehrer war seinen Berichten zufolge „ein dicker, ungehobelter Kerl, der uns immer von seinen Abenteuern erzählte, und die bestanden darin, Leute zu verprügeln oder Mädchen hinterherzulaufen".

„Von Chemie hörte ich im letzten Schuljahr zum ersten Mal", sagte er. „Sie schickten uns in den Unterrichtsraum, und wir sahen einen Walt-Disney-Film. Das war unsere Einführung in die Chemie. Ich hatte den Eindruck, die Chemie habe eine gewisse Parallele zur Drehung der Planeten um die Sonne."

Trotz seiner Motivationsschwäche hatte Schreiber offenbar eine geradezu unheimliche Fähigkeit, bestimmte Informationen aufzunehmen, insbesondere bei Klassenarbeiten. Er hatte ein Gespür für abstrakte Vorstellungen und eine Vorliebe für Formen. „Ich dachte, mit mir stimmt etwas nicht. Ich konnte mich hinsetzen und aus dem Effeff eine Geometrieklausur schreiben. Und dabei war ich überhaupt nicht im Unterricht gewesen. Alle anderen beschwerten sich, es sei so schwierig, aber mir erschien es völlig logisch." Ein Vertrauenslehrer empfahl ihm, einen Eignungstest mitzumachen. Nach einer Nacht, in der er „einen draufgemacht" hatte, kämpfte Schreiber sich durch die sechsstündige Prüfung und erzielte eines der besten Ergebnisse seiner Klasse. „Ich weiß noch, wie die Leute sagten: ‚Waaas? Der Schreiber? Wieso konnte der so gut abschneiden?'"

Zum Spaß entschloß er sich zur Bewerbung an der University of Virginia und am Virginia Tech. „Eigentlich war es mir egal, ob ich reinkam oder nicht – im Hinterkopf dachte ich immer noch ans Dachdecken oder Fußbodenlegen. Aber ich wurde genommen, das war die nächste große Überraschung."

In den meisten Heiligenlegenden steht vor der großen Erleuchtung eine Phase des mühseligen Wanderns. Genau so beschreibt Schreiber auch seinen Studienbeginn an der University of Virginia. Er war ein miserabler Student. Er wollte gar nicht dort sein. Die Kommilitonen waren nicht wie seine Kumpels in der Pizzabude. Er dachte an einen Beruf, bei dem er im Freien arbeiten konnte, und interessierte sich deshalb für Biologie und Forstwirtschaft, aber man sagte ihm, er müsse zuerst Chemie belegen, den berüchtigten „Rausschmeißerkurs". Schreiber überlegte, daß er ja noch nie zuvor studiert hatte, dachte an Walt Disney und die Umlaufbahnen der Planeten und belegte statt dessen alle geisteswissenschaftlichen Fächer. „Es war entsetzlich", erinnert er sich. „In einem Kurs mußten wir *Die Eingeschlossenen* von Sartre lesen. Es waren eine Menge Nordstaatler dabei, und die nahmen das Buch schrecklich ernst. Für mich war es ein Brechmittel.

Ich ging nicht mehr in den Unterricht. Während der ersten drei Wochen war ich vollkommen überzeugt, daß ich die Universität verlassen würde, und das war mir ganz recht. Dann wurde mir klar, daß ich mir meine lockere Art zunutze machen und jede Menge Spaß haben konnte. Ich sah, daß es viele junge Frauen gab, mit denen ich mich herumtreiben konnte, und das tat ich auch.

Nach der dritten Woche rief ich meine Schwester an und sagte ihr, ich würde die Uni hinschmeißen. Ich erklärte ihr, warum, und sie sagte: ‚Na gut, mach' was du willst. Wenn es dir lieber ist, nimm doch den Chemiekurs.' In dem Augenblick, als sie das sagte, erschien es völlig vernünftig: *Ja, natürlich, nimm den Chemiekurs.* Ich suchte den Dozenten auf. Er sagte: ‚Du hast die ersten drei Wochen verpaßt. Am Freitag ist die erste Klausur' – ich glaube, es war am Montag. ‚Ich nehme dich in den Kurs auf, aber die erste Klausur mußt du mitschreiben.'" Schreiber lacht. „Ich dachte: ‚Na und?' Es machte mir nichts aus, in der Prüfung durchzufallen. Ich würde sie ohnehin nicht bestehen, na gut, mir doch egal!"

Er fährt fort: „Dieser Montag war ein sehr wichtiger Tag. Ich ging in den großen Hörsaal. Zum ersten Mal besuchte ich eine richtige Vorlesung. An den ersten Eindruck kann ich mich noch genau erinnern. Ich ging in den Saal, sah mich um, und *jeder* hatte einen Notizblock und schrieb mit. Ich fragte mich, woher sie alle wußten, daß man es so macht. Also fragte ich jemanden: ‚Woher wußtet ihr, daß man einen Notizblock mitnehmen muß? Hat es euch jemand gesagt? Habe ich nicht aufgepaßt?'

Ich saß in der Vorlesung. Der Dozent – er hieß Russell Grimes – ging zur Tafel und zeichnete etwas, von dem ich keine Ahnung hatte. Wie sich herausstellte, waren es die Atomorbitale. Er sprach über eine Gruppe von fünf d-Orbitalen. Das sind eigentlich geometrische Formen mit großen Lappen. Eines hat zum Beispiel zwei Lappen und an der Verbindungsstelle einen Ring ... er zeichnete mit farbiger Kreise.

Ich sah das und sagte zu mir: ‚Du liebe Güte, das ist also Chemie?' Ich dachte, Chemie handele von Planeten, die um eine Sonne kreisen. Das hier wirkte eher wie Geometrie. Was er zeichnete war unglaublich schön, es hatte einen großen ästhetischen Reiz. Ich hatte keine Ahnung, was es darstellen sollte. Aber die farbigen Kreise. Die unterschiedlich geformten Orbitale. Ich dachte: ‚Das sieht wirklich interessant aus.'

Anschließend ging ich in die Buchhandlung und erstand das Buch. Ich nahm es mit in mein Zimmer und dachte: ‚Na gut, da wirst du also in die Sackgasse laufen.' Ich hatte im Wohnheim schon oft gehört, wie Studenten sich beklagten, es sei so schwierig und sie verstünden es nicht. Also las ich das erste Kapitel sehr sorgfältig, Satz für Satz, und wartete, daß da etwas Unverständliches stand, *aber es kam einfach nicht*. Alles floß wunderbar ineinander; es war so klar und logisch."

Schreiber paukte und erreichte in der Klausur achtundachtzig Prozent; nur drei Aufgaben konnte er nicht lösen – „und das waren für den Rest des Jahres die drei letzten unbeantworteten Fragen", berichtet er. "Von da an ging ich in jede Vorlesung. Ich konnte einfach nicht genug bekommen. Es war wirklich aufregend. Mir war völlig klar, daß ich in diesem Fach tatsächlich gut war, und ich liebte es."

Jetzt war Schreiber auf seiner Straße nach Damaskus. Er stellte fest, daß als nächster Kurs die organische Chemie folgte, die er „um Größenordnungen interessanter" fand als die allgemeine Chemie. Unersättlich kaufte er sich ein Lehrbuch für das zweite Studienjahr und brütete den ganzen Sommer darüber. „In diesem Stadium zeichnete ich mir den größten Teil meiner Laufbahn vor", sagt er. „Ich weiß noch, wie ich zum Institutsleiter ging. Ich hatte mir die Doktorandenberichte durchgelesen und wußte, was die einzelnen Leute taten. Also setzte ich mich hin und sagte: ‚Ich habe genau über das nachgedacht, was wir bisher studiert haben; in Zukunft möchte ich mich mit organischer Synthese beschäftigen. Ich möchte Professor für organische Synthese an einer großen Universität werden, möglichst an der Ostküste. Und außerdem möchte ich in Ihrem Labor arbeiten.'"

Immer noch hatte er weder in einem Labor gestanden noch eine chemische Reaktion ablaufen lassen, aber der neunzehnjährige Schreiber widmete sein Leben von nun an der Herstellung komplizierter Moleküle. „Ich fiel von einem Extrem ins andere, von einer völlig unakademischen Einstellung zu dieser Leidenschaft für organische Chemie. Dann hörte ich Vorlesungen in synthetischer Chemie, und das war *wirklich* aufregend. Mir wurde klar, daß es ganz ähnlich war wie ein Architekturstudium. Man hat ein kompliziertes Molekül als Ziel und ein breites Spektrum von Reaktionsprozessen. Dann muß man nach logischen Gesetzen eine Reaktionsfolge zusammenstellen, die aus einfachem Ausgangsmaterial etwas Komplizierteres macht, genau wie beim Bau eines Hauses. Es gibt unendlich viele Lösungen, aber manche davon zeichnen sich eindeutig durch besondere Eleganz und Effizienz aus. Es hat einen ästhetischen Reiz, wie man mehrere kleinere Bruchstücke zusammensetzt, so daß sie nur noch ineinandergreifen müssen. Dann weiß man, daß man es geschafft hat. Es gibt zwar noch andere Möglichkeiten, aber die sind nicht so interessant."

Von dem Augenblick an, als Schreiber zum ersten Mal am Labortisch stand, hielt er sich für einen Meister der organischen Synthese, obwohl seine Forschung, wie er heute einräumt, „kläglich langsam" voranging. Das spielte kaum eine Rolle. Er war ein Phänomen, ein Naturtalent. Am Ende des zweiten Studienjahres verschlang er in rascher Folge ein Chemiebuch nach dem anderen und baute sich ein so auf ein Fach beschränktes Leistungsprofil auf, daß man in der Universität nicht wußte, welchen akademischen Grad man ihm verleihen sollte. Von den insgesamt 120 Leistungsnachweisen des Grundstudiums hatte er 105 in den Naturwissenschaften zusammengetragen, und davon allein 85 in Chemie. Er belegte alle Fortgeschrittenenkurse der Fakultät und bekam überall die besten Noten. Voller Hingebung ließ er alle anderen Ziele fallen, weil sie ihm hoffnungslos stumpfsinnig schienen. Über die Zeit seines Examens berichtet er: „Ich hatte *gewaltiges* Selbstvertrauen. Ich glaube nicht, daß ich ein arroganter Mensch war, denn man konnte mich ohne weiteres ertragen. Aber ich wußte, daß ich in diesen Dingen sehr gut war."

Als Schreiber ins College kam, war ihm schleierhaft, woher die Studenten wußten, daß sie sich Notizen machen müssen; als er es verließ, hatte er sich die automatische Aufnahme in Harvard verdient, an der besten Fakultät für organische Chemie der Welt. Und, was noch wichtiger war: Da er alles, was mit seiner neuen Laufbahn zusammenhing, mit geschmeidiger Leichtigkeit bewältigte, hatte er auch nichts anderes erwartet. „Aufnahme in Harvard? Natürlich! Sie mußten mich einfach nehmen!" sagt er. Er war vom ungebildeten Taugenichts zum dynamischen Wunderkind geworden. Was als nächstes kam, war keine Frage. Nachdem Schreiber im Herbst 1977 in Cambridge angefangen hatte, wandte er sich sofort an Robert Burns Woodward, der nach fast einhelliger Meinung der größte organische Chemiker des 20. Jahrhunderts war, und bat darum, in dessen Labor arbeiten zu dürfen. Woodward, eine überragende, romantische Gestalt, die auf dem besten Weg war, zur Legende zu werden, sagte ohne große Gemütsbewegung ja.

Vier Jahre nach seinen ersten Erlebnissen mit der Wissenschaft – und mit Büchern überhaupt – war Schreiber in der heiligen Stadt. Und in seiner typischen unbescheidenen Art ging er daran, sich gegen ihren größten lebenden Hohepriester zu stellen.

Mit sechs US-Präsidenten, dreiunddreißig Nobelpreisträgern und fünfundzwanzig Trägern des Pulitzerpreises, die Harvard für sich beanspruchen kann, konkurriert die Universität, was die Produktion akademischer Legenden angeht, nur mit sich selbst: Der Narzißmus der Institution schafft die Atmosphäre, in der Harvard-Charaktere wachsen und gedeihen. Aber nur die wenigsten Persönlichkeiten wurde so umfassend, ja geradezu leidenschaftlich verehrt wie R.B. „Bob" Woodward. „Wie er war?" Ein Kollege von über vierzig Jahren zuckt die Achseln. „Er war ein Genie." Darauf erwidert Schreiber: „Er überschattete absolut und vollständig alle anderen auf seinem Gebiet. Wenn Woodward ins Labor gekommen wäre und gesagt hätte: ‚Hack' dir den Arm ab!', hätte man gefragt: ‚Welchen?'"

Woodward wußte, daß er eine große Persönlichkeit war. Er hatte es immer gewußt. Nachdem er 1933 mit sechzehn Jahren ans MIT gekommen war, hatte er sich selbst in Chemie bereits mehr beigebracht, als die Universität von den Hauptfachstudenten verlangte. Nach dem zweiten Studienjahr sprach die Fakultät sich in einer Abstimmung dafür aus, ihm ein eigenes Labor sowie ein Stipendium zu geben und ihn von den Lehrveranstaltungen zu beurlauben. Darauf reagierte er, indem er in einem einzigen Semester fünfzehn Kurse belegte und mit zwanzig Jahren seinen Doktor machte. Anschließend, im Herbst 1937, ging er als Postdoc an die Harvard University und übernahm dort das frühere Labor von Tishler in der dritten Etage der Converse Hall. (Heute gehört der Ort von Tishlers Drama mit Brand und Rettung zu Schreibers biologischer Abteilung.)

„Keiner von uns hielt ihn für so überragend", berichtete Tishler. „Er hatte eine überragende Presse und konnte auch lästig sein." Aber schon bald bewunderten Tishler und Woodward sich gegenseitig, vereint durch die gleiche leidenschaftliche Hingabe bei der Herstellung von Molekülen. Tishler wollte beweisen, daß man jede Verbindung, die sich synthetisieren läßt, auch industriell erstellen kann; und Woodward ging es um den Nachweis, daß man jedes in der Natur vorkommende Molekül, und sei es auch noch so kompliziert, im Labor nachbauen kann. Sie waren Brüder in Geiste, und ihre gemeinsame Wirkung sollte die synthetische organische Chemie in den folgenden vierzig Jahren prägen.

Peter Jacoby, der Dekan der chemischen Fakultät an der Wesleyan University, der bei beiden gearbeitet hat, meint: „Max hielt Woodward für den besten Chemiker aller Zeiten." Zu den Giganten des Fachgebietes gehörte er mit Sicherheit. Im Jahr 1943, auf dem Höhepunkt des Zweiten Weltkrieges, synthetisierte der Sechsundzwanzigjährige das Chinin und trug so dazu bei, das japanische Monopol auf die natürlichen Vorräte des Wirkstoffes zu brechen. Vier Jahre später verblüffte er die Welt erneut, indem er Aminosäuren zu proteinähnlichen Ketten aufreihte – „Seide, die nicht von Raupen stammt, Wolle, die nicht von Schafen kommt und Pelze, die auf keinem Pelztier gewachsen sind". Er behauptete zwar, er wolle Gott nicht nachahmen – auf die Frage, ob er eines Tages das Leben synthetisch herstellen wolle, erwiderte er: „Nein, ich bin ganz zufrieden damit, wie es jetzt ist" –, aber er wollte sich mit der Natur auf einer höheren Ebene messen als alle Chemiker vor ihm.

Im Rahmen eines Vertrages mit Merck, den Tishler vermittelt hatte, ging Woodward 1949 an die Synthese des Cortisons. Fünf Jahre lang hatte sich die Firma damit herumgeschlagen, den Wirkstoff aus Ochsengalle zu isolieren. Die Ergebnisse waren niederschmetternd: Man mußte vierzig Rinder schlachten, um nach einer chemischen Prozedur mit zweiundvierzig Schritten einen Patienten einen Tag lang behandeln zu können. Tishler verkürzte die Synthese auf besser handhabbare – und gewinnbringende – sechsundzwanzig Schritte, eine Leistung, die Woodward voller Bewunderung als die größte Errungenschaft in der Geschichte der industriellen Chemie bezeichnete. Aber nach Tishlers Überzeugung – und Woodward stimmte ihm darin zu – konnte das Cortison nur dann allgemein verfügbar werden, wenn man nicht mehr die kostbaren Körperflüssigkeiten von Rindern als Ausgangsmaterial benutzte, sondern leichter erhältliche und weniger gruselige Substanzen. Der Wettlauf um die Gewinnung des Wirkstoffes aus einer anderen Quelle wurde nach einem Bericht der *New York Times* zum „größten internationalen Wettbewerb in der modernen Chemie, an dem die weltbesten Chemiker teilnahmen".

Woodward, jetzt Anfang dreißig, war ein Jahr zuvor in Harvard von der Lehre freigestellt worden, so daß er sich ganz diesem Projekt widmen konnte. Er gab keine Ruhe. Die Chemiker hatten bereits gelernt, wie man Steroide, große Moleküle mit mehreren Ringen, aus anderen Steroiden herstellt, aber niemand hatte bisher eines solche Verbindung ganz neu so synthetisiert, wie die Natur es tut: durch das Zusammensetzen der einzelnen Atome. An einem Kohlenteerderivat lernte Woodward, wie er Atome dazu bringen konnte, daß sie sich wie Tänzer auf der Bühne genau in der Form anordneten, die er sich vorstellte. Das Ergebnis war zwar kein Cortison, aber ein anderes Steroid, und diese Verbindung entsprach dem Produkt aus Ochsengalle, das bei Merck am Anfang der endgültigen Cortisonsynthese stand. Mit zwanzig chemischen Reaktionsschritten und billigen, sauberen Ausgangsmaterialien war Woodwards Steroid ein Durchbruch mit gewaltigem wissenschaftlichem und kommerziellem Reiz; jetzt war absehbar, daß nicht nur das Cortison, sondern eine ganze Familie menschlicher Hormone allgemein verfügbar werden würde.

Die Veröffentlichung von Woodwards Entdeckung im April 1951, auf der Höhepunkt der Krise bei Merck, wo man nicht genügend Cortison herstellen konnte, um den Bedarf zu decken, versetzte die Welt in helle Aufregung: „Die Errungenschaft wurde ... als eine der größten Leistungen in der Geschichte der Chemie gepriesen ... Sie sei von unabsehbarer Bedeutung für die vielen Millionen Menschen, die an rheumatoider Arthritis, rheumatischem Fieber, Verbrennungen, blindmachenden Augenkrankheiten und einer großen Palette weiterer chronischer Krankheiten leiden, aber auch für das ganze weitere Wohlergehen der Menschheit", schrieb die *Times* auf der Titelseite. Woodward selbst war weniger überschwenglich. „Bisher haben wir noch kein Cortison synthetisiert", sagte er. „Ich weiß nicht, wie viele Arbeitsschritte noch nötig sind, bis wir Cortison haben, und wie lange es dauern wird. Vielleicht ist es sogar unmöglich."

Woodward hatte tatsächlich recht; seine Entdeckung war nicht so umwälzend, wie es zunächst den Anschein hatte. Die Chemiker, die sich mit Synthese beschäftigten, waren entzückt, aber sie gaben in der Erforschung des Lebens nicht mehr den Ton an. Die weit wichtigere Errungenschaft stammte im gleichen Frühjahr von Linus Pauling, einem Biochemiker am California Institute of Technology: Er veröffentlichte nach fünfzehnjähriger Arbeit eine Reihe von Fachartikeln, die sich auf die Weiterentwicklung der organischen Chemie viel stärker auswirken sollten als Woodwards Synthese. Pauling, ein umtriebiger, ausgezeichneter Experimentator, der später als eine von insgesamt nur drei Personen zwei Nobelpreise erhielt – einen in Chemie und den zweiten für seine Bemühungen um die Abrüstung –, hatte die grundlegenden Gesetzmäßigkeiten für die Faltung von Proteinketten entdeckt.

Paulings Entdeckung stellte wie die Aufklärung der DNA-Struktur durch Watson und Crick ein Jahr später die wissenschaftliche Hierarchie auf den Kopf. Fünfundsiebzig Jahre lang hatten die Wissenschaftler gerätselt, ob Proteine sich zu vorbestimmten Molekülformen falten und ob diese Form ihre Aktivität bestimmt. Pauling beantwortete beide Fragen nicht nur mit einem eindeutigen Ja, sondern legte auch alle wichtigen Regeln offen, nach denen die Gestalt der Moleküle entsteht. Plötzlich war, wie der Chronist Horace Freeland Judson feststellt, die *Struktur* der Moleküle – und nicht mehr ihre chemische Zusammensetzung – die „zentrale und vielversprechendste Fragestellung der modernen Chemie". Struktur beinhaltete Funktion, und die Funktion eines Moleküls bestimmt seine Bedeutung. Die synthetische Chemie, die das Verhalten der Moleküle nur nachvollzog, ohne es zu erklären, verlor an Ansehen.

Es folgten noch weitere Enttäuschungen. Tishler hatte gehofft, aus der Zusammenarbeit von Merck und Woodward beim Cortison werde sich eine langfristige Verbindung entwickeln, aber während Tishler und Woodward die Beziehung sehr zu schätzen wußten, waren andere weniger damit einverstanden. Schließlich schloß Woodward einen Beratervertrag mit Pfizer ab, einem von Mercks Hauptkonkurrenten. „Das hat mir das Herz gebrochen", sagte Tishler noch fast vierzig Jahre später. „Wir hatten Schwierigkeiten. Ein paar Leute waren dagegen, daß er dazukam, weil sie dachten, er würde dann das Sagen haben." Im Juli, knapp drei Monate nach Woodwards Veröffentlichung, geschah etwas noch Schlimmeres: Syntex, eine kaum bekannte Pharmafirma mit Labors in Mexico City, gab bekannt, ihr sei die Herstellung von Cortison aus einer wilden, nicht eßbaren mexikanischen Pflanzenwurzel gelungen. Das Herstellungsverfahren war billiger als die Synthesewege von Woodward und Tishler, so daß Syntex trotz Mercks früherer Vormachtstellung schnell zum führenden Hersteller von Cortison und anderen Hormonen wurde. Salz auf die Wunde war die Tatsache, daß die Chemiker, die bei Syntex an dem Projekt arbeiteten, im Durchschnitt erst siebenundzwanzig Jahre alt waren. Woodward hatte wie viele Wunderkinder mit seinem Alter kokettiert und behauptet, die meisten synthetischen Chemiker seien mit fünfunddreißig Jahren erledigt. Er war jetzt vierunddreißig, zwei Jahre älter als Schreiber später beim Antritt seiner Harvard-Professur sein würde, und hatte so hochgesteckte Erwartungen in die Herstellung von Molekülen, daß andere Chemiker ihn jetzt überrundeten.

Woodward baute weiterhin immer kompliziertere Moleküle: Chlorophyll, Lysergsäure und Strychnin. („Wenn wir das Strychnin nicht herstellen", stöhnte er einmal in seiner typischen Art, „müssen wir Strychnin nehmen!") Er erhielt 1965 den Nobelpreis für Chemie, und 1972 wandte er sich der künstlichen Herstellung des Vitamins B_{12} zu; es war die komplizierteste Synthese, die man bis dahin ausgeführt hatte, und viele Chemiker hielten sie für eine so außergewöhnliche Leistung, daß sie glaubten, Woodward werde wie Pauling einen zweiten Nobelpreis bekommen.

Daß dies nicht geschah, stachelte ihn nur noch stärker an, das Stigma des einfachen Nobelpreises loszuwerden.

Woodward schuftete unermüdlich. Kaum einmal schlief er länger als ein paar Stunden. Er verabscheute das Gesundheitsdenken, das er bei anderen für die Ursache vieler Probleme hielt, und rauchte und trank mit grimmiger Hingabe. „Wir stellten über Woodward drei grundlegende Behauptungen auf", schrieb ein früherer Postdoc. „Er wurde nie betrunken, er wurde nie müde und er schwitzte nie." Für seine Studenten war er eine Art Halbgott, und so behandelten sie ihn auch: halb im Ernst trugen sie ihn zu Vorlesungen in einer blauen Sänfte, die mit seinen Initialen geschmückt war.

In einem gewissen Sinne leistete Woodward zuviel. Er hatte nachgewiesen, daß man fast jede organische Verbindung im Labor nachbauen kann, und die dafür notwendigen Methoden entwickelt. Danach aber konnte jede neue Synthese, auch wenn sie technisch noch so aufwendig war, das Sichtfeld nur verengen. Die Wissenschaft wächst wie eine Galaxie an den Rändern am schnellsten, und Anfang der fünfziger Jahre eröffneten Biophysik und Molekularbiologie, zwei Gebiete, in denen unterschiedliche Disziplinen sich überschnitten und ineinanderflossen und auf denen Pauling, Watson, Crick und andere Pionierarbeit geleistet hatten, einen weitaus wirksameren Weg, um zu verstehen, wie Moleküle sich verhalten und warum. Woodward hatte seine Grenzen abgesteckt und erreicht, und damit hatte er die chemische Synthese in den Mittelpunkt des wissenschaftlichen Interesses gerückt. Aber Ende der siebziger Jahre, als Schreiber in sein Labor kam, spielten sich fast alle großen Fortschritte auf anderen Gebieten ab.

Zunächst bemerkte Schreiber die Veränderung nicht. Sein neugewonnenes Vertrauen in sich selbst und die Herstellung von Molekülen war so betörend, und seine Begeisterung über Harvard, sein neues Mekka, saß so tief, daß er alles andere übersah. „Mir tat jeder leid, der sich nicht mit organischer Synthese beschäftigte, denn diese Leute verpaßten das, was wissenschaftlich ganz offenkundig das Wichtigste war", sagt er. Mit besonderer Geringschätzung betrachtete er die Biologie.

Woodward hatte sich mittlerweile fast vollständig von seinen Studenten zurückgezogen und überließ es ihnen, eigene Projekte zu verfolgen. Er pokerte immer noch ganze Nächte lang, aber Schreiber interessierte sich nicht für das Spiel und lernte seinen Lehrer deshalb kaum richtig kennen. Dennoch spürte er seinen eigenen Berichten zufolge einen unsichtbaren Einfluß, der in ihm den Mut erweckte, jedes Problem anzugehen und sich als Mitglied eines auserwählten Zirkels zu betrachten. „Es war ein sehr schönes Gefühl, zu Woodwards Gruppe zu gehören", sagt er. „Man merkte, daß es auf einen selbst abfärbte. Die Leute taten alles – wirklich alles –, um etwas zu leisten, das seine Aufmerksamkeit erregte."

Schreiber war im Herbst 1977 zu Woodward gekommen, als Boger gerade auf der anderen Seite des Innenhofes in Knowles' enzymologischem Labor seine Promotion abschloß. Zweiundzwanzig Monate später – Schreiber steckte gerade mitten in der Doktorarbeit – starb Woodward, erst zweiundsechzig Jahre alt, plötzlich in seinem Haus an einem Herzinfarkt. Schreiber trauerte, was vielleicht verständlich war, weniger wegen Woodward, den er kaum kannte, als vielmehr wegen seiner eigenen Laufbahn. Er hatte sich energisch und unaufhaltsam vorgearbeitet, und jetzt lag seine Zukunft im Ungewissen. In Wirklichkeit aber war Woodwards Tod für ihn äußerst vorteilhaft. Er befreite Schreiber von der Notwendigkeit, eigene Verdienste als Chemiker sammeln zu müssen. Nachdem ein anderer Professor ihn aufgefordert hatte, die Promotion in seiner Arbeitsgruppe abzuschließen, veröffentlichte Schreiber schließlich noch als Doktorand zwei aufsehenerregende Artikel, bei denen er der einzige Autor war. Dem Zwang, sich als Postdoc zu bewähren, war nicht einmal Woodward entgangen, aber Schreiber, der in dreieinhalb Jahren seine Doktorarbeit fertig hatte, war anschließend bereits völlig anerkannt. Von anderen Universitäten heftig umworben, plante er nun seinen nächsten Schachzug.

„Es gab einige Diskussionen darum, ob ich hierbleiben sollte", erzählt er. „Wenn ich das wollte, wurde ich jederzeit zu Einstellungsgesprächen eingeladen, und das bedeutete jedesmal, daß ich meine Forschungsvorhaben mit einer kleinen Gruppe besprach, zum Mittagessen ausging und eine Entscheidung treffen mußte. Alle rieten mir, ich solle einmal eine andere Umgebung kennenlernen und vielleicht später zurückkommen." Schreiber hörte aus dieser freundlichen Aufforderung auch Untertöne heraus. In der hundertzwanzigjährigen Geschichte der Fakultät war Woodward der einzige gewesen, der als Assistenzprofessor angefangen und später eine feste Anstellung bekommen hatte. Wie zu Tishlers Zeit hielt Harvard sich an die äußerst überhebliche, allerdings ungeschriebene Regel, nur einem winzigen Teil des eigenen akademischen Nachwuchses feste Professorenstellen zu geben. Wahrscheinlich hatten die anderen Fakultätsmitglieder das Gefühl, Schreiber mit ihrem Rat einen Gefallen zu tun und seine Rückkehr möglicherweise zu beschleunigen.

Schreiber, völlig von sich selbst eingenommen, tat ihre Besorgnis ab. „Ich hatte nie über eine dauerhafte Stelle nachgedacht. Es war unbedingt notwendig, daß ich mich schnell darum kümmerte." Dennoch sagt er: „Der Ratschlag erwies sich im Kern als richtig. Ich ging nach Yale und erlebte dort etwas, das ich nicht erwartet hatte. Hier war ich ein Doktorand, der seine Sache gut gemacht hatte, und wahrscheinlich wäre ich Assistenzprofessor geworden ... Aber statt dessen ging ich nach Yale, und dort hatte ich den Eindruck, daß alle in mir die Zukunft sahen. Ich wurde sofort Fakultätsmitglied."

Wie Woodward, der vier Jahrzehnte zuvor vom MIT nach Harvard gekommen war, so eilte auch Schreiber bei seinem Umzug eine peinlich gute Berichterstattung und der Ruf der Selbstgefälligkeit voraus; seine Karriere verlief fast senkrecht nach oben, und das wußte er. Und wie Woodward suchte er nach Molekülen, die sowohl die Wissenschaft als auch seine Laufbahn voranbringen konnten. Die bedeutendste unter diesen Verbindungen war das Periplanon-B, ein synthetisches Aphrodisiakum für Küchenschaben. Seit Jahrmillionen versetzten die jungen Küchenschabenweibchen ihre männlichen Artgenossen durch die Ausscheidung von Lockstoffen, auch Pheromone genannt, in blinde sexuelle Erregung. Die Wissenschaftler hatten erkannt, daß man solche Substanzen benutzen kann, um die Insekten in eine mit Gift versehene Falle zu locken, und versuchten nun schon seit Jahrzehnten, eine derartige Verbindung in ausreichenden Mengen für eine Erprobung herzustellen. Bei einem berühmten Versuch dieser Art sezierte ein niederländischer Professor innerhalb von sieben Jahren 75 000 Schabenweibchen; die Ausbeute lag bei 200 Mikrogramm – also 200 Millionstelgramm – des aktiven Pheromons! Ganz offensichtlich mußte man die Substanz synthetisch herstellen, um sie erproben und so vielleicht eine milliardenschwere Umwälzung der Pestizidbranche in die Wege zu leiten.

Wie immer vertiefte sich Schreiber voll und ganz in seine Aufgabe. Zweieinhalb Jahre lang arbeiteten er und eine Assistentin achtzehn Stunden am Tag an der Synthese eines Pheromons. Es war ein großes Molekül, das als besondere Schwierigkeit einen Ring aus zehn Atomen enthielt. Das Projekt führte zu endlosen Spötteleien auf den neogotischen Korridoren des Sterling Laboratory in Yale, und Mimi, Schreibers Frau, nahm das Gerede immerhin so ernst, daß sie darauf bestand, ihr Mann möge sich nach der Arbeit gründlich die Hände waschen, damit er nicht die Duftspur der Küchenschaben nach Hause brachte. Am Weihnachtsabend des Jahres 1983 war die Arbeit endlich abgeschlossen. Schreibers Verbindung wirkte so stark, daß ein paar Femtogramm – also einige Tausendbillionstel Gramm – ein halbes Dutzend Schabenmännchen in eine Orgie der sexuellen Selbstzerstörung trieben. Die Insekten stellten sich sofort auf die Hinterbeine und schlugen hektisch mit den Flügeln. Fünfzehn Sekunden später waren die Antennen abgebrochen, die Beine angefressen und die Flügel zerfetzt – und ihr Bedarf an weiterer Erregung war dahin. „Wie man leicht erkennt, leiden sie an schwerer sexueller Erschöpfung", beobachtete Schreiber trocken.

Dem Chinin, Woodwards erster großer Syntheseleistung, die er in den düstersten Tagen des Zweiten Weltkrieges vollbracht hatte, wurde allgemein höchste moralische und nationale Nützlichkeit attestiert, aber Woodward interessierte sich, wie es für ihn typisch war, mehr für die wissenschaftliche Seite. Schreibers Ankündigung des Periplanon-B bot zwar die Aussicht, Lebensmittelvorräte in schabengeplagten Gegenden der Dritten Welt besser zu schützen, aber sie fiel auch in eine erheblich stärker kommerziell orientierte Zeit und in ein Jahr – das Orwellsche 1984 –, in dem wissenschaftliche Beweggründe besonders verdächtig erschienen. Schreiber wurde ausgelacht. Zusammen mit John DeLorean, Louis Farrakhan, Bob Guccione und Michael Jackson verlieh ihm die Zeitschrift *Esquire* ihren jährlichen Preis für zweifelhafte

Errungenschaften, weil er „einen Partnerservice für Schaben" erfunden habe. „Sex und Schabennack in Yale" witzelte die *Times* in einem Leitartikel.

Schreiber selbst wußte nach dieser Episode noch genauer, was er wollte und wie es weitergehen würde. Periplanon-B lockte männliche Schaben an, weil es einen Rezeptor in ihrem Nervensystem besetzte. Seine gewaltige biologische Aktivität hatte Schreiber mit eigenen Augen gesehen: Die Schabenmännchen krümmten sich und schlugen wie verzweifelte Küken mit den Flügeln. Von nun an gab Schreiber sich nicht mehr damit zufrieden, Moleküle herzustellen, sondern er wollte auch ihre Wechselwirkungen mit den Rezeptorproteinen untersuchen. Bisher hatte er die Biologie geflissentlich übersehen, aber jetzt interessierte er sich für die biologischen Folgen chemischer Vorgänge. Woodwards beherrschende Stellung auf dem Gebiet der chemischen Synthese hatte für seine Schüler am Ende eine unhaltbare Situation geschaffen: Sie konnten niemals damit rechnen, an ihn heranzureichen. Schreiber, der voller Ehrgeiz steckte, wollte seinen Aufstieg nach eigenen Bedingungen betreiben und fing deshalb noch einmal von vorn an.

Mit seinem Vorstoß in tieferes wissenschaftliches Fahrwasser eiferte Schreiber der vielleicht edelsten wissenschaftlichen Kaste nach: jenen Abtrünnigen, die über ihr ursprüngliches Fachgebiet hinausgewachsen sind und es verlassen haben, um sich mit dem auseinanderzusetzen, was der französische Mikrobiologe Louis Pasteur „die Geheimnisse von Leben und Tod" nannte. Ehrlich und Pauling waren Chemiker gewesen, bevor die Verlockungen der Biologie sie jene Linie überschreiten ließen, die zwischen den akademischen Disziplinen verläuft. Pasteur war ebenfalls Chemiker und züchtete in den fünfziger Jahren des 19. Jahrhunderts als Berater der französischen Weinwirtschaft in Straßburg eifrig Kristalle, bevor seine Studien über die Gärung zur Entdeckung der Mikroorganismen führten. Als er später die Keimtheorie der Krankheitsentstehung aufstellte und bewies, brach die Ära der modernen Medizin an. „Das Glück", so sein berühmter Ausspruch, „begünstigt den vorbereiteten Geist."

Eine ähnliche Wandlung machte auch Boger durch, der einige Jahre älter war als Schreiber und kurz zuvor bei Merck die Leitung einer eigenen Arbeitsgruppe für Moleküldesign übernommen hatte. Seine Erforschung des Renins hatte ihn in der Firma aufsteigen lassen und die Aufmerksamkeit der anderen Chemiker erregt. Aber wenn das Renin überhaupt etwas bewiesen hatte, dann waren es der Wert strukturorientierter Arbeit für das Medikamentendesign und die Notwendigkeit, Proteinchemie und biologische Forschung in ein Gesamtkonzept einzubeziehen, dessen Richtung Boger steuern konnte. Seit der Arbeit bei Knowles, der mit seiner Enzymforschung ebenfalls mehrere Fachgebiete einbezogen hatte, wollte Boger am liebsten umfassend und interdisziplinär arbeiten. Bis jetzt hatte er diesen Wunsch aber nie verwirklichen können.

Zwischen 1985 und 1987 unterstellte man ihm nicht nur Immunologen und Biologen, sondern auch Proteinchemiker und Röntgenstrukturanalytiker. Wie Schreiber war er plötzlich in der Lage, das reine Konstruieren von Molekülen hinter sich zu lassen und sich auf ein weiteres, spektakuläreres und bekannteres wissenschaftliches Feld zu begeben. Auch er hielt die Biologie für „zu breiig". („Ich meine, welches sind die Grundgesetze der Biologie, und wie gut sind sie gesichert?" sagte er. „Naja, strenggenommen gibt es sie nicht. Es liegt nicht daran, daß die Leute dumm wären, aber die Befunde sind nicht da.") Deshalb hatte er vor, mit Hilfe der wiedererwachenden Chemie eine neue wissenschaftliche Strenge zu erreichen. Zwar bestand sein Ziel in der Entwicklung von Medikamenten, während Schreiber synthetische Moleküle als biologische Reagenzien verwenden wollte, aber beide waren jetzt auf dem gleichen Weg und jagten den gleichen Phänomenen hinterher.

Das Cyclosporin nahm sie zur gleichen Zeit gefangen und brachte sie zusammen. Boger sah in dem Molekül einen Ausgangspunkt für ein Forschungsprogramm über Immunsuppression, ein Gebiet, auf dem Merck schwach war und das er geerbt hatte. „Die immunologischen und biologischen Arbeitsgruppen, mit denen ich in Rahway arbeitete, hatten alle möglichen biologischen Projekte. Ich sagte: ‚Das ist alles sehr interessant, aber es ist nicht das, was ich hier tun möchte. Ich will hier mit Cyclosporin arbeiten. Das ist immerhin ein Medikament.'" Schreiber in seiner typischen Art war von etwas anderem gefesselt: „Für mich war es unter dem Gesichtspunkt der Molekülerkennung bedeutsam ... daß es ein sehr nützliches Medikament war, interessierte mich nicht." Als Merck mit Yale zusammenarbeitete, gingen Boger und Schreiber – die beiden kannten sich seit ihrer gemeinsamen Zeit in Harvard und hatten sich bei Bogers Vorstellungsgesprächen in New Haven wiedergetroffen – aufeinander zu. Zwar mochten sie sich persönlich nicht in dem Maße wie Woodward und Tishler, aber sie waren durch etwas ebenso Starkes verbunden: durch gewaltigen, unbarmherzigen Eigennutz.

Noch enger als das Cyclosporin selbst schweißten die damit verbundenen Frustrationen Boger und Schreiber zusammen. Keiner von beiden sollte erreichen, was er sich vorgenommen hatte. Boger hatte selbst keine Molekularbiologen und war deshalb wegen des Proteins auf Yale angewiesen. „Wir versuchten, alles mit Zusammenarbeit zu machen", sagt er. „Es ging nicht schnell genug, aber ich wußte, was ich zu tun hatte." Schreiber stellte in der Zwischenzeit einige Verbindungen her, deren Molekülstruktur auf der des Cyclosporins beruhte, aber sie waren „zum Scheitern verurteilt ... Die geometrischen Formen, die wir im Kopf hatten, stimmten nicht. Wir brauchten die Proteinchemie." Das ganze Jahr 1986 und noch bis Anfang 1987 stießen Boger und Schreiber nicht nur unabhängig voneinander aus die gleichen Schwierigkeiten, sondern sie gelangten auch zu den gleichen Schlußfolgerungen. Beiden schwebte ein in sich geschlossenes, interdisziplinäres, strukturorientiertes Forschungsprojekt vor, eine Art aus dem Projekt abgeleitetes Institut, und beide sahen sich selbst darin als alleinige Führungsfigur.

Wissenschaftler sprechen seltsamerweise oft vom Glück. So selbstmörderisch sie schuften, so sehr sie der wissenschaftlichen Strenge verpflichtet sind und so fest sie häufig an die eigene Unfehlbarkeit glauben, räumen sie doch ein, daß ihre Karriere meist von anderen Dingen abhängt: vom richtigen Zeitpunkt oder von einem unsichtbaren Einfluß, der Beobachter und Beobachtetes verbindet. Pasteurs häufig zitierte Bemerkung über das Glück faßt eine Haltung zusammen, die unter Wissenschaftlern und insbesondere in der Pharmaindustrie allgemein verbreitet ist: Danach haben sie mehr Glück als Verstand. Die Gegenposition dazu lautet zwangsläufig: Am besten hat man Glück und Verstand.

Boger und Schreiber hatten in ihrer Laufbahn nicht nur Glück, sondern auch die richtige Nase. Das Fortkommen hängt in der Wissenschaft zu einem großen Teil davon ab, daß man sich mit der richtigen Fragestellung befaßt, und beide haben ein Gespür dafür, sich in höchst zukunftsträchtige Gebiete zu begeben. Dazu gehört einfaches, konkurrenzbewußtes Sammeln von Nachrichten und der Drang, nach vorne zu kommen und vorne zu bleiben. Schreiber hat zum Beispiel ein Abonnement bei einer Firma, die alle europäischen Patentanträge sammelt, denn diese werden früher gestellt als in den USA und sind deshalb häufig ein erster Hinweis auf neue Verbindungen. Boger ergänzt seine eigene „fanatische" Lektüre, indem er ein breites Spektrum von Datenbanken mit dem Computer durchsucht. Beide sind süchtig nach Information und suchen ständig nach Dingen, die ihnen neuen Auftrieb geben. Jetzt, Mitte 1987, sahen beide am Horizont undeutlich etwas auftauchen, was sie gleichermaßen mit der Macht einer Offenbarung überfiel: FK-506.

Wie zwei Zimmergenossen im College, die sich am gleichen Tag in dieselbe Frau verlieben, besteht jeder von beiden darauf, er sei als erster auf die Verbindung aufmerksam geworden – Schreiber bei seiner Suche in den europäischen Patenten, Boger in einer Kopie der Dias von Ochiai auf der Tagung im August 1986 in Helsinki. Weit wichtiger als solche Sticheleien ist aber die Art, wie sie es aufnahmen. Beide erkannten früher als die meisten anderen eine mögliche Goldgrube, die sich fast ausschließlich aus der Form des Moleküls ergab. Boger erzählt: „Ich wußte, wonach ich nicht suchte. Ich suchte nicht nach einem heterozyklischen, flachen Molekül mit drei Ringen und fünf Stickstoffatomen – das ist nur häßlich. FK-506 war ein schönes Molekül. Es paßte zu allem, worauf ich aus war." „Das ist zu gut, um es sein zu lassen", sagte sich Schreiber, nachdem er die Ähnlichkeit mit dem Rapamycin bemerkt hatte. „Das ist zu bemerkenswert."

Beide stürzten sich ohne Zögern hinein. Die offenkundige erste Frage, an welches Molekül FK-506 bindet, führte zu der praktisch gleichzeitigen Entdeckung von FKBP. Noch entscheidender angesichts der früheren Enttäuschungen waren sowohl für Boger als auch für Schreiber die organisatorischen Fragen: Personal, Laborflächen, Reagenzien, Versorgung, Aufgabenverteilung. Nachdem sie nun beide genau wußten, wie sie diese wichtige neue Verbindung untersuchen wollten, und nachdem sie eine solche Verbindung in der Hand hatten, ging es nur noch um Schnelligkeit. Die Pharmafirmen argumentierten schon seit langem, sie könnten sehr schnell Hilfsmittel bereitstellen, die Universitätsforscher sich mühsam und durch beschwerliche, häufig auch chaotische Gemeinschaftsprojekte verschaffen müssen. Mercks knapper Sieg bei FKBP schien das zu bestätigen. Aber als Boger und Schreiber ihre eigenen Vorhaben planten, schien das Gegenteil richtig zu sein: Es sah so aus, als sei Schreiber im Vorteil, weil er in seinem Labor verschiedene Fachrichtungen vereinigte und nicht durch die gewaltige Größe und schwerfällige Organisation von Merck behindert wurde. „Ich überlegte sofort, wie man Cyclosporin zurückschrauben und das hier hochschrauben kann, ohne deshalb das Cyclosporin völlig aufzugeben", berichtet Boger; zum ersten Mal zweifelte er jetzt daran, daß Merck „dazu da war, die Kenntnisse hervorzubringen, die ich brauchte".

Sowohl Boger als auch Schreiber hatten jetzt das gesuchte Molekül. Beide wußten, was sie wollten, und jeder wurde von einer großen Institution unterstützt. Aber beiden fehlte, was sie am meisten wünschten und brauchten: die alleinige Führungsrolle. Solange Boger bei Merck war, würde er um die Mitarbeiter und Reagenzien kämpfen müssen, die er brauchte. Und Schreibers Gruppe würde in Yale nie so groß werden, daß er weitgehend ohne Zusammenarbeit mit anderen Gruppen ausgekommen wäre. Die Folge war in beiden Fällen fast die gleiche: „nicht genug Pferdestärken", wie Boger es ausdrückte.

Achtzehn Monate später hatten beide die Stellung gewechselt. Schreiber wagte den Sprung als erster. Nachdem Derek Bok ihn eines Morgens, während er sich rasierte, nach Harvard berufen hatte, kündigte er im Herbst 1988 in Yale und kehrte nach Cambridge zurück. Vier Monate später gründete Boger, von Kinsella angestachelt, die Firma Vertex. Wie Exilfürsten, die plötzlich an die Macht gekommen sind, verbündeten sie sich schnell. Kinsella warb Schreiber auf Bogers Drängen hin für den wissenschaftlichen Beirat von Vertex an. Schreiber war darüber entzückt: „Ich hielt Boger für eine außergewöhnlich gute Wahl. Daß Kinsella so hochgesteckte Ziele hatte, beeindruckte mich." Mitte 1989 lieferten die beiden sich bei einer Grillparty im Garten von Bogers neuem Haus ein aggressives Badmintonmatch, und dabei schmiedeten sie ein Bündnis, das Kenner der Szene nur als beängstigend empfinden konnten.

Nachdem sie das Feld der Wissenschaft überquert und sich in der Mitte getroffen hatten, standen sie nun so dicht nebeneinander, daß ihre Schatten verschmolzen. Und dennoch übersahen sie und offenbar auch alle anderen in ihrem Umfeld das Naheliegende. Boger und Schreiber hatten eine Zusammenarbeit wie aus dem Bilderbuch verabredet – Magic Johnson und Michael Jordan auf demselben Spielfeld –, aber daß es zwischen ihnen zu Konkurrenzkämpfen kommen würde, war von vornherein angelegt und ließ sich nicht vermeiden. Sie hatten das gleiche Ziel gehabt, und nachdem sie es erreicht hatten, war ihnen klargeworden, daß an der einsamen Stelle, die sie jetzt anstrebten, nur für einen von ihnen Platz sein würde.

Noch nicht einmal zwei Meilen voneinander entfernt hatten sie zwei konkurrierende Projekte ins Leben gerufen, die einander ebensosehr glichen, wie sie sich von allen anderen unterschieden. Wenn Schreiber über seine neuen Labors sprach – die Wissenschaftler bei Vertex nannten es „Schreiber-Institut" –, klang das beängstigend ähnlich wie Bogers Beschreibung von Vertex. „Wir können chemische Synthese betreiben und Moleküle herstellen", sagte Schreiber, „und wir können sie benutzen, um mit biochemischen Methoden Rezeptoren zu reinigen, mit Molekularbiologie die Gene zu klonieren und mit Überexpression die Proteine in großen Mengen herzustellen. Uns stehen die Gene für die Transfektion von Säugerzellen zur Verfügung ..."

„Es stimmt", sagt er, „der Kreis ist jetzt völlig geschlossen."

Völlig geschlossen, und ein genaues Abbild von Vertex, allerdings mit einer bemerkenswerten Ausnahme: der Röntgenstrukturanalyse. Diesen Teil des Methodenarsenals hatte Schreiber, der auf die Zusammenarbeit mit Navia hoffte, nicht einbezogen – oder, wie Boger sagen würde: Es war die einzige notwendige Voraussetzung, die er nicht gestohlen hatte.

Schreiber versuchte, die Lücke mit aggressiven Mitteln zu überbrücken. Nachdem er sich entschlossen hatte, FKBP eingehender zu untersuchen, wußte er genau, daß er die Aufklärung der Kristallstruktur keinem anderen und am allerwenigsten Vertex überlassen konnte, denn dort hatte man ihn trotz seiner Meinung über die Firma hinausgeworfen. Eine hochauflösende Röntgenstrukturanalyse war eine zwingende Notwendigkeit für jeden, der die Vorherrschaft auf diesem Gebiet anstrebte. Aber da man Schreiber zurückgewiesen hatte, würde es ihm andererseits nichts schaden, wenn er eine unauffälligere Zusammenarbeit betrieb, die nicht die Aufmerksamkeit der Gerüchteküche von Cambridge anzog.

Wenige Tage nachdem er Bogers „Briefbombe" mit der Aufkündigung des Vertrages erhalten hatte, rief er Jon Clardy an, einen höchst angesehenen Röntgenstrukturanalytiker an der Cornell University. Die beiden hatten sich schon früher über das Enzym unterhalten, und Clardy, der noch nie die Struktur eines Proteins aufgeklärt hatte, war schon damals auf Untersuchungen an FKBP aus gewesen.

Obwohl Schreibers Vertrag mit Vertex erst Ende 1990 auslief, waren er und Boger jetzt auch offiziell Rivalen. Boger wußte natürlich nichts von Schreibers Berechnungen. Er konnte über die weiteren Schritte des Professors nur Mutmaßungen anstellen. Insgeheim hatte er gehofft, die klare Sprache von Schreibers Vertrag und die Tatsache, daß dieser immer noch ein wichtiger Aktionär von Vertex war, würden ihn zögern lassen. Aber die Annahme, er werde sich jetzt noch zurückhalten, widersprach allem, was Boger über ihn wußte.

Der Bruch war vollkommen, unwiderruflich und mit mehr Geschichte beladen, als beide wußten. Vierzig Jahre zuvor hatten sich Tishler und Woodward, der beste Universitätschemiker und der beste pharmazeutische Chemiker ihrer Generation, zusammengetan, um die aufsehenerregendste Verbindung jener Zeit herzustellen: das Cortison. Sie erlebten die produktivste Phase der Pharmaforschung mit und eröffneten nicht nur der Chemie und der Medikamentenentwicklung neue Wege, sondern auch der gesamten Medizin. In bitterer Ironie trug ihre Zusammenarbeit den eigenen Niedergang und den ihres Fachgebietes in sich.

Die Zusammenarbeit von Boger und Schreiber versprach hier in mehrfacher Hinsicht die Wiedergutmachung. Als Erben von Tishler und Woodward wollten sie deren Vermächtnis erfüllen, indem sie FK-506 verbesserten, das vielleicht spektakulärste Molekül seit dem Cortison. Außerdem würden sie die Wissenschaft in ihr nächstes und vielleicht vollkommenstes Stadium überführen und der Chemie in einem Kernbereich wieder die Führung verschaffen. Aber es war eine andere Zeit. Cortison und andere wichtige Entwicklungen der vierziger und frühen fünfziger Jahre hatten neue Maßstäbe für gemeinsame Forschungsprojekte gesetzt, aber gleichzeitig – und ironischerweise indem sie der Welt sehr wirksame neue Arzneimittel bescherten – setzten sie in der Wissenschaft auch ein Zeitalter des Unternehmertums in Gang, in dem Zusammenarbeit immer schwieriger wurde. Konkurrenz war jetzt die Regel und das beherrschende Prinzip. Ideen von brüderlicher Vergeltung, von Söhnen, die ihre Väter rehabilitierten und von historischen Kreisen, die sich schließen müssen, gingen in den Zwängen des Siegenmüssens unter.

Nachdem die Zusammenarbeit beendet war, hatte Schreiber weniger Mühe als Boger, die Schatten zu trennen. Seine herausragende Stellung in der Immunophilinforschung und das natürliche, auch von Notwendigkeiten bestimmte Streben der Universitätsforscher nach Bekanntheit hatten ihm immer ein ausgeprägteres Profil vermittelt. Starzl zum Beispiel, mit dem Schreiber jetzt ebenfalls zusammenarbeitete, hielt Vertex für „Schreibers Firma" – eine durchaus verbreitete Vorstellung. Schreiber hatte Vertex ganz eindeutig niemals so sehr gebraucht, wie es umgekehrt der Fall war, und obwohl Boger behauptet hätte, die Firma sei nur wegen des Prestigewertes an Schreiber interessiert gewesen, hielt dieser Bogers verletztes Selbstbewußtsein für die Ursache ihrer Entfremdung. „Für neue Firmen", sagte Schreiber, „ist es sehr wichtig, eine eigene Identität aufzubauen." Die Idee, seine von Boger und den anderen Wissenschaftlern unterstellte Unfähigkeit, Geheimnisse für sich zu behalten, könne etwas damit zu tun haben, überging er dabei völlig.

Nachdem Schreiber zwar noch nicht juristisch, aber geistig von allen Verpflichtungen gegenüber der Firma befreit war, orientierte er sich sehr schnell neu. „Wissenschaft ist das einzige, was zählt", sagte er ungerührt. „Sie haben sich in diese Lage gebracht, weil sie sich auf ein Gebiet mit starker Konkurrenz begeben haben.

Ich hoffe nur, sie glauben nicht, daß andere es ihretwegen langsamer angehen lassen."

12

Boger brauchte keine Belehrungen, und am allerwenigsten von Schreiber. Den größten Teil des vergangenen Jahres hatte er sich darauf konzentriert, eine Partnerfirma zu finden. Er hatte die Geschichte von Vertex auf einem darniederliegenden Markt verkauft, indem er zuversichtlich voraussagte, was die Firma tun konnte und tun würde. Die nächsten Ziele waren wissenschaftlicher Natur und wesentlich anspruchsvoller. Die Immunophilinforschung hatte einen Zustand des ständigen Siedens erreicht. Neben Merck, Glaxo und Sandoz, den offenkundigen Vorreitern, hatten auch fast alle anderen großen Pharmaunternehmen in den USA und Europa Forschungsprojekte in diesem Bereich, und Dutzende von Spitzenwissenschaftlern aus den Universitäten drängten sich entweder um die Zusammenarbeit oder um die Konkurrenz mit Schreiber, Starzl und den anderen Wegbereitern. Scharfsinnige Leute bei Chugai beobachteten sehr genau, was ihre amerikanische Neuerwerbung leistete, und aufmerksame Pharma- und Finanzkritiker warteten ungeduldig, daß Boger etwas lieferte – oder daß er, wie manche Leute bei Merck hofften, versagte. Er mußte konkurrenzfähig blieben. Vertex mußte ein Medikament herstellen.

Alle leitenden Wissenschaftler der Firma einschließlich Boger hatten schon früher an vielversprechenden Projekten gearbeitet, aber keine dieser Verbindungen war letztlich im eigentlichen Sinn ein Medikament geworden. „Eine Verbindung kann hervorragend und völlig rational gestaltet sein", erklärt ein früherer Vizepräsident von Merck, der damit ein wenig von dem Vorurteil der Firma gegenüber Pillen ausdrückt, „aber solange die Verbindung in der klinischen Erprobung nicht gezeigt hat, daß sie wirkt, ungefährlich ist, bei oraler Einnahme aktiv und in Körper stabil bleibt und keine Alpträume verursacht, ist sie kein Medikament." Neue Medikamente gibt es nur selten und grundlegend neue noch seltener. Von den vielen hunderttausend Verbindungen, die man in der Pharmaindustrie jedes Jahr testet, werden nur dreißig letztlich als Medikamente zugelassen. Und nur drei oder vier davon entfalten wie das Cyclosporin eine neue Wirkung, indem sie in einen neuen biochemischen Reaktionsweg eingreifen oder weil sie (wie FK-506, das immer noch nicht zugelassen ist) wegen ihrer starken Wirkung neue Anwendungsmöglichkeiten versprechen. Die meisten anderen sind Abwandlungen bereits bekannter Moleküle. Wie Samenzellen, die unter großem Aufwand zu Millionen losgeschickt werden, damit im besten Fall eine oder zwei ihren Zweck erfüllen, treiben sich auch manche Verbindungen eine Zeitlang in auffälliger Weise herum, und das war's dann. Daß niemand bei Vertex bisher „sein Medikament" gemacht hatte, war nicht weiter schlimm - in der Pharmaindustrie arbeiten viele Leute ihr ganzes Leben lang, ohne daß es auftaucht -, aber es beunruhigte manche Wissenschaftler in der Firma; sie fragten sich, ob sie nicht zuviel erwartet hatten.

Boger wollte natürlich nicht nur beweisen, daß Vertex neue Medikamente entwickeln konnte, sondern diese Medikamente sollten auch noch besser sein als die Produkte der führenden Pharmaunternehmen auf der ganzen Welt. Die Moleküle, die man bei Vertex konstruierte, sollten nicht nur hervorragend wirken, sondern sie waren auch Musterbeispiele für eine rationalere Methode der Medikamentenentwicklung und der Todesstoß für das Durchmusterungsverfahren. Die Konkurrenz mit Schreiber war für ihn weder das große Ziel noch die große Erleuchtung, sosehr sie auch an ihm nagte. Boger wollte sich nicht an einer Legende wie Woodward messen, sondern an der am besten geführten und meistbewunderten Pharmafirma der Welt. Als er Merck zwanzig Monate zuvor verlassen hatte, arbeiteten dort etwa vierzig Wissenschaftler an FK-506. In der Zwischenzeit war diese Zahl wahrscheinlich auf hundert angewachsen, und das bedrückte in viel mehr.

Im Herbst 1990, ein Jahr nach der Eröffnung der Labors, lief der wissenschaftliche Betrieb bei Vertex fast in vollem Umfang. Es gab Arbeitsgruppen für das Zusammenbauen und für das Zerlegen von Molekülen. Die Wissenschaftler synthetisierten Gene, musterten Genbibliotheken durch, erzeugten Proteine, isolierten und kristallisierten sie, bestimmten ihre Struktur und simulierten hypothetische Molekülformen am Computer. Andere zeichneten molekulare Wechselwirkungen nach und schrieben Software, mit der man Medikamentenmoleküle von Grund auf neu gestalten konnte. Jede Woche testete man Dutzende von neuen Verbindungen: Man wollte wissen, wie sie an FKBP banden, ob sie die Proteinfaltung hemmten und ob sie die T-Zellen im Reagenzglas über einen von einem halben Dutzend Mechanismen an der Vermehrung hinderten. Und es gab ein pharmakologisches Versuchstierlabor, wo man Mäusen mit Hauttransplantaten an den Fußballen - ein einfaches Modell für die Gewebeabstoßung - die vielversprechendsten Verbindungen verabreichte.

Die Medikamentenentwicklung ist von ewigen Wiederholungen geprägt, mühseligen, jahrelangen Versuchsreihen, die das Ziel haben, die Verbindungen immer genauer auszusieben. Anfangs testet man die Substanzen auf ihre chemische Affinität zu einem Ziel, das meist ein Protein ist. Moleküle, die diese Prüfung bestehen, untersucht man auf ihre biochemische Aktivität. Wenn sie aktiv sind - das heißt, wenn sie die Funktion des Zielproteins verändern -, bringt man sie in Zellkulturen. Lassen sich die Zellen beeinflussen, ohne durch die toxische Wirkung sofort abzusterben, folgen Versuche an Mäusen, Ratten, Kaninchen und so weiter bis hin zu Hunden und Affen; am Ende steht die Erprobung an Menschen. Den Wert der einzelnen Verbindungen mißt man – vor allem in den späteren Erprobungsphasen – mit der sogenannten „therapeutischen Breite"; sie ist eine Art Kosten-Nutzen-Rechnung, in der man den medizinischen Nutzen gegenüber der Toxizität abwägt. Alle diese Versuche sollten nach Bogers Plänen bei Vertex selbst stattfinden, aber bisher konzentrierte sich die Firma ganz und gar auf die Suche nach neuen Verbindungen. Man wollte Moleküle finden, die möglicherweise – nach vielleicht zehnjähriger Erprobung, 200 Millionen Dollar, endlosen Widrigkeiten und der ständigen Gefahr, daß sich alles in Luft auflöste – zu Medikamenten werden konnten.

Im August hatte Boger den Leuten von Chugai versprochen, Vertex werde bis zum Jahresende eigene Verbindungen haben, die in Zellkulturen ebensogut wirkten wie Cyclosporin. Es war ein gewaltiger Sprung, für den sie die Aktivität ihrer besten Wirkstoffe verhundertfachen mußten, und Bogers Zusage ließ die Chemiker, die solche Verbindungen herstellen sollten, in böser Vorahnung erschauern. „Wir müssen bis Weihnachten etwas erreichen, was Sandoz in zwölf Jahren nicht geschafft hat", brummte Dave Armistead.

Armistead war der leitende Chemiker in dem Projekt, ein überraschend nachdenklicher Mann aus Virginia mit rauher Stimme, der über Yale und Merck zu Vertex gekommen war. Seine sanfte Redeweise stand im Gegensatz zu seiner harten Haltung in der Wissenschaft. Armistead will „Molekülmonster" synthetisieren. Der Vierunddreißigjährige geht mehrmals in der Woche nach Feierabend zum Gewichtheben, was ihm einen vorgewölbten Brustkorb und Arme wie Schiffstaue eingebracht hat. Mit seinen blauen Augen, seinem scharfen Blick, vorstehenden Wangenknochen und einem braunen Haarschopf vereinigt er in sich die wilde, unbeirrbare Ausstrahlung des tapferen Indianers mit dem grobschlächtigen Auftreten eines Footballspielers. Und obwohl er die Arbeit nicht scheut und mindestens ebenso wie Schreiber mit Herz und Seele Naturstoffchemiker ist, beunruhigten ihn Bogers hochstaplerische Prophezeiungen. Neue Moleküle herzustellen ist das eine; die biologische Aktivität in vier Monaten um zwei Zehnerpotenzen hochzutreiben ganz etwas anderes. Armistead wußte, was Boger verlangte, und die Zuversicht, daß es zu schaffen war, teilte er nicht.

Da Armistead de facto die chemischen Arbeiten bei Vertex leitete, wandte er sich energisch gegen zwei Aussichten, die er gleichermaßen beunruhigend fand. Wenn Boger die Erwartungen zu hoch schraubte, so glaubte er, wäre das für Chugai geradezu eine Aufforderung, eine Auflösungsklausel des Vertrages anzuwenden, wonach die Zahlungen vom „angemessenen" wissenschaftlichen Fortschritt bei Vertex abhingen. Warum, fragte er, sollte man die Enttäuschung vorprogrammieren? Entmutigt war er auch aus prinzipiellen Überlegungen, die mit den Notwendigkeiten der Firmenaufsicht zu tun hatten. „Jetzt, wo wir jemandem Rede und Antwort stehen müssen, wird sich vieles ändern", sagte er. „Es wird viel stärker der Arbeit bei Merck ähneln.

Wir werden Berichte schreiben, und für Berichte braucht man Ergebnisse." Wie Boger, so war auch Armistead der Ansicht, daß die Wissenschaft verzerrt wird, wenn die Wissenschaftler ihre Arbeit rechtfertigen müssen. „Die Leute in den großen Firmen halten die Wissenschaft für eine Tretmühle", sagt er. „Sie wollen am Quartalsende nur sagen können: ‚Wir haben diese 200 Verbindungen rausgebracht, und die taugen zwar alle nichts, aber wir haben hart gearbeitet.' Sie sind nur darauf aus, Datensätze zu produzieren, denn dafür bekommen sie hinterher eine gute Beurteilung."

Viel größere Sorge machten Armistead aber die wissenschaftlichen Fragen. An dem Tag, als der Vertrag mit Chugai unterzeichnet wurde, hatte Boger den Journalisten zwar erzählt, Vertex arbeite „gern an Projekten, bei denen wir über die Biochemie genau Bescheid wissen", aber in Wirklichkeit wußte man in der Firma, nachdem das Immunophilinprojekt seit achtzehn Monaten lief, beängstigend wenig. Immer noch hatten die Wissenschaftler keine Ahnung, wie FK-506 wirkt und ob FKBP im Organismus das wichtige Zielprotein ist. Daß alle anderen es ebenfalls nicht wußten, war nur ein schwacher Trost, denn kein anderer hatte ein derart dringendes Interesse an der Information angemeldet, und niemand hatte ihr soviel Bedeutung beigemessen. Die Immunsuppression war immer noch ein großes Rätsel, über dessen molekulare Mechanismen man kaum Indizien hatte. Zwar versuchte man bei Vertex und anderswo, das Geheimnis zu lüften, aber die Chemiker, die neue Verbindungen hervorbringen wollten, waren nach wie vor auf ihre alten Methoden des Herumprobierens angewiesen. Es gab keine Strukturinformation, von der man hätte ausgehen können – nur andere Schlüssel, aber kein Schloß. Und, was noch schlimmer war: Man wußte nicht einmal genau, was man eigentlich herstellen sollte. So hatte zum Beispiel niemand eine Ahnung, ob die Hemmung der Proteinfaltung durch FKBP überhaupt etwas mit der Immunsuppression zu tun hatte oder ob vielleicht alle Verbindungen, die FK-506 ähnelten, grundsätzlich toxisch waren.

Solche Unsicherheiten waren die Wolken, die sich am Horizont von Vertex auftürmten, und eine davon verdunkelte schon den Himmel. Mittlerweile häuften sich die Indizien, daß die Theorie von der Proteinfaltung, auf die Boger und alle anderen seit achtzehn Monaten setzten, ein Luftschloß gewesen war. Die ersten Zweifel hatte Schreiber ein Jahr zuvor nach seinen Experimenten mit 506BD öffentlich angemeldet. Dabei hatte sich nämlich gezeigt, daß der bindende Teil von FK-506 allein die Funktion des Enzyms nicht blockiert: 506BD war in den Zellen inaktiv. Demnach, so seine Vermutung, mußte der Teil von FK-506, der aus dem Protein herausragt – er nannte ihn „Effektordomäne" –, der aktive Bereich sein. Damit war gesagt, daß diese Atome mit etwas anderem in Wechselwirkung traten, einem anderen „Partnerprotein", das für die Wirkung des Medikaments verantwortlich war. Boger stellte Schreibers Schlußfolgerung in Frage, weil er sie für eine zu starke Vereinfachung hielt. Auch bei Vertex hatten die Tests einige Zeit zuvor ein ähnliches Gespenst auftauchen lassen. Als der Vertrag mit Chugai geschlossen wurde, hatte Vertex bereits mehrere

Verbindungen hergestellt, deren Moleküle erheblich kleiner waren als die von FK-506 und die auf die Enzymaktivität von FKBP eine ebenso starke Hemmwirkung ausübten, während sie nur schwache Immunsuppressiva waren. Entweder gelangten die Moleküle nicht an ihr Ziel, oder sie konnten dort nichts ausrichten. Jedenfalls waren sie bei weitem noch keine Medikamente. „In unseren Köpfen haben wir mehr Wirkung als in den Zellkulturen", warnte Boger die Wissenschaftler. „Von jetzt an sollten sich die Chemiker sehr genau überlegen, welche Fragen sie stellen."

Wenn Armistead und die anderen Chemiker diese Fragen bearbeiten sollten, ohne zu wissen, welche Atome des Moleküls an FKBP binden und ob die Hemmung des Enzyms überhaupt ein sinnvolles Ziel war, blieb ihnen nur die Methode übrig, die sie verabscheuten: grobe pharmazeutische Chemie. Mit anderen Worten: sie mußten herumprobieren – eine Verbindung herstellen und testen, dann eine zweite, geringfügig abgewandelte Verbindung synthetisieren, wieder testen, die Testergebnisse vergleichen, eine dritte Verbindung mit den besten Eigenschaften der beiden ersten konstruieren, wiederum testen, und so weiter. Für Chemiker hätte das Ergebnis nicht frustrierender – oder peinlicher – sein können: Ihnen fehlten nicht nur die Informationen, die Boger ihnen versprochen hatte und die sie für das Moleküldesign brauchten, sondern sie mußten auch noch gegen Merck und die anderen Großfirmen gerade auf dem Gebiet antreten, das die herkömmlichen Pharmahersteller am besten beherrschten, weil sie Tausende von Verbindungen herstellen und testen konnten. Wenn die pharmazeutische Chemie eigentlich eine unterentwickelte Methode war, „als ob man Affen auf der Schreibmaschine schreiben läßt", wie Boger es gern formulierte, dann lag die größte Chance, einen *Macbeth* hervorzubringen, eindeutig bei denjenigen Firmen, die über die meisten und erfahrensten Affen verfügten. Bei Vertex arbeiteten fünf Chemiker an dem Projekt, die zusammen zwar einige Jahrzehnte an Erfahrung in der Pharmazie, aber kein einziges Medikament vorzuweisen hatten.

Armistead und die anderen Chemiker wollten sich sehr gern genau überlegen, welche Fragen sie stellten, aber in Wirklichkeit hatten sie überhaupt keine Wahl. Bis Navia und Yamashita die Struktur von FKBP aufgeklärt hatten und ihnen zeigen konnten, wie ihre Moleküle an das Protein banden, und bis die Biologen, vor allem Harding und seine Arbeitsgruppe, das tatsächliche Zielmolekül identifiziert hatten, stocherten sie im Nebel herum. Im Gegensatz zu Bogers vollmundigen Behauptungen betrieben sie kein strukturorientiertes Moleküldesign. Sie taten vielmehr genau das Gegenteil, und das mit einer gefährlichen erfahrungs- und zahlenmäßigen Unterlegenheit.

Das war nach Armisteads Überzeugung der unsicherste Aspekt an Bogers Versprechungen gegenüber Chugai. Er bewunderte seinen Chef zutiefst und hatte auch das Vertrauen in ihn noch nicht verloren. Aber er war Realist, und trotz Boger kämpfte Vertex mit seinen Chemieprojekten gegen eine riesige, möglicherweise zerstörerische und zutiefst erniedrigende Konkurrenz. „Einen Hemmstoff für FKBP wird niemand

kaufen", sagte er. „Wir müssen herausfinden, was außerdem notwendig ist, damit wir endlich den Schalter umlegen und eine Erleuchtung in die Zellkulturtests bringen können. Genau das tun FK-506 und Cyclosporin.
Wenn wir das nicht schaffen, ist alles andere geistige Onanie!"

Nur eines kannten sie schon seit langem: die Struktur von FK-506. Die Verbindung – isoliert aus einem einzelligen Bodenpilz, den man aus schwarzer Brühe gewonnen, gereinigt und in Japan in einer versiegelten Mikrobensammlung vor Konkurrenten in Sicherheit gebracht hatte, synthetisiert in einem mikroskopischen Vernichtungskrieg, analysiert von den Röntgenstrukturanalytikern und dann von *Science* 1989 als Darsteller in der besten Nebenrolle zum Molekül des Jahres gekürt – war ein Selbstläufer. Bei allen Meinungsverschiedenheiten um die Funktion von FKBP war FK-506 selbst unumstritten. Es war ein Medikament, und zwar wegen der Form seiner Moleküle.

Seit dem Augenblick vor drei Jahren, als Armistead zum ersten Mal die Struktur von FK-506 gesehen hatte, wußte er, daß er es synthetisch herstellen wollte. Es war genau das „große, geile Monstermolekül", das bei organischen Chemikern das Herz schneller schlagen läßt und mit dem er als Postdoc in Yale den ersten größeren Erfolg gehabt hatte. Das war im Oktober 1987 gewesen, ungefähr zur Zeit des großen Börsenkrachs in der Wall Street, und Boger hatte Armistead gerade zu Merck und in seine entstehende Arbeitsgruppe für strukturorientiertes Medikamentendesign geholt. Für den Wettlauf um die erste Synthese der Substanz interessierte Boger sich kaum, aber um die Moleküle umzubauen, mußte er erst einmal wissen, wie sie zusammengesetzt sind. Armistead ergriff die Gelegenheit beim Schopfe: „Irgend jemand wird dich auf diese höchst aufsehenerregende Substanz ansprechen, und du weißt, daß man das Molekül nicht in zwei oder drei Wochen zusammenbasteln kann. Es wird eine größere Aufgabe. Du weißt, daß du damit in die Presse kommst."

Zum Nachbauen von Naturstoffen gibt es verschiedene Methoden; eine davon reizte Boger und Armistead aus verschiedenen Gründen am meisten: die sogenannte „konvergente Synthese". Armistead sagt: „Nach Bogers Ansicht – und ich glaube das heute noch – ergeben sich die Probleme mit der Toxizität und Bioverfügbarkeit [das Maß für die Leistung einer Substanz im Organismus] von FK-506 aus seiner Molekülstruktur. Diese Probleme lassen sich nach meiner Überzeugung nicht dadurch lösen, daß man FK-506 einer chemischen Reaktion unterwirft und aus dem Produkt ein Medikament macht. Er wollte statt dessen – und zwar noch vor der Identifizierung von FKBP, als man noch keinen Rezeptor untersuchte – eine Synthese aus vier Bausteinen, für dessen Zusammenbau wir eine Methode entwickeln sollten. Anschließend könnte man eines der Stücke nehmen, es gründlich verändern und dann wieder mit den anderen zusammenfügen, so daß man die Folgen beobachten kann. Wir hatten die Vorstellung von einer Synthese, die buchstäblich aus mehreren Richtungen in die endgültige Zusammenlagerung mündete: Wir wollten zuerst die Einzelteile bauen und sie dann zu FK-506 zusammensetzen."

Armistead, der das Molekül zusammenbauen sollte, fand das späte Zusammensetzen der Einzelteile noch aus einem anderen Grund besser: wegen der Effizienz. „Wenn die Synthese aus sechzig aufeinanderfolgenden Reaktionsschritten besteht, schafft man es nie. Eine solche lineare Synthese funktioniert nicht. Wir brauchen ein konvergentes Verfahren. Entscheidend ist, daß wir die Einzelteile so spät wie möglich zusammenfügen." Bogers Plan lief von Anfang an sowohl den Gewohnheiten als auch den Bedürfnissen von Merck zuwider. Sein Auftrag, der von den Spitzenmanagern der Firma unterstützt wurde, bestand in der Entwicklung neuer Methoden zur Medikamentenherstellung, aber der Erfolg von Merck beruhte darauf, daß man eine Riesenzahl neuer Verbindungen synthetisierte. Eine langwierige Neusynthese mit unsicherem Ausgang bedeutete für Merck, daß man einstweilen untätig bleiben mußte, und das in einem wichtigen Bereich, in dem es wahrscheinlich um viele Milliarden Dollar ging und in dem alle Konkurrenten sehr aktiv waren. „Die mittlere Führungsebene war sauer. Richtig sauer!" sagt Armistead. „Es war nicht der schnelle Weg zu Analoga. Sobald Boger weg war, stellten sie das Projekt ein und produzierten Analoga."

Wie Boger außerdem feststellte, gab es noch ein anderes Problem: Seine Gruppe war nicht die einzige, die sich bei Merck an der Herstellung von FK-506 versuchte. Es gibt in der Pharmaindustrie zwei konkurrierende Kategorien von Chemikern: die pharmazeutischen Chemiker, die neue Wirkstoffe erfinden, und die technischen Chemiker, die sich darum bemühen, sie billiger zu produzieren. Max Tishler, der Guru der technischen Chemiker, hatte dieses Fachgebiet gewaltig vorangebracht, aber bei Merck wie auch anderswo mußten die in diesem Bereich Tätigen weiterhin um Anerkennung kämpfen. Ihre Arbeit galt als stumpfsinnig, phantasielos und unspektakulär. Die Arbeitsgruppe für technische Chemie bei Merck erkannte in FK-506 die gleichen Chancen wie Armistead und bemühte sich jetzt ebenfalls um die Synthese. Ein ähnlicher Zweikampf entwickelte sich zur gleichen Zeit auch in Yale, wo Schreiber und sein Abteilungsleiter Sam Danishevsky (in dessen Labor Armistead als Postdoc gearbeitet hatte) sich ebenfalls einen Wettlauf um die Herstellung der Verbindung lieferten. Erwartungsgemäß war die Konkurrenz innerhalb von Merck genauso von Geheimnistuerei und Gnadenlosigkeit gekennzeichnet wie die mit den Gruppen in Yale und anderen Teams außerhalb der Firma. „Sie sagten uns überhaupt nichts", erinnert sich Armistead. „Ich sitze hier drüben und laufe mit dem Kopf gegen die Wand bei einem Problem, das sie ein Haus weiter schon gelöst haben, und sie stehen auf derselben Gehaltsliste wie ich. Es war eine ungesunde Konkurrenzsituation."

Die Arbeitsgruppe für technische Chemie bei Merck gewann das Rennen um die Synthese von FK-506 knapp; der unterlegene Armistead und seine Mitarbeiter ließen das Projekt daraufhin sofort fallen. Mit der Aufklärung der Struktur, die im Herbst

1988 abgeschlossen war, erregte die Gruppe internationale Aufmerksamkeit, und gleichzeitig verpaßte sie Schreiber, der als zweiter durchs Ziel ging, einen kleinen, aber merklichen Dämpfer. Im Dezember gab Boger dann bekannt, er werde die Firma verlassen. Armistead war „sehr, sehr enttäuscht" und auch geschockt. Er hatte noch nie gehört, daß jemand in einem großen Pharmaunternehmen gekündigt hatte, um eine eigene Firma zu gründen, und erst recht nicht ein Überflieger wie Boger. Bisher waren kleine Biotechnologiefirmen von Biologen gegründet worden, die Proteine und andere große Biomoleküle herstellen wollten. Sie konkurrierten auf kleinen, wenig bekannten Märkten. Aber Boger war Chemiker. Er wollte keine Biotechnologiefirma gründen, sondern ein Pharmaunternehmen, und das bedeutete, daß er nicht gegen andere kleine Firmen antreten mußte, sondern gegen Giganten wie Merck und Glaxo mit ihrem Bestand an milliardenschweren Präparaten. Armistead sprach die Skepsis aus, die bei Merck zu jener Zeit herrschte: „Du wolltest rausgehen und eine *Pharmafirma* gründen", sagte er. „Ich hielt das für lächerlich."

Aber immerhin war Armistead so gefesselt, daß er mehr hören wollte – eine Einstellung, so berichtet er, die andere in Bogers Gruppe nicht teilten. „In einer großen Bürokratie gibt es Belohnungen allein für das Bleiben, für Dauerhaftigkeit", sagt Armistead. „Boger belohnte die Leistung. Als er ging, glaubten viele, ihre große Chance sei gekommen. Er rief uns alle zusammen, um uns mitzuteilen, daß er gekündigt hatte, und ich weiß noch genau, wie daraufhin jemand sagte: ‚Es gibt also doch einen gnädigen Gott‘, und dann hinausging."

Hier bei Vertex trieb interne Konkurrenz einer anderen Art die chemischen Arbeiten an FK-506 voran. Als Armistead überlegte, ob er bei Merck kündigen und zu Vertex gehen sollte, warb er Jeff Saunders an, seinen engsten Freund aus der Doktorandenzeit, der jetzt als Chemiker bei Sandoz arbeitete. „Eines war mir klar: Wenn ich auf diesen Zug aufsprang, wollte ich jemanden mitnehmen", sagt er. Saunders, dessen Vater und Großvater ebenfalls Chemiker gewesen waren, schien für das Ansinnen genau der Richtige zu sein. Sein Scharfsinn und die Bereitschaft, selbst im Labor zu arbeiten, beeindruckten auch Boger, der ihn zum Abendessen einlud und ihm sofort eine Stelle anbot. (Dazu Saunders: „Ich war nicht unzufrieden, bis Boger mir sagte, ich sei es.") Für Armistead und Saunders schien es die Ideallösung zu sein: Seit ihrer Studentenzeit hatten sie immer wieder über die Gründung einer eigenen Firma gesprochen; es sollte entweder ein auf Bestellung arbeitendes Chemieunternehmen sein oder aber, einer weiteren gemeinsamen Leidenschaft entsprechend, eine Weinhandlung. Das hier war besser: Es bot alle guten Seiten – die Gelegenheit, zusammen zu arbeiten und reich zu werden –, während das Risiko relativ gering war. Saunders – klein, drahtig, mit einem Diamantohrstecker – war ruhiger als Armistead, nicht so lautstark und spontan, aber mit einer ähnlichen Ausstrahlung von herausfordernder Unabhängigkeit. Wie zwei Brüder waren die beiden eingefleischte Rivalen.

Der friedliche Wettstreit zwischen Armistead und Saunders gab in der chemischen Forschung bei Vertex den Ton an. An gegenüberliegenden Labortischen und benachbarten Abzügen gingen sie aneinandergrenzende Teile des Moleküls an: Saunders beschäftigte sich mit einem ungewöhnlichen Paar von Sauerstoffatomen auf der einen Seite, Armistead mit einem daneben liegenden Zuckerring. Sie wollten keine Medikamentenmoleküle entwerfen, sondern diejenigen Teile des Moleküls identifizieren, die für die Bindung und die Hemmung der Enzymaktivität am wichtigsten waren. Es ging ihnen um die Frage, ob man ein möglichst kleines Molekül herstellen konnte, das in den fraglichen Bereichen noch die Wirkung von FK-506 entfaltete und gleichzeitig in seiner Struktur so stark abgewandelt war, daß man es patentieren konnte. Wie Boger es sich ursprünglich mit dem „Umbau des Molekülgerüstes" vorgestellt hatte, wollten sie nicht nur ein besseres FK-506 konstruieren, sondern etwas ganz Neues, wie die Natur selbst es geschaffen hätte, wenn es ihr darum gegangen wäre, im menschlichen Organismus die Funktion von FKBP zu blockieren, statt irgendeine unbekannte Funktion im Leben eines Pilzes hervorzubringen.

Chemiker lassen Reaktionen ablaufen. Da jedes Molekül eine Ansammlung von Atomen ist, die nach gut bekannten physikalischen Gesetzmäßigkeiten angeordnet sind, besteht das Handwerk des Chemikers darin, die richtigen Reaktionen in der richtigen Weise in Gang zu setzen. Noch zu Woodwards Zeiten mußten die Wissenschaftler oft erst einmal die richtigen Bedingungen für eine organische Synthese ermitteln und sich die benötigten Reagenzien selbst herstellen, bevor sie eine neue Reaktion in Angriff nehmen konnten. Heute jedoch, nachdem sich über mehr als 150 Jahre hinweg Millionen von Informationen über Hunderttausende verschiedener Verbindungen angesammelt haben, neigen die Chemiker zu der Vorstellung, sie könnten Moleküle mit jeder beliebigen Form aus standardisierten Einzelteilen zusammensetzen. Sie sind weniger Architekten als vielmehr die Bauherren, die sich ihre Anregungen aus Katalogen von der Größe eines Großstadttelefonbuches zusammensuchen.

Als die Molekülherstellung bei Vertex anlief, gingen die ersten Erfolge fast ausnahmslos auf Armisteads Konto, denn er fand schon bald einen Ersatz für den Zukkerring. Saunders staunte: „Er mußte vielleicht eine halbe Stunde im Aldrich blättern [einem bekannten Buch über chemisches Material] und sich fragen: ‚Was gibt es schon? Was kann ich kaufen? Was kann ich damit anfangen?'" Bei Saunders dagegen herrschte Flaute. Nichts schien zu klappen. Er ließ ebenso viele Reaktionen ablaufen wie Armistead, aber die Moleküle, die er haben wollte, entstanden dabei nicht. Nachdem er fast ein Jahr lang zwölf Stunden am Tag gearbeitet hatte – er kam auch am Wochenende, wenn außer ihm in der Regel nur Thomson, Yamashita und Murcko im Labor waren –, konnte er nur vier neue Verbindungen vorweisen. Und keine davon hatte die gewünschte Wirkung.

„Es beunruhigte mich sehr", berichtet er, „und zwar nicht nur weil es einen schlechten Eindruck machte, sondern auch weil ich nichts produzierte ... Das war ärgerlich, und es wurde immer frustrierender und peinlicher. Es brachte mich aus dem Tritt. Nach sechs oder sieben Monaten hatte ich derart die Nase voll, daß ich es hinschmeißen wollte, aber Boger sagte: ‚Nein, gib nicht auf. Es lohnt sich.'"

Auch Armistead verteidigte Saunders. Die beiden hatten die gleichen Vorstellungen, gingen abends zusammen aus, tranken und führten lautstarke Diskussionen. Im Labor nahmen sie einander auf den Arm wie die Arbeiter an benachbarten Bauabschnitten. Aber Armistead war kein Trost, denn er kam voran. In dieser Aufbauphase der Firma verschaffte er sich eine führende Position. Soweit es bei Vertex im Sog von Bogers sozialem Experiment überhaupt eine Überholspur gab, befand sich Armistead darauf. Er reiste mit Boger nach Japan, vertrat die chemische Abteilung als Sprecher des Projekts auf wichtigen Tagungen. Saunders reagierte verbittert. „Dave ist einer der besten Chemiker, die ich kenne", sagte er. „Nicht der klügste, nicht der belesenste und nicht der, mit dem man am einfachsten zurechtkommt, aber was die Produktivität angeht, ist er über jeden Zweifel erhaben. Leider vergleicht man mich mit ihm."

Saunders' Selbstbewußtsein war erschüttert, und gelegentlich überfiel ihn quälender Neid wegen Armisteads Erfolgen, aber die beiden entzweiten sich nie so wie Saunders und Thomson. Sie konkurrierten um Ansehen und Stellung, aber gleichzeitig waren sie durch das unsichtbare Band der gleichen Wellenlänge verbunden. Der größere und kräftigere Armistead wirkte wie der fähigere, beschützende große Bruder; Saunders dagegen war sensibler, schlug sich ziellos und leise damit herum, in Armisteads Kielwasser zu sich selbst zu finden. Wahrscheinlich war Armistead sogar nicht nur aus eigenem Interesse, sondern auch wegen Saunders verärgert über die Zumutungen, die in dem Ankommen mit Chugai steckten: Von jetzt an würde es bei Vertex weniger nachsichtig zugehen, vor allem in der Chemie. Er fürchtete sich vor den Auswirkungen der neuen Anforderungen auf seinen aus dem seelischen Gleichgewicht geratenen Freund.

Für Saunders war Bogers Versprechen, Cyclosporin-ähnliche Moleküle am Ende des Jahres im Zellinneren zu haben, eine zusätzliche Bedrohung. Er hielt es nicht nur wie Armistead für äußerst schwierig, sondern er spürte auch die Last der Verantwortung für ein verlorenes Jahr. Bisher hatte er kaum etwas Greifbares geleistet, und jetzt erwartete man von ihm, daß er plötzlich aus dem Tief herausfand und an einer fast märchenhaften Aktivitätssteigerung mitwirkte.

Und neben ihm stand Schulter an Schulter das alles überragende, allgegenwärtige, offenkundig kräftigere und gelegentlich stichelnde Gespenst seines besten Freundes.

„Wir sind uns sehr ähnlich", sagte Saunders eines Tages nach der Arbeit über sich und Armistead, „aber ich würde nie abstreiten, daß er mein Racheengel ist. Dave ... Dave ist immer da."

Mit gerunzelter Stirn, das libanesisch-amerikanische Gesicht leicht gerötet und die breiten, an einen Footballspieler erinnernden Schultern nach vorn geschoben, saß Jon Moore wie der Keyboarder einer New-Age-Gruppe an einem hellgrün-beige gefärbten, zwei Meter langen Schaltpult. Abwechselnd drehte er an Knöpfen und tippte Anweisungen in einen unsichtbaren Computer. Ein ganzer Saal voll solcher Geräte hätte ausgesehen wie das Weltraumkontrollzentrum in Houston, aber Moore saß ganz allein im Dämmerlicht in einem engen Raum, an dessen einem Ende ein riesiger, glitzernder Stahlzylinder von einer einzigen Deckenlampe angestrahlt wurde. In dem Zylinder befand sich ein starker Elektromagnet, der die Elektronen auf Yamashitas Computerbildschirm auf der anderen Seite des Korridors anzog und die Zeilen seines elektronischen Textes verwischte. Über den Teppichboden schlängelten sich Bündel von dicken Kabeln, die das Gerät mit Moores Schalttafel verbanden; sie überquerten ein gelb-schwarzes Klebeband, das anzeigte, in welchem Bereich man sich gefahrlos aufhalten konnte, ohne daß die Magnetstreifen auf Kreditkarten gelöscht oder Armbanduhren zerstört wurden. Bevor Moore sich an seinen Arbeitsplatz begab, schob er automatisch Geldbörse und Uhr über die Konsole.

Wie Yamashita und Navia, so ist auch Moore Biophysiker – „so eine Art seltsam überalterter Studienanfänger, denn was es ist, weiß man eigentlich erst, wenn man Professor ist", sagt er. Boger hatte den Dreiunddreißigjährigen wie die beiden anderen eingestellt, damit er Proteinstrukturen aufklärte, aber mit einer Methode, die weder so weit entwickelt noch so chic war wie die Röntgenstrukturanalyse. Moore ist Fachmann für Protonen-Kernresonanzspektroskopie (NMR); für Röntgenstrukturanalytiker ist dieses Gebiet ungefähr das gleiche, was die Kernresonanzbildgebung (MRI) in der Medizin für die Anhänger der schon länger bekannten Computertomographie war. Kernresonanzspektroskopie wie Röntgenstrukturanalyse liefern Bilder von einer ansonsten unsichtbaren Welt, die sich auf die Analyse subatomarer Vorgänge gründen. Zwischen den beiden Gebieten herrscht heftige Konkurrenz, denn die NMR-Spektroskopie schickt sich an, die Röntgenstrukturanalyse zu überflügeln – zwar vielleicht nicht in allen Bereichen, aber doch so, daß es zu unbequemer Rivalität kommt. Wie die Vertreter von Computertomographie und Kernresonanzbildgebung, so übertreffen sich auch die Experten für Röntgenstrukturanalyse und NMR-Spektroskopie darin, die Schwachpunkte der jeweils anderen Methode zu betonen.

Die NMR-Spektroskopie beruht auf dem Phänomen der Kernresonanz. Wie die Elektronen, so kann man sich auch die Kerne mancher Atome (insbesondere der Wasserstoffatome) als rotierende Gebilde vorstellen. Bringt man sie in ein Magnetfeld, ordnen sie sich wie kleine Stabmagnete an, die alle mit der gleichen Frequenz schwingen (Resonanz). Das FKBP-Molekül enthält zum Beispiel etwa 1 600 Wasserstoffatome; jedes davon hat als Kern ein positiv geladenes Proton, und wenn man das Protein in ein Glasröhrchen füllt und im NMR-Labor von Vertex zwischen die

Pole des Elektromagneten bringt, schwingen diese Protonen etwas 500 Millionen mal in der Sekunde, also mit 500 Megahertz, der gleichen Frequenz, die das Gerät vorgibt. Würden alle Protonen genau gleich schnell schwingen, könnte man sie nicht unterscheiden. In ihrer Rotation (dem Spin) gibt es aber geringfügige Unterschiede von etwa einem Fünfhundertstelprozent. Manche Wasserstoffatome teilen ihre Elektronenwolke zum Beispiel mit einem größeren Kohlenstoffatom, das auch auf den Spin einwirkt. Oder in ihrer Nähe befinden sich wegen der verwickelten Struktur des Proteins weitere Protonen, die den Spin beschleunigen. Biophysiker wie Moore spüren solchen geringen Spinabweichungen der Protonen nach und versuchen auf diese Weise, die genaue Lage jedes einzelnen Protons in dem Molekül zu ermitteln – sozusagen tausend Lichtpunkte oder tausend weit entfernte Sterne. Kennt man die chemische Struktur des Proteins, kann man anhand dieser Punkte seinen gesamten Aufbau ermitteln. (Die Kernresonanzbildgebung, der medizinische Vetter der NMR-Spektroskopie, funktioniert im wesentlichen nach dem gleichen Prinzip. Der Patient wird auf einer Liege zwischen die Pole eines Elektromagneten gebracht, der alle Protonen des Körpers in Schwingung versetzt. Da Wassermoleküle, die jeweils zwei Protonen enthalten, in jedem Umfeld innerhalb der Zellen eine andere Resonanz zeigen, kann man mit dieser Methode beispielsweise Krebszellen tief im Inneren des Gewebes aufspüren.)

Moore hatte seine erste Thomson-Einheit des FKBP im August erhalten, mehrere Monate später als Navia und Yamashita. Einen Monat zuvor hatte er bei Vertex angefangen, und die Verzögerung war keine Überraschung: Mit der Röntgenstrukturanalyse wurden schon wesentlich mehr Proteinstrukturen aufgeklärt, und deshalb räumte man ihr allgemein diese Vorrangstellung ein. Die NMR-gestützte Strukturanalyse der Proteine und anderer großer, wasserstoffreicher Moleküle war sogar noch ein ganz neues Fachgebiet, und Bogers Entscheidung für Moore, einen ihrer kommenden Stars, war eher auf die Zukunft ausgerichtet. FKBP mit seinen über hundert Aminosäuren lag knapp jenseits der Grenze, von der an die Moleküle nach allgemeiner Ansicht zu kompliziert für eine NMR-Analyse waren. Andererseits kannte Boger aber auch die Beschränkungen der Röntgenstrukturanalyse – sie war ohne die schwer zu züchtenden Kristalle nutzlos –, und Moore hatte schon einmal die Struktur eines Proteins mit über neunzig Aminosäuren ermittelt – es war bis dahin das größte Molekül, das man mit der NMR-Spektroskopie analysiert hatte. In dem untersetzten, kräftig gebaute Moore, der lebhaft, frech und konkurrenzbewußt war und die Entschlossenheit eines Footballspielers besaß, sah Boger nicht nur die Chance, sich eines neuen und höchst vielversprechenden Wissenschaftsgebietes zu bedienen, sondern auch eine Rückversicherung, falls Navia und Yamashita scheitern sollten.

Für Moore war die Entscheidung, für eine Firma zu arbeiten, waghalsig und verunsichernd zugleich. Er hatte an der University of Pennsylvania sowohl das Grundstudium als auch die Promotion absolviert, und nachdem er anschließend auf zwei

Postdoc-Stellen gewesen war, hatte er eigentlich als Assistenzprofessor eine selbständige Forscherlaufbahn einschlagen wollen. Kurz zuvor hatte er zwei schmeichelhafte Angebote erhalten: eines von der Florida State University, einem führenden Zentrum der Kernresonanzforschung, das andere vom Brookhaven National Laboratory auf Long Island. Aber als er die Wissenschaftslandschaft betrachtete, schreckte er zurück. Je mehr er darüber nachdachte, was eine Stelle als Assistenzprofesssor bedeutete – unsichere Forschungsfinanzierung, ständige Angst um den Arbeitsplatz, der Zwang, Forschung zugunsten der Lehre zu opfern, und Abhängigkeit von bekannteren Kollegen, mit denen man zusammenarbeiten mußte –, desto verlockender erschien ihm die Stelle bei Vertex. Besonders attraktiv fand er eine Möglichkeit, die es auf seiner beruflichen Ebene praktisch nur in der Industrie gab: er konnte sich sofort auf ein ganz aktuelles Gebiet stürzen.

„An der Universität darf man den großen Tieren nicht auf die Füße treten", sagte er. „Ohne Vertex im Hintergrund hätte ich kaum die Möglichkeit gehabt, mich mit jemandem wie Schreiber zu messen. Ich meine, man muß sich nur einmal überlegen, wie lange es gedauert hätte, bis ich allein und ohne Thomsons Erfahrung das Protein isoliert hätte. Man hört immer wieder die gleiche Geschichte: Der Bursche, mit dem man zusammenarbeitet, hat eine Doktorandin, die das Protein machen soll, aber die kommt nicht oft ins Labor. Solche Sachen führen an der Uni zu Frustrationen ohne Ende. Irgendwann findet man dann ein kleines Projekt, wo es keine Konkurrenz gibt, und dann hofft man, daß man durchkommt, ohne an die Wand gedrückt zu werden."

Während Navia und Yamashita über ihre Konkurrenten nur Mutmaßungen anstellen konnten, wußte Moore schon als er Bogers Stellenangebot annahm, wer seine wichtigsten Rivalen sein würden: die Arbeitsgruppe von Schreiber. NMR war eine jener aufstrebenden Methoden, die Schreiber frühzeitig in sein Labor geholt hatte; schon Mitte März hatte ein Doktorand namens Mark Rosen die erste Versuchsreihe mit einer Charge von Schreibers Enzym in Angriff genommen. Rosen hatte noch nie zuvor eine Proteinstruktur aufgeklärt, und seine Unerfahrenheit war für Boger ein wichtiges Argument gewesen, als er Moore zu Vertex holte und ihn davon überzeugte, daß Schreiber zu schlagen war. Aber mit Schreibers Glück als Talisman machten Rosen und ein Kollege schnelle Fortschritte. Im September, als Moore gerade ernsthaft zu arbeiten anfing, hatten sie bereits etwa 700 der 1600 Wasserstoffatome von FKBP lokalisiert, mehr als genug, um daraus eine Struktur abzuleiten. Im August fügten sie die Informationsfetzen zusammen und sahen auf ihrem Computerbildschirm die ersten groben Bilder der äußeren Form des Proteins – die Wissenschaftler sprechen von der *groben Faltungstopologie*. Wie beim Zusammenfügen antiker Keramik aus einzelnen Scherben setzt man auch NMR-Strukturen Stück für Stück zusammen, und von einer genauen Struktur war Schreibers Gruppe noch mindestens einige Monate entfernt. Einige Monate weiter waren sie aber im Vergleich zu Moore, der sich jetzt, ohne etwas von ihren Fortschritten zu wissen, an die Aufholjagd machte.

"Wenn man nie zuvor eine Struktur aufgeklärt hat, steht zwischen der Zuordnung der Positionen und der Struktur noch eine Menge Arbeit. Mit ein wenig Erfahrung und der richtigen Software kann man viele Klippen umschiffen, und dann geht es viel schneller", sagte er.

„Joshua hat es gut hingekriegt, daß ich jetzt denke, ‚Ach, Schreiber hat noch nie eine Struktur ermittelt, die werden keinen Fuß auf die Erde bekommen'. Ich habe keine Ahnung, ob er das wirklich weiß, aber er hatte die Aufgabe, mich einzukaufen. Ich sah darin eine Herausforderung. Es veranlaßte mich, über Schreiber nachzudenken."

Navia und Yamashita hatten keine Ahnung, daß Schreiber zusammen mit Clardy jetzt auch ihnen unmittelbar Konkurrenz machte, aber auch wenn sie es gewußt hätten, wäre ihr Tempo nicht mehr zu steigern gewesen. Sie hatten bereits ihren Teufel an der Wand: Merck.

Anders als beispielsweise Sportler beschwören Wissenschaftler ihre Konkurrenz selbst herauf. Nur in den seltensten Fällen wissen sie genau, wer ihr Kontrahent ist und wo sie in dem Rennen liegen. Sie hören irgend etwas, ein Gerücht oder einen Bericht, aber die Information kommt um mehrere Ecken und hat ihre Tücken: Oft ist sie übertrieben, absichtlich irreführend oder ganz einfach falsch. In einem Labor, das mitten in einem hochaktuellen Projekt steckt, herrscht Bunkermentalität: geheimnistuerisch, fremdenfeindlich, überhitzt und paranoid. Wie die Mannschaft eines U-Bootes in feindlichen Gewässern sitzen die Wissenschaftler grimmig an ihren Plätzen, schwitzen vor Angst, lauschen und warten auf die nächste Tiefenangabe. Selbst Boger, normalerweise stets die Höflichkeit in Person, holte sich jetzt jede Woche zitternd die neue Ausgabe von *Nature* und *Science* in der Erwartung, dort werde etwas stehen, das ihn plötzlich und unwiderruflich aus der Bahn warf.

Was die Röntgenstrukturanalyse anging, war seine Besorgnis begründet. Den Gerüchten zufolge hatte Merck die Kristalle vier oder fünf Monate früher als Vertex. Und, was noch wichtiger war: der Wissenschaftler, der sie gezüchtet hatte, ein früherer Assistent Navias namens Brian McKeever, war auf diesem Gebiet bekanntermaßen ein echter Zauberer. McKeever hatte die Kristalle der HIV-Protease gezüchtet, an denen Navia die Struktur des Proteins aufgeklärt hatte, und er war der einzige, dessen Abwerbung Boger in der langen Auseinandersetzung mit Rahway nicht gelungen war. Den ganzen Herbst über, während Navia und Yamashita versuchten, bessere Kristalle zu züchten als diejenigen, die im Juli nur eine geringfügige Beugung gezeigt hatten, und während Yamashita daranging, aus einem gewaltigen Datenwust die ersten Hinweise auf eine Struktur abzuleiten, hing der Schatten von McKeever ständig über ihnen.

Wenn man ein Protein kristallisiert hat, läßt sich daraus letztlich immer die Struktur ableiten, aber um von dem einen zum anderen zu gelangen, muß man die Daten mehrfach umformen. Yamashita besaß jetzt mehrere Millionen Einzeldaten über FKBP, Zahlenkolonnen, aus denen er die Raumkoordinaten für jedes Atom der im Kristall „eingefrorenen" Proteinmoleküle ablesen konnte. Aber diese Information allein war nutzlos. Kein Atom war so auffällig, daß es sich von den anderen abgehoben hätte. Er konnte nicht sagen, wo ein Molekül aufhörte und das nächste begann. Das ganze war eine einzige formlose Masse. Um die Zahlen zu interpretieren, brauchte Yamashita einen Bezugspunkt, eine feste, unveränderliche Stelle, von der aus er sich vorarbeiten konnte.

Üblicherweise umgeht man diese Schwierigkeit, indem man in die Kristalle größere, schwerere Atome einfügt. Der Autor Horace Freeland Judson verglich das Kristallgitter einmal mit einer „ganz normalen, gemusterten Tapete". Die schweren Atome sind darin die markanten Punkte – „die Spitze einer Rosenknospe, das Auge eines Vogels" –, die sich in regelmäßigen Abständen wiederholen. Hat man zwei oder drei solche Markierungspunkte, kann man die sich wiederholenden Elemente des gesamten Musters erkennen, oder mit anderen Worten die äußere Begrenzung und damit die Gesamtform eines einzelnen Moleküls.

Navia hatte prophezeit, er und Yamashita würden in zwei bis drei Monaten nach der Zucht der ersten Proteinkristalle auch die Derivate mit den schweren Atomen herstellen, und einen Monat später sollte die Struktur geklärt sein. Als erstes schweres Atom benutzten sie Platin, aber es wirkte wie eine Bowlingkugel, die man in eine Eisritze fallen läßt: Durch die Belastung brachen die Kristalle auseinander. Mit anderen Atomen konnten sie vielfach keine Bindung an das Protein zuwege bringen, und wenn sie banden, veränderten sie die Form des Proteinmoleküls nicht. Thomson war mittlerweile eine außergewöhnliche, spektakuläre Leistung gelungen: Er hatte es geschafft, daß FKBP sich zu einer langen Aminosäurekette auseinanderfaltete, so daß alle Atome – auch diejenigen, die normalerweise im Inneren des Moleküls verborgen waren – freilagen, und anschließend ohne Aktivitätsverlust wieder seine ursprüngliche Konformation annahm. Es war wie bei einem von diesen Spielzeugen, in die Kinder zu Karneval hineinblasen: Thomson hatte das Protein entrollt, ein schweres Atom hineingelegt und es dann wieder zusammengefaltet. Leider half aber auch diese Errungenschaft Yamashita nicht weiter.

Jedesmal wenn es mit einem schweren Element nicht klappte, mußte Yamashita die Kristallzucht unter neuen Bedingungen ausprobieren. Dabei mußte er jeweils eine neue Datensammlung anlegen, was etwa eine Woche dauerte; erst dann konnte er Computerdiagramme erstellen, die zeigten, ob das Derivat funktionieren konnte. Die ganze Prozedur nahm ungefähr drei Wochen in Anspruch, und jeder Fehlschlag stürzte Yamashita in tiefere Verzweiflung. Er arbeitete ununterbrochen, blieb meist über Nacht in der Firma und schlief eine Dreiviertelstunde oder auch eine Stunde neben dem Röntgengenerator; dann stand er wieder auf und stürzte sich mit einer Cola und einer Zigarette von neuem in den Kreislauf: Kristalle züchten, neue Daten sammeln, neue Zahlen durchackern, neue Diagramme erstellen, neue Fehlschläge hinnehmen. Er erlebte jetzt das gleiche wie Thomson vor ihm: Die Welt schien zurückzuweichen und verschwand völlig hinter seiner Arbeitswut. Wie Thomson glaubte er, Vertex sei ganz und gar von ihm abhängig und er dürfe nicht versagen. In seinem Gefühl der Isolation fing er an, um sich herum Verschwörungen zu wittern.

Überall sah Yamashita Rivalen, und überall kämpfte er gegen eingebildete Komplotte, Moralpredigten und Ängste. Er war überzeugt, Brian McKeever, sein wichtigster Gegenspieler, werde die Probleme mit den schweren Atomen überwinden, so daß Merck nicht zu schlagen sei. Deshalb mißtraute er jetzt sowohl Boger, der ihm gesagt hatte, Merck könne nicht gewinnen, als auch Navia, den er für seine Misere zum größten Teil verantwortlich machte. In Yamashitas Augen war Navias Ehrgeiz bedenklich. Sicher, er war ungeduldig und ging in seinem Drang, Ergebnisse zu erzielen, oft zu unsanft mit den Kristallen um: Er zerstörte sie während der Experimente und überließ es dann Yamashita, das ganze noch einmal zu machen. Er verbrauchte viel Protein und war auch den Menschen gegenüber achtlos, wenn sie ihm in die Quere kamen, insbesondere bei John Thomson. Nach Yamashitas Einschätzung war Navia entschlossen, das Verdienst für alle bei Vertex aufgeklärten Kristallstrukturen unabhängig von seinem wirklichen Beitrag ausschließlich für sich zu beanspruchen, so daß Yamashita in der Firma und mit seiner Karriere nie weiterkommen konnte, gleichgültig wie hart er arbeitete und wie hervorragend seine Leistungen waren. In den Monaten der Fehlschläge mit den schweren Atomen – Monate, in denen Navia oft auf Reisen war und an NIH-Begutachtungen, Space-Shuttle-Starts und Geschäftsessen teilnahm oder mit anderen Projekten beschäftigt war – trug Yamashita die gesamte Verantwortung für das notleidende Projekt, ohne daß er Aussichten auf eine wirkliche Führungsrolle oder auf eine Belohnung hatte. Inzwischen beäugte er auch Jon Moore, dessen Erfolge er ebenfalls fürchtete. Gegen Moore zu verlieren, war zwar nicht ganz so schlimm wie McKeever zu unterliegen oder von Navia unter Druck gesetzt zu werden, aber es würde Yamashita ebenfalls die große Chance nehmen, als erster die Struktur von FKBP zu ermitteln. Von diesem Sturm des Konkurrenzdenkens aufgewühlt, steigerte er sich noch verzweifelter in seine Arbeit.

Gefühle wurden für ihn jetzt ebenfalls zum Feind, und er bekämpfte sie genauso heftig. Seit seinen ersten Enttäuschungen mit der Kristallzucht hatte er sich eine eiserne Entschlossenheit zu eigen gemacht. „Die höchste Gefühlsebene, mit der ich zur Zeit fertig werden muß, ist der Hunger", sagte er in dieser Phase. Jetzt im Herbst, als alle ihn fragten, wie es ihm gehe, erwiderte er stets mit süßlichem Tonfall: „Mein Zustand ist stabil." Thomson, der vielleicht öfter mit ihm zusammentraf als jeder andere, stellte Yamashitas Vorstellung von Stabilität in Frage und nannte ihn *metastabil*; mit diesem Fachausdruck bezeichnet man normalerweise den letzten Augenblick des empfindlichen Gleichgewichts, bevor ein System außer Kontrolle gerät und zusammenbricht.

Wenn Yamashita nicht gerade seine Anwandlungen hatte, war er freundlich und warmherzig, lachte über seine mißliche Lage und gab sich Mühe, anderen zu helfen. Besonders besorgt war er um Navia, den er in japanischer Tradition trotz aller Vorbehalte und Befürchtungen achtete und verehrte. Als er einmal den Röntgenstrahl einstellte, sagte er: „Ich möchte nicht, daß Manuel das macht. In seinem Alter wäre es unklug, sich so lange an dem Gerät aufzuhalten." (In dem Bewußtsein, daß Röntgenstrukturanalytiker wegen der Strahlenbelastung eine Leukämie riskieren, sagte er später einmal: „Irgendwann muß man ja mal sterben.")

Während Yamashita seine Frustration unterdrückte, war Navia sarkastisch und unberechenbar. Mehr als seine Arbeit an FKBP und HIV interessierte ihn jetzt eine neue, von ihm selbst entwickelte Methode, mit der er chemische Reaktionen mit Hilfe von Enzymkristallen beschleunigen und verbessern konnte. Erste Versuche hatten sich als so vielversprechend erwiesen, daß Boger bereits wieder über die Gründung einer Firma zur Vermarktung des neuen Verfahrens sprach, denn es eröffnete sowohl für die Chemie- als auch für die Pharmaindustrie faszinierende Möglichkeiten. Navia, der bereits mehrere Proteinstrukturen ermittelt hatte, versuchte jetzt wie Schreiber und Boger, einem breiteren Gebiet der Wissenschaft seinen Stempel aufzudrücken, und mit seinen Befunden über Enzymkristalle als biologische Wirkstoffe sah er sich bereits als Vater einer neuen Technik. Andere waren nicht ganz so begeistert. Zwei Berater, die Boger zur Begutachtung der Arbeiten aus England einfliegen ließ, fanden seine Ergebnisse wirtschaftlich unpraktikabel. Nach einer besonders aufreibenden Sitzung gelangte einer von ihnen zu dem Schluß: „Ich würde in diesem Stadium noch nicht sagen, daß die Sache völlig vom Tisch ist, aber wir haben sie ziemlich auseinandergepflückt." Navia war bestürzt. Offiziell war er froh über die Kritik, aber andere, insbesondere Yamashita, hielten jetzt respektvollen Abstand von ihm, denn sie kannten seine Neigung, Enttäuschung sehr plötzlich und auf unberechenbare Weise zu zeigen.

Die Anziehungskraft zwischen Navia und Yamashita, die gestreßt und dennoch unzertrennlich waren, nahm mittlerweile geradezu komische Züge an. Im Bewußtsein der Gefühle des anderen wie der eigenen, begegneten sie einander mit überströmender Höflichkeit, auch wenn sie innerlich kochten. „Nach Ihnen, Doktor", sagte Yamashita, wenn er durch eine Tür gehen wollte, ganz Alphonse, zu Navia, seinem Gaston. „Nein, nein, Doktor, nach Ihnen", beharrte Navia. Auch über die widersprüchlichen Klischeevorstellungen über ihre Herkunft hinaus - Navia als temperamentvoller, heißblütiger Kubaner, Yamashita als undurchschaubarer, gleichmütiger Japaner - erwiesen sie sich als zutiefst unverträglich. Obwohl es ihnen oftmals ehrlich Spaß machte zusammenzusein und trotz des gegenseitigen Respekts kam jetzt auch so etwas wie Haß zwischen ihnen auf. Thomson, der sie beide mochte, ärgerte sich zunehmend über die unbarmherzigen Forderungen nach mehr Protein und bezeichnete sie jetzt innerlich oft als „Abbott und Costello".

Im September lief bei Vertex ein Gerücht um, das in den Labors Schockwellen auslöste. Danach war bei Merck in Zusammenarbeit mit Yale das entscheidende Experiment zur endgültigen Ermittlung der biologischen Aktivität von FKBP gelungen: die Herstellung einer sogenannten transgenen Deletion, auch knockout-Experiment genannt. Boger und die Immunologen wußten schon seit langem, daß man nur mit einer einzigen Methode absolut verläßlich herausfinden konnte, ob die Blockade von FKBP durch FK-506 zur Immunsuppression führt: Man mußte das Medikament einem Tier verabreichen, welches das Protein nicht besaß. Wurde die Immunreaktion des Tiers dann dennoch unterdrückt, war schlüssig bewiesen, daß ein anderer Rezeptor und nicht FKBP das Ziel des Wirkstoffes darstellt. Jetzt hörten die Wissenschaftler aus mehreren Quellen, die Leute von Merck und Yale hätten ein solches Tier hergestellt. Den Berichten zufolge hatte man das Gen für FKBP bei Mäuseembryonen entfernt und so einen Mäusestamm ohne FKBP „erfunden". Das Schockierende dabei war, daß diese Tiere auf FK-506 angeblich ebensogut ansprachen wie ihre normalen Artgenossen.

Das Gerücht bestätigte sich zwar nicht – in der Fachpresse wurde nie über solche Tiere berichtet –, aber es hatte gewaltige Auswirkungen. Wenn FKBP nicht das richtige biologische Ziel war, wurde die gesamte Arbeit bei Vertex plötzlich wertlos. Alles. Wozu waren Hemmstoffe für ein biologisch unwichtiges Protein nütze? Was nützten Thomsons riesige Anstrengungen zur Gewinnung des Proteins und Yamashitas mühselige Suche nach den richtigen schweren Atomen? Yamashita hörte, bei Merck habe man das Projekt mit FK-506 abgeschlossen, und glaubte es sofort. Boger, der die Sorgen Yamashitas und aller anderen ersticken mußte, wies zu Recht darauf hin, man müsse das Gerücht als falsch ansehen, solange es nicht durch veröffentlichte Befunde bestätigt wurde, aber auch er war beunruhigt. „Man würde nicht nur hören, daß da ein Aufsatz erscheint", sagte er einmal im kleinen Kreis zu Navia, Yamashita und Murcko. „Man würde hören, wie der Himmel einstürzt." Worauf Murcko erwiderte: „Der Aufschrei von fünfzigtausend Postdocseelen im Äther. Es ist höchst unwahrscheinlich, daß irgend jemand auf der Welt solche Befunde hat, und alles andere ist Spekulation."

Angesichts der Möglichkeit, daß FKBP biologisch unwichtig war, unter Druck durch die Probleme mit den schweren Atomen, angegriffen von den Beratern wegen seiner immobilisierten Enzyme und gezwungen, behutsam mit Yamashita umzugehen, damit dieser nicht einschnappte und kündigte, war Navia äußerst reizbar. Gerade noch war er witzig und liebenswürdig, und im nächsten Augenblick explodierte er. Eines Tages Anfang Oktober schmetterte er im Frühstücksraum das Telefon auf den Fußboden, nachdem er sich mit einem Softwareverkäufer in eine heftige Meinungsverschiedenheit hineingesteigert hatte; die Schimpfkanonade, die er dabei losließ, öffnete ein paar anderen, die solche Ausbrüche nicht gewohnt waren, die Augen.

„Ich sitze hier bis Freitag mit Hummeln im Hintern rum, und dieses Vertreterarschloch braucht ein ganze Woche, um mir zu sagen, daß er nicht hat, was ich brauche", schrie er, ganz im Gegensatz zu seiner jesuitischen Erziehung. „Wenn es ein Marketingproblem ist, dann ist es sein Scheißproblem ... blöde Horde verdammter Gebrauchtwagenverkäufer!" Er stampfte mit dem Fuß auf, versetzte zwei Stühlen heftige Tritte und schlug mit einem großen Kunststoffkrug auf den Wasserkühler. Dann beruhigte er sich ebenso plötzlich, entschuldigte sich, zog seine Krawatte fest und ging zur Toilette. „Ich muß mal den Kopf unter kaltes Wasser halten, sonst bekomme ich noch einen richtigen Anfall", verkündete er zerknirscht.

Yamashita blieb in solchen Phasen vergleichsweise ruhig. Er behielt das Benehmen des disziplinierten, rationalen Menschen bei. Erst nach Feierabend, wenn er mit Thomson und Laura Engel in eine Bar ging, platzte die Verzweiflung aus ihm heraus. Er arbeitete härter als die meisten anderen bei Vertex, mutete sich ebensoviel zu wie früher Thomson und kam doch nicht voran. Anschließend ging er wieder in die Firma und saß die ganze Nacht an seinem Computer, oder er arbeitete an dem Rechner auf seinem Küchentisch, der ebenfalls online mit Vertex verbunden war, aber immer noch hatte er für die Zahlen nicht den Schlüssel, der ihm die Struktur des Proteins erschließen würde. Er war entmutigt und erschöpft. Über Weihnachten wollte er für zwei Wochen zu seinen Eltern nach Hawaii fliegen, aber als das Datum seiner Abreise näherrückte, war er sich immer noch nicht sicher, ob er wegfahren konnte. Einen Tag vorher arbeitete er die ganze Nacht, und als er dann zu Hause war und geduscht hatte, schlief er auf seinem Sofa für zehn Minuten ein.

Er berichtet: „Im Traum dachte ich: ‚Ich kann nicht wegfahren. Brian wird mich schlagen. Ich muß den Flug stornieren. Ich kann nicht fliegen. Brian wird mich schlagen.'"

13

Bei Vertex gab es drei wissenschaftliche und finanzielle Kategorien: Projekt, Protoprojekt und etwas, das Boger „Präprotoprojekt" nannte. Die Immunophilinforschung war notwendigerweise von dem Augenblick an, da Boger sie beschlossen hatte, ein richtiges Projekt, denn etwas anderes hatte er nicht vorzuweisen. Ihre größten Schwächen – insbesondere die Frage, ob Vertex sich überhaupt mit dem richtigen Objekt beschäftigte – wurden kurzerhand übergangen, denn Boger mußte sehr schnell ein Gebiet finden, auf dem er eine Führungsrolle beanspruchen konnte. Geschäftlich ging die Rechnung auf: Es war ihm gelungen, das Projekt zu einem hervorragenden Preis zu verkaufen. Als er jetzt die Notwendigkeit eines zweiten Projektes abwog, wußte er, daß es diesmal bei weitem nicht so einfach werden würde.

„Es ist die wichtigste Entscheidung, die wir in den kommenden zwölf Monaten treffen werden", sagte er den Wissenschaftlern. „Das zweite Projekt platzen zu lassen könnte tödlich sein."

Boger neigte zwar zum Dramatisieren, aber diesmal übertrieb er nicht. Betrachtet man die Branche als Ganzes, geht noch nicht einmal aus jedem zehnten Projekt ein Medikament hervor: Keine Firma, und sei sie auch noch so geschickt, kann auf die Dauer von einem einzigen Vorhaben leben. Und neue Firmen haben es noch schwerer: sie werden oft in die wissenschaftlich und geschäftlich besonders riskanten Randgebiete oder in Marktnischen gedrängt. Eine neu gegründete Pharmafirma ähnelt einem Spieler, der sich mit großen Erwartungen und spärlichen Mitteln zum ersten Mal an einer Pferdewette beteiligt: Sie kann auf die Favoriten nicht soviel setzen, daß dabei ein großer Gewinn herauskommt, und deshalb investiert sie in waghalsigere Versuche. Boger hatte fast alles, was er besaß, in das Immunophilinprojekt gesteckt. Das Rennen war noch im Gang, aber schon wieder schlossen die Wettschalter. Er mußte einen Einsatz plazieren.

Das einzige Protoprojekt der Firma, die AIDS-Forschung, hatte ihn nicht begeistert. Sein Ausgangspunkt, Navias „Halluzination", hatte trostlos geendet. Die beiden Chemiker Roger Tung und Dave Deininger hatten auf der Grundlage seiner Computermodelle vier Monate lang Verbindungen hergestellt, aber immer wieder mußten sie feststellen, daß die gegen die HIV-Protease nicht wirkten, jenes Enzym, das sie Navias Voraussagen zufolge blockieren sollten. Mittlerweile erwies sich eine Substanz, welche die Chemiker ursprünglich zur Hemmung von FKBP hergestellt hatten, als unerwartet vielversprechend, aber das reichte nicht. Davon nicht gerade beeindruckt, dachte Boger inzwischen mehr an das, was die HIV-Protease seiner Firma möglicherweise antun würde, als an die Frage, was Vertex mit dem Enzym anfangen konnte. „Wir werden nicht noch einmal mit einem Spiegelfechterprojekt beginnen; daraus wird nichts", sagte er auf einer Sitzung im September zu den Wissenschaftlern. „Aber möglicherweise können wir die HIV-Protease als Einstieg in ein größeres Projekt mit Aspartylproteasen benutzen. Deshalb ist sie durchaus interessant."

Daß Vertex ausgerechnet AIDS als Zugpferd benutzen sollte, um Geld für andere Projekte einzusammeln, erschien einigen Wissenschaftlern zynisch und hinterhältig. Boger hatte solche Bedenken nicht. Wissenschaft verläuft kaum einmal geradlinig, und Informationen sind nicht zwangsläufig für diejenigen Fragen am nützlichsten, derentwegen man sie ursprünglich gesammelt hat. Die hellste Facette im Auf und Ab der Aussichten auf AIDS-Medikamente ergab sich in jüngster Zeit tatsächlich aus Erfolgen bei ähnlichen Systemen. Ein Paradebeispiel dafür war Renin, das proteinspaltende Enzym, mit dessen Erforschung Boger bei Merck Karriere gemacht hatte. Trotz zehnjähriger intensiver Forschungsbemühungen bei Merck und anderswo war kein einziger Renin-Hemmstoff jemals zu einem Medikament geworden, aber die Versuche, das Enzym zu hemmen, waren für die Industrie eine gute Vorbereitung auf die verblüffend ähnliche HIV-Protease.

Boger meint: „Daß Merck die Befunde über Renin frühzeitig veröffentlichte und patentierte, hatte unter anderem zur Folge, daß die Suche nach Abwandlungen dieses Vorbildes sich stark beschleunigte, und sei es auch nur, weil man Patente umgehen wollte. Deshalb gibt es über Renin heute eine Menge Literatur. Aber als größter Gewinn könnte sich die HIV-Protease erweisen. Überall auf der Welt und in allen möglichen Labors gibt es Arbeitsgruppen, die viel Erfahrung besitzen und eine gewaltige Methodenpalette beherrschen und die alle an der HIV-Protease arbeiten wollen. Wenn tatsächlich nie ein Reninhemmer entwickelt wird, ist das ein Musterbeispiel dafür, daß angewandte Forschung auch Grundlagenforschung ist und daß zwischen beiden kein Unterschied besteht."

Bogers Interesse, HIV zu einem Projekt zu machen, hatte einen anderen Hintergrund, und der hieß Nissin. Der riesige japanische Nudelhersteller mit den grabmalsähnlichen Labors, die Aldrich mit der Festung des Dr. No verglichen hatte, war ganz wild darauf, in der AIDS-Forschung „mitzuspielen". Die Firma hatte jenseits des Flusses, in dem Biotechnologiegürtel von Cambridge, der die Harvard University umgab, ein Labor zum Durchmustern von Verbindungen gebaut und Vertex aufgefordert, vielversprechende Verbindungen einzureichen. Nach allgemeiner Erfahrung waren sie, was die Geschäftsentwicklung auf dem AIDS-Sektor anging, sehr spät dran. Das

Gebiet war bereits von Mitwirkenden überlaufen. Wer nach strategischen Allianzen suchte, hatte sie bereits seit langem gefunden, und Vertex würde wahrscheinlich erst in einem Jahr wissenschaftlich so weit sein, daß man sich an einen richtigen Pharmakonzern wenden konnte. Aber wenn Nissin, eine Firma, die jährlich eine Milliarde Dollar mit Suppennudeln umsetzte und im japanischen Fernsehen mit Arnold Schwarzenegger warb, sich für die HIV-Protease interessierte, war Boger fest entschlossen, ihnen eine überzeugende Story zusammenzuzimmern.

Wenn Vertex die Vermehrung des Virus in den Zellen hemmen könnte, „hätten wir sie an der Angel und könnten den Sack zumachen", sagte er den Wissenschaftlern. „Wenn uns das gelingt, glauben wir natürlich unter uns, daß wir auch einen Renin-Hemmstoff haben."

Ungefähr zur gleichen Zeit flog Boger nach San Francisco zu einer einwöchigen Tagung über Aspartylproteasen, die Klasse proteinspaltender Molekülscheren, zu der sowohl das Renin als auch die HIV-Protease gehören und die er formaler als Proteinasen bezeichnet. Er fuhr jetzt nur noch selten zu wissenschaftlichen Tagungen, außer wenn man ihn zu einem Vortrag einlud, aber da Vertex an HIV interessiert war, versprach es eine nützliche Reise zu werden. „Es sind alle da", sagte er zu Aldrich. „Ich werde eine richtige Momentaufnahme davon bekommen, wo die anderen stehen."

„Wirst du dort auch ein bißchen gutes Wetter für die Geschäftsentwicklung machen?" fragte Aldrich.

„Ich habe der Versammlung nicht viel anzubieten."

„Das hat uns doch sonst auch nie behindert."

„Es heißt nur, daß ich geheimnisvoller tun muß. Ich werde meinen Schleier mitnehmen!"

Die Tagung war tatsächlich außerordentlich produktiv. Das Haupthindernis bei der Entwicklung von Medikamenten, die als Proteasehemmer wirkten, war nach wie vor die Lehrmeinung, die weit und breit besten Inhibitoren seien ausschließlich Peptide, jene sperrigen Aminosäureketten, die im Darm so leicht zerlegt werden. Roche und Abbott allerdings, zwei große Pharmaunternehmen, stellten dieses Dogma mittlerweile in Frage. Sie hatten Verbindungen hergestellt, von denen die HIV-Protease im Labor gehemmt wurde und die im strengen Sinne keine Peptide waren – Tung nannte sie „dreckig". Boger war begeistert. Er rief Tung von der Tagung aus an und beauftragte ihn mit der Herstellung der Moleküle, damit sie möglicherweise als Vorbilder dienen konnten.

Noch fesselnder waren die Berichte über das Kathepsin E, eine weitere Protease, die Vertex nach Bogers Überzeugung wie auf den Leib geschnitten war. Gerade hatten die Wissenschaftler herausgefunden, daß dieses Enzym ein entscheidendes Protein in dem chemischen Reaktionsweg spaltet, der zum Bluthochdruck führt. Wie Boger aus langjähriger Erfahrung wußte, war der Bluthochdruck der größte, üppigste und am stärksten umkämpfte Medikamentenmarkt. Er umfaßte einige der besten jemals hergestellten Präparate, aber wegen seiner unvergleichlichen Altersstruktur (ältere, krankenversicherte, meist männliche Risikopatienten vorwiegend in den Industrieländern) hatte er einen offenbar unersättlichen Appetit auf neue Produkte.

Aus geschäftlicher Sicht – allerdings nicht wissenschaftlich – bot sich damit genau die gleiche Aussicht wie bei FK-506, von der Boger zu den Wissenschaftlern gesagt hatte, es sei kein zweites Mal mit ihr zu rechnen. Wenn Vertex in einem kleinen, selbstfinanzierten Projekt nachweisen konnte, daß Kathepsin E ein wichtiger Angriffspunkt für Medikamente ist, und wenn sie dann noch auf der Grundlage der Verbindungen von Abbot und Roche einen Hemmstoff herstellen konnten, der kein Peptid war, hätten sie in einem wichtigen neuen Forschungsgebiet eine Führungsposition, die mit der bei den Immunophilinen ein Jahr zuvor vergleichbar wäre.

Mit solchen tatsächlichen oder unterstellten Führungspositionen war viel Geld zu holen, das wußte Boger. Mit dem richtigen Abkommen, so seine Überlegung, konnte er nicht nur die Forschung am Kathepsin E finanzieren, sondern außerdem mit einem Protoprojekt über Renin beginnen. Vielleicht konnte er damit sogar die HIV-Forschung, die jetzt schon 3 000 Dollar am Tag kostete, so lange flottmachen, bis auch sie auf eigenen Füßen stand. Wie bei AIDS, so hatte Boger sich auch bei den Aspartylproteasen geschworen, die Forschung den großen Pharmaunternehmen zu überlassen, aber jetzt wurde die Logik der Idee, auf diesem Gebiet die Anstrengungen zu bündeln, fast unwiderstehlich. Auf dem Rückflug nach Cambridge erhob er das Kathepsin E im Geist zu einem Präprotoprojekt. Sofort überlegte er, mit welchen Formulierungen er es den Wissenschaftlern schmackhaft machen wollte.

„Das ist eine Glaubensfrage", sagte Boger, wobei er seine braunen Halbschuhe der Größe 47 auf einen Stuhl hievte und sich in vorgespielter Selbstversenkung am Bart zupfte. „Kann man schneller sein als das Licht? Ja. Werden wir in den nächsten paar Jahren mit dem Geld, das wir haben, über die Runden kommen? Nein. Es ist eine Frage der Mittel. Wenn du mich fragst, ob wir nach meiner Ansicht in einem begrenzten Zeitraum und mit einer begrenzten Geldmenge eine Pille herstellen werden, die eine Aspartylprotease hemmt, dann lautet meine Antwort: Ja, davon bin ich überzeugt."

Murcko, der die Frage gestellt hatte, zuckte die Achseln. Er war erbost. Seit Monaten hatte er den Verdacht, daß Boger das HIV-Projekt verzögerte. Wenn Vertex daran arbeiten wollte – und daß sie das tun würden, davon war er überzeugt –, warum stürzte sich die Firma dann nicht sofort darauf, bevor sie noch weiter in Rückstand geriet? Aus der Zeit seiner Hundertstundenwochen in West Point, als er Hemmstoffe entworfen hatte, wußte Murcko ganz genau, welche Mittel Merck und die anderen Großunternehmen in diese Fragestellung steckten. Für ihn war klar, was Vertex tun mußte. Aber Boger hatte es abgelehnt, mehr als fünf Mitarbeiter ganztags für das

Projekt abzustellen. Nach seinem Eindruck ging Bogers Zurückhaltung über die reine Vorsicht hinaus. Jetzt versuchte er, Boger festzunageln und ihm trotz seiner ruhigen Ausstrahlung ein Fünkchen des Zweifels zu entlocken, das sein Sträuben erklärt hätte, eine Bemerkung in der Art, das Ziel des Projektes sei nicht zu erreichen und er suche nach einem nicht allzu autoritären Weg, es zu beenden. Aber Boger, beherrscht wie immer, sagte nichts Derartiges.

Zu der Sitzung, die mehrere Wochen nach seiner Kalifornienreise stattfand, kam Boger mit einer Tagesordnung, die zwar nicht gerade geheim war, aber doch weniger durchsichtig, als es Murcko und den anderen versammelten Wissenschaftlern lieb gewesen wäre. Es war die regelmäßige Projektbesprechung der Aspartylprotease-Spezialisten, jener Gruppe, die bei Vertex an HIV arbeitete; sie fand jeden Mittwochmorgen statt und sollte dazu dienen, die Arbeit der Gruppe zusammenzufassen und ihre mittlerweile drei potentiellen Ansatzpunkte zu erörtern. Wie alle Projektbesprechungen bei Vertex fand sie hinter verschlossenen Türen statt, und die Wissenschaftler lümmelten sich in Alltagskleidung um einen Tisch im Sitzungszimmer. Der Raum, der gerade einem Tisch und einem Dutzend Stühlen Platz bietet, war sehr zweckmäßig eingerichtet: mit zwei hellbraunen Bücherschränken, einer kleinen Wandtafel und den Bildern des Fudschijama, die Chugai der Firma geschenkt hatte. Boger, der eine „flache" Hierarchie bevorzugte, hatte die Projektgruppen eingerichtet, um den Informationsfluß zu beschleunigen und die mittlere Führungsebene entbehrlich zu machen, aber insbesondere Murcko hatte auch den Verdacht, daß er auf diese Weise die Wissenschaftler besser unter Kontrolle haben wollte.

Murcko war überzeugt, Boger wolle die Ablösung des HIV-Protease-Projektes durch die Forschung am Kathepsin E betreiben. Das würde Boger niemals zugeben, dachte er, aber das AIDS-Projekt ist für ihn eine Bedrohung. Anders als FK-506, für das Boger sich selbst eingesetzt hatte, war das HIV-Projekt auf Initiative der Wissenschaftler und gegen seinen Widerstand entstanden. Trotz Bogers ständiger Aufforderung, abweichende Meinungen zu äußern, traute Murcko ihm nicht zu, daß er die Entscheidungsgewalt in einer so wichtigen Frage wie der Auswahl eines Projektes abgab.

In Wirklichkeit hatten Bogers Bedenken weniger mit seiner Psyche zu tun. Wenn er das Kathepsin E vorzog, dann nur deshalb, weil die AIDS-Forschung bei Vertex in seinen Augen keine schlüssigen Ergebnisse erbracht hatte, so daß er sie einem möglichen Partner nur schlecht verkaufen konnte. Wenn die Firma aus einem Protoprojekt ein richtiges Projekt machte, legte sie sich auf lange Sicht fest: mit fünf bis zehn Millionen Dollar im Jahr für fünf Jahre, und vielleicht mit noch viel mehr, wenn aus der Arbeit in dieser Zeit ein mögliches Medikament hervorging. Boger mußte unbedingt so bald wie möglich mit einem zweiten Projekt beginnen, und in den Arbeiten an der HIV-Protease erkannte er bisher nichts, das eine solche Investition gerechtfertigt hätte. Wie immer wogen die unbarmherzigen, kurzfristigen Zwänge der

Geldbeschaffung schwerer als die Unwägbarkeiten des moralischen und gesellschaftlichen Nutzens. Vertex würde sich nicht das Projekt aussuchen, das den meisten Menschen nützte oder dem dringendsten Bedarf entsprach; keine Firma würde das tun. Entscheidend war vielmehr, welches Projekt die besten Erfolgsaussichten bot, und das bedeutete vor allem, daß man den Investoren eine gute Geschichte erzählen mußte. Und AIDS war Ende 1990 schwer verkäuflich. Vielleicht schwerer als alles andere.

Murcko war nicht der einzige, der Boger aus der Reserve locken wollte. Auch Roger Tung, früher Chemiker bei Merck, sah in der HIV-Protease vielleicht nicht das beste Forschungsobjekt für Vertex, aber zumindest eine bemerkenswerte Chance für sich selbst. Wie Armistead, so besaß auch der einunddreißigjährige Tung einen unverhüllten Ehrgeiz. Wie Armistead war er bei Merck von einer vielversprechenden Karriere abgesprungen und versuchte jetzt das gleiche auf dem seltsamen Weg von Bogers sozialem Experiment bei Vertex. Er war „sozusagen die eineinhalbte Generation mit gemischter japanisch- und chinesisch-amerikanischer Abstammung"; seinen Antrieb bezog er auch aus dem Wunsch, es Yamashita gleichzutun. Sein Großvater mütterlicherseits, der vor dem Zweiten Weltkrieg in Japan internationalen Handel betrieben hatte, verlor sein gesamtes Vermögen und zog mit der Familie in die Vereinigten Staaten; sie wurden in Montana interniert, und dort verbrachte Tungs Mutter, die heute Fachbuchautorin ist, einen Teil ihrer Kindheit. Der Großvater väterlicherseits leitete den Aufsichtsrat der Bank of Hong Kong, und sein Vater war leitender Ingenieur bei der Entwicklung eines der beliebtesten Großrechner bei IBM. Tung selbst wuchs in New York auf und mußte miterleben, wie sein Vater beruflich nicht mehr weiterkam, weil er nicht selbstbewußt genug war und keinen Doktortitel hatte. „Er ist gegen die sprichwörtliche Decke gestoßen", sagt Tung. Er war entschlossen, sich selbst nicht in dieser Weise einschränken zu lassen.

In der ersten Zeit bei Vertex hatte Tung sich gegen Armisteads Vormachtstellung in der Immunophilinforschung aufgelehnt und sich dabei Frustrationen eingehandelt. „Ich bin ein sehr eigensinniger Mensch", sagte er. „Ich mag mich nicht gern unterordnen." HIV wurde für ihn zum Schlupfloch. Monatelang arbeitete er wie ein Besessener an der Herstellung der Janssen-Moleküle, die Navia auf seine Idee gebracht hatten, aber nicht weil er überzeugt war, daß sie funktionieren würden – daran glaubte er nicht –, sondern weil er sich damit „auf ein anderes Gebiet begeben konnte, „wo ich keine Zusammenstöße mit Dave habe und wo Dave nicht von vornherein für die Spitzenstellung vorgesehen ist". Aber Tungs Selbständigkeit hatte ihren Preis. Mit seiner anspruchsvollen und überspannten Art verärgerte er die meisten anderen Chemiker, die ihn für anmaßend hielten. Als er an der aufreibenden Synthese der Abbott-Moleküle arbeitete, tauchten in seinen pechschwarzen Haaren scheinbar über Nacht silberne Fäden auf. Zwar war die Bekämpfung von HIV nach seiner Überzeugung „derzeit das allerwichtigste Problem", aber er mußte eine Meinung vertreten, die er selbst mit vielen Vorbehalten betrachtete: daß Vertex tatsächlich ein AIDS-Medikament konstruieren konnte. Tung ist ein Skeptiker – „ich lasse mich gern widerlegen", sagte er einmal. Dennoch hatte er selbst die widersprüchliche Position eingenommen und gesagt, Vertex könne nach seiner Ansicht in Sachen AIDS strukturorientiertes Moleküldesign betreiben, auch wenn er damit vielleicht nur seinem eigenen Ehrgeiz dienen wollte. „Ich möchte herausfinden, ob die Ziele, die wir so freimütig vertreten, tatsächlich zu erreichen sind", sagte er. „Ich möchte wissen, ob wir die Wahrheit sagen."

In der Sitzung versuchte Tung wie Murcko, Bogers großspurigen Stolz in Frage zu stellen. Er betonte, die Abbott-Verbindungen, die Boger günstig beurteilte, legten die Vermutung nahe, daß Substanzen, die keine Peptide waren, als oral wirksame HIV-Hemmstoffe in Frage kämen. In der firmeninternen Sprachregelung bedeutete das: Vertex sollte in der Lage sein, noch bessere Moleküle zusammenzubauen. Boger erwiderte – vielleicht unabsichtlich, denn er spottete ebensogern wie alle anderen über die Großfirmen –, Abbott sei ein großer, erfolgreicher Pharmahersteller, dem derart wirksame Moleküle einen überzeugenden Wettbewerbsvorteil verschafften, und diesen Vorteil solle Vertex klugerweise respektieren.

„Aber sie fangen nichts damit an", sagte Tung.

„Du weißt nicht, was sie damit anfangen", schnauzte Boger zurück.

„Aber sie haben eine Vergangenheit, und zwar keine gute", fügte Navia hinzu.

Boger brachte als Alternative das Kathepsin E ins Gespräch: Es sei jungfräuliches Terrain, und Vertex habe die gleichen Startbedingungen wie die übrige Industrie. Ganz offensichtlich bevorzugte Boger diese Wettbewerbsposition, und das sagte er auch. Aber damit blitzte er bei mehreren Wissenschaftlern ab: Sie wiesen zu Recht darauf hin, daß es beim Kathepsin E nur deshalb keine Konkurrenz gab, weil noch niemand bewiesen hatte, daß es ein Ziel für Medikamente darstellte. Die HIV-Protease mochte verschiedene Probleme bergen, aber die Möglichkeit, daß man peinlicherweise völlig falsch lag und sich damit das eigene Grab schaufelte, gehörte nicht dazu.

„Ich brauche den biologischen Nutzen eines Enzyms nicht zu kennen, um es als Projekt reizvoll zu finden", sagte Boger. „Ich muß nur wissen, daß wir keinem Phantom hinterherjagen.

Sieh mal, wenn ich sage, ich habe ein ungefährliches Medikament, und wenn du es jeden Tag nimmst und bekommst dann einen Herzinfarkt, ist die Gefahr eines dauerhaften Herzschadens um 40 Prozent niedriger, würdest du es dann nicht nehmen?"

„So ein Präparat hat die FDA nie zugelassen", sagte Navia.

„Hat sie wohl", erwiderte Boger. „Aspirin."

Natürlich ist Aspirin schon seit über einem Jahrhundert in Gebrauch, und ob ein Kathepsin-E-Blocker wirken würde, wußte niemand, von der Ungefährlichkeit ganz zu schweigen. Aber das war für Boger kein Gegenargument. Er mochte solche Auseinandersetzungen, denn er konnte sie gut führen und hielt sie für gesund. Es machte ihm Spaß, die Wissenschaftler zu ärgern, weil sie die AIDS-Forschung nach seiner Überzeugung zu selbstgefällig für unumgänglich hielten. Er heizte die Stimmung sogar noch weiter an: Neben seiner Beteiligung an der Regulation des Blutdrucks, so erwähnte er jetzt, spiele Kathepsin E auch im Immunsystem eine Rolle; mit anderen Worten: Ein Hemmstoff trug vielleicht nicht nur zur Vorbeugung gegen Herzschäden bei, sondern er konnte unter Umständen auch die Organabstoßung verhindern und Autoimmunkrankheiten heilen.

„Ein immunsupprimierendes Antihypertonikum?" fragte Navia mit ungläubigem Lachen.

„Warum nicht?" erwiderte Boger. „Zwei Fliegen mit einer Klappe."

Jetzt schlug Navias Ungläubigkeit in Ärger um. Als leitender Wissenschaftler und Sprecher der HIV-Befürworter war er der einzige, dem Boger nachgab, und mit ihm schien der Chef sich auch am allerwenigsten auseinandersetzen zu wollen. Navia tat Bogers fiktiven Kathepsin-E-Hemmstoff als „Medikament auf der Suche nach einer Krankheit" ab und stellte die Frage, ob die Wirkung des Enzyms auf das Immunsystem „eine gute Eigenschaft oder einen Fehler" darstellte, ob sie also biologische Bedeutung hatte oder nebensächlich war; auf diese Weise wischte er die Idee kurzerhand beiseite.

„Die FDA hat etwas gegen Medikamente mit vielen Indikationen", sagte er. „Ein Medikament, eine Krankheit, so haben sie es gerne."

Boger schnitt ihm das Wort ab: „Ich glaube nicht, daß die FDA sich um so etwas kümmert, es sei denn, ein Tier fällt um und ist tot. Die FDA sitzt nicht mit dem biochemischen Flußdiagramm da und sagt dann: ‚Dieses und jenes kann passieren.' Das interessiert die nicht."

Die Sitzung endete nicht gerade im Patt, aber doch kurz und bündig: Vertex würde beide Projekte parallel weiterverfolgen. Tung sollte weiter mit den Abbott-Verbindungen arbeiten, die sie zusammen mit ihren eigenen Verbindungen zu Nissin zum Testen schicken würden, und die Biologen sollten so viel Protein herstellen, daß Navia es kristallisieren konnte. Gleichzeitig sollte die Enzymforschungsgruppe von David Livingston mit einer Versuchsreihe zu beweisen versuchen, daß Kathepsin E tatsächlich das richtige Angriffsziel für ein Medikament war.

Boger war entzückt. Es war ihm gelungen, das Kathepsin E ins Gespräch zu bringen, ohne die HIV-Arbeitsgruppe auf Dauer vor den Kopf zu stoßen. Gleichzeitig hatte er ihnen einen Wink mit dem Zaunpfahl gegeben, daß sie schnell vorankommen mußten, wenn das Projekt weitergeführt werden sollte. Nachdem er einen nichtautoritären Weg der Entscheidungsfindung eingeführt hatte, fiel ihm jetzt immer öfter die Aufgabe zu, die aufrührerischen Impulse der Wissenschaftler in die richtigen Bahnen zu lenken. Es war ein schwieriger Balanceakt. Er war immer noch überzeugt, daß die AIDS-Forschung für die Firma zu einer Katastrophe werden konnte. Andererseits hatte er einigen seiner besten Wissenschaftler gestattet, sich als Verantwortliche für ein größeres Projekt der strukturorientierten HIV-Forschung zu fühlen, ein Projekt, das Merck in einer Zeit übertriebener Hoffnungen und internationalen Beifalls in Gang gesetzt hatte, bei dem jedoch bisher kaum Fortschritte zu erkennen waren. Aldrich formulierte es so: „Wir haben etwas Tolles vorzuweisen. Wir haben hier das beste Team von Merck."

„In sechs Monaten", gab Boger bekannt, „werden wir wissen müssen, auf welcher Hochzeit wir tanzen."

„Was ist an der Zahl sechs so magisch?" fragte Navia, immer noch gekränkt.

„Daran ist überhaupt nichts Magisches. In achtzehn Monaten kommen wir in Schwierigkeiten, in sechs Monaten noch nicht. Aber im Oktober 1991 geht uns das Geld aus, wenn wir nicht wieder etwas vorzuweisen haben. Deshalb die sechs Monate. Wenn wir uns im März mit einem möglichen Partner zusammensetzen, besteht nicht der Hauch einer Chance, daß wir bis November einen Vertrag geschlossen haben. Aber zumindest besteht dann die heiße Aussicht, daß wir ein wenig Risikokapital auftreiben können."

„Im Juni", sagte er geheimnisvoll, „müßten wir so oder so eine unwiderrufliche Entscheidung treffen."

Man schrieb Mitte Oktober, und nach Bogers Einschätzung war es auf beiden Gebieten für Vertex noch nicht zu spät. Zwei Monate später, als Tung sich immer noch mit den Abbott-Verbindungen herumschlug, während Livingston sich am Kathepsin E festgebissen hatte, war er sich nicht mehr so sicher.

„In meinen Alpträumen lese ich in *Nature* über die Ergebnisse eines Experiments, das wir hätten machen können und das die biologische Bedeutung von Kathepsin E eindeutig belegt", sagte er einmal bei einer Projektbesprechung. „Wenn das geschieht, werde ich mich nur noch auf dem Boden wälzen und grunzen."

Der Spätherbst kam und ging mit bedrückend wenig Fortschritten, nicht nur in Chemie und Enzymforschung, sondern in allen Abteilungen. Fehlgeschlagene Experimente, Ausfall von Geräten, widerspenstige Lieferanten, unwiederholbare und falsche Befunde, Gezänk, Neid, Frustration, Ungeduld, Wut – das alles forderte seinen Tribut. Es war, als habe ein Virus die Firma befallen, eine Krankheit, die sich mit jeder Schwierigkeit verschlimmerte. Sechs Monate zuvor hatte Vertex einen T-Shirt-Malwettbewerb veranstaltet, und der Gewinner war – mitten in Mutmaßungen, das Geschäft habe wieder einmal die Wissenschaft vereinnahmt – Aldrich. Auf dem Rücken der Hemden stand: „Wir überlassen den Erfolg nicht dem Zufall." Jetzt trugen manche Wissenschaftler die Hemden zwar immer noch bei der Arbeit, aber insgesamt herrschte eine düstere Stimmung vor. „Glück wäre mir lieber als Gerissenheit", jammerte Navia halb im Scherz und halb in die Suche nach den richtigen schweren Atomen vertieft. „Wie lautet unser Credo?" fragte Thomson, wenn er bei Moore eine altbekannte Antwort hervorlocken wollte. Daraufhin grummelte Moore, indem er eine Äußerung von Murcko zitierte: „Trauer! Schmerz! Angst!"

Jeder von ihnen hatte auch früher schon Krisen und Durststrecken erlebt, aber Vertex war ein Jahr lang so produktiv, so überragend erfolgreich gewesen, als sei die Bogersche Erleuchtung über sie gekommen und habe sie in höhere Sphären entführt. Keiner von ihnen gab sich der Täuschung hin, man betreibe bereits rationales Medikamentendesign. Aber jetzt waren die Schwierigkeiten größer. Die Wissenschaftler merkten, daß sie immer weiter ins Unbekannte vorstießen, und sie wußten, daß es aus einem ganz bestimmten Grund unbekannt war. Manch einer fürchtete, es müsse auch unbekannt bleiben.

Boger ging wie immer mit leuchtendem Beispiel voran. Er war gut gelaunt, furchtlos, gelassen, unermüdlich und mitteilsam. Während er zwischen Geschäft und Wissenschaft, zwischen augenblicklicher Arbeit und Zukunftsplanung wechselte, bewahrte er den Geisteszustand eines Zen-Buddhisten: Ruhig und gesellig begab er sich auf Gebiete, die von den wichtigsten Vorgängen weiter entfernt waren und nach seiner Überzeugung später einmal entscheidende Bedeutung erlangen würden. Wie Tishler hielt er „alle Fäden in den eigenen Händen", aber er zog kaum einmal so daran, wie die Wissenschaftler es erwarteten oder wünschten. Zum Beispiel hatte er zwar den Chugai-Leuten versprochen, Vertex werde zum Jahresende Moleküle haben, die in Zellkulturen immunsuppressiv wirken, aber er übte auf die Chemiker keinen Druck aus. Er hielt sich von den Labors völlig fern und konzentrierte sich statt dessen darauf, neue Dias anzufertigen oder das Anwachsen der Projektgruppen zu organisieren. „Ich glaube nicht, daß allgemein bekannt ist, was ich organisatorisch tue", sagte er an einem Tag, als die Besorgnis wegen der allgemein schleppenden Fortschritte in den Labors zunahm. „Ich glaube, alle warten sehnsüchtig darauf, daß Mussolini hereinkommt und die Dinge in die Hand nimmt. Aber ich werde das nicht tun. Die große Frage ist hier, wie ich aus einer grundsätzlich anderen Organisationsstruktur etwas Funktionierendes machen kann. Glaubt mir, wenn sich herausstellt, daß ich unrecht habe, ist das in einer Dreiviertelstunde in Ordnung zu bringen."

Boger war unter anderem deshalb so schwer zu fassen, weil er Wissenschaftler, die nach seiner Einschätzung in ihrem Gebiet Spitzenleistungen erbrachten, nicht stören wollte. Teilweise war die Ursache auch sein Gespür für den Rhythmus der Wissenschaft, einen Rhythmus, der in fast allen anderen Branchen zum Verrücktwerden wäre: Monate und Jahre der unbarmherzigen Fehlschläge, unterbrochen nur von plötzlichen, sprunghaften Erfolgen – wenn man Glück hatte; den weniger Glücklichen winkte ewige Düsternis. Geduld und Unvoreingenommenheit waren unentbehrliche Voraussetzungen. Im September hatte Boger ausdrücklich vorausgesagt, Armisteads Gruppe werde in den Zellen eine Aktivität nachweisen. Er hatte sogar prophezeit, wie die Entdeckung aussehen würde: „Es wird plötzlich passieren, nicht schleichend jedesmal um fünf Prozent." Nach dieser Aussage war er den Betroffenen aus dem Weg gegangen und hatte die Angelegenheit, wie er es nannte, „unbestimmt" gelassen. Die gefühlsmäßige Strenge, mit der er angesichts wachsender Aufwendungen und zunehmender Fehlschläge eine solch ruhige Distanz aufrechterhielt, ging manchen Wissenschaftlern auf die Nerven, aber Boger hielt daran fest, insbesondere in Phasen wie dieser, wo nichts zu klappen schien. „Es muß schwer werden", sagte er im Dezember, als die Trägheit in den Labors zuzunehmen schien. „Es muß ein bißchen schaurig werden, sonst habe ich keine Lust mehr."

Den einzelnen Wissenschaftlern wäre mit ein wenig Hilfe mehr gedient gewesen. Während Boger glaubte, Vertex werde Großartiges leisten, wenn er sie zusammen richtig in Bewegung setzte, arbeiteten die meisten von ihnen gegen Termine oder Konkurrenzdruck an, oder sie dachten wegen der Zukunft der Firma oder ihrer eigenen Karriere ausschließlich an sich selbst.

Sie waren verbissen und überspannt. Harding zum Beispiel war jetzt der Hauptverantwortliche für die Beantwortung der Frage, welche Funktion FKBP bei der Immunsuppression spielt und ob es das richtige Zielprotein war. Schon seit langem nahm man an, daß FK-506 wie Cyclosporin und viele andere Medikamente in den Zellen nicht nur an ein einziges Protein bindet, sondern daß es weitere FKBPs der verschiedensten Form und Größe gab und daß nicht Hardings FKBP, sondern diese Proteine für die Immunsuppression sorgten. Die Suche nach den Immunophilinen hatte mittlerweile eine ganze Reihe von Arbeitsgruppen angezogen, und Harding, der Mitentdecker von Cyclophilin und FKBP, war sehr daran interessiert, seine Stellung auf diesem Gebiet zu halten. Die Entdeckung eines weiteren FKBP oder noch besser einer ganzen Familie solcher Proteine würde nicht nur seine Vormachtstellung festigen, sondern ihn auch von Schreiber unabhängig machen, für den mindestens ebenso viel auf dem Spiel stand. Und dann ging es auch noch um die Patenterlöse. Jedesmal, wenn Harvard oder Yale einer Pharmafirma eine Lizenz für FKBP verkauften, erhielt Harding Tausende von Dollar. Dieses Geld war in den vergangenen Jahren zu einem wichtigen Lückenfüller geworden, als er mit Robin, seiner Frau, von New Haven nach Boston gezogen war und auf dem Höhepunkt des neuenglischen Immobilienbooms ein Haus gekauft hatte. Robin hatte wegen des Umzugs ihre Stelle in der Finanzverwaltung eines Krankenhauses aufgegeben, und die beiden hatten gerade ein Kind bekommen.

In einer neuen, von ihm entwickelten Versuchsreihe wollte Harding aus Thomsons Thymusextrakt ähnliche Proteine gewinnen; dazu brauchte er synthetische Antikörper, aber er kam fast überhaupt nicht dazu, sie herzustellen. Er war vollauf damit beschäftigt, die Wirkung vieler Verbindungen auf die Zellen zu untersuchen und Debra Peatties Gruppe bei der Suche nach dem Gen für das Enzym zu helfen – er machte die Arbeit aller anderen, nur nicht seine eigene. In seiner typischen Art war er enttäuscht und ärgerte sich über sich selbst. Mit seinen fast krankhaften Selbstanklagen führte er sich auf wie ein Märtyrer, der am Labortisch jammerte und zauderte.

224

Besonders neidisch war er auf Schreiber, mit dem er früher zusammengearbeitet hatte und der als Universitätsprofessor keine anderen Aufgaben hatte als seine eigenen Interessen zu verfolgen und für die eigenen Ziele zu arbeiten.

„In der Biologie ist man auch unter den besten Voraussetzungen schon gut dran, wenn an einem von fünf Tagen etwas herauskommt", murrte er. „Ich betreibe einfach keine Wissenschaft."

Struktur.

Anfangs sah Jon Moore kleine Fetzen davon, wie die ersten schwachen Umrisse eines Fotos, das im Entwicklerbad entsteht. Ein Haken hier, eine Haarnadel dort. Plötzlich ein gestreckter Abschnitt von einem Drei- oder Viermilliardstelmillimeter. Nachdem er wochenlang mürrisch in einem verdunkelten Raum neben Bogers Büro oder in einem offenen Bereich außerhalb des Computerlabors gesessen und sich mit den Positionen der Wasserstoffatomkerne herumgeschlagen hatte, war er sich bei einem Stück einer Spiralform relativ sicher. Vor der Schwärze seines Computerbildschirms sah er einen Helixabschnitt nicht weit vom Anfang der Aminosäurekette von FKBP.

Es war wenige Tage vor Weihnachten. Moore hatte das bleiche, entrückte Gesicht eines Höhlentieres, aber er war hellauf begeistert und mußte sich Mühe geben, um seinen Optimismus zu bezähmen. Vor seinen Augen schälte sich die Architektur von FKBP heraus, die bisher noch niemand veröffentlicht hatte. Schreibers Jünger hatten ihn noch nicht überrundet.

„Phantastisch!" sagte Navia, der aus dem Frühstücksraum hereingekommen war. Während er selbst immer noch mit der Suche nach schweren Atomen beschäftigt war, hatte er der Versuchung nicht widerstehen können, gelegentlich vorbeizuschauen: Macy warf ein Auge auf Gimbel.

„Drei Stränge und ein bißchen Helix", berichtete Moore.

„Da holst du wohl für uns die Kastanien aus dem Feuer", sagte Navia. „Eine Struktur mit geringer Auflösung würde uns enorm weiterhelfen. Wenn du ein Bänderdiagramm hast [eine Gesamtdarstellung der Proteinfaltung], können wir uns einklinken und den Mist mit den schweren Atomen abkürzen."

Navia sah allmählich der entsetzlichen Möglichkeit ins Auge, daß es möglicherweise noch Jahre dauern würde, bis er und Yamashita mit ihrem Verfahren die Struktur aufklären konnten. Diese Aussicht hatte ihn veranlaßt, sich auch Gedanken über Alternativen zu machen. Röntgenstrukturanalytiker am NIH und an anderen Instituten hatten kurz zuvor die Methode des *molecular replacement* entwickelt, bei der man die Orientierung der Kristallstruktur ermittelt, indem man eine NMR-Strukturanalyse des gleichen Proteins als Leitfaden verwendet. Navia, der jetzt jede nur denkbare Abkürzung einschlagen wollte, sah in Moores neuen Bildern seine letzte und vielleicht größte Hoffnung, mit FKBP nicht baden zu gehen. Sein selbstgesteckter Termin, der Thanksgiving Day, war gekommen und gegangen. Wie Thomson hatte er sich weit vorgewagt, und jetzt schüttelten sich die ersten Köpfe.

„Wenn wir das schaffen, ist es etwas Einzigartiges", sagte er. „Es hat noch nie jemand wirklich gemacht. Es wird dem ganzen Quatsch mit Röntgen gegen NMR ein Ende setzen." Navia hatte ein ebenso ausgeprägtes Konkurrenzbewußtsein wie alle anderen bei Vertex, aber jetzt – Moore fragte sich, ob es ihm nützen würde – verkündete er, Rivalität sei in der Wissenschaft absurd. „Zwei blöde Methoden, die einander hervorragend ergänzen, und dann hörst du die Leute auf den Tagungen ... wie kleine Kinder."

Moore blieb unverbindlich. Er wußte noch nicht soviel über die Struktur, daß es für die Röntgenstrukturanalytiker von Nutzen gewesen wäre, und selbst wenn das der Fall gewesen wäre, war er sich nicht sicher, ob das, was er auf seinem Bildschirm sah, stimmte. Bisher hatte er nur die Hälfte der Protonen lokalisiert, die er für ein vollständiges Diagramm brauchte. Er sagte nichts, und Navia wechselte schnell Thema und Tonfall.

Er erzählte Moore etwas von einem Kostümfest, auf dem man ihn nicht erkannt hatte.

„Oh je", sagte er theatralisch, wobei er sich übertrieben heftig am Kopf kratzte, „schade, daß Manuel die Party verpaßt hat."

Und dann fuhr er mit veränderter Stimme fort: „Oh je, Clark, Superman war hier, und wo warst du? Du hast ihn verpaßt. Was ist denn das – Superman ist hier, und du kommst nicht?"

Navia spielte gern den Einfältig-Verwunderten. Jetzt hüpfte er von einem Fuß auf den anderen, schwenkte seine Krawatte und grinste über das ganze Gesicht. „Ich habe schon als Kind gedacht: Was ist denn bloß mit diesen Leuten los? Sind sie so blöd? Sehen sie nicht, daß Clark jedesmal verschwindet, wenn Superman auftaucht?"

Moore lachte, froh über die Abwechslung. So eng mit Röntgenstrukturanalytikern zusammenzuarbeiten, die in Konkurrenz zu ihm die gleiche Struktur aufklären wollten, war für ihn eine neue Erfahrung, die er an einer Universität wahrscheinlich nicht gemacht hätte. Es war unangenehm. Er verfolgte Arbeiten, die seine Karriere ausmachen konnten. Wenn er Navia und Yamashita half, würde Vertex davon profitieren, auch wenn es ihm selbst nichts nützte. Er beschloß, sich auf seine Arbeit zu konzentrieren und nach seinem Gefühl zu handeln.

Als Moore zwei Tage später weitere Stücke der Struktur zusammensetzte, bekam er zum ersten Mal einen Eindruck von einem größeren Abschnitt des Molekülgerüsts. Es sah aus wie die Außenseite eines Baseballhandschuhs mit fünf parallelen Strängen und umfaßte etwa 40 Prozent des gesamten Moleküls. Das konnte vielleicht ausreichen, um ein erstes Experiment mit dem *molecular replacement* zu machen, aber er hielt es Navia gegenüber zurück, und der fragte nicht direkt danach. Boger, der immer annahm, die Wissenschaftler würden sich im eigenen Interesse um Zusammenarbeit bemühen, sagte nichts.

In ihrem Laborkittel, unter dem sie meist ein Kleid mit einem Micky-Maus-Anstekker am Aufschlag trug, sah Patsi Nelson aus wie eine leicht exzentrische Kleinstadt-Kinderärztin. Die neununddreißigjährige Mutter von drei Kindern brachte eine überfließende mütterliche Selbstlosigkeit in die schroffe, von egoistischen Gefühlen beherrschte Atmosphäre bei Vertex. Sie verbreitete Wärme an einem Ort, wo es in der Regel entweder überhitzt oder eiskalt war.

Nelson ist Immunologin und stammt mit Lebensweise und Kultur aus Kalifornien. Zu Vertex kam sie nach einer Postdoczeit in Stanford, einer Stippvisite am Scripps Institute in La Jolla und mehreren Jahren bei Gene Labs, einer Biotechnologiefirma an der Westküste, wo sie in der AIDS-Forschung gearbeitet hatte. Bei dieser Tätigkeit hatte sie mit infiziertem Blut umgehen müssen, und das hatte in ihr einen aufmerksamen Respekt vor den Gefahren ihrer Arbeit entstehen lassen. „Ich gehe immer und mit allem so um, als ob es infiziert wäre", sagt sie.

Nelson hatte ein ausgeprägtes Mitgefühl, und im Gegensatz zu Navia und den anderen Männern in der Firma versuchte sie nicht, ihre Empfindungen der Arbeit gegenüber zu unterdrücken. Viele Frauen, die sich in einer von Männern beherrschten Welt wie der Wissenschaft dem Konkurrenzkampf stellen, entwickeln als Anpassung einen eigenen, hintergründigen Humor. "Er hatte zwei Arme für die Forschung, und einer davon war ich", sagte Gertrude Elion einmal über George Hitchens, mit dem sie den Nobelpreis teilte. Nelson nahm ihre wissenschaftliche Arbeit persönlich, spürte ihren Reiz und ihre Qualen im tiefsten Inneren und nahm an, es gehe anderen genauso. „Ooh, das muß für die Chemiker aber schrecklich sein", sagte sie zum Beispiel, wenn sich die Substanzen in den Zellkulturen als unwirksam erwiesen. Als sie sah, wie Harding sich abmühte, meinte sie mitfühlend: „Armer Matt. Ich würde ihm da so gerne heraushelfen."

Den ganzen Herbst über lieferten die Chemiker Nelson jede Woche mehrere neue Verbindungen, und wie Boger vorausgesagt hatte, war keine davon besser als die anderen. Sein Versprechen an Chugai wurde zu einer immer größeren Bedrohung, und Nelson machte sich um die Chemiker Sorgen. Sie wollte unbedingt, daß die Moleküle eine Wirkung zeigten, und es schmerzte sie sichtlich, wenn das nicht der Fall war. Besonderen Kummer bereitete ihr eine Gruppe von Verbindungen, die sie Ende November bekam: Sie hemmten FKBP ebensogut wie FK-506, aber als sie zusammen mit Harding menschliche T-Zellen damit behandelte, verklumpten sie und fielen aus der Lösung aus. Es erinnerte Harding an die kleinen wassergefüllten „Schneegestöber", die man schüttelt, um dann zuzusehen, wie der Schnee langsam auf den Boden sinkt. Nelson war bestürzt: Die Moleküle gelangten nicht einmal ins Zellinnere.

Selbst wenn sie vielleicht aktiv waren, konnte man es nicht feststellen. So oder so waren sie nutzlos.

Mitte Dezember gab Armistead eine Verbindung weiter, die nach seiner Einschätzung die Lücke zwischen Enzymhemmung und Aktivität in den Zellen schließen konnte. Er wußte mittlerweile, daß er das Molekül von FK-506 so weit wie möglich verkleinert hatte, und jetzt hängte er neue Ketten von Atomen an diejenigen Molekülbruchstücke, die die beste Hemmwirkung zeigten. Auf diese Weise wollte er eine ähnliche räumliche Ausdehnung erzeugen wie bei FK-506 – es war, als ob ein Bildhauer mit verschiedenen Ansatzstellen für die Arme einer Statue experimentierte. Bei einem dieser Moleküle – es war die 367. Verbindung, die bei Vertex hergestellt und zum Testen eingereicht wurde – ersetzte er die unregelmäßig geformte Ausbeulung von FK-506 durch eine symmetrische V-Form, deren Arme jeweils drei Kohlenstoffatome lang waren und am Ende einen Molekülring trugen. Auf dem Papier sah es aus wie eine leicht verbogene Fernseh-Zimmerantenne oder, einem eleganten Vorschlag von Boger zufolge, wie eines jener Signale, die auf Schiffen mit zwei Handflaggen übermittelt werden. Armistead hatte sie aus Aldrichs Katalog entnommen und sich die Atomabstände genau angesehen.

Als Nelson die Befunde in der Hand hatte, war sie aus dem Häuschen. Die Verbindung war hundertmal wirksamer als die besten früheren Hemmstoffe bei Vertex; damit war das Ziel, das Boger den Chugai-Leuten versprochen hatte, erreicht – eine gewaltige Verbesserung. Die neue Substanz war in verschiedenen Tests genauso wirksam wie Cyclosporin. Aber eine derartige Verstärkung der Wirksamkeit ließ bei ihr sofort Zweifel aufkommen. Vielleicht handelte es sich um ein Artefakt, einen Fehler in ihren Geräten zum Zählen der Zellen oder so etwas. Normalerweise würde sie abwarten und die Verbindung in den kommenden Wochen ein zweites Mal testen, aber eine so bedeutsame Verbesserung mußte sofort bestätigt werden.

Nelson erhielt jede Woche eine Ladung T-Zellen von einer Blutbank, wo sie aus Knochenmark gewonnen wurden, aber diese Institution war bis nach den Feiertagen geschlossen. Sie konnte nicht warten. Nachdem sie Harding die Daten gezeigt hatte, war er ebenfalls der Meinung, daß sie nicht untätig herumsitzen sollte, und deshalb erklärte er sich selbst zu einer Blutspende bereit. „Armer Matt", erzählt sie, „ich mußte ihn zur Ader lassen. Beim ersten Mal durchstach ich die Vene, aber er ließ sich nicht anmerken, wie es schmerzte. Schließlich hatte ich so viele Zellen, daß ich die Verbindung noch einmal testen konnte."

Die Ergebnisse waren die gleichen. Sofort ging Nelson zu ihrem Computer und entwarf eine Weihnachtskarte für Boger. Sie zeigte auf der Außenseite große Moleküle von V-367 und Cyclosporin, die dann in ähnlicher Weise immer kleiner wurden.

„Hervorragende Daten", jubelte Boger, „und das beste daran ist, daß dahinter viele weitere Verbindungen stehen, die noch wirksamer sein werden als 367, weil sie besser löslich sind. Jetzt haben wir eine Molekülfamilie, in der die Chemiker die Wirkung bestimmt bald noch einmal um das Zehnfache steigern können."

Boger ging wie auf Wolken. Alles verlief so, wie er es vorausgesehen hatte. Vertex hatte in einem knappen Jahr ganz neue Wirkstoffe erfunden. In drei Monaten waren sie von Substanzen, die in Zellkulturen nur eine schwache Hemmwirkung hatten, zu einem Molekül gelangt, dessen immunsupprimierende Wirkung sie jetzt an Tieren erproben konnten. Noch ein weiterer derartiger Fortschritt, und sie würden eine Verbindung haben, die ebenso wirksam war wie FK-506, und zwar noch *bevor* sie etwas über die Struktur von FKBP wußten, die nach Moores Erfolgen nun ebenfalls bald bekannt sein würde. Es war genau wie er es gesagt und verkauft hatte. Er schwang Nelsons Weihnachtskarte mit den einfachen Strichzeichnungen der neuen Verbindung und den spektakulären Daten und sagte: „Wenn dieses Stück Papier in die falschen Hände gerät, würde ich mir in den kommenden sechs Monaten Sorgen machen, daß jemand Derivate von unseren Molekülen herstellt und uns überholt. Wenn wir mehr über die Struktur wüßten, würde ich sagen: Mach weiter, versuch' es. Dann wären wir so weit voraus, daß uns niemand mehr aufhalten kann."

Das Jahr endete, wie es begonnen hatte und wie es Bogers Prophezeiungen entsprach: mit einem Triumph, der aber diesmal weniger Bogers Spekulationen entsprang als vielmehr der harten wissenschaftlichen Arbeit und dem damit verbundenen Quentchen Glück. Es hatte eines chemischen „Befreiungsschlages" bedurft – so Bogers Formulierung –, um die Firma in diese Position zu bringen. Nachdem das geschehen war, kehrte plötzlich das Gefühl der Unbesiegbarkeit zurück, das nach der Feier mit den Chugai-Leuten nach und nach verschwunden war. Manche Mitarbeiter leckten immer noch ihre Wunden, so zum Beispiel Navia und Yamashita, die gequält lächelten, als Armistead und Saunders das Röntgenlabor als „Raucherzimmer für Chemiker" bezeichneten. Aber sogar Thomson wurde wieder lebendig. Nachdem er sich von der zermürbenden Arbeit mit FKBP und dem Ärger über die Episode mit Chugai erholt hatte, kam er am folgenden Abend in einem exotischen zweireihigen Smoking zur Weihnachtsfeier von Vertex und trug ein Tablett mit hübsch angerichtetem Kalbsbries vor sich her.

„Scheiß-A!" verkündete Armistead.

„Cyclosporinland", sagte Saunders, wobei er allen Neid beiseite wischte.

„Wir sind auf dem Weg", meinte Aldrich, der den Lohn für wissenschaftlichen Erfolg genau kannte: mehr und teurere Wissenschaft, erhöhter Geldbedarf, Weiterentwicklung der Firma und neue, kühnere Prophezeiungen.

14

Als Boger und Aldrich am Abend zusammen die Straße entlanggingen, planten sie die weitere Strategie. Boger nahm in der Regel weder ein Frühstück noch ein Mittagessen ein, und wenn sie nach einem Tag, der in der Morgendämmerung mit der Hetze zu einem Flugzeug begonnen und oftmals mit der dritten Wiederholung seines Diavortrages geendet hatte, um neun Uhr abends schließlich ein Restaurant betraten, war er hungrig, redselig und vielfach auch heiser. Er kaute Zinkpastillen – Boger nahm nur Metalle, aber keine Mittel gegen Erkältungen – und bestellte wie Aldrich meistens Fisch. Dann räkelten sich die beiden in ihren Nadelstreifenanzügen auf den Polsterstühlen und sprachen über die weitere Organisation und Verfeinerung ihres Vorhabens. „Anderen Leuten das Geld aus der Tasche ziehen" nannte es Aldrich.

Ihre Unterhaltung hatte etwas Zwangsläufiges. Vertex mußte ungefähr soviel Geld auftreiben, wie man für zwei Präsidentschaftswahlkämpfe brauchte. Aber keiner von beiden wollte sich wieder an eine Risikokapitalfirma wenden. Der bevorzugte Weg – oder der einzige, wie Aldrich sagen würde, nachdem die Firma immer mehr Geld verschlang – bestand darin, ihren Wert so weit zu steigern, daß sie auch andere, weniger privilegierte Anleger anzog.

Diese Möglichkeit besprach er mit Boger. Wenn die Wissenschaftler zusammensaßen, redeten sie über Wissenschaft, Konkurrenz oder Frauen und darüber, was sie tun würden, wenn sie erst einmal reich waren, aber Boger und Aldrich redeten unaufhörlich und ausschließlich über Geld: wie sie es einsetzen wollten, was man dafür bekommen konnte und wie man Vertex in die Lage versetzte, noch mehr aufzutreiben. Es gab Abkommen, aber die Abkommen reichten nicht. Das wirkliche Geld – 200 Millionen Dollar oder mehr, die Vertex brauchen würde, bevor sie die erste Pille verkaufen konnten – mußte von der einzigen Stelle kommen, an der solche Summen zur Verfügung standen: aus der Wall Street.

Boger wußte über den Aktienmarkt ebenso viel wie über alles andere. Er hatte die Entwicklungsstrategien kleiner, börsennotierter Unternehmen studiert und den Verlauf ihrer Aktienkurse verfolgt. Was er selbst nicht herausfinden konnte, hatte er seinem Bruder Ken abgeguckt, der mehr als ein Dutzend solcher Firmen an die Börse gebracht hatte. Über Finanzierungsinstrumente wußte Aldrich besser Bescheid, aber in strategischen Fragen waren sie gleichermaßen kompetent und völlig einer Meinung.

„Man geht immer dann an die Börse, wenn der Markt es für den richtigen Zeitpunkt hält und nicht wenn man es tun muß", sagte Boger, und Aldrich nickte zustimmend.

Aber das stand zur Zeit überhaupt nicht zur Debatte. Vertex war selbst unter den bestmöglichen Umständen noch mindestens fünf Jahre von der Markteinführung des ersten Medikaments entfernt. Im Januar kletterten die Kosten für den Betrieb der Labors auf über 30 000 Dollar am Tag, und nur etwa ein Drittel davon kam von Chugai. Damit blieben 20 000 Dollar, die jeden Tag draufgingen, 365 Tage im Jahr, und das bis 1996 – eine Gesamtsumme von mindestens 35 bis 40 Millionen. Aber diese Zahl war irreführend. Sie ging erstens davon aus, daß die Firma nicht weiter wuchs – eine selbstmörderische Annahme, denn wenn nicht bald mehrere weitere Projekte in Gang gesetzt wurden, setzte Vertex seine ganze Zukunft ausschließlich auf die paar Moleküle, die vielleicht bei Mäusen immunsuppressiv wirkten, und auf ein AIDS-Projekt mit einem knappen halben Dutzend verärgerter Wissenschaftler. Außerdem berücksichtigte sie nicht die verschobenen Finanzverhältnisse in der Medikamentenentwicklung, bei der 70 Prozent der Gesamtkosten erst anfallen, nachdem man einen aussichtsreichen Wirkstoff identifiziert hat. So vielversprechend die Firma auch sein mochte, finanziell war sie ein großes schwarzes Loch, eine Domäne nur für diejenigen Investoren, die diese Leere füllen konnten. Wer sollte sich sonst noch dafür interessieren? Wer konnte auf einem geregelten Markt guten Gewissens einen Verkauf an einen anderen billigen? Welcher Anlagegarant würde hier Gewinnaussichten sehen?

So schlecht der Zeitpunkt für die Beschaffung großer Geldbeträge intern auch aussehen mochte, anderswo war es noch schlimmer. Die bleierne Gleichgültigkeit der Wall Street gegenüber kleinen Biotechnologiefirmen war fast ebenso erstickend wie sechzehn Monate zuvor im Vista. 1990 war ein schlimmes Jahr gewesen, nicht nur für die biologisch-medizinischen Unternehmen, sondern für die Märkte insgesamt. Der Dow Jones Index erreichte seinen tiefsten Stand seit zehn Jahren. Und was noch schlimmer war: Bis zum 15. Januar 1991, als das Ultimatum für den Golfkrieg ablief, hatten sich viele Investoren aus psychologischen Gründen völlig zurückgezogen. Den großen Pharmaunternehmen ging es gut, und genauso war es auch bei einigen Biotechnologiefirmen der ersten Generation, die jetzt, nach über zehn Jahren und dem Einsatz von vielen hundert Millionen Dollar, endlich ein paar vielversprechende Medikamente auf den Markt brachten. Aber solche Erfolge waren ein zweischneidiges Schwert: Die jungen Firmen galten allgemein als überbewertet, und sogar ihre eigenen Manager stießen Anteile ab. Benno Schmidt hatte zum Beispiel im Oktober 10 000 Aktien von GI verkauft, dem Ableger von Harvard, den er mitgegründet und als Aufsichtsratsvorsitzender gelenkt hatte. Im November trennte sich J.H. Whitney, Schmidts Risikokapitalfirma, von weiteren 41 000 Anteilen, das waren 22 Prozent ihres Besitzes. Der größte Schlag folgte in der ersten Februarwoche, als Abbott Laboratories ihren gesamten Anteil von 6,4 Prozent an Amgen verkaufte, der Lieblingsfirma der Branche. Wenn die Schlaumeier sich verabschiedeten, wer würde dann noch bleiben außer den Dummköpfen? In der Wall Street betrachtete man das neue Pflänzchen der jungen Biotechnologiefirmen – so weit von der Gewinnzone entfernt, so unsicher und so verwirrend – und erkannte nur das gleiche, was auch Moore und die anderen Wissenschaftler sahen: Schmerz, Trauer und Angst. Bis in die erste Jahreshälfte, so erinnerte sich später ein alter Börsianer, „dachten wir alle, wir müßten uns durch ein weiteres lasches Rezessionsjahr schlagen. Der Markt sah kläglich aus." Und ein anderer fügte hinzu: „Wir fragten uns, wie wir diese Branche finanzieren sollten."

In diesem großen Dilemma steckte auch Vertex: Die Firma verbrauchte ihr Kapital mit einer atemberaubenden Geschwindigkeit, konnte kein zweites Projekt verkaufen und hatte offenbar nur die Möglichkeit, sich wieder an diejenigen Investoren zu wenden, die am wenigsten Wertschätzung genossen und den höchsten Preis verlangten. Wie nicht anders zu erwarten, war Aldrich gereizt, mißmutig, fahrig und ungeduldig, insbesondere gegenüber den Wissenschaftlern, die nach seiner Einschätzung allmählich faul wurden. Es ärgerte ihn, wenn er am Wochenende kam und keinen vollen Parkplatz vorfand, wie er es in einem ähnlichen Stadium bei Biogen erlebt hatte. Noch schlimmer aber war, daß er anders als vor einem Jahr nichts anzubieten hatte, weil die Wissenschaftler ihm nichts gaben. Er pflegte dann zu sagen: „Ich mußte in dieser Branche schon manchmal eine Technologie verkaufen, an die man nicht so einfach glauben konnte, weil die Patentlage unsicher oder die wissenschaftlichen Befunde schwach waren. Das ist hier nicht der Fall." Er mochte das AIDS-Projekt nie, obwohl er Boger dazu gedrängt hatte, es offiziell anlaufen zu lassen, und in das Kathepsin setzte er zumindest auf kurze Sicht ebenfalls keine großen Hoffnungen. Er mußte einen neuen Köder auswerfen.

Boger teilte Aldrichs Unmut wie gewöhnlich nicht. „Es ist einfach zu schwierig", sagte er gelassen, „nach Dingen zu suchen, die es wahrscheinlich nicht gibt." Die Wissenschaft – das heißt die Daten – würden schon kommen.

Anfang Februar, nach einem Monat zielloser Laborarbeit, traf sich die Projektgruppe für die Immunophiline, um die Veröffentlichung ihrer Arbeiten zu besprechen. Kurz zuvor hatten Starzl und Fujisawa für Ende August die erste internationale Tagung über FK-506 in Pittsburgh angekündigt. Bis Ende Februar sollten Zusammenfassungen der Arbeiten eingereicht werden, die man auf der Tagung präsentieren würde.

In der klinischen Erprobung von FK-506 war Starzl nach wie vor die beherrschende Gestalt, aber er dominierte nicht mehr so unumschränkt wie zu der Zeit, als er und seine Chirurgen als einzige über den Wirkstoff verfügten. Fast ein Dutzend weitere Kliniken in den USA und Europa hatte inzwischen mit randomisierten Studien begonnen, und das mit niederschmetternden Ergebnissen. Wenn Starzl das Präparat nicht in der Hand hatte, war es ein Wirbelsturm, ein Dämon. Im Gegensatz zu seinen Berichten griff FK-506 offenbar genau wie Cyclosporin sofort die Nieren an, was bei 25 Prozent der Patienten zum akuten Nierenversagen führte. Die FDA wurde von Notfallmeldungen überschwemmt und mußte einen eigenen Telefondienst einrichten, um aufgebrachte Transplantationschirurgen zu beruhigen; viele von ihnen waren der Meinung, Starzl, Fujisawa und die Behörde hätten sie bewußt irregeführt. Starzl, der immer noch behauptete, FK-506 wirke auf die Nieren nur schwach toxisch, führte die Mißerfolge auf Überdosierung zurück; die anderen Kliniken richteten sich nach den Anweisungen von Fujisawa und verabreichten den Wirkstoff in einer um ein Mehrfaches höheren Menge als seine Gruppe. Die FDA schloß sich dieser Meinung an und versuchte in aller Stille, die Studien zu retten. Nach Bogers Ansicht konnte es auf der Tagung durchaus zum Streit über die Ungefährlichkeit des Medikaments kommen, und diese Meinungsverschiedenheiten begrüßte er natürlich. Er hatte immer gewollt, daß FK-506 zu einem Erfolg wurde, aber es sollte nicht zu früh geschehen, und der Erfolg sollte nicht so groß werden, daß er die nächste Medikamentengeneration behinderte.

Für Vertex war die Tagung eine Gelegenheit, „Flagge zu zeigen", wie Boger es ausdrückte. Merck und Schreiber, nach allgemeiner Meinung immer noch die treibenden Kräfte in der Grundlagenforschung mit FK-506, würden die Tagung als Bühne für die Darstellung ihrer neuesten Arbeiten benutzen, das wußte er; für Vertex war es entscheidend, daß sie das gleiche taten. Die Firma mußte die Muskeln spielen lassen. „Ich würde von Vertex gerne zehn Vorträge sehen", sagte er, womit er absichtlich eine hohe Zahl nannte, die keiner der Wissenschaftler für möglich hielt.

Einige von ihnen wurden blaß. Veröffentlichungen waren zwar für die Firma entscheidend, aber sie bargen auch berufliche Risiken. Thomson wollte zum Beispiel offenlegen, wie er und seine Gruppe FKBP gereinigt hatten – eine Aussicht, über die Navia entsetzt war. „Solange die Struktur nicht aufgeklärt ist", fauchte er, „möchte ich niemandem sagen, wie wir das Protein kristallisiert haben. Damit würden wir uns selbst den Hals abschneiden."

Boger war anderer Meinung. Für ihn waren Veröffentlichungen etwas Widersinniges. Wissenschaftler veröffentlichen ihre Arbeiten, um sie bekannt zu machen und um ihre Urheberschaft zu dokumentieren. In der Industrie veröffentlicht man auch, um Konkurrenten zu ärgern, Nachahmer zu verwirren und Geldgeber zu betören. Boger hatte forsche Patentanmeldungen – den Bereich der Veröffentlichung, der für Vertex am entscheidendsten war – zum besonderen Kennzeichen seiner chemischen

Arbeiten gemacht. „Wir werfen eine Kiste Nägel hinten aus dem Lastwagen", so lautete seine Formulierung. Aber in seinen Augen riskierte die Firma kaum etwas, wenn sie ihre anderen Entdeckungen so früh und auffallend wie möglich präsentierte. „Solange wir keine Verbindungen preisgeben, schneiden wir uns keineswegs die Kehle durch", sagte er zu Navia. „Es besteht durchaus die Möglichkeit, es richtig zu machen. Es gibt zwei Situationen, in denen man aggressiv publizieren sollte. Erstens wenn man zurückliegt; und zweitens wenn man den anderen voraus ist. Hat man einen Vorsprung, kann man den anderen demoralisieren. Liegt man zurück, hat man nichts zu verlieren. Vorsichtig muß man nur dann sein, wenn man nicht genau weiß, wo man steht."

Diese Frage war bei den Wissenschaftlern umstritten wie keine andere, das wußte Boger genau. Was die zwischenmenschlichen Beziehungen anging, war Vertex immer noch so unstet wie ein fünfjähriges Kind. Solange es keine Befunde zu berichten und kein Verdienst einzuheimsen gab, war die Fassade der Einmütigkeit relativ leicht aufrechtzuerhalten gewesen. Jetzt aber wollte jeder Wissenschaftler selbst über die Offenlegung der eigenen Arbeiten bestimmen und dafür angemessen Punkte sammeln, und diese Tendenz drohte in Konflikt mit Bogers Interessen zu geraten, der die wissenschaftlichen Ergebnisse von Vertex für seine eigenen Ziele einsetzen mußte. Da diese Ziele häufig nicht rein wissenschaftlicher Natur waren, sondern vielfach schlicht und einfach im Anlocken neuer Geldgeber bestanden, wurde Boger zwangsläufig zum Außenseiter. Er war in dieser Hinsicht ebenso ein natürlicher Feind der Wissenschaftler wie Aldrich, der ihre erlesensten Erkenntnisse, ihre raffiniertesten Experimente schlicht als „Produkte" bezeichnete. Juristisch betrachtet, war ihre wissenschaftliche Arbeit tatsächlich eine Ware, die nicht ihnen selbst gehörte, sondern der Firma. Aber Boger wußte genau, daß er sie nicht so einfach verwerten konnte wie McDonalds die Tätigkeit seiner Frikadellenwender. Er versuchte, Navia zu entwaffnen und so die aufkeimende Meuterei abzuwenden, weil er nicht zu härteren Mitteln greifen wollte.

Den ganzen Januar und Februar über durchforstete Boger das undurchdringliche Dickicht der Wall Street; er suchte nach neuen Ansatzpunkten und glaubte auch, einen gefunden zu haben: die Nebenbeschäftigungen der großen Anlageinstitutionen. Die Krankenversicherungsfonds, die seit jeher gut verdienten, verfügten zur Zeit über eine Liquidität von bis zu 40 Prozent; demnach parkten die Fondsmanager, die Provisionen mit schnellem Wertzuwachs und hohem Umsatz machen, zigmillionen Dollar als schlecht verzinstes Festgeld. Diese Dollars und diese Fondsmanager konnten nach Bogers Überzeugung dem Markt nicht lange fernbleiben: Sie waren gefesselt, gelangweilt und ganz wild darauf, wieder mitzumischen. Wie Surfer mit Hitzschlag an einem windstillen Tag suchten sie den Horizont ab und warteten nur auf das geringste Anzeichen einer Welle.

Es mußte nicht Vertex selbst sein. Boger wußte, daß kleine Biotechnologiefirmen praktisch im Gleichschritt durch die Finanzwelt marschierten. Wenn eine davonzog, kamen die anderen hinterher, und wenn eine ins Stolpern geriet, fielen die anderen um wie Dominosteine. So war es 1987 gewesen, als Genentech mit seinem hochgelobten TpA, das Blutgerinnsel auflösen sollte, einen so enttäuschenden Umsatz machte, daß die Kurse der ganzen Biotechnologiebranche um 39 Prozent zurückgingen und drei Jahre lang wie im Koma blieben. Ein oder zwei Erfolge bei den Paradepferden der Industrie würden die umgekehrte Wirkung haben, das wußte Boger genau. Dann würde ein offenes Spiel beginnen, und alle würden einen großen Geldsegen abbekommen.

Aber es gab auch andere Auswege. Drei kleine Firmen, denen man in der Wall Street die kalte Schulter gezeigt hatte, waren der Abhängigkeit von den Risikokapitalgebern auch ohne Börsengang entkommen. Diese Unternehmen, die nicht älter waren als Vertex, hatten 70 Millionen Dollar durch den Verkauf von Aktien an geeignete Anleger beschafft; diese Personen hatten nach den Schätzungen der Börsenaufsicht in den letzten zwei Jahren jeweils mindestens 200 000 Dollar verdient oder besaßen ein Vermögen von über einer Million. Die Verkäufe, Privatplazierung genannt, waren zu einem höheren Wert erfolgt, als Risikokapitalfirmen oder institutionelle Anleger bezahlt hätten.

Die düstere Stimmung in der Wall Street konnte sich ändern und über Nacht in Begeisterung umschlagen, das wußte Boger. Ihre verkrampften, quecksilbrigen und auffallend irrationalen Stimmungen waren das genaue Gegenteil der analytischen, auf Information gegründeten, höchst wirklichkeitsnahen Wissenschaft, die er in den Labors von Vertex zuwege bringen wollte. Aber da draußen waren die Geldgeber, und sie waren launisch wie das Wetter. Einerseits verachtete Boger sie, aber andererseits hatte er auch Respekt vor ihnen.

Am 22. Februar 1991 erhielt Amgen, seit Jahren der Leithammel der Branche, die Zulassung für das erste Präparat aus einer neuen Gruppe gentechnisch hergestellter Medikamente, welche die Fähigkeit des Immunsystems zur Krankheitsabwehr verstärken. Es war in elf Jahren erst das zweite Medikament der Firma, aber es rief zwangsläufig die Finanzanalysten und Investoren auf den Plan. Man pries es für Krebspatienten an – nicht als Heilmittel gegen Krebs, sondern weil es eine wichtige therapeutische Lücke schloß. Da Chemotherapie und Bestrahlungen die weißen Blutzellen abtöten, ist die Gefahr von Sekundärinfektionen einer der wichtigsten Nachteile der herkömmlichen Behandlungsmethode. Mit dem Amgen-Medikament als Ergänzung konnten die Ärzte bei der Therapie aggressiver vorgehen, weil die Patienten jetzt die anderen Heilmittel in größeren Dosen vertrugen.

Wenn jemals ein Medikament für die Wall Street hergestellt worden war, dann der GM-CSF (Granulocyten-Makrophagen-koloniestimulierende Faktor) von Amgen. Huckepack auf dem ständig wachsenden Krebsmarkt, als Abkürzung für kostspielige Krankenhausaufenthalte und mit einem breiten Spektrum „nicht indizierter" Anwendungen als Allzweck-Immunverstärker konnte es den Analysen zufolge einen Jahresumsatz von 750 Millionen Dollar erzielen. Der Aktienkurs von Amgen war schon in den letzten zwölf Monaten in Erwartung der FDA-Entscheidung um 300 Prozent gestiegen. Jetzt explodierte er.

Von Amgen aus gesehen, stand Vertex ganz am anderen Ende des Spektrums, aber als der Kurs der Amgen-Aktie die 100-Dollar-Marke erreichte, spürte auch Boger den Sog der allgemein steigenden Erwartungen. Firmen, die es bis zur Ziellinie der Medikamentenzulassung schaffen, mißt die Wall Street einen großen Wert bei: Der Marktwert von Amgen würde schon bald auf über 4,5 Milliarden Dollar steigen. Auch als der Aktienkurs sich in der folgenden Woche überhitzte, sah Boger in der Aufregung nur den Ruck, auf den die Wall Street und die Industrie gewartet hatten.

Von der wissenschaftlichen Arbeit bei Amgen hielt er wenig – „nicht schlecht für ein paar Klonierer", sagte er im Anklang an eine Bemerkung, die er schon ein Jahr zuvor gemacht hatte, als Genentech 60 Prozent seiner Aktien für 2,1 Milliarden Dollar an die Schweizer Roche Holdings Ltd. verkaufte. Aber der plötzliche Impuls war nicht zu übersehen. Die eiserne Fassade der Wall Street zeigte neue Risse, neue Angriffspunkte. Allmählich kam wieder Geld herein. Sofort bezog Boger diese Veränderung in seine Überlegungen ein.

Schreiber, dem es nicht um Geld, sondern um Ruhm ging, veröffentlichte weiterhin mit beängstigender Geschwindigkeit. Im Januar stand er in *Science* als einziger Autor auf einem prestigeträchtigen Übersichtsartikel mit dem Titel „Chemistry and Biology of the Immunophilins and their Immunosuppressive Ligands" (Chemie und Biologie der Immunophiline und ihrer immunsuppressiven Liganden [Moleküle, die mit hoher Affinität binden]); wie der Titel schon sagte, versuchte er in diesem Aufsatz, der gesamten Cyclosporin- und FK-506-Forschung einen einzigen übergreifenden Stempel aufzudrücken: seinen. Der Artikel enthielt zwar kaum neue Befunde, aber er zeigte, was jetzt der zentrale Gegenstand von Schreibers Arbeiten war. Er war inzwischen überzeugt, daß die Medikamente nicht wirkten, indem sie die Proteinfaltung verhinderten, sondern daß sie in einen weitaus komplizierteren Vorgang eingriffen: die *Signalübertragung*.

Wie die Biologen heute wissen, gibt es in den Zellen drei Bereiche: die Zellmembran, den Zellkern und das zwischen ihnen gelegene Cytoplasma. Über den Zellkern weiß man schon seit langem eine ganze Menge; er enthält die DNA und viele andere Teile des Apparats, der die Fortpflanzung der Zelle steuert. In neuerer Zeit hat man auch eine ganze Reihe von Vorgängen aufgeklärt, die sich auf der Zelloberfläche abspielen, wenn die Moleküle der Zellmembran mit anderen Molekülen aus der Umgebung in Wechselwirkung treten. Wenn beispielsweise den B-Zellen eine körperfremde Substanz präsentiert wird, erkennen Zelloberflächenmoleküle ihre Struktur und geben diese Information an den Zellkern weiter. Dieser setzt daraufhin die Produktion von Antikörpern in Gang, die im Cytoplasma zusammengesetzt und dann ausgeschieden werden, um die Fremdsubstanz abzuwehren. Das ist einer der Mechanismen, mit denen unser Organismus sich schützt. Eines ist aber nicht genau bekannt, und diese Frage war für die Immunologen auch nur am Rande von Interesse: Wie wird die Information über die Form der körperfremden Moleküle durch das Cytoplasma in den Zellkern übertragen? Diesen Vorgang nannte Schreiber jetzt ständig „die Black Box der Signalübertragung".

Da es im Cytoplasma keine leicht zu erkennenden Bestandteile wie DNA und Zelloberflächenrezeptoren gibt, war man bei der Untersuchung der Signalübertragung noch nicht recht vorangekommen. Zwar kannte man bruchstückhaft die beteiligten biochemischen Abläufe, aber von einem Gesamtbild war man noch weit entfernt. Schreiber glaubte sich aber im Besitz einiger entscheidender Puzzlesteine. Für die biologisch-medizinische Forschung insgesamt waren Cyclosporin und FK-506 vor allem als Medikamente interessant. Noch reizvoller waren sie aber vielleicht als submikroskopische Sonden. Da sie sich eng an Cyclophilin und FKBP heften, die nicht nur in T-Zellen, sondern in praktisch allen Körperzellen vorkommen, liefern sie auch Aufschlüsse über das Umfeld dieser Proteine. In Schreibers Labor arbeitete ein Postdoc seit über einem Jahr angestrengt mit beiden Komplexen, weil er ihre unmittelbaren molekularen Partner finden wollte. Für Schreiber ging es dabei um nichts Geringeres als die Antwort auf eine der interessantesten und am heißesten umkämpften biologischen Fragen: Wie steuern Zellen sich selbst? Wie sind sie „verdrahtet"?

Mit dem *Science*-Artikel pflanzte Schreiber sein Banner über ein wichtiges neues Gebiet der Zellbiologie, und gleichzeitig entfernte er sich immer weiter von seinen Wurzeln als synthetischer Chemiker. Er war mit seinen Theorien nicht allein. Unermüdlich um Informationen und Kontakte bemüht, sammelte er ständig biologisches Wissen bei einer ganze Reihe prominenter Kollegen, insbesondere bei Steven Burakoff und Barbara Bierer, zwei bekannten Immunologen der Harvard Medical School, die auch Beziehungen zu Vertex hatten. Burakoff war durch Schreiber in den wissenschaftlichen Beirat von Vertex gekommen, bevor Boger und Schreiber sich entzweiten, und war seither in dem Gremium geblieben; Bierer, die früher Schreibers Schützling gewesen war, hatte mit der Firma einen Beratervertrag.

Schreiber und Burakoff hatte 1988 mit der Zusammenarbeit in Sachen FK-506 begonnen, kurz nachdem Schreiber nach Harvard gekommen war. Es war für beide eine nützliche Übereinkunft. Sie verschaffte Burakoff Zugang zu Schreibers kleinen Molekülen und zu seinen chemischen Kenntnissen; Schreiber profitierte seinerseits von Burakoffs Beziehungen an der medizinischen Fakultät und von seinem Wissen über T-Zellen. „Stuart war in biologischen Fragen unersättlich", berichtete Burakoff später. Bei einem kurzen Ausflug in die AIDS-Forschung, den Burakoff als „Stümperei" bezeichnete, entwickelten sie sehr schnell eine so vielversprechende Verbindung, daß über 300 Zeitungen darüber berichteten; Burakoff mußte daraufhin im Frühstücksfernsehen auftreten, und Harvard gründete schnell wieder eine neue Firma, aber dann erwies sich die Substanz als völlig nutzlos.

Das große Thema für beide war jedoch nach wie vor die Signalübertragung. „Wir lernen jetzt die Instrumente kennen, aus denen das Orchester besteht", sagte Burakoff, „aber wir wissen noch nicht, wie die Instrumentierung aussieht und wie alles koordiniert wird, so daß daraus eine Symphonie entsteht." Schreiber mit seiner typischen Forschheit und seinen spärlichen biologischen Kenntnissen war optimistischer. „Die Aussichten für grundlegende neue Erkenntnisse sind vielversprechend", schrieb er als letzten Satz seines Artikels in *Science*.

Andere ließ das natürlich ziemlich kalt. Boger reagierte mit ätzendem Spott: „Manche Leute sind aber doch der Ansicht, daß man nicht herausfinden kann, wie eine Telefonzentrale funktioniert, wenn man eine Granate hineinschießt."

Anfang Februar ließ Schreiber seinem Artikel in *Science* einen kurzen Aufsatz im *Journal of the American Chemical Society* (*JACS*) folgen. Die Mitautoren waren Burakoff und Bierer. Sie äußerten die Vermutung, FK-506 könne noch mehrere andere Angriffspunkte haben – andere FKBPs.

Harding war entsetzt. Die Suche nach anderen Bindungsproteinen fiel bei Vertex im wesentlichen in seine Verantwortung, und nun kam Schreiber daher, dem er beigebracht hatte, wie man Proteine entdeckt, und nannte in Zusammenarbeit mit Bierer und Burakoff, die ursprünglich mit Harding hätten zusammenarbeiten sollen, Indizien für vier neue Immunophiline. Harding hatte immer gefürchtet, er werde durch die Arbeit in der Industrie seine wissenschaftliche Spitzenstellung einbüßen, und nun kam es offenbar tatsächlich so. Noch schlimmer war, daß er sich nicht in der Lage fühlte, etwas dagegen zu tun. Er hatte der Firma im wahrsten Sinne des Wortes sein Blut geopfert, aber den Zielen, die er sich selbst gesetzt hatte, war er noch keinen Deut nähergekommen. Besonders schmerzte ihn die Art und Weise. „Ich dachte, Steve und Barbara sind auf unserer Seite, aber wir wissen überhaupt nicht, was sie tun."

Boger blieb vergleichsweise zurückhaltend. Zwischen ihm und den Wissenschaftlern bestand eine verdeckte, unausgesprochene Spannung, weil er zwar wie alle anderen dringend bestimmte Informationen haben wollte, sich aber meist viel weniger darum kümmerte, wer sie entdeckt hatte. Natürlich war es für die Firma die alles entscheidende Frage, ob das ursprünglich von Merck und Harding entdeckte FKBP auch das Protein war, das ein bei Vertex entwickeltes Medikament hemmen mußte, damit die Immunsuppression eintrat. *Wer* diese Frage beantwortete, war zwar von Bedeutung für die Moral und für das Ansehen der Firma bei Investoren, aber ansonsten war es für Boger bei weitem nicht so wichtig wie die Tatsache, daß es eine Antwort gab und daß Vertex sie schnell kennenlernen mußte, und zwar möglichst zu günstigen Bedingungen. Er ärgerte sich darüber, daß Burakoff und Bierer immer noch mit Schreiber zusammenarbeiten und daß sie ihm nicht vorab von ihrer Entdeckung erzählt hatten, aber er hatte keine Lust, weitere Mitglieder des wissenschaftlichen Beirates hinauszuwerfen. Viel stärker beschäftigte ihn die Frage, was man mit den Daten anfangen konnte.

Dem Artikel im *JACS* zufolge gab es in den T-Zellen offenbar noch vier weitere Proteine, an die FK-506 binden konnte. Das ursprüngliche FKBP von Harding und Merck hatte eine Molekülmasse von 12 000 (die 12 000fache Masse eines Wasserstoffatoms); Schreiber und seine Kollegen hatte eine deutliche Bindung jedoch auch bei Proteinen mit einer Molekülmasse von 13 000, 30 000, 60 000 und 80 000 nachgewiesen. Schreiber hielt immer noch FKBP-12, wie er es jetzt nannte, für den entscheidenden Angriffspunkt von FK-506 und Rapamycin, aber das Protein hatte zweifellos Konkurrenz bekommen. Es hatte jetzt eine Familie.

Boger zeigte nach außen keine Zweifel, aber angesichts der Folgen dürfte er sie gehabt haben. Erstens stellte sich nun ganz offensichtlich die Frage, welches Protein das richtige war. Vielleicht mußte man nur eines von ihnen blockieren, um die Immunsuppression zu bewirken, vielleicht auch mehrere oder alle, oder vielleicht war die Hemmung eines einzigen zwar notwendig, aber nicht ausreichend. Wenn es ein wichtiges Protein gab, wie Schreiber annahm, welche Bedeutung hatten dann die anderen? Möglicherweise entstanden die Nebenwirkungen, die Starzl beobachtet hatte, nicht durch die Wirkung von FK-506 auf sein Hauptziel, sondern durch die anderen Proteine, mit denen es sich vielleicht – man wußte es noch nicht – in dem empfindlichen Gewebe von Gehirn und Nieren ansammelte. Wie mußte ein Wirkstoff aussehen, der einen Rezeptor trifft, aber nicht die anderen? Man brauchte von allen Proteinen die Struktur, und dazu mußte man wieder ganz von vorn anfangen: Thomson mußte sich durch vier weitere Proteingewinnungsverfahren kämpfen, Yamashita und Navia mußten die richtigen Kristallisierungsbedingungen und die richtigen schweren Atome für vier weitere Proteine finden. Boger hatte FK-506 unter anderem deshalb zum ersten Projekt von Vertex erkoren, weil das Ziel einfach erschien: Sie wollten einen besseren Hemmstoff für ein bekanntes Enzym herstellen. Aber jetzt wurde die Angelegenheit um ein Vielfaches schwieriger. Selbst wenn sie alle fünf Strukturen kannten, konnte es noch Jahre dauern, bis man sie biologisch verstand: Welche Aufgaben erfüllten sie? In welchen Körperzellen kamen sie vor? Wirkten die anderen über weitere, bisher unbekannte Bindungspartner? Erst dann konnte man überhaupt versuchen, neue Moleküle zu entwerfen. Murcko sprach jetzt von einem „Alptraum des Schreckens".

Auch geschäftlich gab es Alpträume. Einer davon war die Vorstellung, Schreiber könne als erster das richtige Zielprotein finden und zum Patent anmelden. Dann würde Vertex sich wieder an Harvard wenden und eine Lizenz kaufen müssen. Oder die Frage konnte so kompliziert werden, daß sie mit einer strukturorientierten Methode nicht zu lösen war. Wie gut waren die besten Moleküle bei Vertex, wie groß die Anziehungskraft der Firma für Investoren, wenn es für ihre Entwicklung keine vernünftige wissenschaftliche Begründung mehr gab? Was war dann mit Chugai? Würde die Entdeckung eines anderen Zielproteins den Konzern nicht von dem Vertrag entbinden?

Unausgesprochen hatte es solche Befürchtungen immer gegeben, aber jetzt stiegen sie an die Oberfläche wie Taucher beim Anblick eines Hais. Boger versuchte schnell, den Schaden zu begrenzen. Wie achtzehn Monate zuvor, als Starzls Erfolge mit FK-506 den Einstieg von Vertex in die Immunophilinforschung zu vereiteln drohten, bezeichnete er die neueste Entwicklung als nützlich für die Firma, weil sie den Ansatz als ganzes rechtfertigte. Eigentlich, so sagte er den Wissenschaftlern, sei es zu begrüßen, wenn es eine ganze Familie mutmaßlicher Rezeptoren gebe. Es schuf gleiche Voraussetzungen. Die wissenschaftlichen Hindernisse waren für alle Beteiligten die gleichen, und vor allem bedeuteten die überlegenen Möglichkeiten und der Vorsprung von Merck jetzt weniger als zuvor. Außerdem mußten die entscheidenden Strukturbestandteile der neuen Proteine alle ähnlich aussehen wie bei FKBP-12, sonst würde FK-506 nicht daran binden. Die Strukturuntersuchungen bei Vertex waren also nicht umsonst gewesen. Und was das Geschäftliche anging, so erklärte er, das eigentliche Ziel habe sich nicht verändert: Vertex mußte kein besseres Medikament als FK-506 entwickeln, sondern nur ein anderes. Die Führungsposition war immer noch unangefochten.

Während Boger glaubte, man könne Konkurrenten durch frühzeitige Veröffentlichungen demoralisieren und verwirren, wollte Schreiber möglicherweise Vertex und alle anderen Beteiligten zu einer kosten- und zeitaufwendigen Überprüfung und zum Rückzug zwingen, so daß er seinen Vorsprung ausbauen konnte. Aber Boger ließ sich nicht aus der Bahn werfen, sondern nahm nur kleinere Kurskorrekturen vor. So beauftragte er Harding damit, die von Schreiber, Burakoff und Bierer postulierten Proteine tatsächlich zu finden. Innerhalb weniger Wochen würde Armistead eine kleine molekulare Markierung an FK-506 befestigen, so daß Harding eine ähnliche Säule aufbauen konnte wie zuvor, als er mit Thomson nach FKBP gesucht hatte. Ansonsten konnte Schreibers „goldenes Kalb", wie Moore es jetzt nannte, Boger weder einschüchtern noch erschrecken. „Wenn ich keine wirksamen Substanzen hätte, wäre ich bedrückt", sagte er. „Aber ich habe wirksame Substanzen. Ich bin guter Dinge. Es wird für alle anderen schwieriger, an uns heranzukommen."

Nachdem der Artikel im *JACS* erschienen war, rief Moore bei Schreiber im Labor an. Die beiden hatten zuvor nie miteinander gesprochen, aber Moore wollte weitere Informationen über die Versuchsbedingungen, die Schreiber in seinem Aufsatz beschrieben hatte – eine Routineanfrage. Schreiber, stets überschwenglich und ohne Ressentiments gegenüber einzelnen Vertex-Mitarbeitern, beantwortete sie mit Vergnügen. So war er oft: Freiwillig gab er mehr preis, als man erwartet hatte, und in Situationen, wo Geheimnistuerei angebracht schien, war er so entwaffnend offen, daß man sich fragte, warum. Was hatte er zu verbergen? Moore erwähnte, er wolle die Struktur von FKBP mit NMR-Spektroskopie aufklären. Daraufhin eröffnete ihm Schreiber beiläufig, seine Arbeitsgruppe habe über 1 000 der 1 600 Wasserstoffatome des Moleküls lokalisiert – bei Moore waren es noch nicht einmal 700 – und es dabei belassen.

Moore war verblüfft. Schreiber war ganz versessen auf das Veröffentlichen und gab oft Befunde in den Druck, die andere nicht gerade weltbewegend gefunden hätten. Und jetzt erklärte er, seine Gruppe habe mehr als genug räumliche Zuordnungen, um die Struktur aufzuklären, und habe dennoch „den Sack nicht zugemacht". Die beiden Monate, seit Moore zum ersten Mal das Grundgerüst des Proteins gesehen hatte, waren grauenhaft gewesen. Er hatte sich in der Arbeit vergraben – er kam morgens um neun und ging abends um elf, auch am Wochenende. Seiner Frau Lonnie hatte er gesagt, sie solle nichts von ihm erwarten, und daran hatte sie sich gehalten: Sie war abends wach geblieben, um ihn mit Abendessen und Bier zu versorgen, wenn er hereinschlurfte und sich hundemüde vor den Fernseher setzte. Ende Januar hatte er fünfzehn Strukturentwürfe, die der tatsächlichen Struktur vermutlich nahekamen, aber er brauchte mehr Daten. Jeden Tag rechnete er mit der Nachricht, Schreibers Gruppe habe gewonnen, und wenn sie nicht kam, stachelte er sich selbst aufs neue an, indem er sich sagte, er habe noch einen weiteren Tag Zeit. Warum Schreiber ihn nicht einfach aus dem Rennen geworfen hatte, konnte er nicht begreifen.

In dem Computerraum neben Bogers Büro ging Moore seine Daten mit mörderischem Eifer an. Innerhalb der nächsten Wochen, so seine neueste Schätzung, würde er eine einheitliche Struktur haben. Er wurde jetzt Thomson immer ähnlicher, zwar nicht ganz so nihilistisch, aber ebenfalls gefangen in der Isolierzelle seiner ungezügelten Arbeitswut. So hatte er auch völlig vergessen, daß Yamashita ihn zutiefst beneidete und es in seiner Nähe kaum noch aushielt, weil er dachte, Moore habe gewonnen. Sein Wünschen, Sehen und Fühlen kreiste nur noch um den Endspurt in diesem Kampf mit dem Enzym. Im Augenblick gab es für ihn sonst nichts und niemanden mehr.

„Jeder will alles allein machen", sagte er einmal. „Das gilt für mich genauso wie für andere, denn ich wollte diese Struktur mit möglichst wenig äußeren Eingriffen klären, nicht weil ich anderen mißtraue, sondern weil ich es tun wollte und weil ich als Wissenschaftler beweisen wollte, daß ich es schaffe. Während meiner Ausbildung mußte ich meine Daten immer anderen geben, damit sie ihre Ergebnisse verfeinern oder eine Struktur bestimmen konnten. So ein Mist, dachte ich damals. Als Postdoc fand ich es entsetzlich."

Und dann stürzte der Computer ab, oder er hatte Schwierigkeiten mit der Software, und die ganze aufgestaute Frustration des Unterdrückten brach ungezügelt aus ihm heraus.

„So ein Haufen Scheiße", knurrte er, während er zusah, wie der Computer seine Strukturen zerpflückte, „was ist das nur für ein Leben?"

15

"Altruismus", fauchte Boger, "hat in der Evolution keine andere Triebkraft als den Eigennutz. Selbstloser Altruismus ist ein Widerspruch in sich; er ist nicht möglich. Wenn wir uns mit der AIDS-Forschung beschäftigen, in der ohnehin merkwürdige Motive vorherrschen, ist meine wichtigste Triebkraft der Gedanke, daß wir etwas bewegen können. Die Wissenschaft hat uns hingeführt. Es war eine günstige Gelegenheit, und ich glaube, das ist viel ehrenvoller, als wenn wir damit nur eine Menge Geld verdienen oder die Welt retten wollten. Märtyrer sind große Egoisten. Wer etwas aus hochherzigen Beweggründen tut, erhöht sich selbst vielleicht mehr, als es ihm zusteht."

Boger saß im Licht der Leuchtstoffröhren mit entschlossenem Gesicht an seinem Schreibtisch. Es war der 28. Februar 1991 nach 20 Uhr; draußen war es, auf dem Höhepunkt der düsteren Jahreszeit, schon lange dunkel. In den letzten Stunden hatte er selbst die Vortragszusammenfassungen der Wissenschaftler für Pittsburgh redigiert, die Schrifttypen ausgewählt, alles nach einem Kampf mit einem störrischen Fotokopiergerät abgelichtet und persönlich dafür gesorgt, daß sie abgeschickt wurden – "Mikromanagement" nannte Murcko solche Tätigkeiten, mit denen die Firma sich in die wissenschaftliche Kampfarena begab. Jetzt beeilte er sich, um nach Hause zu kommen, denn er wollte Amy und die Kinder noch sehen, bevor er am nächsten Morgen um fünf für zehn Tage nach Japan abreiste.

Letztlich war ihm die Entscheidung, die AIDS-Forschung bei Vertex zum zweiten Projekt zu machen, nicht schwergefallen. Die Wissenschaftler hatten vielversprechende Befunde geliefert, das wirtschaftliche Klima hatte sich verbessert, und Kathepsin E löste sich in Luft auf; die Zeit lief ihnen weg. Aber der Entschluß hatte von Boger eine völlige Kehrtwendung erfordert, und das war bei ihm etwas Außergewöhnliches. Zwei Jahre lang hatte er sich zu recht gesagt, in der AIDS-Forschung sei für Vertex kein Platz. Und jetzt machte er sich mit der gleichen Entschlossenheit auf den Weg, um in Japan ein AIDS-Forschungsprogramm zu verkaufen – seine dritte "tödliche Mission" in dieses Land innerhalb eines Jahres. Als er seine Dias zusammenpackte und die Papierstapel auf dem Schreibtisch noch einmal durchsah, hatte er die scheinbar unbewegte Konzentration eines geschickten Piloten, der sich mit einem kleinen, noch nicht getesteten Flugzeug in ein Gewitter stürzt.

„Wir setzen darauf, weil wir glauben, daß wir es schaffen, also sind unsere Beweggründe klar", erklärt er. „Es ist keine kalte Berechnung, keine Trittbrettfahrerei. Es ist Wissenschaft."

Wenn Boger sich defensiv verhielt, lag es an den vielen persönlichen und wissenschaftlichen Vorbehalten, die er bei seinem Meinungsumschwung ausräumen mußte. Nach einer These von Susan Sontag und anderen spiegelt sich in Krankheiten und den Reaktionen darauf die Gesellschaft als ganzes wider. Bei AIDS war die Reaktion der Wissenschaftler verblüffend produktiv und schamlos selbstsüchtig zugleich. Boger brauchte kein Altruist zu sein, um sich über die „verdächtigen" Absichten bei vielen von denen Sorgen zu machen, auf deren Gebiet er sich jetzt begab. Die AIDS-Forschung war von solchen Leuten durchsetzt, und das war bisher ein wichtiger Grund für seine Abneigung gewesen.

Zunächst hatte sich die Wissenschaft überhaupt nicht für AIDS interessiert, jene Krankheit, an der junge homosexuelle Männer in Kalifornien und New York starben. Alles sah nach der üblichen Mikrobenjagd am Rande der wissenschaftlichen Ehrbarkeit aus. Vierzig Jahre nach der Entdeckung von Penicillin und Streptomycin betrachtete man neue Infektionskrankheiten nicht ganz zu unrecht als alten Hut. Das Übel, mit dem die Wissenschaft sich beschäftigte, war der Krebs. Durch das nationale Krebsprogramm, das Schmidt in die Wege geleitet und dann zu einem staatlichen Finanzierungsinstrument gemacht hatte, war den Wissenschaftlern klargeworden, daß sie große Labors einrichten, unterhalten und darin ihre eigenen wissenschaftlichen Interessen verfolgen konnten, solange sie auch nur einen schwachen, entfernten Zusammenhang mit der Krebsbehandlung nachwiesen. Diese Goldgrube verwandelte die biologisch-medizinische Forschung. Nachdem die Wissenschaftler gemerkt hatten, daß sich vor allem öffentlichkeitswirksame Projekte auszahlten, konzentrierten sie sich auf Gebiete, die Aufsehen erregten, denn Aufsehen bedeutete Geld, und Geld bedeutete mehr Forschung. Konkurrenz – um Geld, Reagenzien, Ruhm, Erstlingsrechte und Zugang zu Informationen – wurde nicht nur zum wichtigsten, sondern zum einzigen Thema. Die Pharmaindustrie folgte dieser Entwicklung auf dem Fuße und veränderte sich ähnlich. Krebsforschung war ein großes Thema. Die Wall Street stürzte sich darauf. Keine Pharmaabteilung war vollständig, wenn sie nicht ein größeres Krebsforschungsprojekt laufen hatte, gleichgültig worum es dabei ging.

Über die erste Welle von AIDS-Toten in den USA wurde wenige Wochen nach dem Beginn der Präsidentschaft von Ronald Reagan berichtet. Das war für diejenigen, die an der Krankheit litten, verhängnisvoll, und dem wissenschaftlichen Eigennutz der neuen Epoche bot es neue Rechtfertigung. Den Ton gab Dr. Robert Gallo an, der oberste staatliche AIDS-Forscher. Mit starker Unterstützung des Weißen Hauses, wo man die Krankheit zunächst völlig ignoriert hatte, gab er im April 1984 triumphierend bekannt, er habe das krankheitsauslösende Virus entdeckt; anschließend drehte man ihn neun Jahre lang durch eine Mühle von Anschuldigungen des wissenschaftlichen Fehlverhaltens und der persönlichen Schmähungen, bis er schließlich einräumte, er habe das Virus von dem französischen Forscher Luc Montagnier erhalten, und dieser habe es zuerst entdeckt. Gallo, der seinen lautstarken öffentlichen Äußerungen zufolge von der Idee besessen war, er müsse den Nobelpreis bekommen, und der außerdem jedes Jahr 100 000 Dollar aus den Patenterlösen für eine Entdeckung kassierte, die er nicht gemacht hatte, gab die Wissenschaft schließlich fast völlig auf und rechtfertigte sich nur noch in mehreren Untersuchungen vor dem Kongreß, dem NIH, der National Academy of Sciences, den Medien und dem General Accounting Office.

Der halsstarrige, von Verfolgungswahn geplagte Gallo wurde geradezu zum Synonym für das Streben nach persönlichem Ruhm in der AIDS-Forschung, aber in der Pharmaforschung herrschte 1987 eher eine noch korruptere Atmosphäre. Im März ließ die FDA als erstes AIDS-Medikament das AZT zu, eine schon seit dreiundzwanzig Jahren bekannte Verbindung, die man zunächst als Krebshemmer entwickelt hatte; ihre Wiederentdeckung verdankte sie Wissenschaftlern am NIH und bei Burroughs Wellcome, einer britischen Firma, deren bekanntestes Produkt das Erkältungsmittel Sudafed war. AZT war chemisch einfach und toxisch; da man es mit staatlichen Fördermitteln entwickelt hatte, war es nie patentiert worden und hatte, obwohl allgemein verfügbar, Staub angesetzt. Die Pharmaindustrie sah in AIDS noch immer wenig Gewinnaussichten, aber das NIH, das unbedingt die Hilfe der Industrie brauchte, übte auf Burroughs Druck aus: Die Firma sollte Wirkstoffe einreichen, die möglicherweise die Vermehrung des Virus hemmten; daraufhin schickte Burroughs das AZT und mehrere andere Verbindungen, die man in der Fachliteratur gefunden hatte.

Bei Burroughs hatte man die Toxizität von AZT bereits untersucht, aber zum größten Teil fanden die ersten Erprobungsversuche mit dem Wirkstoff am NIH statt. Dennoch beantragte die Firma 1985, nachdem staatliche Wissenschaftler die Wirksamkeit von AZT gegen das Virus nachgewiesen hatten, ein Patent. Als die FDA das Präparat zwei Jahre später freigab, wurde es sofort zu einem der teuersten Langzeitbehandlungsmedikamente aller Zeiten; es kostete pro Patient etwa 8 000 Dollar im Jahr. Als Burroughs 1988 das Patent erhielt, hatte die Firma für siebzehn Jahre ein staatlich finanziertes Monopol auf das einzige zugelassene Medikament für eine Krankheit, die in allen Fällen tödlich verlief, ein Präparat, das nach den Analysen der Finanzexperten schon 1992 einen Umsatz von einer Milliarde Dollar erzielen würde; und das, obwohl die Firma den Wirkstoff weder erfunden noch seine Entwicklung bezahlt hatte.

Die Wissenschaft folgt dem Geld. Solange relativ wenig Mittel in die AIDS-Forschung gesteckt wurden und der zugehörige Pharmamarkt klein und wenig vielversprechend aussah, hielten die meisten Wissenschaftler und Pharmamanager die Missetaten von Burroughs und Gallo für einen Nebenschauplatz, der keines Kommentars wert war. Da es sich aber um eine so schwere Krankheit handelte und da Regierung und Pharmaindustrie sich zu der Erkenntnis durchringen mußten, daß AIDS sich explosionsartig ausbreitete und 1987 nicht einfach verschwinden würde, gaben die meisten Fachleute ihre Gleichgültigkeit auf, und nun folgte eine Welle des wissenschaftlichen Interesses. Die Fördermittel des NIH für die AIDS-Forschung stiegen in drei Jahren um 600 Prozent. Wissenschaftler, die ihre Finanzierungsanträge zuvor mit der Formel „und die mögliche Anwendung bei Krebs" abgeschlossen hatten, schrieben jetzt „und die mögliche Anwendung bei AIDS". In der Pharmaindustrie, wo man die Kontroverse um AZT eher mit Neid denn mit Abscheu verfolgt hatte und wo virenhemmenden Medikamenten bisher wenig Erfolg beschieden war, begann man zögernd mit eigenen Protoprojekten zum Thema AIDS.

Die AIDS-Forschung war jetzt, von allem anderen abgesehen, zu einem soliden Gebiet geworden, und wie alles, was von den Medien aufgenommen und verbreitet wird, wurde sie zur Mode. Risikokapitalgeber, die seit den Mikrochips ein paar Jahre zuvor kein vielversprechendes neues Betätigungsfeld mehr hatten, stürzten sich auf die Krankheit, begeistert unterstützt von unternehmerisch veranlagten Wissenschaftlern, die sich von der plötzlichen Aussicht auf Geld und Ruhm blenden ließen und Geschmack am Geschäftemachen fanden. Zusammen gründeten sie neue Firmen, AIDS-Firmen, die dann ebenso schnell an der Wall Street verkauft wurden. Bis 1987 wurde das Ganze zu einer regelrechten Hysterie. Eine britische Investmentfirma unter Leitung des Barons Rothschild investierte in vierzehn derartige Unternehmen. Ein kleiner Impfstoffhersteller vermarktete die Arbeit von Jonas Salk, der sich hartnäckig geweigert hatte, seinen Impfstoff gegen Kinderlähmung patentieren zu lassen, und zog damit soviel Geld an, daß ihre Gründer Schecks zurückschicken mußten. Wissenschaftler, die kaum mehr zu bieten hatten als eine hoffnungsvoll klingende Idee und den Willen, über ihre Aussichten zu spekulieren, gelangten zu Reichtum und Ruhm. Daß kaum einer von ihnen Erfahrung in der Herstellung oder Vermarktung von Medikamenten hatte, daß über zwei Drittel der Firmen zu Scheitern verurteilt waren, daß niemand wußte, woher das Geld zum Betrieb so vieler Unternehmen kommen sollte – all das übersah man in der allgemeinen Euphorie bei der Ansiedlung neuer Unternehmen.

Zumindest hatte AIDS nun das Interesse der Wissenschaftler geweckt, aber wissenschaftliches Interesse allein führt noch nicht zu Fortschritt. Die Suche nach der Krankheitsursache war eine recht begrenzte, einfache Aufgabe – man mußte nur den richtigen Mikroorganismus dingfest machen. Um AIDS zu heilen, brauchte man dagegen umfangreiche neue Kenntnisse, und zwar nicht nur über das Virus und seine Wirkungsweise, sondern auch über das Immunsystem und die komplizierten Wechselbeziehungen zwischen beiden. Wie sollte es in der Forschung weitergehen? Genaugenommen ist AIDS keine Krankheit, sondern ein Syndrom, und deshalb ist es von seinem Wesen her eine Hydra mit vielen Köpfen. AIDS ist gespickt mit alptraumhaften Eigenschaften: ein höchst mutationsfähiges Virus; eine lange, trügerische Latenzzeit; zusätzliche Faktoren, die Verlauf und Ausbreitung beeinflussen; mehrere Krankheiten, die gleichzeitig in verschiedenen Organen wüten; und ein zerstörtes, nicht mehr funktionsfähiges Immunsystem. Einzellösungen, „magische Kugeln" wie zum Beispiel einen Impfstoff oder ein antibiotikaähnliches Präparat, das man nur einmal verabreichen mußte, würde es wahrscheinlich nicht geben. Die vielfältigen Herausforderungen an die gerade angetretene Wissenschaftlergemeinde ähnelten weniger der Fahndung nach einem Verbrecher als vielmehr dem Versuch, einen Waldbrand zu löschen. Man mußte koordiniert an mehreren Fronten vorgehen, und das Schlachtfeld war aus der Luft vielleicht besser zu überblicken als auf dem Boden. Nachdem die Wissenschaft sich nun mit AIDS beschäftigte, blieb die Frage, wie man die Arbeiten lenken sollte, schwer faßbar und ungeklärt.

„Die Wissenschaft", so der Nobelpreisträger David Baltimore, „kann selbstgestellte Probleme viel besser lösen als solche, die von außen an sie herangetragen werden." Als die AIDS-Forschung sich im Aufschwung befand, war Baltimore Direktor des angesehenen Whitehead Institute am MIT und ein führender Wissenschaftspolitiker. Obwohl die Welt es erst später erfahren sollte, war er schon damals in einen Streit um Veröffentlichungen verwickelt; später wurde er in einer aufsehenerregenden Untersuchung des Kongresses zwar von dem Vorwurf des wissenschaftlichen Betruges freigesprochen, nicht aber von Urteilsschwäche und Arroganz, so daß er seine Stellung als Präsident der Rockefeller University aufgeben mußte. Baltimore, der sich auch selbst ein wenig mit AIDS-Forschung beschäftigte, versuchte – was für ihn nicht untypisch war – auch zu ihrem Vorkämpfer zu werden. Zu der Zeit, als die Finanzierung für AIDS sich ausweitete, nahm er es auf sich, andere Wissenschaftler öffentlich anzuflehen, sie sollten ihre Abneigung gegen organisierte Forschungsprojekte aufgeben, ihre Versessenheit auf Ruhm hintanstellen und ihre eigenen Karrierewünsche und geschäftlichen Sachzwänge „einem Gefühl, auf eine nationale Notwendigkeit einzugehen" unterordnen. Kurz gesagt, er drängte auf ein Sofortprogramm für AIDS, das er als Manhattan-Projekt bezeichnete. Diese Bezeichnung hatte wohl eigentlich eher das Penicillinprojekt im Zweiten Weltkrieg verdient, der medizinische Vetter der Atombombenentwicklung, aber die Wissenschaftler verstanden, was Baltimore sagen wollte. Unter staatlicher Führung sollten die besten Wissenschaftler des Landes ihr Konkurrenzdenken ablegen und gemeinsame Sache machen. Baltimores Vorstellung war wohl nicht umstürzlerisch, sondern entstammte einer anerkannten Praxis in Kriegszeiten: Der übliche Ablauf wird vorübergehend außer Kraft gesetzt.

Wissenschaftler haben eine seltsame Art, Mißbilligung zu zeigen. Wenn etwas als vielversprechend oder wichtig gilt, wird es heftig und sogar schroff in Frage gestellt. Was man dagegen für uninteressant hält, so daß weitere Beschäftigung damit sich nicht lohnt, wird mit abweisendem Schweigen aufgenommen. Krähen ächten ihre Artgenossen durch heiseres Krächzen; Wissenschaftler verlegen sich aufs Tuscheln oder betrachten ihre Schuhspitzen. Genau das war die Reaktion auf Baltimores Pläne. Niemand unterstützte sie. Unausgesprochen bedeutete das: Geld allein reichte aus, um die Forschung in Gang zu setzen, und das Hickhack um Patente sowie die Vorherrschaft der stärkeren Institute über die schwächeren war auch bei AIDS besser als jeder koordinierte Versuch der Festlegung, was Wissenschaft tun soll und wie sie es tun soll.

Das war der Dunstkreis, in den Boger sich jetzt begab: eine Welt der Selbstbeweihräucherung, der Geheimnistuerei, der Konkurrenz und der Habgier; nichts davon verabscheute er, aber es war in seinen Augen auch eine Aufforderung zu Verwirrung und Verlogenheit. Natürlich hatte es in der AIDS-Forschung großartige wissenschaftliche und menschliche Leistungen gegeben, aber Nächstenliebe war nach Bogers Auffassung nur etwas für diejenigen, die es sich leisten konnten. „Firmen, die Geld auftreiben wollen, müssen selbstlos wirken", sagte er einmal ganz sachlich in seinem Büro, während er mit dem Blick eines Juweliers ein Dia anstarrte. „Ich glaube, Roy Vagelos und Ed Scolnick halten es bei ihren vielen Forschungsmitteln für ihre Aufgabe, altruistisch zu handeln."

Tatsächlich wurde mit Mercks Einstieg in die AIDS-Forschung vieles von dem erreicht, was Baltimore mit seinem Appell an die allgemeine Selbstlosigkeit nicht zuwege gebracht hatte. Jetzt führte nicht mehr ein einzelner Rufer in der Wüste seine Sonntagsreden, sondern man machte Nägel mit Köpfen. Die Aktien des Konzerns erlebten einen der größten und nachhaltigsten Aufschwünge aller Zeiten; insgesamt stieg der Kurs in fünf Jahren um 500 Prozent, fast doppelt so schnell wie der Dow Jones während des größten Wirtschaftsbooms in der Geschichte. Bald darauf spendete Merck so viel von dem Tierarzneimittel Avermectin, daß die afrikanische Flußblindheit ausgerottet werden konnte. Innerhalb eines Jahres wurde die Firma bei der jährlichen Umfrage der Zeitschrift *Fortune* unter Managern zum meistbewunderten Unternehmen Amerikas gewählt und löste damit den langjährigen Spitzenreiter IBM ab. (Den Ehrentitel behielt Merck insgesamt sieben Jahre lang; in Rahway hingen Fahnen mit der Aufschrift „Amerikas meistbewunderte Firma", und in späteren Jahren tauchte die Bezeichnung an auffallender Stelle in Stellenanzeigen auf.) Mit hervorragender Innovationsfähigkeit, aufsehenerregenden Gewinnen und dennoch offenbar getrieben von einem tiefen Gefühl von Menschlichkeit und Verantwortungsbewußtsein, war es Merck gelungen, Tishlers und George Mercks heldenhaften Altruismus zu einem großen Teil beizubehalten und gleichzeitig um 20 Prozent im Jahr zu wachsen. Merck and Company weckte wie kein anderes Unternehmen Erinnerungen an den Zweiten Weltkrieg. „Die Wunderfirma", wie die *Business Week* das Unternehmen in einer schmeichelhaften Titelgeschichte nannte, schien das beste Gegenmittel gegen das schmutzige Treiben in der AIDS-Forschung zu sein.

Werbewirksam trug Merck dazu bei, die Suche nach AIDS-Medikamenten anspruchsvoller zu gestalten und damit ihren Ruf wiederherzustellen. Der Vorstandsvorsitzende Roy Vagelos, ein höchst konkurrenzbewußter Mediziner mit einer Vorliebe für hervorragende wissenschaftliche Arbeit und aggressive Spielereien – für Zeitschriftenberichte ließ er sich stets im Kajak oder in Tenniskleidung photographieren –, verkündete lauthals, er sei „verdammt optimistisch", daß sein Unternehmen es schaffen werde. Im Gegensatz zu der sonst üblichen Geheimnistuerei um die Forschung forderte er die Wissenschaftler von Merck ausdrücklich auf, offen über ihre Fortschritte zu berichten und entscheidende Daten schon vor der Veröffentlichung weiterzugeben. AIDS galt immer noch als kleiner Markt, und Merck riskierte durch die Offenheit vielleicht einen kleinen Anteil daran, aber Vagelos behauptete forsch, das spiele keine Rolle. Sein Unternehmen war Branchenführer. Der Platz der Firma war an der vordersten Front der Wissenschaft, ungeachtet aller Risiken.

Natürlich wußte Vagelos – und diese Tatsache rief bald darauf auch andere pharmazeutische Großunternehmen auf den Plan –, daß die Branche und insbesondere Merck ein neues Betätigungsfeld und damit Grund zum Optimismus hatten. AZT wirkte, weil es die Reverse Transkriptase blockierte, ein Enzym, das bei vielen Krebsviren vorkommt und für Medikamente ein problematisches Ziel ist. Anfang 1987 jedoch hatte Irving Sigal, ein junger, in Harvard ausgebildeter Molekularbiologe der Merck-Labors in West Point, zusammen mit seinen Kollegen das Virus auf andere potentielle Medikamentenrezeptoren untersucht; dabei entdeckten sie etwas höchst Vielversprechendes: Im Vermehrungszyklus von HIV spielt eine Aspartylprotease eine herausragende Rolle. Dieses Enzym, die HIV-Protease, war der entscheidende Grund für Vagelos' Optimismus. Als Forschungsleiter und später als Vorstandsvorsitzender hatte er die Enzymhemmung bei Merck zum wichtigsten wissenschaftlichen Thema gemacht. Die Firma hatte sich, vor allem durch Bogers Verdienst, eine Spitzenstellung in der Erforschung des Renins verschafft, das außergewöhnlich eng mit der Virusprotease verwandt ist. Der nächste Verkaufsschlager der Firma, ein Medikament gegen Prostatavergrößerung mit einem voraussichtlichen Umsatz von mehreren Milliarden, hemmte ein proteaseähnliches Enzym. Vagelos' große Reden über AIDS waren mehr als nur Augenwischerei: Die Firma war hier in ihrem ureigensten Element.

Sigal brachte das Projekt voran. Er war zwei Jahre jünger als Boger, mindestens ebenso energisch und hatte nach seinem Chemiestudium eine Reihe bedeutsamer biologischer Entdeckungen gemacht. Max, sein Vater, war Forschungsdirektor bei Eli Lilly gewesen, und Sigal schien dazu bestimmt zu sein, es bei Merck mindestens ebensoweit zu bringen. Mit Intelligenz, Aufrichtigkeit, Engagement und barschem Ton hatte er sich schon mit dreiunddreißig Jahren einen erheblichen Einfluß in der Firma gesichert. Als Sigal sein AIDS-Forschungsprogramm aufbaute, wurde er für

Boger und seine strukturorientierte Methode zwangsläufig zum Rivalen. Erwartungsgemäß liebten die beiden sich nicht gerade.

Sigal war ein Energiebündel. „Wenn Irving sagte, er werde an einem bestimmten Tag ein Protein in einer bestimmten Menge und Reinheit liefern, dann konnte man sich darauf verlassen", erzählt Navia, den Sigal zur Strukturaufklärung des Enzyms eingestellt hatte. (Boger hatte Navia kurz zuvor aufgefordert, in seine Gruppe zu kommen, und den Weg für den Wechsel geebnet.) „Er brachte etwas zustande. Er hatte die richtige Einstellung. Und er tat es nicht, um sein Labor mit Gewalt nach vorn zu bringen, sondern weil er etwas gegen diese Krankheit tun wollte."

Im Sommer 1988, als Sigal das Projekt vorantrieb und Boger, ohne daß man bei Merck etwas davon ahnte, immer öfter an die Kündigung dachte, begannen Navia und Brian McKeever mit den Versuchen, die drei Monate später dazu führten, daß sie die Kristallstruktur der Protease aufklärten. Sie hatten jetzt Konkurrenz durch eine Arbeitsgruppe am NIH. Es war eine anstrengende Zeit, die durch hitzige Strategiedebatten gekennzeichnet war. Obwohl Vagelos angeordnet hatte, daß Informationen an die Konkurrenz weitergegeben werden sollten, war Navia (genau wie später bei Vertex) dagegen, daß Merck die Kristallisierungsbedingungen veröffentliche, bevor sie die Struktur völlig aufgeklärt hatten. In dieser Frage stritt er sich heftig mit Sigal. Nach einer solchen Debatte fuhren beide Anfang Dezember erschöpft in Urlaub.

Es war das letzte Mal, daß Navia und Sigal sich trafen. Vier Tage vor Weihnachten, auf dem Rückweg vom Londoner Flughafen Heathrow, starb Sigal auf dem Pan-Am-Flug 103 über dem schottischen Lockerbie mit 257 anderen Passagieren in einem Feuerball. Er wurde nur fünfunddreißig Jahre alt.

„Ich war am Boden zerstört", berichtete Navia drei Jahre später. „Ich wußte, daß dieses Projekt in ernsthafte Schwierigkeiten geraten würde. Den Mann, der die Seele des Ganzen gewesen war, gab es nicht mehr. Für diese Terroristen ist ein Flugzeug mit namenlosen, gesichtslosen Gegenständen besetzt. Aber ich weiß, daß in der Maschine ein Bursche saß, der vermutlich mehr als jeder andere gegen diese Krankheit hätte tun können, eine Krankheit, die in der Lage ist, die Menschheit auszurotten."

Ob nun Sigals Tod oder Bogers Kündigung zwei Tage später sich stärker auf Merck auswirkten, in jedem Fall zeigten beide, wie verletzlich der Konzern plötzlich war. Sigal, der Märtyrer der AIDS-Forschung, hatte „sich selbst ... nicht unangemessen erhöht", aber andere hatten es getan, und jetzt vermißten sie wie Navia eine wichtige Kraft. Merck hatte dem ganzen Forschungsgebiet unter anderem deshalb eine neue Disziplin und ein anderes öffentliches Ansehen verschafft, weil man es in eine lebendige, vielversprechende Richtung gelenkt hatte. Die Vorkämpfer dieser Richtung waren vor allem Sigal und Boger gewesen, die beide überzeugt waren, daß man wichtige Funktionen des Erregers mit maßgeschneiderten, Atom für Atom zusammengesetzten Molekülen blockieren und so seine Vermehrung bremsen konnte. Jetzt waren beide nicht mehr da. Zwar äußerten Vagelos und Scolnick öffentlich keinerlei Zweifel an den weiteren Aussichten der Firma, aber andere taten das durchaus. Im achten Jahr der Epidemie sah es für Außenstehende so aus, als sei die AIDS-Forschung bei Merck in eine altbekannte Sackgasse geraten: Sie konnten keine Proteasehemmer herstellen, deren Moleküle kleiner waren und im Stoffwechsel weniger leicht abgebaut wurden als die instabilen Peptide. Man mußte zwar nicht ganz von vorn anfangen, aber die Suche nach AIDS-Medikamenten erschien plötzlich wieder langwierig, ermüdend und wenig aussichtsreich.

Dieser Unsicherheit entsprang auch Bogers anfänglicher Widerwille, sich bei Vertex mit AIDS zu beschäftigen, obwohl die Firma Boger, Navia, Murcko und Tung übernommen hatte, die „erste Garnitur" von Merck, wie Aldrich immer wieder betonte. Das war natürlich übertrieben, aber andererseits verkörperte ohne Sigal wohl auch keine andere Arbeitsgruppe so sehr die Gründe für Vagelos' anfänglichen Optimismus. Jetzt aber, nach weiteren Überlegungen und nachdem bewiesen war, daß die Verbindungen von Abbott und Roche die Vermehrung des Virus so wirksam hemmten wie AZT, war Boger ebenso zuversichtlich wie zuvor Vagelos. Als die Chemiker zwei Gruppen neuer Hemmstoffe synthetisierten, die sich als gleichermaßen aktiv erwiesen, waren alle seine Anforderungen plötzlich und unwiderruflich erfüllt.

„Jetzt sind wir auf dem Weg und können mal sehen, was möglich ist", sagte er. „Wir haben eine Verantwortung, diese Arbeit zu tun. Es ist hier und jetzt möglich. Wir wollen diese Gelegenheit nicht verstreichen lassen, bis die Großfirmen sich damit befassen."

Aber war Vertex durch die Verzögerung der Entscheidung nicht schon zu spät dran? Ein verspäteter Zeitpunkt war für Boger ebenso ein Widerspruch in sich wie der selbstlose Altruismus. Mit ausreichenden Daten konnte in seiner Welt nichts schiefgehen. „Wenn ich in Entscheidungslaune bin, überlasse ich den Ereignissen die Führung. Ohne genügend Informationen sollte man keine Entscheidungen treffen. Ich habe mir in dieser Frage Sorgen gemacht, und damit habe ich sehr hohe Maßstäbe dafür gesetzt, was vor einer endgültigen Entscheidung geschehen mußte. Ich habe gewartet."

Tatsächlich sah Bogers Zeitplanung jetzt sehr umsichtig aus. Kleine Firmen wie Vertex, die sich mit AIDS beschäftigten und gleichzeitig ums Überleben kämpfen mußten, hatten sich bisher so früh wie möglich an Partnerunternehmen verkaufen müssen – bei den unsicheren Aussichten für die Entwicklung experimenteller Medikamente war etwas anderes nicht möglich. Aber die AIDS-Patienten, die nichts zu verlieren hatten und nicht lange warten konnten, hatten für die Einführung neuer Medikamente einen drastisch verkürzten Zeitplan verlangt und auch bekommen. Im Dezember gab Merck bekannt, man teste in Europa einen neuen Hemmstoff für die Reverse Transkriptase, den man ein halbes Jahr zuvor beim Durchmustern von Naturstoffen gefunden hatte. Was ein derart zusammengedrängter Zeitplan für kleine, chronisch finanzschwache Firmen unter dem Gesichtspunkt „Zeit ist Geld" bedeutete, war kaum zu ermessen. Vertex lag jetzt nicht hoffnungslos zurück, wie es noch vor drei Monaten den Anschein gehabt hatte, sondern die Firma, deren Verbindungen noch nicht einmal an Tieren erprobt waren, hatte gegenüber den führenden Unternehmen (wie Boger jetzt zuversichtlich behaupten konnte) höchstens einen Rückstand von ein bis zwei Geschäftsquartalen. Praktisch über Nacht war Vertex konkurrenzfähig geworden.

Neue Hemmstoffe, die erste Garnitur von Merck, Aussichten auf eine geradlinige Entwicklung und eine Kehrtwende in Rekordzeit, das waren die Elemente in Bogers Geschichte für die Japaner. Er wußte, daß er sie gut anbringen konnte, aber er hatte keine Ahnung, ob außer Nissin, dem Nudelunternehmen in Familienbesitz und unermüdlichen Aufkäufer, noch jemand kaufen würde. „Ich denke, er sollte diese Krankheit auch qualifizierten Firmen anbieten", sagte der Enzymforscher Dave Livingston, ein Veteran der Biotechnologie, der Bogers Vorbereitungen beobachtet hatte. „Wir haben noch nicht untersucht, wie realistisch das HIV-Prokjekt ist, und verkaufen es schon im großen Stil." Und anders als bei Chugai gab es diesmal keinen Benno Schmidt, der die Präliminarien vermittelte.

In Japan suchten Boger und Aldrich fast ein Dutzend Unternehmen auf; mit Zug und Taxi tingelten sie zwischen den Firmenzentralen in Tokio und Osaka hin und her, wo sie zuvorkommend, aber unverbindlich aufgenommen wurden. Chugai, wo Boger zu Beginn der Woche höflichkeitshalber angerufen hatte, richtete für die beiden ein großes Abendessen aus, und das überzeugte ihn davon, daß die Firma an ihrer Investition noch Freude hatte. Nach der Sitzung bei Nissin am folgenden Tag schätzte Boger die Aussichten auf ein Abkommen zur AIDS-Forschung auf etwa fünfzig Prozent. Insgesamt ermutigt, kehrten die beiden nach Boston zurück, ausgestattet mit der selbstzufriedenen Ausstrahlung von Reisenden, die in einem fremden Land durch Tauschhandel mit Altertümern die Feindschaft auf sich gezogen haben, aber mit einer Ladung neuer Schätze zurückgekehrt sind.

Aber mittlerweile war etwas viel Wichtigeres geschehen, das ihr ganzes Weltbild umstoßen sollte und dessen Auswirkungen weit über eine erfolgreiche Verkaufsreise hinausgingen. Am 7. März 1991, während Boger und Aldrich in Japan unterwegs waren, entschied ein Berufungsgericht in Washington in dem fünfjährigen Patentstreit um EPO, das seit langem diskutierte Mittel gegen Anämie, vollständig zugunsten von Amgen und gegen GI. Durch das Urteil, mit dem der Beschluß einer untergeordneten Instanz aufgehoben wurde, erhielt Amgen für die USA das alleinige Patent für Produktion und Verkauf von EPO. Auf diese Nachricht hin stiegen die Amgen-Aktien, die ohnehin schon als überbewertet galten, nochmals um 12 auf 113 Dollar. Die von GI sanken um 21 Dollar 75 auf 40 Dollar 25.

In der Wall Street konnte man vielleicht einen Clown nicht von einem Klon unterscheiden, aber was eine Niederlage war, das wußte man. Nach diesem Sieg war die Amgen-Aktie auf dem besten Wege, innerhalb von zwei Jahren eine Wertsteigerung von unglaublichen 900 Prozent zu erreichen. In welcher anderen Branche konnte man so viel Geld verdienen? Wo sonst konnten ein paar schlaue Leute mit der Unterstützung scharfsinniger Patentanwälte etwas herstellen, das im Jahr eine Milliarde Dollar brachte, wie man es bei EPO erwartete, und das auch noch unter staatlichem Schutz vor der Konkurrenz?

Zehn Jahre lang hatte die Wall Street wie ein gekränkter Freier abseits gestanden und gewartet, bis der Markt es sich bei den kleinen Biotechnologiefirmen überlegt hatte. Würden sie sich auszahlen oder nicht? Jetzt kam, zumindest für die Sieger, eine donnernde Antwort.

Boger konnte die Erschütterungen sogar in Japan spüren. Als er eine Woche zuvor abgereist war, hatte die Wall Street gerade schwerfällig ihre jahrelange Gleichgültigkeit abgeschüttelt, und jetzt konnte er spüren, wie die Spannung stieg. Zwei Tage nach dem Urteil kehrte er nach Cambridge zurück, und jetzt war die Landschaft kräftig in Bewegung geraten. Mehrere Firmen, die nicht viel älter als Vertex und dem Geldverdienen nach Bogers Einschätzung keineswegs näher waren, gaben umfangreiche Privatplazierungen bekannt. Andere beantragten den Börsengang. An die *Börse*. Jahrelang war ein Medikament in der klinischen Erprobung und damit die Aussicht auf baldige Gewinne die Nagelprobe für solche Firmen gewesen. Aber diese Unternehmen waren noch nicht annähernd soweit. Zwei Monate vorher hätten institutionelle Anleger, die meist die ersten Aktien aufkaufen, noch nicht einmal den Taxifahrpreis investiert, um sie aufzusuchen. Und jetzt, so hörte Boger, drängelten sie sich geradezu, um am Ball zu bleiben.

Die Dollarmilliarden an Investitionskapital, die Boger in den Startlöchern gesehen hatte, sprengten jetzt die Fesseln der Vorsicht und strömten in die Biotechnologie, und jeder wartete auf den nächsten Fall Amgen. Wie alle anderen in seiner Position richtete Boger seinen Blick sofort auf die neue Geldwelle. Er ließ HIV und Japan stillschweigend links liegen und versuchte, die neue Lage einzuschätzen. „Ich kann ohne Schwierigkeiten sagen, daß die Firma schon heute 35 bis 40 Millionen wert ist", sagte er, während er sich einen Überblick über die plötzlich aufgeblähten Bewertungen anderer Unternehmen ähnlicher Größe verschaffte. „Ist sie 120 Millionen wert? Wenn ein anderer das meint, wäre ich blöd, wenn ich ihm widerspräche."

Das EPO-Urteil hatte sofort einige schwer faßbare Auswirkungen. Der zweite große Verlierer neben GI war Chugai, das Unternehmen, das die Lizenz für EPO in die Vereinigten Staaten vergeben hatte und mit den Gewinnen aus Amerika weltweit mitmischen wollte. Der Rückschlag würde Chugais Wachstum unweigerlich bremsen und die Abhängigkeit von Vertex – und die Sorge darum – verstärken. „Ich bin froh, daß wir Anfang der Woche mit ihnen zu Abend gegessen haben", scherzte Boger.

„Hätten sie uns an Freitag eingeladen, hätten wir froh sein müssen, wenn wir ein paar Nudeln bekommen hätten." Manche Wissenschaftler fragten ganz offen, ob Chugai jetzt nicht gezwungen sein konnte, sich aus der Immunophilinforschung zurückzuziehen, aber Boger versicherte ihnen, so schlimm sei es nicht. Dennoch fühlten einige von ihnen sich nicht gerade ermutigt.

Aber Boger war schon wieder ein Stück weiter. Er sah die veränderte Geschäftslage ebenso deutlich, wie er sich die im Raum wirbelnden Moleküle vorstellen konnte. Schon bald würden Dutzende von kleinen Firmen wie Vertex sich in der Wall Street herumtreiben und nach Kapital suchen. Sie würden die Hände ausstrecken wie Partygäste oder, um ein anderes Bild zu gebrauchen, wie die Moleküle im Cytoplasma einer Zelle. Jede von ihnen würde eine Menge Hände schütteln, genau wie es im übertragenen Sinne auch die Moleküle tun, und mit den Fingern tasten, suchen, sich verflechten. Manchmal würden sie härter zupacken und länger festhalten. Das würden die Sieger sein. Der Markt würde sie mit Freuden aufnehmen, und mit ihren Verbindungen würden sie Erfolg haben, was in allererster Linie Überleben bedeutete. Wie bei Molekülen würden die Bindungen ausschließlich von Konkurrenz bestimmt: Wer am besten paßte und die höchste Affinität hatte, würde gewinnen. Die anderen dagegen würden zerpflückt werden und zerfallen – dieses Schicksal stand GI nach Bogers Auffassung bevor. „Die haben ungefähr 300 Leute zuviel", sagte er. „Sie werden Pleite machen und zugrunde gehen, und das schlaue Geld wird die Reste einsammeln."

Boger hatte immer gesagt, der richtige Zeitpunkt für den Börsengang sei erreicht, wenn die Wall Street dazu bereit sei. Jetzt war dieser Zeitpunkt gekommen. War die Firma selbst dazu bereit? Den Luxus, über diese Frage nachzudenken, hatten weder er selbst noch irgend jemand anderes sich jemals gestattet.

Träge starrte John Moore auf seinen Computerbildschirm. Vor ihm überlagerten sich fünf theoretische Strukturen von FKBP wie filigranes Maßwerk. Wo sie sich überschnitten, gingen die Linien, Abschnitte des Molekülgerüsts, in ein leuchtendes Dunkelrot über. Wo sie nicht übereinstimmten, bildeten die zarten Linien der einzelnen Atome ein wirres Muster, wie Fäden, die aus einem mürben Stück Stoff ragen. Die Form des Proteins war jetzt geklärt, aber die Vergleiche die damit angestellt wurden, sagten über den Betrachter ebensoviel aus wie über das Molekül. Al Vaz, der Laborverwalter von Vertex, sah darin „eine zerdrückte Bierdose"; für Boger war es „das Gehäuse eines Einsiedlerkrebses".

Die Ähnlichkeit der verschiedenen theoretischen Strukturen ergab ein überzeugendes Bild, aber jetzt war Moore beunruhigt wegen der Einzelheiten. Anders als bei der Röntgenstrukturanalyse mißt man die Moleküle bei der NMR-Spektroskopie in ihrem nativen Zustand, in dem sie weich wie Quallen sind. Um ein hochauflösendes Strukturdiagramm zu erhalten, brauchte Moore mindestens noch zehn weitere Strukturen von guter Qualität – noch einmal ein bis zwei Wochen mühseliger Arbeit. Erst dann konnte er Durchschnittswerte errechnen und damit die Unterschiede auf dem Bildschirm ausräumen. Die ungefähre Lage aller Atome zu kennen reichte nicht. Um eine Struktur zu veröffentlichen, brauchte er Genauigkeit und Sicherheit. Auf diesem Gebiet, in dem immer noch die Röntgenstrukturanalyse vorherrschte, wurden nicht bereinigte Unklarheiten nicht geduldet. Man entwarf kein Medikament, um damit das Innere einer Bierdose auszufüllen.

Moore war jetzt völlig damit beschäftigt, die Strukturaufklärung abzuschließen, damit er sie bei einer guten Fachzeitschrift einreichen konnte. „Für jemanden mit zwanzig Leuten im Labor wäre es jetzt sehr einfach, mich abzuschießen", sagte er am 11. März, zwei Tage nachdem Boger aus Japan zurückgekehrt war. Er hatte das ganze Wochenende über allein gearbeitet und beeilte sich immer noch genauso wie in den gesamten sechs Monaten zuvor. Aber mittlerweile nahm seine Erschöpfung zu, und er zweifelte an dieser Arbeitsweise. „Nach der Vorstellung, die andere von unserem Gebiet haben, hat Schreiber die ganze Arbeit gemacht. Diesen Eindruck möchten wir ändern", sagte er. „Aber ich habe mich angreifbar gemacht. Vielleicht bin ich am Ende sehr enttäuscht."

Ursprünglich hatte er nicht damit gerechnet, daß er den Wettlauf gewinnen würde, und deshalb blieb er mit seinen Erwartungen auf dem Teppich. Bei Yamashita war das anders. Sein Verhalten wurde immer unberechenbarer. In den beiden Monaten, seit Moore zum ersten Mal das Grundgerüst des Proteins gesehen hatte, war er abwechselnd zurückhaltend und aufdringlich, himmelhoch jauchzend und zu Tode betrübt gewesen. An einem Montag im Januar, nachdem er bis vier Uhr morgens gearbeitet hatte, sagte er: „Es ist gut, daß wir verloren haben. Es ist meine Arbeit, nicht mein Leben." Im nächsten Augenblick hatte er es sich anders überlegt: „Ich glaube, wenn ich bereit bin, an diesem Mist die ganze Nacht zu arbeiten, nehme ich ihn wirklich ernst." Er arbeitete wie ein Besessener und verließ die Firma nur am Sonntagabend, um als Freiwilliger in der Notambulanz des Brigham and Women's Hospital auszuhelfen, ein gräßlicher Wechsel der Umgebung, der Yamashita aber Spaß machte. Plötzlich redete er davon, er wolle Arzt werden, und berichtete fasziniert darüber, wie er zum ersten Mal einen Menschen hatte sterben sehen – es war ein Pizzafahrer aus El Salvador, der bei einem Überfall einen Schuß in den Kopf bekommen hatte. Yamashita hatte das Geld in den Taschen des Toten gezählt – es waren 78 Dollar – und den Totenschein ausgefüllt. In der Medizin, so glaubte er, könne man etwas Wichtiges und gleichzeitig Befriedigendes tun.

Seine Hände sprachen eine andere Sprache. Die linke hatte sich gelblich verfärbt, die rechte war wund und rot. Er beharrte darauf, das habe nichts mit seiner Arbeit zu tun, aber es erinnerte ihn an einen Vorfall in der Doktorandenzeit: Damals hatte er den Roboterarm eines Röntgengeräts abschalten müssen, der verrückt spielte und Strahlung durch das ganze Labor schickte. Als die Zahl seiner weißen Blutzellen anschließend nach oben schnellte, hatte er einige Tage im Krankenhaus verbracht, aber die Ärzte hatten ihm versichert, er habe nur eine lokale Dosis abbekommen. „Keine Narben", sagte er später, „oder jedenfalls keine, die man sehen kann." In seiner Gemütslage wechselten jetzt lange Phasen der angespannten Ruhe mit plötzlichen Wutanfällen ab. „Es hilft einem wirklich", sagte er, „wenn man fünf Minuten lang richtig bösartig ist." Um abzuschalten, ging er jetzt regelmäßig mit Thomson und Laura Eagle in eine Bar. Die beiden hörten ihm mitfühlend zu, wußten aber auch nicht, wie sie ihm sonst noch helfen sollten.

Yamashita arbeitete ebenfalls allein. Von dem gleichen Drang zur Selbstbestätigung getrieben wie Moore, hatte er jede Hilfe von Navia abgelehnt, und da dieser Yamashitas Selbständigkeitsbedürfnis erkannt hatte, war er entschlossen, den Kollegen seine eigenen Fehler machen zu lassen. Das war alles andere als einfach. Nach jedem neuen Fehlschlag mit den schweren Atomen mußte Navia sich zusammennehmen, um sich nicht einfach aufzudrängen. Boger unterstützte diese Zurückhaltung, denn sie paßte in sein soziales Experiment, aber ohne Zweifel führte sie zur Verzögerung unentbehrlicher Erkenntnisse. „Nach den Strukturen suchen wir nicht wegen irgendeines unausgesprochenen Wunsches", sagte Boger, „sondern weil wir damit Dinge erfahren, die wir sonst nicht herausbekommen könnten." Ohne diese Daten traten die chemischen Projekte bei Vertex auf der Stelle. Es gab nicht nur die Schwierigkeiten mit den schweren Atomen, sondern auch die Kristalle verhielten sich nicht wunschgemäß. Ende Februar gelang Yamashita, der in dieser Zeit immer teilnahmsloser wurde, zwei Wochen lang nicht einmal mehr ihre Zucht, obwohl er die gleichen Versuchsbedingungen benutzte wie zuvor. Er war bestürzt. Zu Murcko sagte er, die Lage sei jetzt aussichtslos, er werde die Struktur nie finden und er wolle die Röntgenstrukturanalyse aufgeben. „Es nervt zu sehr", sagte er. „Ich brauche etwas besser Vorhersehbares mit einer höheren Erfolgsquote."

In seiner Verzweiflung nahm er schließlich Navias Rat an, die Pufferlösung zu verändern. Daraufhin stabilisierte sich das Protein sofort, und das gab Yamashita neue Zuversicht, daß er die Struktur nicht nur aufklären konnte, sondern daß das auch sehr bald geschehen würde, nämlich in den nächsten zwei Monaten. „Wir haben jetzt ein Problem, das grundsätzlich auch alle anderen Röntgenstrukturanalytiker haben und nicht nur wir", erklärte er Anfang März, erleichtert, daß endlich wieder einmal etwas funktionierte.

In diesem seltenen Augenblick des doppelten Optimismus von Moore und Yamashita hörte Boger zum ersten Mal ein Gerücht, Schreiber habe beide überrundet. Nach Bogers Informationen hatten Schreiber und Martin Karplus, das zweite frühere Mitglied des wissenschaftlichen Beirates, das Vertex entlassen hatte, Ende Januar eine NMR-Struktur bei *Science* eingereicht, und eine Woche später habe Clardy die Röntgenstruktur nachgeliefert. Angeblich zeigten die beiden zusammengehörenden Artikel nicht nur, wie FKBP aussah, sondern auch, wie sich FK-506 daran festheftete.

Es war ein verblüffender Coup, strategisch so kühn und technisch so brillant, daß selbst Boger einräumen mußte, das Gebiet gehöre jetzt Schreiber. Wie Moore Ende Januar nach seinem Telefongespräch mit dem Professor schon vermutet hatte, war die NMR-Struktur dort schon Monate zuvor fertig gewesen. Sie hatten nur gewartet, bis Clardy aufgeholt und ihre Befunde bestätigt hatte.

„Zum Schluß ging die Ausarbeitung blitzschnell", erzählte Schreiber später. „Wir arbeiteten rund um die Uhr. Clardy und [der Doktorand] Greg Van Duyne kamen am 6., 7. und 8. Februar, ungefähr zu meinem Geburtstag, mit allen Daten hierher. Ich brachte sie im Charles Inn unter. Wir kamen morgens ins Institut, arbeiteten schriftlich weiter, analysierten die Daten, gingen mittags zu Bartley's Burger, arbeiteten, aßen während des Schreibens zu abend, kamen wieder hierher, und arbeiteten bis in die frühen Morgenstunden."

Daß es die beiden Artikel gab, die sich noch in der Begutachtung befanden, hatte Boger über einen Monat später, am 12. März 1991, gerüchteweise zum ersten Mal gehört. Zwei Tage danach, am 14. März – die Wissenschaftler sprachen später vom „schwarzen Donnerstag" – bestätigte sich die Nachricht, und er mußte sie Yamashita und Moore beibringen.

„Wie geht es dir, Mason?" fragte er und streckte den Kopf in den Computerraum, wo Yamashita bei der Arbeit war. Ein solcher Besuch war so ungewöhnlich, daß Yamashita sofort vermutete, Boger sei nicht nur zum Austausch von Grußformeln gekommen.

„Danke gut, Joshua, und dir?"

„Mir geht's gut."

„Ach", sagte Yamashita, „ist Merck uns zuvorgekommen?"

„Nein."

„Wer dann?"

Daß es Schreiber war und nicht Merck, bewegte Yamashita so wenig, daß er seltsam schicksalsergeben und leidenschaftslos wirkte. „Ich machte mir Sorgen, weil Mason es zu gut aufgenommen hatte", berichtete Boger. Moore fluchte in seiner typischen Art ein paarmal und ging dann wieder an die Arbeit.

Boger war in aufgeräumter Laune. Er hat eine unglaubliche Begabung, „die Eselsbrücken zu finden", wie Saunders es einmal formulierte – eine bewundernde Bemerkung über den ewigen Pragmatiker, der angesichts eines Misthaufens nach einer Schaufel greift und zu graben beginnt. Da er, wie sein Bruder Ken beobachtete, von seiner Mutter eine starke Unduldsamkeit gegenüber der „Anomie" geerbt hatte, gab es bei ihm weder Grübelei noch Selbstmitleid. Er erkannte vielmehr sofort, welch großartige Gelegenheit Schreibers Sieg bot. Schreiber und seine Kollegen hatten zwar als erste die Struktur gefunden, aber das hieß noch nicht, daß sie offiziell die Sieger waren. Nicht die Entdeckung, sondern die Veröffentlichung war dafür der eigentliche Prüfstein, und Schreibers Aufsätze waren noch nicht im Druck. In Bogers Augen bestand deshalb immer noch die Aussicht auf ein Unentschieden. Schreiber mochte gewonnen haben, aber das bedeutete noch nicht, daß Vertex verloren hatte. Bis Schreibers Veröffentlichungen angenommen waren und in Druck gingen, konnte die Firma noch ihre eigenen Artikel einreichen, und nach Bogers Überzeugung stand niemand so dicht davor wie er, auch Merck nicht. Es gelang ihm innerhalb weniger Minuten, aus Schreibers Vorsprung ein Szenario zu machen, in dem immer noch ein Kopf-an-Kopf-Rennen möglich war und in dem Vertex höchstens knapp verlor.

Sofort begann Boger, das Comeback von Vertex zu organisieren. Gegen Schreibers Strategie mochte im Prinzip nichts einzuwenden sein, aber daß er den Artikel über die NMR-Analyse zurückgehalten hatte, machte ihn angreifbar. „Schreiber wußte, daß wir an der NMR-Struktur arbeiten. Ich habe es ihm erzählt", sagte Moore. „Aber er wollte auch die Röntgenstrukturanalyse haben, weil sie noch vollständigere Aussagen liefert. Deshalb hat er uns die Tür offengelassen. Das hat uns gerettet." Bogers Strategie bestand jetzt darin, daß Moore seine Struktur innerhalb von vier Wochen fertigstellen und bei einer Konkurrenzzeitschrift einreichen sollte. Bis dahin sollte er so viele Strukturdaten wie möglich an Yamashita weitergeben, und der sollte die Sackgasse mit den schweren Atomen durch *molecular replacement* umgehen, jene Abkürzung in den Experimenten, die Navia im Dezember erstmals vorgeschlagen hatte und die seither von allen Beteiligten gemieden worden war. Moores Artikel sollte die Fahne hochhalten, und bis der Artikel von Schreiber und Clardy erschien, sollten Yamashita und Navia die Röntgenstruktur fertig haben, so daß Vertex einen berechtigten Anspruch auf ein Unentschieden anmelden konnte.

„Angriff und Tor", sagte Boger; er machte sich normalerweise nichts aus Football, aber während des Golfkrieges hatte er den nationalen Hang zu solchen Metaphern übernommen. Ganz in der Art eines General Schwarzkopf versicherte er den Wissenschaftlern, sie hätten jeden Vorteil, jede Unterstützung, die sie brauchten, „jeden Computer, den wir haben" – er klopfte auf die Turbomaus auf seinem Schreibtisch –, „auch diesen hier".

Es war ein schwindelerregender, angespannter Augenblick der amerikanischen Geschichte. Eine Woche zuvor hatten die Kongreßabgeordneten sich plötzlich aufgerafft und George Bush zum Helden erklärt, so daß sein Name und sein Kriegsgeschrei auf den Gängen des Capitols widerhallte. Die Demokraten trugen Anstecknadeln mit der amerikanischen Fahne, aber noch besser konnten es die Republikaner, die kleine Fähnchen hochhielten, weil das in Fernsehen besser aussah. Die Demokraten mußten um ein paar von den Fähnchen bitten, damit sie ebenfalls, wie die *Times* berichtete, „den heimkehrenden Soldaten winken konnten". Einen ähnlich tiefen Patriotismus löste die zugehörige Hysterie an der Wall Street aus. In den sieben Wochen des Golfkrieges war der Dow Jones um über 500 Punkte gestiegen. Angeheizte Investoren, die plötzlich wieder Geld verdienten, schütteten ihre Gaben auf alle Wirtschaftszweige aus, große und kleine, gewinn- und verlustbringende. Daß das Land sich weiterhin in einer tiefen Rezession befand und daß der Krieg sein wichtigstes Ziel, die Vertreibung Saddam Husseins, nicht erreicht hatte, wirkte sich kaum auf das Wohlstandsfieber aus, das von den Machtzentren des Landes ausging. Amerika war wieder auf der Siegerstraße. Das Land war trunken von dem unerwarteten Erfolg. Unrealistische Täuschungen wurden nicht nur geduldet, sondern sogar gefördert, als spiele es überhaupt keine Rolle, daß man die dahinterstehende List erkennen konnte, so machtvoll waren die erfreulichen Bilder, die sie vermittelten.

Für die wachsende Biotechnologiebranche war es eine Zeit des Vorführens. Fast ebenso plötzlich wie der Überschwang der Wall Street und der ganzen Nation kam auch eine ganze Parade kerniger kleiner Firmen, die auf einen solchen großen Augenblick nur gewartet hatten. Jede von ihnen hatte eine wohlklingende Geschichte von Wunderarzneien, neuer Technik und unbeschreiblichem Reichtum, und jede war wie Demokraten und Republikaner entschlossen, Konkurrenten auszustechen, Einsätze zu erhöhen und so aus der Gunst der Stunde Kapital zu schlagen. Ermutigt von der Wall Street, wo man sich mittlerweile über hohe Renditen und schnell wachsende Fondserträge freute, überboten sich die Firmen mit der Bekanntgabe immer umfangreicherer Abkommen, die sie immer früher in ihrer Entwicklung und mit immer weniger wissenschaftlichen Grundlagen abschlossen. Firmen, die nicht älter und der Gewinnzone nicht näher waren als Vertex, fuhren jetzt in öffentlichen Versteigerungen 40 Millionen Dollar und mehr ein. Sie wurden höher bewertet als zehnmal so große Produktionsbetriebe mit sechsstelligen Gewinnen.

Am schwarzen Donnerstag, als Boger die Bestätigung für Schreibers Sieg erhielt, berichtete das *Wall Street Journal* über den neuesten „Megastart", wie Boger es nannte: Eine Firma, die man schnell gegründet hatte, um das günstige Klima an der Wall Street auszunutzen, hatte als Anfangsfinanzierung ein Mehrfaches der zehn Millionen Dollar erhalten, mit denen Vertex zwei Jahre zuvor an den Start gegangen war. Einzelheiten wußte man nicht; es gab schlicht nichts zu berichten. Dem *Journal* zufolge hatte die Firma noch keinen Namen, aber sie würde sich an der Ostküste ansiedeln, wollte „Medikamente entwickeln, die auf den zelleigenen Mechanismen zur Krankheitsbekämpfung huckepack reiten", und hatte Anfang der Woche dreißig Millionen Dollar aufgetrieben. Die Information stammte - was erschreckend, aber eigentlich nicht überraschend war - von Kevin Kinsella, dessen Firma Avalon Ventures das neue Unternehmen angeblich zusammen mit dem New Yorker Anleger David Blech aus der Taufe gehoben hatte. Blech, ein vierunddreißigjähriger früherer Börsenmakler, der nebenher Musik machte, war bereits an der Gründung von über zwanzig Biotechnologiefirmen beteiligt gewesen und besaß Anteile daran. Sein System - er verschenkte praktisch Aktien an Makler und prominente Wirtschaftsführer, damit sie ein Interesse daran hatten, seine Geschäfte zu fördern - hatte ihm schon über 300 Millionen Dollar eingebracht und ihn zum Mittelpunkt eines Netzes einflußreicher

Investoren gemacht, darunter Gerald Ford, Bill Gates und Walter Wriston, der frühere Vorstandsvorsitzende von Citicorp; sie alle saßen in den Aufsichtsräten von Blechs Firmen. Das neue Unternehmen, das bisher weder über Angestellte noch über Labors verfügte und erst in einigen Monaten eröffnen sollte, hatte nach Kinsellas Angaben bereits einen Marktwert von 45 Millionen.

„Wenn das der Maßstab für 45 Millionen ist", schnaubte Boger, „dann liegen wir ungefähr auf der Höhe von Amgen."

Aus dem *Journal* ging nicht hervor, wie Kinsella auf die zusätzlichen 15 Millionen kam. Boger wußte es aber, denn Kinsella, der immer noch Aufsichtsrat und wichtiger Anteilseigner von Vertex war, hatte es im erzählt: Das „Huckepack" bezog sich auf die Signalübertragung, das hochaktuelle Gebiet der Immunologie. Und die Firma hatte einen außergewöhnlichen wissenschaftlichen Beirat zusammengestellt – Boger bezeichnete ihn als „Götterrat" –, in dem neben mehreren Nobelpreisträgern vor allem auch Schreiber saß. Seine aufsehenerregenden Arbeiten gaben dem ganzen ein besonderes Gepräge. Die Firmengründung war sogar eine unmittelbare Folge von Schreibers Hinauswurf gewesen. Kinsella hatte sich über den Verlust bei Vertex geärgert und war sofort an die Ostküste geflogen, um sich Schreibers Version der Geschichte anzuhören. Nachdem er, immer noch mißmutig, Schreiber dazu aufgefordert hatte, seine Verärgerung mit dem gesamten Aufsichtsrat zu erörtern (was Schreiber ablehnte), fragte er, was es sonst noch Neues gebe. Daraufhin ließ Schreiber seinen üblichen Vortrag über die Signalübertragung vom Stapel. Kinsella witterte sofort eine neue günstige Gelegenheit, die sein Bedauern über Schreibers Ausscheiden bei Vertex in den Hintergrund treten ließ, und begann augenblicklich, zusammen mit seinen Partnern die neue Firma aufzubauen, die jetzt in der Presse und in der Wall Street Furore machte.

Boger war über Schreibers Beteiligung verblüfft. Er sah in der Firma keine Bedrohung – „sie wird noch für lange Zeit kein Faktor sein", erklärte er –, aber er blickte verachtend auf das, was er „den Hahnrei-Aspekt" nannte, und wunderte sich, daß Kinsella eine weitere Firma ins Leben rief, die Vertex in ihrer Form so ähnlich war, daß sie einander letzten Endes die Köpfe einschlagen würden.

„Es ist eine groteske Situation", nörgelte er. „Kevin hält es für einen schrecklichen Fehler, daß wir Stuart aus dem Beirat geworfen haben. Er wollte ihn der Konkurrenz vorenthalten. Jetzt sind die beiden zusammen unsere Konkurrenz."

Worauf Aldrich erwiderte: „Ich möchte mal wissen, wie gut der Bursche noch schlafen kann."

Für die Wissenschaftler bei Vertex war es schon schlimm genug gewesen, daß Schreiber sie wissenschaftlich überrundet hatte, aber daß er ihnen jetzt wahrscheinlich auch noch beim Medikamentendesign Konkurrenz machen würde, gab vielen von ihnen fast den Rest.

„Egal, was ihr über den Kerl denkt", sagte Armistead, „er hat FKBP isoliert, er hat FKBP kloniert, und er hat FKBP exprimiert. Er hat die NMR- und die Röntgenstruktur aufgeklärt, und dabei ist er *Chemiker*. Jetzt kann er das tun, was ihm am meisten liegt. Verdammt, ich glaube, er kann wirklich mit uns mithalten. Er kann mit jedem mithalten."

„Wir haben immer gesagt, auf diesem Gebiet würde derjenige gewinnen, der die meisten Informationen hat", meinte Livingston. „Stuart hat jetzt eine Menge sehr gute Informationen, die uns sehr gefährlich werden können, wenn sie in die richtigen Hände fallen. Ich hoffe, er verkauft sie an Wyeth Ayerst, aber im Prinzip kann ihn niemand daran hindern, sie an Merck zu geben."

Oder, so spukte es unausgesprochen herum, an Kinsellas namenlose Firma. Es war Boger nicht entgangen, daß Schreiber durchaus Druck auf Harvard ausüben konnte, die Lizenz für seine Strukturen von FKBP-12 exklusiv an sein und Kinsellas neues Unternehmen zu vergeben, wie er es zuvor mit dem Protein und Vertex versucht hatte. Damit wurde der Wettlauf um die Struktur noch mehr zu einem Entscheidungskampf zwischen ihm und Schreiber. Sie waren jetzt nicht nur Konkurrenten in der Frage nach der Chemie und ihrem Zusammenhang mit den Immunophilinen, sondern sie würden jetzt auch noch zu Rivalen auf dem Gebiet des Medikamentendesigns werden, von dem Schreiber immer beteuert hatte, es interessiere ihn nicht, während Boger hier seinen größten Ehrgeiz entwickelte. Sie befanden sich jetzt im Krieg. Und wie bei allen wissenschaftlichen Konflikten, so Bogers Erkenntnis, würde die Entscheidung letztlich vermutlich nicht im Labor fallen, sondern vor Gericht. Er bat Ken, alle Möglichkeiten für juristische Schritte gegen Schreiber und Kinsella durchzuspielen.

Plötzlich war Vertex emotional zu einem viel gefährlicheren Ort geworden – düster, verwickelt, rätselhaft.

„Joshua hält sich selbst für Christus und Schreiber für den Antichrist", erklärte Thomson, der die Sache eher sarkastisch sah. Am nächsten Tag trug er bei der Arbeit ein T-Shirt mit der Aufschrift „Shit happens". „Um euch aufzuheitern", sagte er.

16

Als Yamashita elf oder zwölf war, gab sein Vater, der gerade aus Vietnam auf Urlaub zu Hause war, ihm das Buch *Utopia* von Thomas More. Die Familie – Mutter und zwei Söhne – wohnte während der Schlußphase des Vietnamkrieges in einem Militärstützpunkt in Deutschland, und Yamashita, ein entwurzelter japanisch-amerikanischer Sechstkläßler, schlug sich mit zwiespältigen Gefühlen und Anpassungsproblemen herum. Sein Vater, ein medizinisch-technischer Assistent, war für ihn eine strenge, entrückte Gestalt, die er zwar verehrte, aber selten zu Gesicht bekam, und das Buch über einen heidnischen Stadtstaat, in dem alles zur Zufriedenheit aller mit Vernunft geregelt wird, war ein willkommenes Gegengewicht zu ihren Sorgen.

Mason, ein Einwanderer der dritten Generation, dessen Mutter vor einem *butsudan*, dem kleinen Hausschrein auf einem Tisch, immer noch längst verstorbene Vorfahren anbetete, kannte seinen Vater bisher nicht als furchteinflößenden Ernährer, sondern als Vorbild, dessen Familiengeschichte sich in ihm fortsetzte und dessen Erfahrung seine eigene Verwirrung zu objektivieren schien. Hisao, sein Vater, war als eines von sieben Geschwistern auf einer kleinen Erdbeerfarm im kalifornischen Gilroy aufgewachsen, der „Knoblauchhauptstadt der Welt". Mitten im Zweiten Weltkrieg, als er elf oder zwölf war, wurde die Farm beschlagnahmt, und die Familie wurde interniert.

„Sie waren in Tule Lake", berichtet Yamashita ehrerbietig. „Großvater war herzkrank; er bekam in den letzten Tagen der Internierung eine Lungenentzündung und starb in dem Lager, kurz bevor man ihn nach Japan zurückschicken wollte. Während er krank war, hatte die amerikanische Regierung ihn aufgefordert, seine Treue zu den Vereinigten Staaten oder zu Japan zu erklären, und er hatte sich für Japan entschieden. Deshalb verfrachtete man nach seinem Tod die ganze Familie nach Tokio."

„Tokio", fährt er fort, „war zerstört. Aber Dad konnte Englisch, und deshalb bekam er eine Stellung als Pförtner in einer Militärkantine. Seine ganze Familie hungerte. Da er amerikanischer Staatsbürger war, ging er nach Hawaii, bekam Arbeit auf einer Ananasplantage und schickte sein ganzes Geld nach Japan, um seine Familie am Leben zu erhalten."

Auf den Ananasplantagen herrschten entsetzliche Arbeitsbedingungen, und Yamashita der Ältere, der bei der Frage nach seinem Alter gelogen hatte und so gut wie keine Schulausbildung besaß, entkam ihnen schließlich und ging zur Armee. Nach Japan zurückgekehrt, lernte er Masons Mutter kennen. „Sie führte ein schreckliches Leben", sagt Mason. „Ihr Vater war Alkoholiker und verschwand, als sie noch klein war. Die Mutter wurde an einem Wintertag, als sie im Schnee mit dem Fahrrad zur Arbeit fuhr, von einem Zug überrollt. Mom wurde adoptiert. Die Familie zog in die Mandschurei und wurde dort nach dem Krieg von den Russen festgehalten. Schließlich schaffte sie es wieder bis nach Japan, lernte Dad kennen und zog mit ihm in die Vereinigten Staaten."

Yamashitas eigene Kindheit war zwar weniger hart, aber ebenfalls beziehungslos und zerrissen gewesen. Er wuchs in Armeestützpunkten auf, während sein Vater in Korea und Vietnam war, wohnte bis zum zehnten Lebensjahr meist in Hawaii und zog dann mit seinen Eltern nach Deutschland. „Ich stand immer im Schatten meines Bruders", berichtet er. „Er war ein unglaublicher Star: Student mit absoluten Spitzenleistungen, allerdings ein wenig verschroben. Er machte mit mir gern seltsame Experimente. Ich weiß noch, wie er einmal in die Bibliothek ging und dieses Time-Life-Buch über Kinderpsychologie mitbrachte. Er jagte mir Angst vor Tornados ein, indem er mir diese Bilder vor Augen führte – ein Strohhalm, der von der unglaublichen Kraft des Windes durch einen Baumstamm getrieben wurde, oder Frösche, die von einer Wasserhose in die Höhe gerissen werden und dann ein paar Kilometer weiter tot wieder auf die Erde regnen.

„Er war ein Phänomen. In vielerlei Hinsicht verkörperte er meinen Vater mehr als Dad selbst. Mein erstes wirklich schlimmes Erlebnis war der Tag während unserer Zeit in Deutschland, als mein Bruder uns verließ und ans Caltech ging."

Utopia (was wörtlich übersetzt „nirgendwo" bedeutet) war der Ausgangspunkt für Yamashitas ethische Entwicklung. Das Buch, das More zwischen 1515 und 1517 auf dem Höhepunkt des Zeitalters der Entdeckungen geschrieben hatte, war ein Angriff auf die Habgier und Ungerechtigkeit des christlichen Europa, die sich aus Macht- und Geldgier bis hin zum Völkermord gesteigert hatten.

„Ich war damals so ähnlich wie Rich [Aldrich], das heißt, ich war Republikaner, und Dad versuchte, mich zu zügeln und mir mehr Mitleid beizubringen. Ich hielt das für dumm."

Und nach einer Pause fährt er fort: „Es war seltsam. Ich persönlich glaube, ich hätte mich umgebracht, wenn ich das gleiche hätte durchmachen müssen wie er. Ich dachte, er hätte bei seiner Vergangenheit verbittert und mißmutig sein müssen, aber das war er nicht. Jetzt, wo ich älter werde, fühle ich mich ihm immer ähnlicher."

Als Jugendlicher zog Yamashita zunächst nach San Francisco und dann wieder nach Hawaii, wo er eine staatliche Schule besuchte. „Es war so langweilig. Meistens starrte ich nur vor mich hin, und über lange Zeit hinweg tat ich überhaupt nichts.

Vermutlich war ich ziemlich seltsam." Sein Geist war aber alles andere als untätig. Er quälte sich mit Fragen nach der richtigen Art zu leben und sich zu betragen. Unter anderem las er *Die Pest* von Camus, in der Altruismus der höchste Maßstab für ein gutes Leben ist: „die leidenschaftliche Empörung, die wir fühlen", so Camus, „wenn wir dem Schmerz gegenüberstehen, den alle Menschen teilen." Zur gleichen Zeit tat er sich mit einem Klassenkameraden zusammen, der zu den Wiedertäufern gehörte, und gemeinsam betätigten sich die beiden samstags als Amateur-Seelenretter in einer Einkaufspassage.

Später machte Yamashita eine Kehrtwendung und gab die Kirche auf. „In der *Pest* kommt ein Priester vor, der seine Gläubigen mahnt, die Pest sei ein Gottesgericht", erklärt er. „Er wird am Ende selbst krank und stirbt, aber rätselhafterweise ohne Krankheitssymptome. Tarrou dagegen [Camus' Hauptfigur] erleidet den qualvollsten Tod. Er hat sowohl die Beulen- als auch die Lungenpest. Ich glaube, damit will Camus sagen, daß der Geistliche in seiner Hülle abgekapselt ist: Er lebt und stirbt, ohne wirklich gelebt zu haben, während Tarrou, der seinen Panzer abgelegt hat, ein sehr beschwerliches Leben führt, das aber viel ausgefüllter ist.

Es war für mich eine schwierige Zeit, denn die Kirche versuchte, mir ihre Regeln einzubleuen. Sie wollten diesen Panzer um mich herum aufbauen. Aber ich wollte lieber leben und Schmerzen leiden."

Er schrieb sich an der University of Hawaii ein, bis zum Bersten erfüllt von Eifer, Energie und bald auch Bestürzung. In Anlehnung an Camus' Helden wollte er Medizin studieren, aber im zweiten Jahr bekam er in Biologie eine schlechte Note. „Daraufhin entschloß ich mich, statt dessen Chemiker zu werden", sagt er.

Das war vorläufig das Ende von Yamashitas Irrwegen: „Mich fesselte der Gedanke, daß es Milliarden von diesen winzigen Dingern gibt und daß sie genau die Reaktionen durchmachen, die man will. Das konnte ich zuerst gar nicht glauben, denn man hatte mir nachdrücklich beigebracht, nur das zu glauben, was ich sehen konnte. Aber jetzt erfuhr ich, daß ich es ruhig glauben konnte, denn es war durch die Spektroskopie abgesichert [das Teilgebiet der Physik, zu dem sowohl die Röntgenstrukturanalyse als auch die NMR-Spektroskopie gehören]. Ich muß sagen, ich hatte meine Zweifel. Bis heute sehe ich mir die Kristalle an und sage: ‚Sie sind hübsch und sauber, aber sind sie wirklich geordnet? Ich meine, was sehe ich da eigentlich?'"

In Yamashitas Ethik verschmolzen jetzt Wissenschaft, Wahrheit, Gerechtigkeitssinn, das zwiespältige Verhältnis zu seinem Bruder und das Büßen für die Leiden der Eltern. Wissenschaftler wurde er offenbar aus einer jugendlich-rigorosen Moral heraus. Wissenschaft war etwas Strenges, das sich auf Ordnung gründete, und diese Ordnung lag letztlich in den allerkleinsten Gegenständen und Kräften, im subatomaren Bereich. Und doch konnte man sie sehen und lenken, wenn man nur sorgfältig genug und absolut genau vorging. „Damit verglichen haben wir sehr plumpe Hände", sagt er, „aber diese Hände können tatsächlich Milliarden von Molekülen veranlassen, das gleiche zu tun, beispielsweise ein Wasserstoffatom aufzunehmen oder abzugeben. Es ist schon faszinierend." In den Verflechtungen der subatomaren Kräfte und Teilchen sah Yamashita eine vollkommene Parallele zum Verhalten der Menschen und zu seiner eigenen flüchtigen Existenz. Menschen ziehen sich an und stoßen sich ab, getrieben von einfachen, unabänderlichen Kräften: „den einzigen Gewißheiten, die ihnen gemeinsam waren – Liebe, Verbannung und Leiden", wie Camus gegen Ende der *Pest* schreibt. In der Genauigkeit lag Wahrheit und sogar Erlösung.

Es gab nur einen großen Vorbehalt: Man mußte ganz und gar recht haben. Sonst brach alles zusammen und löste sich in Unordnung und Entsetzen auf.

Yamashita hatte sich auf die Spektroskopie verlassen und damit alles auf eine Karte gesetzt.

Nachdem Moore das Grundgerüst des Proteins nachgezeichnet hatte, nahm Yamashita den letzten Teil der Strukturaufklärung mit unglaublichem Elan in Angriff. Moore war wie geplant als erster fertig: Er ordnete Mitte März die letzten Atompositionen zu und ging dann eilig daran, seine Befunde niederzuschreiben. Aber Yamashita blieb ihm hartnäckig auf den Fersen, so daß der Abstand immer mehr schrumpfte. An seinem Arbeitsplatz in dem abgedunkelten Computerraum neben Bogers Büro baute er seine erste grobe „Landkarte" von FKBP-12 in knapp zwei Wochen zusammen; das war weniger als die Hälfte dessen, was er als kurzen Zeitraum bezeichnet hätte.

Es war eine einsame, nervtötende Arbeit. Röntgenstrahlen werden nicht von den Atomkernen abgelenkt, sondern von den Elektronen„wolken", die – vergleichbar mit dem Kreideumriß am Tatort eines Mordes – nicht den Kern des Atoms, sondern seine Umgebung darstellen. Auf dem Computerbildschirm wird diese Elektronen„dichte" als Raumabschnitt dargestellt, der von einem „Gitter" umgeben ist. Diese farbigen Kugeln berühren sich an manchen Stellen, schieben sich neben- und ineinander.

Mit einer batteriebetriebenen 3-D-Brille und dem unvermeidlichen Kopfhörer ausgestattet, tauchte Yamashita zwölf bis vierzehn Stunden am Tag und sieben Tage in der Woche in dieses Subuniversum ein. Er fing am Spätnachmittag an und machte um acht Uhr morgens, wenn die ersten Kollegen zur Arbeit kamen, Feierabend. Nachdem er jetzt wußte, wie das Protein gefaltet war, wurde die Aufgabe lösbar, aber nicht weniger anspruchsvoll. Der Bildschirm war eine unergründliche schwarze Fläche, auf der sich ein dichtes, gewölbtes Gitternetz und Stücke eines verwickelten Molekülgerüsts aus 1 600 Atomen abzeichneten. Das Ziel bestand darin, die Struktur in das Gitternetz einzupassen wie ein Schiff in eine Flasche, ohne sie zu zerstören oder zu verzerren. Aber das Gitternetz hatte keine kontinuierliche Form, sondern unterteilte sich in unregelmäßige Abschnitte. Es war, als wollte man das Skelett eines ausgestorbenen, unbekannten Tieres in die vom Wind herangewehten Stücke seiner Außenhaut einfügen.

Und es wurde noch schlimmer. Yamashitas erste grobe Rekonstruktion des Proteins war nur eine Hypothese, und solche Hypothesen waren immer subjektiv, wenn man versuchte, unsichtbare Strukturen mit unvollständigen Kenntnissen nachzuvollziehen, insbesondere weil auch die Technik trotz aller Verbesserungen bei weitem nicht ideal war. So weist zum Beispiel nicht jeder elektronendichte Bereich auf Protein hin. In den Aushöhlungen des FKBP-12-Moleküls befinden sich Tausende von Wassermolekülen, jedes mit einer eigenen Elektronenwolke. Wenn Yamashita versuchte, einen Abschnitt des Proteins mit der Karte der Elektronendichte in Übereinstimmung zu bringen, konnte er leicht die Form des Enzymmoleküls verlassen, ohne es zu merken. Bei der Röntgenstrukturanalyse stellt sich immer das Problem, daß man viele unerklärliche Dichtebereiche wegdiskutieren muß und daß die Diagramme kreuz und quer durch den leeren Raum verlaufen. Solche Befunde überprüft man mit dem Computer: Stimmen sie mit den bekannten Bindungseigenschaften der Atome überein? Sind Bindungslängen und -winkel „erlaubt"? Dennoch ist Röntgenstrukturanalyse, wie Navia es formulierte, ein „rein in die Kartoffeln, raus aus den Kartoffeln. Man muß sich unglaublich viel Mühe geben, um die anfänglichen Sünden zu sühnen."

Am Rande dieses Abgrundes arbeitete Yamashita; dabei versuchte er, so objektiv wie möglich zu sein, aber eine Unsicherheit war prinzipiell nicht zu vermeiden: Moleküle sind natürlich räumliche Gebilde, während das Bild auf einem Monitor flach ist. Ein dreidimensionaler Eindruck entsteht unter anderem dadurch, daß man das Molekül aus verschiedenen Entfernungen und Winkeln betrachtet. Dringt man in sein Inneres ein, verliert man leicht die Orientierung, oder man gerät auf eine unbekannte Schnittebene, rutscht über den Rand des Moleküls hinaus oder trifft auf einen Hohlraum. Sich stundenlang durch eine Masse formloser Elektronendichtewolken zu bewegen, kann ein quälendes Schwindelgefühl hervorrufen. Dabei war es vielleicht auch nicht gerade hilfreich, daß Yamashita sich mit lautstarker Rockmusik berieseln ließ. Einer seiner Lieblingshits war jetzt „Just What I Needed" von den Cars mit der vielsagenden Textzeile „Doesn't matter where you been, as long as it was deep". Wenn er seinen Arbeitsplatz frühmorgens verließ, drückte sein Gesicht meist einen neurotischen Wahn aus, als sei er nicht mehr von dieser Welt.

Obwohl er äußerlich so gestört wirkte, war er aber in seinem Inneren glücklich und fast im Frieden mit sich selbst. Die verzweifelte Suche nach schweren Atomen lag hinter ihm. Nachdem er sich monatelang über Navia, Boger, Moore sowie über McKeever, seinen früheren Rivalen bei Merck, geärgert hatte, stand er jetzt im Mittelpunkt der Aufmerksamkeit. Eine neue Proteinstruktur war immer noch ein großes Ereignis, das es insgesamt bisher nur etwa 300mal gegeben hatte. Ein so wichtiges Protein wie FKBP-12 sicherte ihm eine umfangreiche Presseberichterstattung, das wußte er. Und alles drehte sich um ihn. Als Doktorand hatte er die Strukturen an andere weitergeben müssen, die sie verfeinerten, aber Navia, der das Aufstellen der Diagramme als „Ein-Mann-Tätigkeit" betrachtete, hatte ihn in Ruhe gelassen. Er hatte bei dem Kollegen sogar einen Anflug von Neid gespürt, und daraufhin lästerte er: „Wenn du darauf scharf bist, laß' dir dein Gehalt um 70 000 Dollar kürzen und arbeite dafür achtzehn Stunden am Tag!" (Worauf Navia, der sich Großzügigkeit leisten konnte, erwiderte: „Mason hat tolle Arbeit geleistet, aber das Verdienst wird man zu 99,99 Prozent mir zurechnen. So ist das nun einmal.") Yamashita war Röntgenstrukturanalytiker geworden, weil Röntgenstrukturanalytiker die Könige waren. Jetzt hatte er das anmaßende Gefühl, daß ihm endlich Gerechtigkeit widerfuhr, und damit stieß er nicht überall auf Gegenliebe. „Die Leute werden meine Artikel und Jonathan Moores Artikel lesen", sagte er, „aber die Artikel von John Thomson werden sie ihren technischen Assistentinnen geben und sagen: ‚Hier, mach' mir das Protein.' Es ist traurig. John reißt sich auf dem falschen Gebiet den Arsch auf."

Ende März war Yamashita bis auf einige Feinheiten fast fertig. Weil er schnell etwas zu Papier bringen wollte, schrieb er am Wochenende des 30. und 31. einen Entwurf, den er am Morgen des 1. April erschöpft und glücklich der Immunophilin-Projektgrupppe von Vertex vorlegte.

Die Projektbesprechung verlief in gereizter, mürrischer Atmosphäre, die noch aus der Woche zuvor stammte. Die Fortschritte bei der Strukturaufklärung hatten ihren Tribut vorwiegend in Form eines steigenden Proteinbedarfs gefordert. Schon seit Monaten braute sich eine Krise zusammen. Der bedrängte Thomson hatte seinen Mißmut schließlich in der Projektgruppe geäußert. „Sie wollen 200 bis 300 Milligramm, und zwar bis morgen", so sein schon mehrmals vorgebrachter Vorwurf gegenüber den Röntgenstrukturanalytikern. „Solche Mengen haben wir in der Biophysik von Anfang an gefordert; wir könnten morgen buchstäblich ein ganzes Gramm gebrauchen und haben keinen Hauch davon. Ich bin biophysikalischer Chemiker und kann seit zwei Jahren kaum biophysikalische Chemie betreiben", erwiderte Navia wütend, aber bestrebt, höflich und beherrscht zu bleiben. Er forderte mehr Protein, damit sie FKBP und FK-506 zusammen kristallisieren konnten – nicht aus eigenem Interesse, sondern weil sie wissen wollten, wie die beiden Moleküle zusammenpassen, weil sie Schreiber einholen, Merck überrunden und die Stellung von Vertex vor aller Welt rechtfertigen wollten; das alles war jetzt von großer Bedeutung, und Thomson hackte wegen seiner eigenen Experimente auf ihm herum. Geschickt schlug Navia vor, Vertex solle mindestens zwei zusätzliche Leute für die Proteinherstellung einstellen, aber Thomson durchschaute ihn: Die Neuzugänge sollten seiner Gruppe zugeteilt werden, so daß sie noch stärker zu einem „Proteinservice" wurde; deshalb erwiderte er, Navias Gruppe solle sich ihr Protein lieber selbst präparieren. Jetzt explodierte Navia. Er weigerte sich, das Thema fallenzulassen, so daß Boger schließlich beide Seiten maßregeln mußte. „Die gesamte wissenschaftliche Arbeit, die von dieser Firma finanziert wird, hat nur ein einziges Ziel", sagte er, „und das ist die Herstellung eines Medikaments. Alle anderen Vorstellungen", und damit meinte er Navias und Thomsons Sorgen, „sind mir völlig fremd." Aufgebracht verließ Navia die Sitzung, um Stühle mit Fußtritten zu traktieren und auf Tische zu trommeln; Thomson tobte und nörgelte. Die beiden sprachen eine Woche lang nicht miteinander.

Yamashita hatte angenommen, sein Artikel würde bei beiden Freude und Hilfsbereitschaft auslösen. Nach den ersten Erfolgen mit 367 wurden die Chemiker jetzt wieder durch fehlende Daten behindert. Die Firma hatte sich ganz auf Schreiber eingeschossen. Eine Röntgenstruktur war bares Geld wert. Als Yamashita die Kopien seines Manuskripts verteilte, hatte er das Gefühl, mehrere alte Probleme kurzerhand und allein gelöst zu haben, so daß es wieder eine runde Sache war. Die Kinder der Überlebenden von Konzentrationslagern berichten oft von dem tiefen Wunsch, das zerbrochene Leben der Eltern zu kitten, sie vor ihrer zerstörten Vergangenheit zu retten, ihre Schmerzen zu heilen, sich darüberzuwerfen wie ein Schutzschild. Ein ähnlicher Impuls trieb offenbar auch Yamashita an. Er glaubte anscheinend, er könne sogar Thomson, seinen Freund und Vertrauten, und Navia, seinen Chef und Vaterersatz, miteinander versöhnen, wie ein Kind, das die zerrüttete Ehe seiner Eltern mit einem glänzenden Schulzeugnis kitten will. Großzügig und arglos nahm er die beiden ebenso als Coautoren auf wie Boger, Moore, Murcko und mehrere andere, darunter die gesamte Arbeitsgruppe für Röntgenstrukturanalyse, die ihn vor allem moralisch unterstützt hatte.

„Fünfundzwanzig Leute, fünfundzwanzig Taxis", sagte Jim Rice, der frühere Slugger und Nörgler bei den Boston Red Sox, einmal abschätzig über seine berüchtigt unkollegiale Mannschaft. Ähnlich uneinheitlich und wenig einmütig reagierte auch die Projektgruppe.

Da außer Thomson niemand Yamashitas Entwurf gelesen hatte, drehte sich die Diskussion nicht um den Inhalt des Artikels, sondern um die Tatsache, daß es ihn überhaupt gab. Nachdem Vertex die Struktur von FKBP-12 nun offenbar sowohl durch NMR als auch durch Röntgenstrukturanalyse aufgeklärt hatte, war die nächste Frage, welche Strategie man bei der Publikation verfolgen sollte. Boger und Navia waren wie Schreiber für eine gekoppelte Veröffentlichung, und zwar vorzugsweise in *Nature*, was ein Gegengewicht zu Schreibers Artikeln in *Science* darstellen würde. Gemeinsam, so meinten sie, würden die Aufsätze ein vollständigeres Bild liefern und Schreiber Punkt für Punkt den Wind aus den Segeln nehmen. Aber Moore hatte Einwände. Sein Artikel war fast fertig. Ihn mehrere Wochen zurückzuhalten, damit Yamashita seine Befunde verfeinern konnte, war in seinen Augen „Selbstmord".

„Wörtlich habe ich gesagt: ‚Ich habe darüber [über die Doppelveröffentlichung] nachgedacht und lehne diese Alternative strikt ab'", berichtete er, „denn wenn wir beide Artikel zusammen bei *Nature* einreichen, besteht durchaus die Möglichkeit, daß der NMR-Artikel abgelehnt wird oder daß sie uns sagen, wir sollten beide zusammenfassen. Eigentlich haben wir uns mit derselben Struktur desselben Proteins beschäftigt, nur mit zwei verschiedenen Methoden, und wir haben die NMR-Untersuchung für die Röntgenstrukturanalyse benutzt; sie werden also fragen, warum wir die NMR-Daten nicht in den Aufsatz über die Röntgenuntersuchungen hineingenommen haben.' Aber diese Antwort gefiel Joshua ganz und gar nicht."

Boger hatte tatsächlich andere Bedenken. Am Mittwoch wollte er mit Aldrich nach New York fliegen und sich dort mit Goldman Sachs zusammensetzen, um über eine Privatplazierung mit einem Erlös von zigmillionen Dollar zu sprechen. An der Wall Street hatte die Aufregung um die neue Biotechnologie immer wildere, hektischere und unberechenbarere Züge angenommen, und wenn sie nicht ins Hintertreffen geraten wollten, mußte Vertex unbedingt mitmischen. Den Wert einer zeitlich gut plazierten, aufsehenerregenden Veröffentlichung von Yamashitas Artikel mit seiner reizvollen Aussicht, daß Vertex nur noch einen Steinwurf vom gelobten Land des strukturorientierten Medikamentendesigns entfernt war, konnte man weder hoch genug einschätzen noch teuer genug verkaufen.

„Es bedeutet vielleicht die Entscheidung, ob wir zehn oder zwanzig Millionen auftreiben", sagte Boger.

Die Antwort war eisiges Schweigen. Boger hatte es zwar nicht direkt ausgesprochen, aber er wollte offenbar sagen, Vertex solle Moores Artikel nicht aus wissenschaftlichen Gründen zurückhalten, sondern weil der Aufsatz von Yamashita einen besseren Preis erzielen würde. „Das hat vielen die Augen geöffnet", sagte Moore. „Auf einmal fragten die Leute: ‚Was machen wir hier eigentlich? Betreiben wir noch Wissenschaft?'" Wie so oft hatte Boger die Frage nur angeschnitten, um zu provozieren. Aber für manche Anwesenden, insbesondere für Thomson, der die Forschung als Ehre und moralische Verpflichtung betrachtete, war eine derart brutale Gleichsetzung von Wissenschaft und Geld absolut verheerend.

Thomson fuhr hoch. Schon seit Wochen zeigte sein Verhalten bei den Projektbesprechungen, daß sich in ihm der Ärger anstaute: Am Ende des Tisches auf einen Stuhl gelümmelt, die Arme verschränkt, die Sonnenbrille hochgeschoben, war er in eine steinerne Abwehrhaltung versunken. Er war durch seine eigene Arbeit und das ständige Gezänk frustriert; die offenkundige Versteigerung der wissenschaftlichen Solidität von Vertex hatte ihn verbittert; den Röntgenstrukturanalytikern stand er kritisch und voreingenommen gegenüber, weil sie das Protein in seinen Augen sträflich vergeudet hatten und dennoch jetzt von Boger gehätschelt und gelobt wurden, obwohl Yamashitas Artikel noch bei weitem nicht so ausgereift war wie der von Moore; und daß Yamashita als Coautoren auch Personen aufnehmen wollte, deren Beitrag zur Strukturaufklärung er als unbedeutend und als „rein technischer Natur" betrachtete, während er sich mit dem Protein unglaublich viel Mühe gegeben hatte, kränkte ihn. Deshalb griff er jetzt mißmutig ein, um Moore zu unterstützen.

„Ich verstehe nicht, warum die NMR-Spektroskopie immer als häßliches Entlein behandelt wird", schimpfte er. „Ich habe als einziger von euch beide Manuskripte gelesen, und das von Mason erfordert noch eine Menge Arbeit. Lest es mal. Ihr werdet mir zustimmen. Es ist noch nicht fertig."

Boger schnitt ihm das Wort ab. Was er auch vorher sagen wollte, eines war jetzt klar: Er beabsichtigte genau das, worauf Thomson jetzt drängte. Er wollte, daß jeder beide Aufsätze las, auch Jeremy Knowles und Don Wiley, ein Röntgenstrukturanalytiker der Harvard University. Sie waren die beiden angesehensten Mitglieder des wissenschaftlichen Beirates und nicht nur mit der Struktur des Enzyms, sondern auch mit der Publikationsstrategie von *Nature* am besten vertraut; indem er sie zu Rate zog, wollte er alle weiteren Empfindlichkeiten abmildern. Klugerweise war er der Ansicht, die Wissenschaftler hätten eine Denkpause nötig, und deshalb sah er im Augenblick in weiteren Diskussionen keinen Sinn. Widerstrebend erklärten Moore und Thomson sich einverstanden, beide Artikel noch am gleichen Nachmittag selbst zur Harvard University zu bringen.

Yamashita aber weigerte sich, die Angelegenheit ruhen zu lassen. Obwohl er mit Thomson befreundet war, fühlte er sich ungerecht kritisiert. Er wartete, bis die Besprechung zu Ende war; dann ging er zu Thomson und verlangte eine genauere Erklärung, was dieser an dem Artikel auszusetzen hatte.

„Was meinst du wirklich, John?"

„Nichts", erwiderte Thomson und drehte sich um, weil er einem Streit aus dem Weg gehen wollte, „es hat nur noch nicht den letzten Schliff."

„Seht mal, Jungs", sagte Navia, wobei er sich in der ungewohnten Rolle eines Friedensstifters zwischen die beiden schob, „wir wollen uns doch erstmal beruhigen."

„Nein", beharrte Yamashita, „ich will das jetzt geklärt haben. Ich möchte wissen, was John wirklich denkt."

Thomson war unschlüssig. Der Sitzungsraum leerte sich. Er hätte gern mit Yamashita unter vier Augen gesprochen, aber er wollte ein Telefongespräch mit seiner Heimatstadt Melbourne führen und hatte es wegen des Zeitunterschiedes eilig. Doch Yamashita ließ sich nicht abschütteln.

„Du wirst mich wohl nicht in Ruhe lassen, bevor du etwas weißt", sagte er ungeduldig. „Na gut. Bei der Hälfte der Autoren möchte ich mal wissen, was die eigentlich zu dem Artikel beigetragen haben."

Yamashita sprang auf. „Ach *das* ist es! Deshalb die ganze Aufregung!"

Wem das Verdienst zugesprochen wurde, war nicht Thomsons einzige Sorge und noch nicht einmal die wichtigste, aber auf dieses Thema sprang Yamashita an. Nachdem er Thomson unter Druck gesetzt hatte, es zu sagen, griff er ihn jetzt deswegen an. Thomson prallte erschüttert zurück. Von allen Wissenschaftlern bei Vertex war er vielleicht der uneigennützigste gewesen; wie besessen hatte er an den unspektakulärsten Aufgaben gearbeitet und war nicht mehr vom Labortisch gewichen, um sich der Firma gegenüber als zuverlässig und loyal zu erweisen. Dennoch fühlte er sich jetzt als Hochstapler abgestempelt. Blindlings schimpfte er zurück. „Ich will hier nicht als derjenige gelten, der vier Leuten einen *Nature*-Artikel weggenommen hat", sagte er zu Yamashita. „Mach' was du willst, aber laß mich da raus. Streich' mich von dem Artikel. Ich lehne es ab, als Autor genannt zu werden."

Wütend ging Thomson zu Moore; die beiden nahmen das andere Manuskript und stürmten aus dem Haus, um es zur Harvard University zu bringen. Ob sie Yamashitas Artikel dabei absichtlich oder aus Nachlässigkeit vergaßen, war ohne Bedeutung. Die giftigen Gefühle, die bisher für Schreiber reserviert gewesen waren, blitzten jetzt auch innerhalb der Firma auf. Die Mitarbeiter redeten nicht mehr miteinander, und zwar nicht weil sie keine Erfolge gehabt hatten, sondern weil sie scheinbar zu erfolgreich waren. „Ich habe mir immer etwas auf meine Fairneß eingebildet", murmelte Thomson kopfschüttelnd im Auto, „und jetzt bin ich auf einmal das Arschloch."

Yamashita saß zur gleichen Zeit allein in dem dunklen Computerraum neben Bogers Büro und bedeckte das Gesicht mit den Händen. Er war am Boden zerstört. Alles war entsetzlich schiefgegangen. Er hatte beim Schreiben sorgfältig darauf geachtet, Moores Verdienst angemessen zu würdigen, weil dieser mit einem Teil der NMR-Struktur erst die Voraussetzung für die Röntgenstrukturanalyse geschaffen hatte, und nun sah es so aus, als wolle er den Kollegen vereinnahmen. Er hatte zahlreiche Coautoren aus einem Gemeinschaftsgefühl heraus genannt, weil er glaubte, andere würden ihn dafür unterstützen und bewundern, aber damit hatte er nur Thomson beleidigt, ohne dessen Protein es keine Struktur gäbe und ohne dessen Hilfe er sich im letzten halben Jahr nur gegrämt hätte. Er hatte versucht, anständig zu sein, und jetzt waren alle wütend auf ihn.

Der dünne Faden der wissenschaftlichen Wahrheit, der Yamashitas moralische Richtschnur war, scheuerte immer heftiger an den Ecken und Kanten der wissenschaftlichen Praxis. Recht zu haben war das eine, aber man mußte auch gewinnen, und Yamashitas Moralkodex verabscheute das Konkurrenzdenken. Er steckte bis zum Hals drin und hatte das Gefühl zu ertrinken. Unfähig zu arbeiten und voller Haß auf sich selbst ging er nach Hause, entschlossen, bei der Firma zu kündigen und die Wissenschaft aufzugeben, sobald ihm seine Aktien zustanden und er sich ein Medizinstudium leisten konnte. In der Medizin, so sagte er sich, würde er wenigstens die Spielregeln kennen.

„Ich glaube nicht, daß dieses neue Zeitalter der wissenschaftlichen Zusammenarbeit funktioniert", klagte er.

Am späten Vormittag des nächsten Tages stürmte Boger zwischen zwei Sitzungen in Aldrichs Büro, um ihm die neueste Verrücktheit von der Wall Street mitzuteilen. „Regeneron", schnaubte er höhnisch, „99 Millionen."

Regeneron, eine drei Jahre alte biologisch-medizinische Firma, die nach eigenen Angaben vielleicht noch ein Jahrzehnt von der Gewinnzone entfernt war, hatte bei ihrer Börseneinführung an diesem Morgen Aktien zu 22 Dollar das Stück ausgegeben. Sie hatten 4,5 Millionen Aktien verkauft und damit etwa doppelt so viel Geld eingenommen wie geplant. An der Wall Street, wo bereits Trunkenheit herrschte, hatte man das Angebot aufgesogen wie ein Student, der beim Saufgelage das Bier durch einen Strohhalm trinkt.

Aldrich blickte finster. Er hatte zur Börse nicht mehr Vertrauen als zur Harvard University. Regeneron hatte den Markt im richtigen Augenblick mit der richtigen Story erwischt: Die Firma arbeitete an einer Therapie für Alzheimer, die neue Modekrankheit, und hatte ein Forschungsabkommen von über 50 Millionen Dollar mit Amgen. Bei dem derzeitigen Klima war das wie ein Abkommen mit dem lieben Gott zur Herstellung von Unsterblichkeitspillen.

Die „Interna" von Regeneron jedoch – ihre technischen Voraussetzungen, ihre Konkurrenzfähigkeit und insbesondere ihre Fortschritte auf dem Weg zu einem Medikament und damit auch zu Gewinnen – beeindruckten Aldrich und Boger keineswegs. Die Firma befand sich mit zwei Nervenwachstumsfaktoren in einer ungeklärten Patentlage – diese natürlichen Proteine konnten *vielleicht* dazu beitragen, den Verfall der Gehirnzellen bei Patienten mit Alzheimer- und Parkinson-Krankheit rückgängig zu machen. Aber insbesondere Alzheimer wurde für alle Firmen, die eine Therapiemethode entwickeln wollten, zunehmend zum Alptraum. Niemand hatte auch nur eine Ahnung, wie die Krankheit entsteht. Verfügte Regeneron auch nur über die geringsten Anhaltspunkte, daß man ein wirksames, ungefährliches, einfach zu verabreichendes Medikament entwickeln konnte, das den Zerfall im menschlichen Gehirn aufhielt? Im Reagenzglas schafften Proteine das gut, aber sie waren im Organismus kaum an die richtige Stelle zu dirigieren, so daß man sie unmittelbar in den betroffenen Körperbereich injizieren mußte. Wollten die Leute von Regeneron den Patienten ihre Wirkstoffe in die Stirnlappen des Gehirns spritzen? Wie viele Menschen würden ein solches Medikament kaufen? Wie sollte man es erproben? Das klinische Bild der Alzheimer-Krankheit wird immer wieder durch Rückbildungsphasen verwischt, und wenn man herausfinden will, ob ein Medikament tatsächlich wirkt, muß man deshalb in den Gehirnzellen nach den harten Ablagerungen suchen, die für das Leiden typisch sind. Das bedeutet, daß man abwarten muß, bis Hunderte von Versuchspersonen gestorben sind, bevor man überhaupt weiß, ob es eine Wirkung gibt. Und bis man genügend Daten für die FDA hatte, konnten Jahrzehnte vergehen. Außerdem wimmelte es auf dem Gebiet der nervenaktiven Wirkstoffe mittlerweile von Rechtsstreitigkeiten: Depressive und schlaflose Patienten klagten auf zigmillionen Dollar Schadenersatz, weil sie angeblich durch verkaufsstarke Schlafmittel und Antidepressiva psychotisch geworden waren; die Prozesse der Angehörigen von Selbstmordopfern häuften sich; auf Körperverletzung spezialisierte Anwälte sahen in der

Pharmaindustrie einen großen, schwerfälligen Gegner und machten gezielt Reklame; und die Gerichte hatten oft Mitgefühl.

Der Emissionsprospekt von Regeneron wies im Kleingedruckten auf alle diese Schwierigkeiten hin, aber kaum jemand schien sich darum zu kümmern. Derzeit hatte man den angeblichen Wert der Firma auf absurde 341 Millionen Dollar hochgerechnet, und das machte Aldrich viel mehr Sorgen als die kläglichen Interna. Um eine solche Bewertung zu rechtfertigen, mußte Regeneron schon Jahre vor den ersten Gewinnen zu den 500 besten Firmen in *Fortune* gehören. Da das höchst unwahrscheinlich war, mußten die Aktien von Regeneron fast zwangsläufig in den Keller gehen, und das möglicherweise schon sehr bald. Nachdem das Geld in der Wall Street gerade wieder vom riskanten Spiel der Biotechnologie angelockt worden war, fürchtete Aldrich, daß es sich nach einem plötzlichen Einbruch ebenso schnell wieder zurückziehen würde. „Wenn Regeneron den Bach runtergeht", sagte er, wobei er beiläufig von seinem Computer aufblickte, „ist der Markt vielleicht kaputt."

Boger nickte. Seinen eigenen Ermahnungen zufolge mußte jeder, der an der Wall Street Geld auftreiben wollte, im richtigen Augenblick ein- und wieder aussteigen. Und jetzt sah es so aus, als sei dieser Augenblick, den er wie alle anderen in der Branche nicht vorhergesehen hatte, von beängstigend kurzer Dauer.

„Das wird sehr schnell anders werden", prophezeite er. „Ein paar Milliarden werden versickern, und dann ist alles zu Ende."

Schnelligkeit war jetzt alles, Schnelligkeit und Größe, denn Regeneron hatte auch den Einsatz drastisch in die Höhe getrieben. Ein paar zigmillionen Dollar reichten plötzlich nicht mehr aus, wenn manche kleinen Firmen ein Mehrfaches dieser Summe besaßen. Die neueren, finanzstärkeren Unternehmen konnten die besseren Wissenschaftler einkaufen, mehr Projekte in Angriff nehmen und den Wert ihrer Entdeckungen für sich behalten, ohne daß ihnen das finanzielle Ausbluten drohte, das zuvor die ganze Branche wie der Rachen des Todes geängstigt hatte.

„Du kannst über Regeneron sagen, was du willst", meinte Boger, „aber sie werden in nächster Zeit nicht pleite gehen. Sie können zehn Jahre lang Fehler machen. Vielleicht haben sie jetzt noch nichts vorzuweisen, aber ihnen bleibt eine Menge Zeit, das zu ändern."

Vertex hatte keine andere Wahl, als sich auf die neue Finanzlage einzustellen. Aber wie? Boger hielt es immer noch für das beste, das Geld von Privatleuten einzusammeln. Im Vergleich zu Regeneron waren die Interna bei Vertex nach seiner Überzeugung solide und wertvoll: Sie waren zwar einem Medikament vielleicht auch noch nicht näher (obwohl Boger auch diese Feststellung bezweifelte), aber sie beschäftigten sich wenigstens nachgewiesenermaßen mit Zielproteinen für die kleinen Moleküle, aus denen alle bisherigen Pharma-Verkaufsschlager bestanden. Die Firma bewegte sich eindeutig auf eingeführten Märkten, und über ihr hing nicht das Damoklesschwert einer unberechenbaren Patentlage, das GI gestutzt hatte und für eine Proteinfirma wie Regeneron das Aus bedeuten konnte.

Dennoch machte sich Boger keine Illusionen darüber, wo seine Firma stand und in welche Richtung sie sich bewegte. Sie war noch um Jahre von der Gewinnzone entfernt. Unter Umständen führte keines ihrer beiden Projekte zu einem Medikament. Ihre Draufgehrate war zwar durchaus zu verantworten, aber sie lag jetzt schon sehr hoch und würde zukünftig ins Astronomische wachsen. Was Geld anging, war Boger mit strengen, konservativen Maßstäben aufgewachsen. Seine Großmutter väterlicherseits, die als eine der ersten deutsche Aktien gekauft hatte, handelte nach einer eisernen Regel: Niemals das Kapital angreifen. Diesen Grundsatz befolgte sie so penibel, daß sie nicht einmal dann für die Familie bürgte, wenn sie durch die verschwenderische Ader seines Vaters in regelmäßig wiederkehrende Schwierigkeiten geriet. In dem Angebot von Regeneron erkannte Boger sofort die plötzlich gewachsenen Chancen, aber er war nicht bereit, wie er es ausdrückte, „den Schleier gegen BH und Tanga einzutauschen". Er würde sich bei Goldman Sachs für eine Privatplazierung von 40 bis 50 Millionen Dollar einsetzen, so daß sie die nächsten paar Jahre durchhalten konnten; die Börseneinführung wollte er aufschieben, bis die Interna noch überzeugender aussahen. Er wollte schnell, aber nicht überstürzt handeln. Der Lauf der Ereignisse sollte die weitere Entwicklung bestimmen.

Und noch aus einem anderen Grund wollte Boger die Firma lieber in Privathand lassen: wegen der Verfügungsgewalt. Aktiengesellschaften mußten sich strengen Prüfungen unterziehen – von Aktionären, Wirtschaftsprüfern, Behörden, Medien und letztlich der ganzen unbelechten Öffentlichkeit. Plötzlich würden ihm eine Menge Außenstehende über die Schulter blicken. Was tut die Firma? Was entdeckt sie? Wann hat sie ein Medikament, wann macht sie Gewinn? Solche Fragen waren in Bogers Augen ein Greuel für die wissenschaftliche Arbeit, und wie viele Wissenschaftler machte er den Laien das Recht streitig, sie überhaupt zu stellen. Sein ausgewiesen elitäres Denken drückte er so aus: „Das einzige Problem bei der Autokratie ist die Tatsache, daß es nicht genügend Autokraten gibt." Boger wollte Vertex zu einem großen Pharmaunternehmen machen, zu einem Industriegiganten. Er hatte bei der besten Aktiengesellschaft Amerikas gekündigt, weil sie durch das kurzsichtige Beharren der Wall Street auf einem jährlichen Wachstum von zwanzig Prozent selbst vorsichtig, beschränkt und kurzsichtig geworden war. Wie bei Merck, so wußte er auch jetzt, was er tun mußte, um die Welt zu verändern, aber man mußte es richtig machen, sonst lohnte es sich nicht, und öffentliche Überprüfung, öffentliche Erwartungen konnten dabei nur stören. Bei allen verkäuferischen Fähigkeiten war Boger kein Speichellecker, und der Börsengang mochte noch so viel Reichtum bringen, aber er hätte dabei Rücksicht auf Kräfte und Menschen nehmen müssen, die er verachtete. „Ich könnte nicht den ganzen Tag mit einer idiotischen Öffentlichkeit umgehen und dabei noch freundlich grinsen", sagte er.

Das große Ziel war für Boger nicht Reichtum oder Ruhm, sondern Erfolg, Sieg. Darauf waren alle seine Entscheidungen optimal ausgerichtet. Aber bisher war Vertex sogar von der unvermeidlichen Umwandlung in eine Aktiengesellschaft noch weit entfernt. Die Firma war erst knapp zwei Jahre alt, und ihre fünfzig Wissenschaftler arbeiteten in provisorischen Labors an zwei Projekten, die sich im Frühstadium befanden. Ihre Führungsstrukturen waren noch unfertig. „Ich hätte mir gewünscht, daß das alles in ein bis anderthalb Jahren geschehen wäre", sagte Boger nach dem Regeneron-Angebot. „Ich würde mich wohler fühlen, wenn ein Ergebnis zeitlich absehbar wäre. Wenn wir jetzt an die Börse gehen, beschleunigen wir unser Wachstum. Ich müßte mehr Führungskräfte und vielleicht sogar einen Vorstandsvorsitzenden einstellen; bis zum Börsengang lehne ich das strikt ab, aber dann muß es sein. Gleichzeitig ist es unendlich viel schwieriger, eine Aktiengesellschaft für die Öffentlichkeit attraktiv zu machen. Man darf keine Penny Stocks mehr ausgeben. Das Ansehen der Firma steht und fällt mit dem Aktienkurs, und die Zirkusatmosphäre nimmt zu ..." Er hielt inne. „Andererseits sollte man nicht unterschätzen, was es heißt, 50 Millionen auf der Bank zu haben. Man verliert ein paar Leute, aber dafür zieht man andere an. Manuel wäre ohne Frage früher gekommen, wenn wir schon zu Beginn soviel gehabt hätten."

Aldrich sah in dem Angebot von Regeneron den Keim für „einen weiteren langen Nuklearwinter in der Biotechnologie" und ärgerte sich darüber, daß Vertex so spät in den Markt gegangen war. „Da draußen gibt es alle möglichen seltsamen Produkte, in denen das Geld versickert", sagte er. Boger dagegen war erstaunlich gut gelaunt. Wenn die Wall Street schon Regeneron einen Wert von 350 Millionen zuschrieb, wieviel mußte dann Vertex erst wert sein? Wie eineinhalb Jahre zuvor im Vista fand er die atemberaubende Frechheit, die schiere Schamlosigkeit der Wall Street amüsant und faszinierend wie eine exotische Peepshow. „Es ist wirklich irre", sagte er. „Das Ganze hat keinerlei Richtung."

Boger ging aus Aldrichs Büro, wie er hereingekommen war: lachend. Lachen war für ihn ein Allheilmittel, das ihn immun machte gegen zweideutige Moral und die Unfähigkeit der Menschen, sie zu begreifen: Wer lacht, so sein Motto, überlistet die Welt. Viele Menschen mochten Bogers Lachen nicht, weil sie es für Arroganz und Selbstbeweihräucherung hielten. Aber es war für ihn auch ein Mittel der Angstbewältigung: Wer lacht, vertreibt Zweifel und Schmerzen. Insbesondere in einer von Männern beherrschten Welt verschafft Lachen eine Führungsrolle.

In dieser Führungsrolle ging Boger, die Fröhlichkeit hinter einem feierlichen Gesicht versteckt, in die nächste Sitzung. Am herzlichsten lachte er meist mit seinen Wissenschaftlern, ein Robin Hood, der seine Leute aufheitert; den gestrigen Ausbruch von Konkurrrenzdenken fand er allerdings alles andere als lustig. Streitereien waren das eine, aber hier ging es ums ganze, und Boger war wütend. Er hielt die Wissenschaftler für kindisch und egoistisch, und deshalb wollte er die Stimmung schnell in Ordnung bringen, bevor die schlechte Laune sich ausbreitete. „Strategische Überlegungen über ein Projekt sind die Aufgabe aller", hatte er morgens gesagt. „Es ist weder eine Ehre noch ein Vergnügen, wenn man auf dem letzten *Nature*-Artikel steht, bevor Vertex eingeht, weil wir kein Geld auftreiben können."

Boger hatte Navia, Yamashita, Murcko, Moore und Thomson aufs Korn genommen, die fünf Wissenschaftler, die am meisten zur Aufklärung der Struktur beigetragen hatten und mit Ausnahme von Murcko am meisten bedrückt und zerstritten waren. Thomson, der seinen Zorn pflegte, war zwar zur Arbeit erschienen, aber erst nach dem Mittagessen. Die anderen hatten den ganzen Vormittag über geschimpft und mit Kündigung gedroht. Jetzt sahen sie aus wie kleine Jungen, die man auf dem Schulhof bei einer Prügelei erwischt hat – mit Armesündermiene, aber ohne Reue. Boger verzichtete diesmal auf seine übliche Gutmütigkeit und die rationale Einstellung nach dem Motto „wir sind doch erwachsene Menschen" und klopfte ihnen kräftig auf die Finger.

„Außer mir ist hier niemand unentbehrlich", schnauzte er sie an. „Schreibt eure Artikel neu, arbeitet zusammen und lächelt, sonst seid ihr gefeuert." Dann erklärte er, er habe beide Manuskripte gelesen, und beide seien nach seiner Einschätzung in der vorliegenden Form nicht veröffentlichungsreif. „Wir waren alle am Boden zerstört", berichtete Murcko später. „Um uns auf Vordermann zu bringen, sagte er ein paar Dinge, die einfach nicht stimmten. Er erklärte, Jeremy [Knowles] habe beide Entwürfe gelesen und habe gesagt, man könne sie so bei keiner Zeitschrift einreichen. Als ich ihn später fragte, was Jeremy im einzelnen geäußert habe, sagte er: ‚Ach, nichts, dein Artikel war in Ordnung.'"

„Oh", erwiderte Moore darauf, „schönen Dank, daß du mir erst vors Schienbein trittst und dann sagst ‚Hoppla, Entschuldigung'."

Boger war so streng, wie die Wissenschaftler ihn noch nie erlebt hatten. Das eine oder andere Mal, insbesondere wenn sie nicht zurechtkamen oder Schreiber unterlegen waren, hatte jeder von ihnen schon nach dem starken Mann gerufen, der sie anleitete und ihnen sagte, was sie tun sollten. Immer hatte er sich hartnäckig geweigert, diese Rolle zu übernehmen, und ihnen die Angelegenheiten selbst überlassen. Jetzt aber war er stahlhart und kalt. Navia wollte etwas sagen, aber Boger schnitt ihm das Wort ab.

„Ich will bis morgen von keinem ein Wort hören", fauchte er, drehte sich auf dem Absatz um und eilte hinaus.

Was als nächstes geschehen mußte, war dennoch klar. Sie würden Moores Artikel allein bei *Nature* einreichen und alle Anstrengungen unternehmen, damit er rechtzeitig und in ordnungsgemäßem Zustand abgeschickt wurde.

„Als ich die University of California in Los Angeles verließ, war ich unglaublich stolz auf die Röntgenstrukturanalyse", sagte Yamashita. „Ich hatte zu der Methode größtes Vertrauen. Mir wurde aber auch klar, daß sie fehleranfällig ist, wenn man möglichst schnell arbeiten will, wie ich es leider tue, und dann macht man sich das Leben schwer."

Yamashita hatte es geschafft, diesen Widerspruch auszuhalten, vielleicht weil ein gewisses Maß an Unwissenheit verzeihlich ist und weil er seinen Lehrern vertraute. Er war immer optimistisch gewesen. Als er aber jetzt die Struktur möglichst schnell verfeinern wollte, verließ ihn die Zuversicht, und an ihre Stelle trat, wie vielleicht nicht anders zu erwarten, eine ängstliche Verzweiflung. Er arbeitete ununterbrochen, achtzehn Stunden und mehr am Tag; dabei trieb er sich selbst und seine Methoden so weit, daß er fast jede Vermutung für eine Tatsache hielt.

Murcko meinte dazu: „Bei allen unseren Untersuchungen an den Proteinen berechnen wir letztlich die Kräfte zwischen den Atomen, Abstände und Winkel, Wechselwirkungen ohne Bindung und Anziehung zwischen geladenen Teilchen. Aber nicht alle Gleichungen, mit denen wir diese Wechselwirkungen beschreiben, sind genau. Manchmal sind es Unsicherheitsfaktoren. Und manche gelten als genau, obwohl die experimentellen Befunde, auf die sie sich stützen, falsch sind – das weiß nur niemand, weil niemand sich die Mühe macht und die Experimente noch einmal überprüft. Und manche sind reine Schätzungen. Es gibt Vermutungen, Verfälschungen und menschliches Versagen. Hard- und Software sind mit Ungenauigkeiten behaftet. Und manchmal ermittelt man eine Struktur tatsächlich aus einer Fülle stichhaltiger experimenteller Befunde, aber das ist leider selten."

Yamashita geriet in eine tiefe, unentrinnbare Depression. Trotz der heiklen Methodik hatte man mit der Röntgenstrukturanalyse den tatsächlichen Aufbau von Proteinen ermittelt, aber oft erst nach jahrelanger, mühsamer Verfeinerung und in umfangreicher Teamarbeit. Er dagegen war allein und sollte jetzt in ein paar Wochen fertig werden. Mühsam machte er weiter, vorangepeitscht von dem Verlangen, wenigstens nicht zu versagen, wenn ihm schon kein Erfolg beschieden war. An das Pinnbrett über seinem Computer hängte er eine Zeichnung aus einem Kinderbuch, auf der Hunde in einem Garten fieberhaft nach Knochen wühlten. „Hunde bei der Arbeit", stand darunter, und „los, ihr Hunde, los!" Ein anderes Bild zeigte einen kleinen Jungen in einer antiken Kriegerrüstung. „Alle Japaner ziehen ihre Kinder möglichst militant groß", erklärte er. In dem Computerraum, der dunkel wie eine Höhle und mit den Ringen von Coladosen, Styropor-Hamburgerschachteln, CDs, Softwarehandbüchern und riesigen Monitoren gefüllt war, roch es nach Schweiß wie in einem Fitneßstudio.

Er gab das Rauchen auf, weil er nach jeder Zigarette zehn Minuten lang entsetzlich müde war, was ihn bei der Arbeit bremste, aber er trank weiterhin; unter anderem schmuggelte er eine Flasche Wodka ins Labor, an der er nachts, wenn niemand in der Nähe war, gelegentlich nippte. Die Kombination aus dem Konstruieren von Diagrammen und dem Trinken machte ihn mürrisch. Eines Abends kurz nach dem Fiasko mit dem Manuskript schleuderte er ein Glas gegen die Trennwand zwischen Bogers Büro und dem Frühstücksraum, wo es ein golfballgroßes Loch hinterließ. In einer anderen Nacht machte er im Waschbecken des Frühstücksraumes ein kleines Feuer, löschte es schnell wieder und lachte darüber. „Es war sehr schmerzlich", sagte er am 11. April 1991, als die Struktur immer noch erst zu 30 Prozent überarbeitet war. „Ich glaube, ich hätte einen Finger dafür hergegeben, wenn ich das nicht hätte durchmachen müssen."

Es war ein hektischer, verzweifelter Tag gewesen, wie er für diese Phase und für die Wissenschaft typisch war. Morgens berichtete Harding bei Jeff Saunders, einem der leitenden Chemiker des Projekts, über die Ergebnisse der neuesten Tierversuche mit der Verbindung 367 sowie mit zwei anderen, die eine ähnliche Molekülstruktur hatten und die Bezeichnungen 398 und 426 trugen. „Es ist bioverfügbar", sagte er matt. Saunders strahlte. Harding versuchte zwar, den Befund herunterzuspielen, aber sie wußten beide, wie wichtig er war. In Zellkulturen hatte sich der Wirkstoff bereits als ebenso wirksam erwiesen wie Cyclosporin. Und jetzt, nachdem sie ihn den Mäusen gefüttert hatten, überlebte er auch im Darm, drang schonend in die T-Zellen ein und war im Blut noch acht Stunden später nachweisbar. Die Tiere waren nicht gestorben und zeigten keine schädlichen Nebenwirkungen, sondern hüpften noch zwei Wochen später munter in ihren Käfigen herum. In der Medikamentenentwicklung ist die orale Verfügbarkeit ein unglaublich wichtiger Fortschritt, der den Unterschied zwischen einer vielversprechenden Verbindung und einem verkäuflichen Medikament ausmacht, oder, um es noch genauer zu formulieren, den Unterschied zwischen größeren Gewinnen und grenzenlosem Verlust.

Boger war aus dem Häuschen. Er wies die Chemiker an, die Produktion der drei Verbindungen hochzufahren, damit man sie bei Chugai an größeren Tieren erproben konnte. „Ich sagte ihnen, ich würde keinen Augenblick lang stutzen, wenn ich eine Anforderung für vier Kunststoff-Kanupaddel von Herman's sehen würde", witzelte er in Anspielung auf die Notwendigkeit, statt einiger Mikrogramm jetzt Grammmengen zusammenzumischen, was einen millionenfachen Anstieg bedeutete. Bis Ende des Jahres würde man vielleicht die Verbindung oder wahrscheinlich eher einen noch wirksameren Nachfolger an Hunden und sogar an Primaten testen. Sie war zwar noch kein Medikament, aber ein guter Kandidat, und es war keine Lüge mehr, wenn Boger potentiellen Geldgebern erklärte, man habe jetzt vielversprechende neue Immunsuppressiva in der Entwicklung. Das, so überlegte er, war weit mehr, als Regeneron von sich behaupten konnte. Yamashita verbrachte den Vormittag damit, FKBP-Kristalle mit 367 zu tränken. Das gleiche hatte er bereits mit FK-506 gemacht – diese Kristalle befanden sich jetzt im Röntgenstrahl und lieferten Daten. Wenn er die Struktur des nativen Proteins aufgeklärt hatte und wenn die Bindungsexperimente klappten, wollte er sich an diese sogenannten Komplexstrukturen machen und damit zeigen, wie die Moleküle in Wechselwirkung traten, genau wie Schreiber und

Clardy es offensichtlich getan hatten. Diese Momentaufnahmen würden Murcko und den Chemikern einen ersten Blick auf die entscheidenden räumlichen Verhältnisse ermöglichen, so daß sie einen besseren Wirkstoff entwickeln konnten.

Gegen Mittag erhielt Boger ein Fax von *Nature*, in dem es um Moores Artikel ging. Er wurde abgelehnt. Die Redaktion hatte sich entschlossen, ihn nicht einmal begutachten zu lassen. Boger war entsetzt und fassungslos. *Nature* bedient sich wie die meisten wichtigen Fachzeitschriften fremder Fachleute, die den wissenschaftlichen Gehalt eines Manuskripts beurteilen, aber die hauseigenen britischen Redakteure, die im wesentlichen keine spezifischen Fachkenntnisse besitzen, hatten Moores Strukturaufklärung von FKBP-12 nicht einmal einer solchen Begutachtung für würdig befunden.

Für Boger war eine derart oberflächliche Zurückweisung nicht nur dumm, sondern unannehmbar. Er hatte vor, etwas dagegen zu tun, und schrieb wieder an *Nature*. Der Brief war scharf formuliert. „Ich habe alle Vorwürfe gestrichen, bevor ich ihn ausgedruckt habe", sagt er. Moores Struktur, so schrieb er, sei die erste NMR-Analyse des aktuellsten und vielleicht wichtigsten biologischen Moleküls der Welt, und schon deshalb solle man sie begutachten lassen. Außerdem wies er auf zwei Punkte hin, denen die Redakteure von *Nature* sich schon aus eigenem Interesse nicht verschließen konnten. Er erklärte, soweit man bei Vertex wisse, seien bei *Science*, dem wichtigsten Konkurrenzblatt, zwei Artikel eingegangen, in denen angeblich die gleiche Struktur mit NMR und Röntgenstrukturanalyse untersucht worden sei, und Vertex werde die Röntgenstruktur mit *molecular replacement* ebenfalls in wenigen Wochen fertig haben. Was er damit sagen wollte, war nicht schwer zu verstehen: *Nature* werde in einer entscheidenden, spektakulären Angelegenheit das Nachsehen haben, und Vertex könne die Zeitschrift mit dem Beitrag über die Röntgenstruktur davor bewahren, vorausgesetzt, sie überlegten es sich anders und schickten Moores Artikel zur Begutachtung.

Nicht nur bei Fachzeitschriften, sondern in der gesamten Presse gehen die Redaktionen bei abgelehnten Manuskripten auf eine Art vor, die fast einem göttlichen Urteilsspruch gleichkommt: Wenn sie - insbesondere in dem derzeitigen halsabschneiderischen Klima, in dem Veröffentlichen alles ist - sich einmal entschieden haben, gibt es kein Zurück mehr. Und *Nature*, eine zutiefst britische Institution, ist ganz besonders für ihren Widerwillen gegen wissenschaftliche Großmannssucht bekannt. Aber Bogers Taktik ging auf. Während Moore noch unter dem unerwarteten Schicksalsschlag litt, rief Boger ihn an und erklärte, man habe es sich bei *Nature* anders überlegt und werde den Artikel nun doch in die Begutachtung geben. Per Fax und mit Hilfe des weltweiten Informationsnetzes, das wie ein Hai niemals schläft, hatte der ganze Vorgang mit Ablehnung, Widerspruch und Neubewertung knapp vierundzwanzig Stunden gedauert.

Boger legte sich jetzt mächtig ins Zeug und setzte sich über alles hinweg, was ihm im Weg stand. Zusammen mit Aldrich traf er sich noch am gleichen Nachmittag mit Vertretern der Firma Merrill Lynch, des größten Aktien-Emissionsgaranten, der Regeneron an der Börse eingeführt hatte. Ohne sich von Goldmans Zahlen für eine Privatplazierung beeindrucken zu lassen, hatten sie sich zu einer „Schönheitskonkurrenz" entschlossen – sie wollten eine Reihe von Investmentvertretern mitbringen, die sich gerne mitreißen ließen. Regeneron hatte bereits „vollgetankt", wie Aldrich prophezeit hatte. „Merrill hat abgesahnt", sagte Boger. „Sie haben den Preis hochgetrieben, alle Anrechte auf Erstausgabeaktien verkauft und keinen Markt mehr übriggelassen." Die Regeneron-Aktie lag jetzt bei 15 Dollar, ein Rückgang von 30 Prozent in nur zehn Tagen. Wie nicht anders zu erwarten, hielt Boger den Vorschlag von Merrill, ebenfalls an die Börse zu gehen, für ein wenig hinterhältig und egoistisch.

„Ich suche die Antwort auf eine sehr einfache Frage", sagte Boger in wissenschaftlichem Ton, als die Merrill-Leute weg waren. „Wie besorge ich mir am besten 30 Millionen? Um das herauszufinden, sorgt man am besten dafür, daß die Leute eine Methode so begeistert vorziehen, daß sie die andere ausschließen, denn dann kann man echte Informationen bekommen."

Am folgenden Donnerstag, als Goldman vor der Tür stand und die Merill-Leute „gerade gehen wollten", trafen sich Boger und Aldrich mit einem Investmentbankier von Kidder Peabody, einer der drei oder vier Firmen, die sich an der Wall Street seit jeher auf Aktien von Biotechnologiefirmen spezialisiert hatten. Kidder war viel kleiner als Goldman oder Merrill und erholte sich außerdem gerade erst von einer Reihe publikumsträchtiger Mißerfolge. Im Jahr 1986, auf dem Höhepunkt der großen Börsenhysterie, hatte General Electric die Firma für das Dreifache des damals allgemein angenommenen Preises gekauft. Einige Monate später war Martin Siegel, ihr Starstratege, in einen Skandal mit Insidergeschäften verwickelt. Ein anderer Börsenmakler wurde aus der Firmenzentrale von Kidders in Handschellen abgeführt; die Firma zahlte 25 Millionen an die staatliche Börsenüberwachung, vermutlich um sich die Behörden vom Hals zu schaffen; da sie Geld verlor, strich sie die Erfolgsprämien, und das führte zu einem Exodus der Spitzenmanager, den die *Business Week* mit einer „Kernschmelze" verglich. Aber Kidder konnte gute Leistungen vorweisen, was die Börseneinführung kleiner Firmen betraf, und hatte sich gesundgeschrumpft. Dennoch hatte die Firma immer noch einen schlechten Ruf. Bei der jüngsten Angebotswelle aus der Biotechnologie hatte sie ganz offenkundig im Schatten von Merrill und anderen Großfirmen gestanden.

Al Holman, der Investmentbankier von Kidder, war ein junger Absolvent der Harvard Business School mit lebhafter, diensteifriger Ausstrahlung. Er war Mitte dreißig und machte einen ernsthaften Eindruck. Der schlanke, jungenhaft wirkende Blondschopf mit geschliffenen Manieren, der trotz allen Ehrgeizes auch gern die Ärmel hochkrempelte, war 1980 direkt von der Universität zu Kidder gekommen, zu einer

Zeit, als man in Biotechnologie und Börse große Erwartungen setzte; die Wirren der vorangegangenen Jahre hatte er immerhin so gut überlebt, daß er einer der wenigen verbliebenen Stars der Firma geworden war. Als Vizepräsident und Partner leitete er die Abteilung für Investmentbanking in Japan, sammelte Geld für verschiedene große und kleinere Firmen ein und hatte einen eigenen Mandantenstamm. Er hatte in den letzten zehn Jahren acht Firmen an die Börse gebracht und ein paar hundert weitere bewertet, nachdem er sie meist persönlich besucht hatte. Als er mit Bob Kupor, Kidders Analysten für Biotechnologie, von New York nach Boston kam, empfing Boger ihn sofort.

Er wußte, daß Holman nach einer Viertelstunde sagen würde: „Wenn ich im letzten Jahr fünfzig Firmen gesehen hätte, stünde Vertex unter ihnen ganz oben."

Besonders verblüfft war Holman über Bogers Managementgrundsätze. „Eine Menge kleine Firmen werden gegründet, haben vierzig oder fünfzig Angestellte, und plötzlich hat der Präsident ein großes Büro und einen Assistenten, und alle haben nur noch mit dem Assistenten zu tun. Ich weiß noch, wie wir durch die Labors gingen, und Manuel sagte: ‚Das hier ist mein Büro', wobei er auf eine Schublade eines Aktenschrankes zeigte. Ich wußte, daß das meine Kunden beeindrucken würde."

Als Holman und Kupor wieder in New York waren, ließen sie alles andere stehen und liegen, um Vertex als Mandanten zu gewinnen. „Es war die faszinierendste Geschichte, die ich in den letzten fünf Jahren gehört hatte; jetzt war nur noch die Frage, ob das Ganze echt war und ob Josh echt war", sagte Holman. „Wir gingen noch am gleichen Abend ins Büro, trommelten ein paar Leute zusammen und arbeiteten die ganze Nacht und den ganzen nächsten Tag – zwanzig Stunden ohne Pause."

Holman hielt es für entscheidend, daß er Boger von der Vorstellung abbringen konnte, die Firma solle besser in Privateigentum bleiben. Er hatte das ganze Auf und Ab der Biotechnologiebranche miterlebt und wußte, daß der Markt trotz Regeneron und mehrerer anderer Firmen, die „mit ihren Aktien aus dem Bett gefallen sind", die Börseneinführung lange nicht wieder so begünstigen würde wie jetzt. „Regeneron hat alle aufgerüttelt", sagte er. „Plötzlich sagten alle: ‚Du liebe Güte, statt eine Bewertung von 40 Millionen zu bekommen, kann ich an die Börse gehen und das Geld für eine Bewertung von 100, 150, 200 Millionen besorgen.' Eine solche Diskrepanz hat es seit Mitte der achtziger Jahre nicht mehr gegeben. Regeneron hat den Bann gebrochen. Die Firma hatte *sogar nach dem Kurseinbruch* noch eine Bewertung von 200 Millionen. Das war ein großer Schutzschirm für alle nachfolgenden Unternehmen."

In den perversen Rechnungen der Wall Street war Regeneron keine Peinlichkeit geworden, sondern ein Pluspunkt, ein Verkaufsargument. Und daß Vertex spät dran war, stand nicht mehr zur Diskussion. „Es war eine völlig jungfräuliche Geschichte", sagt Holman. „Sie hatten nicht sieben Monate lang über den Börsengang nachgedacht und mit achtzig Leuten gesprochen. Wir hatten die Möglichkeit zu sagen: ‚So und so würden wir es an eurer Stelle machen.' Wir waren alle ein wenig verblüfft, als der Markt sich plötzlich öffnete, und keiner von uns glaubte, daß es lange so bleiben würde. Deshalb lautete unsere Empfehlung: Wenn ihr wirklich Geld auftreiben wollt, dann tut es jetzt, und zwar so schnell ihr könnt."

Der Freitag war Bogers vierzigster Geburtstag. Am darauffolgenden Dienstagmorgen, fünf Tage nach ihrem ersten Besuch, flogen Holman, Kupor und die übrige Mannschaft von Kidder nach Cambridge; in der Tasche hatten sie mehrere Exemplare eines gebundenen Bändchens von fünfzig Seiten, in dem die Argumente für die Börseneinführung dargelegt wurden. Es enthielt Vergleiche mit anderen Firmen, Marktanalysen und einen nach Wochen aufgegliederten Zeit- und Aufgabenverteilungsplan, der alle behördlichen und geschäftlichen Termine für eine schnelle Börseneinführung enthielt. Unter anderem war für Anfang Juli eine grausame Dienstreise angesetzt: Boger und Aldrich sollten in zweieinhalb Wochen rund um die Welt jetten, um mit Anlegern zu reden, und am Ende sollten sie jeden Tag zwei US-Städte abklappern. „Der perfekte Todesritt", schnaufte Aldrich voller Respekt.

Die Diagramme und Zeitpläne waren keineswegs Allgemeinplätze, sondern „echte Substanz", wie Boger es nannte, genaue Informationen, wie er sie sich durch die „Schönheitskonkurrenz" verschaffen wollte. Besonders beeindruckte ihn eine Graphik, die drei aufsteigende Linien zeigte: die allgemeinen Aktienkurse, die seit Jahresbeginn eine spektakuläre Steigerung erlebt hatten, die Kurse der pharmazeutischen Industrie, die noch stärker aufgeheizt war als der Markt als ganzes, und hoch darüber als Blickfang die neue Biotechnologiebranche. Es war ein seltenes Zusammentreffen: Nie zuvor war soviel Kapital in die Branche geflossen; in einer Zeit, als man auf weitaus verläßlicheren Gebieten große Renditen erzielen konnte, stürzte sich das Kapital statt dessen wie von Sinnen auf Firmen wie Vertex.

„Diese Konstellation wird nie mehr wiederkommen", sagte Boger wehmütig. „Ich möchte nicht zu einer Zeit an die Börse gehen, in der Notebookcomputer den Markt beherrschen."

Gleichzeitig knisterte es auch in den Labors vor Neuigkeiten. *Nature* hatte Moores Artikel in einer fast einmaligen Kehrtwendung angenommen und ein einseitiges Fax mit einem knappen Glückwunsch geschickt. Seit der ursprünglichen Ablehnung waren zwölf Tage vergangen. Wie Moore dabei erfuhr, war die Struktur in den Augen der Gutachtermehrheit von so umfassendem wissenschaftlichem Interesse, daß die sofortige Veröffentlichung dringend empfohlen wurde, unabhängig davon, wann der Artikel mit der Röntgenstrukturanalyse kam. Moore war sprachlos und ging wie auf Wolken. „Ich glaube, ich muß nur noch herumwandern und mir Glückwünsche anhören", sagte er.

Daß Moores Artikel angenommen war, würde sich in vielfältiger Weise auswirken, aber am wichtigsten war, daß Vertex plötzlich bestätigt war. Die meisten kleinen Firmen und auch viele große haben jahrelang keine einzige Veröffentlichung in *Science* oder gar in *Nature*, der Zeitschrift, die in den letzten Jahren den Schiedsrichter und das Zentralorgan der großen wissenschaftlichen Revolutionen gespielt hat. Als Watson und Crick die Struktur der DNA entdeckt hatten, schrieben sie darüber in *Nature* eine Notiz von 700 Wörtern. Deshalb war es schon außergewöhnlich, daß die erste Veröffentlichung von Vertex bei diesem Flaggschiff erschien, zumal die normalerweise unnahbaren Redakteure des Blattes eine ihrer eigenen Grundregeln mißachtet hatten. Es war ganz die aggressive Vorgehensweise des Türeneinrennens, die Boger sich für die Firma von Anfang an vorgenommen hatte, und jetzt, nachdem es erreicht war, strömte es wie ein Hormonstoß durch die Gemüter. Boger, der ganz in die Gespräche mit den Kidder-Leuten vertieft war, freute sich hämisch, als er es hörte.

Alle vier Autoren des Artikels gewannen an Ansehen: Moore, Debra Peattie, die den molekularbiologischen Teil beigetragen hatte, Thomsons Assistent Matt Fitzgibbon, und Thomson selbst. Vor allem Thomson strahlte bei der Nachricht, aber sie lenkte ihn weder von seiner Arbeit noch von seinen moralischen Zweifeln ab. Ein Jahr nachdem er zum erstenmal das Protein isoliert hatte, war er körperlich fast wieder fit, aber er sah gealtert und abgezehrt aus; wieder schuftete er rund um die Uhr, arbeitete zwölf Kilo Thymus auf und versuchte jetzt, ein halbes Gramm des Proteins zu gewinnen. Da er Lorbeeren gegenüber zurückhaltend war, nahm er die Glückwünsche der anderen Wissenschaftler mit eingeübtem Achselzucken und einem Lächeln entgegen. Er war den Röntgenstrukturanalytikern immer noch böse und nährte, wie man leicht spüren konnte, auch einen anderen Groll, den selbst die großartige Bestätigung durch den prestigeträchtigsten Artikel seiner Laufbahn nicht ganz aus der Welt schaffen konnte.

Den ganzen Vormittag über waren die Artikel von Moore und Yamashita über die Struktur das wichtigste Gesprächsthema; währenddessen erörterten Boger und Aldrich hinter den verschlossenen Türen des Sitzungsraumes das Angebot von Kidder für den Börsengang. Die Diskussion, die bei unterschiedlichen Ausgangspunkten begonnen hatte, steuerte sehr schnell in eine gemeinsame Richtung. Nachdem Vertex jetzt einen solchen Artikel und höchstwahrscheinlich auch einen zweiten im Druck hatte, so daß die Informationen, die man nach eigener Aussage zum Medikamentendesign brauchte, in Sichtweite waren, sahen die Interna plötzlich viel solider aus, so daß sie zwar vielleicht nicht einen Handel wie bei Regeneron, aber doch in ähnlicher Größenordnung rechtfertigten. Für Boger war Geld immer das wichtigste Treibmittel der Firma gewesen; jetzt sah es so aus, als könne Vertex sich 50 Millionen oder mehr verschaffen, wenn sie bereit waren, schnell Kapital aus den wissenschaftlichen Errungenschaften zu schlagen, so vorläufig und unvollständig sie auch im Augenblick noch waren.

Bei Kidder wollte man nur noch wissen, welchen Wert die Struktur über den kurzfristigen, nicht unbeträchtlichen Werbeeffekt hinaus hatte und was sie für die Behauptung, man könne Medikamente durch Moleküldesign herstellen, tatsächlich bedeutete. Die ohnehin unklare Trennlinie zwischen Geschäft und Wissenschaft verschwand jetzt völlig. Boger rief Murcko, Navia und Harding aus einer Sitzung, in der Murcko eifrig neue, auf der Grundlage von Moores Struktur entworfene Hemmstoffmoleküle vorführte. Während der nächsten beiden Stunden beantworteten sie die unbequemen Fragen der Kidder-Leute über ihre Arbeit und die Erfolgsaussichten. Boger hatte sich schon längst an verkaufsträchtige Spekulationen gewöhnt, bei denen man Unsicherheiten mit triumphierendem Gesicht anpreist und die Wirklichkeit mit Prophezeiungen schönredet, aber Murcko und vor allem Harding mußten jetzt heftig schlucken. Als Wissenschaftler waren sie dazu ausgebildet, den Daten und nur den Daten zu trauen, und die Strukturuntersuchungen bei Vertex waren zwar vielversprechend, aber ihre Befunde waren bei weitem noch nicht so schlüssig, daß die beiden mit vollem Selbstvertrauen Bogers kühne Behauptungen unterstützt hätten. Und das sagten sie auch. Ein Prophet, dessen Behauptungen sich als richtig erweisen, ist ein Hellseher; sind sie falsch, ist er ein Scharlatan. Im Gegensatz zu Boger hatte keiner von ihnen den Wunsch oder einen Anreiz, sich in eine dieser beiden Rollen zu begeben.

Yamashita, der seine Struktur jetzt zu 70 Prozent ausgearbeitet hatte und mit Hochdruck weiterarbeitete, war zu unerfahren und zu beschäftigt, als daß man ihn zu diesem Gespräch hinzugezogen hätte, aber die Auswirkungen erreichten ihn genauso. Es war paradox: Im Augenblick bezweifelte er ernsthaft, ob man die Struktur eines Proteins überhaupt mit absoluter Sicherheit Atom für Atom ermitteln kann, insbesondere in dem Dampfkessel der Industrieforschung, und gerade jetzt mußte Boger stärker als je zuvor den unbezweifelbaren Wahrheitsgehalt der Strukturen betonen, die er und Moore aufgeklärt hatten. Die Ironie ging sogar noch tiefer. Jetzt, da er seine Struktur fast fertig hatte, stellte sich heraus, daß sie in bedeutenden Punkten nicht mit der von Moore übereinstimmte. „Die wissenschaftliche Welt wird in diesen Unterschieden kein großes Problem sehen", erklärte er schneidig, indem er die Abweichungen auf die verschiedenen Methoden zurückführte. In Wirklichkeit machten ihm die Abweichungen aber durchaus Sorgen. Navia überprüfte jetzt seine Struktur, aber er war immer öfter durch geschäftliche Besprechungen verhindert. Yamashita bemühte mittlerweile die Wassermoleküle – eine der wichtigsten Methoden, mit der Röntgenstrukturanalytiker unplausible Dichteverteilungen erklären und Untersuchungsfehler vertuschen. „Manuel überprüft meine Diagramme", sagte er, „aber ich muß jetzt schnell mit den Wassermolekülen weitermachen, deshalb habe ich keine Zeit, ihm zuzuhören."

Von Moore überrundet, mit Thomson immer noch zerstritten, mit tiefen Zweifeln an seiner Struktur und seinem ganzen Fachgebiet und verzweifelt darüber, Boger entweder widersprechen oder ihn enttäuschen zu müssen, starrte Yamashita den ganzen Nachmittag trübsinnig auf seinen Monitor. Er war so erschöpft, daß nichts ihn mehr trösten konnte. Seit zwanzig Stunden betrachtete er Elektronendichtekarten – er hatte am Abend zuvor angefangen und während des ganzes Besuches der Kidder-Leute weitergemacht. Schließlich, kurz nachdem die Finanzexperten gegangen waren, rollte er sich auf einem der kleinen rosafarbenen Sofas im Frühstücksraum zusammen und führte Selbstgespräche. „Das Leben", sagte er, „besteht aus einer Abfolge unlösbarer Probleme." Laura Eagle, die in der Nähe saß, versuchte ihn aufzuheitern: „In einem Jahr wirst du dich an diese Schwierigkeiten erinnern, und dann sagst du: ‚Ach, das fand ich damals schlimm, aber wie ist es jetzt!'" Yamashita fand das überhaupt nicht tröstlich.

„Ich habe einen *Nervenzusammenbruch*", sagte er, diesmal viel lauter und in flehendem Ton. „Ich will nur, daß es funktioniert. Ich will nur nach Hause. Ich hatte schon Alpträume, in denen ich alle in dieser Scheißfirma umgebracht habe. Das ist das einzige, was ich jeden Tag vor mir sehe. Ich bin müde. Ich bin sehr müde."

Er stöhnte kläglich und hielt dann inne.

„Gott haßt die Röntgenstrukturanalytiker", grollte er.

Navia, der alles mitbekommen hatte, ging zu ihm. „Rück' mal ein Stück", sagte er in väterlichem Ton. Yamashita beruhigte sich; es sah so aus, als würde er seinen Vorgesetzten dienen, solange sie ihn brauchten.

„Wir müssen die Struktur richtigstellen", sagte er später am gleichen Abend. „Wenn sie nicht stimmt, ist Manuel am Boden zerstört."

Yamashitas moralisches Fundament, sein Idealismus, brach unter ihm weg, scheiterte an der grundsätzlichen Unvollkommenheit, die in seinen Augen eine Verletzung der Wahrheit war. Er war überzeugt, daß er nicht mehr gewinnen konnte, denn selbst wenn er die Struktur fertigstellte und so ein Unentschieden mit Schreiber erreichte, konnte ihm das nur mit Abkürzungen und Kompromissen gelingen, und das bedeutete: durch Lügen. Selbst zu versagen war ganz etwas anderes, als von den eigenen Idealen, sozusagen von dem eigenen Gott, ins Versagen getrieben zu werden. Yamashita wurde völlig desillusioniert und hielt alle, die nicht seiner Meinung waren, für hoffnungslos verdorben.

Das einzige, was ihn noch aufrecht hielt, was Navias Schutz. Unabhängig von seinen eigenen Gefühlen und seiner Schande empfand er eine tiefe Verantwortung, Navia den Schmerz und die Peinlichkeit des Verlierens zu ersparen. Ganz der pflichtbewußte japanische Sohn, der das lebenslange Leiden seines Vaters wiedergutmachen muß, gab er jetzt die eigene Rettung auf, nicht aber die Rettung Navias, der tatsächlich schon einmal eine falsche Struktur gehabt und sich sehr darüber gegrämt hatte.

Das war bei der HIV-Protease gewesen. In dem Drang, schnell fertig zu werden und die Struktur als erster der Welt zu präsentieren, hatte Navia einen kleinen Teil des Dichtediagramms – etwa 15 Prozent – falsch interpretiert. Der Bereich war ziemlich weit vom aktiven Zentrum des Enzyms entfernt und trug nicht erkennbar zu seiner biologischen Aktivität bei; für das Medikamentendesign war die Struktur richtig und ausreichend. Aber in der Biophysik legt man Wert auf Genauigkeit. „Wenn ein Physiker die Maschine, mit der man das Experiment macht, nicht selbst erfunden und gebaut hat, glaubt er auch das Ergebnis nicht", witzelte Boger einmal. Puristen warfen Navia vor, er habe „schwerwiegende Fehler" begangen, die in Verbindung mit anderen Fehlleistungen der jüngsten Zeit das Vertrauen der Biologengemeinde in die Röntgenstrukturanalyse als „Evangelium der Wahrheit" erschüttert hätten. In manchen Universitätskreisen galt Navia als Abtrünniger, als gefallene Seele. „Es sollte uns eine Warnung sein, solche Dinge vorsichtig zu interpretieren", sagte Alexander Wlodawer, der die Struktur auf der Grundlage von Navias und McKeevers Kristallisierungsbedingungen richtig aufgeklärt hatte, der Zeitschrift *Science*. „Wir sind leider nicht unfehlbar."

Diese Episode, die sich kurz nach Sigals Tod abspielte, als das HIV-Protease-Projekt bei Merck in Auflösung begriffen war, hatte Navia sehr geschmerzt, allerdings nicht so stark, wie Yamashita annahm. Im Gegensatz zu ihm zweifelte Navia nicht an sich selbst. Im Gegenteil: Es härtete ihn ab und verstärkte seine Grundsätze für die Arbeit in kommerzieller Wissenschaft und Pharmaindustrie. Mehr als je zuvor war er jetzt entschlossen, Wert auf Schnelligkeit und praktische Anwendbarkeit zu legen, denn letztlich, so sagt er, sei er genau aus diesem Grund zu Vertex gegangen.

„Die Welt hat sich verändert", erklärt er. „Man klärt eine Struktur nicht um ihrer selbst willen auf. Wer heute sagt, wir seien bei den Strukturuntersuchungen nachlässiger geworden, muß daran denken, daß es sich bei den ersten derartigen Analysen eigentlich um Mineralien handelte; daran hat man über dreißig Jahre gearbeitet und sich enorm viel Zeit für die Frage gelassen, ob die experimentellen Befunde für jede Ablenkung der Strahlen die richtige Form hatten.

Heute ist das ganze biologisch motiviert. Als ich [1980] zu Merck kam, sagte man mir schon am ersten Tag: ‚Du wirst nicht an einer Struktur arbeiten, weil der Kristall zur Verfügung steht, sondern du wirst dich mit einem *Problem* beschäftigen, für das wir noch nicht einmal das Protein haben.' Nun ja, wenn man das tut, gelangt man schließlich zu Strukturen, die keine besonders guten Beugungsbilder liefern – auch die HIV-Protease eignet sich dafür nicht besonders. Aber was macht man nun damit? Früher hätte man sich den Kristall angesehen und gesagt: ‚Damit wollen wir nicht arbeiten. Wenn ein solcher Scheißkristall die Strahlung nicht vernünftig ablenkt, will ich nichts damit zu tun haben, denn dann bekomme ich keine guten Daten.'"

„Aber jetzt", schnaubt er, „haben wir es mit AIDS zu tun, einer weltweiten Epidemie. Die Menschheit wird aussterben. Was soll ich also tun? Die Struktur bis ins letzte aufklären? Natürlich nicht."

Navia war keineswegs der Ansicht, er habe die Moral hintangestellt, sondern er glaubte, er handele aus einer höheren ethischen Verpflichtung heraus. „Ich persönlich habe den Auftrag, mit dieser Methodik Medikamente herzustellen", sagt er. „Ich bin kein Grundlagenforscher. An einem Arbeitsplatz wie diesem, wo man eine Struktur in vier oder neun Monaten herausfinden soll, muß man viele Abstriche machen. Es wird *erwartet*, daß man Abstriche macht. Ich habe hier nicht den Auftrag, perfekte Strukturdaten zu liefern, sondern ausreichende Strukturdaten, ausreichend, damit die Mark Murckos dieser Welt damit etwas anfangen können und damit die Burschen in der chemischen Abteilung etwas zu tun haben. Es geht nicht darum, ihnen in zweieinhalb Jahren die perfekte Kristallstruktur zu liefern. Es geht darum, ihnen jetzt die geeignete Kristallstruktur zu liefern."

„Das", so sagt er, „ist der Kernpunkt dessen, was ich Mason vermitteln wollte: Für uns wäre es *unmoralisch*, wenn wir eineinhalb oder zwei Jahre brauchen, um die Struktur der HIV-Protease zu ermitteln. Das kann man nicht machen. Da draußen fallen die Leute um wie die Fliegen....

Also macht man Abstriche, klärt die Struktur und schenkt vielleicht irgend jemandem einen Monat."

Am Donnerstag, einen Tag nach Yamashitas Ausbruch im Frühstücksraum, begannen Navia und Murcko mit der Analyse seiner Struktur, die jetzt fast vollständig war. Während Yamashita seinen Schlaf nachholte und dann seinen Artikel neu schrieb, überprüften sie die Lage jedes einzelnen Atoms, wie sie sich in der Elektronenkarte darstellte, und verglichen sie mit den bekannten geometrischen Verhältnissen der Proteinfaltung. Angesichts der allgemein recht geringen Auflösung schien Masons Interpretation zu stimmen, aber sie entdeckten „Löcher" in der Struktur, Lücken von ein bis zwei Nanometer zwischen den einzelnen Abschnitten des Moleküls; wären sie wirklich vorhanden gewesen, hätte das Molekül nicht existieren können. Die Windungen und Wendungen der Proteinkette sahen ähnlich aus wie bei Moore, aber nach den Abständen zu urteilen hätte das Molekül nicht zusammenhalten können, von einer biologischen Funktion ganz zu schweigen. „Zuerst dachten wir, es sei eine Macke in der Software", berichtete Murcko. Dann nahmen sie sich Yamashitas Berechnungen vor. Aber gegen Abend war alles klar: Die Struktur war falsch, und zwar nicht nur in einem bestimmten Bereich, sondern in ihrem Grundaufbau. Was der Computer auch für ein Bild geliefert haben mochte, FKBP-12 war es nicht.

Navia und Murcko warteten bis zum nächsten Morgen, bevor sie es Yamashita sagten. Navia war jetzt trotz seiner Gelassenheit am Abend zuvor sehr aufgeregt und wollte sich erst einmal beruhigen. Seine Behauptung, es gehe ihm nur um die therapeutische Anwendung der Röntgenstrukturanalyse, trat jetzt hinter näherliegenden, brennenden Sorgen zurück. Er hatte Yamashita nicht nur deshalb allein an der faszinierendsten Röntgenstrukturanalyse eines biologischen Gebildes arbeiten lassen, weil er ihm vertraute, sondern auch weil es bequem war. Er hatte währenddessen tun können, was er wollte; insbesondere konnte er seine Idee verbreiten, Enzymkristalle ließen sich als Superkatalysatoren einsetzen. Aber jetzt war der Schuß nach hinten losgegangen. Bei *Nature*, wo er seine eigenen karrierefördernden Strukturanalysen veröffentlicht hatte, wartete man auf das Manuskript von Vertex. Die Kristallstruktur von FKBP-12 sollte der wichtigste Schritt auf dem Weg zu einem Medikament werden, und die Firma wollte sich damit viele Millionen Dollar beschaffen. Für sich persönlich leugnete er zwar jegliche Auswirkungen, aber die wissenschaftliche Welt würde jetzt besonders kritisch darauf warten, ob er sich mit einer fehlerlosen Arbeit rehabilitierte. Und jetzt, nach neun Monaten, konnte er nur mit einem nicht veröffentlichungsfähigen Mißerfolg aufwarten. Fluchend bearbeitete er einen Aktenschrank mit Fußtritten. Er beschwerte sich, Yamashita habe sich ihm widersetzt und sei ein unverbesserlicher, unreifer Egoist. Er wußte, daß er sich beruhigen mußte, bevor er Yamashita gegenübertrat, wenn er nicht dessen ohnehin heiklen Zustand weiter verschlimmern wollte.

Yamashita wurde bei der Nachricht erst abwehrend, dann feindselig und schließlich, so Murckos Beobachtung, „suizidal". Er tobte fast eine Stunde lang. Auch Navia, der nun doch fast von Anfang an geschrien hatte, explodierte noch mehrmals. Die beiden standen sich im Computerraum fast auf Tuchfühlung gegenüber und brüllten sich an, so daß das Schimpfen in den Labors widerhallte wie Hundegebell unter einer Brücke. Dann kam Boger dazu. Er versuchte, ihre Aufmerksamkeit auf die wissenschaftliche Seite zu lenken, aber es nützte nichts. Monatelange Feindseligkeit und Frustrationen, die bis zu den ersten Kristallisationsversuchen zurückreichten, brachen jetzt hervor. Schließlich riß Yamashita hysterisch einen Polsterstuhl hoch und schmetterte ihn so heftig auf den Boden, daß das Metallgestell sich verbog.

„Ich schlag' euch alle zusammen!" kreischte er.

Boger konnte nur mit Mühe eine Panik verhindern. Nüchtern betrachtet, hatten sie nur die zwei Wochen verloren, in denen Yamashita die endgültige Struktur ausgearbeitet hatte. Nachdem das Problem jetzt erkannt war, konnte man es auch lösen. Boger wies die beiden an, die Struktur gemeinsam zu überarbeiten; er sah zwar voraus, daß sie *Nature* ein paar Wochen lang hinhalten mußten, nahm aber an, der Handel mit der Zeitschrift sei nach wie vor gültig. Außerdem analysierte er schnell die Situation, entschlossen, sie kein zweites Mal zuzulassen. „Eigentlich habe ich etwas gegen Vorschriften", sagte er, „aber diese werde ich in Stein meißeln lassen. Bei Vertex wird nie wieder eine Person allein eine Struktur aufklären. Es ist zu schwierig. Wir hätten uns das alles sparen können, wenn Manuel sich schon vor zwei Wochen Masons Strukturen angesehen hätte." Und Murcko, der mit seiner Arbeit jetzt unendlich weit zurückgeworfen war, fügte nur halb im Scherz hinzu: „Es liegt nur an dem unausstehlichen Selbstbewußtsein, das alle Röntgenstrukturanalytiker haben. Das ist eine allgemeingültige Wahrheit."

Wie ein Katamaran, der sich bei schwerer See aus einer Schlagseite wieder aufrichtet, nahm Vertex schnell wieder Kurs und Geschwindigkeit auf. Innerhalb weniger Tage schossen Navia und Yamashita sich auf eine Struktur ein, die zwar nicht perfekt war, aber, wie Boger es vorsichtig formulierte, „gut genug"; gut genug, um *Nature* und die Gemeinde der Röntgenstrukturanalytiker zufriedenzustellen; gut genug, um die Aufmerksamkeit von Schreiber abzulenken und die Wall Street zu beeindrucken; und, was am wichtigsten war: gut genug, um mit dem Medikamentendesign zu beginnen. Boger machte offenbar nie einen moralischen Unterschied zwischen Wahrheit und Nützlichkeit: Was wahr war, war auch nützlich, und was nützlich war, war auch wahr. Das Leben war für ihn keine Reihe unlösbarer, sondern lösbarer Probleme, und er löste sie, sobald sie auftauchten. Und wenn er nicht sofort damit fertig wurde, ließ er sie reifen, bis er mehr Informationen hatte.

Er war jetzt überzeugt, daß Vertex an die Börse gehen würde, ja daß es sogar gefährlich wäre, es nicht zu tun. Der Markt hielt noch stand: Nach Regeneron hatten weitere Firmen Aktien ausgegeben, und zwar zu Preisen oberhalb der Erwartungen. Ob eine Firma sich durch den Verkauf von Aktien Geld beschaffen kann, hängt nur von einem einzigen Faktor ab: von ihrer Bewertung; und wie Holman richtig festgestellt hatte, war der Unterschied zwischen dem, was Firmen wie Vertex nach Auffassung der Wall Street und in den Augen privater Anleger wert waren, einfach zu groß, als daß man ihn außer acht lassen konnte. Am ersten Mai flog Boger heimlich nach New York zu Benno Schmidt; er wollte sich den Segen des Finanzgurus und Aufsichtsratsvorsitzenden holen, bevor er es den Wissenschaftlern mitteilte. Als die beiden sich in Schmidts Sitzungszimmer trafen, hatten sie wie immer sofort die gleiche Wellenlänge.

„Wenn du meinst, du könntest fünfzig Millionen beschaffen, beschaff' dir siebzig", näselte Schmidt. „Wenn fünfzig gut aussehen, sehen siebzig noch besser aus." Boger lächelte, überlegte und war einverstanden.

17

Ob Boger Geschäft oder Wissenschaft betrieb, er bewegte sich stets mit dem leichten, mühelosen Selbstbewußtseins eines Schachgroßmeisters, der bei einem Schaukampf gegen über ein Dutzend Gegner antritt. Jetzt, nachdem Vertex hinter Schreiber, der Börseneinführung, einem neuen Projekt und der öffentlichen Aufmerksamkeit für die erste wichtige Publikation her war, schien er zum ersten Mal wirklich belastet zu sein. Es war, als griffen auf einmal alle Räder ineinander, so daß jede Bewegung an einem von ihnen auch alle anderen bewegte. Die Zeit für die einzelnen Schachzüge lief davon, und es ging jetzt um richtig viel Geld.

Am Dienstag, dem 7. Mai 1991, knapp eine Woche nach der Entscheidung, mit Vertex an die Börse zu gehen, kam Boger schon vor sieben Uhr morgens nach Cambridge. Er hatte vor allem zwei Ziele im Kopf. Am vorangegangenen Samstag hatte Schreiber bei einem Vortrag an der Yale University erwähnt, die Strukturuntersuchungen an FKBP-12 würden am kommenden Freitag in *Science* erscheinen. Wenn Vertex bei der Röntgenstrukturanalyse ein Unentschieden beanspruchen wollte, hatten sie also höchstens noch bis Donnerstag Zeit, denn dann würde man Vorabexemplare von *Science* an die Medien verteilen. Danach wäre jede Behauptung über eine unabhängige Entdeckung ein für allemal unglaubwürdig. Gleichzeitig fürchtete Boger, man werde ihn in dem ersten Medienrummel, der zweifellos auf Schreibers Artikel folgen würde, nicht mehr zur Kenntnis nehmen. Moores Struktur sollte in der folgenden Woche in *Nature* erscheinen, aber *Nature* hatte eine Richtlinie, die es den Wissenschaftlern verbot, ihre Arbeiten ohne die Genehmigung der Zeitschrift vor der Veröffentlichung bekanntzugeben. Diese Vorschrift zu verletzen und damit das Verhältnis zwischen Vertex und der Zeitschrift zu ruinieren kam nicht in Frage. Außerdem konnte er jetzt, wo Vertex an die Börse gehen sollte, keine öffentlichkeitswirksamen Aktionen unternehmen, die den Aktienkurs aufgeblasen hätten. Formal gesehen, befanden sie sich zwar noch nicht in der gesetzlich vorgeschriebenen „Schweigeperiode", aber die Firma mußte mit ihren Äußerungen dennoch vorsichtig sein, um den von Kidder vorläufig geplanten Verkaufszeitraum von Mitte Juli bis Anfang August – danach ging man in der Wall Street in Urlaub – nicht zu gefährden. Boger wußte, daß der Markt für neue Biotechnologieaktien früher oder später – und zwar wahrscheinlich früher – zusammenbrechen würde. Er schauderte bei dem Gedanken, mit der Börseneinführung bis zum September zu warten.

Den größten Teil des Tages arbeitete er in Klausur mit Aldrich, Ken und den Kidder-Leuten an ihrem Köder, dem Prospekt, den sie der Börsenaufsicht und den potentiellen Investoren vorlegen wollten. Um zehn Uhr abends saß er immer noch an seinem Schreibtisch. Ihnen blieben nur knapp vierzig Stunden; nebenan beeilten sich Navia, Murcko und Yamashita, das Protein zu rekonstruieren.

„Wir werden wie verrückt arbeiten müssen, damit es morgen mit dem Kurierdienst rausgeht, und dann muß *Nature* das Embargo aufheben, und die Juristen müssen uns ihre Meinung darüber sagen, ob wir die Firma nicht gesetzeswidrig bekannt machen, damit die Börsenaufsicht unseren Antrag nicht ablehnt", meinte Boger bedeutungsschwer. „Es ist häßlich, ich finde es schrecklich, aber es gehört zum Geschäft."

Murcko überhörte seinen klagenden Ton und murmelte: „Wir werden aus dem Burschen wieder einen Wissenschaftler machen müssen." Aber das war natürlich ein strittiges Thema, und in Bogers Augen war es Haarspalterei.

„Wirst du mich deswegen rauswerfen?" erkundigte sich Yamashita um acht Uhr am nächsten Morgen bei Boger. Er hatte die ganze Nacht gearbeitet.

„Erst muß ich die Daten haben", lachte Boger.

Das war in Bogers typischer Art halb Scherz und halb Ernst. In Wirklichkeit warf er Yamashita, der unter zermürbenden Umständen Hervorragendes geleistet hatte, kaum etwas vor, und hätte auch dann zu ihm gehalten, wenn die Struktur jetzt wieder nicht gestimmt hätte. Andererseits war es von großer Bedeutung, daß sie die Röntgenstruktur hatten, und Yamashita, der aus seiner moralischen Krise mit der ihm eigenen Hartnäckigkeit hervorgegangen war, wurde nicht für ständige Fehlschläge bezahlt.

Ein viel drängenderes Problem war die paradoxe Lage mit der Öffentlichkeitswirksamkeit von Vertex. Fast zweieinhalb Jahre lang hatte Boger die Aussagen der Firma mit Nachdruck verkauft und alles in seiner Macht Stehende getan, damit sie wissenschaftlich solide begründet erschienen. Dazu hatte er sich, wie er selbst es formulierte, „die Hacken abgelaufen". Und ausgerechnet jetzt, wo sie eine wichtige Entdeckung anzukündigen hatten, wo *Business Week* und *Fortune* mit ihrer erweiterten Berichterstattung über Biotechnologie Boger entdeckt hatten und Artikel über ihn und Vertex planten und wo die Publicity durch positive Medienberichte sich unberechenbar auf den Börsengang auswirken würde, mußte er sich im Zaum halten und schweigen. Für den Verkäufer wie für den Wissenschaftler in ihm war diese Diskrepanz schmerzlich – „das Kind verstecken" nannte er es.

„Heute morgen habe ich Gene Blinsky von *Fortune* weggejagt", erzählte er Aldrich, wobei er übertrieben zweifelnd schluckte.

„Das geht einem gegen den Strich, stimmt's?" erwiderte Aldrich.

„Es ist ätzend. Wenn man die Börsenaufsicht umgehen und miese Aktien verkaufen will, um Witwen und Waisen um ihre Ersparnisse zu bringen, braucht man sich um solche Vorschriften nicht zu kümmern. Sie tun nur denjenigen weh, die sich an die Spielregeln halten. Geschützt wird dadurch niemand. Man kann dabei zu einem überzeugten Konservativen werden."

Am wichtigsten war jetzt für Boger, daß *Nature* das Embargo aufhob. Er konnte *Fortune* vielleicht nicht erzählen, daß Vertex in der Medikamentenentwicklung dicht hinter Merck lag, aber nichts in den Bestimmungen der Börsenaufsicht sprach dagegen, der Presse Informationen über eine wichtige Entdeckung zu geben, die zweifellos von großer Bedeutung für die Volksgesundheit war. Entscheidend war schlicht die Frage des richtigen Zeitpunktes. Wenn Vertex Moores Struktur gleichzeitig mit der Veröffentlichung von Schreiber, Karplus und Clardy ankündigte, würden die Medien über ein Unentschieden berichten, und Vertex konnte das entsprechend ausnutzen. War Vertex dagegen gezwungen, die Veröffentlichung auch nur um eine Woche zurückzuhalten, würde es keine große Berichterstattung mehr geben, sondern nur noch ein paar Nachzüglergeschichten in der Fachpresse. Am Morgen rief Moore als erstes beim Washingtoner Büro von *Nature* an. Dort erinnerte man ihn daran, daß das Embargo der Zeitschrift genau jene kommerzielle Nutzung verhindern sollte, die er im Sinn hatte und die nach Ansicht von *Nature* nicht dem wissenschaftlichen Fortschritt diente. Daraufhin schoß er zurück: Er erklärte, *Science* werde in zwei zusammenhängenden Artikeln über die Struktur des Proteins berichten. Eine Stunde später rief der amerikanische Redaktionsleiter von *Nature* zurück und erklärte, man habe es sich anders überlegt.

Moore unterrichtete sofort Boger, der daraufhin Ken anrief und ihm mitteilte, die Juristen von Kidder, die in solchen Angelegenheiten in der Regel sehr pingelig waren, sähen übereinstimmend keinen Grund für die Börsenaufsicht, die Börseneinführung von Vertex hinauszuzögern. Nachdem Boger aufgelegt hatte, schritt er triumphierend in die Eingangshalle; dort lag eine Reihe von Pressemitteilungen, die nur darauf warteten, daß jemand sie an das *Wall Street Journal*, die *New York Times*, die *Los Angeles Times*, die *Washington Post*, den *Boston Globe*, die *Business Week* und etwa zwei Dutzend weitere Wirtschafts- und Wissenschaftszeitschriften faxte. „Die Blockade ist aufgehoben", verkündete er. „Die Schiffe kommen durch. Ich will jetzt sofort einen Blitzkrieg. Wenn die Presseberichte erscheinen, will ich nur eine Fußnote, in der steht, daß ein paar Leute in Harvard angeblich das gleiche geschafft haben."

Boger hatte nicht gewonnen, aber jetzt wußte er, daß er auch nicht verloren hatte. Es ging ihm darum, Schreiber einzuholen, und deshalb strahlte er kaum weniger, als wenn er den Konkurrenten rundheraus überflügelt hätte. „Es ist nicht ganz so, wie ich es mir gewünscht hätte", erklärte er, nachdem er in den Frühstücksraum zurückgekehrt war. „Ich wollte seine Nase in den Dreck stecken und meinen Fuß auf seinen Kopf stellen. Aber ich werde mich schon beruhigen."

Daß *Nature* innerhalb eines Monats schon die zweite Kehrtwendung vollzogen hatte, war für die Wissenschaftler aufschlußreich, unerwartet und nicht ohne Pikanterie. „Das ist der Vorteil, wenn man auf einem aktuellen Gebiet arbeitet", sagte Moore zu Harding. „*Science* und *Nature* haben keine Ahnung, ob diese Strukturen überhaupt stimmen, aber offenbar veröffentlichen sie lieber miese Strukturen von wichtigen Proteinen als hervorragende Strukturen von langweiligen Proteinen." Und von der Welle des Anti-Schreiberismus mitgerissen, fügte er hinzu: „Wir werden ihm die Suppe versalzen. Wir werden ein verdammt spitzer Stachel in seinem Fleisch sein."

Harding war mürrisch und deprimiert. Während Moore und Yamashita die Aufmerksamkeit auf sich zogen, hatte er seit Januar am Nachweis der anderen FKBPs gearbeitet. Nachdem er schließlich ein solches Protein charakterisiert hatte, war ihm an diesem Morgen zu Ohren gekommen, daß Steve Burakoff, ein Mitglied des wissenschaftlichen Beirates, einen Artikel mit dem Nachweis des gleichen Proteins im Druck hatte. „Sie wollen ihre Arbeit machen, das ist in Ordnung", schimpfte er über Burakoff und Barbara Bierer, die mit ihm zusammengearbeitet hatte und als Beraterin für Vertex tätig war, „aber es gibt keinerlei Informationsaustausch." Er arbeitete jetzt angestrengt an einem Patentantrag, um sich das Erstlingsrecht zu sichern, bevor der Artikel von Burakoff erschien. Wieder war Vertex von einem eigenen Berater überflügelt worden; Aldrich war darüber so wütend, daß er den gesamten wissenschaftlichen Beirat hinauswerfen wollte.

Harding, der schon seit langem niedergedrückt und verwirrt war, schlurfte zurück an seinen Schreibtisch, ein blasser Abglanz der überschäumenden Persönlichkeiten von Moore und Boger. Für ihn sollte es ein weiterer langer, düsterer Tag werden.

Mark Murcko, der leitende Moleküldesigner bei Vertex, stellte an dem Protein vom Morgen bis in den Nachmittag hinein „Dynamikuntersuchungen" an. Nachdem er jetzt über die ausgearbeitete Kristallstruktur von FKBP-12 verfügte, lautete die wichtigste Frage: Was bewirkt das Molekül und wie? Um sie zu beantworten, reichte eine Momentaufnahme nicht aus. Murcko mußte die natürliche Aktivität des Proteins anregen, es zum Leben erwecken und nicht nur in einen räumlichen, sondern auch in einen zeitlichen Rahmen einordnen. Er mußte es „spüren". „Karplus' Gruppe hat das schon vor einem Monat gemacht", sagte er. „Er hatte zwanzig Postdocs und etwa zehnmal soviel Rechnerleistung. Und damit haben sie gegen uns paar Figuren angearbeitet. Ich bin schließlich auch nur ein Mensch!"

Schräg gegenüber von dem Computer, an dem Yamashita seiner Struktur den letzten Schliff gab, programmierte Murcko eine Grafikworkstation so, daß sie die natürlichen Verwindungen des Proteins darstellte. Atome schwingen in Nanosekunden (Milliardstelsekunden) hin und her. Um sie zu verlangsamen, benutzte Murcko den Computer gewissermaßen als ultraschnelles Stroboskop, das die Bewegung alle 0,3 Picosekunden (Billionstelsekunden) festhielt. Anschließend ließ er die Bilder in Zeitlupe rückwärts laufen. Sie erinnerten an eine Wabe voller Bienen, an ein Fischgrätenmuster oder an eine Gruppe von Jazztänzern. Der ganze Tanz dauerte nur ein paar Sekunden, aber Murcko glaubte darin Hinweise auf die Wirkungsweise des Proteins zu erkennen.

Besonders interessierte er sich für das aktive Zentrum. Die meisten Teile des Moleküls waren recht starr und bewegten sich nur schwach. An der Öffnung in der Mitte jedoch, die nach Navias und Yamashitas Vermutung den „Arbeitsbereich" darstellte und in der die Atome mit FK-506 und anderen Molekülen in Wechselwirkung traten, beobachtete Murcko eine bemerkenswerte Verformbarkeit. Auf einer Seite befand sich eine Atomgruppe, die er mit einer Klappe verglich. Diese Klappe drehte sich etwa in der Mitte der Computersimulation um ungefähr dreißig Grad wie eine winzige Tür und schloß sich dann. Für das Medikamentendesign ergaben sich daraus tiefgreifende Folgerungen. Wenn die Beobachtung stimmte - und Murcko brachte ganz von selbst seine üblichen Vorbehalte an -, legte die Bewegung der „Klappe" mehrere Vermutungen über das Enzym nahe: Möglicherweise konnte es umfangreichere Atomgruppen binden, als es die Größe der Öffnung normalerweise zuließ; vielleicht wirkte die Klappe wie eine Falle, die das gebundene Molekül festhielt, nachdem es das aktive Zentrum besetzt hatte; und, was die faszinierendste Möglichkeit war: Vielleicht änderten sowohl das gebundene Molekül (zum Beispiel FK-506) als auch das Protein ihre Form drastisch, wenn die Klappe sich um einen Hemmstoff schloß. Nach Schreibers Hypothese verband ein Teil des Wirkstoffmoleküls sich mit dem Enzym, während ein anderer in die Umgebung ragte und mit einem weiteren Protein in Wechselwirkung trat; Murcko dagegen vermutete jetzt, die wahren geometrischen Verhältnisse könnten viel verwickelter sein. Die Kombination aus Medikament und Protein, so dachte er, könnte zu einer neuen Gesamtform führen, die für die Wirkung verantwortlich war.

Murckos Computersimulationen waren in dem Wettlauf mit Schreiber ein weiterer kräftiger Schub. Ursprünglich hatte Vertex die Harvard-Gruppe nur einholen wollen, aber jetzt hatten sie, wie Navia es formulierte, „eine eigene Story". Vor allem Navia war in Hochstimmung. „Dieser Artikel wird ein Knaller", sagte er zu Murcko. „Er ist viel interessanter, als ich zu hoffen gewagt hatte." Insgeheim bereitete er sich auf eine große Diskussion mit Schreiber vor, auf einen hochkarätigen Schlagabtausch als Rache für ihr Zerwürfnis, der seinen Höhepunkt wahrscheinlich in einer unmittelbaren Konfrontation auf der Tagung über FK-506 in Pittsburgh finden würde. Dort wollten die Vertex-Leute vor den Augen der wissenschaftlichen Öffentlichkeit Schreibers Vormachtstellung auf diesem Gebiet zum ersten Mal in Frage stellen, indem sie eine neue Theorie über die entscheidende Frage nach der Wirkungsweise des Proteins formulierten. Zumindest hatten sie jetzt, wo das Interesse sich auf biologische Strukturen verlagerte, etwas zu bieten.

Mittwochnachmittag. Der Termin für die Abgabe des Artikels war nur noch vierundzwanzig Stunden entfernt. Yamashita bemühte sich immer noch um die Fertigstellung der Struktur, aber sein Beitrag und damit auch sein Gefühl, unter Druck zu stehen, wurden bereits geringer. Es ging jetzt nur noch um ein paar Verfeinerungen am aktiven Zentrum und um die Wassermoleküle in seinem Dichtediagramm. Ansonsten lag die Hauptlast bei Navia; er hatte die beiden letzten Nächte bis drei Uhr morgens gearbeitet und den Artikel für *Nature* entworfen, den er jetzt bis zum Ende betreuen wollte. Es war seltsam. Bei Yamashita war der Wunsch, die Struktur aufzuklären, größer gewesen als alles andere. Er hatte sich über ein Jahr lang gefährlich stark unter Druck gesetzt, war bitter enttäuscht worden, hatte sich erholt und wieder grobe Fehler gemacht, war zusammengebrochen, hatte sich erneut hochgerappelt und würde jetzt innerhalb eines Tages als erster Autor auf einem karriereträchtigen Artikel stehen, den Navia als „Sühne" für ihn schrieb und den eine der führenden Fachzeitschriften einer vorherigen Abmachung zufolge mit ziemlicher Sicherheit annehmen würde. Es sah so aus, als habe er fast alles bekommen, was er sich gewünscht hatte, aber der Schmerz war auf diesem Weg so groß gewesen, daß er keine Freude empfinden konnte, sondern nur eine tröstliche Distanz, als ob er allein in einem Rettungsboot vom Ort einer schrecklichen Katastrophe weggetrieben würde – vom Untergang seines eigenen Lebens. Jetzt, da seine Gebete fast erhört worden waren, fühlte er sich argwöhnisch, teilnahmslos, zynisch und seltsam gelassen.

Neben dem letzten Schliff an der Struktur gab es für ihn jetzt nur noch ein wichtiges Thema: die Autorennennung. Als erster Autor mußte Yamashita diejenigen benennen, die das Verdienst mit ihm teilen sollten; diese Entscheidung hatte zuvor Gräben aufgerissen, die er jetzt gern schließen wollte. Die Freundschaft zu Thomson war nach ihrer Auseinandersetzung vor einem Monat vorläufig wieder intakt, aber Yamashita hatte das Gespräch nicht mehr auf das Thema gebracht, und Thomson bestand weiterhin darauf, daß sein Name in dem Artikel nicht genannt wurde. Thomson und Navia hatten mittlerweile einen Zustand eisiger Distanz erreicht: Thomson ärgerte sich über die in seinen Augen leichtfertige Art, wie Navia mit dem Protein umging, und Navia behauptete, Thomson benutze die Substanz als Druckmittel, um die Röntgenstrukturanalytiker zu erpressen. Thomson, der wieder rund um die Uhr arbeitete, hatte sich eine schwere Bindehautentzündung zugezogen und wollte erst nach vier Uhr, also in über einer Stunde, zurückkommen.

Yamashita fragte Boger um Rat. Er wollte, daß Moore und vor allem Thomson mit auf dem Artikel standen; gleichzeitig verstand er aber auch, daß Boger es vorzog, wenn die Wissenschaftler sich weniger um die persönliche Ehre und mehr um die Medikamentenentwicklung kümmerten. Boger war bissig; er hatte Navias Klagen gehört, und obwohl er sie nicht glaubte, wollte er dafür sorgen, daß Yamashita nicht einfach Thomson als Autor aufnahm, um ihn zu besänftigen. „Ich bin dir zu Dank verpflichtet, und ich bin John Thomson zu Dank verpflichtet, aber einen Kuhhandel gibt es hier nicht", sagte er. Darauf erwiderte Yamashita, er glaube ebenfalls nicht, daß Thomson das Protein absichtlich zurückhielt, aber er wolle ihn als Mitautor haben, damit Thomson wieder mit ihm sprach und arbeitete. „Wenn das so ist", sagte Boger, „wird Johns Name nicht über dem Artikel stehen, und John wird entlassen. Das ist doch nichts anderes, als wenn du in den Laden an der Ecke gehst und sagst: ‚Das ist hier eine gefährliche Gegend, und wenn du mir nicht 500 Dollar gibst, wird sie noch gefährlicher.' Es ist Erpressung." Als Yamashita ging, war er verwirrter als zuvor.

Im Computerraum saß Navia auf seinem Stuhl und schlief. In aufrechter Haltung, die Krawatte immer noch festgezogen, sah er wie ein gemütlicher Bär aus, dem das Kinn auf die Brust gesunken war. Er schnarchte leise. Nancy Stuart kam herein, Aldrichs Oberassistentin, die bei Vertex zum Mädchen für alles geworden war. Sie führte Protokoll bei den Projektbesprechungen, entwickelte Marketingstrategien und bemühte sich, die Wissenschaftler bei der Stange zu halten. Die Zweiunddreißigjährige war auf der geschäftlichen Seite des Unternehmens diejenige, der die Wissenschaftler am ehesten vertrauten, denn sie hatte eine Zeitlang selbst im Labor gearbeitet und empfand für andere ein natürliches Mitgefühl. Vorsichtig versuchte sie, Navia wachzurütteln. Er rührte sich nicht. Sie probierte es noch einmal und massierte ihn dabei ein wenig.

„Ich muß mit dir über dein Verhalten gegenüber dem *Wall Street Journal* sprechen", sagte sie. „Es muß alles über [den freien Journalisten David] Stipp laufen. Aber du mußt auch Waldholz anrufen." Michael Waldholz, ein altgedienter Medizinjournalist, hatte für das *Journal* den Bericht über die HIV-Protease geschrieben und gehörte zu den wenigen Reportern, die bei allen Wissenschaftlern einschließlich Boger persönlich bekannt, wenn auch nicht unbedingt gut angesehen waren. Schwerfällig erhob Navia sich von dem Stuhl und von der Wissenschaft, um zu telefonieren.

Yamashita starrte auf einen neuen Dichtebereich. Das aktive Zentrum erkannte er im Schlaf, aber jetzt suchte er nach etwas anderem: nach Hinweisen auf 367, die beste Substanz, die Vertex besaß. Die Struktur von FKBP-12 allein, die ihn fast zur Verzweiflung getrieben hatte, reichte allein nicht aus, wenn man Medikamentendesign betreiben und die Wirkungsweise des Moleküls untersuchen wollte. In dem eigentlichen Test mußte man die Struktur des Enzyms analysieren, wenn es als Komplex mit anderen Molekülen vorlag, das heißt, man mußte das Schloß mit einer Reihe verschiedener Schlüssel untersuchen, so daß man die Kontaktstellen unmittelbar sehen und vergleichen konnte. Schreiber und Clardy hatten offenbar den Komplex aus FKBP-12 und FK-506 bereits analysiert. An den Komplexen mit den eigenen Molekülen von Vertex konnte man vielleicht erkennen, wie die Chemiker die Moleküle abwandeln mußten, um ihre Wirksamkeit zu verbessern.

Zur Herstellung der Komplexe gab es zwei Methoden, die beide gleichermaßen teuflisch und unsicher waren: Man konnte den Wirkstoff in die vorhandenen Proteinkristalle einsickern lassen oder, was noch schwieriger war, für ihre gemeinsame Kristallisation sorgen. Yamashita hatte zunächst versucht, die Verbindung auf die Kristalle zu bringen, aber als er jetzt die Ergebnisse auf dem Bildschirm betrachtete, erkannte er keinen zusätzlichen Dichtebereich, keine neue Bindung. Das Experiment war fehlgeschlagen. Entmutigt ging Yamashita zu Murcko, um ihm über das Ergebnis zu berichten. Anschließend begab er sich sofort in den Kühlraum, um FK-506 und FKBP-12 gemeinsam kristallisieren zu lassen. „Wir wissen, daß es funktionieren muß, denn Stuart hat es geschafft", sagte er mit einem Achselzucken. „Außerdem ist es ohnehin der nächste logische Schritt."

„Das ist ein schwerer Schlag", sagte Murcko und wandte den Blick wehmütig von seinem Bildschirm ab. „Ich hatte gedacht, ich könnte heute nacht um zwölf nach Hause gehen und hätte einen ersten Eindruck davon, wo 367 am aktiven Zentrum sitzt, aber in Wirklichkeit wissen wir noch nichts. Und ich habe auch keine Ahnung, wann wir es herausfinden werden. In einer Woche? In einem Monat? In einem viertel oder einem halben Jahr?" Frustriert unterbrach er sich. Er war jetzt über ein Jahr bei Vertex und verfügte immer noch nicht über die notwendigen Kenntnisse, um mit echter Überzeugung neue Moleküle zu entwerfen; die Kluft zwischen Versprechungen und Realität führte dazu, daß er mehr klagte, als ihm lieb war. Die Wissenschaft war anstrengend genug, auch ohne daß man Zweifel hatte, ob man nicht selbst ein Hochstapler war. „Ich werde weitermachen, damit ich zu etwas nütze bin", murmelte er, „aber ohne richtige Daten kann ich nur herumspekulieren."

Boger war in Befehlslaune. Er organisierte ein halbes Dutzend Dinge gleichzeitig, und ein weiteres halbes Dutzend wartete noch auf die Erledigung. Witzig, konzentriert und geradeheraus bewegte er sich mit atemberaubender Geschwindigkeit von einem Schachbrett zum nächsten. Wenn er an seinem Schreibtisch saß, glitten die Finger seiner rechten Hand über die Computermaus wie die eines Magiers, der seine Kristallkugel berührt, und er starrte unverwandt auf den Bildschirm seines Macintosh, der sein Fenster zur Welt und seine Muse war. Abwechselnd erledigte er Telefonate – mit Ken, Holman, Schmidt und Kinsella – und eine ganze Reihe von Gesprächen mit den Wissenschaftlern, mit Aldrich und mit Nancy Stuart.

Sein Selbstbewußtsein, das nie besonders eingeschränkt gewesen war, schäumte jetzt über. So schlug er Ken vor, er solle die Patentabteilung von Harvard anrufen, „um sie Gottesfurcht zu lehren". Vertex hatte keinerlei Anrechte auf Schreibers Arbeit mehr, aber nachdem sie fast mit ihm gleichgezogen hatten, wollte Boger hinter sich Fallstricke auslegen; er war auf die Idee gekommen, Schreiber könne durch die Übereinkunft mit Clardy seinen Vertrag mit Vertex gebrochen haben. Dann ging er zu einem anderen Reizthema über und lüftete auch hier den Mantel des Schweigens. „Psst. Sehr gefährlich", grinste er; dann fuhr er fauchend fort: „Es ist ein technisches Betrugssystem, das Finanzhaie geschrieben haben ... Es ist Gezeitengebiet, das nur sechs Stunden am Tag trockenliegt." Im Gespräch mit Aldrich formulierte er, was sie Burakoff sagen wollten: „Wir betrachten seine Tätigkeit als schwerwiegenden Verstoß gegen unseren Vertrag; solange er auf diesem Gebiet arbeitet, ist er für uns als Mitglied des wissenschaftlichen Beirates nutzlos." Voller Vergnügen warnte er Kinsella, er müsse vielleicht einen schmeichelhaften Artikel über ihn im *Wall Street Journal* zurückziehen – hinter diesem Bericht war Kinsella her gewesen, um seine neue Firma bei Schreiber besser bekannt zu machen –, und dann mußte er innerlich kichern, als Schmidt, mit dem er auf einer anderen Leitung telefonierte, sich nicht an Kinsellas Namen erinnern konnte und ihn nur als den „Burschen im Aufsichtsrat, der das letzte Geld zugeschossen hat", bezeichnete.

Knowles, der Boger seit der Doktorandenzeit nicht anders kannte, sagte in einem Telefongespräch nüchtern zu ihm: „Vielleicht sollte ich besser ein paar Wochen verreisen."

Boger eilte in den Frühstücksraum. Dieser Bereich sollte nach seinem Willen seit der Gründung von Vertex ein ähnlicher Dreh- und Angelpunkt sein wie die Küche in seiner Jugendzeit. Hier trafen die Wissenschaftler aufeinander, die sonst jeweils in eigenen Sphären schwebten. Mit ein paar Kräckern und einem Glas Saft in der Hand schlenderte er zu Yamashita, der gerade am Tisch saß und die *New York Times* durchblätterte. Freundlich, aber bestimmt erklärte er, der Stuhl, den Yamashita beschädigt habe, koste 280 Dollar, und man werde ihm den Betrag vom Gehalt abziehen.

„Als ich klein war, hatte jeder von uns Brüdern einen Spuckbaum", sagte Boger. „Wenn wir richtig aus dem Häuschen waren, konnten wir spucken. Ich hab' den Baum dauernd angerotzt."

„Es macht mir Spaß, Metall kaputtzumachen", erwiderte Yamashita.

„Du bist zu technisch."

„Vielleicht. In der Doktorandenzeit gab mein Chef mir einen alten Computer und einen Holzhammer, damit ich ihn zerschlagen konnte. Es war herrlich."

„Jetzt wirkst du ganz locker."

„Und ich muß noch nicht mal etwas zerstören."

Zum ersten Mal seit Wochen herrschte zwischen den beiden eine entspannte, heitere Atmosphäre; Yamashita war ganz offensichtlich erleichtert darüber, daß er über die Gewalttätigkeit, die ihn noch vor kurzem fast zugrunde gerichtet hatte, Witze machen konnte. Jetzt gab es kein Tabu mehr. Als Navia kam und ihm zu den Verfeinerungen der Struktur mit den Worten „fabelhafte Geometrie" gratulierte, erwiderte er: „Oder eine fabelhafte Fälschung."

Mit emotionaler Unterstützung von Boger folgte ein Ausbruch verbaler Pöbeleien, der seinen unvermeidlichen Höhepunkt in der allgemeinen Hetze gegen Schreiber fand. Die Struktur von FKBP-12 hatten zwar die Doktoranden von Schreiber und Karplus sowie die Arbeitsgruppe von Clardy an der Cornell University aufgeklärt, aber es würde dennoch zweifellos Schreibers große Stunde werden. Nach den Spielregeln der Wissenschaft fällt das Verdienst dem leitenden Wissenschaftler zu, und die Idee zählt mehr als ihr Beweis; selbst die Struktur, zu deren Analyse Schreiber vor allem mit dem reinen Protein und mit der Synthese der Derivate mit schweren Atomen beigetragen hatte, würde wahrscheinlich als „Schreiber-Struktur" bekannt werden. Seine Serie bahnbrechender Entdeckungen im Zusammenhang mit FK-506 setzte sich also bruchlos fort, und sein Ausflug in die Biologie kam besser voran, als er selbst gehofft hatte. Und doch mußte er die Ehre an dem Tag seiner vielleicht bemerkenswertesten Errungenschaft mit einer kleinen Firma teilen, die ihn acht Monate zuvor ganz unrühmlich hinausgeworfen hatte und ihn heute schmähte. Die Wissenschaftler bei Vertex freuten sich darüber, aber noch zufriedener waren Boger und Aldrich, die daran ihr hämisches Vergnügen fanden.

„Stell dir nur vor, wenn Stu-Bob [Bogers und Aldrichs Spitzname für Schreiber] auf dem Weg nach Harvard mit seinem Porsche den Storrow Drive entlangfährt und es im Radio hört", sagte Aldrich. „Der wickelt sein Auto glatt um einen Baum."

Navia griff das Thema auf. Er summte die bekannte Einleitung von „All Things Considered" und tat so, als lenke er selbstzufrieden einen Wagen. Plötzlich verzerrte sich sein Gesicht: „Quiiietsch! Kraaach!"

Nur einer machte nicht mit: Thomson. Er saß ein Stück von den anderen entfernt, sah sich Navias Possen mit finsterem Blick an und pflegte seine Bindehautentzündung sowie einen schmerzhaften Ausschlag am Oberkörper, mit dem er seit der langwierigen Arbeit des Gewebezerkleinerns und Gläserwaschens zu tun hatte. „Was wir durchgemacht haben, kann niemand ermessen", sagte er. „Eine Menge unerfreuliche Schufterei, bei der wir bis zu den Knien im Dreck gewatet sind und uns eine Menge Krankheiten geholt haben. In einer Fabrik wäre das ein Fall für den Arbeitsschutz. Jedesmal wenn wir hundert Milligramm Protein hergestellt haben, mußten wir ein Zweihundertliterfaß Thymussaft mit einer Menge Schadstoffen in Einlitergefäßen mit Chloroform aufarbeiten. Aber wir machen es."

„Ich möchte mal wissen", murmelte er, „was manche anderen hier so treiben."

„Josh und ich wollen nicht zitiert werden", sagte Aldrich zu der körperlosen Stimme des PR-Mannes von Vertex, die in seinem Büro aus der Lauthöreinrichtung des Telefons drang. „Nichts von Milliarden-Dollar-Medikamenten. Wenn die Leute anrufen und mich sprechen wollen, wird die Sekretärin ihnen sagen, ich sei nicht erreichbar. Und wenn sie nach einem Wissenschaftler fragen, bist du dran", sagte er mit einem Kopfnicken zu Moore, den sie zu der Besprechung hinzugezogen hatten.

Aldrich hatte prinzipiell nichts gegen Übertreibungen, aber er wußte, daß Vertex jetzt äußerst vorsichtig sein mußte, wenn Presseanfragen wegen Moores Artikel kamen. Moore spürte diese Vorsicht genau. Er sah die Generalprobe zwar als unnötig an und hielt es für unter seiner Würde, sich von einem PR-Experten anleiten zu lassen, aber er spielte eifrig mit. Wie ein Tennisas bei seinem ersten Grand-Slam-Turnier wollte er lieber auf Sicherheit spielen. „Ich werde einfach sagen, es sei ein wichtiger Fortschritt", schlug er vor.

„Tatsachen, keine Vermutungen", riet Aldrich. „Du kannst in etwa sagen: ‚Es ist ein wichtiger Fortschritt, aber bis daraus Medikamente hervorgehen, wird es noch mehrere Jahre dauern.'"

Der PR-Mann mischte sich ein. „Jon, du solltest dich nicht in die Lage bringen, daß du sagen mußt ‚nein, nein, das kann ich nicht beantworten'."

„Ich könnte ihnen sagen, die Forschung selbst sei nicht patentierbar."

„Das solltest du nicht behaupten", erwiderte Aldrich scherzhaft. „Man weiß nie, was wir hier vielleicht noch alles patentieren."

Aldrich und Nancy Stuart hatten ein Hintergrundpapier vorbereitet; darin erklärten sie die Bedeutung von Moores Entdeckung und beantworteten hypothetische Fragen. Der PR-Mann lobte ihre Arbeit und kündigte dann, wie es seine Aufgabe war, große Dinge an.

„Wir werden das so ins Rollen bringen, daß auch noch das letzte Lieschen Müller davon erfährt", sagte er.

„Das ist uns recht", erwiderte Nancy Stuart mit einem Lächeln. Aldrich kratzte sich nachdenklich am Kinn. Und Moore versuchte, die Augen nicht allzusehr zu verdrehen.

Gegen 19 Uhr 30 saß Yamashita neben Navia im Röntgenlabor; ihm war eine neue Lösung für das Problem der Autorennennung eingefallen: Er konnte ja seinen eigenen Namen von dem Artikel streichen. Aber das überlegte er sich schnell wieder anders. „Camus sagt, es sei dumm, wenn man der Welt durch Selbstmord etwas sagen wolle", erklärte er. „Ganz ähnlich ist es auch, wenn sie mich als ersten Autor nennen wollen; selbst wenn ich glaube, ich sollte es nicht annehmen, weil andere dann beleidigt sind – was hilft es mir, wenn ich nein sage?

Aber ich könnte ja morgen plötzlich krank sein."

Navia sah von seinem Mikroskop auf und beugte sich zu ihm hinüber. „Das ist einer dieser Augenblicke, wo man eine Chance bekommt", sagte er. „Sieh' dir mal an, was du Tolles geschafft hast."

Er analysierte gerade das Ergebnis von Yamashitas Versuchen, das Protein zusammen mit 367 zu kristallisieren. Die Ansätze stammten nicht von diesem Nachmittag, sondern vom Anfang der Woche. In mehreren Gefäßen sah er nadelförmige Kristalle, die eindeutig geordnet wuchsen. Und anders als vor einem Jahr, als Yamashitas erste angebliche FKBP-Kristalle sich als Salz erwiesen hatten, zweifelte Navia diesmal nicht, daß es sich um das Protein handelte.

„Mensch, das sind Kristalle!"

„Glaubst du?" sagte Yamashita zurückhaltend. „Naja, morgen wissen wir es."

„Nein, Mason, ich glaube, du hast es jetzt schon geschafft."

Navia klopfte dem Kollegen auf den Rücken und machte sich dann wieder an die Abfassung des Artikels. Yamashita verwarf alle weiteren Märtyrergedanken und zuckte die Achseln.

„So ist das Leben", seufzte er. „Seit ich hier bin, habe ich gelernt, daß man immer das nächste Experiment finden muß. Das hält uns davon ab, uns selbst kaputtzumachen."

Eine halbe Stunde später stürmte Boger mit dem ersten Entwurf für die Zusammenfassung des *Nature*-Artikels aus seinem Büro. Diese Kurzfassung von höchstens hundert Wörtern war der wichtigste Teil der Veröffentlichung, sozusagen die Quintessenz, die der Leser beim Durchblättern der Zeitschrift als erstes überflog. Boger hatte einige Korrekturen eingefügt, während Navia den Text auf den neuesten Stand brachte, und gab ihn jetzt wortlos dem Röntgenstrukturanalytiker.

„Wie weit wollen wir uns aus dem Fenster hängen?" fragte Navia.

„Wieso ‚wir', Kemo Sabe?" erwiderte Boger. Ob der Artikel auch seinen Namen tragen sollte, war noch nicht entschieden, aber in der Regel wollte er wie Tishler nur dann genannt werden, wenn er zu den Arbeiten tatsächlich etwas beigetragen hatte. Ihn interessierte weniger seine Publikationsliste als vielmehr das höhere Ziel, ein Medikament zu entwickeln. Das Verdienst sollte in seinen Augen denen vorbehalten bleiben, die in harter geistiger Arbeit die Daten sammelten, im Gegensatz zu jenen, die das Projekt initiiert oder hinterher bequem ausgewertet hatten. Als Chemiker wandte er den strengen Kodex für die Namensnennung bei chemischen Patenten an: Entweder hatte man den Entwurf gezeichnet oder das Molekül hergestellt; alles andere war überflüssig.

Gegen 21 Uhr 30 machten Boger, Murcko und Navia eine Pause für das Abendessen. Nachdem sie die Behälter mit frittierten Klößen, frittiertem Gemüse und Frühlingsrollen aufgerissen hatten, wandten sie sich mit dem gleichen Eifer wieder dem Manuskriptentwurf zu. Für Boger war es an diesem Tag die erste Mahlzeit gewesen.

„Mir geht es um folgendes", sagte er, wobei er einen Kloß mit den Eßstäbchen aufspießte und in der Luft schwenkte, um seinen Worten Nachdruck zu verleihen. „Stuart hat bereits die Hypothese von Bindungs- und Effektordomäne, aber hier bei uns scheint diese Vorstellung auf keine große Begeisterung zu stoßen. In Wirklichkeit sieht es wahrscheinlich so aus, daß daran etwas Richtiges ist, aber das reicht nicht. Ich möchte, daß wir uns mit der Alternative beschäftigen. Ich möchte, daß wir die letzte große Hoffnung auf eine biologische Erklärung verstärken; später wird das vielleicht eine bombensichere Hypothese sein, aber jetzt bewegen wir uns damit noch auf neuem Terrain."

Navia berichtete ihm von der neuesten Computersimulation, bei der Murcko einen der besten Hemmstoffe von Vertex in das aktive Zentrum des Enzyms geschoben hatte. „Es ist vielleicht zu klein", sagte er, „vielleicht schlägt die Klappe zu und zerquetscht es. Wir brauchen einen Türstopper für die Klappe."

„Ein molekularer Türstopper", sagte Boger bedeutungsschwer, als ob ihm plötzlich ein Licht aufging. „Das ist eine umfassendere Hypothese als die von Stuart, aber sie widerspricht ihr nicht. Man braucht nicht nur eine größere Effektorregion, sondern man muß die Klappe auch einfach offenhalten." Mit anderen Worten: Nach Bogers Überlegungen sorgten die Atome nicht dadurch für die biologische Aktivität von FK-506, daß sie wie ein Sporn aus dem Komplex mit dem Protein herausragten, sondern sie veränderten die äußere Form des Proteins wie die Zunge, die man kräftig von innen gegen die Wange drückt. Das war möglicherweise sowohl eine entscheidende Beobachtung für das Medikamentendesign als auch eine unmittelbare Herausforderung für Schreiber, und Boger, der hocherfreut war, behauptete es rundheraus, obwohl sie es bei Vertex noch nicht bewiesen hatten.

„In der Wissenschaft ist es keine Sünde, Fehler zu machen", sagte er und häufte sich hungrig noch mehr Gemüse auf den Teller. „Die Sünde ist die Überinterpretation der Daten. Wenn man durch eine Menge neuer Daten widerlegt wird, ist das in Ordnung. Schlecht ist es, wenn man schon durch ganz wenig neue Daten widerlegt wird. Das bedeutet, daß man es fast geschafft hat, aber nicht ganz."

Nachdem Boger, Navia und Murcko das Durcheinander im Frühstücksraum beseitigt hatten, setzten sie sich wieder an die Computer, um die neuesten Beobachtungen zu untermauern. Ihnen blieben noch vierzehn Stunden, und sie begannen mit der nächsten Versuchsreihe.

„Das ist wirklich erfreulich", sagte Murcko, wohl wissend, daß er die ganze Nacht und bis zum Schlußtermin am nächsten Tag arbeiten würde, und in dem verzweifelten Bemühen um Daten zur Untermauerung seiner Spekulationen, die ihm gerade spontan eingefallen waren, „aber auf eine perverse Art und Weise."

Im Chemielabor kämpften Roger Tung und Dave Deininger mit nicht ganz so theoretischen Hindernissen. Wochenlang hatten sie fast jeden Abend bis Mitternacht gearbeitet und versucht, neue Hemmstoffe für die HIV-Protease herzustellen. Nachdem es Boger nicht gelungen war, das AIDS-Projekt in Japan zu verkaufen, konnte er es auch nicht ausweiten, und die Konsequenzen mußten vor allem Tung und Deininger tragen. Die Firma hatte bisher zwei Millionen Dollar in die AIDS-Forschung gesteckt, und das Projekt befand sich in einer Art absurdem Dilemma: Ohne weitere Mittel gab es keine Fortschritte, und ohne Fortschritte konnten sie keine Mittel auftreiben. Besonders Tung war in seiner Erschöpfung nervös und reizbar.

„Wir haben keine einheitliche Strategie. Wir haben kein Enzym. Wir haben keine Kristalle. Wir haben bisher nicht einmal eine aktive Struktur", sagte er. „Ich habe schon hier gesessen und gesagt: ‚Herr, nimm mich jetzt zu dir. Ich will mir die Pulsadern aufschneiden.'

Wir setzen unsere Hoffnung darauf, daß wir die gesamte biologische Aktivität unserer Moleküle verbessern können, wenn wir ein paar von den Abwandlungen vornehmen, die auch andere Firmen schon eingeführt haben, aber das ist nichts Genaues. Es ist bei jeder Verbindung anders. Wenn man Pferde und Esel zusammenbringt, entstehen daraus nicht automatisch Maultiere."

Die Entscheidung, an die Börse zu gehen, würde den Druck allenfalls noch wachsen lassen, das wußte Tung genau. Er war so in seine eigene Arbeit vertieft, daß er die anderen Wissenschaftler seit Wochen kaum gesehen oder gesprochen hatte, und deshalb hatte er nur am Rande wahrgenommen, wie die geschäftlichen Erfordernisse inzwischen in anderen Bereichen der Firma die wissenschaftliche Arbeit bestimmten. Allerdings wußte er genau, wie es sich auf ihn und Deininger auswirken würde. Als Spätstarter und mit einem Bruchteil der Zahl an Chemikern, die sich bei Merck und anderswo mit dem Thema beschäftigten, sollten sie etwas schaffen, das noch keiner Firma gelungen war: ein überzeugendes Argument dafür zu liefern, daß eine Pille zur Heilung von AIDS in greifbarer Nähe war. Schon der Gedanke war für Tung ein Angriff auf die Wissenschaft.

„Wir können uns in unserer Lage keine Fehler leisten", stöhnte er. „Es ist völlig verrückt."

Um zwei Uhr morgens schlief der völlig erschöpfte Navia wieder auf seinem Stuhl ein. Boger weckte ihn und sagte, er solle nach Hause gehen; dann redigierte er selbst bis fünf Uhr das Manuskript, fuhr anschließend nach Concord und frühstückte schnell mit Amy und den Jungen. Um 7 Uhr 30 saß er wieder am Schreibtisch. Es war jetzt Donnerstag morgen, der Schlußtermin für *Nature*. Murcko, der um vier Uhr nach Hause gefahren war, saß um acht wieder an seinem Bildschirm. Seit einem Jahr versuchte er, sich gesund zu ernähren, aber jetzt schlürfte er Cola light und kratzte die letzten Krümel aus einer Schachtel Donuts zusammen. Überall im Raum lagen leere Pommes-frites-Tüten und Pizzaschachteln herum. Neben Murckos Ellenbogen stand sein Aktenkoffer, das mobile Büro, das von Papieren überquoll – Bestellscheine, Artikel, die er begutachtet hatte, Lebensläufe von Bewerbern.

Um seine Hypothese mit der Klappe zu überprüfen und neue Wirkstoffe zu entwerfen, setzte Murcko auf dem Bildschirm mehrere Hemmstoffmoleküle in Yamashitas fertige Struktur. Boger schlenderte in Begleitung einiger Chemiker herein. Sie setzten 3-D-Brillen auf und spekulierten gemeinsam über die Theorie vom molekularen Türstopper, über den Wahrheitsgehalt dessen, was sie sahen, und über die möglichen Folgerungen.

„Es ragt ins Dunkle", sagte John Duffy, ein vierschrötiger, rothaariger Chemiker, und zeigte auf einen winzigen Effektorbereich, der aus dem Proteinrad vorstand wie ein Zweig aus einem Baumstamm.

„Das hat nicht genug Substanz für die Aktivität, die Stuart annimmt", sagte Boger zustimmend. „Da muß etwas anderes vorgehen. Aber viel schwieriger ist, daß wir die Aktivität verhundertfachen müssen. Wir brauchen einen Durchbruch, etwas ganz Neues, das so dramatisch ist wie der erste Zeigertelegraph." Der „Zeigertelegraph", eine zweiarmige Untereinheit, die wie eine winzige Schiffsklampe aussah, war bei Vertex der erste größere chemische Erfolg gewesen; mit seiner Hilfe konnten sie jetzt Moleküle herstellen, die ebenso wirksam waren wie das Cyclosporin.

Die Wissenschaftler machten mehrere Vorschläge, wie man die Wirkung von FK-506 vielleicht nachahmen konnte, aber Boger wehrte alles ab. „So toll hat die Natur das FK-506 nicht gestaltet", sagte er. „Dieses Molekül ist nur rein zufällig von Nutzen. Wir sollten uns nicht zu sklavisch bemühen, es nachzumachen."

Murcko nahm den Hinweis auf, löste den Hemmstoff auf dem Bildschirm vom Protein, drehte ihn und nahm einige entscheidende Atombindungen heraus. „Das ist ein wenig extrem", sagte er und blickte von seiner Tastatur auf. „Zu Hause solltet ihr das nicht probieren."

Die anderen lachten. Der wissenschaftliche Fortschritt sollte bei Vertex zwar eigentlich Teamarbeit sein, aber irgendwie verlagerte sich dabei der Druck immer wieder von einem Wissenschaftler zum anderen. Jetzt war Murcko an der Reihe, und er hatte noch allzu gut in Erinnerung, wie diese Erfahrung vor ihm schon Thomson, Moore und Yamashita zugesetzt hatte. Boger ging hinaus, gefolgt von Duffy und den anderen; schließlich starrten Murcko und Yamashita wieder allein in die spiegelnde Schwärze ihrer Bildschirme.

„Die einzige Triebkraft bei Vertex ist die Überheblichkeit", murmelte Murcko halb bewundernd und halb voller unverblümter Angst. „Wir haben keinen Grund zu der Annahme, daß wir gewinnen werden, aber wir weigern uns, an etwas anderes zu denken."

Ihm war nach wie vor nicht wohl, weil seine Arbeit größtenteils aus Spekulationen bestand, und dieses Gefühl verstärkte sich noch, nachdem die Firma jetzt mit ihrem nächsten größeren Fortschritt entscheidend auf ihn angewiesen war und nachdem die Konkurrenz nicht mehr Schreiber, sondern Merck hieß. Und immer noch fehlten ihm Daten. Um ernsthafte Berechnungen anstellen zu können, brauchte er Koordinaten, damit er genau feststellen konnte, wo und wie FK-506 an FKBP-12 band – und für diese Koordinaten gab es zur Zeit nur eine Quelle: Schreiber und seine Kollegen. Am vorangegangenen Samstag war Murcko zu einem Vortrag von Schreiber nach Yale gefahren. Danach hatte Schreiber ihm gesagt, er werde die Koordinaten zugänglich machen, sobald der Artikel erschienen sei. Ohne zu zögern, rief Murcko ihn jetzt an. Die Orgie des Imponiergehabes und des Eindreschens auf Schreiber stand auf einem anderen Blatt, aber hier ging es um Wissenschaft. Schreiber, verbindlich wie immer, versprach ihm die Informationen.

Murcko wunderte sich: „Stuart kann aus den Leuten wirklich sehr gut das herausholen, was er will, und sie dann fallenlassen, und das gleiche sagen viele auch über Joshua."

Um elf Uhr vormittags, eine Stunde vor dem Schlußtermin und nach einer abschließenden Strategiesitzung von Boger, Navia, Murcko und Yamashita, war der Artikel über die Röntgenstruktur endgültig fertig. Moore hatte ein paar Anrufe von der Presse erhalten, aber die Hauptaufmerksamkeit hatte sich auf die Röntgenstrukturanalytiker verlagert. Sie hatten es rechtzeitig geschafft. Durch Zusammenarbeit war Navia und Yamashita etwas gelungen, das sie einzeln nicht zuwege gebracht hatten. Die Gefühlsausbrüche von vor zwei Wochen hatten sich gelegt, und an ihre Stelle war eine unheimliche Ruhe getreten.

„Einen anderen zu beaufsichtigen ist so, als wenn man mit einem guten Boot segelt", überlegte Navia. „Alles stimmt ganz genau. Die Segel sind richtig gesetzt, und man muß nur ab und zu ein wenig das Steuerruder antippen. Bei Mason mußte ich die Hand ständig am Ruder haben."

In einem anderen Raum murmelte Yamashita verbittert: „Manuel ist ein gebranntes Kind."

Den ganzen Vormittag über grübelte Yamashita, wen er als Autoren benennen sollte. Um 11 Uhr 30 zog er sich mit Navia und Murcko in eines der kleinen Schreibzimmer neben dem Frühstücksraum zurück, um die Angelegenheit ein letztes Mal zu besprechen. Diese Zimmer, die gerade genug Platz für einen Schreibtisch, einen Computer und einen Stuhl boten, waren ein Zugeständnis Bogers an die Wissenschaftler; sie dienten als Ort des ungestörten Nachdenkens außerhalb des erbarmungslos öffentlichen Getriebes seines sozialen Experiments. Die Mitarbeiter nannten sie „Wissenschaftskapellen".

Entschlossen, aus seinen niederschmetternden Erfahrungen mit dem Manuskript ein Fünkchen Idealismus zu retten, war Yamashita jetzt gewillt, bei seiner Entscheidung „nur die reine Logik walten zu lassen, selbst wenn es unser Untergang ist". Konkret bedeutete das, daß er eher weniger Autoren benennen wollte und nicht viele, wie er es zuvor versucht hatte. Wie Boger war er jetzt der Meinung, der vergiftende Kampf um Ehre, der bei dem ersten Entwurf seines Artikels ausgebrochen war, führe in der Firma zur Spaltung, und deshalb sei es sowohl im Interesse von Vertex als auch im Interesse der Wissenschaft, wenn man solche Auseinandersetzungen möglichst entschärfe; daher sollte die Zahl der Autoren auf das absolute Minimum beschränkt werden, nämlich auf die zwei oder drei Personen, die tatsächlich die in dem Manuskript beschriebene Arbeit getan hatten. In der ruhmessüchtigen Atmosphäre der akademischen Wissenschaft gab es eine immer stärkere Neigung zur Nennung all derer, die – beispielsweise in Zusammenarbeit mit dem eigenen Team – den Weg für die beschriebenen Entdeckungen geebnet hatten oder die – wie Doktoranden und

Postdocs – die Nennung für ihre Publikationsliste brauchten. Boger hielt diese Praxis für übertrieben und unehrlich, und jetzt war auch Yamashita seiner Meinung. In einer völligen Kehrtwendung schlug er in der Kapelle des Schweigens vor, nur sich selbst, Navia und Murcko zu benennen.

Es war eine Märtyrerhaltung, die für Yamashita selbst voller Heimtücke sein konnte. Thomson und Moore würden wütend sein – und zwar zu recht, wie Yamashita fand. Außerdem würde es nach kleinkrämerischer Ruhmessucht aussehen, obwohl das nicht seine Absicht war. Unsicher, ob es richtig war, wieder einmal seinen logischen Überlegungen zu folgen, hatte er Boger schon am Morgen über seine Entscheidung unterrichtet, und dieser hatte ihm in dem Wunsch, die Wissenschaftler von ihrer Ruhmesgier abzubringen, Unterstützung gegen den unvermeidlichen Sturm der Entrüstung zugesagt. Auch Navia stimmte ihm jetzt zu, aber Murcko, der die Spannung ein wenig vermindern wollte, legte sich quer. Er erklärte Yamashita, er habe nicht so viel geleistet, daß er den Ruhm einheimsen wolle, und bat ihn, seinen Namen von dem Artikel zu streichen.

Damit war die Entscheidung gefallen. Vertex würde in der Frage der Autorenschaft ein Musterbeispiel der Einfachheit schaffen und damit aller albernen wissenschaftlichen Geltungssucht einen schweren Schlag versetzen. Der Artikel über die Röntgenstrukturanalyse sollte nur die Namen der Röntgenstrukturanalytiker tragen: Yamashita und Navia.

Aber was logisch ist, ist nicht immer praktikabel, und Boger hatte Vertex vor allem gegründet, damit dort gearbeitet wurde. Von der Furcht um negative Auswirkungen getrieben, platzte er plötzlich herein, unangemeldet, aber wie auf ein Stichwort. „Ich habe es mir anders überlegt", sagte er. Jetzt war er dafür, alle Personen zu nennen, deren Beiträge für das Projekt unentbehrlich gewesen waren, auch wenn sie in dem Artikel nicht ausdrücklich beschrieben wurden. Er drängte Yamashita, auch Thomson, Fitzgibbon und Moore in die Liste der Autoren aufzunehmen. Dann verdrückte er sich mit einem Lächeln ebenso schnell und provokativ, wie er hereingekommen war.

„Wir waren platt", berichtete Yamashita später. „Es war ein unglaublicher Schock. Nach den Regeln der reinen Logik, so meinte er, wäre es klug, die Frage der Autorennennung jetzt ein für allemal abzuhandeln. Vermutlich war es besser, mich zu opfern als einen Kompromiß zu schließen. Aber er meinte, er verstehe meine Schmerzen und Manuels Schmerzen und Marks Schmerzen, und die Angelegenheit sei es nicht wert, daß sie uns noch mehr schmerzte als bisher. Er sagte, es sei ein Fehler gewesen, daß er John nicht sofort eine Veröffentlichung gestattet hatte. Hätte er das getan, hätte sich nach seiner Ansicht die ganze Frage, ob John auf dem Artikel über die Strukturaufklärung genannt werden sollte, überhaupt nicht gestellt."

Mit Bogers Meinungsumschwung war die Sache erledigt, und Yamashita wurde vor allen weiteren Versuchen der Selbstaufopferung bewahrt. Um 11 Uhr 55 faxte

Boger den Artikel über die Röntgenstrukturanalyse an *Nature*; eigenhändig fütterte er das Gerät mit den Seiten. Unter dem Titel „Röntgenstruktur des wichtigsten Bindeproteins für das Immunsuppressivum FK-506, aufgeklärt mit *molecular replacement* unter Verwendung eines Strukturfragments aus einer NMR-Untersuchung" standen als Autoren Yamashita, Murcko, Boger, Moore, Thomson, Fitzgibbon und Navia in dieser Reihenfolge. Thomson und Moore hatten ihrer Nennung als Coautoren zugestimmt, aber in der Hektik beim Abschicken des Artikels hatte keiner von beiden ihn zu Gesicht bekommen. Mißmutig und verärgert lehnten sie es ab, sich an dem allgemeinen Freudentaumel zu beteiligen.

„Was ist eine Judasziege?" fragte Yamashita.

Zusammen mit Navia und Murcko war er am Spätnachmittag immer noch damit beschäftigt, Fotos und Diagramme zusammenzustellen, so daß er sie um 17 Uhr mit dem Kurierdienst an *Nature* schicken konnte. Es herrschte eine Atmosphäre von Selbstlob und Versöhnlichkeit; kleine Lügen schwirrten hin und her, die wie ein Desinfektionsmittel brennen und gleichzeitig heilen sollten.

Navia, der gerade etwas zu essen hinunterschlang, hatte es eilig: Er wollte um sechs Uhr nach St. Louis fliegen, wo er eine Ortsbesichtigung des NIH leiten sollte – wiederum eine seiner Nebentätigkeiten. Er erklärte, das sei eine Ziege, die man in den Viehhöfen hielt, damit sie die anderen Ziegen zur Schlachtung führte. Sozusagen ein professioneller Verräter der schlimmsten Sorte.

„Hört auf, den armen Mason zu veräppeln", lachte Murcko; dann hielt er inne. „Das heißt, wenn er aufhört, uns zu veräppeln."

„Das will ich gar nicht", sagte Yamashita. „Wie wäre es mit Judashühnern? Judaskühen? Judas...

„Mason ist einfach toll", sagte Murcko.

„Das habe ich schon gesagt, seit er in dieser Firma angefangen hat", erwiderte Navia.

„Seine Qualitäten", triumphierte Murcko, „werden nur noch von seiner Bescheidenheit übertroffen."

Jetzt war auch der letzte Wissenschaftler davon überzeugt, daß Boger scheinbar gegen alle Vernunft scheinbar unerreichbare Ziele setzen und ihnen dann auch gerecht werden konnte. Die ganze Woche über hatte er die Firma durch einen Sumpf aus Geschäft und Wissenschaft gesteuert, ohne sich die Hände schmutzig zu machen. Und jetzt am Freitag sollten er und alle anderen den Lohn einstreichen.

Der Medien-Blitzkrieg hatte hervorragend funktioniert. Das *Wall Street Journal* – die einzige Zeitung, auf die es jetzt bei der beabsichtigten Börseneinführung von Vertex noch ankam – stellte die Aufklärung der Struktur an diesem Tag eindeutig als Unentschieden zwischen Schreiber (in Zusammenarbeit mit Karplus), Clardy (ebenfalls mit Schreiber) und Vertex dar. „Drei Wissenschaftlerteams berichteten, sie hätten das entscheidende molekulare Geheimnis eines hochwirksamen Medikaments gelüftet, welches das Immunsystem unterdrückt", schrieb das *Journal* an herausgehobener Stelle auf der ersten Seite des zweiten Teils. Zwar wurden Schreiber und Karplus als erste genannt, aber Vertex war die einzige Firma, die in dem Bericht vorkam, und deshalb war der Name fett gedruckt, wie es dem üblichen Zugeständnis der Zeitung an ihre ewig unter Zeitdruck stehenden Leser in den Vorstandsetagen entsprach. Investoren, die nach etwas Neuem für ihre Vormerkdateien suchten, verstanden die Bedeutung der Entdeckung vielleicht nicht, aber sie konnten jetzt einen Namen mit dem „Milliarden-Dollar-Markt" in Verbindung bringen, den Clardy prophezeit hatte. Von den anderen Zeitungen, die über die Angelegenheit berichteten, erwähnte nur die parteiische *Harvard Gazette* Vertex nicht an herausragender Stelle.

Schreiber war, wie Boger gehofft und vorausgesehen hatte, völlig verblüfft. Ihm fiel seine Unterhaltung mit Moore Ende Januar wieder ein. Damals, so sagte er, habe er den Eindruck gehabt, „sie seien von der Struktur noch meilenweit entfernt", und Moores Namen hatte er völlig vergessen; der jüngere Moore war auch erst zu Vertex gekommen, nachdem Schreiber dort nicht mehr erwünscht war. Schreiber wußte seit Wochen, daß *Nature* zur gleichen Zeit berichten würde, und hatte sogar gehört, wie andere „Moore et al." erwähnten, aber die Verbindung hatte er nicht hergestellt. „Nein, ich war wirklich überrascht", sagte er später kopfschüttelnd.

Vor allem boten die gleichzeitig erschienenen Artikel aber etwas, das in der Hektik um die Fertigstellung bei Vertex völlig untergegangen war: Bestätigung. Molekülstrukturen kann man auch mit den leistungsfähigsten Mikroskopen nicht sehen; ob sie richtig aufgeklärt wurden, ist letztlich erst dann bewiesen, wenn andere Wissenschaftler unabhängig zu dem gleichen Ergebnis gelangen. Daß die NMR-Strukturen von Moore und Schreiber praktisch identisch waren und sich nur geringfügig von Clardys mit Röntgenstrahlen aufgeklärter Struktur unterschieden, war der Beleg, daß wahrscheinlich beide Gruppen recht hatten. Vor allem Moore war erleichtert: Als er am Donnerstag einen Vorabdruck von Schreibers Artikel gelesen hatte, bekreuzigte er sich in übertriebener Manier. Die Unterschiede zu Clardy, das wußte er, waren wahrscheinlich auf das in der Röntgenstruktur ebenfalls enthaltene FK-506 zurückzuführen. Besorgniserregender war etwas anderes: Yamashitas Struktur wich immer noch in mehreren entscheidenden Punkten von den drei anderen ab, insbesondere in der Biegsamkeit der „Klappe"; sie war in den drei anderen Strukturen nicht so frei beweglich. In der allgemeinen Euphorie hatte man über die Unterschiede zwischen Moores und Yamashitas Befunden hinweggesehen, aber innerlich konnte sich keiner von beiden ganz von bösen Vorahnungen und dem Gefühl der Unvereinbarkeit freimachen. Die Idee von dem molekularen Türstopper war ganz und gar von der leichten Beweglichkeit in Yamashitas Struktur abhängig. Irgend etwas mußte biegsam sein.

In der wissenschaftlichen Welt gab es Stirnrunzeln über das neue Beispiel für ein Phänomen, das allgemein verdächtig erschien: die gleichzeitige Ankündigung sogenannter Unentschieden. Unter der Überschrift „Wettlauf um die Veröffentlichung" erwähnte das *Journal* die Entscheidung von *Nature*, die Nachrichtensperre aufzuheben. Und in der Rubrik *News and Views* von *Nature* schrieb Dagmar Ringe, eine Röntgenstrukturanalytikerin der Brandeis University, in einer vernichtenden Kritik, das Interesse an den Immunophilinen habe zu einer „Epidemie" von Veröffentlichungen zu diesem Thema geführt. „Das Gebiet hätte dringend mehr Zusammenarbeit und weniger Konkurrenz nötig", schrieb sie. Viele Leute machten sich Sorgen: daß blindes Konkurrenzdenken die biologisch-medizinische Forschung untergraben könnte; daß Artikel in dem Veröffentlichungswettlauf unkritisch oder in machen Fällen überhaupt nicht begutachtet wurden; daß die Veröffentlichung von Entdeckungen in den Medien vor einer Bewertung durch andere Fachleute zu Fehlern, Verzerrungen und Betrug führen könnte; daß die für Universitäts- und Industrieforscher gleichermaßen bestehende Notwendigkeit, aus ihren Entdeckungen Kapital zu schlagen, zu einer Atmosphäre führte, in der bedeutungslose Vielschreiberei höher bewertet wird als wissenschaftliche Strenge und Originalität; alle, die solche Bedenken hatten, konnten jetzt einen neuen Präzedenzfall anführen. Und erwartungsgemäß stempelte man Vertex, das einzige beteiligte Privatunternehmen, in der ganzen Affäre zum schwarzen Schaf. Boger hatte solche Skrupel natürlich nicht. Er verfolgte klare Ziele, und nachdem er jetzt eines davon erreicht hatte, machte er sich an die nächste Aufgabe: die Börseneinführung. Zusammen mit Aldrich und Nancy Stuart fuhr er am Freitagmorgen zu Warner and Stackpole, einer Anwaltskanzlei in der Innenstadt von Boston, der Ken als Seniorpartner angehörte und die für Kidder und seine Anwälte aus New York zum Brückenkopf geworden war. Die Firma befand sich in einem von mehreren zu teuer gebauten, zu billig vermieteten Marmorpalästen, die aus dem Bauboom Mitte bis Ende der achtziger Jahre übriggeblieben waren. Der Kanzlei selbst ging es aber gut. Mit ihren oval gestalteten Büroetagen, die einen postmodernen Innenhof umschlossen, war sie das genaue Gegenteil von Vertex: auf Hochglanz poliert, dezent und auffallend modisch – altes Geld mit neuem Glanz.

Wenn man Aktien für eine Firma anbietet, lautet die entscheidende Frage: Was ist das Unternehmen wert? Bei Gesellschaften, die fest etabliert sind und Gewinne machen, ist die Antwort relativ einfach: Der Emissär multipliziert den Überschuß mit einer Zahl, in der sich die Leistungsfähigkeit der Firma widerspiegelt, und teilt das Ergebnis durch die Anzahl der Aktien. Bei kleineren Unternehmen jedoch, die keinen Gewinn erwirtschaften und erst in einigen Jahren ihr erstes Produkt anbieten werden, ist die Wertermittlung eher rätselhaft. Sie hängt von einer Vielzahl verschiedener Annahmen und Schätzungen ab: Wann werden die ersten Gewinne anfallen? Wie groß werden sie sein, und wie lange werden sie sich fortsetzen? Welche Rendite erwartet ein Investor angesichts der Erlöse, die er anderweitig erzielen kann? Besonders schwer faßbar sind die Antworten auf solche Fragen bei neuen Biotechnologiefirmen wie Vertex. Wann sie ein neues Produkt auf den Markt bringen können, hängt nicht von der Firma ab, sondern von der FDA; unter Umständen hat ein Unternehmen nach mehrjähriger, kostspieliger Entwicklungsarbeit nichts, was es verkaufen könnte. Es gibt Patentverletzungen, unvorhergesehene technische Neuerungen, endlose Fragen nach der Unbedenklichkeit der Produkte. Eine überwältigend große Wahrscheinlichkeit spricht für den vollständigen Fehlschlag. Dennoch versuchen die Emissäre, solchen Firmen einen Wert zuzuschreiben, und die Firmen selbst tun alles, um diese Bemühungen zu unterstützen. Dazu dienen Formeln, Zahlenverhältnisse und andere mehr oder weniger empirische Maße für Dinge, die man wie viele wissenschaftliche Untersuchungsgegenstände nicht sehen und vielleicht nie genau kennenlernen kann.

Boger hatte mit solchen Unwägbarkeiten längst seinen Frieden gemacht, aber die Kidder-Leute wollten jetzt eigens eine Bestätigung haben. Sie wollten, wie Holman es formulierte, „sehen, ob Josh echt ist". Diese Aufgabe fiel anderen zu: im wesentlichen Nancy Stuart und den Wissenschaftlern, die sich zu diesem Anlaß gut gekleidet hatten und jetzt gruppenweise bei Vertex abfuhren; sie gaben sich in dem Sitzungszimmer von Warner and Stackpole die Klinke in die Hand wie die Zeugen bei einem Geschworenenprozeß.

Stuart, die einzige Frau zwischen all den Männern im Raum, legte energisch die Zeitplanung für die ersten Gewinne von Vertex dar. Die Firma, so erklärte sie, rechne für das Jahresende mit dem Nachweis eines neuen Immunsuppressivums; Anfang 1993 könnte dann die klinische Erprobung beginnen, und die Markteinführung sei 1997 möglich – in etwa sechs Jahren. Für HIV bot sie einen noch knapperen Zeitplan an: Identifizierung eines geeigneten Moleküls bis zum Spätsommer, klinische Versuche Ende 1992, Gewinne 1995. Es war eine aufsehenerregende Behauptung: In etwas über achtzehn Monaten sollte ein AIDS-Medikament für die Erprobung an Menschen zur Verfügung stehen, und in noch nicht einmal vier Jahren sollte es Gewinne bringen. Geschickt verteidigte Stuart diese Voraussage. Sie erklärte den Juristen, Vertex habe bereits neue Verbindungen, die in Zellkulturen gegen HIV wirksam seien. Mit einer Firma in Kalifornien hatten sie einen Vertrag über die Erprobung an einem neuen Stamm gentechnisch veränderter Mäuse, welche die meisten Bestandteile des menschlichen Immunsystems besaßen und mit HIV infiziert waren. Wenn diese Verbindungen wirksam waren, konnte Vertex den normalen Ablauf der präklinischen Erprobung abkürzen und mit den Tests unmittelbar zu Primaten übergehen. Wie Merck würden sie anschließend in Europa die klinische Erprobung in Gang setzen und gleichzeitig Daten für die FDA sammeln, die verzweifelt nach neuen AIDS-Medikamenten suchte und alles, was auch nur den geringsten Erfolg versprach, energisch förderte.

Stuart befürchtete, die Kidder-Leute würden ihre Geschichte für zu spekulativ halten, zu sehr voller Lücken und zu sehr einstudiert. „So etwas hat man schon hundertmal gehört: neue Technologie, tüchtige Leute. ‚Ja, schon gut‘", unterbrach sie sich selbst, „‚aber jetzt erzählen Sie uns mal etwas über die Substanzen für die klinische Erprobung.'" Aber die Kidder-Leute waren beeindruckt. Die größte Sorge bei kleinen Biotechnologiefirmen bestand darin, daß sie auf alle Ewigkeit Geld zum Fenster hinauswarfen, aber bei Vertex war man offenbar entschlossen, bald Gewinne zu machen. Das war sogar der Hauptgrund, warum die Firma sich der AIDS-Forschung zugewandt hatte. Zwar waren auch Dutzende anderer Firmen aus dem gleichen Grund hinter AIDS-Meddikamenten her, aber Holman fand die Geschichte von Vertex auch in diesem Punkt außergewöhnlich.

Die Wissenschaftler dagegen waren beunruhigt. Daß ihre knappen Zeitpläne an die Öffentlichkeit gebracht wurden, trug schlicht und einfach zu ihrer Belastung bei. „Das HIV-Projekt ist ausgesprochen stark strapaziert", beschwerte sich Tung. „Mich beunruhigt vor allem, daß wir selbst unter den günstigsten Umständen nicht das schaffen könnten, was wir versprochen haben. Das wäre schon mit voller Personalausstattung schwierig genug, und daß wir die bekommen, sehe ich bisher nicht. Wir verlassen uns mehr auf das Glück als auf unsere Leistungen, und das macht mir Sorgen. Es macht mir große Sorgen."

Murcko, der ebenfalls befragt wurde, war noch aufgebrachter. Er ärgerte sich über die Einmischung. Als er wieder in den Computerraum ging, riß er sich die Krawatte herunter und fauchte: „Ein Mittagessen für fünfzehn Personen zu fünfhundert Dollar, und wir mußten jede Cola bezahlen."

Boger und die Wissenschaftler waren zwischen der wirklichen Welt der wissenschaftlichen Spekulation und den Illusionen der Wall Street hin- und hergerissen. Gegen Mittag, während Boger, Murcko und Navia bei Warner and Stackpole zu Mittag aßen, kam ein Fax von *Nature*. Darin hieß es, angesichts der Ähnlichkeit zu der Röntgenstruktur von FKBP-12, die *Science* am gleichen Tag veröffentlicht habe, werde man das Vertex-Manuskript nicht begutachten lassen. Als Yamashita das Schreiben las, fiel er in Ohnmacht. Vierundzwanzig Stunden zuvor hatte er mit Navia, Murcko und Boger gejubelt, und zwar nicht nur weil sie Schreiber eingeholt hatten, sondern auch weil sie eine neue Hypothese über die biologische Wirkung des aktuellsten Proteins der Welt aufgestellt hatten. Sie hatten unbarmherzig geschuftet, um den Termin einzuhalten, der *Nature* ebenso entgegenkam wie ihnen. Und jetzt sollten diejenigen, die den wissenschaftlichen Gehalt ihrer Arbeit beurteilen konnten, den Artikel nicht einmal zu Gesicht bekommen. Auch hier wies *Nature* offenbar wie anfangs bei Moore eine möglicherweise entscheidende wissenschaftliche Arbeit einzig und allein wegen ihrer eigenen Konkurrenz mit einer anderen Fachzeitschrift zurück.

Als Boger zurück war, nahm er den Brief sofort an sich, um eine Antwort zu formulieren, einen kunstvollen, übertrieben höflichen, in einfachem Zeilenabstand gedruckten Wortschwall von drei Seiten. Bei dieser neuen Gelegenheit, sich nach einer Woche der fast ununterbrochenen Krisen aufzuschwingen, zeigte Boger sich wieder einmal von seiner intelligentesten und gleichzeitig ätzendsten Seite.

Aus wissenschaftlicher Sicht, so schrieb er, habe *Nature* „überzeugende" Gründe, die Entscheidung zu überdenken. Erstens war da die Struktur selbst: Sie war einmalig. Im Gegensatz zu Clardys Struktur stellte sie das Protein ohne gebundenes Molekül dar (das heißt, es war die erste Röntgenstruktur des Enzyms selbst), und von Moores und Schreibers NMR-Strukturen unterschied sie sich so stark, daß sich die Frage stellte, wie das Protein denn nun tatsächlich aussah. Gleichzeitig stellte sie die Befunde von Clardy und Schreiber unmittelbar in Frage, denn diese hatten behauptet, die Konformation des Proteins ändere sich durch die Bindung von FK-506 im Vergleich zum nativen Zustand „nur wenig". „Wie aus unseren Befunden zu ersehen ist", schrieb Boger, „scheint dies offensichtlich und in erheblichem Umfang unrichtig zu sein ... Bei der Bindung von FK-506 *müssen* [Hervorhebung hinzugefügt] recht bedeutende Veränderungen der Proteinstruktur stattfinden, insbesondere im Bereich der ‚Klappe', die das aktive Zentrum abdeckt." Außerdem wies er auf die Zusammenarbeit zwischen Moore und Yamashita hin: Es sei „erst das zweite Mal, daß NMR-Befunde in die Röntgenstrukturanalyse eingeflossen" seien, und erstmalig habe man mit einem Abschnitt der NMR-Struktur das Problem des *molecular replacement* gelöst.

Jedes dieser Argumente hätte schon allein ausgereicht, bei *Nature* ein Umdenken zu rechtfertigen; zusammengenommen sprachen sie völlig überzeugend dafür. Aber Boger konnte es sich nicht verkneifen, noch weiter zu gehen. Er erinnerte die Redakteure von *Nature* rundheraus an das Abkommen, das sie bei der Revision ihrer Entscheidung über Moores NMR-Struktur getroffen hatten. „Wir wären nicht ehrlich, würden wir nicht unserer Enttäuschung über Ihre schroffe Antwort auf unser Manuskript Ausdruck verleihen", schrieb er gegen Ende des Briefes. „Die positive Entscheidung der Redaktion, das NMR-Manuskript zur Begutachtung zu schicken, wurde erst gefällt, nachdem wir *auf Ihren Wunsch hin* die Einzelheiten über unsere Röntgenstrukturanalyse dargelegt und uns verpflichtet hatten, Ihnen später das detaillierte Manuskript einzureichen. Damit haben wir in einer Angelegenheit, die wir nur als etwas Ähnliches wie einen Handel betrachten können, unseren Teil voll und ganz erfüllt."

Boger hatte sich nicht so weit vorgearbeitet, um sich jetzt abweisen zu lassen. Am Ende des Briefes setzte er *Nature* eine Frist bis zum Ende der Geschäftszeit am Montag, die Entscheidung zu revidieren – genau einen Tag. Ansonsten, so schrieb er, werde Vertex ihre Version der Geschichte von FK-506 und FKBP – „vielleicht das aktuellste Thema in der medizinisch bedeutsamen biologischen Forschung", wie er noch einmal bissig bemerkte – bei einem Konkurrenzblatt einreichen.

Auf die Wissenschaftler, unter ihnen Navia und Yamashita, deren Namen Boger noch über seinen eigenen auf den Briefkopf gesetzt hatte, wirkte der Brief frech, undiplomatisch und vielleicht zerstörerisch. Sie fürchteten, *Nature* werde nie mehr ein Manuskript mit dem Namen der Firma veröffentlichen. Aber sie hatten keine andere Wahl als mitzumachen. „Wir haben schon ihre Regel Nummer 1 sabotiert, wonach man nie einen bereits abgelehnten Artikel veröffentlicht", sagte Navia. „Demnach dürfte es kein Problem sein, auch Nummer 62 zu sabotieren, wonach man keine zweite Röntgenstruktur publiziert." Dennoch war aus seinen Worten ein ängstlicher Unterton herauszuhören. Sie konnten jetzt nur warten und hoffen, daß Bogers Überheblichkeit sie nicht alle wie weiland Ikarus abstürzen lassen würde.

Der Zeitunterschied zwischen London und Cambridge betrug fünf Stunden. *Nature* hatte für die Antwort Zeit bis Montag mittag Ortszeit.

Die zweite Kehrtwendung von *Nature* innerhalb eines Monats kam mit genau siebenundzwanzig Minuten Verspätung um 12 Uhr 27. Boger akzeptierte sie großzügig. Es bedeutete immer noch, daß andere, die strengere Maßstäbe anlegten und die Situation genauer kannten, den Artikel gutheißen mußten, aber in Navias Augen war das letzte große Hindernis beseitigt. Jetzt war alles bereit für die große Auseinandersetzung mit Schreiber, und daß Vertex dabei gewinnen konnte, glaubte er mit dem gleichen Selbstvertrauen wie Boger.

„Stuart hat sich aus dem Fenster gehängt", sagte Navia. „Seine Arbeit enthält eine Hypothese, die zu einer Schlußfolgerung führt. In seinen Augen ist FKBP ein unbequemer Störenfried, ein Sockel für FK-506. Aber er versteht nichts von Biologie. Der *Nature*-Artikel wird ihm ganz schön gegen den Strich gehen."

„Wenn wir den Komplex haben", sagte er, als sei ihm gerade noch etwas eingefallen, „dann nehmen wir ihn auseinander."

18

Im Jahr 1974, als Boger Doktorand war, ließ sich seine Mutter nach vierunddreißig Jahren scheiden. Die Ehe war in ihren Augen unwiderruflich zerrüttet. Charlie Boger kam an einem Freitagmorgen im Oktober völlig verzweifelt in das große Kolonialstil-Backsteinhaus, in dem Joshua und seine Brüder aufgewachsen waren und das, wie seine Mutter oft gesagt hatte, „so gut zum Leben war ... und Kinder so gut gedeihen läßt". Er setzte sich ein Gewehr an die Schläfe und betätigte den Abzug.

Joshua, der damals an der Harvard University studierte, war besorgt, aber nicht erschüttert. Schon seit Jahren hatte er zu seinem Vater kein besonders enges Verhältnis mehr gehabt. Zu der Erkenntnis aus seiner Jugendzeit, daß er „die Welt unter Kontrolle hatte", gehörte auch die Fähigkeit zur Abwehr von Dingen, die er nicht beeinflussen konnte, und eines davon war die Beziehung zu seinem Vater. Die beiden besaßen die gleiche Halsstarrigkeit und waren seit Joshuas Kinderzeit immer wieder aneinandergeraten: Auf einem Angelausflug zum nahegelegenen Lake Norman warf er zum Beispiel einmal einen Fisch zurück ins Wasser, und Charlie war darüber so empört, daß er ihn aus dem Boot warf. Durchweicht und voller ohnmächtiger Wut hatte Joshua den ganzen Nachmittag und noch einige Tage danach kein Wort mit ihm gesprochen. Als Joshua in der Highschool war und es in der Ehe seiner Eltern bereits kriselte, hatte er seinen Vater innerlich abgeschrieben. Auf die telefonische Mitteilung, sein Vater habe sich erschossen, reagierte Boger nüchtern. „Aus der Erkenntnis, daß man die Welt unter Kontrolle hat, ergibt sich unter anderem, daß alle anderen sie auch unter Kontrolle haben", sagt er. „Viel trauriger wäre ich gewesen, wenn ein betrunkener Autofahrer ihn getötet hätte oder wenn er monatelang im Krankenhaus gewesen wäre."

Nachdem nun die Börseneinführung bevorstand, forderte Bogers Auftrag vor allem diejenige Seite an ihm, die vorwiegend von seinem Vater stammte: seine verkäuferischen Fähigkeiten. Er handelte nicht aus einem versteckten, einseitigen Kampf um Selbständigkeit heraus. Aber seine psychologischen Kenntnisse reichten aus um zu wissen, daß insbesondere Männer zu dem werden, was sie sind, indem sie ihre Väter und Vaterfiguren überwinden. Bei Merck war Boger unter anderem deshalb so schnell aufgestiegen, weil er seinen ersten Mentor fallengelassen hatte, einen temperamentvollen ägyptischen Juden namens Joe Rokash, der ihn von West Point nach Rahway gebracht hatte. Rokash hatte Bogers Karriere vom Laborforscher zum leitenden Wissenschaftler in Gang gesetzt, und diese Laufbahn sollte jetzt, wenn er zum Vorstandsvorsitzenden einer Aktiengesellschaft wurde, ihren Höhepunkt finden. Um an der Wall Street ein großes Geschäft einfädeln zu können, mußte er die beruflichen Schwächen seines Vaters noch stärker hinter sich lassen als mit seinem Ehrgeiz, die Pharmaindustrie umzukrempeln; er mußte ausprobieren, wie weit er schon gekommen war und wie weit er es bringen konnte.

Eigentlich war es paradox. Bogers Ehrgeiz hatte sich immer vorwiegend auf die Wissenschaft gerichtet; das Geschäftliche war nur ein Mittel zum Zweck, eine notwendige Voraussetzung, damit wissenschaftlich etwas geschehen konnte. Nur in diesem Zusammenhang bedeuteten ihm geschäftliche Erfolge etwas, und im Gegensatz zu vielen anderen in seiner Stellung verherrlichte er die Wall Street nicht als Arena der Selbstbestätigung. Vagelos, der Chef von Merck, hatte offenbar seinen Spaß daran, Investoren zu beeindrucken. Boger dagegen war schon lange vor seinem Auftritt im Vista, der jetzt zwanzig Monate zurücklag, zu dem Schluß gelangt, die Wall Street sei von einer hoffnungslosen, leichtfertigen Launenhaftigkeit und liege damit unter seinen intellektuellen Begabungen, von den Unterschieden im moralischen Anspruch ganz zu schweigen. Außerdem hatte er trotz seiner hervorragenden Fähigkeiten auf diesem Gebiet nur wenig Respekt vor dem Akt des Verkaufens, insbesondere wenn er kein fachkundiges Gegenüber hatte. Und doch brauchte Boger die Wall Street unendlich viel mehr als sie ihn. Er wollte handeln ohne zu zögern, und zwar zielstrebig und nach seinen eigenen Vorstellungen. Er würde alles tun, damit seine Geschäfte die Aufmerksamkeit auf sich zogen.

Erst einmal bedeutete das, daß er die Geschichte von Vertex neu schreiben mußte, damit sie den aufgeputschten, überspannten Erwartungen der Börsianer entsprach. Oder, wie Aldrich es formulierte: Es gab jetzt eine Menge „Produkte", die sich „um das Geld rissen", das neuerdings in die Biotechnologiefirmen floß. Gleichzeitig waren die Anleger aber nach dem Regeneron-Debakel scheu wie junge Katzen. Dieser Widerspruch kam den Stärken von Vertex nach Bogers Überzeugung nur entgegen.

Die meisten Firmen, die jetzt an die Börse gingen, waren Biotechnologieunternehmen im engeren Sinne: Wie ihr Vorreiter Amgen beabsichtigten sie, Medikamente durch Genmanipulation herzustellen. Aber im Gegensatz zu Amgen und der ersten Generation der Gentechniker sprachen sie nicht nur über die Produktion von Proteinen, die besonders schwierig zu gewinnen sind, als Injektion verabreicht werden müssen, im Organismus schnell abgebaut werden und sehr leicht Patentstreitigkeiten zum Opfer fallen können. Die neuen Firmen hatten vielmehr atemberaubende Vorstellungen von „Supermedikamenten", „intelligenten" Molekülen, die durch genauere Zielrichtung und fortgeschrittene Technologie viele herkömmliche - biotechnisch oder anders hergestellte - Medikamente überflüssig machen sollten. Es war wie der

Unterschied zwischen Workstations und Mainframe-Computern oder zwischen Handys und herkömmlichen Tischtelefonen. Es kursierten die unterschiedlichsten Geschichten: Wirkstoffe sollten an die Zuckermoleküle binden, die in den Zellen als Wegweiser dienen, so daß diese blockiert wurden und eine Entzündung verhinderten; oder sie sollten die Informationsübertragung von der DNA zum Proteinsyntheseapparat kurzschließen und so Krankheiten wie AIDS und Krebs abschwächen; genetisch veränderte, in Organe verpflanzte Zellen sollten als Fabriken für Wirkstoffe gegen Krebs und Diabetes dienen; Impfstoffe sollten stärkere Wirkungen zeigen; Kamikazemoleküle sollten die Antikörper, körpereigene Abwehrstoffe gegen Krankheiten, zu winzigen Lenkwaffen machen, die auf anormale Zellen zielten.

Boger wußte genau, welches Problem sich bei allen diesen Supermedikamenten stellte: Bisher war in keinem einzigen Fall nachgewiesen, daß sie wirkten. Die dahinterstehenden theoretischen Überlegungen warfen tiefschürfende Fragen auf: Welches waren die Zielpunkte im Organismus, und waren diese Zielpunkte überhaupt aktiv? Würden die Moleküle im Organismus überleben? Wie stand es mit den Nebenwirkungen? Das wußte niemand, denn experimentelle Befunde gab es nicht: Die Mechanismen waren im wesentlichen Theorie. Vertex dagegen wollte kleine Moleküle herstellen, die bekannte Enzyme blockierten, genau wie Merck und die anderen Großunternehmen es schon seit Jahrzehnten taten – „kleine Pillen in einer Flasche mit weißer Watte obendrauf", wie Boger es gerne formulierte. Solche Medikamente waren relativ einfach herzustellen und zu patentieren; außerdem wußte man, daß sie wirken. Die entsprechenden Märkte waren etabliert und riesengroß. Boger wußte, daß er den Hunger der Wall Street nach Supermedikamenten befriedigen mußte, aber nur insoweit, als er Vertex von den damit verbundenen Zweifeln fernhalten konnte; auf diese Weise, das wußte er, konnte man den unguten Gefühlen in der Wall Street gegensteuern und Vertex als eine sicherere Anlage darstellen.

Es gab auch andere Firmen, die sich mit strukturorientiertem Moleküldesign beschäftigten und das gleiche behaupteten wie Vertex; die wichtigste war Agouron Pharmaceuticals, eine siebzehn Jahre alte Firma in La Jolla, die sich als erste ausschließlich dem Medikamentendesign anhand von Proteinstrukturen verschrieben hatte. Boger machte sich aber über alle Vergleiche zwischen den beiden Unternehmen lustig. Im April hatten die Röntgenstrukturanalytiker von Agouron beispielsweise in *Science* bekanntgegeben, sie hätten eine Teilstruktur des Enzyms aufgeklärt, mit dessen Hilfe sich das AIDS-Virus der T-Zellen bemächtigt. Es hatte eine ganze Reihe schmeichelhafter Presseberichte gegeben, die von der Firma sorgfältig koordiniert wurden, und die Aktienkurse waren in die Höhe gegangen. Wie man jedoch bei genauer Lektüre des *Science*-Artikels feststellen konnte, besaß die betreffende Stelle des Enzymmoleküls, die nach Angaben der Firma „eindeutig einen wichtigen klinischen Ansatzpunkt" darstellte, „keine nachweisbare Aktivität". „Ein totes Ziel", spottete Boger ungläubig. „Wo ist das Medikament?"

Aus geschäftlicher Sicht war die Geschichte von Vertex in drei Punkten anders, und diese drei Punkte wollte Boger jetzt mit Nachdruck deutlich machen: den fachübergreifenden Ansatz, die Einstufung der Chemie als wichtiges, aber den anderen Disziplinen gleichgestelltes Fachgebiet und die Abstammung der Firma, die sich auf die Hauptrichtung der pharmazeutischen Industrie und insbesondere auf Merck, das Lieblingsunternehmen der Wall Street, zurückführen ließ. „Schlaue frühere Merck-Mitarbeiter machen Moleküle mit Computern", sagte Aldrich hintergründig. Agouron hatte eine hervorragende Abteilung für Röntgenstrukturanalyse, in vielen Augen sogar die beste der Welt. Aber Pharmaunternehmen verdienen ihre Milliarden mit Molekülen und nicht mit Molekülstrukturen. Anders als bei Vertex hatte man sich bei Agouron offenbar voll und ganz darauf versteift, Hemmstoffe erst nach der Aufklärung einer Struktur zu entwerfen; das würde beispielsweise eine Entwicklung wie die Verbindung 367 von Vertex sehr unwahrscheinlich machen, denn diesen vielversprechenden Wirkstoff gab es schon einige Monate, bevor die Struktur von FKBP-12 analysiert war. Wie Schreiber, so wollte auch Boger zeigen, daß die Zukunft der Biologie in der Synthese neuer, besserer Verbindungen lag, also in der Chemie, und für diesen Zweck hatte Vertex eine konkurrenzlose Ahnenreihe vorzuweisen. Vertex war aus Merck hervorgegangen. Was brauchten die Anleger sonst noch zu wissen?

Den ganzen Mai über arbeitete Boger an seinem Diavortrag. In der Vergangenheit hatte er ihn immer wieder neu maßgeschneidert, so für Risikokapitalgeber, Führungskräfte von Pharmafirmen oder andere Wissenschaftler, die kaum Erklärungen brauchten. Jetzt aber würde er das unwissendste Publikum vor sich haben, das ihm je begegnet war: institutionelle Anleger, Fondsmanager, Anlage-Glücksritter und Mindestpreishändler, lauter Leute, die kaum eine Vorstellung von seiner Arbeit hatten und den Aktienhandel nach Kriterien betrieben, die er verachtete. Wie immer versuchte er, sich in ihre Gedanken hineinzuversetzen. Auf einem Dia stellte er zum Beispiel Karikaturen von einer Injektionsspritze und einer Pillenflasche nebeneinander. Neben der Spritze stand die Zahl 5 Millionen – der Gesamtumsatz aller biotechnologisch hergestellten Medikamente; bei der Flasche stand in viel größeren Lettern die Zahl 160 Millionen, das Gesamtvolumen des Marktes für kleine Moleküle. Das Bild faßte knapp und stark vereinfacht mehrere wichtige Aussagen zusammen. Aldrich formulierte sie so: „Pharma-Verkaufsschlager gibt es nicht für akute Krankheiten, sondern für die chronischen Fälle, und das heißt, man muß sie einnehmen können – Tabletten. Und da versagt die Biotechnologie." Boger war stolz auf das Dia. Es bestätigte ebenso wie sein Hinweis auf den „Schlamm aus der Pfütze", seine Erklärung für das Durchmustern von Naturstoffen, die Stellung von Vertex als Vorreiter einer neuen Art der Medikamentenentdeckung, eines dritten Weges, der raffinierter und zweckmäßiger war als die Methode der großen Pharmaunternehmen, aber auch einträglicher und günstiger als die Biotechnologie. Das konnte sogar der am wenigsten vorgebildete Käufer verstehen.

Von seinem Vater hatte Boger gelernt, wann man unverblümt reden kann und wann man sich besser zurückhält, so daß die Phantasie der Käufer die Führung übernimmt, beispielsweise wenn es um mögliche Märkte geht. Aber er mußte auch die wissenschaftliche Arbeit von Vertex verkaufen, und das war eine anspruchsvollere Aufgabe. Er brütete darüber nach, wie man sie vereinfachen konnte. Immer wieder ging er das Thema mit Holman und den Verkäufern von Kidder durch, und jedesmal sahen sie ihn verwundert an, wenn er so grundlegende Begriffe wie *Zielprotein*, *Hemmstoff* oder sogar *Bindung* gebrauchte. Nachdem ihn eines Vormittags mehrere Verkäufer aus der Kidder-Delegation gedrängt hatten, im Zusammenhang mit dem Ineinandergreifen der Moleküle lieber „kleben" anstelle von „binden" zu sagen, schlug er endgültig die Hände über dem Kopf zusammen. „Es ist wirklich schwierig", sagte er. „Auf diese Ebene habe ich mich noch nie hinunterbegeben. Mit dem Begriff Ungefährlichkeit komme ich vielleicht noch davon, aber Wirksamkeit muß ich schon erklären."

„Ich glaube", seufzte er, „das ist ganz in Ordnung, aber ich sollte das besser alles beiseite lassen und mich mit der Frage der naturwissenschaftlichen Ausbildung in den Vereinigten Staaten beschäftigen."

Schließlich drängte Boger die ganze Geschichte von Vertex in weniger als dreißig Dias zusammen, die Hälfte des sonst Üblichen. Viele davon waren verblüffende neue Computergraphiken von Murcko. Mehrere Tage lang hatte er sie entworfen und ausgeführt, statt wissenschaftlich zu arbeiten; jetzt betrachtete er sie zwiespältig und hielt sie eigentlich für zu einfach. Eine Serie von Kugel-Stab-Diagrammen zeigt FKBP-12 zuerst allein, dann mit FK-506 über dem aktiven Zentrum und schließlich mit FK-506 und einer nicht näher bezeichneten firmeneigenen Verbindung von Vertex, die mit der Präzision von zwei Satelliten an das Protein angedockt hatten. Die Reihenfolge erweckte den Anschein, als habe die Firma tatsächlich Aldrichs „Verbindung der Flekken" in die Tat umgesetzt, als habe sie zwischen die Atome von FK-506 Abstandshalter gebaut, die für seine Aktivität notwendig waren, und so bessere Wirkstoffe hergestellt. Noch eindrucksvoller war ein hübsches Bänderdiagramm der HIV-Protease, in deren Hohlraum ein Hemmstoffmolekül lag wie die Perle in einer Auster. Wie einfach, konnte man denken. Elegant und von betörender Sinnlichkeit.

Boger, der Dias und Computergraphiken von Molekülen gleichermaßen schätzte, machte Murcko überschwengliche Komplimente. „Großartige Dias", sagte er. „Man kann alle möglichen Ziele damit verfolgen." Als Aldrich aus dem Nachbarbüro hereingeschlendert kam, nahm er das Thema wieder auf. Dave Livingston, der ein Dia mit dem Hinweis bemerkte, die Wissenschaftler bei Vertex hätten zusammen vierzig Jahre Berufserfahrung mit Aspartylproteasen meinte scherzhaft zu ihm: „Und was das Geschäftliche angeht, wieviele Jahre gesammelte Erfahrung haben wir im Verkaufen von Schall und Rauch?" Aldrich lächelte. „Es kommt auf die Stärke der Absicht an", erwiderte er.

In der vorangegangenen Phase, als es um die Veröffentlichung von Moores Artikel und den Umgang mit *Nature* gegangen war, hatten Wissenschaft und Geschäft Boger gleichermaßen vorangetrieben, aber jetzt war er in reiner Verkaufslaune und dachte nur an Geld. Der Druck, der Börsenaufsicht schnell etwas vorzulegen, so daß Vertex an die Börse gehen konnte, bevor das Investitions"fenster" in der Wall Street wieder zuschlug, beanspruchte seine Energie und Aufmerksamkeit vollständig. Es gab sogar schon Anzeichen, daß es zu spät war. In der dritten Maiwoche wurde Regeneron zu 11 Dollar 75 gehandelt, nachdem der Kurs sechs Wochen zuvor noch bei 22 Dollar gelegen hatte. Isis, eine weitere Vorzeigefirma mit einer reizvollen Geschichte über DNA-Blockierung, war angeblich in Schwierigkeiten, und ImmuLogic, eine Neugründung in Cambridge, die sich auf Peptidmedikamente spezialisiert hatte, mußte den Ausgabekurs von 14 bis 16 Dollar auf zwölf reduzieren. Die Wirtschaftspresse hatte die allgemeine Nervosität aufgegriffen und spann die Geschichte weiter, insbesondere das *Journal*, das nun jeden Tag Prophezeiungen über eine bevorstehende Krise veröffentlichte. Der Markt, der offenbar unter Gedächtnisschwund litt und seit Jahresbeginn vergessen hatte, daß jede Börseneinführung außerordentlich riskant war, daß die Kurse bei fast allen Neugründungen gegenüber dem Ausgabepreis nachgegeben hatten und daß selbst Amgen eine Zeitlang auf drei Dollar gesackt war und sich erst später wieder erholt hatte, erwachte jetzt voller Schrecken und mit einem ziemlichen Kater. „Diese Leute entdecken gerade irgendwelche Substanzen und verlangen dafür einen soliden Marktpreis", klagte ein Fondsmanager empört. „Warum soll ich einen soliden Preis für ein Risikounternehmen bezahlen?"

Boger in seiner typischen Art ließ sich davon nicht beeindrucken. Wie immer wollte er „alles offenlassen" und erst im letzten Augenblick entscheiden, ob er die Aktienemission weiterbetrieb. Ebenso typisch war es für Aldrich, daß er die Serie des *Journal* ebenso für die Welle an Rückschlägen verantwortlich machte wie den überhitzten Markt selbst. Er schrieb jetzt den ganzen Tag, von sieben Uhr morgens oft bis Mitternacht, und faxte einen Entwurf nach dem anderen an Kidder und an Warner and Stackpole, wo Anwaltssekretärinnen rund um die Uhr Schriftstücke für die Börsenaufsicht tippten und stündlich Rücksprache mit Boger und den Aufsichtsratsmitgliedern hielten. Boger ging so vor, als bewege Vertex sich unausweichlich auf die Börseneinführung zu, obwohl in ihm allmählich die Gewißheit wuchs, daß es zu spät war. „Als ich sah, wie Icos zusammenschmolz, und als ich dann noch von einem Freund bei Merrill Lynch hörte, wie schlecht es ImmuLogic geht, mußte ich lachen, denn ich dachte, es sei vorbei", sagte er. „Aber dann schrieb ich doch den ganzen Tag Entwürfe. Man wird wieder hineingezogen."

Der vorläufige Emissionsprospekt war am 29. Mai 1991 fertig, knapp fünf Wochen nach der Entscheidung, Vertex an der Börse einzuführen. Es war ein außergewöhnliches Schriftstück – nicht weil es anders war als die von einigen Dutzend anderer Firmen, deren Anträge bei der Börsenaufsicht lagen, sondern weil es genauso war:

mit spärlicher Substanz (denn darüber gab es wenig zu berichten), aber mit vielen Risikofaktoren.

Insbesondere das letztere. Die Firma war zum Beispiel zu einer ganzen Reihe von Feststellungen verpflichtet: Das strukturorientierte Moleküldesign hatte bisher noch zu keinem zugelassenen Medikament geführt; Vertex hatte vor, auf unbestimmte Zeit nur Geld auszugeben; es gab „keine Garantie", daß sie ein Medikament finden, entwickeln, vermarkten oder herstellen konnten und daß es zugelassen wurde, von Gewinnen ganz zu schweigen; viele Konkurrenten hatte „erheblich größere finanzielle, technische und personelle Reserven"; und Vertex konnte vielleicht nicht ohne die „Schlüsselfigur" Boger überleben, für den die Firma deshalb eine Lebensversicherung über zwei Millionen Dollar abgeschlossen hatte.

Angesichts so geringer Sicherheiten und derart dünner Erfolgsaussichten war es vielleicht ein Wunder, daß man Vertex oder den anderen biologisch-medizinischen Neugründungen überhaupt den Aktienverkauf gestattete. Aber das setzte eine Ordnungsliebe und ein öffentliches Vertrauen voraus, die weit über die Verpflichtungen und den Horizont der Wall Street hinausgingen. An der Börse gab es nur eine Grundregel: *caveat emptor* – Käufer, sei vorsichtig. Mit dem Antrag bei der Börsenaufsicht erfüllte Vertex die Verpflichtung gegenüber der Wahrheit und dem Allgemeinwohl. Was auch geschehen mochte, die Anleger konnten hinterher nicht sagen, man habe sie nicht gewarnt.

Boger hatte keinen Risikofaktor geleugnet oder heruntergespielt. In der pharmazeutischen Industrie sind Fehlschläge die Regel, und für kleine Firmen gilt das ganz besonders. Hinter der Gründung von Vertex stand sogar die Überlegung, die Risiken der Medikamentenentwicklung nacheinander zu umschiffen und den ganzen Ablauf wissenschaftlicher, sicherer und vorhersagbarer zu gestalten. Aber jetzt, nachdem die Risiken offengelegt waren, stand es Boger frei, nicht mehr darüber zu reden, sie zu übertünchen und die Geschichte von Vertex so zu verkaufen, als habe er sie vollständig im Griff. Er gab sich so schwungvoll und allwissend wie immer. Vertex mochte tatsächlich eine kleine, entsetzlich unprofitable Firma sein, die ohne Produkte, mit unerprobter Technologie und fehlenden Erfolgsaussichten gegen einen Berg alptraumhafter Unsicherheiten ankämpfte, aber das gleiche galt für alle kleinen Firmen. Im Vergleich zu anderen, so Boger, war Vertex wie Amgen. Jetzt, wo er wohl bald selbst mit den Anlegern sprechen konnte, war er überzeugt, daß sie gar nicht anders konnten als ihm zuzustimmen.

Voller Energie ging Boger in die Antragsperiode, jene vier bis sechs Wochen, in denen die Börsenaufsicht die Vorschläge von Vertex prüfte, während Kidder und die anderen Emissäre den Verkauf bei den großen Fonds, die sechzig bis achtzig Prozent aller Erstausgabeaktien kaufen, vorbereiteten; er war so unbekümmert, als habe Vertex Rekordgewinne gemeldet. Die erste Preisforderung, auf die sie sich nach endlosen Gesprächen mit Holman und der Verkaufsabteilung von Kidder geeinigt hatten, betrug 13 bis 15 Dollar je Aktie – ehrgeizig, aber nicht überzogen. Wieder hatte Boger aus einem Rückstand heraus und gegen starken Widerstand gleichgezogen, diesmal sogar mit der Wall Street, und niemand, nicht einmal er selbst, konnte voraussehen, was die Börse in ihrer unendlichen Launenhaftigkeit als nächstes tun würde.

Die Wissenschaftler betrachteten die Sache verständlicherweise anders.

Sie sahen unbewiesene wissenschaftliche Behauptungen, unerfüllte Erwartungen und ungewisse Ziele – eine Geschichte, die immer mehr den Bezug zur Realität verlor. Sie hatten Moleküle, die noch weit davon entfernt waren, Medikamente zu sein, die Labors waren bis zum Äußersten ausgelastet, und das Schreckgespenst Schreiber stand an der Wand. Bei den Immunophilinen waren noch viele Fragen offen: Wie wirkte FKBP-12? War es der entscheidende Ansatzpunkt? Wie verband es sich mit FK-506? Wie kam es zu den Nebenwirkungen des Medikaments, die immer stärker denen des Cyclosporins ähnelten? All das führte zu einer großen Unsicherheit, wie man bei der Konstruktion neuer Wirkstoffe vorgehen sollte und ob man überhaupt bessere Wirkstoffe gestalten konnte. Bei HIV waren die Chemiker überfordert und mußten aus einem Rückstand heraus mit den Patenten anderer Firmen kämpfen, es gab kein Protein für die Röntgenstrukturanalyse, und vor einem Protease-Hemmstoff stand immer noch das große Hindernis, daß er den Darm überwinden mußte. Und was vielleicht am schlimmsten war: In den Augen der Wissenschaftler fehlte immer stärker ein zentraler Brennpunkt. Als einzelne hatten sie zwar außergewöhnliche wissenschaftliche Leistungen erbracht, aber zur Medikamentenentwicklung bedarf es einer geschickten Führung, und ohne Boger, der sich entweder mit Aldrich zum Ausarbeiten seiner Dias zurückzog, nach New York zu Sitzungen mit den Kidder-Verkäufern flog oder Anfang Juni nach Japan verreiste, weil er ein letztes Mal versuchen wollte, das HIV-Projekt „an unsere Nudelkameraden" zu verkaufen, waren die Projektbesprechungen allmählich im Sande verlaufen. Boger hatte absichtlich keinen Statthalter eingesetzt, weil er auf selbsternannte Führungspersönlichkeiten rechnete, und damit überließ er es den Wissenschaftlern, sich allein durch die unzähligen Fachfragen zu arbeiten. Aber das Experiment ging schief: Die Wissenschaftler waren frustriert, voller Widerwillen, erschöpft und in einigen Fällen ohne Hoffnung.

„Joshua soll nicht immer nur mit den Geldburschen reden, sondern auch mal wieder seine Leute streicheln", erklärte Jon Moore. „Wissenschaftler wollen gehätschelt werden. Man muß sie jeden Tag wie ein Vater behandeln."

Boger rechtfertigte den Widerspruch, daß er draußen einen wissenschaftlichen Ansatz verkaufte, der seiner Führung bedurfte, während er gleichzeitig gerade wegen der Verkaufstätigkeit diese Führung nicht ausüben konnte, als unvermeidlichen Preis dafür, daß die Geschäfte liefen. Er hörte sich an wie ein Vater, der mit seinen Kindern redet, oder vielleicht wie Charlie Boger, der Joshua erklärte, warum er so oft nicht zu Hause war. Letztlich, so meinte er, könne er sich auf diese Weise nicht weniger, sondern mehr um die wissenschaftliche Arbeit der Firma kümmern, weil ein großer Geldsegen ihn von der ständigen Notwendigkeit befreien würde, Projekte zu verkaufen und hinter Abkommen herzujagen. Er stellte für die nahe Zukunft einen Tag in Aussicht, an dem er nicht mehr auf jeden Todestrip gehen mußte; statt dessen würden die anderen Firmen zu Vertex kommen, und er könnte die Tätigkeit stärker überwachen und dafür sorgen, daß alles lief wie geplant. Natürlich glaubten die Wissenschaftler ihm kein Wort. Wenn sie sahen, wie er zu Warner and Stackpole oder zu Sitzungen mit institutionellen Anlegern fuhr, hatten sie den Eindruck, er habe eine neue Lieblingsbeschäftigung, eine neue Herausforderung. Allmählich fragten sie sich, ob es Boger überhaupt noch um Wissenschaft ging oder um den Höhepunkt seiner eigenen Karriere – „er will auf die Titelseite der *Business Week*", murrten einige.

Die Preisgestaltung der Vertex-Aktien hatte das Mißtrauen noch verstärkt. Natürlich nahm man an, durch die Börseneinführung würden alle, die mit der Firma zu tun hatten, reicher werden, und das vielleicht in aufsehenerregendem Umfang; die Klonierung der Millionäre ist eine der hartnäckigsten – und reizvollsten – Klischeevorstellungen über kleine Firmen, die an die Börse gehen. Aber wegen des unsicheren Marktes mußten Vertex und Kidder sich eines mathematischen Taschenspielertricks bedienen, um den Preis der einzelnen Anteile festzulegen. Dieses Manöver, das bei neuen Aktiengesellschaften häufig angewandt wird, heißt *Zusammenlegung von Aktien*. Dabei vermindert man die Zahl der Anteile, um den Kurs zu stützen. Als man sich bei Vertex für den Bereich von 13 bis 15 Dollar entschieden hatte, schienen solche optimistischen Kurse am Markt durchsetzbar zu sein. Nachdem sich aber das Anlageklima verschlechterte, mußten andere Firmen, beispielsweise ImmuLogic, ihre Kurse zurücknehmen. Statt das gleiche zu tun, was nicht nur das Ansehen von Vertex geschmälert hätte, sondern von den Investoren auch als Zeichen der Schwäche gedeutet worden wäre, hatten sich Boger und der Aufsichtsrat für eine Zusammenlegung im Verhältnis 3:2 entschlossen. Der Wert der Anteile jeder einzelnen Person blieb gleich – drei Anteile zu jeweils zwei Dollar waren das gleiche wie zwei Anteile zu drei Dollar –, aber viele Wissenschaftler fühlten sich dennoch hintergangen.

„Es geht nach dem Motto ‚Was tust du mit mir?'", erklärte Holman. „Ich geb' dir drei, du gibst mir zwei? Und dann ist der Kurs auch noch niedriger, als ich gedacht hatte? Ich glaube, ich habe zweimal verloren.'"

In den Labors kursierte das Gerücht von der Zusammenlegung der Aktien schon einige Tage, bevor sie offiziell bekanntgegeben wurde. Der gestreßte Boger, der sie für kein besonders wichtiges Thema hielt, eröffnete es den Wissenschaftlern in einer oberflächlichen, hastig einberufenen Versammlung im Frühstücksraum; er wirkte ungeduldig und gereizt, weil er dafür Rede und Antwort stehen sollte. Plötzlich machte sich der aufgestaute Ärger Luft. Besonders erbost war Dave Armistead, der leitende Chemiker des Immunophilinprojektes. Er sagte, er sei wie die anderen Wissenschaftler vorwiegend wegen des Anreizes durch die Aktien zu Vertex gekommen, und jetzt ändere Boger einfach die Spielregeln. Das komme geradezu einem Betrug gleich. Er sprach über mögliche juristische Schritte gegen die Firma, an die auch andere Wissenschaftler schon gedacht hätten, und tobte noch mehrere Tage, bevor er sich beruhigte. „Wie du siehst, gehöre ich nicht zu denen, die von der Idee entzückt sind", schimpfte er später. „Ich werde mich nicht ewig daran festhalten, aber ein paar Tage lang bin ich sauer."

Die Verärgerung ließ den ganzen Juni über nicht nach, sondern zerfraß wie ein Schwelbrand die Einmütigkeit, die mit Moores *Nature*-Artikel ihren Höhepunkt gefunden hatte. In der Art, wie Boger damit umging, spiegelten sich in den Augen vieler Wissenschaftler die neuen Prioritäten wider, die er und die Firma gesetzt hatten. „Das ist Joshs Scheißlaune", beschwerte sich Jeff Saunders. „Er ist nicht darauf aus, jemanden rauszuekeln, aber er kann sehr herablassend sein. Wenn seine Geschäftslaune einsetzt, weiß man, daß er etwas tut, worüber er nicht reden will." Und dann war da das Gefühl der kollektiven Ohnmacht, das sich in Armisteads Auflehnung widerspiegelte, einer Aktion, die selbst sein engster Freund und Rivale Saunders nicht ohne Genugtuung mit einem „Hintergrundrauschen ... und Mäusekot" verglich.

Vielleicht das Schlimmste war der plötzliche, unvermeidliche Neid zwischen den Wissenschaftlern selbst. Die Aktienzusammenlegung schien nicht nur zu zeigen, daß der Kuchen kleiner geworden war, sondern die Vorschriften der Börsenaufsicht zwangen jetzt auch zur Offenlegung einiger Besitzverhältnisse. Obwohl Bogers 780 000 Anteile auf 520 000, Navias 103 000 auf 67 000 und Aldrichs 87 500 auf 59 000 zusammenschrumpften, was bei einem Preis von 15 Dollar je Aktie einem Geldwert von 7,8 Millionen, einer Million beziehungsweise 900 000 entsprach, machte sich Widerwille breit. „Es war, als hätte man uns in aller Öffentlichkeit die Hosen heruntergezogen", sagte Navia, und doppelt angegriffen fühlte er sich, als Boger, der „noch einen Namen von Merck brauchte", ihn zum Manager ernannte, so daß sein Gehalt von 92 000 Dollar ebenfalls offengelegt werden mußte. Insgesamt herrschte eine gereizte, vergiftete Atmosphäre. Saunders meinte: „Der Club V bekommt in den Beziehungen zwischen Wissenschaft und Management immer mehr Ähnlichkeit mit Squibb. Ich bin beeindruckt davon, wieviel Habgier hier zum Vorschein kommt."

Wissenschaftlich war es wieder einmal eine Phase der Frustrationen. Obwohl sie von Schreiber den Vorabdruck eines Artikels bekommen hatten, in dem die Zucht der sogenannten Cokristalle genau beschrieben wurde, hatte man bei Vertex die Struktur des Komplexes aus FKBP-12 und FK-506 immer noch nicht aufgeklärt. Besonders unglücklich war Murcko. „Merck hat sie. Abbott hat sie. Glaxo hat sie vielleicht auch", sagte er, „nur wir haben sie nicht. Wir können die Verformbarkeit des Enzyms besser verstehen, weil wir die native Struktur als Ausgangspunkt haben, aber die anderen haben viel mehr Computer und viel mehr Leute. Wenn es um das Design von Medikamenten geht, sind sie uns voraus."

Mittlerweile war das Immunophilinprojekt längst nicht mehr die offenkundige Aufgabe, FKBP-12 mit einem gut gestalteten molekularen Schraubenschlüssel zu blockieren, wie Boger es sich anfangs vorgestellt und sowohl den Wissenschaftlern als auch Chugai mit so großem Erfolg verkauft hatte; es war vielmehr zu einem wissenschaftlichen Minenfeld geworden. Niemand hatte noch eine Vorstellung davon, was eigentlich das Ziel der Arbeit war. Versuchten sie, Schreibers Effektorregion zu imitieren? Sollte Yamashitas drehbare Klappe offengehalten werden? Oder beides? Oder keines von beiden? Was für eine Funktion hatte der vorstehende „Griff" von FK-506 in der Zelle? Entstanden die Nebenwirkungen des Medikaments, weil es an zu viele Partner band, oder konnte man sie abschneiden wie überschüssiges Fett und Knorpel? „Das hier ist hundertmal schwieriger als alles, woran ich bisher gearbeitet habe", sagte Murcko, „einschließlich der HIV-Protease. Es ist ein entsetzlicher Alptraum. In einem Jahr sind wir alle wieder gottesfürchtig."

Bei *Nature* hatte man jetzt, nachdem die Struktur von Clardy und Schreiber bereits veröffentlicht war (und vielleicht auch weil man sich für Bogers Indiskretion rächen wollte), keine Eile mehr; mit der Begutachtung von Yamashitas Artikel ließ das Blatt sich Zeit. Navia ärgerte sich darüber, daß er in seinem imaginären Krieg mit Schreiber eine „Feuerpause" einlegen mußte, und war außerdem durch die Vorwürfe der anderen Wissenschaftler verletzt. Diesmal war es Yamashita, der sich nicht nur um ihn kümmerte, sondern ihn richtiggehend hätschelte und beruhigte. „Manuel", sagte er ohne den leisesten Anflug von Ironie, „ist ein ganz Großer."

Ohne den Komplex aus FKBP-12 und FK-506 boten die beiden einander widersprechenden Strukturen von Moore und Yamashita den Chemikern wenig brauchbare Anhaltspunkte; erfolglos bemühten sie sich, bessere Verbindungen als 367 herzustellen. Nach übereinstimmender Ansicht von Moore und Yamashita würden sich die Unterschiede, die für die Veröffentlichung jetzt nicht mehr von Bedeutung waren und sich wahrscheinlich auch nicht auf das Medikamentendesign auswirken würden, sofort in Wohlgefallen auflösen, wenn sie erst die Struktur des Komplexes kannten. Da es keine klare Stoßrichtung gab und die Konkurrenzsituation zwischen ihnen immer noch nicht geklärt war, wandten sie sich anderen Arbeiten zu. Boger war entsetzt. Er ging auf Weltreise und versuchte zögernde Anleger davon zu überzeugen, daß man bei Vertex mit dem strukturorientierten Design schon weit vorangekommen war, und gleichzeitig war die bemerkenswerteste Errungenschaft der Firma in Wolken des Zweifels gehüllt.

„Die Leute sind in den letzten Monaten faul geworden", schimpfte er Ende Juni nach einer Projektbesprechung. „Wir haben zwei verschiedene Strukturen, und außer mir scheint das niemanden zu kümmern. Diese Burschen haben wirklich ein kurzes Gedächtnis. Vor zwei Monaten haben sie sich gegenseitig die Kastanien aus dem Feuer geholt, und jetzt reden sie nicht einmal mehr miteinander. Das ist schlechte Wissenschaft."

Wie bei dem Abkommen mit Chugai, so steckte Boger auch diesmal in dem zentralen Dilemma seiner Welt: Um Wissenschaft zu betreiben, braucht man Geld, und um sich Geld in konkurrenzfähigem Umfang zu beschaffen, braucht man Blendwerk, das genau das Gegenteil von Wissenschaft ist. Man muß sich wirklich anstrengen.

„Unsere Strategie", so Holman, „lautet: nur keine Zurückhaltung. In diesem Markt sind wir alle nervös, und deshalb sollten wir hinterher nicht zurückblicken und sagen ‚Ach hätte ich doch nur ...'." Kidders Plan sah ein „umfassendes, massives Marketing in den Vereinigten Staaten, Japan und Europa" vor, eine weltweite Blitzkampagne, die am 27. Juni 1991 in Tokio beginnen und anschließend in einem fünftägigen Wirbel in fünf europäischen Städten an Fahrt gewinnen sollte. Den Höhepunkt schließlich sollte eine doppelte Tournee durch die Vereinigten Staaten bilden, bei der zwei Teams jeweils zwei Städte am Tag aufsuchten, bis schließlich am 12. Juli in San Francisco und Seattle, Portland und Palo Alto der krönende Abschluß erreicht war. Bis dahin sollten die Anleger sich den Hoffnungen zufolge in einem Zustand befinden, der zu einer Überzeichnung des Angebots im Verhältnis zwei zu eins oder vielleicht sogar drei zu eins führte, so daß Vertex den geforderten Preis oder wie Regeneron einen noch höheren erzielen konnte. Aber Holman wollte keine Chance auslassen. Normalerweise richten sich solche Verkaufstourneen ausschließlich an institutionelle Anleger, aber er bestand darauf, daß ein zweites Team aus Navia und Keith Ehrlich, dem neuen Rechnungsprüfer von Vertex, sich auch mit den Kleinanlegern beschäftigte, Einzelpersonen, die nicht so „preisempfindlich" waren wie die Fondsmanager und die man vielleicht dazu veranlassen konnte, den Kurs ein wenig hochzutreiben.

„Die Geschichte von Vertex war so, daß wir das Geschäft ohnehin abschließen konnten", sagt Holman, „aber der Markt war überhitzt. Es war ein Lehrbuchbeispiel: zu viele Abschlüsse, schlecht kalkulierte Preise, und alle hatten darunter zu leiden. Als wir die letzten Vorbereitungen für die Verkaufstournee trafen, hatte Kidder allein zweiundzwanzig Verkaufsanträge laufen, und acht oder neun davon wurden bereits vertrieben. Wenn wir beispielsweise in Boston einen Fondsmanager anriefen, sagte er: ‚Ach wißt ihr, ich habe heute schon zwölf Einladungen zum Mittagessen.' Bei den Institutionen mußten wir eine gewaltige Vorarbeit leisten. Wir brachten Josh hier in ein Hotel und holten dann Leute - Insider - aus dem ganzen Land, die wir so anstachelten, daß sie zu ihren Klienten sagten: ‚Ich weiß, daß es schon zwölf sind, aber davon ist das hier diejenige, wo du hingehen mußt.'"

„Das Problem ist", sagte Aldrich am Vorabend der Verkaufstournee, „daß viele Anleger gesehen haben, wie eine Sache nach der anderen den Bach runtergegangen ist, und deshalb fragen sie sich, warum sie jetzt kaufen sollen, wenn sie die Aktien in einem Monat zum halben Preis bekommen können. Das heißt, daß wir selbst unser volles Vertrauen zu dem Angebot ausdrücken müssen. Selbst meinen besten Freunden sage ich: ‚Da wird was draus, das ist keine Frage, also besorgt sie euch - wenn ihr noch könnt.'"

Um das Flair eines hochaktuellen Geschäfts aufrechtzuerhalten, wollten die Kidder-Leute Vertex als beste Geschichte in einem Jahr der Geschichten verkaufen, oder, wie Holman es ausdrückte, als Crème de la crème. Boger, für den Vertex immer der Klassenprimus gewesen war, machte gerne mit. Er ließ in seiner Geschichte alle Gesichtspunkte weg, die nicht völlig überzeugend und absolut wahr klangen. Die Realität konnte und sollte darin keinen Platz haben. Unmittelbar vor seiner Abreise nach Japan gab er Nancy Stuart und den Wissenschaftlern sogar die Anweisung, ihn nicht darüber zu informieren, was sich während seiner Abwesenheit in den Labors tat. Angeblich wollte er so dafür sorgen, daß sich in seinen Vortrag keine Ungenauigkeiten einschlichen, aber es diente ihm auch als Feigenblatt für das Leugnen möglicher Rückschläge. Wenn es schlechte Nachrichten gab, wollte er nichts davon wissen, damit sie ihn nicht von dem perfekten Bild des eindeutigen Erfolges ablenkten, das er zeichnete und zeichnen mußte. Als wolle er das Image des offenherzigen Menschen – und vielleicht auch des ehemaligen Harvard- und Merck-Wunderkindes – weiter verstärken, nahm er sich kurz vor der Abreise auch noch den Bart ab.

Aber die Realität mischte sich doch ein. Am 24. Juni, einen Tag bevor Boger und die anderen nach Tokio fliegen sollten, berichteten die *F-D-C Reports*, ein Mitteilungsblatt der Pharmaindustrie, das allgemein als „rosa Blätter" bekannt ist, in großer Aufmachung über den „oral aktiven HIV-Proteasehemmstoff von Vertex Pharmaceuticals". Der Artikel war aus dem Emissionsprospekt geklaut und nicht selbständig weiterrecherchiert; es hieß darin, Vertex habe drei niedermolekulare Verbindungen, welche die HIV-Protease in Zellkulturen blockierten, und wolle Ende 1992 mit der Erprobung an Menschen beginnen. In Wirklichkeit hatte in dem Prospekt nur gestanden, die Firma „versuche", ein oral zu verabreichendes AIDS-Medikament für asymptomatische, also noch gesunde Virusträger zu entwickeln. Vertex besaß keine solche Wunderpille und behauptete das auch nicht. Aber als Boger und die anderen sich auf den Weg machten, herrschte dennoch der Eindruck, sie würden Insiderwissen über AIDS verkaufen, und dieser Eindruck gefiel Boger, der die Aktien plazieren wollte, ganz gut; einigen Wissenschaftlern dagegen machte er Sorgen.

Besonders beunruhigt war Tung. Nachdem er ein ganzes Jahr lang vergeblich versucht hatte, das zuwege zu bringen, was er nach den offiziellen Behauptungen der Firme bereits geschafft hatte, war er zutiefst erschöpft. Wie Boger sah er in der Wissenschaft einen Gang durch ein Minenfeld, bei dem einem ständig etwas ins Gesicht springen kann. Das war gerade das Spannende. Früher war Tung in Kalifornien und Oregon ganz allein auf Güterzüge aufgesprungen – damals studierte er am Reed College, das für seine intellektuell begabten, aber unkonventionellen Studenten bekannt war. Die Medikamentenentwicklung hatte das gleiche Flair des Risikos, des Alleinseins und des Extremen. Hier ging es ebenfalls verworren, unvorhersehbar und ungenau zu, und man arbeitete unter halsbrecherischen Umständen. Tung hatte Bedenken, Boger werde den ganzen Ablauf zu stark vereinfachen und so den Eindruck erwecken, Medikamentenherstellung sei das gleiche wie Pizzabacken. „Ich glaube nicht, daß wir schon so weit sind", stöhnte er, „aber ich weiß es nicht."

Tatsächlich stellten er und Livingston wenige Tage später fest, daß Verbindungen von Vertex wirklich HIV-infizierte T-Zellen an der Vermehrung hinderten und „bioverfügbar" waren: Wenn man sie Mäusen fütterte, gelangten sie ins Blut. Das Problem war nur, daß es sich dabei um zwei verschiedene Wirkstoffe handelte – „Pferde und Esel", wie Tung es formulierte. Livingston war hin- und hergerissen. Boger konnte solche Daten auf seiner Tournee als Argumente gebrauchen, aber sie waren zweideutig. Es lag zwar nahe, die oral verfügbaren Verbindungen schnell an Zellen daraufhin zu untersuchen, ob sie die Ausbreitung des Virus aufhalten konnten. Aber Vertex hatte keine eigenen Zellkulturtests, und Boger hatte niemanden bevollmächtigt, einen entsprechenden Vertrag zu schließen. Livingston, Murcko und Tung standen vor Bogers Büro und überlegten, was zu tun sei. Teilten sie Boger die neuen Befunde mit, störten sie seine Geschichte. Taten sie es nicht, wurden entscheidende Experimente verzögert, und das Märchen aus den rosa Blättern kursierte weiter.

„Sag' ihm, wir müssen einen Vertrag schließen, aber sag' ihm nicht, warum", schlug Tung vor. „Sag ihm, er wollte es nicht wissen. Sag' ihm, die Leute, die sich am besten auskennen, halten es für notwendig, und er soll es dabei belassen."

Murcko zuckte die Achseln. „Er ist ein schlauer Bursche. Er wird es sich denken können."

Sie entschlossen sich, ihm nichts zu sagen.

Wie Holman vorausgesagt hatte, gewann die Verkaufstournee vor einem wohlwollenden Auslandspublikum an Schubkraft. „In Japan hatten wir fünfundachtzig Leute zum Mittagessen", berichtete er. „Es war die größte Masse, die ich jemals erlebt habe. In Europa waren überall, wo wir hinkamen, eine Menge Leute, außer in ein oder zwei Städten." Boger hielt an aufeinanderfolgenden Tagen Vorträge in London, Zürich, Genf, Stockholm und Paris; er hatte keine Ahnung, wie der Verkauf laufen würde – von den drei Millionen Aktien, die man anbieten wollte, sollten nur 500 000 außerhalb der USA vertrieben werden, und für Angebote der Käufer war es noch zu früh. Dennoch kehrte er am Freitag, dem 5. Juli, abends höchst ermutigt nach Boston zurück.

Boger sprühte vor ungezügelter Energie. In den letzten beiden Jahren war er so viel gereist, daß er sein Familienleben sehr effizient gestalten mußte, und deshalb hatte er sich angewöhnt, sich zu Hause nach seiner Rückkehr sehr schnell umzustellen. Während Navia, Aldrich und Ehrlich das Wochenende damit zubrachten, ihre Kleidung in die Reinigung zu bringen und ihren Jetlag auszuschlafen, bevor die nächste Etappe anstand, spielte Boger, ein immer noch konkurrenzfähiger, wenn auch etwas eingerosteter Sportler, in seiner Toreinfahrt bei 35 Grad im Schatten zweieinhalb Stunden lang Basketball, und anschließend trank er zwei Liter Wasser. Sam, sein jüngster Sohn, der ihn in den letzten Monaten kaum zu Gesicht bekommen hatte und ihn ohne Bart zunächst überhaupt nicht erkannte, sagte das ganze Wochenende über jedesmal „Tschüß, Daddy", wenn er aus dem Zimmer ging.

Der Montagmorgen war Boston gewidmet, dem Standort von Vertex, dessen Bedeutung als Sitz großer Anlagefonds nur von New York übertroffen wurde. Der Markt hielt sich noch, allerdings nur so gerade eben. Um 7 Uhr 30 ließen sich Boger und Aldrich in einer Limousine mit Chauffeur bei Vertex abholen und fuhren durch das bereits belebte Bankenviertel zu einer gedrängten Folge von Sitzungen: 8 Uhr Einzelgespräch mit Fidelity Management and Research; 9 Uhr 30 Einzelgespräch mit Massachusetts Financial Services; 11 Uhr Einzelgespräch mit State Street Research; 12 Uhr Mittagessen im Meridian Hotel, wo Holman drei Wochen zuvor die Firma Cambridge Neuroscience, einen anderen Kidder-Klienten, durch eine Verkaufsveranstaltung mit nur etwa fünfzehn Teilnehmern manövriert hatte. „Ob man einen Klienten glücklich macht, hängt zum Teil davon ab, ob man seine Erwartungen lenken kann", sagte Holman; er hatte Boger und Aldrich gesagt, sie sollten sich auf etwa dreißig Personen einstellen, obwohl er selbst insgeheim auf fünfundvierzig hoffte.

Es kamen fünfundfünfzig. Unter dem Eindruck der seit Monaten kursierenden Geschichten waren die meisten von ihnen beeindruckt oder sogar schon kaufwillig. „Das hier ist entweder die größte Sache seit der Erfindung des Toastbrotes oder völliger Mist", murmelte einer der institutionellen Anleger beim Hinausgehen.

Da die Wissenschaftler von der Veranstaltung ausgeschlossen waren, hörte keiner von ihnen diese Bemerkung. Wäre sie ihnen zu Ohren gekommen, hätte die Verzweiflung sie vielleicht noch stärker gepackt, sowohl wegen ihrer eigenen Person als auch wegen der heiklen Frage nach der Solidität der Wissenschaft, die sie in ihren Labors so angestrengt betreiben.

Mit den Villard Houses des Helmsley Palace Hotel an der Madison Avenue und der 50. Straße im Herzen Manhattans, die dem Palazzo della Cancelleria in Rom nachempfunden sind, haben sich Harry und Leona Helmsley nicht nur ein Denkmal gesetzt, sondern die Gebäude, die genau gegenüber der granitenen Apsis der St. Patrick's Cathedral liegen, sind auch ein vollständig amerikanischer Renaissancepalast. Der Komplex zeigt europäischen Prunk: vergoldete Gewölbedecken, üppige Wandreliefs, riesige Marmorkamine. Holman hatte es für die New Yorker Verkaufsveranstaltung von Vertex mehreren anderen, näher an der Wall Street gelegenen Räumlichkeiten vorgezogen, weil es so gewaltig aussah und weil er damit Kidders Vertrauen in Vertex dokumentieren wollte. „Zum letzten Mal habe ich 1986 für Genzyme einen Raum in New York für so viele Leute angemietet", sagt er. „Die Firma war völlig überzeichnet. Wir hatte drei Millionen Aktien zu verkaufen und dreißig Millionen Bestellungen."

Welchen Weg Boger seit dem „Fleischmarkt" im Vista vor zwanzig Monaten hinter sich gebracht hatte, konnte von den achtzig Personen, die ihn jetzt hören wollten, kaum einer ermessen. Boger hatte schon so viele vergebliche Verkaufsgespräche durchgestanden, daß er sich nicht die Mühe machte, sich an alle zu erinnern, und nahm ihnen deshalb ihr unstetes Interesse nicht übel. Dennoch schien er ein wenig nervös zu sein – ein Effekt, den New York auch bei seinen selbstbewußtesten Besuchern hervorrufen will.

Er begann zögernd und weniger zuversichtlich als in Boston, aber schon bald änderte sich sein Auftreten. Diesen Diavortrag hatte er schon ungefähr ein Dutzendmal gezeigt, und sein Rhythmus war ihm vertraut. Als das Klappern der Messer und Gabeln auf den Tellern nachließ, kam er auf die Aktienbewertung zu sprechen. „Wir haben Wirkstoffe, die kurz vor der klinischen Prüfung stehen und mit diesem bahnbrechenden neuen Verfahren hergestellt wurden", sagte er; damit vermittelte er dem Publikum eine Orientierung und setzte es mit wenigen Worten darüber in Kenntnis, wo Vertex auf dem Gebiet stand, das beiden Seiten am wichtigsten war.

Wie bei den anderen Stationen seiner Tournee hielt Boger sich an den Vortrag auf dem kleinsten gemeinsamen Nenner, den er mit den Kidder-Leuten entwickelt hatte. So zeigte er zum Beispiel Murckos Dias mit FKBP-12 und FK-506 und erklärte dazu: „Wir können sehen, welche Teile des Wirkstoffmoleküls tatsächlich das Zielprotein berühren. Nur die Atome, das heißt die Teile des Moleküls, die mit dem Protein in Kontakt stehen, sind für die Wirkung notwendig ... man kann es als Gerüst betrachten, oder, wie wir im Labor oft sagen, man verbindet die Flecken."

Wie die Firma das Zielprotein eines Wirkstoffs auswählte, erklärte er so: „Wir beschäftigen uns nicht mit Projekten, bei denen die biologischen Mechanismen unsicher sind. Vertex wird nie eine Verbindung in die klinische Prüfung geben, um eine biologische Hypothese zu überprüfen. Das ist zu riskant, das überlassen wir dem NIH ... Wir fangen erst an, wenn die biologischen Abläufe geklärt sind. Und dann suchen wir nach chemischen und biophysikalischen Fragestellungen, die in kurzer Zeit lösbar sind."

Ohne innezuhalten fuhr er fort: „Diese Erkenntnisse wurden und werden bei Vertex zur Herstellung von Molekülen benutzt, die viel kleiner sind als FK-506 und an dieses Protein im Organismus binden ... solche Verbindungen sind viel einfacher und binden viel zielgenauer als FK-506 an diese Anheftungsstelle ... Wir haben gezeigt, daß diese Verbindungen in menschlichen Zellen die erwartete biologische Wirkung entfalten."

Boger achtete sorgfältig darauf, seine Geschichte nicht so stark zu vereinfachen, daß sie rundheraus falsch oder irreführend wurde. Genauso klar war aber auch, daß die Zwänge des Verkaufens einen starken Glanz erforderten, einen Eindruck von einer sicheren Sache, die man völlig unter Kontrolle hatte. Bei genauer Betrachtung seines Vortrages drängte sich unvermeidlich die Frage auf, ob seine Geschichte von methodischen, rational begründeten Entdeckungen auch nur das geringste mit dem quälenden Auf und Ab zu Hause in Cambridge zu tun hatte.

So stimmte es zum Beispiel, daß Vertex „Wirkstoffe hatte, die kurz vor der klinischen Prüfung standen". Aber waren sie wirklich mit einem „bahnbrechenden Verfahren" gestaltet worden? Dieses Verfahren hatte gerade erst unter gewaltigen Schwierigkeiten die Aufklärung der ersten Proteinstruktur ermöglicht, und die entscheidenden Informationen über die Bindung des betreffenden Proteins an FK-506 fehlten immer noch. Und war es richtig, daß „nur die Atome, das heißt die Teile des Moleküls, die mit dem Protein in Kontakt stehen, für die Wirkung notwendig waren"? Das klang überzeugend, aber in Wirklichkeit war noch keineswegs klar, welche Teile des Moleküls für seine Aktivität verantwortlich waren, und vor dem Hintergrund von Schreibers immer glaubwürdigerer Behauptung, es gebe eine „Effektordomäne" in Form eines Sporns, wurde es immer unwahrscheinlicher, daß das nur die an FKBP-12 bindenden Atome waren. Was Boger auch immer beschrieb, es war nicht der „entsetzliche Alptraum", der Murcko und die anderen gefangenhielt.

Es fielen noch andere überschwengliche Behauptungen, über die sich die Wissenschaftler vermutlich geärgert hätten, wenn sie ihnen zu Ohren gekommen wären. Kannte Vertex tatsächlich die „wesentlichen Teile" von FK-506? Redete im Labor außer Aldrich irgend jemand vom „Verbinden der Flecken"? Ja, man wußte bei Vertex, daß Immunsuppressiva bei einem Transplantatempfänger die Organabstoßung unterdrückten, aber niemand hatte eine Ahnung, ob FKBP-12, der Gegenstand ihrer strukturorientierten Arbeiten, von biologischer Bedeutung war. Es war immer noch denkbar, daß das Enzym ein schlechter Ansatzpunkt war oder, was noch schlimmer gewesen wäre, daß die bei Vertex entwickelten „kleineren und zielgenaueren Moleküle" zwar aktiv, aber als Medikamente nutzlos waren. Welches waren die „geklärten biologischen Abläufe"? Wie konnte Boger behaupten, man wende bei Vertex das strukturorientierte Design an, wo sie doch noch nicht einmal wußten, was das Zielprotein bewirkte und wie es seine Wirkung ausübte?

Zu Boger paßte es auch, wie er sich verteidigte, als er die verwickelte wissenschaftliche Realität im einfachsten und positiven Licht erscheinen ließ: Er sagte einfach, er sei im Vergleich zu anderen in seiner Situation geradezu ein Muster an Bescheidenheit. Aber das spielte kaum eine Rolle. In der Wall Street war man so trunken von Geschichten, so der Selbsttäuschung verfallen, daß jeder, der sich als Verkäufer moralisch korrekt verhielt, ein einsamer Rufer in der Wüste war. Die Anleger sahen, was sie sehen wollten, und hörten, was sie hören wollten.

Und was sie hörten, fesselte sie. Wenn Vertex auch noch nicht beim Medikamentendesign angelangt war, so hatte Boger die Firma doch in die Lage versetzt, die Entwicklungen auszunutzen, die in naher Zukunft eine solche Möglichkeit eröffnen würden. Wie schnell das geschehen würde, war noch die Frage, aber Boger war ein Pionier; er würde in dem Durcheinander nicht untergehen. Er wußte, wie man verkauft. Zufrieden stellten die Anleger ein paar einfache Fragen, unterhielten sich entschlossen, sahen auf die Uhr und sickerten langsam wieder auf die Straße, um zurück in die Wall Street zu fahren; dort setzten sie den Namen Vertex, den viele von ihnen heute zum ersten Mal gehört hatten, auf die Liste der vielversprechenden neuen Firmen, sorgten für Aufregung und ließen ihn in den ekstatischen Wirrwarr der Wall Street einfließen.

Verdrießlich drückte Aldrich den Telefonhörer gegen das Ohr.
„Sie rufen also Ihre Schäfchen zusammen, stimmt's?" murmelte er. Seine tiefliegenden Augen glänzten bedeutungsschwer und flehend, als habe er Migräne, und seine Worte bestanden aus kaum verhüllten Beschimpfungen. „Hat der Banker's Trust Schäfchen?"
Eine Pause trat ein. „Wie steht Alkermes heute?"
Wieder eine Pause. „Sie sind also nach oben gegangen?"
Aldrich rieb sich das erschöpfte Gesicht. Es war acht Uhr abends am Donnerstag, dem 13. Juni, einen Tag nach der Verkaufsveranstaltung. Aldrich saß in seinem Büro und sprach mit Holman in New York; so diplomatisch wie möglich versuchte er herauszufinden, warum das Geschäft immer noch nicht unter Dach und Fach war. Er war mürrisch, skeptisch und entnervt wie ein Sohn, der den Arzt veranlassen will, am Telefon zu erklären, warum die Behandlung, die dieser dem Vater verordnet hat, nichts nützt, warum der alte Mann zusammengebrochen ist und warum er sich jetzt plötzlich und unerwartet in Lebensgefahr befindet.
„Gibt die Verkaufsorganisation sich noch Mühe, oder betrachten Sie die Sache als gelaufen?" fragte er.
Unzufrieden mit Holmans Beteuerungen, schüttelte er den Kopf. „Was glauben Sie, wieviel Sie noch brauchen, um den Rest an den Mann zu bringen?" Er starrte ausdruckslos vor sich hin. „Ja, ja, Sie wollen nicht zu oft anrufen. Es wäre psychologisch unklug. Wenn sie Schwäche wittern, kann man es vergessen."
Als Aldrich auflegte, war er wütend. „Alle haben getan, was sie tun sollten, außer dem Verkäufer", sagte er. „Der Bursche hat gesagt, wir sollten mit 13 bis 15 Dollar rauskommen, wir würden ein großes Ding drehen, und jetzt hat er nicht eine einzige Bestellung abgeliefert. Das finde ich wirklich ätzend!"
Es war eine merkwürdige Woche gewesen. Erschöpft von der Tournee („so etwas wünscht man keinem Hund", sagte Navia), aber gut gelaunt waren sie zurückgekehrt und hatten erwartet, daß die Verkäufer von Kidder sofort mit Bestellungen vor der Tür standen: Ein paar Institutionen würden jeweils 100 000 Anteile zeichnen, dann würden die Verkäufer das Gerücht ausstreuen, daß das Geschäft lief, und dann würde der große Run einsetzen. Die Illusion von knappen Beständen war das einzige, worüber sie geredet hatten. Aber Kidder hatte unerklärlicherweise kein einziges Kontingent plaziert. Aldrich und Boger hatten selbst Zeichnungserklärungen über 400 000

Anteile erhalten, mehr als alle drei Emissäre zusammen. Am vorangegangenen Nachmittag hatten sie sich in ihrer Verzweiflung geeinigt, den Ausgabekurs von elf bis dreizehn auf neun bis elf Dollar zurückzunehmen – ein Rabatt von dreißig Prozent. Und immer noch blieben die Zeichner aus. Wie nicht anders zu erwarten, waren die Wissenschaftler aufgeregt. Und Boger meinte gequält: „Der Ball ist auf mysteriöse Weise vom Spielfeld verschwunden."

In Holmans Augen war Vertex in einen verhängnisvollen Strudel geraten, bei dem mehrere übermächtige Ereignisse zusammentrafen. „Im Juli haben die meisten Institutionen nach Möglichkeiten gesucht, ihre Fonds in diesem Jahr um 25 bis 30 Prozent aufzustocken", berichtete er. „Da hat man natürlich leichtes Spiel. Jetzt sind die Burschen nur noch daran interessiert, diesen Stand bis zum Jahresende zu halten, denn dann bekommen sie einen hübschen Bonus für 30 Prozent Rendite, und die hatten sie schon. Sie wollten kein Geld mehr verlieren.

Alle warten ab. Bei sechs von den sieben Medizinfirmen, die unmittelbar vor Vertex in den Markt gegangen sind, lag der Kurs an der Untergrenze des vorgegebenen Rahmens oder noch darunter, und mit einer Ausnahme ist der Kurs in den ersten zwei Wochen nach der Einführung gesunken. Deshalb sagen die Institutionen jetzt: ‚Der Markt ist überhitzt. Man wird uns öffentlich steinigen. Und wenn ihr IBM oder Microsoft an der Börse einführen würdet, wir kaufen nicht!' Alle saßen nur da und warteten ab."

„Vertex", sagte er, „eine himmlische Firma mit teuflischem Verkauf. Und daß er teuflisch war, lag außerhalb unserer Kontrolle. In dieser Situation kann man nur eines tun: hingehen und ihnen sagen, daß sie den Preis zurücknehmen müssen."

Aldrich wollte in seiner Wut einfach nicht glauben, daß Kidder nicht einfach ein paar seiner regelmäßigen Käufer veranlassen konnte, Vertex-Aktien zu erwerben, daß sie wie der weit entfernte, widerspenstige Arzt am Telefon sich nicht zu spektakulären Maßnahmen durchringen konnten. Aber als eine der weniger bedeutenden Firmen auf diesem Gebiet und mit den juristischen und geschäftlichen Schwierigkeiten der jüngsten Vergangenheit war man bei Kidder vorsichtig, den Verkauf nicht zu aggressiv zu betreiben. „Drexel konnte auf dem Junk-Bond-Markt zu Vernon Savings sagen, ‚Entweder ihr kauft diesen blöden Bond, oder ich verkaufe euch nie wieder etwas'", sagt Holman, „und raten Sie mal, was mit Drexel geschehen ist ... Das ist nicht die Art, wie unsere Firma arbeitet."

Boger ließ sich von den plötzlichen Widrigkeiten nicht die Laune verderben; er hatte vorsichtig gerechnet und glaubte immer noch, daß die Aktien zu einem Kurs an der Obergrenze des neuen Bereiches weggehen würden. Verärgert war er aber über die leichtfertige Habgier, die darin zum Ausdruck kam. „Ich bin nicht wegen Vertex deprimiert", sagte er, nachdem Aldrich ihm über das Gespräch mit Holman berichtet hatte, „sondern über die Welt."

Manche Anleger haben zu mir gesagt: ‚Ich kaufe nie eine Firma, die noch keine klinische Prüfung laufen hat, für mehr als hundert Millionen.' Die Leute gehen nach Schema F vor. Und dabei ist es undurchschaubar. Ich möchte den Burschen sagen: ‚Überlegt doch mal, ihr braucht S & P nur um einen Punkt zu schlagen, dann seid ihr die Größten. Denkt ein bißchen langfristiger. Wenn der Kurs nach der Einführung um zwanzig Prozent runtergeht, ist das doch ein tolles Geschäft. Es ist völliger Unsinn, wenn man seine Zeit dafür verschwendet, noch den letzten Dollar mitzunehmen.'"

Ein ironischer Aspekt bei der Börseneinführung war die Tatsache, daß Boger, dem Kontrolle über alles ging, jetzt machtlos war. Das Angebot lag völlig in den Händen von Kidder und den anderen Emissären und in einem weiteren Sinn in den gleichgültigen Händen des Marktes selbst. Am Morgen des nächsten Tages und bis zum frühen Nachmittag warteten Boger und Aldrich auf Holmans Anruf. Als er nicht kam, reagierten sie unterschiedlich: Aldrich, der aufstrebende Geschäftsmann, der sich nach einer Reihe schwerer Enttäuschungen nur das Abkommen mit Chugai als Verdienst anrechnen konnte, verfiel in Trauer; Boger, der Wissenschaftler, suchte nach Daten, überprüfte immer wieder seine Hypothesen und grübelte über Erklärungen nach. Alle halbe Stunde fragte er an seinem Computer die Kursentwicklung von siebzehn Biotechnologiewerten ab. Der Dow Jones war bis zum Nachmittag insgesamt um zweiunddreißig Punkte gestiegen, aber in dieser Branche gab es kaum Bewegung. Sie war eingefroren. Allmählich glaubte Boger, daß hier das Problem von Vertex lag. Die Institutionen, die an den Handel mit Biotechnologieaktien gewöhnt waren, wußten nicht, wie sie eine kleine Firma bewerten sollten, die entschlossen war, sich auf einem umfangreichen Markt gegen übermächtige Konkurrenten zu behaupten. „Wir sind nicht recht einzuordnen", sagte er fröhlich. „Die Analysten, die diesen Leuten sagen, was sie tun sollen, kommen alle aus der Biotechnologie. Man muß schon so lange wie Syntex existieren [vor Amgen die letzte richtige Pharmafirma, die neu entstand, und zwar Ende der vierziger Jahre], damit sie verstehen, was wir eigentlich machen."

Wieder einmal, wie in der düstersten Phase der Verhandlungen mit Chugai, waren Boger und Aldrich die beiden Gesichter eines Januskopfes. Aldrich erkannte in seinem finsteren Pessimismus eine „Situation des Ausblutens". Mit jedem Tag, an dem die Emissäre das Geschäft nicht abschließen konnten, glaubten die Anleger stärker, die Firma sei in Schwierigkeiten, so daß sie immer argwöhnischer und weniger kaufbereit wurden. „Vielleicht können wir zu überhaupt keinem Preis mehr verkaufen", lästerte er. Er war immer noch wütend auf die Emissäre, machte aber auch Boger und sich selbst Vorwürfe wegen ihrer „Naivität".

„Hier zeigt sich deutlich, was geschieht, wenn man an die Börse geht", sagte er. „Man glaubt, einen bestimmten Wert zu haben, und erfährt dann, was andere zu zahlen bereit sind. Vor ein paar Monaten hielten wir uns für das großartige Managerteam. Und jetzt fragen wir uns: ‚Was zum Teufel tun wir hier eigentlich?' Das ist für einige Leute ein ganz schöner Dämpfer." Damit meinte er offenbar Boger.

Boger dagegen war lebhaft und neigte zum Philosophieren. Auch er übte Selbstkritik, aber vor allem weil er auf Kidder gehört und wichtige Entscheidungen aus der Hand gegeben hatte. „Es ist mir völlig klar: Wenn wir den Rahmen zu Beginn mit 15 bis 17 Dollar angesetzt hätten, wie wir es vorhatten, hätten wir ebenfalls um dreißig Prozent runtergehen müssen. Es ist ein Katz-und-Maus-Spiel, in dem es für den Käufer nur eine Regel gibt: egal, wie hoch der Anfangspreis ist, ich will es dreißig Prozent billiger. Daß wir in dieser Angelegenheit auf Kidder und Cowen gehört haben, kostet uns sechs bis zehn Millionen. Nachdem wir jetzt wissen, daß es eine Versteigerung ist, die nichts mit dem wirklichen Wert zu tun hat, können wir genausogut weiter unsere Arbeit machen und mit dem Preis runtergehen." Zu David Livingston, einem der wenigen Wissenschaftler, die im Laufe des Tages mehrmals hereinkamen und sich nach dem Stand der Dinge erkundigten, sagte er: „Wir werden in der Mitte des vorgegebenen Rahmens verkaufen und Bestellungen über 4,5 Millionen Anteile bekommen." Das würde 30 bis 35 Millionen einbringen, wesentlich weniger als die fünfzig Millionen, die Boger den Wissenschaftlern prophezeit hatte.

„Es war die schlimmste Aussicht, die man sich denken konnte", sagte Livingston später. „Wir konnten gerade so viel Geld beschaffen, um über die nächsten paar Jahre zu kommen, aber die Zeit reichte nicht, um das zu schaffen, was wir aller Welt versprochen hatten. Es konnte sehr übel werden."

Am folgenden Dienstag, dem 2. Juli, hatte der neue Kurs von Vertex morgens „ein paar Leute aufgerüttelt", wie Holman sich ausdrückte, aber es waren noch zu wenige für einen Abschluß. Aldrichs Gespräch mit Holman lag jetzt vier Werktage zurück, in einem so unbeständigen Markt eine Ewigkeit, und Aldrichs düstere Prophezeiung quälte sie alle. Wenn sie das Kontingent nicht bald verkauften, würde sich der Markt dagegen wenden, und das Geschäft würde zur Makulatur. Dann hätten Vertex und die Emissäre ihren Ruf weg: eine angeblich hochaktuelle neue Firma, die es in einer der umfangreichsten Spekulationswellen aller Zeiten nicht geschafft hatte. Eine Stornierung der Börseneinführung würde es in Zukunft viel schwieriger machen, noch Geld zu beschaffen, und das konnte tödlich sein. Welche Partnerfirma, welcher Anleger würde sich noch mit Vertex abgeben, wenn ein Markt, der atemberaubende Geschichten wie die von Regeneron gierig aufsog, die Firma zurückgewiesen hatte? Aldrich malte sich aus, wie er kleinlaut vor den Aufsichtsrat treten mußte, zu dessen Zufriedenheit er und Boger die Firma leiteten. Wie groß, so fragte er sich, würde diese Zufriedenheit noch sein, wenn das Gremium tiefe Einschnitte bei der immensen Draufgehrate von Vertex vornehmen mußte? Noch war es nicht zu spät, um ein richtiges Management einzusetzen, erfahrene Geschäftsleute, die die Firma ganz von selbst an der Börse einführen konnten, was er und Boger nicht geschafft hatten. Boger hatte solche Bedenken nicht. Er war immer noch überzeugt, daß der Handel gelingen würde, und verließ sich auf seine eigene Unentbehrlichkeit – aber auch er wollte den Aufsichtsrat ungern verärgern.

Ähnlich hoch hatte auch Kidder gepokert, und entsprechend schlecht war dort die Stimmung. Die Erinnerung an den Einbruch Ende der achtziger Jahre war noch frisch. Ein Fehlschlag bei Holman, ihrem besten New Yorker Verkäufer, und ein Versagen bei ihrem seit Jahren vielleicht prestigeträchtigsten Angebot würde schwerwiegende Folgen haben. Holmans Mitarbeiter begaben sich in die Verkaufsabteilung und verdoppelten die Anstrengungen mit ihren Werbetelefonaten. Sie fingen vor sieben Uhr morgens damit an und hörten erst nach Mitternacht auf. Boger erreichten sie zu Hause. Er glückste hinterher: „Ich glaube nicht, daß Kidder es sich leisten kann, diese Sache den Bach runtergehen zu lassen."

Bei drei Millionen angebotenen Anteilen brauchte Vertex Zusagen in etwas größerer Zahl, bevor sie einen endgültigen Kurs festsetzen und bei der Börsenaufsicht die Zulassung zum freien Handel an der Börse beantragen konnten. Als die Zahl der Zusagen am Dienstagabend und Mittwochmorgen langsam kletterte, schlugen die Kidder-Leute vor, nicht alle drei Millionen Anteile, sondern ein kleineres Kontingent zu verkaufen. Holman begann in aller Stille, „Druck auf das System auszuüben". Er sagte: „Viele leitende Mitarbeiter unserer Firma haben jetzt Aktien gekauft, damit die Sache klappt. Man geht nicht gern zu den eigenen Partnern und sagt: ‚Du mußt aus eigener Tasche etwas drauflegen.' Aber ein paar Leute haben genau das getan. Wir haben uns um jede nur mögliche Bestellung bemüht."

Um drei Uhr nachmittags setzten sich die leitenden Manager von Kidder schließlich zu einem internen Treffen zusammen. Nach ihren Berechnungen hatten sie zu neun Dollar, der Untergrenze im Angebot von Vertex, genügend Zeichnungskapital für 2,75 Millionen Anteile zusammmengekratzt. Es war eine angespannte Dringlichkeitssitzung: Die Zeit lief ihnen davon. Noch ein weiterer Tag, und das Geschäft würde wahrscheinlich platzen. Holman rief die anderen Emissäre an, die eine nochmalige Preissenkung verlangten. Insgesamt waren nur knapp 3,25 Millionen Anteile gezeichnet. Ohne „Nachfolgemarkt" mit so vielen interessierten Käufern, daß diejenigen, die zum Ausgabekurs gekauft hatten, jemanden zum Verkaufen hatten, würde der Kurs mit Sicherheit nach unten gehen. Um 16 Uhr 15 rief Holman bei Boger an, der bisher alle Empfehlungen von Kidder angenommen hatte. Jetzt erklärte Boger, er sei bereit, beim Preis nachzugeben, aber nicht beim Zeichnungsvolumen.

„Unsere Absprache", so meinte er, „hieß drei Millionen Anteile oder gar nichts. Ich konnte hören, wie Als Stimme zitterte, als er seine nächsten drei Prämien dahinschwinden sah."

Vielleicht hatte Boger, wie Aldrich glaubte, eine pragmatische Einstellung. Bei der Sitzung zur Festlegung des Preises hatten die Juristen von Kidder nämlich eine Warnung ausgesprochen: Wenn sie das Zeichnungsvolumen verminderten, würde die

Börsenaufsicht unter Umständen verlangen, daß die Emissäre es neu anboten. „Die Sache war zu empfindlich", sagte Aldrich. „Ein nochmaliges Angebot wäre ihr Tod gewesen." Aber in Wirklichkeit hatte Boger andere Gründe. Die Emissäre hatten ihre Sache in seinen Augen bis hin zu der Verkaufstournee gut gemacht, aber was die abschließende Vermarktung anging, hielt er sie für unfähig. „Keiner von ihnen hat uns einen guten vorausschauenden Rat gegeben", sagte er. „Als ich erkannt hatte, daß sie auch nicht mehr wußten als ich, habe ich das Heft selbst in die Hand genommen." Seltsamerweise rechtfertigte er diese harte Linie mit einem perversen Populismus. „Ich halte es für wichtig, daß wir die Aktien unter die Leute bringen. Es gibt Schlimmeres, als ein paar dummen Anlegern zu Reichtum zu verhelfen, aber wenn ich es tue, dann will ich möglichst viele von ihnen reich machen. Würden wir nur zwei Millionen Anteile verkaufen, gäbe es nicht genügend Anleger. Ich möchte ganz viele Leute glücklich machen."

Es war nicht Bogers Absicht gewesen, das Vertrauen des Aufsichtsrates auf die Probe zu stellen, aber jetzt hatte er keine andere Wahl: Er mußte noch einmal 250 000 Anteile verkaufen, und zwar schnell. Selbst wenn die Aufsichtsräte zustimmten, lägen sie mit einer Gesamtbuchung von 3,25 Millionen Anteilen bei einem Angebot von drei Millionen nur hauchdünn über der Grenze. „Wir konnten es uns nicht leisten, unsere Tante Emma außen vor zu lassen", scherzte er in Anspielung auf die knappen Zahlenverhältnisse. Von fünf Uhr nachmittags an wirbelte er dreieinhalb Stunden lang und rief ein Aufsichtsratsmitglied nach dem anderen an. Er erreichte Schmidt in New York und Kinsella in seinem Auto. Frank Bonsal, ein Aufsichtsratsmitglied aus Maryland, machte gerade Urlaub in Wyoming und war meilenweit vom nächsten Telefon entfernt. Aber Boger blieb hartnäckig: Er setzte einen Fahrer mit Jeep und Autotelefon in Bewegung, um ihn aufzuspüren. Es war der unangenehmste und peinlichste Vorgang bei der ganzen Börseneinführung. Ein Jahr zuvor, als die Erstinvestoren Vertex-Anteile gekauft hatten, mußten sie dafür zwei Dollar fünfzig bezahlen, und jetzt bat Boger sie, in die Tasche zu greifen und Pakete von bis zu 80 000 Anteilen zu jeweils neun Dollar zu erwerben. Erstaunlicherweise erklärten sich alle dazu bereit. „Sie hielten zu uns", sagte Boger, „aber ich mußte einen Vertrauensvorschuß aufbrauchen, den ich nicht aufbrauchen wollte. Benno mußte 720 000 Dollar hinlegen. Es war ein Verbrechen."

Holman, der Junggeselle war, hatte für diesen Abend fünfundzwanzig Kidder-Mitarbeiter in seine Wohnung zum Abendessen eingeladen, aber er blieb bis neun Uhr im Büro, um auf Bogers Anruf zu warten. Zufrieden, daß sie nun alle drei Millionen Anteile verkaufen konnte, einigte er sich mit Boger darauf, den Kurs auf neun Dollar festzusetzen. Es war unendlich peinlich: von achtzehn bis zwanzig Dollar, die Boger und Schmidt sich nach dem Regeneron-Angebot anfangs erhofft hatten, über fünfzehn bis siebzehn Dollar, die Boger bei der Planung der Börseneinführung Anfang Mai vorgeschlagen hatte, und dreizehn bis fünfzehn Dollar nach der Zusammenlegung der Aktien bis hin zu neun bis elf Dollar durch die Preissenkung in der vorangegangenen Woche. Und jetzt waren sie an der unteren Grenze dieses Bereiches. Andere Firmen hatten noch tiefer gehen müssen, in einigen Fällen bis auf sieben Dollar. Insgesamt hatten die Zusammenlegung der Aktien und der sinkende Kurs zwei Drittel des schnellen Reichtums vernichtet, den die Wissenschaftler sich ausgemalt hatten, als Boger ihnen vor über drei Monaten zum ersten Mal die Idee der Börseneinführung erläuterte. Aber immerhin waren es noch 27 Millionen für eine zweieinhalb Jahre alte Firma ohne Produkte, ohne Gewinne und – von Bogers unerschütterlichem Optimismus einmal abgesehen – ohne sichere Aussichten auf beides. Nachdem Kidder und Vertex den letzten Teil des Risikos selbst übernommen hatten, war ein Handel zustande gekommen, mit dem sie – und die Wall Street – leben konnten.

Der erschöpfte Holman holte die Party in seiner Wohnung ab neun Uhr nach. „Jetzt war meine Aufgabe eigentlich erledigt", sagte er. Boger kümmerte sich noch um die Papierberge auf seinem Schreibtisch und kam kurz vor Mitternacht nach Hause.

Aber so leicht war das Geschäft nicht unter Dach und Fach zu bringen. Den ganzen Abend und bis weit in den nächsten Nachmittag hinein verzögerte eine endlose Folge nervtötender juristischer und behördlicher Wirren die endgültige Zulassung durch die Börsenaufsicht. Boger und Holman telefonierten zwischen Mitternacht und halb vier Uhr morgens noch viermal miteinander, und dann mit beunruhigender Häufigkeit auch den ganzen Mittwoch über. Aldrich war mürrisch und geistesabwesend; er fürchtete, die Angelegenheit könne an diesem Nachmittag nicht zum Abschluß gebracht werden, und die wankelmütigen Anleger würden wieder Schlimmes wittern und sich zurückziehen. Um 15 Uhr 59 schließlich, eine Stunde vor Börsenschluß und nachdem die Firma gedroht hatte, sich an die konkurrierende American Stock Exchange zu wenden, genehmigte die NASDAQ den Handel mit Vertex-Aktien. Der Kurs änderte sich an diesem Tag nicht mehr.

Es war vorüber. Boger hatte Vertex über einen toten Punkt hinweggebracht und in knapp drei Monaten von einer kapitalschwachen Firma mit wenigen Eigentümern zu einer Aktiengesellschaft mit Reserven von 30 Millionen gemacht. Er und Aldrich hatten allein 600 000 Anteile verkauft, ein Fünftel der Gesamtmenge. Dazu hatte er sein Innerstes nach außen gekehrt: Er war vom unternehmerisch ambitionierten Wissenschaftler zum Reklameträger und Verwalter geworden, der nebenher auch noch für die wissenschaftliche Arbeit verantwortlich war. Und nun erforderte diese Arbeit, die mühsam und ziellos voranging, den größten Teil seiner Aufmerksamkeit. Boger wandte sich ihr wieder voll und ganz zu. Ob man ihn mit offenen Armen aufnehmen würde, war eine andere Frage.

„Das Problem bei der Börseneinführung war, daß sie die Erwartungen steigen ließ", sagte Dave Armistead. „Die Leute dachten, wir würden ohne Zusammenlegung für fünfzehn bis zwanzig Dollar verkaufen, und rechneten sich aus, wann sie Millionär sein würden. Dann kam die Zusammenlegung, die sie um ein Drittel runterdrückte, und durch den endgültigen Kurs verloren sie noch einmal ein Drittel ... Und dann war da der Prospekt, in dem stand, wer wie viele Anteile besaß. Für die Chemie war das letzte Jahr gut. Die Röntgenstrukturanalyse hatte nichts geschafft. Und doch bekamen die Röntgenstrukturanalytiker insgesamt mehr Vorzugsaktien als die Chemiker, obwohl deren Zahl sogar größer war. Es war wie bei Merck. Die Leute erkannten, daß hier nicht einfach nur die Leistung belohnt wurde. Das ist gefährlich."

Die Wissenschaftler betrachteten Bogers Abwesenheit als Geringschätzung und seine Verkaufsstrategie als Betrug. Als er in den Laboralltag zurückkehrte, war ihm klar, daß er die angerichteten Schäden wiedergutmachen mußte, aber wie groß sie waren, wußte er nicht, und er weigerte sich auch, darüber nachzudenken. Nachdem er seine Pflicht erfüllt hatte, wurde er immer unduldsamer, wenn die Wissenschaftler nicht das gleiche taten. Das war, wie er selbst einräumte, keine gesunde Einstellung: ein Vorgesetzter, der mit seinen Untergeben ungeduldig ist. Seine Ideen über Menschenführung bezog Boger von Hannah Arendt, in deren Augen Macht unmittelbar aus dem Vertrauen der Beherrschten entspringt. Aber die Börseneinführung hatte deutlich gemacht, daß zwischen den Zwängen der verschiedenen Stellungen in der Firma eine Kluft bestand. Bei den Wissenschaftlern, die ihm seine Geschichte als erste abgenommen hatten, kam zum erstenmal Mißtrauen auf, und zwar bei manchen sehr stark. Boger kannte das Gefühl. Er hatte es selbst oft gehabt, wenn andere über ihm standen.

19

Obwohl er von Fujisawa finanziert wurde, war der Erste Internationale Kongreß über FK-506 zwangsläufig Starzls Forum. Er war Vorsitzender, Gastgeber und Blitzableiter; vor allem seinetwegen kamen 1 200 Wissenschaftler Ende August für eine Woche nach Pittsburgh. Der Sommer ist immer die Zeit, in der Wissenschaftler zusammenkommen, aber manchen Gerüchten zufolge hatte Fujisawa, die Herstellerfirma des Medikaments, die Tagung eigentlich nicht gewünscht. Ihre verspätet begonnenen klinischen Studien in Europa und den USA liefen schlecht. Frustrierte Transplantationschirurgen waren nicht in der Lage, Starzls Befunde nachzuvollziehen. Die Firma wollte Zeit gewinnen und kein Aufsehen erregen. Aber Starzl hatte auf der Veranstaltung bestanden. Er hatte es in dem Jahr seit seiner Herzoperation nicht langsamer angehen lassen und war entschlossen, zur Förderung des Wirkstoffes keine Mühe zu scheuen. Da er seine Transplantationsstation nicht zum dritten Mal in zwei Jahren schließen wollte, um der Welt seine Argumente mitzuteilen, hatte er seinen Einfluß geltend gemacht, damit die Welt zu ihm kam. Offiziell war er nicht als Redner vorgesehen, aber seine hagere, hoch aufgerichtete Gestalt im weißen oder roten Rollkragenpullover war in dem höhlenartigen Tagungszentrum allgegenwärtig wie ein Gespenst. Er zeigte sich in den Vorträgen von Freunden und Konkurrenten und ging gelegentlich zu einem der Saalmikrophone, um eine bissige Frage zu stellen oder in seinem leisen, gedehnten Tonfall auf eine solche ebenso bissig zu erwidern.

Dieses Herumwandern hatte etwas von einem wehmütigen Abschied. Starzl hielt FK-506 immer noch für ein außergewöhnliches Medikament. Er verteidigte es heftig und mit vollster Überzeugung. Aber der Wirkstoff als solcher war für ihn nie das eigentliche Ziel gewesen. Er hatte sich nur damit beschäftigt, weil er die biologische Schranke bei Transplantationen überwinden wollte, und als er damit experimentierte, war er vielleicht zu einem der bedeutendsten klinischen Immunologen geworden. Er hatte FK-506 nach besten Kräften genutzt, und jetzt stürmte er wie immer dem nächsten Entscheidungskampf entgegen. „Das [FK] ist vielleicht das letzte, woran ich in meinem Leben arbeiten werde, außer einem, oder vielleicht zweien", sagte er erschöpft am Vorabend der Tagung.

Aber Starzl konnte sich nicht einfach davon lösen. Schon bevor die Tagung begann, hatte er energische Hinweise erhalten, daß man von ihm Erklärungen für die widersprüchlichen Leistungen des Wirkstoffs fordern würde, und zwar viel nachdrücklicher als in Barcelona oder San Francisco. Mittlerweile verfügte mehr als ein Dutzend großer Kliniken in den Vereinigten Staaten und Europa über das Medikament, und in keiner davon hatte man auch nur annähernd seine Ergebnisse wiederholen können. Dieser Widerspruch, der ihn auf Distanz von seinen Kollegen hielt, machte den Anstrich von Herzlichkeit zunichte, und Pittsburgh wurde wieder einmal zur Festung. Seine Befunde wurden nicht nur allgemein angezweifelt, sondern vielfach hielt man sein Eintreten für den Wirkstoff auch für unangemessen und selbstsüchtig. „Es war nicht das Medikament, an das wir glauben sollten", sagte ein Transplantationschirurg ungefähr zur gleichen Zeit empört in einer vertraulichen Marktuntersuchung. Und ein anderer schimpfte: „Ich will meine Informationen über Medikamente nicht aus der *New York Times* beziehen müssen." Starzl wurde schon seit langem wegen seiner ketzerischen Methoden angegriffen, und jetzt stellte eine immer größere Schar von Kritikern seine Glaubwürdigkeit und seine ethischen Grundsätze in Frage. Er selbst war zwar vielleicht mittlerweile darüber und über FK-506 hinaus, ja vielleicht sogar über sein großes Lebenswerk in der Transplantationschirurgie, aber jetzt mußte er zurückblicken und seine Flanken verteidigen.

Der Kernpunkt seiner Behauptung besagte, FK-506 sei *qualitativ* ein besseres Medikament als Cyclosporin. Solange kein anderer den Wirkstoff hatte, konnte man kaum etwas dagegen sagen, und das hatte auch so gut wie niemand versucht. Sandoz, der Hersteller des Cyclosporins, hatte unter der Hand heftig Stimmung gegen FK-506 gemacht und die Verbindung in Mißkredit zu bringen versucht; die Firma nannte es „Fujitoxin" und setzte den Transplantationschirurgen mit Befunden zu, wonach die japanische Substanz keineswegs etwas Einzigartiges war, sondern, wie einer von ihnen es formulierte, „ein Cyclosporin mit Turbolader – gut und schlecht zugleich". Starzl beharrte darauf, es sei mehr. Sandoz brauchte keine eigenen Wissenschaftler zu der Tagung zu schicken, um ihm kontra zu geben. Da praktisch alle Transplantationschirurgen Cyclosporin verschrieben und da viele von ihnen beträchtliche Unterstützung von Sandoz erhalten hatten, die von Ärztemustern bis zu Forschungsgeldern reichte, hatte die Firma hier genügend Stellvertreter.

Ihr Anführer war Sir Roy Calne von der Universität im englischen Cambridge, ein kleiner, selbstbewußter Mann und Starzls wichtigster, ja vielleicht einziger Rivale. Er hatte Pionierarbeit bei der klinischen Verwendung von Cyclosporin geleistet und Starzl den Weg zur Rettung von FK-506 geebnet, weil er selbst es als für Menschen zu toxisch bezeichnet hatte. Die beiden gingen in der Öffentlichkeit freundlich miteinander um und sparten nicht mit gegenseitigen Hochachtungsbezeugungen. In Wirklichkeit herrschte aber zwischen ihnen offenbar alles andere als Sympathie.

In einer Podiumsdiskussion am ersten Vormittag gestand Calne, er sei „überrascht und verblüfft" über Starzls Erfolge mit FK-506. Aber seine eisigste Äußerung betraf das Medikament. Er wies auf seine „fast täuschende Ähnlichkeit" mit Cyclosporin hin und prophezeite, man werde FK-506 allgemein zulassen, aber nur als Ausweichmedikament für Patienten, die Cyclosporin nicht vertrugen, oder zur Linderung bestimmter Nebenwirkungen wie des „sehr unerfreulichen Hirsutismus" bei Kindern. „Möglicherweise", schnaubte Calne in einem Ton, der beglückwünschend und verächtlich zugleich klang, „werden Kinder die größten Nutznießer sein."

Natürlich sahen weder Starzl noch Fujisawa in FK-506 ein „Nachahmerpräparat". Für sie war es ein revolutionärer Wirkstoff, „wie er einem nur einmal im Leben begegnet", um Starzls Formulierung zu gebrauchen. Aber sie nützten einander als Verbündete nichts, dazu waren ihre Ziele zu unterschiedlich und ihre Beziehungen zu sehr vergiftet. Seit Starzls erstem Triumph vor über zwei Jahren mit der „Rettung" von transplantierten Lebern hatte Fujisawa immer wieder mit Gewalt versucht, ihm die alleinige Kontrolle über den Wirkstoff zu entziehen. Die Firma fürchtete, seine Weigerung, FK-506 und Cyclosporin in einer randomisierten klinischen Studie zu vergleichen, werde die Zulassung verzögern, und hatte trotz der Bedenken der FDA versucht, ihn von den entscheidenden Sitzungen mit der Behörde auszuschließen. Fujisawa hatte es abgelehnt, seine Verfahrensweisen anderen Transplantationschirurgen zu empfehlen, und drängte auf wesentlich höhere Dosierungen, die Starzl und seine Mitarbeiter für kriminell hielten. Die Firma wollte mit den Milliardeneinnahmen, die sie von FK-506 erwartete, zu einem weltweit operierenden Pharmakonzern werden. Das Medikament sollte ihr erstes Flaggschiff in den USA sein; damit wäre sie dort als erster japanischer Hersteller mit einer ganz neuen Therapieform aufgetreten, aber bisher waren ihre Versuche, Fuß zu fassen, kostspielig und enttäuschend gewesen. Sie war nicht bereit, ihre Zukunft in die Hände eines reizbaren, halsstarrigen amerikanischen Eigenbrötlers wie Starzl zu legen.

Fujisawa hielt sich bei der Tagung betont im Hintergrund. Mehrere Wissenschaftler der Firma hielten Vorträge, aber ihre meisten Vertreter hielten sich vorwiegend in einer von Essensduft und Zigarettenrauch erfüllten Kantine ein Stockwerk über dem Hörsaal auf. Sie fielen den meisten Wissenschaftlern fast überhaupt nicht auf und unterhielten sich in verstreuten Gruppen untereinander und mit einigen geladenen Gästen aus dem kaufmännischen Bereich. „Wissenschaftlich gesehen, sind wir völlig davon überzeugt, daß das Medikament wirkt", sagte ein leitender Forscher, „aber ob es unter Marketinggesichtspunkten ein gutes Medikament ist, wissen wir noch nicht. Wir müssen weitere Daten sammeln und zeigen, daß es dem Cyclosporin überlegen ist."

Starzls Mitarbeiter dagegen waren allgegenwärtig, streitlustig und in Protesthaltung. Da sie die Tagung weitgehend organisiert hatten und über die größte Erfahrung mit dem Medikament verfügten, hielten sie die meisten Vorträge und saßen in den meisten Podiumsgesprächen. Sie kamen und gingen und vertraten einander gelegentlich, so daß immer einige von ihnen quer durch die Stadt zu der dramatischeren Bühne der Transplantationsstation eilen konnten. Die ganze Woche über führten sie ein anstrengendes Doppelleben – im einen Augenblick konzentriert und mit stahlhartem Blick im Gewühl der Klinik, im nächsten als Vertreter umstrittener Ansichten im Hörsaal der Tagung. Und wie bei Starzl führten die Zwänge des ersten zu einer tiefen Verachtung für das zweite.

Sie waren extremen Widrigkeiten ausgesetzt. So mußte beispielsweise Andreas „Andy" Tsakis, ein freundlicher griechischstämmiger Chirurg mit vorstehenden, verloren blickenden Augen und einer an Harpo Marx erinnernden Sorglosigkeit, der einer von Starzls treuesten Verbündeten war, in einer Diskussion um Blutwerte heftige Kritik abwehren, und eine Stunde später kümmerte er sich in der Leberklinik des Kinderkrankenhauses von Pittsburgh um Mary Arthur, eine hübsche Siebzehnjährige aus Louisville, und ihre Familie.

Neunzehn Monate zuvor, im Januar 1990, hatten sie ihr „alles herausgenommen", die gesamten Eingeweide im Unterbauch; statt dessen hatte sie ein neuartiges „Verbundtransplantat" erhalten, bei dem die insulinproduzierenden Zellen der Bauchspeicheldrüse in eine neue Leber eingefügt waren. Operation, Insulinproduktion und Immunsuppression waren gleichermaßen gut gelungen, was in mehrfacher Hinsicht einen wichtigen Fortschritt darstellte, und sie führte zu Hause wieder ein aktives Leben. Im Januar 1991 war dann eine neue Krebsmetastase aufgetreten. Trotz energischer Chemotherapie hatte sich der Tumor im Kiefer eingenistet und wuchs dort aggressiv weiter – seine Größe hatte sich in den letzten beiden Wochen verdreifacht. Zusammen mit ihren verängstigten Eltern saß sie im lärmerfüllten Wartezimmer, die Wange beträchtlich angeschwollen, und mit einem kleinen Goldkreuz am Hals, das sie nervös befingerte. Sie sagte zu Tsakis, sie würde „alles tun, um den Krebs loszuwerden". Die beiden folgenden Stunden erörterte er mit mehreren Krebsspezialisten und Radiologen, was sie unternehmen wollten. Über der Aussicht, eine Radikaloperation zu empfehlen, die das Aussehen der jungen Frau völlig zerstört und ihr doch nur ein paar Monate geschenkt hätte, verzweifelten sie geradezu, insbesondere Tsakis, auf dem Erschöpfung und Angst wie Blei zu lasten schienen.

Eine gemeinsame Eigenschaft vieler Starzl-Mitarbeiter war eine Haltung der grenzenlosen moralischen Verpflichtung, und am eindringlichsten verkörperte diese Einstellung auf der Tagung Dave Van Thiel, Starzls sarkastischer, über hundert Kilo schwerer Statthalter und intellektueller Stellvertreter, der in Pittsburgh die gastroenterologische Abteilung leitete. „Sie geben den Patienten Überdosen", schimpfte er bei einer Podiumsdiskussion über die klinischen Versuche in Europa und Asien. Und zu Calnes zweideutigen Bemerkungen meinte er: „Es ist schon eigenartig" – er zerriß einen Styropor-Kaffeebecher in zentimetergroße Stücke – „obwohl sie die Leute vergiften, halten sie es für ein gutes Medikament."

Welchen Wert FK-506 als Medikament haben würde, war noch bei weitem nicht vorauszusehen, aber das war eine medizinische Frage, die man in der klinischen Erprobung klären würde. Starzl war jedoch entschlossen, alles auseinanderzupflücken, was er nur konnte, und dabei hatte er auch erkannt, wie wichtig die Grundlagenforschung ist, wenn man wichtige praktische Fragen über das Medikament beantworten will. Wie Boger und Schreiber hatte er die engen Grenzen seines eigenen Fachgebietes längst hinter sich gelassen. Nur mit zell- und molekularbiologischen Untersuchungen würde man den tatsächlichen Nutzen des Wirkstoffes ausloten können, das wußte er genau.

Natürlich führten solche Fragen zu neuen Rivalitäten, und Starzl war gezwungen, sich auch damit zu befassen. Schreiber hatte aufgrund seiner stetigen Vorherrschaft auf seinem Gebiet neben seinem Freund Gerry Crabtree aus Stanford, mit dem er auch zusammenarbeitete, den längsten Vortrag gehalten: Jeder von beiden redete am zweiten Morgen vor dem Plenum fünfunddreißig Minuten lang. Es lag nicht nur daran, daß man ihn für gute Arbeit belohnen wollte oder daß er wichtige Neuigkeiten versprochen hatte. Sowohl als Mitglied des Gremiums, das die eingereichten Tagungsbeiträge begutachtete, als auch in seiner Eigenschaft als zweiter Diskussionsleiter in der Sitzung über Zellbiologie wußte Schreiber seit Monaten, was die Teilnehmer berichten würden. In mindestens einem Fall hatte er ganz offensichtlich Einfluß auf die Tagesordnung genommen: John Siekierka, ein Wissenschaftler von Merck, Mitentdecker von FKBP-12 und mutmaßlicher Konkurrent bei der Suche nach neuen Partnerproteinen, war auf Schreibers Verlangen hin an eine weniger günstige Stelle des Zeitplans gerückt worden.

„Siekierka ist vor Wut blau angelaufen, weil wir ihn an eine andere Stelle plaziert haben", räumte Starzl ein; um die Wogen zu glätten, setzte er den Merck-Mitarbeiter doch wieder auf das Programm des zweiten Tages, allerdings erst nach Crabtree und Schreiber, und auch mit weniger Redezeit. Da Steve Burakoff, ein Mitglied des wissenschaftlichen Beirates von Vertex und der wichtigste Kollege, mit dem Schreiber in der Immunologie zusammenarbeitete, als Diskussionsleiter der Vormittagssitzung fungierte, hatte Schreiber die Gewähr, daß man ihn nicht an die Wand drücken würde. Eigentlich spielte das auch kaum eine Rolle. Starzl betrachtete Schreiber mittlerweile als einen wichtigen Verbündeten und hatte seine Arbeit bisher aus eigenen Stücken überschwenglich gelobt. Aber Schreiber war auch ohne Starzls Fürsprache ein gemachter Mann.

Vertex war, wie Boger es versprochen hatte, mit einer großen Gruppe vertreten: Thomson, Harding, Livingston, Moore, Peattie, Nelson, Stuart und mehrere andere. Aber keinen von ihnen hatte man zu einem größeren Vortrag aufgefordert – Boger witterte einen heimlichen Boykott durch Schreiber. Wie es der Rangordnung aller derartigen Tagungen entsprach, sollten sie sogenannte Kurzvorträge mit zehn Minuten Redezeit halten, oder Poster präsentieren, bei denen sie zu festgesetzten Zeiten in der Eingangshalle neben einer graphischen Präsentation ihrer Arbeiten standen wie Verkäufer auf einer Handelsmesse. In einigen Fällen war diese Einordnung tatsächlich fragwürdig: Moore, dessen *Nature*-Artikel allgemein bekannt und höchst angesehen war, sollte nur ein Poster präsentieren. Insgesamt spiegelte die Einteilung aber ungefähr das wider, was die Wissenschaftler bereits wußten: Ihre bisherigen Forschungsarbeiten waren zwar wichtig, aber nicht weltbewegend und für ein Medizinerpublikum von eher untergeordnetem Interesse.

Boger hatte monatelang davon geredet, er wolle selbst hinfahren, aber in dem Bewußtsein, daß Schreiber „die Tagung gepachtet hatte", entschied er sich schließlich anders. „Es hätte für Vertex eine wichtige Tagung werden können", sagte er, „aber wegen Stuart wird sie das nicht sein. Wenn wir von Vertex ein Dia mit einem kleinen Molekül zeigen könnten und dazu sagen: ‚Diesen kleinen Hemmstoff für FKBP kann ein guter Chemiker an einem Nachmittag zu Hause in der Küche herstellen', dann haben wir das Publikum auf einer Tagung über FK-506 auf unserer Seite."

„Das wird dann die zweite Jahrestagung über FK-506", versprach er.

Auch Navia hatte seine Pläne geändert. Man hatte ihn eingeladen, ein Poster auszustellen, und er war zunächst entschlossen, für vierundzwanzig Stunden hinzufliegen, aber in letzter Minute hatte er plötzlich abgesagt. Er hatte beruflich eine schlimme Zeit hinter sich. Im Juli, nach monatelangem Überlegen, hatte *Nature* seinen und Yamashitas Artikel über die Röntgenstrukturanalyse endgültig abgelehnt. Die Struktur selbst stimmte immer noch nicht, und die beiden mußten sie in demütigender Weise anhand von Schreibers und Clardys Koordinaten korrigieren. Daneben war auch sein „Lieblingskind", ein Artikel über quervernetzte Enzymkristalle als Superkatalysatoren, von *Science* abgelehnt worden, und Strukturen, in denen Vertex-eigene Verbindungen die HIV-Protease hemmten, hatte er immer noch nicht. Als Navia zu Vertex kam, hatte er geprahlt, seine Arbeitsgruppe werde ein Energiezentrum sein, aber dann war sie mehrmals ins Trudeln geraten, während er immer öfter auf Reisen war und offenbar immer stärker sein eigenen Ziele verfolgte. Mittlerweile war er höchst besorgt um seinen Platz unter den Röntgenstrukturanalytikern, denn er hatte seit seinem Weggang bei Merck vor über zwei Jahren nichts mehr veröffentlicht.

Durch das Seelendrama mit Yamashita und durch Bogers bei Vertex allgemein kritisierte Entscheidung, ihn zum leitenden Angestellten zu machen, waren Navias Entfremdungsgefühle und Depressionen seit der Verkaufstournee immer stärker geworden, und immer häufiger wechselten heftige Wutausbrüche mit Phasen der Zerknirschung ab. Der Gedanke, neben einem Poster mit einer Proteinstruktur zu stehen, für deren Aufklärung er Schreibers Hilfe gebraucht hatte, während Schreiber selbst vom Rednerpult herab die Tagung beherrschte, war für ihn unerträglich. Er hielt Schreibers Effektorhypothese immer noch für zu stark vereinfacht, aber ohne eigene Befunde und ohne einen angemessenen Platz auf der Tagung konnte er sie in Pittsburgh nicht in Frage stellen. Also redete er sich weinerlich mit dem Hurrikan

Bob heraus, der gerade an der Atlantikküste wütete und die Flugpläne durcheinanderbrachte: Er bat Harding und Moore, an dem für sein Poster vorgesehenen Platz den Vermerk „Opfer des Hurrikans" anzubringen. „Ja, ja", schnaubte Thomson zynisch, „des Hurrikans Stuart."

Wenn Navia ein Opfer war, dann war er dem Drang aller Wissenschaftler, der erste zu sein, und seiner eigenen Vorwitzigkeit zum Opfer gefallen. Er hatte alles falsch eingeschätzt: sich selbst, die Konkurrenz und die Fragen, die er beantworten wollte. Aber auch diejenigen, die Erfolg gehabt hatten und jetzt um das Erstlingsrecht kämpften, liefen Gefahr, untergebuttert zu werden. FK-506 hatte sich in jeder Hinsicht als rätselhafter und folgenschwerer erwiesen, als sie alle es sich hätten träumen lassen. Alle hatten sich darum bemüht, das Molekül besser kennenzulernen: seine Form, seinen Wirkmechanismus, seine Einsatzmöglichkeiten und die Frage, wie man es als äußerst wirksames Medikament beherrscht. Sie hatten einander und sich selbst angetrieben, mehr zu erkennen, mehr zu tun, es genauer zu erforschen. Und doch empfand auch der urwüchsigste unter ihnen – Starzl – die unvermeidliche Unzufriedenheit.

FK-506 hatte Starzl dazu getrieben, erbarmungslos seine eigenen Grenzen zu überschreiten, selbst jene von ihm selbst gesetzten mörderischen Maßstäbe, die dazu dienen sollten, mehr als das Mögliche zu tun und dem Tod ein Schnippchen zu schlagen. Nachdem Inselzelltransplantationen wie die bei Mary Arthur gelungen waren, trieb er seine Arbeitsgruppe sofort in den nächsten logischen Schritt: die Darmverpflanzung. Solange die Empfänger der Inselzellen auf dem normalen Weg keine Nährstoffe aufnehmen konnten, litten sie weiterhin stark. Man mußte sie entweder über Schläuche ernähren, oder sie nahmen nur Proteintränke und Gebäck zu sich, wobei sie nie mehr als ein paar Gramm bei sich behalten konnten. Der Darm war bisher, wie Starzl es formulierte, ein „verbotenes Organ" – angefüllt mit Bakterien, die, wenn sie ins Blut gelangten, schwere und oftmals tödliche Infektionen hervorriefen. Aber seine ersten fünf Patienten, die einen neuen Darm erhielten, überlebten ohne Ausnahme, und nach einer zermürbenden Genesungsphase konnten sie wieder Nahrung verdauen.

Mit jeder neuen Veröffentlichung nahmen die Angriffe auf Starzl zu. „Ich habe den Bericht ... mit wachsendem Entsetzen gelesen", schrieb ein britischer Mediziner, nachdem er den Artikel von Tsakis über die Operation an Mary Arthur studiert hatte. „Ich hatte gedacht, solche verstümmelnden Eingriffe gebe es schon längst nicht mehr. Wie viele grausame, unmenschliche Operationen wird man noch im Namen des wissenschaftlichen Fortschritts vornehmen?"

Starzl war schon immer ein Besessener gewesen, aber mit dem Alter und der Verschlechterung seines Gesundheitszustandes nahmen seine Unduldsamkeit und die Abwehr von Kritik weiter zu. Mit sechsundsechzig Jahren sah er offenbar endgültig ein, daß er sterblich war. Mit seiner stets jugendlichen und respektlosen Art hatte er längst alle religiösen Hoffnungen aufgegeben. Aber jeder Transplantationschirurg ändert sich unter dem Einfluß seiner Patienten, die sich vielfach nur an einen tiefen, festen Glauben klammern können. Auf einem handgeschriebenen Zettel über dem Bett einer jungen Frau, die sich gerade einer Lebertransplantation unterzogen hatte, stand ein Zitat aus dem Römerbrief 8, Vers 18: „Denn ich bin überzeugt, daß dieser Zeit Leiden nicht ins Gewicht fallen gegenüber der Herrlichkeit, die an uns offenbart werden soll."

Das schien jetzt auch für Starzl zu gelten. Dreißig Jahre lang hatte er ununterbrochen gearbeitet. Er hatte Tausende von grausigen, makabren Operationen vorgenommen, obwohl er jedes Mal, wenn er ein Skalpell in die Hand nahm, vor dem Entsetzlichen zurückschreckte, was er vorhatte. Dabei hatte er sich selbst in höchste Gefahr gebracht – zweimal Hepatitis, ein Magengeschwür, vorübergehende Erblindung nach einem Unfall im Operationssaal mit einem Lasergerät und vor kurzem die Bypass-Operation – und seine erste Ehe zerstört. Er war mittlerweile der fruchtbarste wissenschaftliche Autor der Vereinigten Staaten: 503 Fachartikel zwischen 1981 und 1990, viele davon in angesehenen Zeitschriften, und alle entweder von ihm selbst diktiert oder aber geschrieben mit seiner ausgiebigen – viele seiner Mitarbeiter würden sagen: ungeschickten und tyrannischen – redaktionellen Unterstützung.

Und doch war ihm das höchste Ziel versagt geblieben: Er hatte keine entscheidende biologische Entdeckung gemacht, die für die Medizin einen unleugbaren Fortschritt bedeutet hatte, und damit war ihm auch der Ruhm entgangen, der in der wissenschaftlichen Welt den Urhebern solcher Fortschritte vorbehalten ist. Schreiber, der selbst einschlägige Ambitionen hatte, erinnert sich noch an ein Telefongespräch mit Starzl an dem Tag im vorangegangenen Herbst, als zwei andere Transplantationschirurgen gemeinsam den Nobelpreis für Medizin erhielten, womit eine ähnliche Auszeichnung für den Bereich der Transplantationen in der nächsten Zeit so gut wie ausgeschlossen war. Schreiber wunderte sich über Starzls unerschütterlichen Gleichmut. Er hatte sich nicht vor der Welt zurückgezogen, wie einer von Schreibers Kollegen in Harvard es bekanntermaßen jedes Jahr tat, sondern hatte den ganzen Tag über und auch an den folgenden Tagen seinen achtzehnstündigen Arbeitsrhythmus beibehalten.

Starzl wußte, daß seine Vorherrschaft zu Ende ging. Er hatte sich bereits entschlossen, den Rest seiner Laufbahn der Forschung zu widmen; seit Jahresanfang operierte er nicht mehr, und jetzt mußte er sich den Schlußfolgerungen aus seiner rastlosen Tätigkeit stellen: Die Zukunft der Transplantationschirurgie hing wie eh und je letztlich davon ab, daß man die Organabstoßung in den Griff bekam, aber das allein reichte nicht. Die Krebsmetastasen von Mary Arthur erinnerten ihn und seine Mitarbeiter wie so viele frühere Rückfälle an die Nichtigkeit, die letztlich alle ihre Erfolge überschattete. Die Transplantationschirurgie hatte ihre Grenzen.

Das war die große Triebkraft in Starzls Leben: die Grenzen zu überschreiten. Es erklärte auch, warum er sich so eifrig bemühte, sein Vermächtnis zu sichern. Zwar stürzte er sich immer noch kopfüber in mehrere neue Vorhaben, und zugleich sprühte er wie üblich vor Entschlossenheit; aber seit einiger Zeit bemühte er sich auch aktiver um Anerkennung: Er reiste immer häufiger, um Preise und Auszeichnungen entgegenzunehmen, die er früher verächtlich zurückgewiesen hätte, kultivierte energisch seinen Umgang mit den Medien und brachte seine Leistungen an die Öffentlichkeit. Die Tagung in Pittsburgh war bei aller Bedeutung für die Medizin auch von dem Bemühen Starzls geprägt, die Aufmerksamkeit vieler Gruppen auf *sein* Molekül zu lenken, auch wenn der Ruhm dieses Wirkstoffes allmählich verblaßte.

„Die nachlassende Sehfähigkeit alternder Augen hat etwas Merkwürdiges", schrieb er bald darauf in seinen Memoiren, die er in der atemberaubend kurzen Zeit von drei Monaten zu Papier brachte - auch sie ein Teil jener Selbstdarstellung, die Starzl jetzt fast ständig betrieb. „Was man nicht mehr deutlich erkennt, ersetzt der Geist lebhafter, als es die Realität vermag." So verhielt es sich jetzt mit der Immunsuppression. Starzl hatte Einblicke in das innerste Wesen der Immunologie gewonnen und ging jetzt daran, seine Kenntnisse auf diesem Gebiet zu vervollständigen. Was ihm an Befunden fehlte, machte er mit seiner unvergleichlich großen Erfahrung und seinen Visionen mehr als wett. Kein anderer und mit Sicherheit kein Chirurg war jemals auf der Leiter des Seins so weit hinabgestiegen - vom Organismus zum Organ, vom Organ zur Zelle, von der Zelle zum Molekül - und konnte von jedem dieser Schritte so machtvoll Zeugnis ablegen.

Gleichzeitig dachte er paradoxerweise auch immer öfter über Therapiemethoden mit Wirkstoffkombinationen nach, die radikale Operationen, wie er sie Zeit seines Lebens befürwortet hatte, nicht nur weniger notwendig, sondern sogar überflüssig machen sollten. „Die Organtransplantation", meinte er jetzt häufig, „ist in der ganzen Geschichte vielleicht nur eine Fußnote."

Diese Aussage wollte Starzl auf der Tagung groß herausstellen. Aber es gab Schwierigkeiten. Seine besten Befunde hatte Antonio Francavilla erhoben, ein italienischer Leberspezialist. Starzl hatte immer eine vielsprachige Arbeitsgruppe geleitet, in der beispielsweise japanische Ärzte sich nur mit Mühe den Griechen, Schweden und Italienern verständlich machen konnten, und sie alle kämpften mehr oder weniger erfolgreich mit ihren lückenhaften Englischkenntnissen. Aber selbst in diesem Umfeld hatte Francavilla einen besonders ausgeprägten Akzent. („Sein Englisch war nicht nur unvollkommen", sagte Starzl zwanzig Jahre nach ihrer ersten Begegnung. „Ich konnte kein Wort verstehen.")

Das Problem war zwei Tage zuvor, am Vorabend der Tagung, plötzlich akut geworden. Als Starzl sich mit hundert anderen Teilnehmern der Montagabend-Besprechungen über FK-506 zur Generalprobe für die Vorträge zusammensetzte, kamen ihm Zweifel, ob Francavilla, der den Namen der Verbindung „effa-kaya-feiva-oah-siex" aussprach, sein Referat nicht vermasseln würde.

„Dein Vortrag ist die richtige Begleitung für den von Schreiber", hatte Starzl aufmunternd gesagt, als Francavilla nach vorn ging, um seine Präsentation zu üben. „Wir müssen sehr kritisch zuhören. Wenn es nicht genau formuliert ist, geht die Aussage verloren."

Van Thiel, der spürte, wie das einzige „weltbewegende" wissenschaftliche Ergebnis der Gruppe aus Pittsburgh Gefahr lief unterzugehen, war weniger geduldig. „Ich glaube, wir sollten die ersten beiden Schlußfolgerungen streichen. Sie gehören in andere Vorträge", sagte er, nachdem Francavilla seine ersten Dias gezeigt hatte. Nach einer weiteren unverständlichen Erklärung rang Van Thiel seine riesigen Hände. „Es wäre bestimmt toll, wenn Tony gutes Englisch spräche", murmelte er. „Wir wollen doch sicher nicht, daß Tony dieses Dia präsentiert. Ich würde es auch nicht auf italienisch präsentieren wollen."

„Können wir das noch einmal üben?" fragte Starzl verärgert. Francavilla, entschuldigend und niedergeschlagen, sagte, er wolle es versuchen.

Die Spannung nahm zu. Starzl beschwor immer wieder Schreiber herauf und ermunterte jeden einzelnen seiner Mitarbeiter, Schlußfolgerungen nachdrücklich zu vertreten, insbesondere was die Autoimmunität anging. Hier, auf klinischem Gebiet, hatte Pittsburgh immer noch eine Führungsrolle, und Starzl war entschlossen, daraus jeden nur möglichen Vorteil zu ziehen. So hatte er beispielsweise von der FDA die Genehmigung für eine klinische Studie an Patienten mit Multipler Sklerose verlangt. Aber die Behörde hatte es abgelehnt, eine Erkrankung des Nervensystems mit einem Wirkstoff behandeln zu lassen, der bekanntermaßen toxisch auf Nervenzellen wirkte. Als jetzt ein Neurologe namens Benjamin Eidelman über drei Patienten mit MS – zwei davon Transplantatempfänger – berichtete, die FK-506 erhalten hatten und eine dramatische Verbesserung zeigten, war Starzl begeistert. Er bemerkte: „Ich habe die dritte Patientin heute gesehen. Sie sieht hinreißend aus. Sie hat ungeheuer viele Schuppen, aber sie ist hinreißend."

Eidelman, der selbst leitender Wissenschaftler war und nicht zu übertriebenen Behauptungen neigte, blieb vorsichtig. Hartnäckig erinnerte er daran, daß die Multiple Sklerose für Spontanremissionen bekannt ist, aber Starzl ließ sich nicht beirren. „Du hast aber eine lange Leitung", sagte er. „Du erzählst uns, was du für ein toller Hecht bist, und dann bist du so vorsichtig. Mein Gott. Drei MS-Patienten, das ist ja wirklich toll."

„Neurotoxisch heißt neuroaktiv", warf Van Thiel ein. „Es ist alles eine Frage der Dosierung."

Wieder setze Eidelman zum Widerspruch an, aber jetzt war Starzl schneller. „Ich würde den tollen Hecht weniger herausstreichen", sagte er. „Wen kümmert es schon? Wichtig ist, daß der Wirkstoff bei drei Patienten mit Multipler Sklerose angewandt wurde. Das ist fast die wichtigste Neuigkeit auf der ganzen blöden Veranstaltung. Das muß an die Öffentlichkeit. Das ist der große Aufhänger für die FDA. Die müssen merken, daß Druck auf sie zukommt."

Eidelman blieb bei seiner Darstellung. Er würde keine Behauptungen über das Medikament aufstellen, sondern nur über seine Befunde berichten. Starzl ließ mit einem Lächeln seine großen Zähne sehen und akzeptierte die Entscheidung.

„Ein wichtiger Aspekt bei Entdeckungen", doziert er, „ist die Erkenntnis, daß man etwas entdeckt hat. Man sollte nicht die ganze Zeit Angst haben."

Es war eine seltsam schicksalhafte Wiederholung der Szene, die sich am Montag zuvor bei Vertex abgespielt hatte, als Boger und die anderen Yamashitas Artikel über die Röntgenstrukturanalyse vorbereitet hatten; auch sie hatten sich Mühe gegeben, so viel wie möglich aus ihren Daten herauszuholen, und waren dabei das Risiko eingegangen, durch überzogene Behauptungen ein allzu glänzendes Bild zu zeichnen.

Aber jetzt war es offenbar zu spät. Nachdem Starzl sich selbst in die Rolle des Trainers und Schiedsrichters begeben hatte, konnte er, wie er selbst es formulierte, nur noch „eingreifen ... und für Qualität sorgen". Die umfassenderen Kenntnisse über die Wirkung des Medikaments stammten zum größten Teil nicht mehr aus Operationssaal und Klinik, sondern aus dem Labor, und obwohl Starzl so selbstherrlich mit Eidelman umging, schien er sich mit dieser Tatsache abgefunden zu haben. Am nächsten Morgen, nachdem sie sich durch ein paar Dutzend weitere Vorträge gearbeitet hatten und fast die ganze Nacht aufgeblieben waren, gab er den Journalisten bei der Eröffnungspressekonferenz einen Rat, wie ihr Bericht nach seiner Ansicht aussehen sollte: „Es ist unfair, sich auf eine Person zu konzentrieren, aber ich glaube, Schreibers Gruppe aus Boston hat tolle Neuigkeiten ... Ich denke, Sie sollten mit Schreiber reden."

Schreiber wanderte in abgehobener Distanz von den Vorträgen über die Konferenz. Zum einen kannte er nur die wenigsten Teilnehmer – auch Starzl hatte er erst vor kurzem persönlich kennengelernt –, und zum anderen war auch er praktisch inkognito anwesend. Die meisten Chirurgen und die sonstigen Mediziner hatten vermutlich seit dem Grundstudium nicht mehr mit Synthesechemikern zu tun gehabt, und die Molekular- und Zellbiologen kannten zwar Schreibers Namen vielleicht aus seinen Artikeln, aber sie brachten ihn vermutlich nicht mit der sprunghaften, leicht befangenen Gestalt in Verbindung, die sich gelegentlich lässig schlendernd unter sie mischte. Er ähnelte einem Touristen, der in seinem eigenen Land berühmt ist und nun in der Fremde darauf wartet, daß ihn jemand erkennt. Wie Starzl hatte er in seiner intellektuellen Entwicklung mehrere Fachgebiete hinter sich gelassen, um in seine jetzige Stellung zu gelangen, und doch war er beinahe ein Fremder. Selbst der übergroße Monitor am Eingang des Hörsaales, der ein Computermodell des Komplexes aus FKBP-12 und FK-506 zeigte (Clardys Struktur „mit freundlicher Genehmigung von der Fakultät für Chemie der Harvard University und S.L. Schreiber"), blieb fast völlig unbeachtet. Die meisten Konferenzteilnehmer wußten nicht, was sie da eigentlich sahen.

Wer ihn natürlich kannte, waren seine früheren Kollegen von Vertex, und einige von ihnen suchten den Kontakt ebenso wie er. Der stets unbezähmbare Schreiber war ganz wild darauf, über seine Arbeit zu sprechen. Nachdem er am ersten Tag nach dem Mittagessen eilig die ausgestellten Poster überflogen hatte, machte er sich schließlich an Moore und Harding heran, die Gerüchte über seine bevorstehende Ankündigung gehört hatten und sich ebenfalls nach ihm umsahen. Ihre Suche war nicht nur von Neugier, sondern auch von Zeitdruck getrieben. Je früher sie wußten, was Schreiber in petto hatte, desto schneller konnten sie reagieren. Bald würde Merck ihn völlig mit Beschlag belegen, wenn das nicht bereits geschehen war. Über die Jagd nach Daten hatte Boger einmal gesagt: „Ein neues Medikament bringt im dritten Jahr durchschnittlich einen Gewinn von 300 Millionen, das heißt, drei Monate können später einmal 75 Millionen wert sein." Jeder Tag, jede Stunde war Geld wert. Eilig setzten sich die drei in der Nähe von Moores Poster bei Kaffee und Gebäck zusammen.

„Wir haben ihn", platzte Schreiber heraus. „Wir haben den unmittelbaren Rezeptor für beide Komplexe. Das wird alles andere beiseite wischen."

Harding war wie vor den Kopf gestoßen. Es war buchstäblich, wie Livingston sagen würde, „eine transzendente Entdeckung"; Calne hätte es als „Offenbarung" bezeichnet. Seit der Entdeckung des Cyclosporins und später des Wirkstoffes FK-506 waren immer mehr Fragen über die Wirkmechanismen der beiden Verbindungen aufgetaucht: Wie funktionieren sie? Warum wirken sie immunsuppressiv? Sind die Nebenwirkungen untrennbar mit der Wirkung verbunden? Gibt es Partnerproteine? Welche Teile der Moleküle sind für das Medikamentendesign von Bedeutung? Warum sind sie so verblüffend ähnlich? Zusammengenommen bildeten diese Fragen eines der großen ungelösten Rätsel in der modernen Biochemie. Und jetzt – es war unglaublich und ärgerlich zugleich – hatte Schreiber offenbar alle Fragen beantwortet und dabei fast alle seine Voraussagen bestätigt.

In einer einzigen brillanten Versuchsreihe hatte er mit seinen Doktoranden und in Zusammenarbeit mit einer Gruppe in Stanford gezeigt, wie beide Medikamente wirkten. Wenn sie in die Zellen gelangt sind, bindet FK-506 an FKBP und Cyclosporin an Cyclophilin – das hatte nie jemand bezweifelt. Aber die Verbindungen selbst bewirken überhaupt nichts. Erst wenn sie zur Hälfte in den Proteinen vergraben sind und ihre restlichen Atome einem dritten Molekül darbieten, lösen sie eine biologische Reaktion aus. Und diesen dritten Partner hatten Schreiber und seine Mitarbeiter identifiziert: Es war das Calcineurin, ein Enzym, das sich in recht großer Menge in allen Zellen findet.

„Natürlich hofft man immer auf die einfachste Möglichkeit, und die besteht darin, daß das unmittelbare Zielprotein das gleiche ist", sagte Schreiber. „Und so ist es auch. So ist es!"

Schreiber strahlte über das ganze Gesicht. „Mein Gott, es ist unglaublich. Sie binden kompetitiv – zwei verschiedene Medikamente, zwei verschiedene Strukturen, zwei verschiedene Immunophiline, und sie binden an die gleiche Stelle. Wie kann das überhaupt sein?"

„Ich meine", fuhr er fort, „die Natur hat diese beiden Produkte von Mikroorganismen hervorgebracht, und sie sind *Klebstoff*. Molekularer *Klebstoff*."

„Diese Medikamente", grinste er noch breiter, um den Knalleffekt deutlich zu machen, „sind überhaupt keine Medikamente."

Harding hielt die gleichmütige Fassade aufrecht und stellte die naheliegenden Fragen: Wie groß war das Calcineurin? Was bewirkte es? Welches waren seine Bindungspartner? Gab es andere Substanzen, natürliche Stoffwechselprodukte oder Medikamente, die es hemmten? Aber hinter seiner Entschlossenheit verbarg sich ein Gewirr verärgerter Gefühle.

In Harding stieg bohrender Neid hoch: Er hatte sich selbst verzweifelt darum bemüht, das entscheidende biologische Ziel der Verbindung zu finden, ihren Wirkmechanismus zu erklären und sein Erstlingsrecht zu behaupten, und jetzt hatte ihn sein Freund, mit dem er früher zusammengearbeitet hatte, überrundet. Wie so oft war er aufgebracht und fühlte sich betrogen, als sei er durch sein eigenes entgegenkommendes Wesen und die übermächtigen Fähigkeiten der Menschen in seiner Umgebung unterdrückt, beiseitegefegt und zurückgewiesen worden. Er fühlte sich geschlagen, ein Opfer. Zwei Jahre vorher war er auf dem Höhepunkt seiner Hoffnungen als Mitentdecker von Cyclophilin und FKBP-12 zu Vertex gekommen, um mit Schreiber zusammenzuarbeiten: zwei junge Eroberer, die die Welt in Besitz nehmen wollten. Aber jetzt hatte Schreiber ihn hinter sich gelassen. Und, was noch schlimmer war: Schreibers neue Arbeiten stellten ihre früheren gemeinsamen Errungenschaften in den Schatten. Der Stellenwert eines Proteins – und damit auch seines Entdeckers – steht und fällt mit seiner biologischen Bedeutung, seinen Wirkungen. Die Wissenschaft kann wie die Mode in ihrem Fortschreiten grausam sein. Und nun stand Harding da, der Mitentdecker von zwei Proteinen, die am Ende nichts anderes taten als Atome zu präsentieren, dienststeifrige Eunuchen, die der eigentlichen molekularen Hauptperson, dem „interessanten Protein", zuarbeiteten. Die Hemmung von FKBP-12 war offenbar für Immunsuppression oder Medikamentendesign nicht entscheidend, und damit war das Protein sofort an den Rand gedrängt, passé, eine Fußnote. Harding spürte, wie er sich in sein Schicksal ergab. (Das war nicht nur spontane Selbsterniedrigung oder Paranoia: Am nächsten Tag zeigte Schreiber bei seinem Vortrag ein Dia, in dem die Entdeckung von FKBP-12 „Schreiber et al." zugeschrieben wurde. Harding, der erste Autor des *Nature*-Artikels, wurde nie erwähnt.)

Die Unterhaltung wurde lockerer: Harding und Schreiber plauderten lässig über Pläne, sich zu treffen. Schließlich ging Moore, der Erstaunen und Verwunderung kaum verbergen konnte, wieder zu seinem Poster, und Schreiber begab sich zu einem Vortrag. Harding lief sofort instinktiv durch den Verbindungsgang in das benachbarte Hotel, ein Vista, und fuhr in den elften Stock zu seinem Zimmer. Er mußte unbedingt Boger anrufen.

Im Aufzug stieg sein ganzer Groll aus den letzten beiden Jahren wie ein gewaltige Welle in ihm hoch. Schreibers Triumph und seine eigene dementsprechende Niederlage waren für ihn nicht nur der Beweis, wer der bessere Wissenschaftler war, sondern zeigten, welches System – Schreibers oder Bogers – sich besser für wissenschaftliche Arbeit eignete. In Hardings Augen gab es keinen Wettkampf: Schreiber hatte alle Runden gewonnen. Und er selbst sowie die anderen Wissenschaftler bezahlten dafür mit ihrer Karriere und ihrer Bekanntheit.

Verärgert, mit gerötetem Gesicht und ungewöhnlich düsterem Blick, machte er Boger schwere Vorwürfe. Bogers oberster Grundsatz lautete: Das Experiment machen. Aber das Experiment bei Vertex, so dachte er jetzt, wurde immer schwieriger und manchmal unmöglich. Ständig bestand der Druck, etwas zu produzieren, Versuche anzustellen, Wirkstoffe zu testen. Dann waren da der dauernde Mangel an Personal und Reagenzien, Bogers häufige Abwesenheit, die Unwägbarkeiten der Projektbesprechungen, die Konflikte selbstbewußter Persönlichkeiten, das Mißtrauen Außenstehender, mit denen man zusammenarbeitete und die Ablenkung durch die Notwendigkeit, die Ziele der Firma den Bankleuten, Juristen und diversen Geldgebern zu verkaufen. Zum Nachdenken gab es weder Zeit noch Raum. Schreiber, so Hardings Schlußfolgerung, hatte gewonnen, weil er sich völlig dem Gewinnen gewidmet hatte, und er selbst hatte verloren, weil er behindert worden war. Er sah sich als Opfer zielloser, widersprüchlicher Prioritäten, während Schreiber energisch in eine Richtung gearbeitet habe. „Ich bin ein technischer Assistent mit Doktortitel", murrte er. „Man hat mich als Wissenschaftler eingestellt, aber Josh erwartet nur von mir, daß ich einen Tag nach dem anderen in die Firma komme und im Labor schufte. Das ist keine Wissenschaft.

Ich bin darüber schrecklich traurig, denn wenn ich jetzt noch zähneknirschend in Yale arbeiten würde, wäre ich heute ein hochangesehener Forscher."

Verständlicherweise würde sich Hardings Verbitterung auch bei anderen im Lager von Vertex breitmachen, wenn sich die Nachricht von Schreibers neuer Goldader herumsprach: Sie hatten sich wegen des falschen Proteins die Beine ausgerissen. Aber der Umschwung war schnell, heftig und vollständig. Boger hatte in Pittsburgh keine Fürsprecher mehr. Von der Reaktion auf Schreiber abgesehen, war es für jeden von ihnen die Gelegenheit, lange aufgestautem Ärger Luft zu machen, dessen Erörterung Boger nach ihrer Empfindung immer verhindert hatte. Bei einigen würde die Stimmung in deutliche Verzweiflung umschlagen.

Erwartungsgemäß war Thomson am meisten erbost. Er, der Proteine, gute wissenschaftliche Arbeit und die an Nietzsche gemahnenden Untertöne der Rivalität zwischen Boger und Schreiber zu schätzen wußte, konnte nicht anders, als Schreibers mehrfachen Erfolg zu bewundern, auch wenn das bedeutete, daß seine eigene Leistung mit FKBP-12 jetzt ebenso unwichtig wurde wie die von Harding, und obwohl er jetzt bald bis zu den Knien in Kalbshirn stehen und Calcineurin reinigen würde. Am nächsten Morgen, vor seinem Vortrag, würde er sagen: „Ich möchte am liebsten aufstehen und sagen: ‚Ich will Ihre Zeit nicht unnötig beanspruchen. Ich überlasse meine zehn Minuten Stuart, damit er noch ein wenig mehr berichten kann.'" Am Rednerpult, mit seiner Bomberjacke und auf der Projektionsfläche hinter ihm in zehnfacher Größe wiederholt, gratulierte er Schreiber in aller Öffentlichkeit – eine ungewöhnliche Geste. Wieder einmal war er verärgert darüber, daß er mit Schreiber nicht mehr zusammenarbeiten konnte, und nachdem ein Wissenschaftler von SmithKline sich bei Schreiber für dessen großzügige Unterstützung mit Material bedankt hatte, stöhnte er: „Gibt es irgend jemanden, der keine Reagenzien von Dr. Schreiber hat, außer der Firma, deren wissenschaftlicher Berater er war?" Aber er machte Boger weder für die Kluft zwischen ihnen noch für die Folgen verantwortlich. Er lobte Schreibers Errungenschaft und war so klug, ihr den notwendigen Tribut zu zollen; vorher aber hatte er bei Vertex angerufen und Matt Fitzgibbon angewiesen, bei Sigma, einem wichtigen Lieferanten für Proteine, die gesamten Vorräte an Calcineurin aufzukaufen, damit kein anderer Zugriff darauf hatte.

Die Biologen waren weniger nachsichtig. Dave Livingston meinte, Vertex solle die chemische Forschung ein halbes Jahr lang völlig ruhen lassen, und in dieser Zeit solle man mit biologischen Methoden untersuchen, ob Schreiber recht habe, und ein verläßliches Testsystem für neue Verbindungen entwickeln. Wozu, so fragte er, sollte es gut sein, weiterhin Hemmstoffe für FKBP-12 zu entwickeln? Es war lächerlich. Er selbst, Debra Peattie, Harding und selbst Patsi Nelson, die vielleicht von allen Wissenschaftlern am stärksten an Vertex glaubte und sich am wenigsten beklagte, kritisierten Bogers Entscheidung, ein Projekt mit so wenig geklärtem biologischem Hintergrund auszusuchen. Einmütig waren sie der Ansicht, er habe das Projekt und seine Schwierigkeiten wegen dieses Mangels immer wieder unterschätzt. Sie waren entsetzt und erzürnt, daß Vertex behauptete, man betreibe strukturorientiertes Medikamentendesign, während in Wirklichkeit noch nicht einmal geklärt war, was die von ihnen zu konstruierenden Moleküle eigentlich bewirken sollten. „Habt ihr schon ein Medikament, oder habt ihr nur ein Zielprotein?" fragte ein Nierenspezialist aus Tampa Harding am Mittwoch beim allgemeinen Mittagessen. „Bis vor einer halben Stunde hatten wir von jedem eines", schimpfte dieser, „aber jetzt haben wir drei neue Zielproteine."

Wie bei einem Königsmord üblich, machte man Boger für alles und jedes verantwortlich. Eine Gruppe mit Thomson und Moore an der Spitze beklagte sich, er habe sie nicht genügend geführt, ihnen nicht einfach gesagt, was zu tun sei, und dann dafür gesorgt, daß sie es auch taten. Eine andere unter Führung von Livingston, Peattie und Harding meinte dagegen, er sei zu autoritär gewesen und habe einsame Entscheidungen gefällt. Nach Livingstons Überlegungen hatte er sich einmal so und einmal so verhalten, und das jeweils zum ungeeignetsten Zeitpunkt. Zum Beispiel, so Livingston, habe Boger den Leuten von Chugai ohne Rücksprache mit den leitenden Wissenschaftlern versprochen, sie würden zwei wichtige Dinge liefern, nämlich die Hemmstoffe für FKBP-12 und die Struktur des Proteins, und dabei war noch nicht einmal geklärt, ob es sich dabei überhaupt um bedeutsame Ziele handelte. Und dann überließ er es im wesentlichen den Wissenschaftlern, wie sie diese Ziele erreichten. Das war in Livingstons Augen verkehrte Welt; es hätte umgekehrt sein müssen: Boger, so meinte er, müsse seine leitenden Mitarbeiter konsultieren, bevor er Ziele und Prioritäten setze, und dann die Entscheidungen kraft seiner Autorität durchsetzen. In dieser Verdrehung spiegelte sich nach Livingstons Ansicht Bogers Arroganz wider, und daß es so nicht funktionierte, wurde nun allen, die für ihn arbeiteten, schmerzlich bewußt.

Erfreuliches oder Entlastendes gab es in seiner Analyse kaum: Wie alle anderen war er bitter enttäuscht und bestürzt. Er fürchtete die Auseinandersetzung mit Boger, weil er wußte, wie dieser die Dinge immer zu seinen Gunsten wendete. Selbst wenn er recht hatte und wenn Boger mit seiner Haltung des ewigen Klassenbesten einen Personenkult geschaffen hatte, der die wissenschaftliche Arbeit der Firma behinderte, wußte Livingston doch besser als jeder andere, daß Bogers Vorgehensweise richtig war: Er mußte arrogant sein. Er hatte keine andere Wahl, als aufgrund unvollständiger Befunde kühne Versprechungen zu machen, denn anders konnte Vertex nicht überleben. Mit keiner anderen Methode hätte Boger es geschafft, in zweieinhalb Jahren siebzig Millionen Dollar zu beschaffen, die Labors mit Weltklassewissenschaftlern und bester Ausrüstung vollzustopfen, sie auf einem der aktuellsten Wissenschaftsgebiete konkurrenzfähig zu machen, ihnen Aktien zu geben, die jetzt ein paar hunderttausend Dollar wert waren, und ihnen Arbeitsplätze zu verschaffen, die zumindest auf ein paar Jahre hinaus gesichert waren. All das war nur möglich, weil er sein weit ausholendes Selbstbewußtsein spielen ließ.

Wäre Boger anwesend gewesen, um sich zu verteidigen, hätte er etwas gesagt, von dem Livingston und alle anderen wußten, daß es stimmte: Vertex war eine Pharmafirma; das Geschäft bestand nicht in wichtigen biologischen Entdeckungen, sondern in ihrer Umsetzung; die Konkurrenz mit Schreiber war nur ein Nebenkriegsschauplatz, auf dem der Professor alle Vorteile auf seiner Seite hatte. Wie Boger immer wieder betont hatte, mußte Schreiber, der von Harvard und der Bundesregierung unterstützt wurde, nicht mehrmals im Jahr rund um die Welt auf Klinkenputztour gehen, um Kapital zusammenzukratzen. Provozierend hatte er einmal gesagt, Schreiber habe Dutzende der klügsten und energischsten Doktoranden und Postdocs zur

Verfügung, die kein komplizierteres Ziel hatten als ihm zu gefallen; das waren keine zerstrittenen, vom Ehrgeiz getriebenen, weitgereisten Forscher mit eigenen überzogenen Ambitionen (die, wie er hinzufügen würde, sich dann auch noch wie Kinder aufführten). Schreiber mußte im Gegensatz zu ihm keine schnell wachsende Firma leiten, für die es nur Expansion oder Zusammenbruch gab. Schreiber mußte im Gegensatz zu ihm niemanden reich machen. Schreiber mußte im Gegensatz zu ihm nicht die Wall Street zufriedenstellen. Es war tatsächlich am besten, wenn man die Aufklärung der biologischen Vorgänge Universitätsforschern wie Schreiber überließ; Vertex sollte besser nur das höchste Ziel verfolgen: das Moleküldesign.

Aber Boger war nicht da, und genau das war nach Ansicht der Wissenschaftler der springende Punkt: Indem er die Geschäfte der Firma leitete und sich damit notwendigerweise, aber auch aus Selbstgerechtigkeit isoliert hatte, isolierte er auch sie, so daß sie in einer Welt, die zuallererst nach Austausch und Zusammenarbeit strebt, zum Scheitern verurteilt waren. Merck oder Starzls Gruppe waren so groß, daß sie es allein schaffen konnten; für Vertex galt das nicht, und mit der jetzigen Niederlage rächte sich die überhebliche Meinung, es sei anders.

Für Schreiber lag hier auch der entscheidende Grund für den Bruch mit Boger. „Vertex hat eine charakteristische Eigenschaft, die höchst ungewöhnlich ist – und viele Leute haben das auch erkannt: Sie sind entschlossen, alles völlig allein zu machen", sagt er. „Ich glaube nicht, daß sie von außen irgend etwas annehmen wollen. Das ist das eigentliche Thema zwischen Vertex und mir. Alles andere" – damit meinte er Bogers Bedenken wegen Schreibers angeblich mangelnder Ethik, seiner Ruhmesgier und seiner Geringschätzung der Geheimhaltungsbedürfnisse einer Firma – „ist Schall und Rauch. Ich bin auf diesem Gebiet recht bekannt, und so gesehen gehen sie ein gewisses Risiko ein, wenn sie mit mir zu tun haben. Es könnte der Eindruck entstehen, daß ich ihre Tätigkeit stark beeinflusse und daß mir deshalb ein Teil des Verdienstes an ihren Leistungen zusteht. Diese Bedenken müssen sie selbst bewerten. Das heißt nicht, daß sie alle ihre Probleme allein lösen können, aber je mehr sie über die Aktivitäten anderer erfahren, desto schneller werden sie lernen."

In Pittsburgh waren die grundlegenden Unterschiede zwischen den beiden deutlich geworden. In ihrem Gefühl der eigenen Überlegenheit und ihrem Hang zur Größe waren Boger und Schreiber zu völlig entgegengesetzten Schlußfolgerungen darüber gelangt, wie sehr sie andere Menschen brauchten. Schreiber nahm die anderen und ihre Ideen auf und ordnete sie mühelos, ohne die geringsten Gewissensbisse, seinen eigenen Ambitionen unter. Sie waren seine Instrumente, und er erwartete, daß sie es genauso sahen. Boger, der ebenso ichbezogen war, behandelte andere wie sich selbst; er hielt sie für ebenso allmächtig wie sich und glaubte deshalb, sie brauchten nur eine günstige Gelegenheit. In seinen Augen sollten andere aus eigenem Antrieb das Richtige tun, weil alles andere unangenehmer wäre. Er ließ seine Untergebenen ihre eigenen Fehler machen.

Während der Tagung wuchs bei den Wissenschaftlern die Frustration über Bogers Einstellung, obwohl sie im Innersten mit ihr übereinstimmten. Sie mochte für Vertex das Richtige sein, für das Geschäft, für die Pharmaindustrie, für die Herstellung besserer Moleküle, sogar für eine moralische Lebensführung, wie Boger immer wieder behauptete. Aber sie war das Falsche für eine Wissenschaft, in der nur das Gewinnen zählte und für die diese Tagung ein Beispiel war. Hier war Schreiber der Liebling aller, eine ungeheuer angesehene Gestalt, ganz im Gegensatz zur Anonymität der Vertex-Leute. Sie hatten ihre Sache gut gemacht, aber er hatte gewonnen. Am Abend nach seinem Vortrag, bei dem Galaempfang im Ballsaal des Vista Hotel, war Schreiber fast wie in überirdisches Licht getaucht. Ständig war er von einer Menschentraube umgeben. Wenn Bogers Erfolg sich darin ausdrückte, daß er im vertrauten Kreis mit Holman und Aldrich vor einer wartenden Limousine lachte, dann war das hier für Schreiber charakteristisch: im Mittelpunkt einer Gruppe gut gekleideter Wissenschaftler zu stehen, die alle führend auf ihrem Gebiet waren und nicht nur leistungsfähige Labors, sondern auch hervorragende Verbindungen überall in der Welt zur Verfügung hatten; intelligente Gespräche zu führen, im allgemeinen Lärm mit den Drinks anzustoßen, zusammen zu essen und, wie Starzl es nannte, „über unsere Strategie zu reden ... darüber, was wir als nächstes tun wollen". Zu der Gruppe gehörte Starzl ebenso wie Burakoff und Barbara Bierer, die immer noch Beraterin von Vertex war. Und im Schatten dieser schimmernden Szene saßen die Vertex-Leute – versprengt, zurückgezogen, mit plumpen Beschimpfungen auf Boger wegen ihres Schicksals.

Harding trat aus dem Aufzug, steckte die Magnetkarte ins Türschloß und betrat sein Hotelzimmer. In dem hellerleuchteten Raum herrschte eine Atmosphäre des angenehmen Verlassenseins wie in einem Klassenzimmer während der Ferien. Das Zimmer war gerade gereinigt worden. Es war früher Nachmittag, eine Zeit, in der Tagungshotels so leer sind wie ein Grabmal; die Zimmermädchen sind gerade fertig, und die Gäste sind unterwegs. Er wählte die Nummer von Vertex.

„Stuart hat das entscheidende Partnerprotein identifiziert", sagte Harding zu Boger. Er sprach absichtlich lebhaft, als berichtete er über einen schweren Autounfall, bei dem wie durch ein Wunder niemand verletzt wurde. „Es ist das Calcineurin."

„Das kenne ich nicht", erwiderte Boger. Seine Stimme klang ruhig und beherrscht. Harding konnte ihn vor sich sehen, wie er den Inhalt seines Computerbildschirms durchblätterte. Dann fragte er leise: „Wie hat er das geschafft?"

Das Gespräch dauerte einige Minuten und wurde fast ausschließlich von Harding bestritten. Boger, der sich vermutlich Notizen machte, stellte grundlegende Fragen; einerseits brauchte er die Antworten, um selbst erste Informationen sammeln zu können, andererseits zeigten sie aber auch, wie unglaublich originell Schreiber gewesen war.

„Wie buchstabiert man Calcineurin?" fragte er.

Harding sagte es ihm.

„Wie groß ist es?"

Boger wollte eine ungefähre Angabe, damit er abschätzen konnte, wie schwierig die Strukturaufklärung werden würde. „Gut", sagte er, als er hörte, daß die Molekülmasse bei etwa 55 000 lag. „Dann brauchen wir uns keine Sorgen zu machen, daß Stuart uns bei der NMR überrundet. Dazu ist es zu groß."

Boger stellte noch mehrere oberflächliche Fragen. Nachdem das Geschäftliche erledigt war, gestattete er sich ein knappes Stöhnen.

„Wie konnte er das schaffen?"

„Du meinst, warum er soviel Glück hat? Das liegt daran, daß er den ganzen Tag, und zwar jeden Tag, nur dasitzt und sich überlegt, was er tun soll und wie man es am besten macht, und dann hat er eine Armee von Leuten, die bereit sind, hart zu arbeiten."

„Das tun wir doch auch." Boger klang eher verärgert als bissig, aber er war eindeutig beunruhigt.

„Er ist eben gesegnet", meinte Harding.

Schweigen.

„Warum", fragte Boger, womit er seine eigene Frage beantwortete, „muß es immer Stuart sein?"

20

Boger, der erst in der Krise zur Bestform auflief, wandte jetzt die kritische Situation ab, indem er die Diskussion in eine neue Richtung lenkte. Als die Wissenschaftler aus Pittsburgh zurückkamen, riet er ihnen, Schreiber zu vergessen. Was jetzt zählte, was immer zählte, waren Daten, die in spektakulärer Weise aufgetaucht waren und die sie bei Vertex am besten oder vielleicht sogar als einzige nutzen konnten.

Trost durch neue Experimente – das war wirksamer Balsam, und Boger wandte ihn reichlich an, ohne Gegenvorwürfe zu machen oder zu zweifeln. Er erinnerte sie daran, daß dies der Augenblick war, für den sie gearbeitet hatten. Dank Schreiber, der sein Versprechen eingelöst und die Computerkoordinaten in seiner und Clardys Struktur sehr schnell freigegeben hatte, verfügte man bei Vertex endlich über ausreichende Informationen, um im Medikamentendesign einen ersten wichtigen Schritt zu tun. Jetzt besaßen sie genaue Baupläne für das native Protein und für den Komplex aus Protein und FK-506. Navia, der sich zerknirscht am Labortisch abrackerte, während die anderen in Pittsburgh waren, hatte Kristalle von der Größe eines Ohrringes gezüchtet, und zwar aus FKBP-12 und 367, der zweiarmigen Verbindung von Vertex, und hatte sie dann Yamashita gegeben, der jetzt, wiederbelebt und mit dem Aufnahmeantrag für sein Medizinstudium beschäftigt, diese Struktur nun innerhalb weniger Tage aufklären wollte. Und dann gab es Schreibers neue Goldader, das Calcineurin, was man davon auch halten mochte. Abgesehen davon, woher die Information zum größten Teil stammte und welche bedeutenden Probleme sie für das Medikamentendesign aufwarf, hätte Boger sich nicht Besseres wünschen können. In seinem Überschwang ließ er den Wissenschaftlern kaum Vorwände, um Trübsal zu blasen.

Er selbst überwand die Niederlage gegen Schreiber wie schon so oft: Er spielte Schreibers Rolle herunter, schrieb alles einer Charakterschwäche zu, verdammte das System der akademischen Stars, das es Schreiber ermöglichte, das Verdienst für sich zu beanspruchen, und um schließlich sein Argument abzusichern, machte der die Entdeckung lächerlich. Während Schreiber jetzt meinte, Boger sei selbstbewußter, als ihm gut tue, tat Boger ihn als schwarzes Loch ab, eine Ansicht, die nach der Tagung von Pittsburgh durch eine Welle von Veröffentlichungen gestützt wurde.

Nach diesem Papierausstoß zu schließen, stammten die ersten Hinweise auf einen spezifischen Rezeptor für den Immunophilin-Komplex nicht aus Schreibers Labor, sondern aus dem Institut eines Stanforder Immunologen namens Irving Weissman, der ein weltbekannter, führender Experte für T-Zellen war; er hatte in der Zellbiologie viel mehr geleistet – und war viel berühmter – als Schreiber. Jeff Friedman, einer seiner Doktoranden, hatte fünf Monate zuvor entdeckt, daß Cyclophilin und Cyclosporin zusammen an ein nicht genauer identifiziertes Protein mit einer Molekülmasse von 55 000 binden. Weissman rief daraufhin Schreiber an, weil er wußte, daß dieser nach einem ähnlichen Rezeptor für den Komplex aus FKBP-12 und FK-506 suchte. „Uns allen war klar, daß es einen gemeinsamen Vermittler geben mußte, und das hier schien dafür in Frage zu kommen", sagt Friedman. Schreiber flog nach Palo Alto. Er lud Friedman zum Essen in ein italienisches Restaurant ein, und dort sagte dieser zu, Schreiber die Daten zur Verfügung zu stellen. Die Arbeit, in der ganz offensichtlich große Möglichkeiten steckten, bildete den wesentlichen Teil seiner Doktorarbeit.

Nachdem Schreiber wieder in Cambridge war, identifizierte Jun Liu, ein Postdoc in seinem Institut, sehr schnell Friedmans Protein: es war das Calcineurin. Er setzte die Untersuchungen fort und stellte fest, daß es beide Komplexe bindet und daß die beiden anderen kleinen Proteine als „Gouvernantenproteine" fungieren. Wie man jetzt also aus den Veröffentlichungen erkennen konnte, hatte man die Befunde zwar in Schreibers Institut ausgearbeitet, aber die grundlegenden Erkenntnisse stammten von Weissman und Friedman.

Dennoch hatte Schreiber in Pittsburgh nachdrücklich Liu das Verdienst zugeschrieben und den Beitrag der Gruppe aus Stanford kaum erwähnt. Für alle Welt war das Calcineurin – wie FKBP-12 und seine Struktur – Stu Schreibers Entdeckung. Er hatte das Privileg, die Arbeiten vorzutragen, dazu benutzt, um selbst das ausschließliche Verdienst dafür einzustreichen. Friedman sagte dazu: „Ich glaube, Schreiber leidet unter einem ziemlichen Größenwahn. Ich werde nie wieder mit dem Kerl zusammenarbeiten."

Für Boger, den man in dieser Hinsicht nicht erst überzeugen mußte, war es ein weiteres Beispiel für Schreibers ständige Selbstbeweihräucherung. Schreiber hatte das Gesamtbild gesehen und sich in eine Stellung gebracht, in der er es aus der Taufe heben konnte. Es war ein ausgezeichnetes Beispiel für wissenschaftliche Führungsqualitäten. Aber die entscheidende erste Erkenntnis stammte offenbar nicht von ihm. Boger schätzte natürlich nicht nur die Leistung selbst geringer ein, sondern auch die Folgerungen, insbesondere Schreibers Behauptung, Cyclosporin und FK-506 seien „molekularer Klebstoff". Voller Spott über die Vorstellung, die Effektordomänen von Cyclosporin und FK-506 seien so stark, daß sie allein die viel größeren Proteinmoleküle zusammenhalten konnten, sagte er: „Das ist wie das Löffelbiegen von Uri Geller. Ihr braucht mir keine Beweise zu zeigen. Es ist unmöglich."

Bogers Klugheit und seine geschickte moralische Sicherheit schützten ihn vor den meisten Angriffen auf seine Führungsposition, aber nicht vor der Mutlosigkeit der Wissenschaftler gegenüber dem, was jetzt von ihnen erwartet wurde. Aus Schreibers Behauptung, FK-506 sei überhaupt kein Medikament, sondern nur ein zufällig außerordentlich nützlicher Klumpen molekularen Leims, ergaben sich tatsächlich für das ganze Forschungsgebiet unheilvolle Konsequenzen, insbesondere für Vertex. Die Folgerungen hätten schlimmer nicht sein können.

Trotz Bogers Überzeugungen stand außer Frage, daß die Überlegungen von Vertex zur Verbesserung von FK-506 einen schweren, vielleicht sogar tödlichen Schlag erhalten hatten. Die Schwierigkeit des Projekts war in nicht einmal zwei Jahren exponentiell gewachsen. Was anfangs wie eine einfache Frage nach der Hemmung eines Enzyms ausgesehen hatte – man wollte nur ein Molekül, das fester band als FK-506, in das aktive Zentrum von FKBP-12 bringen –, war zu einem Morast geworden. Wenn Schreiber recht hatte, wenn man also für die Immunsuppression nicht FKBP-12, sondern Calcineurin hemmen mußte, bedeutete das für alle auf diesem Gebiet ein völliges Umdenken. Die unendlich viel schwierigere Aufgabe bestand jetzt in der Nachahmung einer Molekülstruktur, die im wesentlichen unbekannt war und bis zu fünf Teile umfaßte; die Form dieser Teile änderte sich bei der Molekülbindung vielleicht dramatisch, und das hieß, daß man die Struktur aller oder zumindest einiger von ihnen sichtbar machen mußte. Es war, als wollte man mit verbundenen Augen und einer veralteten Vorlage die Teile eines seltsamen, dreidimensionalen Puzzles zusammensetzen.

Boger war wie immer zuversichtlich, daß dieses Vorhaben gelingen konnte. „Die Vorstellung, FK-506 sei das bestmögliche Molekül, ist lächerlich", sagte er. Seine Überzeugung, daß die beim Durchmustern entdeckten Wirkstoffe Zufälle der Natur und deshalb per definitionem unvollkommen sind, war ungebrochen. Berichte, wonach man bei Merck trotz vieler hundert Mannjahre keine einzige Veränderung in das FK-506-Molekül einführen konnte, ohne seine biologische Aktivität erheblich zu vermindern, tat er ab. Und in seiner typischen Art, aber mit wesentlich weniger Erfolg als sonst, ermunterte er die Wissenschaftler, sich seiner Meinung anzuschließen.

Für diesen Widerwillen gab es handfeste Gründe. Es war immerhin außergewöhnlich. Nachdem Schreiber, wenn auch ohne es zu wollen, FK-506 und Cyclosporin mit einem einzigen Partner in Verbindung gebracht hatte, sprach vieles für eine Ansicht, die man am nachdrücklichsten bei Fujisawa vertreten hatte. Danach handelte es sich bei den beiden Wirkstoffen tatsächlich nicht um Zufallsprodukte, sondern sie waren in der Evolution genau zu dem Zweck entstanden, den sie in den T-Zellen erfüllten: um FKBP-12 und Cyclophilin an das Calcineurin zu binden (alle drei Proteine kommen in allen Zellen und bei allen Lebewesen vor). Das Ganze wäre demnach ein Teil eines größeren biochemischen Wechselspiels. Mit dieser Theorie ließe sich die rätselhaft starke Aktivität der beiden Medikamente erklären. Bei Sandoz, wo man gegenüber Merck fast zehn Jahre Vorsprung hatte, waren den Berichten zufolge bereits 1200 Cyclosporin-ähnliche Verbindungen synthetisiert worden, und praktisch alle waren weniger wirksam. Unter dem Gesichtspunkt, daß es einfach nur um das Zusammenkitten von Proteinmolekülen ging, eröffnete sich immer stärker eine Möglichkeit, die Boger und die Wissenschaftler nur katastrophal und unvorstellbar finden konnten: daß FK-506 und Cyclosporin bereits vollkommen waren.

Boger lehnte eine solche Sichtweise erwartungsgemäß ab. Besonders bissig reagierte er auf die Folgerung, die Moleküle seien als Medikamente unschlagbar, weil sie sich der Verbesserung durch die Methoden der herkömmlichen pharmazeutischen Chemie entzogen hatten. Selbst wenn sie sich in den jeweiligen Mikroorganismen zu dem Zweck, Proteine zusammenzuhalten, bis zur Perfektion entwickelt hätten, fehlte ihnen eine solche Evolution bis zur vollkommenen Bioverfügbarkeit in menschlichen Zellen, zum Überleben im Darm und zur Minimierung der Nebenwirkungen. In der Wissenschaft, das wußte Boger, steckt Gott in den Details, und vier Milliarden Jahre der Mikrobenevolution mochten als solche zur Perfektion geführt haben, aber sie waren keine Grundlage für die Gestaltung von Medikamenten. Daß die allgemeine Verbreitung der Zielproteine immer stärker die Vermutung nahelegte, die Nebenwirkungen der Wirkstoffe könnten untrennbar mit ihrer Aktivität verknüpft sein, war ein Argument, das Boger klugerweise gar nicht erst erwähnte.

An dieser Stelle, dem therapeutischen Profil, hatten FK-506 und Cyclosporin ihren größten Schwächen, und hier konnte Vertex nach Bogers Überzeugung gewinnen. Nach wie vor war es aber, wie er es ausgedrückt hätte, „eine Glaubensfrage", ob Vertex unter den herrschenden Umständen, das heißt, bevor ihnen das Geld ausging, ein besseres Molekül konstruieren konnte. Vor allem Aldrich machte sich darüber Sorgen. Er glaubte zwar weiterhin an Bogers Prophezeiungen, mochte aber auch die Fehlschläge bei Merck und Sandoz nicht einfach als Folge von Verbohrtheit abtun. „Wenn die Großen es nicht schaffen", sagte er, „muß man sich schon ein bißchen wundern." Bogers Furchtlosigkeit, Entschlossenheit und Energie wurden in der Firma wie schon so oft zum Sammelpunkt. Aber letztlich hing sein Erfolg davon ab, wie überzeugend er auf seine Mitarbeiter wirkte, so daß sie zu Leistungen in der Lage waren, die viele von ihnen allmählich für unmöglich hielten. „Josh treibt uns mehr an, als gut ist", sagte Tung, „aber soviel Ehrgeiz wie er hat sonst auch kaum einer, und kaum einer erreicht mit so geringen Mitteln so viel."

Bei der ersten Projektbesprechung nach der Tagung in Pittsburgh war Boger bissig, unterstützend und wie so oft, wenn die Wissenschaftler sich nach seiner Ansicht zu sehr mit sich selbst beschäftigten, höchst provozierend. Die Besprechungen hatten in der Zeit, als Boger wegen der Börseneinführung nicht im Hause war, nur unregelmäßig stattgefunden, und seither hatten sich dort immer größere Spannungen aufgebaut. In der lautlosen Meuterei der letzten Wochen waren sie zum wichtigsten Forum geworden. Einige Wissenschaftler hofften insgeheim, Boger werde die Gruppen schlicht und einfach auflösen, selbst die Führung übernehmen, Abteilungs- und Projektleiter benennen und ihnen sagen, was sie zu tun hatten.

Aber nichts lag ihm ferner. Für Boger bedeutete dieser Augenblick nicht das Scheitern seines sozialen Experiments, sondern seine erste wirkliche Bewährungsprobe. Ein Projekt angesichts neuer Erkenntnisse sehr schnell umzugestalten, sich also so schnell anzupassen, wie Merck und die anderen Großunternehmen es nicht konnten, war Bogers Ideal. Die Projektgruppen waren wie Lenins Sowjets seine Speerspitze einer ständigen Revolution, mit denen er Aufgaben so bewerkstelligen konnte, wie er es am besten fand. Das aufzugeben kam ihm kaum in den Sinn. Außerdem, so räumte er mit entwaffnender Offenheit ein, wisse er selbst nicht im einzelnen, wie es weitergehen sollte. Er wolle von den anderen und aus den Ergebnissen ihrer Experimente etwas lernen. Wenn er über mehr Informationen verfüge, werde er Entscheidungen treffen.

Auf kurze Sicht bereitete ihm die Frage der Finanzierung weitaus mehr Sorgen. Er schritt an die Wandtafel und kritzelte Zahlen. Bei Vertex arbeiteten fünfunddreißig Wissenschaftler an dem Immunophilinprojekt: fünf in der Chemie, neun in der Biophysik, einundzwanzig in der Biologie. Diese Zahlen, in denen sich die Prioritäten der Firma widerspiegelten, waren eine unausgesprochene Rüge für die Biologen, die sich in Pittsburgh am lautesten beschwert hatten und sich jetzt auf die Zunge bissen. Unter der Überschrift „Zukunft" versah er jede Zahl mit einem Fragezeichen. Er bestand darauf, die Gesamtzahl dürfe nicht wachsen, und wies die anderen an, für ihre Experimente neue Prioritäten zu setzen und ihm in einigen Wochen Pläne für personelle Veränderungen vorzulegen.

Lieber wäre es Boger zwar gewesen, das wichtigste Projekt der Firma jetzt nicht vollständig neu zu strukturieren, nachdem er aller Welt erst vor zwei Monaten erzählt hatte, man werde in Kürze einen Kandidaten für ein Medikament haben, aber eigentlich mochte er solche Augenblicke, in denen alles aufgewühlt wurde. Er verglich die Situation gern mit dem „freien Klettern", bei dem man ohne Seil eine Bergwand ersteigt. Den ganzen September über, während die Wissenschaftler sich mit der Ausführung seiner Anweisungen herumschlugen, war er in gehobener Stimmung. Manche Experimente lagen auf der Hand. Bevor sie sich an das Design von Calcineurin-Hemmstoffen machten – eine so beängstigende Aufgabe, daß die Gruppe für langfristige Planungen bei Vertex sie sofort verworfen hätte, wenn sie dort vorgeschlagen worden wäre –, mußten sie die Befunde von Liu und Friedman überprüfen. Immerhin bestand ja die Möglichkeit, daß Schreiber und seine Verbündeten sich geirrt hatten. Vertex brauchte große Mengen an Calcineurin und eine Methode, um seine Hemmung zu messen. Bis es soweit war, würden sie die Herstellung und Untersuchung von Hemmstoffen für FKBP-12 fortsetzen. Trotz Livingstons Vorschlag, die chemischen Arbeiten einzustellen, hatten sie für das Protein bereits niedermolekulare Hemmstoffe erzeugt, die sowohl immunsuppressiv wirkten als auch oral zu verabreichen waren, und das, obwohl man den eigentlichen Rezeptor noch nicht kannte. Diesen Weg nicht weiterzuverfolgen wäre töricht gewesen.

Unter dem Einfluß von Bogers handfestem Optimismus und angestachelt von seiner Energie und Begeisterung, ging es den meisten Wissenschaftlern schnell wieder besser. Sie legten die letzte postcalcineurinische Panik ab, und Ende September ging es wieder aufwärts. Jetzt hatten sie einen anderen Anreiz: den Kurs der Vertex-Aktien. Er hatte wie immer nichts mit den Vorgängen in der Firma zu tun und war seit August gestiegen. Am 26. September lag er bei 15 Dollar – ein Anstieg um 66 Prozent. Damit hatte er jetzt genau den Wert erreicht, den Vertex vier Monate zuvor als Ausgabekurs vorgeschlagen hatte, bevor man ihn während der Börseneinführung zurücknehmen mußte.

„Vor zwei Monaten waren sie für zehn Dollar nicht zu verkaufen", stöhnte Aldrich an einem Tag, als der Kurs um sieben Prozent nach oben gegangen war. Den ganzen Nachmittag über mußte er Journalisten abwehren, die wissen wollten, warum die Firma auf einmal so begehrt war. Der Anstieg, das wußte Aldrich genau, hatte wenig mit Vertex selbst zu tun. Als solle sich bestätigen, daß sie im denkbar schlechtesten Augenblick an die Börse gegangen waren, war die hartnäckige Zurückhaltung der Wall Street in den Monaten Juni und Juli jetzt in eine zweite Euphorie umgeschlagen, die fast ebenso überspannt war wie die erste. Wieder boomte die Biotechnologie. Und wieder litt der Markt unter Wahnvorstellungen. Eine Neugründung namens MedImmune, die noch Jahre von der Herstellung von Immunmodulatoren zur AIDS-Bekämpfung entfernt war, hatte im Mai 9,25 Dollar erzielt und lag Ende August bei 27 Dollar. Somatogen, eine andere Firma, die auf einen fragwürdigen Bedarf an künstlichem Blutersatz setzte, war von 19 auf 36 Dollar gesprungen, und das in einem einzigen Monat. Wieder einmal zeigten die Geschichtenaktien eine Art kollektiver Immunität: Sie waren durch die künstliche Widerstandsfähigkeit ihres Umfeldes sogar gegen die eigenen unsicheren Interna geschützt.

Wieder galt überall der Grundsatz: Käufer, nimm dich in acht. Es gab keine Veränderung, die den Kursanstieg der Vertex-Aktie gerechtfertigt hätte – oder zumindest keine, von der die Öffentlichkeit etwas wußte. Im Gegenteil: Gerade in dem Augenblick, als der Wert der Firma auf dem Papier um zwei Drittel anstieg, verzweifelten einige Wissenschaftler an der Frage, ob sie ihre Versprechungen jemals würden einlösen können. Unter derart widersprüchlichen Umständen war es schwierig, nicht zum Zyniker zu werden, und Boger mußte die Forscher schnell und nachdrücklich daran erinnern, daß die Launen der Wall Street nichts mit ihrer Arbeitswirklichkeit oder ihrem Wert zu tun hatten. Wenn dieses Jahr an der Wall Street überhaupt etwas bewiesen hatte, dann war es die Tatsache, daß Anleger nicht wissen, was sie kaufen, daß sie es nicht wissen können und vielleicht auch gar nicht wissen sollen. Die Medikamentenentwicklung war ein haariges, unsicheres Geschäft, belastet mit Augenblicken wie diesem, in denen einfach alles und jedes, wie Holman es formulierte,

„aus dem Bett fiel". Kleine, unprofitable Firmen waren ein Alptraum aus Chaos und Zwietracht. Wie beim Würstchenmachen und Gesetzeschreiben in Churchills berühmtem Ausspruch war es vielleicht am besten, wenn man nicht genau wußte, was dabei im einzelnen geschah. Andererseits konnte aber eine Branche, die von Geschichten lebte, auch durch Geschichten zugrunde gehen. Diese Tatsache wurde im Oktober wieder einmal beängstigend deutlich: Der Aktienkurs von Anergen, einer eher unbekannten Firma, schoß plötzlich um 400 Prozent in die Höhe und brach dann zusammen, weil man Nachrichten, wonach eine andere Firma ähnliche Projekte verfolgte, weitgehend falsch interpretiert hatte. Wie der Doppelgänger im Kriminalroman wurde Anergen aufgrund einer Verwechslung mitgerissen und übel zugerichtet. Bei der Firma nahm man schließlich das Telefon nicht mehr ab.

Boger wandte sich gegen jede Art der Schadenfreude. Anergen beschäftigte sich mit Autoimmunkrankheiten. Man braucht nicht zu betonen, welchen Tribut andere kleine, auf dem gleichen Gebiet tätige Firmen zahlen würden, wenn den aufgebrachten Anlegern klar wurde, wie sie sich hatten täuschen lassen. „Es ist, wie wir es in der Sonntagsschule gelernt haben", sagte Boger. „Es wird einen Tag der Abrechnung geben, aber das heißt nicht, daß der Schaden dann gerecht verteilt wird. Gab es nicht auch in Sodom und Gomorrha gute Menschen, oder waren sie alle verderbt? Um uns selbst mache ich mir keine Sorgen. Ich mache mir Sorgen um andere, die uns unter sich begraben."

Der Kursanstieg war ein Ventil für die Entmutigten, insbesondere für Yamashita, der den Erlös für sein Medizinstudium verwenden wollte – zur Flucht. Andere ärgerten sich, am meisten Murcko. „Am liebsten wäre mir, er ginge auf vier Dollar", sagte er ohne Ironie. Er dachte daran, weitere Aktien zu erwerben, und dabei wäre ihm ein niedriger Kurs natürlich entgegengekommen.

Mitte September hatte Yamashita die Struktur des Komplexes aus FKBP-12 und 367 fertig, so daß man bei Vertex zum ersten Mal eine eigene Verbindung in gebundener Form genauer betrachten konnte. Murcko sog die Daten in sich auf wie ein eingebrochener Schlittschuhläufer, der unter dem Eis plötzlich eine Luftblase entdeckt. Zumindest würde er jetzt nicht mehr nur Modelle bauen; keine wilden Spekulationen mehr, keine Einschränkungen, keine Ausreden. Innerhalb weniger Minuten hatte er die Struktur auf dem Bildschirm, und daneben stand Schreibers und Clardys Struktur von FKBP-12/FK-506. Er wollte ein für allemal zeigen, warum FK-506 ein wirksames Medikament und 367 eine schwache Nachahmung war. Zumindest würde er jetzt genau sehen, was zu tun war.

Es war eine aufschlußreiche Gegenüberstellung: Wie Schreiber vorausgesagt hatte, besaß FK-506 einen vorstehenden Effektorbereich, der aus dem an FKBP-12 gebundenen Teil des Moleküls herausragte. Der rechte der beiden Arme von 367 lag dagegen zusammengedrückt im aktiven Zentrum und ragte zwar ebenfalls ein wenig heraus, aber nicht so weit. Nebeneinander sahen die Strukturen aus wie die Vorher-Nachher-

Bilder in einer Reklame für Rasierklingen: FK-506 ragte wie ein Haar aus dem Haarbalg der Bindungsstelle; 367 dagegen steckte in dem gleichen Balg, aber wie ein sauber abgeschnittener Stumpf. Auch ohne die Verbindung des Moleküls mit Calcineurin zu kennen, wußte Murcko, daß sie in dem Bereich des Moleküls, der aus der welligen Oberfläche des Proteins herausragte, etwas anbringen mußten, gewissermaßen einen Haken. Bewundernd stellte er fest, daß Schreibers Effektorhypothese im wesentlichen stimmte, auch wenn seine Behauptungen über das Calcineurin nicht unbedingt richtig sein mußten. „Es macht im Gehirn ein Prozent der gesamten Proteinmenge aus", sagte er. „Ich glaube nicht, daß man es einfach ausschalten kann."

Aber Schreibers Hypothese erklärte nicht alles. Beim Betrachten der räumlichen Darstellung beider Strukturen bemerkte Murcko, daß der Effektor relativ klein war. Er ähnelte einem Nagel, der in einem gekrümmten Brett steckt: groß genug vielleicht, damit ein anderes Stück Holz daran hängenbleibt, aber nicht ausreichend für eine feste Verbindung. Dazu hätten sich größere Oberflächen berühren müssen, und man hätte eine Leimschicht gebraucht. Ob der molekulare Türstopper – eine Atomgruppe, welche die Klappe des Proteins offenhielt – notwendig war oder nicht, in jedem Fall bezweifelte Murcko jetzt stärker als je zuvor, daß der Effektorbereich allein für die Wirkung des Medikaments verantwortlich war. Wie Boger vermutet hatte, schien die Konfiguration der Atome rund um das aktive Zentrum ebenfalls eine Rolle zu spielen.

Murcko strapazierte das Computernetz von Vertex mit Dutzenden von Studien, in denen er die Bindungsenergien der beiden Komplexe verglich. Er hatte das Medikamentendesign immer als „iterativen Vorgang" bezeichnet, eine Art Herumprobieren für Schlaue. Er hielt sich selbst zwar nicht für schlauer als die Chemiker, aber wenn er verschiedene Atomanordnungen simulierte und dann ihren Energiegehalt berechnete, konnte er voraussagen, welche davon die größte Wirkung hatten. Er konnte sehen, wie Atome, die er um ein paar Angström weiter in einen Hohlraum des Proteins schob, für eine festere Bindung sorgten. Er konnte mit Elektronenwolken jonglieren, Ladungen austauschen und thermodynamische Veränderungen herbeiführen, die in millionstel Kalorien gemessen wurden. Entscheidend war, daß er aus den so gewonnenen Erkenntnissen wissenschaftliche Vorschläge ableiten konnte, die für Armistead, Saunders und die anderen Chemiker plausibel klangen, das heißt, daß sie nicht nur begründet, sondern auch einfach zu überprüfen waren. Kein Chemiker wollte etwas von einem großen Molekül hören, dessen Synthese Monate gedauert hätte. Wer wollte sich diese Mühe machen? Die Zuverlässigkeit ist für alle Moleküldesigner ein wunder Punkt, und insbesondere galt das für Murcko, der sich immer ängstlicher darum bemühte, sowohl die Gültigkeit seiner Methoden als auch seinen eigenen Wert zu beweisen, und der gleichzeitig seit langem höchst frustriert war; seine Verläßlichkeit hing nicht nur von der Qualität seiner Voraussagen ab, sondern auch von seiner Fähigkeit, die Chemiker davon zu überzeugen, daß sie seine Entwürfe verwirklichten.

Nachdem er alles gegeneinander abgewogen hatte – die offenkundige Notwendigkeit, den Effektorbereich umzubauen, die Unterschiede zwischen 367 und FK-506, die nicht genau greifbaren, aber offensichtlich bedeutenden Veränderungen der Oberfläche –, konzentrierte er sich schließlich auf das zweiarmige Molekül. Auf dem Papier lagen seine Arme ausgestreckt wie bei einem Y. In der räumlichen Darstellung konnte er jedoch erkennen, daß sie bei der Bindung eingezogen wurden wie die Arme eines Boxers im Clinch. Das war möglicherweise ein günstiger Ansatzpunkt. Harding hatte 367 einmal mit einem Schlittschuhläufer verglichen, der im Eis einbricht. Solange die Arme biegsam sind, rutscht er durch das Loch. Würde man sie dagegen auf irgendeine Weise versteifen, könnten sie sich vielleicht festhalten. Das Molekül könnte sich selbst retten.

Murcko entwarf mehrere neue Moleküle, in denen bestimmte Atomanordnungen den zweiarmigen Teil nach außen, in Richtung der Klappe und der Effektorregion orientierten. Als die Berechnungen auf eine erheblich bessere Bindung hinwiesen, überlegte er, welche Anordnungen zur größten Wirksamkeitssteigerung führen würden und gleichzeitig am einfachsten herzustellen waren. Dann schlug er sie den Chemikern vor.

Laien nehmen häufig an, große wissenschaftliche Fortschritte seien immer dramatische Ereignisse mit Heureka-Rufen, plötzlichen Erleuchtungen, erschütternden Erkenntnissen und Freudenschreien, ein Zusammentreffen der Gefühle wie bei einem spannenden Basketballmatch oder einer überirdischen Arie. Aber meist stimmt genau das Gegenteil. Man tut irgendeine Kleinigkeit. Eine Feinabstimmung. Einem frustrierten Wissenschaftler kommt eine Idee, die nur ein klein wenig anders ist und ein geringfügig verbessertes Ergebnis nach sich zieht, so daß sich der Wille zum Weitermachen verstärkt. Entscheidend ist der Augenblick, in dem man ein Experiment, ein Reagenz, eine Methode gegenüber anderen Möglichkeiten vorzieht, eine kleine, aber entscheidende Weggabelung.

Die Chemiker nahmen Murckos Vorschläge freundlich auf, aber auch zwiespältig und unverbindlich. Der Austausch zwischen Moleküldesignern und Laborchemikern ist immer ein wenig seltsam, denn wenn ein pharmazeutischer Chemiker sich entschließt, eine von einem anderen entworfene Verbindung herzustellen, verpflichtet er sich nicht nur zu Zeit- und Energieaufwand, sondern er kann gleichzeitig auch seine eigenen Lieblingsideen nicht weiterverfolgen. Und die Chemiker saßen immer noch fest. Armistead, Saunders und die anderen erzeugten seit Monaten immer neue Derivate von 367, die zwar noch stärker banden, ohne daß sich aber die Immunsuppression entsprechend verbessert hätte. Sie waren ebenfalls zu der Erkenntnis gelangt, daß das Molekül nicht weit genug aus dem Protein herausragte, und hatten die zweiarmige Struktur dafür verantwortlich gemacht. Aus der Sicht der Herstellung lag die Schwierigkeit darin, sie abzustützen, ohne daß die Konstruktion so aufwendig wurde, daß sie nutzlos war. Armistead meinte dazu: „Unser Ausgangspunkt war die Erkenntnis, daß Stuarts Gruppe sechs bis acht Monate für die Synthese von 506BD gebraucht hatte. Das wollten wir nicht."

Armistead und Saunders bearbeiteten in aufeinanderfolgenden Schritten eine von Murckos Ideen: Sie wollten an der Gabelung der beiden Arme von 367 einen kleinen, ebenen Ring aus sechs Kohlenstoff- und sechs Wasserstoffatomen einfügen, der die Arme wie ein Keil spreizen sollte. Sechs Verbindungen später war Saunders bei einem Molekül mit der Bezeichnung 563 angelangt, das in Zellen dreimal wirksamer war als die bisher beste Substanz von Vertex. Einige Wochen später konnte Patsi Nelson über einen entsprechenden Aktivitätsanstieg bei Mäusen berichten; die Substanz wirkte bei Tieren immunsuppressiv. Es war das Wirksamste, was Vertex bisher produziert hatte.

Jetzt gewannen die Chemiker ihre Zuversicht wieder. Sofort begannen sie mit der Produktion im größeren Maßstab, damit sie mehr Tests und mehr toxikologische Untersuchungen vornehmen konnten. Navia und Yamashita züchteten umgehend Cokristalle mit FKBP-12, so daß Murcko den Komplex mit dem von 367 vergleichen konnte; und vor allem sollte eine Charge an Chugai geschickt werden, denn dort hatte Boger kurz zuvor wieder einmal genau diese Aktivitätssteigerung versprochen.

Es war eine bravouröse Leistung, bei der sie mit hervorragender wissenschaftlicher Arbeit nicht nur theoretisch, sondern auch praktisch ein großes Stück vorangekommen waren. Eine höhere Aktivität in Zellkulturen stellt sich in der Regel langsam und nicht vorhersagbar ein. Noch einmal ein solcher Fortschritt, und Vertex würde einen Kandidaten für ein Medikament haben. Plötzlich hatte Murckos „Rückkopplungskreis" einen kurzen, aufregenden Zyklus lang hervorragend funktioniert, genau wie Boger prophezeit hatte.

Boger war hingerissen. Das Ergebnis war der eindeutige Beweis, daß er mit seinen Vorstellungen vom Medikamentendesign recht hatte, ein Augenblick, der auf seine Weise genauso bahnbrechend und gewaltig war wie Schreibers Triumph beim Calcineurin. „Es war nicht das Naheliegendste, aber es kam gleich nach der pharmazeutischen Chemie", sagte er bei der Projektbesprechung in ganz uncharakteristischer Untertreibung. Vertex hatte zielgerichtet ein Molekül mit höherer biologischer Aktivität konstruiert. Anhand der Struktur hatten sie die Aktivitätssteigerung vorausgesagt und dann eine bessere Verbindung gestaltet. Einen Augenblick lang hatten sie das Geheimnis der Molekülbindung gelüftet, vorausschauende Planung in einen Vorgang eingeführt, den fünfzig Jahre lang nur Zufallstreffer und massiver Einsatz, Frustration und Glück geprägt hatten.

Fünfzig Jahre zuvor hatten Tishler und die anderen Pioniere der wissenschaftlichen Medikamentenentwicklung die systematische Suche nach Verbindungen als Methode etabliert und damit der Pharmaindustrie ihren heutigen modernen Anstrich gegeben. Sie hatten zahlreiche außergewöhnliche Wirkstoffe gefunden und gelernt, sie durch Umordnen der Atome weiter zu verbessern. Aber gezielt konnte man sie bisher nicht weiterentwickeln. Sie hatten den ganzen Vorgang rationaler gestaltet und ihn damit ungleich produktiver und profitabler gemacht, aber das letzte Ziel hatten sie nicht erreicht: ihn zu lenken und mit der Kraft ihrer eigenen kreativen Intelligenz voranzutreiben.

Genau das war immer Bogers Ziel gewesen, jene unnachgiebige, nicht zu unterdrückende Kraft in seinem Inneren, die ihn antrieb. Anders als für Tishler war die Medikamentenentwicklung für ihn keine moralische Handlung, sondern eine intellektuelle, und diese Haltung trug jetzt bei Vertex ihre ersten bescheidenen Früchte. Jetzt erfüllte er den Maßstab, der für ihn selbst am meisten zählte, nämlich die eigene geistige Befriedigung. Er lenkte den Vorgang, war sein Architekt, sein Herr und Meister. Boger hatte immer gehofft, Tishler würde das verstehen, aber wahrscheinlich starb er in dem Gefühl, daß der Jüngere bei Merck desertiert war und das auch so gemeint hatte.

Nach den Normen des Wissenschaftsbetriebs war der neue Informationskreislauf bei Vertex eine unsichtbare Errungenschaft. Veröffentlichen konnte man ihn nicht, und es würde darüber keine Vorträge geben. Die Entscheidungskriterien, nach denen ein Chemiker manche Moleküle gegenüber anderen bevorzugt, sind in ihrer Begründung viel zu vage, als daß man daraus öffentliche Behauptungen über strukturorientiertes Medikamentendesign oder irgend etwas anderes ableiten könnte.

Und doch schien Boger sich darum nicht zu kümmern – was eigentlich verwunderlich war, hatte er doch große Mühen auf sich genommen, um aus kleinen Dingen viel mehr zu machen. Schreiber hatte mit seinen Aussagen über ihn recht: Boger hatte zur Außenwelt eine grundlegend andere Beziehung als er und die meisten anderen Wissenschaftler. Sie lebten von der Anerkennung, und sei es auch nur um ihrer Karriere willen. Auch Boger brauchte Aufmerksamkeit, aber noch wichtiger war ihm sein Bild von sich selbst, von seiner Freiheit und von der Fähigkeit, das zu erreichen, was er selbst sich vorgenommen hatte, weil er herausgefunden hatte, was er tun wollte und wie er es tun wollte. Und vorgenommen hatte er sich die Vervollkommnung eines Systems, in dem man selbstgewonnene Erkenntnisse zur besseren Gestaltung von Medikamenten benutzt. Er war völlig sicher, daß weitere, bessere Moleküle folgen würden. Eines Tages würde die Pharmaindustrie sie in großem Maßstab entwickeln, und diejenigen, die sie als erste hergestellt hatten, würden sich dann, so die Hoffnung, als Lehrer betätigen können – Boger hatte oft gesagt, daß er das eines Tages gern tun würde.

Sein Wettlauf mit Schreiber war wieder einmal zum Kampf unter Geschwistern um die Gleichberechtigung geworden. Schreiber hatte sich zum Vorreiter der biologisch orientierten synthetischen Chemie gemacht, um ihre Geheimnisse zu durchleuchten. Er war ein Entdeckertyp. Boger zielte auf die nächste Stufe: Er wollte die biologische Aktivität steuern, ihr seinen Willen aufzwingen und sie verändern. Das war die Erklärung für ihre Lebenswege, für ihr Vorwärtsstürmen und für ihre unterschiedlichen Ansichten. Wissenschaft belohnt die theoretischen Durchbrüche, Geschäft dagegen die praktischen. Obwohl es also manchmal – zum Beispiel in Pittsburgh – so aussah, als sei Schreiber meilenweit voraus, kämpften sie in Wirklichkeit Kopf an Kopf um ein größeres Ziel: in der Chemie, der Wissenschaft, der ganzen Welt dauerhafte Spuren zu hinterlassen. Die Arbeit des einen beseelte, ergänzte und vervollständigte die des anderen, und sie konnten sich gegenseitig nicht entbehren.

Die Wissenschaftler schätzten die Situation verständlicherweise weniger eindeutig ein. Fünf-sechs-drei war noch kein Medikament. Es hatte noch keinen der entscheidenden Tests bestanden, die aus einem Wirkstoff ein zugelassenes Arzneimittel machen. Es konnte übermäßig toxisch sein und Halluzinationen, Bluthochdruck oder Schlaganfälle hervorrufen. In dem ganze Einerlei war es eine einzige Drehung der Kurbel, ein einziger isolierter Erfolg. Im Laufe der technischen Weiterentwicklung würden sie vielleicht noch Dutzende solcher Verbesserungen brauchen, bis sie bewiesen hatten, daß ihre Methode in Ordnung war und mit einer gewissen Verläßlichkeit eingesetzt werden konnte. Und selbst dann war die Verbindung zur Beseitigung der Nebenwirkungen von FK-506 vielleicht nutzlos, denn nach den Arbeiten von Schreiber und Starzl sah es mehr denn je so aus, als seien diese Effekte untrennbar mit der Wirkung der Substanz verbunden und nicht an Atome gekoppelt, die man einfach abschneiden und weglassen konnte. Gewaltige Probleme, insbesondere im Zusammenhang mit bestimmten Formen der Toxizität, lagen für immer außerhalb des gelobten Landes der Strukturforschung.

Außerdem war 563 auch im strengen Sinne kein Beispiel für den Schlüssel-Schloß-Mechanismus nach dem Motto „wir wollen im Hinblick auf die Biologie ganz sicher sein", den Boger sich vorgestellt hatte. Immer noch wußte man nichts Genaues über die biologischen Vorgänge, die man steuern wollte. War Calcineurin das eigentliche Zielprotein? Und wenn ja, wie hefteten sich die Komplexe daran an? Welche Bedeutung hatten die anderen FKBPs? Murcko hatte sein besseres Molekül ausschließlich anhand des Schlüssels gebaut. Über die Schließbolzen, die er damit bewegen wollte, wußte er deprimierend wenig, ja eigentlich gar nichts.

Griesgrämig wie immer, mißbilligte Murcko Bogers Euphorie. „Ich glaube, Abbott kann ganz genau die gleichen Argumente anführen wie wir", sagte er und meinte damit den großen Pharmakonzern, in dem bekanntermaßen einige der besten Biophysiker der gesamten Industrie arbeiteten. „Mit welcher Begründung können wir behaupten, wir seien besser als jeder andere für das rationale Medikamentendesign qualifiziert?"

Diese Frage stand wie ein ungelöster Knoten den ganzen Herbst über im Raum, während die Wissenschaftler die letzten Nachwirkungen von Schreibers Sieg abschüttelten und einer nach dem anderen wieder an die Arbeit ging. Es war nicht nur eine rhetorische Frage. Wie Boger immer betont hatte, bestand das größte Risiko in der Wissenschaft nicht darin, daß man unrecht hatte, sondern in einer überzogenen Interpretation der Daten. In Wirklichkeit war das nicht das einzige. Man mußte entscheiden, was man am Anfang für möglich hielt. Wissenschaftler wie Boger sind in ihrem Wesen zutiefst und unwandelbar widersprüchlich. Sie sind Schamanen. Entweder haben sie recht, oder sie haben nicht recht. Letztlich, mit genügend Daten, werden sie es wissen. Jeder würde es wissen. Der Entschluß, ihnen in der Zwischenzeit zu glauben, kann wie der Schritt über den Rand der Welt sein.

Konnte Vertex Medikamente durch Moleküldesign herstellen? Konnte man bessere Moleküle konstruieren? Boger war sich seiner Sache so sicher wie immer.

Wer außer ihm noch so dachte, interessierte ihn nicht.

„*Ich* weiß es", lächelte er energisch und gelassen zugleich. „Jeder, der wichtig ist, weiß es schon."

Epilog: Die Eselsbrücke finden

28. April 1993

Das World Trade Center von Boston ist, anders als sein Namensvetter in New York, kein Fanal von Reichtum und Macht, sondern eine renovierte Markthalle am Wasser. Es liegt auf einem niedrigen Pier im berühmten verfallenen Hafen der Stadt und hat einen Postkartenblick auf die Innenstadt, die jetzt, nach dem härtesten Winter seit Jahrzehnten, an diesem hellen Mittwochmorgen leuchtete wie ein Polarlicht. Zwei Monate zuvor hatte eine Autobombe das World Trade Center in Manhattan erschüttert und einen Krater in die Tiefgarage des Vista Hotel gerissen, in dem Boger der Wall Street seine Botschaft vorgetragen hatte. Hier in Boston saß er 250 besorgten Angehörigen des Biotechnologierates von Massachusetts gegenüber, die darauf warteten, den Tag der Abrechnung anzukündigen – auch das nichts Unerfreuliches, denn er hatte es vorausgesehen und war zuversichtlich, daß Vertex als Sieger daraus hervorgehen würde.

Selten war der Wert einer Branche so schnell gesunken. In den eineinhalb Jahren, seit die Biotechnologie-Seifenblase von 1991 in einer Reihe spektakulärer Zusammenbrüche endgültig zerplatzt war, hatten alle Pharmaaktien, große wie kleine, fast die Hälfte ihres Wertes verloren. Aber noch schlimmer – in den Augen vieler der Anwesenden erheblich schlimmer – war die Tatsache, daß die althergebrachten Erwartungen der Pharmaindustrie auf endlose Gewinne zu einem beliebten Ziel der Politik geworden waren. Die Clinton-Regierung, so die Formulierung eines Pharmalobbyisten, hatte sich ausgerechnet, der beste Weg zur Durchsetzung der Reformen im Gesundheitswesen sei eine Kriegserklärung an die pharmazeutische Industrie. Eine Projektgruppe um Hillary Rodham Clinton sprach drohend darüber, sie mit Preiskontrollen ins Herz zu treffen. Ohne die Aussicht auf satte Gewinne konnten die Aktien nur sinken; die Anleger würden sich zurückziehen, das Kapital würde ausbleiben, Neuentwicklungen würden sich verzögern, und Firmen würden eingehen. Die unsichere Forschung, die man als Rechtfertigung für alle diese Gewinne vorzeigte, wurde trotz aller Erfolge angegriffen und dämonisiert wie vielleicht noch nie zuvor.

Boger sagte, er rechne damit, daß „schon bald Frösche vom Himmel regnen"; er erklärte den versammelten Managern, nur die klügsten, schnellsten, anpassungsfähigsten Firmen – Unternehmen wie Vertex, die viele Millionen Dollar in die schnelle Entwicklung neuer Medikamente für große Märkte steckten – würden in der jetzt anbrechenden Phase noch konkurrenzfähig bleiben. Warum nur sie? „Wir sind stärker motiviert", sagte Boger, „und außerdem ist uns die Todes- und Gottesfurcht näher." Zwei oder drei Wege zur Geldbeschaffung, insbesondere Preiserhöhungen und die Entwicklung von Nachahmerpräparaten, waren wahrscheinlich in Zukunft allen Unternehmen der Branche verschlossen, und deshalb gab es zu Bogers Analyse kaum Widerspruch. Entscheidend waren jetzt äußerst zielgerichtete Neuentwicklungen in Verbindung mit einer äußerst schlanken Verwaltung. Zur Auflockerung zeigte Boger am Ende seines Vortrags ein Dia mit einer Karikatur, die einen Pharmamanager im Gespräch mit einem Wissenschaftler zeigte. Die Unterschrift lautete: „Es ist sehr nett. Finden Sie eine Krankheit dafür."

Boger konnte sich diese kleine Ketzerei leisten. Trotz der großen Unsicherheit in der Branche konnte sich Vertex keine besseren Zukunftsausssichten wünschen. Zwei Wochen zuvor hatte die Firma mit Kissei Pharmaceuticals, dem am schnellsten wachsenden japanischen Arzneimittelhersteller, ein Abkommen über 20 Millionen Dollar geschlossen; das Ziel war die Entwicklung eines AIDS-Medikaments und seine Vermarktung in Japan und der Volksrepublik China, und diesen Wirkstoff würde Vertex in wenigen Wochen unter mehreren aussichtsreichen Kandidaten auswählen. (Kisseis Hochzeitsgeschenk war ein gerahmtes Foto des Fudschijama, genau wie seinerzeit bei Chugai). Ein anderes führendes Unternehmen hatte das „dringende Interesse" erklärt, die Verbindung in den USA und Europa in den Handel zu bringen, und war auch nicht abgesprungen, als Boger und Aldrich einen Versuchsballon steigen ließen und ein Abkommen über 100 Millionen Dollar vorschlugen. In den zwanzig Monaten, seit die Calcineurin-Geschichte die Vertex-Leute kalt erwischt hatte, waren zwei weitere Wirkstoffe fast bis zur klinischen Erprobung entwickelt worden, von denen einer aus dem heftig vorangetriebenen Immunophilinprojekt hervorgegangen war. Mit 110 Mitarbeitern, fast 50 Millionen auf der Bank, einer neuen Tochterfirma, die Navias Enzymprojekte weiterverfolgte, und einem relativ hohen Aktienkurs hatte Vertex selbst Bogers kühnste Prophezeiungen übertroffen.

Die Konferenz selbst, offiziell eine Jahrestagung für die Handelsorganisation des Bundesstaates, bestätigte Bogers neugewonnenen Einfluß. Man hatte ihn nicht nur gebeten, die Zukunftsaussichten der Branche darzustellen, sondern der ganze Ablauf trug den Stempel von Vertex. Auf dem Umschlag des Tagungsprospekts prangten Moores Struktur von FKBP-12 und die in der Firma erzeugten Strukturbilder der HIV-Protease in einer Dalì-ähnlichen Verfremdung. Der wichtigste wissenschaftliche Teil der Veranstaltung handelte von strukturorientiertem Medikamentendesign und erinnerte an einer Verkaufsveranstaltung von Vertex. Über Chemie und Biophysik tuschelte man mit neuer Ehrfurcht. Zusammengenommen wirkte die Tagung wie eine Krönung, wie das Eingeständnis, daß die Zukunft nicht in Medikamenten lag, die Proteine waren, sondern in Molekülen, die Proteine hemmten – genau wie Boger es immer behauptet hatte.

Natürlich war Ansehen innerhalb der Biotechnologiebranche nicht Bogers hauptsächliches, ja nicht einmal ein wichtiges Ziel gewesen; ihm ging es vielmehr darum, die Großunternehmen und insbesondere Merck aufzurütteln. Auch dabei verschaffte eine Wendung des Schicksals ihm Genugtuung. Die programmatische Rede hielt Ed Scolnick, Mercks hervorragender, temperamentvoller Forschungsleiter und Bogers wichtigster Gönner in Rahway. Scolnick hatte dem Publikum an der Harvard Medical School drei Jahre zuvor erzählt, die Strukturaufklärung der HIV-Protease habe beim Medikamentendesign „ein wenig, aber nicht dramatisch" geholfen. Jetzt, als Murcko neben ihm auf dem Podium saß, der einen atemberaubenden Bericht über das HIV-Designprojekt bei Vertex gegeben hatte, hielt Scolnick eine energische und angesichts des Publikums überraschende Verteidigungsrede für Proscar, ein Merck-Präparat gegen Prostatavergrößerung. Da die Kapitalausstattung von Merck im vorangegangenen Jahr nicht zuletzt durch den enttäuschenden Start von Proscar um unglaubliche 20 Milliarden Dollar zurückgegangen war, wies Scolnicks Vortrag im Stil eines Anlageverkaufsvortrags darauf hin, daß selbst die Großen der Branche kürzer treten mußten. Boger fand den Vortrag „bizarr". Und als Scolnick ihm einige Tage später in einem handgeschriebenen Brief zu seinem offenkundigen Erfolg gratulierte, strahlte er.

Vertex war den Kinderschuhen entwachsen; die Firma war in vier Jahren nach allen Maßstäben gereift, nur nicht nach demjenigen, der die größte Rolle spielte: Sie hatte immer noch kein Medikament.

In Wirklichkeit waren sogar drei Medikamente in greifbarer Nähe. Und wie es für Boger und die Wissenschaft typisch ist, war bei mindestens zwei davon das Glück – und die Fähigkeit, daraus energisch Kapital zu schlagen – ein entscheidender Faktor gewesen. Haarsträubende Kehrtwendungen waren zur Norm geworden.

Nachdem Vertex mit 367, dem ersten zweiarmigen Molekül, die Möglichkeit des strukturorientierten Designs nachgewiesen hatte, blieb das Immunophilinprojekt im Sumpf der Folgerungen aus der Erforschung des Calcineurins durch Schreiber und Weissman stecken. Keine von den Chemikern hergestellte Verbindung reichte auch nur annähernd an FK-506 heran, das sich bei der klinischen Erprobung in Europa als wirksam erwies; es war allerdings stärker toxisch, als Starzl behauptet hatte, und weder Merck noch Sandoz oder andere Firmen schafften es, den Wirkstoff durch einfache Abwandlung der Molekülstruktur zu verbessern. Dann stellte bemerkenswerterweise der Chemiker Jeff Saunders eine Verbindung her, die stark immunsupprimierend war, fest an FKBP-12 band und dennoch offenbar auf einem anderen

Weg wirkte, so daß man den Morast des Calcineurins völlig umgehen konnte. Sieben Monate lang mühten sich die Chemiker fast ausschließlich mit der Optimierung von Saunders' Molekül ab, aber dann mußten sie feststellen, daß es eine falsche Fährte war, das Ergebnis eines, wie Boger es mit ganz untypischer Melodramatik nennen würde, „teuflisch irreführenden" Zellkulturtests; die Tierversuche, aus denen er hervorgegangen war, hatten bald, nachdem sich die falsche Anlage des ersten Tests herausgestellt hatte, ebenfalls „rätselhaft negative" Ergebnisse geliefert. Bestürzt und bedrückt kehrten sie im Sommer 1992 wieder zu dem zurück, was Murcko den „Alptraum des Schreckens" genannt hatte: Sie versuchten, das Calcineurin zu blockieren, dessen Struktur sie immer noch nicht kannten und wahrscheinlich auch in absehbarer Zeit nicht kennen würden.

Es war eine gräßliche Zeit. Yamashita machte sein Vorhaben wahr und kündigte im Juli 1991 bei Vertex, um in Hawaii Medizin zu studieren. Er zog zu seinen Eltern und ließ die Firma mit einer um die Hälfte verminderten Leistung in der Röntgenstrukturanalyse zurück. Viele Wissenschaftler meinten, er wäre geblieben, wenn Boger dafür gesorgt hätte, daß Navia ihm ein eigenes Projekt gab. Aber das hatte Boger abgelehnt. Navia war mittlerweile fast nur noch auf Reisen, um seine Enzymtechnologie bekannt zu machen, die bald darauf neue Labors und Altus Biologics, Inc., Vertex' erste Tochterfirma, hervorbringen sollte. Murcko, der weder über die Immunophiline noch über die HIV-Protease neue Daten bekam, wurde wieder reizbar und beschwerte sich bitter über das in seinen Augen mangelnde Engagement der Firma für strukturorientiertes Design. Die Moral sank, die Projektgruppen gerieten ins Stolpern und verloren den Boden unter den Füßen.

In den letzten Tagen des kurzen Booms im vorangegangenen Herbst hatte Vertex sich mit dem Verkauf weiterer Aktien nochmals 25 Millionen verschafft, aber seit dem Abkommen mit Chugai waren zwei Jahre vergangen, und dort wurde man langsam ungeduldig. Die Draufgehrate der Firma kletterte auf sieben Millionen Dollar im Jahr, und Boger bereitete den Aufsichtsrat schonend auf „zweistellige Verluste" vor – zehn Millionen Dollar oder mehr. Wohin sie sich beim nächsten Mal zur Geldbeschaffung wenden sollten, wußte niemand, nicht einmal Boger. Über die neue Eiszeit in der Wall Street sagte er: „Im Augenblick könnte man nicht einmal ein Haarwasser verkaufen, das ewiges Leben gibt."

Eine Zeitlang hatte Vertex eine vielversprechende Position auf dem Gebiet der HIV-Protease, aber auf einer Tagung im August 1992 erfuhr der Chemiker Roger Tung, daß die fragliche Verbindungsklasse durch ein Patent einer anderen Firma geschützt war. Die nächsten vierundzwanzig Stunden saß er verzweifelt in seinem Hotelzimmer und bemühte sich wie ein Wilder, neue Moleküle zu skizzieren. Im Herbst sah es so aus, als käme Vertex zum ersten Mal in seiner kurzen Geschichte ins Schleudern, denn für das nächste Stadium war kein klarer Weg zu erkennen.

Boger blieb wie immer zuversichtlich, aber auch er wußte, daß Veränderungen notwendig waren. Vertex war so groß geworden, daß er nicht mehr überall, bei allen Projekten und allen Mitarbeitern zugleich sein konnte. In aller Stille versuchte er, Vicki Sato abzuwerben, die Forschungsleiterin bei Biogen, Aldrichs erster Firma; sie sollte bei Vertex die wissenschaftliche Arbeit koordinieren. Es war das Eingeständnis, daß die Notwendigkeit der Geldbeschaffung ihm die Möglichkeit zu eigener wissenschaftlicher Betätigung genommen hatte; Bogers Funktion mußte in einer von Geschäftsinteressen bestimmten Welt letztlich darin bestehen, die Firma „wachsen" zu lassen. Er behielt sich zwar die letzte Entscheidung über die Projekte vor und blieb weiterhin die treibende Kraft, aber Sato, eine flinke, weltgewandte frühere Biologieprofessorin der Harvard University, sollte die Organisationsleiterin der Firma werden, die für die Einhaltung von Richtung und Zeitplan verantwortlich war. Nach Bogers eigener Erklärung stellte er sie unter anderem deshalb ein, weil er mit den Biologen der Firma Frieden schließen wollte, von denen ihm viele wegen des Calcineurins immer noch mißtrauten.

Innerhalb weniger Monate organisierte Sato die Projektgruppen neu. Sie benannte Projektleiter: Dave Armistead für die Immunophiline, Tung für die HIV-Protease, Dave Livingston für ein neues Projekt über Entzündungsmediatoren und Matt Harding für ein neues Vorhaben zur Krebsbekämpfung. Da es nicht genügend Positionen für alle gab, ernannte Boger gleichzeitig auch Thomson, Harding, Murcko, Livingston und Debra Peattie zu leitenden Wissenschaftlern – diesen Titel hatte zuvor nur Navia gehabt. Damit gaben Boger und Sato die breite Organisationsstruktur von Bogers sozialem Experiment auf, denn sie hatten gemerkt, daß einige Mitarbeiter sonst die Firma verlassen hätten. Die Leute, die Boger als erste eingestellt hatte, arbeiteten jetzt seit vier Jahren bei ihm. Bald würden sie sich das volle Anrecht auf ihre Vorzugsaktien erworben haben, und das würde sie von den „goldenen Handschellen" befreien, mit denen junge Firmen ihre Mitarbeiter in der Regel an der Kündigung hindern. Immer öfter riefen Personalvermittler bei den Wissenschaftlern an. Widerwillig – und, so schien es, voller Reue – räumte Boger ein, man werde den Mitarbeitern herkömmliche Belohnungen wie Titel und Stellung geben müssen, um ihren Ehrgeiz zu befriedigen und den Zwängen ihrer Karriere gerecht zu werden.

Mit der Hierarchie kamen auch neue Belastungen. Saunders war jetzt zum Beispiel seinem Freund, Racheengel und früheren Laborkollegen Armistead unterstellt, der keine Reaktionen mehr ablaufen ließ, sondern seine Tage mit Sitzungen zubrachte und die Disziplin aufrechterhielt. Die Immunologin Patsi Nelson kündigte, weil sie Harding unterstellt werden sollte, dem sie sich fachlich ebenbürtig fühlte. Durch das Konkurrenzgehabe unter den Wissenschaftlern wurden Neidgefühle sichtbar, die zuvor kein Ventil gefunden hatten. Thomson, dessen Arbeitsgruppe für die Firma nachweislich mehr Werte geschaffen hatte als jede andere, wehrte sich dagegen, daß man ihn mit anderen, die in seinen Augen nicht so produktiv waren und sich weniger für die Firma engagierten, auf eine Stufe stellte. „Versetzung mit der ganzen Klasse" nannte er es.

Dennoch sehnten sich die wenigsten nach der undifferenzierten Gleichmacherei von Bogers sozialem Experiment zurück. Boger betrachtete das Experiment als Erfolg, denn es hatte die Vorreiter erzeugt, Führungsfiguren, die zum harten wissenschaftlichen Kern von Vertex wurden. Aber auch die meisten anderen begrüßten die Veränderung. In aller Stille legte sich Vertex eine eher konventionelle Organisationsstruktur zu, ohne sich dabei selbst zu ersticken, wie andere forsche Kleinfirmen es oft taten. Am Jahresende ähnelte das Unternehmen stärker anderen, die sich im gleichen Entwicklungsstadium befanden: Es gab eine Hierarchieleiter, und um jede Sprosse wurde mit den Ellenbogen gekämpft.

Boger war darüber weniger enttäuscht, als es den Anschein hatte. Er hatte sein Ziel erreicht: Die Führungskräfte hatten sich selbst in diese Position gebracht, und fast alle Wissenschafter hatten das Gefühl, daß man ihre Ideen schätzte und ihnen zuhörte. Wie bei den meisten Vorstellungen war Gleichmacherei für ihn kein Ziel, sondern ein Mittel. Er glaubte an Chancengleichheit, nicht an gleichen Status. Die Einteilung bewährte sich. Von den leitenden Wissenschaftlern hatte nur Patsi Nelson gekündigt.

Am 28. Juni 1992 transplantierten Ärzte in Pittsburgh einem fünfunddreißigjährigen Mann, der mit Hepatitis B im Sterben lag, eine Pavianleber. Im Operationssaal waren siebenundzwanzig Personen anwesend, darunter zehn Chirurgen. Starzl leitete das Experiment nicht selbst, aber er hatte es gestattet, um den entsetzlichen Mangel an menschlichen Spenderorganen zu überwinden, einen Mangel, zu dem Starzl mit seinen Erfolgen selbst beigetragen hatte: Er hatte die Lebertransplantation zu einem Routineeingriff gemacht, und nun hatte man in Pittsburgh nur halb so viele Spenderorgane wie Patienten und eine gefährliche Menge dessen, was Wirtschaftsfachleute als „Überkapazität" bezeichnen. Mit FK-506 hielten die Ärzte den Patienten siebenundzwanzig Tage lang am Leben. Schließlich starb er an einem Schlaganfall und umfangreichen Infektionen, aber die Leber wurde nicht abgestoßen und funktionierte immer noch. Später im gleichen Jahr pflanzte dieselbe Arbeitsgruppe einem vierjährigen Mädchen fünf Organe ein – Bauchspeicheldrüse, Leber, Magen, Dick- und Dünndarm. Im Januar machten sie das Experiment mit der Pavianleber noch einmal; dann wurde das Projekt eingestellt.

Starzl, rastlos wie immer, trieb seine Arbeit vorwärts wie jemand, der höchstens halb so alt war. Er hatte sich jetzt fast vollständig zum Immunologen gewandelt, aber das hatten andere, die sich auf der Ebene der Atome mit den Abwehrmechanismen des Organismus beschäftigen, noch nicht anerkannt. Eine graue Eminenz würde er jedenfalls nicht werden, sondern er war entschlossen, die anderen zu widerlegen. Von 1992 an veröffentlichte er eine Reihe von Artikeln, in denen er sozusagen eine vereinheitlichte Theorie der Transplantatabstoßung darlegte. Durch eine Organverpflanzung, so seine neue Ansicht, wurde der Organismus zu einer Chimäre, einem Mischwesen aus Spender und Empfänger. Demnach wandern Zellen aus dem verpflanzten Organ durch den Körper, und die des Empfängers dringen in das fremde Gewebe ein. Die Immunsuppressiva schützen nach seiner Hypothese die Zellen voreinander, indem sie für einen „biologischen Waffenstillstand" sorgen, ein Gleichgewicht der Kräfte. Er beharrte darauf, seine unbewiesene Theorie werde letztlich sowohl die Transplantatabstoßung als auch die Autoimmunkrankheiten erklären. Diese Erkenntnis war für ihn der krönende Abschluß seiner langen Berufslaufbahn. „Ein flüchtiger Blick auf die Ewigkeit", so schwärmte er, „und ein gerechter Lohn für die fünfunddreißig Jahre Arbeit, die ihm vorausgegangen sind."

Starzls Arbeiten mit FK-506 nahmen im gleichen Maße ab, wie das Gebiet sich um ihn herum ausweitete. Er überschüttete die FDA immer noch mit Anträgen für neue klinische Studien, insbesondere über Autoimmunkrankheiten, aber jetzt brachten andere, die mehr Erfahrungen und Kenntnisse besaßen, die Erprobung an Menschen voran. Die Gehirnforscher glaubten zum Beispiel, man könne mit dem Wirkstoff Schlaganfälle behandeln. Weissmans und Schreibers Entdeckung, daß das Calcineurin beteiligt ist, ließ neue Gedanken und neue Interpretationen für bekannte Vorgänge aufkommen, und sie hatte das Interesse der weltbesten Wissenschaftler auf allen Gebieten der Medizin geweckt. Mitte 1993 sah es so aus, als würde die FDA bis zum Jahresende endlich das FK-506 zulassen. Starzl, der den Wirkstoff sieben Jahre zuvor, als er die Därme von Hunden zerfraß, gerettet hatte, untersuchte mittlerweile systematisch neue Verbindungen und hatte noch viel vor.

Mary Arthur, das junge Mädchen aus Louisville, das als erste Patientin eine Transplantation von Inselzellen erhielt und mit dessen Krebserkrankung sich der Chirurg Andy Tsakis während der Tagung in Pittsburgh beschäftigte, überlebte die Kieferoperation ohne Entstellung. Sie hatte dreieinhalb Jahre später noch keinen Rückfall und produzierte immer noch eigenes Insulin. Mittlerweile wollte sie heiraten, und nachdem sie zunächst eine Ausbildung als Köchin geplant hatte, wechselte sie am College das Hauptfach und studierte Pharmazie.

Schreiber erbrachte weiterhin brillant, allerdings weniger begeistert große Leistungen. Entschlossen, das wachsende Gebiet der Immunophilinforschung zu beherrschen, arbeitete er nach wie vor sieben Tage in der Woche. Aber mit seinem Einfluß und seiner Bekanntheit wuchsen auch die Belastungen. Er hatte immer noch Angst vor seinem vierzigsten Geburtstag und beklagte sich plötzlich, die Wissenschaft sei so erbarmungslos und immer müsse man der erste sein; dann aber stürzte er sich furchtlos in den nächsten Wettlauf. Manchmal hörte er sich an, als hätte man ihn an den Marterpfahl gebunden. Im Herbst 1992 meinte er sarkastisch: „Die Welt wäre viel schöner, wenn es in der Wissenschaft keine Preise gäbe."

Nach den Worten eines Kollegen, mit dem er früher zusammengearbeitet hatte, war er „fast eine Karikatur" für die Versessenheit auf persönliches Verdienst geworden, die sowohl die Triebkraft der Wissenschaft als auch die Ursache für viele ihrer bitteren Seiten ist. Aber seine ungeheure Energie war ungebrochen. Er gestaltete die Wissenschaft neu, wie er es vorgehabt hatte. Die Biologen taten ihn immer noch als gewandelten Chemiker ab, für die Chemiker dagegen war er ein Abtrünniger und Amateurbiologe. Aber seine Leistungen konnten sie nicht abtun. Er hatte mindestens ebenso viel wie jeder andere zur Aufklärung der Mechanismen beigetragen, mit denen Zellen in ihrem Inneren Nachrichten weiterleiten. Seit Mai 1993 bezeichnete er die Signalübertragung nicht mehr als „Black Box". Er glaubte jetzt, das Problem sei geknackt.

Ariad Pharmaceuticals, die Firma, die er mit Kinsella gegründet hatte und die sich mit der Signalübertragung beschäftigen sollte, eröffnete sechs Blocks von Vertex entfernt in einem vom MIT gesponserten Technologiepark, und Schreiber, der dort einen Tag in der Woche als Berater tätig war, erhielt ein Anfangsgehalt von 75 000 Dollar im Jahr. Er hatte mittlerweile eine ganze Kühltruhe voller Naturstoffe angesammelt, die wie Cyclosporin und FK-506 verblüffende biologische Wirkungen hatten, und hütete sie wie eine Samenbank. Nachdem er auf diese Weise Verbindungen besaß, um „mehr Forschungsprojekte zu beginnen, als ich in meiner Lebenszeit bearbeiten kann", wandte er sich der nächsten Front der Forschung zu, der Gentherapie, für die er eine Methode zum An- und Abschalten von Genen entwickelte. Im Sommer verhandelte er wieder mit Risikokapitalfirmen über die Gründung einer neuen Firma.

Bei Vertex machten die Probleme mit den Immunophilinen den Wissenschaftlern schwer zu schaffen. Dank Yamashita, der in den letzten Wochen vor seinem Ausscheiden die richtigen Kristallisierungsbedingungen ermittelt hatte, analysierten sie jetzt alle paar Wochen die Struktur eines Komplexes aus FKBP-12 und einer anderen bei Vertex erzeugten Verbindung, die im Inneren des Proteins gebunden war. Aber solange sie die Struktur des Calcineurins nicht kannten, war alles andere umsonst. Als sich schließlich herausstellte, daß Schreiber und die Vertex-Wissenschaftler gleichermaßen recht gehabt hatten – FK-506 wirkt sowohl über seine Effektorregion als auch durch die Veränderung der äußeren Form von FKBP-12 –, wurde ihnen nur wieder einmal deutlich, was für eine schwierige Aufgabe sie erwartete. Sie mußten nicht nur zu viele Atome an zu vielen Stellen verschieben, sondern selbst wenn ihnen das gelang, würden sie damit immer noch ein Enzym von so großer biologischer Bedeutung blockieren, daß es für ein Medikament ein höchst schwieriges Ziel darstellte.

Die Chemiker merkten immer stärker, daß sie gegen Windmühlenflügel kämpften. Sie betrieben strukturorientiertes Moleküldesign bei einem Projekt, für das diese Methode nicht ausreichte.

Boger war derjenige, der die Eselsbrücke fand.

Wie man schon seit langem wußte, schaltet Cyclosporin in den Zellen einen Mechanismus aus, mit dem sie sonst Giftstoffe ausscheiden. An diesem Vorgang, Mehrfachresistenz oder MDR (für englisch *multidrug resistance*) genannt, waren die Krebsforscher lange Zeit verzweifelt, denn sie mußten hilflos zusehen, wie starke zelltötende Wirkstoffe, die sie den Patienten verabreichten, ins Blut ausgeschieden und aus dem Organismus beseitigt wurden.

Da 367, die zweiarmige Verbindung von Vertex, zwar an FKBP-12 band, ohne aber stark immunsupprimierend zu wirken, vermutete Boger, es könne die MDR ebenso wirksam hemmen wie Cyclosporin, ohne aber dessen unerwünschte Nebenwirkungen zu besitzen. Damit könnten die Ärzte vielleicht mehr Zellgifte in die Zellen bringen und mehr Menschenleben retten. Im Winter 1991 sprach er mit Harding über diese Idee, und noch glaubwürdiger wurde sie durch einen Artikel, demzufolge FK-506 ebenfalls die MDR hemmte, wenn auch nur schwach.

Harding schickte 367 und mehrere andere Verbindungen zum Testen an die Yale University. Der Wirkstoff sah sehr vielversprechend aus. Plötzlich hatte Vertex die Führungsrolle in einem Markt mit einem Volumen von 500 Millionen Dollar. Anfang 1993, knapp eineinhalb Jahre nach Bogers Einfall, hatte die Firma ein Derivat der Verbindung für erste Versuche an Menschen ausgewählt.

An der Art, wie dieser erste Kandidat für die klinische Erprobung weitab von dem geordneten, auf Daten gegründeten Prozeß des Wiederholens und nochmaligen Wiederholens entstand, zeigt sich ein weiterer Grundsatz von Vertex: Der Lohn der Forschung entsteht oft an einer anderen Stelle, als man ursprünglich erwartet. Entscheidend ist, daß man die richtigen Schlüsse zieht, aufgeschlossen ist, entschieden handelt und geeignete Experimente macht.

Wenige Wochen später verhandelte Vertex über eine Lizenz für einen zweiten klinischen Kandidaten, ein vielversprechendes Mittel gegen Sichelzellanämie, das sie einem führenden europäischen Pharmahersteller vor der Nase weggeschnappt hatten.

19. Mai 1993

Die Genugtuung lag wie ein Leuchten über dem Sitzungsraum von Vertex. In einem eindeutigen Beweis für die Geschwindigkeit und Effektivität der „Rückkopplungsschleife" in der Firma, wie Murcko sie nannte, zeigte die Röntgenstrukturanalytikerin Eunice Kim die gerade aufgeklärte Struktur eines verblüffend wirksamen Hemmstoffes für die HIV-Protease. Während die Chemiker monatelang immer bessere Verbindungen gebaut hatten und dabei immer aufgeregter wurden, hatte Kim ihnen im Gegenzug in immer schnellerer Folge Bilder von den Molekülen geliefert, die Atom für Atom an dem Enzym gebunden waren. Bei dieser hier mit der Bezeichnung 328 hatte es, seit sie die Substanz bekommen hatte, genau fünf Tage gedauert. (Yamashita hatte für seine Struktur von FKBP-12, der ein so trauriges Schicksal beschieden war, noch über ein Jahr gebraucht.)

„Was hast du die ganze Zeit gemacht?" fragte Boger ironisch.

Und Sato witzelte: „Wo ist 330?" Damit meinte sie einen Wirkstoff, den die Chemiker in der Woche zuvor weitergegeben hatten; er war fünfmal weniger wirksam, schien aber im Darm außergewöhnlich stabil zu sein und auch im Blut intakt zu bleiben. Die meisten Protease-Hemmstoffe waren natürlich unnütz, weil sie im Organismus nicht lange genug erhalten blieben, und die Moleküle von 330 hatte man gezielt anhand von Kims Strukturen besser bioverfügbar gemacht. Die Verbindung unterschied sich von anderen aus der gleichen Serie durch zwei anders angeordnete Kohlenstoffatome an einer Bindungsstelle, die sich nach Milliardstelmillimetern bemaß. Den Wirksamkeitsverlust konnten sie verschmerzen: Die besten Moleküle waren jetzt so gut gestaltet, daß ihre Bindungsfähigkeit über den Meßbereich der verfügbaren Tests hinausging.

Als man nun entscheiden mußte, welche Substanz man für die Erprobung an Menschen in größeren Mengen herstellen wollte, waren noch sechs Verbindungen im Rennen; die klinische Erprobung war höchst kompliziert und kostspielig, und sie erforderte in allen Bereichen der Firma eine erhebliche Aktivitätssteigerung, aber da Boger seit Monaten darauf drängte, lief der Projektgruppe jetzt die Zeit davon. Sie mußten „den Abzug betätigen". Tung, vorsichtig wie immer, verlangte weitere Daten. In drei Wochen wollte er an der Spitze von sechs Vertex-Wissenschaftlern zu der großen AIDS-Jahrestagung nach Berlin fliegen, um die Arbeiten der Firma an die Öffentlichkeit zu bringen. Dort wollte er eine vollständige Geschichte erzählen.

Boger wurde ungeduldig. „Ich bin immer für Pferdeattrappen", sagte er, „aber wenn ich ein echtes Rennpferd habe, lasse ich es nicht im Stall, nur damit die Attrappe ihre letzte Runde beenden kann; dann gehe ich raus und schieße sie ab."

Für Boger war nur eines wichtig: Die FDA sollte die Erprobung der Vertex-Verbindung an Menschen genehmigen, bevor der Protease-Hemmstoff von Merck, der im Februar angekündigt worden war, zugelassen wurde. Zu seiner Überraschung war der Merck-Wirkstoff, der zugegebenermaßen beeindruckend aussah, kein „Killermolekül", und nach seiner Vermutung hatte der Konzern ihn schnell in die klinische Erprobung geschleust, damit er ungefähr zum November 1994 auf den Markt kam, wenn der Vorstandsvorsitzende Roy Vagelos in den Ruhestand ging. Nach Bogers Überzeugung hatte Vertex die bessere Verbindung: Ihre Moleküle waren kleiner, einfacher zu synthetisieren und leichter ins Gehirn zu schleusen, das durch eine chemische Barriere geschützt ist und den Erreger beherbergt. Aber wenn das Merck-Präparat erst einmal auf den Markt kam, war es zu spät. Kein anderer bekam von Konkurrenz geprägte Märkte so gut in den Griff wie der Großkonzern. Und, was noch schlimmer war: Boger fürchtete, Merck werde das Präparat umsonst austeilen wie das Mittel gegen die afrikanische Flußblindheit, wenn sie dafür Steuervergünstigungen und eine begeisterte Presseberichterstattung bekamen. Zumindest würde das Merck-Produkt bei der Zulassung zum Maßstab für alle anderen werden.

„Der Rest der Welt muß sich beeilen", sagte Navia. „Vielleicht hat der andere eine viel beschissenere Struktur, aber wenn du die Nummer zwei bist, siehst du alt aus."

„Entscheide dich", drängte Sato.

Wenige Minuten später war die Entscheidung gefallen. Vertex würde die Entwicklung von 330 weiterverfolgen und von dieser Linie nur dann abweichen, wenn neue Daten auf eine bessere Alternative hinwiesen.

Es war vorüber. Navia hatte eine „Halluzination" gehabt, und Tung hatte sich damit beschäftigt, um Armisteads Vorherrschaft in der Chemie zu entgehen; Boger brannte vor Antialtruismus und war darauf versessen, Merck zu überrunden; Vertex hatte sich aus Berechnung mit AIDS befaßt, weil es der schnellste Weg zu Gewinnen zu sein schien; sie hatten das Projekt benutzt, um die ersten Aktien zu verkaufen – man hätte sich ohne weiteres bewußtere Ursprünge und höhere Motive vorstellen können. Nur Boger war dazu nicht in der Lage. Für ihn waren weichliche Beweggründe unendlich viel weniger wirksam, weniger vertrauenswürdig, weniger *nützlich* als klar umrissene. Die Wissenschaft war zu schwierig, als daß man sich in ihr nur deshalb engagierte, weil man, wie er mit dreizehn Jahren geschrieben hatte, „den Menschen dabei helfen wollte, die Last von Krankheit ... abzuschütteln und mit anderen Menschen zurechtzukommen." Sie taten es, weil sie völlig sicher waren, daß es zu schaffen war, weil sie sich selbst und der Welt beweisen wollten, daß sie es als erste schaffen konnten. Sie taten es, um Konkurrenten zu demütigen, um sich selbst für Götter zu halten, um zu gewinnen und um die entsetzliche, tödliche Angst vor dem Verlieren loszuwerden. Wissenschaftliche Arbeit bis zum Umfallen, unverhüllte Habgier und blanke Angst, nicht moralische Fehlerlosigkeit würden AIDS besiegen, dessen war Boger sich sicher. Er wollte die Welt nicht retten. Er wollte sie lenken und glaubte, er habe sie immer gelenkt. Und jetzt sah alle Welt die Früchte dieses fanatischen Dünkels.

Er vergeudete keine Zeit. Nachdem er die meisten Wissenschaftler unter einem Schwall von Gelächter, das Glückwunsch, Triumph und in seiner unverhüllten Arroganz empörend und charismatisch zugleich war, aus dem Sitzungsraum entlassen hatte, setzte er sich sofort mit Tung, Sato und Livingston zusammen, um die nächste Versuchsreihe zu planen: toxikologische Studien, Tierversuche, Kombinationsexperimente mit mehreren anderen Verbindungen, unmittelbare Vergleichsuntersuchungen, galenische Studien zu der Frage, wie man den Wirkstoff am besten verabreichte, Blutuntersuchungen, Herstellung großer Mengen des hochreinen Wirkstoffes; die Verbindung sollte bei mehreren Tierarten und allen Zelltypen getestet werden, bei jeder Temperatur und allen nur denkbaren pH-Werten, über kurze und lange Zeiträume in Doppel- und Dreifachansätzen und unter Berücksichtigung aller nur vorstellbaren Risiken und Zweideutigkeiten. Nach dem Zeitplan von Vertex sollte der Wirkstoff gegen Ende des Jahres oder spätestens im ersten Quartal 1994 für die Erprobung an AIDS-Patienten zur Verfügung stehen. Bis dahin mußten sie noch eine Menge Erkenntnisse gewinnen; und mehr, unendlich viel mehr danach.

Wie ein alter Kämpe bei Merck, den Boger sehr bewunderte, einmal gesagt hatte: „Manche Leute behaupten, das richtige Molekül zu finden sei der einfachere Teil. Aber daraus ein Medikament zu machen, das ist schwierig."

Am folgenden Tag, dem 20. Mai, flog John Thomson zum ersten Mal seit vier Jahren nach Hause nach Australien. Seine Eltern waren krank, er wollte unbedingt seine Kinder wiedersehen, und er mußte persönlich sein Visum beantragen, um nach Berlin reisen zu können. Wieder einmal war es Thomson gewesen, der Vertex mit seiner Willenskraft nach zweijähriger Plackerei in die Lage versetzt hatte, soviel HIV-Protease herzustellen, daß die Kristallzucht kein Hindernis mehr darstellte. Außerdem hatte er ein anderes sehr seltenes und umkämpftes Protein isoliert und kristallisiert, das für Vertex das nächste Objekt werden sollte.

Seine Mühen, die durch solche und andere Erfolge belohnt wurden, hatten in ihm eine Veränderung bewirkt. Immer noch war er überanstrengt, aber nicht mehr aus Angst. Seine Selbstachtung war zurückgekehrt und mit ihr auch die Achtung für andere. Er trank und rauchte jetzt nur noch wie jemand, der für sich selbst eine Zukunft sieht. Seine Arbeitsgruppe war auf elf Personen angewachsen, und mit mehr Stolz, als er einzugestehen bereit war, akzeptierte er ein eigenes kleines, fensterloses Büro – natürlich nur, weil er es brauchte, so betonte er, nicht etwa weil er es wollte. Am Tag vor seiner Abreise schrieb er den Scheck für ein entsetzlich schnittiges neues Motorrad aus. „Eine Rakete", sagte er, und dabei lachte er voller Selbsterkenntnis, so daß es schien, als interessiere er sich für nichts außer für die Möglichkeit, noch schneller zu sein als zuvor.

16. Dezember 1993

Die Arbeiten am HIV bewahrten Vertex vor den Unwägbarkeiten bei der Immunsuppression und brachten sie wieder einen Schritt weiter.

Nach zwei Jahren des Hin- und Hermanövrierens – in dieser Zeit war das Immunophilinprojekt ins Stocken geraten, und die Hoffnungen auf die Überwindung von AIDS schwanden immer mehr dahin – gab Vertex bekannt, man werde den firmeneigenen Proteasehemmstoff zusammen mit Burroughs Wellcome weiterentwickeln, dem britischen Pharmahersteller, der auch das AZT produzierte. Es handelte sich nicht mehr um die Verbindung 330, sondern um VX-478, einen Wirkstoff der zweiten Generation. Das Abkommen, das Vertex letztlich 42 Millionen Dollar bringen würde, war in Wirklichkeit ein Mehrfaches davon wert, denn Wellcome wollte die gesamten Entwicklungskosten übernehmen, möglicherweise bis zu 200 Millionen. Auf diese Nachricht hin stieg die Vertex-Aktie um zwei Dollar auf 17 Dollar 50.

Wellcome war natürlich auch das Unternehmen, das der gesamten Pharmabranche in Sachen AIDS vorangeschritten war, und Boger erinnerte sich noch genau, was danach gekommen war. Seit die Firma Mitte der achtziger Jahre das AZT herausgebracht hatte, war sie immer wieder angegriffen und verunglimpft worden. AIDS-Aktivisten hatten die Firmenzentrale in North Carolina rund um die Uhr belagert und waren trotz aller Sicherheitsmaßnahmen in die New Yorker Börse eingedrungen, um „Wellcome verkaufen!" und „Scheißpharmaprofiteure" zu rufen. Fast zehn Jahre lang war die Firma in kostspielige juristische Auseinandersetzungen verwickelt, die ihre Patentansprüche und damit Einnahmen von über 500 Millionen Dollar im Jahr bedrohten. Derart öffentlichkeitswirksame Auseinandersetzungen waren für eine kleine Firma ein so bedrohliches Gespenst, daß Boger und Aldrich es anfangs vor allem aus diesem Grund abgelehnt hatten, sich mit AIDS-Forschung zu beschäftigen.

Boger war erfreut darüber, daß er sich mit einem Pharmahersteller verbünden konnte, bei dem man über AIDS mehr wußte als bei jedem anderen Unternehmen, und dann auch noch auf eine Art und Weise, die Vertex selbst so wenig wie möglich ins Rampenlicht rückte: Wellcome besaß die amerikanischen und europäischen Rechte für den Wirkstoff und zahlte dafür Lizenzgebühren an Vertex. „Ich bin froh, daß unser Geld von oben kommt", sagte er.

Ebenso groß wie Bogers Genugtuung war natürlich die Erleichterung bei Wellcome, einen möglichen Nachfolger für das AZT in petto zu haben. Sechs Monate zuvor hatte eine Studie in Europa gezeigt, daß das Medikament das Leben der AIDS-Kranken nicht verlängerte, obwohl es das Einsetzen der Symptome geringfügig hinauszögern konnte. Und in noch jüngerer Zeit gelangte eine Studie der Harvard University zu dem Schluß, daß sogar der geringe Nutzen des Präparats durch die Nebenwirkungen aufgewogen wurde. Übelkeit, Erbrechen und ständige Müdigkeit waren für viele Patienten Grund genug, AZT nicht einzunehmen, nur um den Ausbruch des AIDS-Vollbildes ein wenig zu verlangsamen. AZT hatte durchaus therapeutischen Wert: Es schützte offenbar die ungeborenen Kinder HIV-infizierter Mütter und verhinderte bei vielen AIDS-Kranken den geistigen Verfall. Aber nach einem Bericht der *Times* herrschte übereinstimmend die Ansicht, es handele sich um „einen mäßig nützlichen Wirkstoff, der den Verlauf von AIDS bei manchen Patienten für einen begrenzten Zeitraum verlangsamen kann". Da AZT bei Wellcome aber 15 Prozent des Umsatzes brachte, gab die Firma sich große Mühe, von der einzigen wirklich lukrativen Einnahmequelle des AIDS-Marktes wegzukommen.

Mangels besserer Alternativen war AZT für HIV-Infizierte immer noch das Mittel der Wahl, aber die Enttäuschung über den Wirkstoff – und über die Tatsache, daß man in acht Jahren trotz gewaltiger wissenschaftlicher Anstrengungen keinen besseren Ersatz gefunden hatte – war gewaltig angewachsen. Im dreizehnten Jahr der Epidemie schwanden die Hoffnungen allmählich dahin. Einen neuen Tiefpunkt erreichten die Aussichten, als man eine ganze Gruppe von Impfstoffen, die sich gegen Laborstämmme von HIV als sehr wirksam erwiesen hatten, nach Tests mit Stämmen aus Patienten verwerfen mußte. Keiner von ihnen hatte gegen diese Erreger auch nur den geringsten Effekt.

Boger ließ sich, wie es für ihn typisch war, von solchen Fehlschlägen nicht abschrecken. Sie ergaben sich nach seiner Überzeugung aus komplizierten biologischen Verhältnissen und der Heimtücke des Virus, aber nicht aus fehlgeleiteter oder falsch eingesetzter wissenschaftlicher Arbeit. Seine Zuversicht gründete sich wie immer auf das von Vertex ausgewählte Zielprotein. Mehrere andere Firmen hatten mittlerweile gezeigt, daß die Hemmung der HIV-Protease die besten Aussichten bot, die Ausbreitung des Virus zu verhindern. Die neuesten und vielleicht ermutigendsten Befunde dieser Art stammten von Merck. Dort hatten Bluttests an vier Patienten, denen man den Proteasehemmstoff von Merck gegeben hatte, mehrere Monate lang eine erheblich verringerte Erregeranzahl gezeigt. In diesem zugegebenermaßen begrenzten Feldversuch hatte der Wirkstoff die Vermehrung von HIV offenbar besser unterdrückt als alle früheren Medikamente.

Boger war nicht nur überzeugt, daß Vertex das Medikament von Merck übertreffen konnte, sondern er hatte auch keine Zweifel, daß sie mit dem strukturorientierten Design noch bessere Verbindungen entwickeln würden. Eine Woche zuvor hatte er auf einer AIDS-Tagung in Washington versucht, diese Behauptung zu beweisen. Vertex hatte sich monatelang darum bemüht, die Verbindung von Merck in ausreichender Menge für Vergleichsuntersuchungen mit VX-478 zu erhalten – eine konkurrenzbedingte Notwendigkeit für jede Firma, die ein neues Präparat herausbringen will. Nachdem sie schließlich so viel von dem Wirkstoff hergestellt hatten, daß sie seine Bindung an das Enzym und damit auch seine Wirkungsweise Atom für Atom messen konnten, hatte Dave Deiniger, ein Chemiker von Vertex, eine Probe der Röntgenstrukturanalytikerin Eunice Kim gegeben, die sofort die Struktur des Komplexes aufgeklärt hatte. Nachdem die Merck-Wissenschaftler auf der Tagung eingeräumt hatten, sie wüßten nicht genau, wie ihre Verbindung auf molekularer Ebene wirkt, hatte Boger seinen Vortrag mit einem Dia beendet, das ein Molekül der Merck-Verbindung am aktiven Zentrum der Protease zeigte, womit die Frage im wesentlichen beantwortet war. (Die Struktur des eigenen Moleküls wollte Boger ohne patentrechtliche Absicherung nicht bekanntgeben.)

Proteasehemmstoffe waren jetzt bei mehreren führenden Pharmaherstellern in der Entwicklung, so bei Merck, Roche, Abbott und Merck-DuPont. Agouron, die ältere Firma für strukturorientiertes Design, die Boger so lange verächtlich abgetan hatte, besaß ebenso ein solches Molekül wie Searle, eine Tochterfirma von Monsanto, deren

Patentansprüche die chemischen Arbeiten bei Vertex vorübergehend aus dem Tritt gebracht hatten, nachdem Tung 1992 davon erfahren hatte.

Die meisten Konkurrenten waren mit der klinischen Erprobung schon weiter als Vertex und Burroughs, und es herrschte härtester Wettbewerb um die Aufmerksamkeit der Wall Street, um wissenschaftliche Anerkennung, um klinische Forscher, ja sogar um Patienten.

Nichts davon konnte Bogers wie immer ungebrochenen Optimismus dämpfen. Der erste und wichtigste Grund war die Verbindung von Vertex, die zwar weniger wirksam war als einige andere, dafür aber ein paar besondere Eigenschaften besaß. Im Gegensatz zu den meisten Proteasehemmstoffen ließ sie sich chemisch nicht ohne weiteres spalten; selbst bei oraler Einnahme blieb sie mehrere Stunden lang in hoher Konzentration im Blut erhalten, so daß sie etwas bot, was viele andere nicht konnten: dauerhaften Schutz bei annehmbarer Dosierung. Bei Versuchstieren von Ratten bis zu Primaten war sie praktisch nicht toxisch, so daß die Firma selbst mit riesigen Überdosen bei Ratten nur eine einzige Nebenwirkung hervorrufen konnte: eine Darmverstopfung. Außerdem war sie billig und einfach zu synthetisieren, denn ihre Herstellung erforderte nicht einundzwanzig Reaktionsschritte wie der Wirkstoff von Merck, sondern nur sieben. Wie Boger ausdrücklich betonte, war VX-478 nach der Rechnung der Medikamentenherstellung, bei der die Ausbeute häufig mit jedem zusätzlichen Schritt drastisch sinkt, „mehr als dreimal einfacher" herzustellen als die Verbindung von Merck.

Ohne den in klinischen Studien erbrachten Nachweis, daß das Mittel wirkte, waren solche Vorteile bestenfalls theoretischer Natur. Aber für den Schritt zur Erprobung an Menschen, der nächsten und entscheidendsten Phase der Medikamentenentwicklung, hatte Vertex in Burroughs einen angesehenen Partner, der in der Virusbekämpfung weltweit führend war. Das war der zweite entscheidende Grund für Bogers Optimismus. Mittlerweile war es geradezu zu einem Glaubenssatz geworden, daß HIV wegen seiner starken Mutationsfähigkeit nicht mit einem einzigen Wirkstoff zu beseitigen war. Die Therapie mit Kombinationspräparaten galt als unverzichtbar; die aufsehenerregendste Meldung des Jahres aus der AIDS-Forschung betraf denn auch eine Methode, bei der man das Virus mit drei Wirkstoffen schachmatt setzen wollte. Angesichts der Tatsache, daß AZT bisher einer der Wirkstoffe in einer solchen Kombinationstherapie sein mußte und daß keine Firma den Umgang mit dieser und anderen virushemmenden Substanzen so gut beherrschte wie Wellcome, verschaffte die Allianz Vertex einen entscheidenden Vorteil.

(Dieser Vorsprung blieb in den folgenden Monaten bestehen, obwohl Merck im März die Einstellung der klinischen Erprobung bekanntgeben mußte. Wie sich herausgestellt hatte, war die Virusmenge bei den Patienten, die man mit dem Wirkstoff behandelt hatte, letztlich wieder mehr oder weniger auf den gleichen Wert wie vor der Therapie angestiegen – ein Hinweis, daß HIV erneut mutiert war und einen medikamentenresistenten Stamm gebildet hatte. Die AIDS-Patienten, die Wissenschaftlergemeinde und die Wall Street waren über diese Nachricht natürlich entsetzt. Die institutionellen Anleger interpretierten den Fehlschlag bei Merck als allgemeines Versagen der Proteasehemmstoffe und bestraften alle Firmen, die sich auf diesem Gebiet engagierten, einschließlich Vertex. Boger und Wellcome machten sich über die Enttäuschung bei Merck lustig. Sie sahen als Ursachen sowohl die Schwächen der Verbindung, die im Blut nicht so lange aktiv blieb wie VX-478 und dem Virus deshalb die Möglichkeit zur Veränderung und zum Überleben bot, als auch die klinischen Versuche, in denen man den Wirkstoff allein und nicht in Kombination mit anderen Medikamenten erprobt hatte.)

Boger und Aldrich waren immer überzeugt gewesen, man müsse sich an der Wall Street das Geld nicht dann besorgen, wenn es notwendig war, sondern wenn sich die Gelegenheit bot. Jetzt war eindeutig ein solcher Zeitpunkt. Am 17. Dezember, einen Tag nach der Nachricht von Merck, legte Vertex ein neues Aktienkontingent auf, das sechs Wochen später bereits 62 Millionen Dollar eingebracht hatte. Trotz der launenhaften Kurssprünge bei Pharma- und Biotechnologiewerten lief das Angebot von Anfang bis Ende gut. An dem Tag Mitte Januar, als Boger und Aldrich zu ihrer Verkaufstournee nach Europa aufbrachen, lag der Kurs bei 16 Dollar, und als sie zwei Wochen später an die amerikanische Ostküste zurückkehrten, war er auf 18 Dollar geklettert. Immer noch konnte es Jahre dauern, bis Vertex ein Medikament hatte. Aber nachdem die Firma allein im Jahr 1993 drei Abkommen geschlossen hatte, war sie wieder in den schwarzen Zahlen, und der Jahresabschluß wies einen Überschuß von zwei Millionen Dollar aus. Die Draufgehrate konnte beibehalten werden, und man hatte 120 Millionen Dollar Reserven. Nach dem Maßstab, der für die meisten neuen Firmen gilt, nämlich ihre Armut, war Vertex jetzt keine Neugründung mehr.

Intern machte sich dieser Wandel in mehrfacher Hinsicht bemerkbar. Die Firma nahm neben den Risikokapitalgebern zwei führende Pharmamanager in den Aufsichtsrat auf: Donald Conklin, den Präsidenten von Schering Plough Pharmaceuticals, und Barry Bloom, einen am MIT ausgebildeten Chemiker, der die Forschungs- und Entwicklungsabteilung bei Pfizer geleitet hatte und sich vor kurzem zur Ruhe gesetzt hatte. Den meisten altgedienten Wissenschaftlern bot man umfangreiche Aktienoptionen an, damit sie nicht zu anderen Unternehmen gingen. Aldrich wurde zum leitenden Vizepräsidenten befördert und war damit sowohl dem Titel nach als auch tatsächlich der zweitwichtigste Mann der Firma. In einer Presseerklärung über die Veränderung rühmte Boger ihn großzügig: er habe „für den Erfolg von Vertex eine wichtige Rolle gespielt".

1. Juli 1994

Mit sechs Projekten und 135 Mitarbeitern, die sich auf fünf Gebäude verteilten, erinnerte bei Vertex kaum noch etwas an die mageren Anfänge. Die Firma war jetzt standfester und weiter entwickelt. Der ursprüngliche wissenschaftliche Beirat war mit Ausnahme von Jeremy Knowles (der jetzt Dekan an der Harvard University war) und Steve Burakoff längst ausgeschieden. Von den zehn Wissenschaftlern, die Boger zu Anfang eingestellt hatte, waren neun noch da; nur Debra Peattie war an die Harvard Business School gegangen und hatte außerdem ein Kind bekommen, aber auch die anderen arbeiteten immer weniger im Labor. Harding, Tung, Armistead und Livingston waren jetzt Projektleiter, was bei Vertex der mittleren Führungsebene entsprach. Die gleiche Stellung hatte auch Thomson; er leitete die Arbeiten über Hepatitis C, aber gelegentlich reinigte er immer noch nächtelang Proteine und, so schien es, auch sich selbst. Nur Navia, der vor kurzem zum ersten Mal Vater geworden war und seit einiger Zeit andere Prioritäten setzte, verbrachte ironischerweise jetzt mehr Zeit im Labor als früher.

Mitte April, nach über fünf Jahren der Erprobung an Menschen, erhielt Fujisawa von der FDA die endgültige Genehmigung für die Vermarktung von FK-506 in den Vereinigten Staaten. Die Zulassung für das Medikament, das jetzt Prograf hieß, kam zwar nach der einstimmigen Empfehlung eines Beratergremiums relativ schnell, aber nach übereinstimmender Meinung der Kliniker war der Wirkstoff dem Cyclosporin ebenbürtig, aber weder ungefährlicher noch wirksamer. Im Gegensatz zu Starzls ersten Behauptungen, aber in Übereinstimmung mit Schreibers Calcineurin-Entdeckung sind die Ähnlichkeiten zwischen den beiden Wirkstoffen größer als ihre Unterschiede. Unterstrichen wurde diese Erkenntnis zwei Monate später: Ein Fünfzehnjähriger, der nach einer Lebertransplantation über schwere Schmerzen in Kopf, Beinen und Rücken klagte, machte Schlagzeilen mit der Erklärung, er wolle lieber sterben als weiter unter den Nebenwirkungen von Prograf zu leiden.

Die Zulassung, die seit langem abzusehen war, stellte Vertex vor eine schmerzliche Alternative. Die Firma hatte sich auf FK-506 eingeschossen. Sie hatten das strukturorientierte Moleküldesign beherrschen gelernt, indem sie jeden Teil des Moleküls nachbauten. Aber mittlerweile hinkten sie um fünf Jahre hinter einem Medikament her, von dem sie keineswegs mit Sicherheit sagen konnten, ob sie es überrunden würden. Die Zeiten hatten sich geändert. Boger formulierte es so: „Der Augenblick, in dem die Welt auf ein verbessertes FK-506 gewartet hat, ist vorüber." Es gab jetzt andere experimentelle Immunsuppressiva mit anderen Zielproteinen, und sie sahen vielversprechender aus. Wenn Vertex bei der ursprünglichen Strategie blieb, konnte das die Firma noch stärker aus dem Rennen werfen.

Wäre es nur die Entscheidung von Vertex gewesen, hätte man FKBP-12 und Calcineurin wahrscheinlich zugunsten aussichtsreicherer Projekte fallenlassen; man hätte die Schwierigkeiten bei den Immunophilinen eingeräumt und woanders weitergemacht. Aber bei Chugai war man, was ein wenig unerklärlich war, von dem Projekt immer stärker angetan, je länger es dauerte. Das brachte Vertex in ein offenkundiges Dilemma. Boger konnte mit seinem unverbesserlichen Optimismus nicht anders, als das Projekt zu einem Erfolg zu erklären. Er meinte: „Für die biologische Forschung haben wir etwas Tolles zuwege gebracht." Aber es war ein Erfolg, der die Firma auslaugte. Da sie die Chugai-Leute, die mehr als geduldig gewesen waren, nicht verärgern wollten, beschlossen Boger und die Wissenschaftler, mindestens bis Ende 1995 weiterzumachen, wenn die finanzielle Förderung der Japaner endgültig auslief.

In solche Sackgassen gerät natürlich jede forschungsorientierte Firma. Daß Vertex während der Entwicklung mehrerer neuer Projekt finanziell gesichert war, hatte unter anderem die glückliche Folge, daß sie ihre Verluste jetzt früher begrenzen konnten; sie konnten es sich leisten, sowohl in der Wissenschaft als auch den Geldgebern gegenüber ehrlicher zu sein. Für Aldrich bedeutete das nicht nur, daß sie weniger aussichtsreiche Verbindungen fallenließen. Immer mehr Biotechnologiefirmen hielten jetzt angesichts horrender Draufgehraten, enttäuschender klinischer Befunde, magerer Kapitalausstattung und anhaltender Dürre in der Wall Street über immer längere Zeit an fragwürdigen Therapieformen fest, selbst wenn die klinische Erprobung zweideutig oder sogar negativ verlief. Nach Aldrichs Überzeugung führten solche Verzweiflungstaten zu gefährlich überzogenen Erwartungen, so daß der Fall, der letztlich kommen mußte, um so tiefer war.

Tatsächlich tauchte in der Branche wieder ein Bild auf, das die Anleger allen Biotechnologieaktien gegenüber mißtrauisch machte: das vom zeitlupenartigen Zusammenbruch einstmals aussichtsreicher Neugründungen. Vor kurzem hatte es ein solches Desaster gegeben, und das erinnerte sowohl Aldrich als auch alle anderen bei Vertex daran, welchen Preis alle Pharmafirmen, vor allem aber die unprofitablen, bezahlen müssen, wenn sie zu lange an einem Verlierer festhalten. Regeneron, deren Börsengang 1991, als auch Vertex an die Börse ging, mit 99 Millionen Dollar zum Markenzeichen des Biotechnologiebooms von geworden war, war mit ihrem wichtigsten Wirkstoffkandidaten in eine tödliche Abwärtsspirale geraten. Daß das Medikament gegen die Lou-Gehrig-Krankheit schwere Nebenwirkungen hatte, wußte man in der Firma schon, seit vor einigen Jahren die Tierversuche begonnen hatten. Als Gerüchte über ähnliche Wirkungen bei Menschen schließlich im März zur Umgestaltung der Erprobung führten, sank der Aktienkurs sofort um ein Drittel auf 8 Dollar 75. (Der Ausgabekurs hatte bei 22 Dollar gelegen.) Zwei Monate später, als die endgültige Einstellung der klinischen Versuche bekanntgegeben wurde, fiel er nochmals bis auf vier Dollar.

Ob ein solcher Einbruch auch bei Vertex bevorstand, konnte nur die Zukunft zeigen. Solange man noch keinen Wirkstoff in der klinischen Phase hatte, genoß man den Luxus, daß die eigenen Erwartungen nicht durch unparteiische Bewertung untergraben werden konnten. Deshalb hatten Boger und Aldrich an dem Niedergang von Regeneron keinen Gefallen, obwohl sie ihn seit langem vorhergesagt hatten. Ihre eigenen Versuche, die Erwartungen zu lenken, wurden dadurch nur um so riskanter.

Vertex hatte jetzt vier Verbindungen in der klinischen Erprobung oder kurz davor. Zwei davon richteten sich gegen Bluterkrankungen, nämlich gegen Sichelzellanämie und Beta-Thalassämie. Die Verbindungen waren keine Erfindung von Wissenschaftlern der Firma, sondern Lizenzprodukte; das stand zwar nicht im Widerspruch zu Bogers und Aldrichs ursprünglicher Strategie („wir haben Vertex nicht gegründet, um ein Prinzip zu beweisen", würde Boger sagen, „sondern um Medikamente auf den Markt zu bringen"), aber es trug auch nicht gerade dazu bei, Vertex als Vorreiter des strukturorientierten Moleküldesigns bekannt zu machen. Ein dritter Wirkstoff, der sich gegen Krebs richtete, war das nützliche Ergebnis des Immunophilinprojekts. Da die Firma damit ihren Einstand auf dem plötzlich hochaktuellen Gebiet der Mehrfachresistenz gegeben hatte – eine ähnliche Verbindung war auch bei Sandoz die große Hoffnung unter den Neuentwicklungen –, spiegelten sich darin vielleicht eher der schlaue Opportunismus und die Geschäftstüchtigkeit von Vertex wider als ihre großartig verkündete wissenschaftliche Kompetenz. Und der Wirkstoff selbst sah zwar vielversprechend aus, aber er hatte nicht die überlegenen Eigenschaften, die Boger lange Zeit für die Moleküle von Vertex gefordert hatte. „Die therapeutische Breite [das Verhältnis von Wirkung und Toxizität, das der wichtigste Maßstab für die Nützlichkeit eines Präparats darstellt] ist nicht so, wie ich es mir wünschen würde", sagte Boger. „Sie ist nicht so wie bei VX-478, das man auch in einem Hamburgerbrötchen verabreichen könnte."

Damit blieb es VX-478 überlassen, die Behauptungen von Vertex zu belegen. „Wir wissen, was wir wollen", sagte Aldrich im Juni. „Wir wollen die größte Firma für Medikamentenendeckung der Welt aufbauen, wir wollen neuartige Therapieformen entwickeln, und wir wollen für uns selbst und unsere Aktionäre eine Menge Geld verdienen." Jetzt, im Sommer 1994, sollten diese Ambitionen ausgerechnet auf dem früher verbotenen Terrain der AIDS-Forschung auf den Prüfstand gestellt werden.

Seit über einem Jahr hielt Vertex die Molekülstruktur zurück, das heißt, die Wissenschaftlergemeinde hörte eine altbekannte und entschieden unvollständige Geschichte – großartige präklinische Befunde und Phantominformationen über die Wirkungsweise der Substanz. In Berlin, wo das AIDS-Forschungsprogramm von Vertex zum ersten Mal öffentlich aufgerollt worden war, hatte man Tung wegen dieser Informationslücke an den Pranger gestellt. Ein frustrierter Wissenschaftler mit Verbindungen zu einer Konkurrenzfirma klagte: „Eine solche Tagung ist ohne chemische Struktur sinnlos."

Jetzt konnte sich Vertex die Geheimnistuerei nicht mehr leisten. Im Juni traten sie etwas los, das Boger als „wirkliche wissenschaftliche Publizitätslawine" bezeichnete; Tung reiste erneut zu einer AIDS-Tagung nach Europa; es war der erste von mehreren ähnlichen Auftritten, die für den Sommer und Herbst vorgesehen waren. Boger wußte genau, unter welchen Voraussetzungen Vertex und Wellcome den HIV-Infizierten ein AIDS-Medikament verkaufen konnten: Sie mußten es zunächst den klinischen Wissenschaftlern schmackhaft machen, deren Patienten als erste experimentelle Medikamente einnehmen und deren Unterstützung deshalb unentbehrlich ist. Solche Ärzte interessieren sich genau wie Starzl weniger dafür, wie ein Medikament wirkt, als für die Frage, ob es wirkt und ob sie die Gelegenheit haben, dies zu beweisen. Als Tung einer solchen Gruppe in Nizza zum erstenmal die Struktur von VX-478 bekannt machte, wurde er zwangsläufig auch mit der ersten echten Kritik an dem Wirkstoff konfrontiert.

Das Spektrum der Reaktionen reichte von vorsichtigem Optimismus bis zu mittelmäßiger Enttäuschung. Nachdem nun die Wirkung der Verbindung Atom für Atom erklärt war, hatte niemand den Eindruck, Vertex habe nur heiße Luft produziert, aber es war auch niemand sofort davon überzeugt, daß VX-478 all das war, von dem Vertex gesprochen hatte. Es kamen Fragen auf, die sich leicht beiseite wischen ließen, wenn die Substanz sich als wirksam erwies, aber im Augenblick schienen sie Bogers glänzende Prophezeiungen Lügen zu strafen. War das Molekül so geschmeidig, daß es die sogenannte „Blut-Hirn-Schranke" überwinden und ins Zentralnervensystem gelangen konnte, was mit der recht ähnlich gebauten Verbindung von Searle nicht gelungen war? Wie stand es mit der Möglichkeit allergischer Reaktionen? Einige chemische Gruppen von VX-478 ähnelten denen, die bei manchen Menschen bekanntermaßen zu einer Überempfindlichkeit gegenüber Bactrim führten, einem häufig angewandten Antibiotikum. Bei HIV-Infizierten mit geschwächtem Immunsystem sind Allergien zwar vielleicht ein eher untergeordnetes oder sogar strittiges Problem; dennoch tauchte für die klinische Erprobung das durchaus reale Gespenst unvorhergesehener Nebenwirkungen auf.

Aus geschäftlicher Sicht vielleicht noch beunruhigender war die Patentlage. Boger hatte die Bekanntgabe der Molekülstruktur hinausgezögert, bis der europäische Patenantrag der Firma veröffentlicht wurde. Aber bisher war für die Verbindung kein Patent erteilt worden, und das würde auch noch einige Zeit so bleiben. Da der Wirkstoff in seinem chemischen Grundaufbau trotz erheblicher Unterschiede in der Gesamtstruktur beunruhigend stark dem von Searle ähnelte, bestand die Möglichkeit, daß Vertex' Strategie, was die Hemmung der HIV-Protease anging, tatsächlich durchkreuzt war. „Ich glaube nicht, daß ihnen das Patent so sicher ist, wie sie meinen", sagte Dr. Carl W. Dieffenbach, der Leiter der Therapieentwicklung am National Institute of Allergies and Infectious Diseases und Regierungsbeauftragter für die Beurteilung neuer AIDS-Medikamente.

Für Boger war es charakteristisch, daß er solche Probleme – insbesondere das letzte – bereits vorhergesehen und viel zu ihrer Entschärfung getan hatte, vor allem durch das Abkommen mit Wellcome. Im Rahmen der erforderlichen Umsicht hatte man sich bei dem Konzern mit Sicherheit schon seit langem davon überzeugt, daß Vertex der alleinige, rechtmäßige Eigentümer von VX-478 und seinen Derivaten war. Und ebenso eindeutig waren die Patentanwälte von Wellcome, die sich in einem zehnjährigen Rechtsstreit erfolgreich die Rechte an AZT gesichert hatten, machtvolle Verbündete. Für Boger war die Medikamentenentwicklung wie der Krieg ein strategisches Unternehmen, das durch Zermürbung an mehreren Fronten zu Sieg oder Niederlage führt. Da kaum noch Zeit blieb, bevor VX-478 im Herbst endgültig den Patienten „reingeschoben" werden sollte - „an den Bäumen werden noch Blätter sein", hatte Boger prophezeit, ohne allerdings hinzuzufügen, wo diese Bäume standen -, war er sich zumindest in einem Punkt sicher: Vertex war in der Lage, seine Daseinsberechtigung zu beweisen.

Und wie immer glaubte er daran, daß die Zukunft ihre eigenen Antworten haben würde.

Quellen

Dieses Projekt wäre natürlich ohne Kontakt mit den beschriebenen Personen und Ereignissen nicht zu verwirklichen gewesen. Als Voraussetzung dafür, daß ich bei Vertex während der Recherchen zu diesem Buch fast vier Jahre lang nahezu völlig ungehindert kommen und gehen konnte, erklärte ich mich einverstanden, daß die Firma mein Manuskript auf sachliche Fehler und eventuelle Verletzung von Betriebsgeheimnissen durchsah. Auch alle Personen (einschließlich Stu Schreiber), die in unmittelbarem Zusammenhang mit Vertex zitiert werden, überarbeiteten ihre Äußerungen, um die Genauigkeit und die wissenschaftliche Vertraulichkeit zu gewährleisten. Gespräche von Personen außerhalb der Firma, an denen ich nicht selbst teilnehmen konnte, wurden unter umfangreicher Mitarbeit der Beteiligten rekonstruiert, vielfach indem ich mit jedem der Anwesenden einzeln sprach. Nur in wenigen Fällen lehnten einzelne Personen es ab, sich mit mir zu unterhalten; dann suchte ich die Bestätigung nicht nur durch Vertex, sondern auch durch mindestens eine andere Person, die in der fraglichen Situation auf seiten der betreffenden Partei stand.

In den Abschnitten des Buches, die nicht zur eigentlichen Handlung gehören, stützte ich mich auf verschiedene Quellen. Zu Dank verpflichtet bin ich Mary Snead Boger, die mir bei der Rekonstruktion der Familiengeschichte ihres Sohnes half, und Ken Boger sowie Amy Boger für ihre nachdenklichen Anmerkungen. Auch Don Cummings, der Direktor der Stonewall Jackson Training School, half mir in Fragen der Bogerschen Familiengeschichte. Bill Holder vom News Office der Wesleyan University unterstützte mich bei der Suche in früheren Ausgaben der Studentenzeitung *Argus*. Weitere hilfreiche Quellen im Zusammenhang mit der Familie Boger und dem Leben in Concord waren die dortige *Tribune*, die an der Concord Memorial Library als Mikrofilm vorliegt, und *North Carolina: Through Four Centuries* von William S. Powell (1989, Chapel Hill, NC: University of North Carolina Press).

Die wesentlichen Auskünfte über die einzelnen Fachgebiete stammen vor allem von den jeweiligen Wissenschaftlern. Zu besonderem Dank verpflichtet bin ich Jim Mullins von der Stanford University und Mark Feinberg von der University of California in San Francisco, die hier beide nicht erwähnt wurden; sie gaben mir geduldig Erklärungen über Molekularbiologie und über die Welt der Hochrisikoforschung auf dem Gebiet der Biotechnologie. Unter den gedruckten Quellen ragen zwei besonders umfassende Darstellungen hervor: *Molecular Biology of the Cell* von Alberts et al. [dt.: *Molekularbiologie der Zelle*, VCH Verlagsgesellschaft 1995], das Standardlehrbuch für das Grundstudium, und *The Eighth Day of Creation* von Horace Freeland Judson [dt.: *Der 8. Tag der Schöpfung*, Meyster 1980], eine Geschichte der Revolution in der Biologie. Weiterhin stützte ich mich auf folgende Artikel und Bücher:

Angier, N. 1988. *Natural Obsessions: Striving to Unlock the Deepest Secrets of the Cancer Cell.* Boston: Houghton Mifflin.

Bishop, J. E. und M. Waldholz. 1990. *Genome: The Story of the Most Astonishing Scientific Adventure of Our Time - The Attempt to Map All the Genes in the Human Body.* New York: Simon and Schuster [dt.: *Landkarte der Gene*, Droemer-Knaur 1991].

Borek, E. 1961. *The Atoms Within Us.* New York: Columbia University Press.

Doolittle, R. F. 1985. Proteins. *Scientific American,* Oktober.

Fruton, J. 1950. Proteins. *Scientific American* 182, 33-41.

Gold, M. 1986. *A Conspiracy of Cells.* Albany, NY: State University of New York Press.

Goldberg, J. 1988. *Anatomy of a Scientific Discovery.* New York: Bantam Books.

Gund, P., J. D. Andose, J. B. Rhodes und G. M. Smith. 1980. Three-Dimensional Molecular Modeling and Drug Design. *Science* 208, 1425-1431.

Hall, S. S. 1987. *Invisible Frontiers: The Race to Synthesize a Human Gene.* Boston: The Atlantic Monthly Press.

Hilts, P. J. 1982. *Scientific Temperaments: Three Lives in Contemporary Science.* New York: Simon and Schuster.

The Howard Hughes Medical Institute. 1990. *Finding the Critical Shapes.* Bethesda, MD.

Jevons, F. R. 1968. *The Biochemical Approach to Life.* New York: Basic Books.

Kendrew, J. C. 1961. The Three-dimensional Structure of a Protein Molecule. *Scientific American* 205, 96-110.

Lessing, L. 1969. The Life-Saving Promise of Enzymes. *Fortune,* März.

Marx, J. L. 1980. NMR Opens a New Window into the Body. *Science,* Oktober.

Monod, J. 1971. *Change and Necessity: An Essay on the Natural Philosophy of Modern Biology.* New York: Alfred A. Knopf [dt.: *Zufall und Notwendigkeit,* Piper 1971].

Perutz, M. F. 1964. The Hemoglobin Molecule. *Scientific American* 211, 64-76.

Salem, L. 1987. *Marvels of the Molecule.* New York: VCH Publishers.

Spilker, B. und P. Cuatrecasas. 1990. *Inside the Drug Industry*. Barcelona: Prous Science Publishers.

Stein, W. H. und S. Moore. 1961. The Chemical Structure of Proteins. *Scientific American* 205, Februar, 81-92.

Thomas, L. 1974. *The Lives of a Cell: Notes of a Biology Watcher*. New York: The Viking Press.

Watson, J. D. 1968. *The Double Helix*. New York: W. W. Norton and Co. [dt.: *Die Doppel-Helix*, Rowohlt 1968].

Weinberg, R. A. 1985. *The Molecules of Life*. Scientific American [dt.: *Die Moleküle des Lebens*, Spektrum Akademischer Verlag 1988].

Wenn man über Naturwissenschaft schreibt, hat man den großen Vorteil, daß alle Arbeiten genau katalogisiert werden. Wo es Verwirrung gab, klärte ich sie mit Hilfe der Fachliteratur. Besonders hilfreich waren dabei die folgenden Veröffentlichungen, die in den nicht von Starzl handelnden Teilen des Textes zitiert oder erwähnt werden:

Bierer, B. E., P. K. Somers, T. J. Wandless, S. J. Burakoff und S. L. Schreiber. 1990. Probing Immunosuppressant Action with Nonnatural Immunophilin Ligand. *Science* 250, 556-559.

Boger, Joshua et al. 1983. Novel renin inhibitors containing the amino acid statine. *Nature* 303, 81-84.

Handshumacher, R. E., M. W. Harding, J. Rice und R. Drugge. 1984. Cyclophilin: a specific cytosolic binding protein for Cyclosporine A. *Science* 226, 544-547.

Fischer, G., B. Wittmann-Liebold, K. Lang, T. Kiefhaber und F. X. Schmid. 1989. Cyclophilin and peptidyl-prolyl cis-trans isomerase are probably identical proteins. *Nature* 337, 476-478.

Friedman, J. und I. Weissman. 1991. Two Cytoplasmic Candidates for Immunophilin Action Are Revealed by Affinity for a New Cyclophilin: One in the Presence and One in the Absence of CsA. *Cell* 66, 799-806.

Fretz, H., M. W. Albers, A. Galat, R. F. Standaert, W. S. Lane, S. J. Burakoff, B. E. Bierer und S. L. Schreiber. 1991. Rapamycin and FK506 Binding Proteins (Immunophilins). *J. Am. Chem. Soc.* 113, 1409-1411.

Harding, M. W., A. Galat, D. E. Uehling und S. L. Schreiber. 1989. A receptor for the immunosuppressant FK506 is a cis-trans peptidyl-prolyl isomerase. *Nature* 341, 758-760.

Lepre, C. A., J. A. Thomson und J. M. Moore. 1992. Solution structure of FK506 bound to FKBP-12. *FEBS Letters*, 4. Mai.

Liu, J., J. D. Farmer, Jr., W. S. Lane, J. Friedman, I. Weissman und S. L. Schreiber. 1991. Calcineurin Is a Common Target of Cyclophilin-Cyclosporin A and FKBP-FK506 Complexes. *Cell* 66, 807-815.

Michnick, S. W., M. K. Rosen, T. J. Wandless, M. Karplus und S. L. Schreiber. 1991. Solution Structure of FKBP, a Rotamase Enzyme and Receptor for FK506 and Rapamycin. *Science* 252, 836-839.

Moore, J. M., D. A. Peattie, M. J. Fitzgibbon, J. A. Thomson et al. 1991. Solution structure of the major binding protein for the immunosuppressant FK506. *Nature* 351, 248-250.

Navia, M. A., P. M. D. Fitzgerald, B. M. McKeever, C.-T. Leu, J. C. Heimbach, W. K. Herber, I. S. Sigal, P. L. Darke und J. P. Springer. 1989. Three-dimensional structure of aspartyl protease from immunodeficiency virus HIV-1. *Nature* 337, 615-620.

Pauwels, R., K. Andries, J. Desmyter, D. Schols, M. J. Kukla, H. J. Breslin, A. Raeymaeckers, J. van Gelder, R. Woestenborghs, J. Heykants, K. Schellekens, M. A. C. Janssen, E. de Clercq und P. A. J. Janssen. 1990. Potent and selective inhibition of HIV-1 replication in vitro by a novel series of TIBO derivatives. *Nature* 343, 470-474.

Schreiber, S. L. 1991. Chemistry and Biology of the Immunophilins and Their Immunosuppressive Ligands. *Science* 251, 283-287.

———. 1992. Using the Principles of Organic Chemistry to Explore Cell Biology. *Chemical and Engineering News*, 26. Okt.

Siekierka, J. J., S. H. Y. Hung, M. Poe, C. S. Lin und N. H. Sigal. 1989. A cytosolic binding protein for the immunosuppressant FK506 has peptidyl-prolyl isomerase activity but is distinct from cyclophilin. *Nature* 341, 755-757.

Takahashi, N., T. Hayano und M. Suzuki. 1989. Peptidyl-prolyl cis-trans isomerase is the cyclosporin A-binding protein cyclophilin. *Nature* 337, 473-475.

Van Duyne, G. D., R. F. Standaert, P. A. Karplus, S. L. Schreiber und J. Clardy. 1991. Atomic Structure of FKBP-FK506, an Immunophilin Immunosuppressant Complex. *Science* 252, 839-842.

Für die Abschnitte über Tom Starzl und die Transplantationsimmunologie stützte ich mich auf viele Quellen. Große Teile dieser Arbeiten erschienen ursprünglich als Artikel im *New York Times Magazine* ("The Drug That Works in Pittsburgh", 30. September 1990); die University of Pittsburgh verlangte in der Regel, daß bei meinen Besuchen in der Klinik und bei den Gesprächen mit Patienten ein Mitglied des Personals anwesend war, und dabei waren Starzl und alle Mitarbeiter stets aufgeschlossen und hilfsbereit. Zu Dank verpflichtet bis ich Cheryl Ackerman, Barbara Banner, Richard Cohen, Benjamin Eidelman, Anthony Demitris, Ashok Jain, Yukio Murase,

Jerry McCauley, Mike Nalesnick, Camillo Ricordi, Raman Venkataramanan und Vijay Warty. Weiterhin danke ich Terry Mangan, Starzls außergewöhnlicher Sekretärin.

Takenori Ochiai, der japanische Chirurg, der bei den Tierversuchen mit FK-506 erste Pionierarbeiten leistete und dessen Rolle häufig im Schatten der Arbeiten von Starzl steht, war eine große Hilfe beim Nachzeichnen der Frühgeschichte des Wirkstoffes. Ich schulde ihm besonderen Dank.

Starzls Autobiographhie *The Puzzle People* (1992, Pittsburgh, PA: University of Pittsburgh Press) war ebenso von unschätzbarem Wert wie *Many Sleepless Nights* von Lee Gutkind (1990, Pittsburgh, PA: University of Pittsburgh Press), insbesondere wegen der Beschreibungen über das Leben auf den Transplantationsstationen und über die Hardangervidda. Von großem Nutzen waren auch die folgenden Bücher und Aufsätze:

Billingham, R. E. 1966. Tissue Transplantation: Scope and Prospect. *Science* 153, 266-270.

Billingham, R. E., P. L. Krohn und P. B. Medawar. 1951. Effect of Cortisone on Survival of Skin Homografts in Rabbits. *British Medical Journal*, 26. Mai, 1158-1163.

Foreman, J. 1987. Cracking the secrets of body's own "army". *Boston Globe*, 30-31, 18. Okt.

Medawar, P. 1957. *The Uniqueness of the Individual*. New York: Basic Books.

Silverstein, A. M. 1989. The History of Immunology. *Fundamental Immunology*, 21-37. New York: Raven Press.

Starzl, T. E. 1991. My Thirty-five Year View of Organ Transplantation. *History of Transplantation: 35 Recollections*, Hrsg.: P. I. Terasaki. Los Angeles: UCLA Tissue Typing Laboratory.

———. 1990. The Development of Clinical Renal Transplantation. *American Journal of Kidney Diseases* 16, 548-556.

Starzl, T. E., S. Todo, A. Tsakis, M. Alessiani, A. Casavilla, K. Abu-Elmagd und J. J. Fung. 1991. The Many Faces of Multivisceral Transplantation. *Surgery, Gynecology and Obstetrics* 172, 335-344.

Thomas, E. D. 1987. Bone Marrow Transplantation in Hematologic Malignancies. *Hospital Practice*, 77-91, 15. Feb.

Thomas, E. D., H. L. Lochte und J. Ferrebee. 1959. Irradiation of the Entire Body and Marrow Transplantation: Some Observations and Comments. *Blood* 14, 1-23, Januar.

Thompson, L. 1988. Jean-François Borel's Transplanted Dream. *Washington Post*, 15. Nov.

Vier frühere Forschungsleiter von Merck, nämlich Bob Denklewalter, Ralph Hirschmann, Eugene Cordes und H. Boyd Woodruff, waren eine unermeßliche Hilfe bei der Rekonstruktion der Tishler-Ära. Woodruff, ein Schützling von Selman Waksman, gab mir Nachhilfeunterricht in Mikrobiologie und Bodenuntersuchung. Dankbar bin ich auch Leon Gortler, der zusammen mit John Heitmann ein umfangreiches Interview mit Tishler für die Serie "American Chemical Society's Eminent Chemists" führte, und Peter Jacoby, dem Vorsitzenden der chemischen Fakultät an der Wesleyan University, der mir Material über Tishler und R. B. Woodward zugänglich machte. Auch Mary Fieser, die seit über fünfzig Jahren der chemischen Fakultät der Harvard University angehört, erweiterte meine Kenntnisse; das gleiche gilt für Don Ciappanelli, den früheren Direktor der chemischen Laboratorien der Harvard University, der mir aus dem Universitätsarchiv Videoaufnahmen von mehreren Vorlesungen Woodwards zur Verfügung stellte.

Die Informationen über die medizinische Forschung im Zweiten Weltkrieg bezog ich im wesentlichen aus zwei Quellen: aus den Aufsätzen von A. N. Richards, die sich bei der University of Pennsylvania befinden und auch die Protokolle des Committee for Medical Research enthalten, und aus den persönlichen Aufzeichnungen von Vannevar Bush, die sich in der Library of Congress befinden.

Was die Geschichte der Pharmaforschung und insbesondere ihre Zusammenhänge mit Tishler, Merck, Woodward und Harvard angeht, waren folgende Bücher und Aufsätze von besonderem Nutzen:

Barber, B. 1952. *Science and the Social Order*. Glencoe, IL: The Free Press.
Baxter, J. P., III. 1946. *Scientists Against Time*. Boston: Little, Brown.
Borkin, J. 1978. *The Crime and Punishment of I. G. Farben*. New York: The Free Press [dt.: *Die unheilige Allianz der I. G. Farben*, Campus 1990].
Braithwaite, J. 1984. *Corporate Crime in the Pharmaceutical Industry*. London: Routledge & Kegan Paul.
Browning, C. H. 1955. Emil Behring and Paul Ehrlich: Their Contributions to Science. *Nature* 175, 570-575.
Conant, J. B. 1970. *My Several Lives. Memoirs of a Social Inventor*. New York: Harper and Row.
Crosby, A. W., Jr. 1976. *Epidemic and Peace, 1918*. Westport, CT: Greenwood Press.
Dolphin, D. 1977. Robert Burns Woodward: Three Score Years and Then? *Aldrichimica Acta* 10, No. 1, 3-9.
DuBos, R. J. 1950. *Louis Pasteur. Free Lance of Science*. Boston: Little, Brown.
Engle, L. 1951. Cortisone and Plenty of It. *Harper's* 203, 56-62.
Epstein, S. und B. Williams. 1956. *Miracles from Microbes: The Road to Streptomycin*. New Brunswick, NJ: Rutgers University Press.

Galdston, 1. 1943. *Behind the Sulfa Drugs. A Short History of Chemotherapy*. New York: D. Appleton Century.

Gallese, L. 1990. Venture Capital Strays Far from Its Roots. *New York Times Magazine* (The Business World), 24-39, 1. April.

Garland, J. E. 1961. *Every Man Our Neighbor. A Brief History of the Massachusetts General Hospital*. Boston: Little, Brown.

Harris, R. 1964. *The Real Voice*. New York: Macmillan.

Hayes, P. 1987. *Industry and Ideology: IG Farben in the Nazi Era*. London: Cambridge University Press.

Hixson, J. 1976. *The Patchwork Mouse*. Garden City: NY: Anchor Press.

Hobby, G. L. 1985. *Penicillin: Meeting the Challenge*. New Haven: Yale University Press.

Kahn, E. J. 1981., *Jock: The Life and Times of John Hay Whitney*. Garden City: NY, Doubleday and Co.

Liebenau, J. 1987. *Medical Science and Medical Industry: The Formation of the American Pharmaceutical Industry*. Baltimore, MD: Johns Hopkins University Press.

Mahoney, T. 1959. *The Merchants of Life: An Account of the American Pharmaceutical Industry*. New York: Harper Brothers.

Merck and Co. 1992. *Values and Visions: A Merck Century*.

Merck, Sharp and Dohme. 1977. *Profiles in Discovery*.

Merck, Sharp and Dohme Research Laboratories. 1962. *By Their Fruits*.

Noble, D. E 1977. *America by Design: Science, Technology and the Rise of Corporate Capitalism*. New York: Alfred A. Knopf.

Pearson, M. 1969. *The Million Dollar Bugs*. New York: G. P. Putnam's Sons.

Pfeiffer, J. 1939. Sulfanilamide: The Story of a Great Medical Discovery. *Harper's*, März.

Rettig, R. A. 1977. *Cancer Crusade: The Story of the National Cancer Act of 1971*. Princeton, NJ: Princeton University Press.

Richards, A. N. 1964. Production of Penicillin in the United States (1941-1946). *Nature* 201, 441-445.

Roberts, J. D. 1990. *The Right Place at the Right Time*. Washington, DC: American Chemical Society.

Roberts, R. 1989. *Serendipity: Accidental Discoveries in Science*. New York: John Wiley and Sons.

Roueché, B. 1955. Annals of Medicine: Ten Feet Tall. *The New Yorker*, 10. Sept.

Russell, F. 1957. A Journal of the Plague: The 1918 Influenza. *Yale Review*, Dezember.

Sheehan, John C. 1982. *The Enchanted Ring: The Untold Story of Penicillin*. Cambridge, MA: The MIT Press.

Sheehan, J. C. und R. N. Ross. 1982. The Fire That Made Penicillin Famous. *Yankee*, 125-127, November.

Smith, F. R. 1947. Good Microbes Fight Bad Ones. *The New York Times Magazine*, 17-19, 10. Aug.
Soper, G. A. 1919. The Lessons of the Pandemic. *Science* 49, 501-505.
Sneader, W. 1985. *Drug Discovery: The Evolution of Modern Medicines*. Chichester: Wiley and Sons.
Sturchio, J. L. 1981. Chemists and Industry in Modern America: Studies in the Historical Application of Science Indicators. Dissertation. University of Pennsylvania.
Swann, J. P. 1988. *Academic Scientists and the Pharmaceutical Industry: Cooperative Research in Twentieth Century America*. Baltimore, MD: Johns Hopkins University Press.
Talalay, P. (Hrsg.) 1964. *Drugs in Our Society*. Baltimore, MD: Johns Hopkins University Press.
Temin, P. 1980. *Taking Your Medicine*. Cambridge, MA: Harvard University Press.
Tishler, M. 1974. *Is Science Dead?* New Brunswick Lecture, 15. Mai.
———. 1969. The Siege of the House of Reason. *Science* 166, 192-95.
Todd, A. 1983. *A Time to Remember: The Autobiography of a Chemist*. London: Cambridge University Press.
Tuchman, B. W. 1978. *A Distant Mirror. The Calamitous 14th Century*. New York: Alfred A. Knopf.
Vogel, M. 1980. *The Invention of the Modern Hospital*. Chicago: University of Chicago Press.
Waksman, S. A. 1954. *My Life with the Microbes*. New York: Simon and Schuster.
———. 1949. *Streptomycin: Nature and Practical Applications*. Baltimore, MD: Williams and Wilkins.
Wilson, D. 1976. *In Search of Penicillin*. New York: Alfred A. Knopf.
Woodruff, H. B. 1981. *A Soil Microbiologist's Odyssey*. Annual Review of Microbiology 35, 1-28.

Historische Informationen über die Harvard University bezog ich vor allem aus Richard Norton Smith, *The Harvard Century: The Making of a University to a Nation* (1986, New York: Simon and Schuster) und aus Carl Vigeland, *Great Good Fortune: How Harvard Makes Its Money* (1986, Boston: Houghton Mifflin).

Über die japanische Pharmaindustrie und das japanische Geschäftsleben unterrichteten mich die Unternehmensberater Jim Feeney und Harutoshi Mayazumi. Von besonderem Nutzen war *The Samurai Factor: Japanese strategic thinking in industry*, eine Monographie, an der Mayazumi und Joseph Rudzinski als Coautoren mitwirkten. Weitere nützliche Bücher und Aufsätze über Japan waren:

Christopher, R. C. 1983. *The Japanese Mind. The Goliath Explained*. New York: Linden Press.

Gibney, F. 1982. *Miracle by Design: The Real Reasons Behind Japan's Economic Success*. New York: Times Books.

Prestowitz, C. V., Jr. 1988. *Trading Places. How We Allowed Japan to Take the Lead*. New York: Basic Books.

Reich, R. 1983. *The Next American Frontier*. New York: Times Books.

Toland, J. 1970. *The Rising Sun*. New York: Random House.

Die Biotechnologieindustrie ist noch zu jung für umfassende historische Darstellungen. Die beste mir bekannte Einführung ist *Gene Dreams* von Robert Teitleman (1989, New York: Basic Books). Um die ersten wissenschaftlichen, juristischen und wirtschaftlichen Grundlagen der Branche kennenzulernen, studierte ich folgende Aufsätze:

Biddle, W. 1981. A Patent on Knowledge: Harvard goes public. *Harper's*, Juni.

Culliton, B. 1977. Harvard and Monsanto. The $23 Million Alliance. *Science* 195, 759–763.

Gurin, J. und N. Pfund. 1980. Bonanza in the Biolab. *The Nation*, 22. Nov.

Noble, D. und N. Pfund. 1980. Business Goes Back to College. *The Nation*, 20. Sept.

Wade, N. 1980. Gene Goldrush Splits Harvard, Worries Brokers. *Science* 210, 878–879.

Register

Abbott 216, 231, 249, 382
Agouron Pharmaceuticals 314, 382
Aldrich, Rich 16ff., 20, 55, 58, 70ff., 78, 86ff., 122, 142, 163f., 215, 221, 229ff., 281, 296, 315, 323f., 329, 386
Altman, Lawrence 44f.
American Crystallographic Association 136
Amgen 77, 231, 234, 250f.
Anergen 362
Apple Computers 127
Arendt, Hannah 336
Armistead, David (Dave) 45, 65, 196ff., 227, 320, 335f., 363, 365, 373, 379
Arthur, Mary 340, 344, 375
Avalon Ventures 257

Baltimore, David 67, 245
Bedford-Stuyvesant Development and Services Corporation 76
Bierer, Barbara 236, 239
Biogen 72
Blech, David 257f.
Bloom, Barry 384
Boger, Amy 28
Boger, Charlie 6f., 319
Boger, Joshua (Josh) 4ff., 12f., 42f., 58, 78ff., 85ff., 140ff., 161ff., 213ff., 229, 270ff., 299, 312ff., 356ff., 369ff.
Boger, Ken 60, 123, 126, 168, 295
Boger, Zachary 28
Bok, Derek 21, 71, 190
Bonsal, Frank 168, 334
Borel, Jean 37ff.
Boston Consulting Group 72
Boston English High School 99

Boston Globe 164, 290
Brinton, Joyce 60, 70, 73, 126
Brookhaven National Laboratory 206
Burakoff, Steven 236, 239, 341, 385
Burroughs Wellcome 243, 380
Bush, George 257
Bush, Vannevar 115
Business Week 246, 278, 289f., 320
Busuttil, Robert 144

California Institute of Technology 182
Calne, Roy 38f., 338f.
Cambridge Neuroscience 326
Camus, Albert 262
Carnegie, Andrew 103
Carniegie Institution 103ff.
Chain, Ernst 105f.
Chugai Drug Company 77ff., 85, 89f., 122ff., 141, 148, 158, 161ff., 194, 196, 198, 203, 230, 250f., 276, 385
Clardy, Jon 191, 255, 276, 290, 294, 296, 305, 310, 342
Clinton, Hillary Rodham 369
CNN 44
Cohen, Richard 43
Committee for Medical Research (CMR) 104, 106ff.
Conklin, Donald 384
Cornell University 191, 296
Crabtree, Gerry 341
Crick, Francis 183, 281
Crimson 126
Cytel 85, 141f.

Danishevsky, Sam 50, 200
Davies, Loyal 32

Deininger, Dave 213, 300
DeLorean, John 186
Denklewalter, Robert 107
Dieffenbach, Carl W. 388
Dingell, John 131
Domagk, Gerhard 102
Dubos, René 109
Duffy, John 56, 301
DuPont 101

Eagle, Laura 135
Eaton, Nathaniel 11
Ehrlich, Paul 34, 100, 102, 187
Eidelman, Benjamin 346f.
Esquire 186
Europäische Gesellschaft für Transplantationsmedizin 28

Fairfield University 153
Farrakhan, Louis 186
FDA 21, 41, 43, 77, 82, 129, 232, 235, 243, 270, 308, 378, 385
F-D-C Reports 324
Fidelity Management and Research 326
Fitzgibbon, Matt 48, 55, 70, 134
Fleming, Alexander 105
Florey, Howard 105f.
Food and Drug Administration, siehe FDA
Ford, Gerald 258
Ford, Robin 41ff.
Fortune 246, 271, 289
Francavilla, Antonio 345f.
Fujisawa Pharmaceuticals Company 20, 39f., 45, 51, 148f., 231f., 337, 339, 358
Fung, John 42

Gadsen, Henry 115
Gallo, Robert 242f.
Gates, Bill 258
Gene Labs 226
Genentech 4, 234f.
General Accounting Office 243
General Electric 278
Genetics Institute (GI) 76f., 129, 230, 250, 252
Gen-Probe 128

Gesellschaft für Transplantationsmedizin 148
Gilbert, Walter 72f., 76f.
Glaxo 17, 56f., 69, 78, 81ff., 124ff., 153, 194
Globe Post 31
Green, Jerry 70
Grimes, Russell 178
Guccione, Bob 186

Hammill, Rick 86, 88, 125
Handshumacher, Robert 49, 51
Hapgood, Fred 93
Harding, Matt 21ff., 48ff., 64, 68, 158, 223f., 227, 237, 282, 291, 341, 348ff., 373, 377
Harken, Tom 123
Harvard Business Review 164
Harvard Gazette 306
Harvard Medical School 86, 236
Harvard University 8, 11ff., 15, 22, 43, 59, 71ff., 82, 99, 114, 117, 123, 174ff., 180ff., 185, 214, 270, 312, 381
Helmsley, Harry und Leona 326
Hench, Philip 105f.
Hirschmann, Ralph 96f., 120
Hoffmann-LaRoche 60, 216, 249, 382
Holman, Al 278ff., 287, 308, 318ff., 329, 332, 335
Hudson, Leslie 86ff., 122, 125
Hussein, Saddam 258

IBM 120, 218
Icos 85
Integrated Genetics (IG) 122f.

Jackson Memorial Hospital 32
Jackson, Michael 186
Jacoby, Peter 181
Jain, Ashok 42
Janssen, Paul 92f.
Jobs, Steve 120, 127
Johns Hopkins University 32
Johnson, Lyndon 119
Johnson, Magic 190
Jones, Stormie 38
Jordan, Michael 190

Journal of the American Chemical Society (JACS) 237
Judson, Horace Freeland 183, 208

Karplus, Martin 160, 167, 290, 305
Kidder Peabody 278, 280ff., 318ff.
Kim, Eunice 377, 382
Kinsella, Kevin 12, 119, 127, 159, 163, 190, 257ff., 296, 334
Knowles, Jeremy 17f., 72, 86, 117, 185, 187, 268, 385
Kupor, Bob 279

Lancet, The 29, 44
Lederle Labs 107
Leermakers, Peter 116
Lehn, Jean-Marie 117
Lewis, Sinclair 101
Lilly 153
Lippke, Judy 86
Liu, Jun 357
Livingston, David 64f., 86, 89, 127, 151, 322, 324, 341, 351ff., 373
Los Angeles Times 290

Malnick, Mike 40
Massachusetts Eye and Ear Infirmary 56
Massachusetts Financial Services 326
Massachusetts General Hospital 56
Massachusetts Institute of Technology, siehe MIT
Massingil, S. E. (Firma) 103
Mayo Clinic 110, 113
McKeever, Brian 207, 209f., 264
Medawar, Peter 20
MedImmune 361
Memorial Sloan-Kettering Cancer Center 76
Merck and Company (Merck, Sharp and Dohme) 8f., 12, 15, 46, 50ff., 69, 90, 101ff., 107ff., 153, 182, 194, 211, 237, 246, 313f., 371, 380, 383
Merck, George Wilhelm 101ff., 114, 168
Merck-DuPont 382
Meyers, Hal 65
Miller, Ann 107f.
Minute Maid 76

MIT 11f., 15, 25, 180, 185, 376
Molitor, Hans 106
Monsanto 382
Montagnier, Luc 243
Moore, Francis 33, 43
Moore, Jon 97, 204ff., 221, 224ff., 239f., 252f., 263, 266, 274, 280, 290f., 319, 341, 350
More, Thomas 260
Murase, Nukio 29f.
Murcko, Mark 151ff., 202, 216ff., 237, 241, 266, 274f., 282, 285, 291f. 294, 299, 301ff., 309, 324, 363ff., 371, 373

Nagayama, Osamu („Sam") 78ff., 124, 128ff., 142, 162, 164, 167
Nalesnick, Mike 40
National Academy of Sciences 243
National Institutes of Health, siehe NIH
National Science Foundation 8
Nature 22f., 50f., 92, 207, 221, 266, 268, 277, 280f., 285ff., 288, 290ff., 299, 301, 306f., 309ff., 317, 321f., 349
Navia, Manuel 22, 78, 86f., 91ff., 130, 132, 135, 137f., 150f., 158, 161, 198, 203ff., 218f., 228, 254, 264, 274, 282ff., 291, 294, 299ff., 304, 311, 321, 342f., 385
Nelson, Patsi 226, 341, 373
New York Herald Tribune 75
New York Times 44f., 91, 99, 187, 290, 338
New Yorker, The 114
NIH 51, 91, 243f.
Nissin 57, 121f., 214, 250
Nixon, Richard 75
Northwestern Medical School 32f.

Ochiai, Takio 39, 189
O'Connor, Sinead 137
Office of Scientific Research and Development (OSRD) 104
Ohta, Hiroyuki 167

Paley, William 77
Pasteur, Louis 34, 187
Pauling, Linus 182f., 187
Peattie, Debra 86, 341, 373
Peter Bent Brigham Hospital 33f.

Pfizer 107, 111, 153, 183
Pierce, Henry 44
Pittsbirgh Press 43
Pittsburgh Post-Gazette 44
Pittsburgh Press 43
Powell, William 5

Reagan, Nancy 32
Reagan, Ronald 242
Regeneron 269ff., 278, 279, 334
Rice, Jim 266
Richards, Alfred Newton 104ff.
Ricordi, Camillo 40
Ringe, Dagmar 307
Rivers, John 143
Roche Holdings Ltd. 235
Rockefeller, Laurence 76
Rockefeller University 245
Rokash, Joe 313
Rothschild, Baron 244
Rutgers University 109

Salk, Jonas 244
Sandoz 37, 141, 194, 196
Sarrett, Lew 112
Sartre, Jean-Paul 178
Sato, Vicki 373, 378f.
Saunders, Jeff 56, 65, 83, 201ff., 276, 321, 363, 365, 371
Schering Plough Pharmaceuticals 384
Schmidt, Benno 74ff., 78, 124, 127ff., 141f., 167 230, 287, 334
Schreiber, Stuart (Stu) 14, 21, 23, 50ff., 58ff., 64f., 69ff., 84, 87, 131, 160, 167, 173ff., 184ff., 206ff., 235f., 239, 255f., 276, 290, 294, 297, 302, 305f., 310, 342ff., 347f., 356f., 363ff., 375f.
Schwarzenegger, Arnold 215
Schwarzkopf, General 256
Science 50, 207, 236f., 277, 280, 288, 290, 309, 314
Scolnick, Edward 58, 95, 246, 371
Scrip 164
Scripps Clinic 226
Sharp and Dohme 115
Siekierka, John 341
Sigal, Irving 247f.

Sigal, Nolan 52
Sigma 354
Silverstein, Arthur 34
Slichter, Sumner 11
Solis, Bennie 36
Somatogen 361
Sontag, Susan 242
Spectrum Corporation 156
Spencer Chemical Company 76
Squibb and Sons, E. R. 46, 106f., 112
Stanford University 226
Starzl, Rome 31
Starzl, Thomas Earl (Tom) 27ff., 31, 49, 143ff., 231ff., 237, 337ff., 371, 374
State Street Research 326
Stonewall Jackson Manual Training and Industrial School 6
Stuart, Nancy 298, 308f., 324, 341
Syntex 183

Teitleman, Robert 9
Thomson, John 25, 48ff., 53ff., 66ff., 73f., 132ff., 156, 202, 208, 221, 265f., 267ff., 274, 281, 341, 373, 380, 385
Tishler, Max 8, 99ff., 106ff., 116f., 140, 168, 181, 183, 246, 365
Todo, Saturo 42
Tsakis, Andreas („Andy") 340, 343
Tufts University 99
Tung, Roger 213, 218f., 300, 324f., 372

University of California 274
University of Chicago 91
University of Hawaii 262
University of Pennsylvania 205
University of Pittsburgh 40
University of Virgina 177
Uyeno, Kimio 79

Vagelos, Roy 246f., 249, 313, 378
Van Duyne, Greg 255
Van Thiel, Dave 340f., 346
Vaz, Al 70
Venkataramanan, Raman 42
Vernon Savings 330
Virginia Tech 177

Waksman, Selman 109ff.
Waldholz, Michael 294
Wall Street Journal 123, 164, 168, 257f., 290, 294, 305
Warty, Vijay 51
Washington Post 290
Watson, James 183, 281
Welch, Raquel 18
Wesleyan University 96, 116, 118, 181
Westminster College 31
Whitehead Institute 245
Whitney, John Hay (Jock) 75, 77, 79, 143
Whitney and Company, J. H. 74, 76

Wiley, Don 22, 268
Woodward, Robert Burns 114, 180ff.
Wriston, Walter 258

Xavier High School 91

Yale University 15, 45f., 71, 107, 174, 185, 288
Yamashita, Mason 73f., 132ff., 155ff., 198, 202ff., 228, 240, 253ff., 260ff., 274ff., 283ff., 291ff., 303ff., 309, 342, 362, 371, 376

Spannende Rätsel aus Historie und Gegenwart!

O. Krätz
Das Rätselkabinett des Doktor Krätz

1996. Ca. 250 Seiten.
Broschur.
ISBN 3-527-29391-4

In einem Topf von Fleisch kocht Eisen. Was ist das? Stunden voller Spannung und Vergnügen sind Ihnen mit dieser Sammlung von originellen Rätseln garantiert. Aus skurrilen Begebenheiten, überlieferten Anekdoten oder Zitaten gilt es illustre Persönlichkeiten aus Wissenschaft, Literatur, Politik und Geschichte zu erraten. Kombiniere...

P.S. Die Lösung aller Rätsel – auch des oben genannten – finden Sie natürlich im Buch!

Genforschung: Ein heißes Eisen. Mitreißend und humorvoll erzählt!

W. Cookson
Die Jagd nach den Genen
1996. Ca. 200 Seiten.
Broschur. ISBN 3-527-29374-4

Genomforschung und Gentherapie sind Themen, die derzeit in der Öffentlichkeit heiß diskutiert werden. Wissenschaftler versprechen sich von den dort gemachten Fortschritten neue Heilungsmethoden für Erbkrankheiten oder Krebs. Kritiker befürchten hingegen, daß die Erforschung des menschlichen Genoms zu einer Auslese 'gewünschter' Eigenschaften führen wird. William Cookson, selbst ein Genomforscher, hat ein mitreißendes Buch geschrieben, mit dem jedermann verstehen kann, was Gene sind, wie sie funktionieren (oder auch nicht), wie man an den Genen die Veranlagung zu bestimmten Krankheiten erkennen kann, welche Heilungschancen die Gentherapie bietet, warum Sex für den Menschen so wichtig ist und vieles mehr.

Chemie ist, wenn es stinkt und kracht...

P. Ball
Chemie der Zukunft - Magie oder Design?
1996. Ca. 450 Seiten. Broschur. ISBN 3-527-29387-6

... mit dieser abschreckenden Ansicht räumt Philip Ball in seinem Buch über die 'Wunderwelt der Moleküle' gründlich auf. Mit furioser Feder stellt er dem Leser die neuesten und spannendsten Entwicklungen der modernen Chemie vor. Eine 'tour de chimie' zu den Fußballmolekülen und der Nanotechnologie, wo Moleküle als Finger, Pinzetten oder Behälter fungieren, zu katalytischen Prozessen, biomechanischen Molekülen oder tropffester Farbe, um nur einige der Themen zu nennen.

Alle Kapitel beginnen mit einer leichtverständlichen Einführung, so daß auch chemisch 'Unbelastete' ihre Freude an diesem mehrfach, zum Teil farbig bebilderten Buch haben werden.

Fritz Haber
Chemiker,
Nobelpreisträger,
Deutscher,
Jude.

**Eine Biographie
von Dietrich Stoltzenberg**

1994. XIV, 671 Seiten mit 93 Abbildungen und
8 Tabellen. Gebunden. ISBN 3-527-29206-3

Die lange erwartete umfassende Biographie des
genialen und zugleich umstrittenen Chemikers.
Dieses Buch ist ein 'Muß' für Historiker
und Naturwissenschaftler sowie für alle, die sich
für die Geschichte Deutschlands im frühen
20. Jahrhundert interessieren.

VCH